机械装备原理与构造

主　编　鲁冬林　史长根　王海涛

副主编　安立周　王小龙　曾拥华

国防工業出版社

·北京·

内 容 简 介

本教材共分两篇十四章，第一篇介绍了机械装备内燃机，共九章，内容主要包括内燃机工作原理，机体和曲轴连杆机构、配气机构、燃料系、冷却系、润滑系和启动系的结构组成及工作原理。第二篇介绍了机械装备的底盘及工作装置，共五章，主要包括推土机、挖掘机、装载机、平地机和压路机的底盘及工作装置的结构原理。

本教材可供大专院校工程机械类各专业师生使用，也可以作为从事工程机械使用与维修人员的参考书。

图书在版编目(CIP)数据

机械装备原理与构造/鲁冬林，史长根，王海涛主编. —北京：国防工业出版社，2016. 11

ISBN 978-7-118-10941-2

Ⅰ. ①机… Ⅱ. ①鲁… ②史… ③王… Ⅲ. ①机械设备—机械设计 Ⅳ. ①TH12

中国版本图书馆 CIP 数据核字(2016)第 292232 号

※

国防工业出版社出版发行
(北京市海淀区紫竹院南路 23 号 邮政编码 100048)
三河市德鑫印刷有限公司印刷
新华书店经售

*

开本 787×1092 1/16 **印张** 20¾ **字数** 518 千字
2016 年 11 月第 1 版第 1 次印刷 **印数** 1—2500 册 **定价** 52.00 元

(本书如有印装错误，我社负责调换)

国防书店：(010)88540777 发行邮购：(010)88540776
发行传真：(010)88540755 发行业务：(010)88540717

PREFACE **前言**

机械装备是我国装备工业的重要组成部分，主要用于国防建设工程、交通运输建设、能源工业建设和生产、矿山等原材料工业建设和生产、农林水利建设、工业与民用建筑、城市建设、环境保护等领域，在提高劳动生产率，加快工程建设速度，提高工程建设质量，减轻人员劳动强度等方面发挥着越来越重要的作用。

机械装备的结构与工作原理是正确使用与维修机械装备的基础，为适应我国国民经济建设对机械装备应用型人才的培养需求，我们编写了该教材。

本书主要选取机械装备中比较典型的五类工程机械，包括推土机、挖掘机、装载机、平地机和压路机，介绍其用途、结构组成、工作原理、维护保养和常见故障排除。

机械装备的结构一般由内燃机、底盘、工作装置及其液压操纵系统组成。由于机械装备的内燃机型号相对集中，结构组成和工作原理的共性特点较多，因此本书将内燃机作为第一篇单独编写，内容主要包括内燃机工作原理，机体和曲轴连杆机构、配气机构、燃料系、冷却系、润滑系和启动系的结构及工作原理。第二篇为机械装备的底盘及工作装置，按照机型分类，介绍了几种典型机械的底盘四大系统，即传动系、转向系、制动系和行驶系，作业装置及其操纵系统的结构原理。

本教材由鲁冬林同志主编和统稿，史长根、王海涛、安立周、王小龙和曾拥华同志参加部分章节的编写。在编写过程中，曾先后到有关院校和工厂学习调研和搜集资料，参阅了军内外大量文献资料，得到了相关单位的很大帮助，在此表示衷心的感谢。

由于编者水平有限，编写时间仓促，书中缺点和不妥之处在所难免，诚请读者批评指正。

编　者

二〇一六年四月于南京

CONTENTS 目录

概述…… 1
第一篇 机械装备内燃机 …… 5
第一章 内燃机工作原理…… 5
第一节 内燃机分类和常用术语 …… 5
第二节 四行程内燃机工作原理 …… 7
第三节 内燃机示功图与性能指标 …… 8
第二章 机体和曲轴连杆机构 …… 13
第一节 机体组…… 13
第二节 活塞连杆组…… 18
第三节 曲轴飞轮组…… 26
第三章 配气机构 …… 33
第一节 配气机构的功用和形式 …… 33
第二节 配气机构的主要零部件 …… 35
第三节 配气相位和气门间隙 …… 40
第四节 柴油机进气系统 …… 42
第四章 汽油机燃料系 …… 44
第一节 内燃机的燃料…… 44
第二节 汽油机可燃混合气的形成及燃烧 …… 45
第三节 电控汽油喷射系统 …… 48
第四节 燃油供给系统附属装置 …… 56
第五章 柴油机燃料系 …… 62
第一节 柴油机可燃混合气的形成与燃烧 …… 62
第二节 直列泵燃油系统 …… 68
第三节 PT 燃油系统 …… 91
第四节 VE 燃油系统 …… 110
第六章 润滑系…… 113
第一节 润滑系的作用和组成 …… 113
第二节 内燃机润滑油路 …… 115
第三节 润滑系主要零部件 …… 120
第七章 冷却系…… 127
第一节 冷却系的功用和形式 …… 127
第二节 强制循环水冷系主要机件 …… 131

第三节　空气中间冷却器 …… 138
第八章　启动系 …… 140
第一节　启动系的功用及启动方式 …… 140
第二节　电源设备 …… 142
第三节　电动机启动 …… 147
第四节　内燃机低温启动 …… 154
第九章　汽油机点火系 …… 158
第一节　蓄电池点火系 …… 158
第二节　电子和微机控制点火系统 …… 167
第二篇　机械装备底盘及工作装置 …… 171
第十章　推土机 …… 171
第一节　TY160C 型推土机 …… 171
第二节　TLK220A 型推土机 …… 206
第十一章　挖掘机 …… 245
第一节　JYL200G 型挖掘机 …… 245
第二节　JY633-J 型挖掘机 …… 266
第十二章　装载机 …… 282
第一节　ZL50G 型装载机 …… 282
第二节　ZLK50A 型装载机 …… 294
第十三章　平地机 …… 297
第一节　传动系统 …… 297
第二节　转向系统 …… 299
第三节　制动系统 …… 300
第四节　车架 …… 304
第五节　工作装置及液压操纵系统 …… 304
第十四章　压路机 …… 309
第一节　传动系统 …… 309
第二节　转向系统 …… 315
第三节　制动系统 …… 316
第四节　车架 …… 321
第五节　工作装置及液压系统 …… 322
参考文献 …… 324

概　述

机械装备的内涵较为宽泛，一般包括农业机械、矿山机械、工程机械、石化通用机械、电工机械、机床、汽车、仪器仪表、基础机械、包装机械、环保机械 11 类。本书所指的机械装备主要是工程机械。

工程机械是指工程建设中所使用的各种机械设备的统称。概括地说，土石方施工工程、路面建设与养护、流动式起重装卸作业和各种建筑工程所需的综合性机械化施工工程所需的机械装备，均称为工程机械。

工程机械是我国装备工业的重要组成部分，主要用于国防建设工程、交通运输建设、能源工业建设和生产、矿山等原材料工业建设和生产、农林水利建设、工业与民用建筑、城市建设、环境保护等领域。

一、工程机械的分类

工程机械根据用途一般分为 12 大类：挖掘机械、起重机械、铲土运输机械、压实机械、桩工机械、钢筋和预应力机械、混凝土机械、路面机械、装修机械、凿岩机械及气动工具、铁路线路工程机械、城建机械。每一大类，又可分为不同类别的工程机械。

(1) 挖掘机械可分为单斗挖掘机、多斗挖掘机、滚切挖掘机、洗切挖掘机、多斗挖沟机、隧道掘进机等。

(2) 起重机械可分为塔式起重机、汽车起重机、轮胎起重机、履带起重机、桅杆起重机、缆索起重机、抓斗起重机、卷扬机、施工升降机等。

(3) 铲土运输机械可分为铲运机、平地机、推土机、装载机、运输机、平板车、翻斗车等。

(4) 压实机械可分为压路机、夯实机等。

(5) 桩工机械可分为打桩机、拔桩机、压桩机、钻孔机等。

(6) 钢筋和预应力机械可分为钢筋加工机械、钢筋焊接机械等。

(7) 混凝土机械可分为混凝土搅拌机(站、楼)、混凝土输送车(泵)、混凝土喷射机、混凝土浇筑机、混凝土振动器、混凝土成型机、混凝土切缝机等。

(8) 路面机械可分为道路翻松机、沥青摊铺机、混凝土路面切缝机、扫雪机等。

(9) 装修机械可分为灰浆制备和喷涂机械、涂料喷刷机械、装修升降设备等。

(10) 凿岩机械及气动工具可分为凿岩机、凿岩台车、露天钻、潜孔钻机、气镐、气铲、气锤等。

(11) 铁路线路工程机械可分为轨排轨枕机械、装卸与运输机械等。

(12) 城建机械可分为园林机械、环卫机械等。

二、工程机械的组成

工程机械有自行式和拖式两大类，自行式工程机械按其行驶方式的不同可分为轮式和履带式两种。自行式工程机械虽然种类很多,结构形式各异,但基本上可以划分为动力装置(内燃机)、底盘和工作装置三大部分。

1. 动力装置

动力装置通常采用柴油机,其输出的动力经过底盘传动系传给行驶系使机械行驶,经过底盘的传动系或液压传动系统传给工作装置使机械工作。

2. 底盘

底盘接受动力装置发出的动力,使机械能够行驶或同时进行作业。底盘又是全机的基础,柴油机、工作装置、操纵系统及驾驶室等都装在它上面。底盘主要由传动系、转向系、制动系和行驶系组成。

传动系的功用是将发动机输出的动力传给驱动轮,并将动力适时加以变化,使其适应各种工况下机械行驶或作业的需要。轮式机械传动系主要由离合器或液力变矩器、变速器、万向传动装置、主减速器、差速器及轮边减速器等组成。履带式机械传动系主要由主离合器或液力变矩器、变速器、中央传动装置、转向离合器及侧减速器等组成。

转向系的功用是使机械保持直线行驶及灵活准确地改变其行驶方向。轮式机械转向系主要由方向盘、转向器、转向传动机构等组成。履带式机械转向系主要由转向离合器和转向制动器等组成。

制动系的功用是使机械减速或停车,并使机械可靠地停车而不滑溜。轮式机械制动系主要由制动器和制动传动机构组成。履带式机械没有专门的制动系,而是利用转向制动装置进行制动。

行驶系的功用是将发动机输出的扭矩转化为驱动机械行驶的牵引力,并支承机械的重量和承受各种力。轮式机械行驶系主要由车轮、车桥、车架及悬挂装置等组成。履带式机械行驶系主要由行驶装置、悬架及车架组成。

3. 工作装置

工作装置是工程机械完成工程任务而进行作业的装置,是机械作业的执行机构。不同类型的工程机械有不同的工作装置,如推土机的推土铲刀、推架等组成的推土装置,装载机中的装载铲斗、动臂等组成的装载装置,挖掘机中的铲斗、斗杆、动臂等组成的挖掘装置。

三、工程机械的型号表示方法

工程机械采用国家统一标准编号,型号中的代号表示产品名称、结构形式与主参数。其表示方法如下:

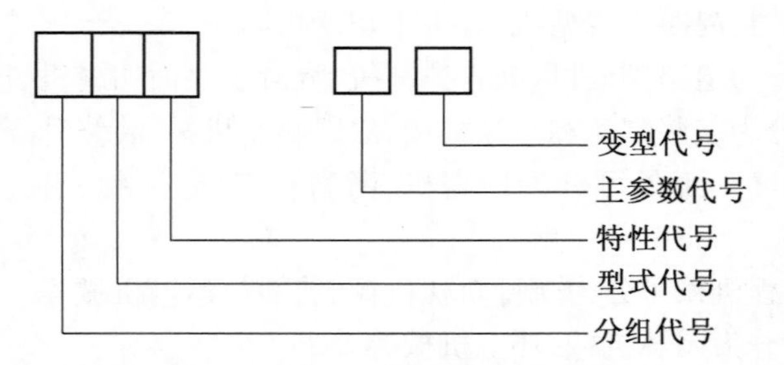

如 TY220 型推土机,“T”表示推土机,“Y”表示液压操纵式,“220”表示其功率为 220 马力(1 马力≈735W)。再如 ZL50 型装载机,“Z”表示装载机,“L”表示轮胎式,“50”表示其铲斗额定装载量为 5t。

有些产品的特性代号，根据实际情况在型号中可予以省略。如轮胎式装载机和推土机，现在只有液压操纵的品种，机械式的已不生产，因此对液压式的“液（Y）”字可不予标注。

四、工程机械发展概况与趋势

我国自1908年（清朝光绪34年）就开始应用机械式挖掘机，迄今已有一百多年的历史。1954年，我国研制出了第一台挖掘机。我国工程机械行业的迅速发展是在1978年中国实施改革开放政策以后的30多年。目前全行业有近2000家企业（合资、独资企业近200家），其中有17个集团公司、15个上市公司，职工约38万人，可以生产铲土运输机械、工程起重机械、机动工业车辆、混凝土机械、路面机械和桩工机械等18大类、5000种规模型号的产品。工程机械行业的规模和销售额在机械工业中次于电器、汽车、石化通用和农机，工程机械已成为重要的施工生产装备，在国民经济中占有一定的地位，已形成了以徐州、长沙、厦门、柳州、济宁与临沂、合肥、常州、成都、西安、郑州为中心的十大产业集群区，以徐工集团、三一重工、中联重科、柳工集团等为代表的龙头企业目前已经通过内外合作、收购兼并、横向联合走上了集约化、规模化的发展道路。

全世界工程机械市场控制在具有名牌产品和核心竞争力的工程机械十强手中，即卡特彼勒、约翰·迪尔、凯斯纽荷兰、英格索兰、沃尔沃、利勃海尔、小松、日立、特雷克斯和JCB。这十大公司的销售额占全球工程机械市场约75%，导致了全球工程机械生产集中度越来越高。

国外工程机械行业在广泛应用新技术的同时，不断涌现出新结构和新产品，技术发展的重点在于增加产品的电子信息技术含量，集成电路、微处理器、微型计算机及电子监控技术等在工程机械中都有广泛的应用。努力完善产品的标准化、系列化和通用化，改善驾驶人员的工作条件，向节能、环保方向发展，可靠性、安全性、舒适性、环保性得到了高度重视，并出现了向大型化和微型化方向发展的趋势。

与信息技术紧密结合将是现代制造服务业的发展趋势。从全球来看，装备制造业正在向全面信息化迈进，研发、设计、采购、制造、管理、营销、服务、维护、保养等各个环节，无不与信息技术密切相关，柔性制造、网络制造、虚拟制造、绿色制造的发展正在推进装备制造发生巨大的变革，现代制造服务业便是变革的产物之一。机械装备制造业目前正大力推进两化融合，就是要广泛融合信息技术和高新技术，加速利用信息技术改造传统产业的深度、广度和速度，提高设计研发的效率和成功率，改变装备制造业的生产模式，从而促进现代制造服务业的发展。

1. 系列化、特大型化

系列化是工程机械发展的重要趋势。国外著名大公司逐步实现其产品系列化进程，形成了从微型到特大型不同规格的产品。与此同时，产品更新换代的周期明显缩短。特大型工程机械产品特点是科技含量高，研制与生产周期较长，投资大市场容量有限，市场竞争主要集中少数几家公司。

2. 多用途、微型化

为了全方位地满足不同用户的需求，国外工程机械在朝着系列化、特大型化方向发展的同时，已进入多用途、微型化发展阶段。一方面，工作机械通用性的提高，可使用户在不增加投资的前提下充分发挥设备本身的效能，能完成更多的工作；另一方面，为了尽可能地用机器作业替代人力劳动，提高生产效率，适应城市狭窄施工场所以及在货栈、码头、仓库、舱位、农舍、建筑物层内和地下工程作业环境的使用要求，小型及微型工程机械有了用武之地，并得到了较快的发展。

3. 电子化与信息化

以微电子、Internet为重要标志的信息时代，不断研制出集液压、微电子及信息技术于一体的智能系统，并广泛应用于工程机械的产品设计之中，进一步提高了产品的性能及高科技含量。

4. 安全、舒适、可靠

驾驶室将逐步实施ROPS和FOPS设计方法，配装冷暖空调。全密封及降噪处理的“安全环保型”驾驶室，采用人机工程学设计的司机座椅可全方位调节，以及功能集成的操纵手柄、全自动换挡装置及电子监控与故障自诊断系统，以改善司机的工作环境，提高作业效率。大型工程机械安装有闭路监视系统以及超声波后障碍探测系统，为司机安全作业提供音频和视频信号。微机监控和自动报警的集中润滑系统，大大简化了机器的维修程序，缩短了维修时间。大型工程机械的使用寿命达2.05万小时，最高可达2.5万小时。

5. 节能与环保

为提高产品的节能效果和满足日益苛刻的环保要求，主要措施是降低发动机排放、提高液压系统效率以及减振和降噪等。

第一篇　机械装备内燃机

第一章　内燃机工作原理

第一节　内燃机分类和常用术语

内燃机是热效率较高的热力发动机之一，其结构简单、比质量轻（单位输出功率的质量）、移动方便，被广泛应用于工程机械、农业机械、交通运输和发电等领域。

一、内燃机分类

将燃料燃烧产生的热能转变为机械能的机器称为热力机。燃料在机器内部燃烧的热力机称为内燃机，如活塞式内燃机、燃气轮机等；燃料在机器外部燃烧的称为外燃机，如蒸汽机、汽轮机等。内燃机的分类主要有以下几种方式：

按所用的燃料不同，可分为汽油机、柴油机、天然气机等。

按工作循环行程不同，可分为二行程内燃机和四行程内燃机。

按燃料着火方式不同，可分为点燃式内燃机和压燃式内燃机。

按冷却方式不同，可分为水冷式内燃机和风冷式内燃机。

按活塞的运动方式不同，可分为往复式内燃机和转子式内燃机。

按汽缸排列方式不同，可分为单列直立式内燃机、双列V形式内燃机、星形排列式内燃机。

按曲轴转速（n）不同，可分为高速（$n>1000$r/min）、中速（$300<n\leq 1000$r/min）、低速（$n\leq 300$r/min）内燃机。

二、基本组成

内燃机是由许多机构和系统组成的复杂机器，其基本组成如下：

（1）曲轴连杆机构。其作用是将燃料燃烧的热能转换为机械能，并将活塞的往复直线运动转换成曲轴的旋转运动，以实现能量转换和动力输出。曲轴连杆结构包括固定件（机体）和运动件（活塞连杆、曲轴）两大部分。

（2）配气机构。其作用是按时开闭气门，以保证新鲜混合气（汽油机）或空气（柴油机）充入汽缸，并将废气排出汽缸外，使内燃机能连续正常地运转。

（3）燃料系。其作用是将燃料（汽油机为可燃混合气，柴油机则分别为空气和燃油）供入汽缸，以供燃烧，并将燃烧后的废气排到大气中。

（4）润滑系。其作用是向内燃机中需要润滑的部位供给润滑油，以减少摩擦阻力和减轻磨损，并对零件表面进行清洗和冷却，保证内燃机正常运转。

（5）冷却系。其作用是冷却受热机件，并将热量散发到大气中，以保证内燃机在最佳温度状态下工作。

（6）启动系。其作用是将内燃机由静止状态启动到自行运转状态。

（7）点火系。其作用是按时点燃汽油机汽缸中的可燃混合气。

三、常用术语

如图 1-1 所示，内燃机的常用术语主要有：

（1）上止点。即活塞顶部在汽缸中的最高位置。

（2）下止点。即活塞顶部在汽缸中的最低位置。

（3）活塞行程。即活塞上、下止点间的距离，通常用 S 表示。对应于一个活塞行程，曲轴旋转 180°。

（4）曲柄半径。即曲轴旋转中心到曲柄销中心的距离，通常用 R 表示。显然，活塞行程与曲柄半径之间的关系为

$$S = 2R \tag{1-1}$$

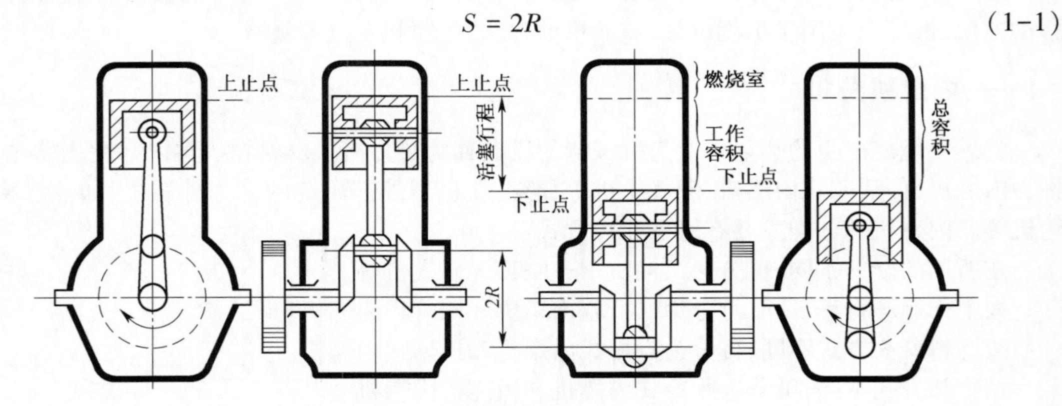

图 1-1　内燃机的常用术语

（5）汽缸工作容积。即活塞从上止点到下止点所扫过的容积，又称汽缸排量，用 V_s 表示。

$$V_s = \frac{\pi D^2 S}{4 \times 10^6} \tag{1-2}$$

式中：D 为汽缸直径（mm）。

（6）燃烧室容积。活塞位于上止点时，活塞顶的上部空间称为燃烧室，其容积称为燃烧室容积，用 V_C 表示。

（7）汽缸总容积。活塞位于下止点时，活塞顶的上部空间称为汽缸总容积，用 V_a 表示。显然，有

$$V_a = V_s + V_c \tag{1-3}$$

（8）内燃机排量。即单个汽缸工作容积与内燃机汽缸数 i 的乘积，用 V_L 表示。

$$V_L = V_s \times i = \frac{\pi D^2 S \cdot i}{4 \times 10^6} \tag{1-4}$$

（9）压缩比。汽缸总容积与燃烧室容积之比，用 ε 表示。

$$\varepsilon = \frac{V_a}{V_c} = \frac{V_c + V_s}{V_c} = 1 + \frac{V_s}{V_c} \tag{1-5}$$

目前，汽油机的压缩比一般为 7~11，柴油机的压缩比一般为 16~23。

（10）工作循环。内燃机完成一次能量转换所经历的进气、压缩、做功、排气四个连续过程称为内燃机的工作循环。

第二节 四行程内燃机工作原理

四行程内燃机活塞的每一行程完成一个工作过程，各个工作过程可用相应的活塞行程来描述。因此，可以分为进气、压缩、做功和排气四个行程。

一、单缸四行程柴油机工作原理

如图 1-2 所示为单缸四行程柴油机的工作过程示意图。

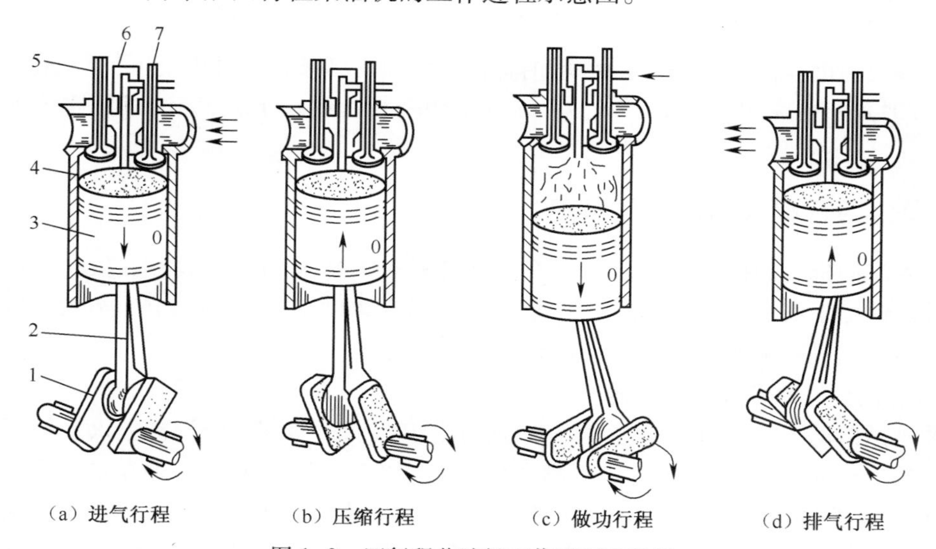

图 1-2 四行程柴油机工作过程示意图

1—曲轴；2—连杆；3—活塞；4—汽缸套；5—排气门；6—喷油器；7—进气门。

1. 进气行程

在飞轮的惯性作用下，曲轴带动活塞自上止点向下止点移动，此过程中配气机构控制进气门打开，排气门关闭。由于活塞下行，汽缸容积不断增大，空气在汽缸内外压力差的作用下被吸入汽缸。当活塞行至下止点时，进气门关闭，进气行程结束。在这一过程中，活塞行走一个行程 S，曲轴旋转 180°。进气行程中，由于空气滤清器、进气管道及进气门对空气的流动产生阻力，使得进气终了时缸内的气体压力低于大气压力。另外，进入缸内的空气因受到上一循环残留在汽缸中的废气和高温机件（如汽缸壁、活塞顶等）的加热，使进气终了时汽缸内的空气温度高于外界大气温度。

2. 压缩行程

进气行程终了后，活塞在曲轴的带动下由下止点向上止点移动。此时，进气门和排气门都关闭，由于活塞上行时缸内空气受到压缩，其压力和温度随之升高。当活塞到达上止点时，空气完全被压缩至燃烧室内,气体压力高达3000~5000kPa,温度高达530~730℃,这就为柴油喷入汽缸后的着火燃烧创造了必要条件(柴油的自燃温度约为300℃)。空气压缩终了时的状态参数主要决定于内燃机的压缩比,压缩比越大,压缩终了时的压力和温度就越高。

3. 做功行程

在压缩行程接近终了时,柴油从喷油器内以高压喷入燃烧室中,并在高温高压空气中迅速蒸发而形成可燃混合气。随后便自行燃烧,放出大量热量,使汽缸中的气体温度和压力急剧升高,最高温度可达1530~1930℃,最高压力可达6000~10000kPa。高温高压气体作用在活塞顶部,推动活塞下行,并通过连杆使曲轴旋转而对外输出动力。随着活塞下行,缸内气体压力和温度也随之降低,当活塞到达下止点做功行程结束时,缸内压力降到200~400kPa,温度降到730~930℃。

4. 排气行程

做功行程终了时,活塞在曲轴的惯性带动下,由下止点向上止点移动。这时排气门开启,进气门仍关闭。在缸内废气压力与外界大气压力差以及活塞上行的排挤作用下,废气迅速从排气门排出。由于排气系统阻力的影响以及燃烧室容积的存在,排气终了时缸内的废气不能充分排尽,其压力仍高于大气压力。

四行程柴油机经过进气、压缩、做功和排气四个行程,活塞在汽缸内上下往复四次,曲轴旋转两周(720°)后,便完成了一个工作循环。以上四个行程继续下去,柴油机便连续不断地对外做功。

二、单缸四行程汽油机工作原理

四行程汽油机与四行程柴油机一样,每一个工作循环也是由进气、压缩、做功和排气四个行程组成。但由于汽油机使用的汽油与柴油相比,具有黏度小、易挥发、自燃温度高的特点,使得汽油机与柴油机在工作中存在一定的差异,具体差别如下。

1. 可燃混合气的形成方式不同

汽油机是借助于进气道上的化油器(或通过电控汽油喷射装置将汽油喷入进气管中),与吸入的空气进行混合,吸入缸内的是可燃混合气(缸内直接喷射例外)。而柴油机吸入缸内的是纯空气,柴油是在压缩行程接近终了时被喷油器喷入到压缩的空气中,与空气形成可燃混合气。因此,与汽油机相比,柴油机的可燃混合气形成时间很短(对于转速为2000r/min的内燃机,做功行程约为0.015s),混合的空间小(只在燃烧室内进行),混合气的混合质量也较差。

2. 可燃混合气的着火方式不同

汽油机在压缩行程接近终了时,利用火花塞来点燃可燃混合气,又称点燃式内燃机。而柴油机则是在压缩行程接近终了时,将柴油喷入压缩的高温高压空气中自行燃烧,又称压燃式内燃机。

第三节　内燃机示功图与性能指标

一、示功图

内燃机工作循环中,汽缸内压力随工作容积或曲轴转角变化的坐标图称为示功图。示功图有两种基本形式:以曲轴转角为变量的称为P-φ示功图;以汽缸工作容积为变量的称为P-

V 示功图。示功图是借助于专门仪器从汽缸内部测得的，它是了解汽缸内部工作过程、探索各种因素对工作过程影响的重要信息。了解内燃机性能经常是从分析示功图入手，并结合工作循环的各个阶段来分析各种因素的影响，以便从中找出规律，为改善性能指明方向，进而提出措施。

如图 1-3 所示为四行程柴油机的 P-φ 示功图。理论上讲，进气过程由上止点开始至下止点结束，而实际上在上止点以前进气门就开启了，在下止点后才关闭。实际的压缩过程是在下止点后进气门关闭时才开始，当压缩过程接近终点时，燃油喷入缸内，再经过一段时间的物理和化学准备之后开始燃烧，使汽缸内的压力急速上升。燃烧过程是在膨胀线上结束的，具体时间视内燃机的负荷和转速而定。上止点以后开始的膨胀过程称为做功行程。排气过程在下止点前就已经开始，直至上止点后才结束。

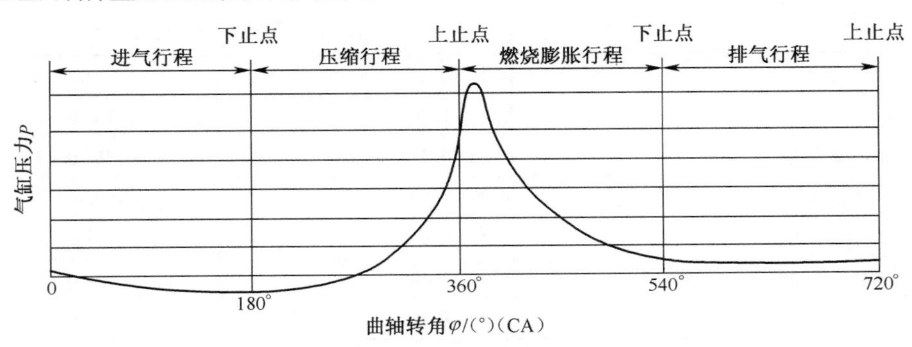

图 1-3　四行程内燃机的 P-φ 示功图

二、内燃机的性能指标

内燃机的工作指标较多，在评定内燃机动力性能和经济性能时，通常分为指示指标和有效指标两大类。以下介绍常用的几种内燃机指标。

1. 指示指标

指示指标是以汽缸内气体对活塞做功为基础的性能指标。指示指标不考虑内燃机本身的消耗，它主要用于衡量内燃机工作循环的完善程度。指示指标通常有指示功、平均指示压力、指示功率和指示耗油率等。

2. 有效指标

有效指标是以内燃机曲轴输出功为基础的性能指标。有效指标考虑了内燃机内部的各种消耗（驱动风扇、发电机、水泵、机油泵、燃油泵等功率消耗），用来衡量内燃机的整机性能。它主要包括：

1）有效功率 N_e

内燃机工作时必然要消耗一部分功率用于克服其内部各种摩擦副之间的摩擦阻力和驱动附属机构，此外，在换气过程中还有泵气损失等。所有这些损耗的总和称为机械损失功率 N_m。因此，若内燃机的指示功率为 N_i，则有效功率 N_e 为

$$N_e = N_i - N_m \tag{1-6}$$

而有效功率与指示功率之比定义为内燃机的机械效率 η_m，即

$$\eta_m = \frac{N_e}{N_i} = 1 - \frac{N_m}{N_i} \tag{1-7}$$

2）平均有效压力 P_e

平均有效压力 P_e 是指单位汽缸工作容积所做的有效功。实际上 P_e 是一个假想的力，在此力的作用下活塞在一个行程中所做的功，等于一个工作循环曲轴输出的有效功。因此，平均有效压力 P_e 是从内燃机实际输出功的角度来评定汽缸容积利用率的指标。

平均有效压力 P_e 与有效功率 N_e 之间有如下关系：

$$P_e = \frac{30\tau N_e}{iV_h n} \times 10^3 \tag{1-8}$$

式中：τ 为行程数，$\tau=2$ 或 4；i 为内燃机汽缸数；n 为内燃机转速（r/min）。

平均有效压力 P_e 是衡量内燃机动力性能的一个重要性能指标。表 1-1 列出了不同类型的内燃机的 P_e 和 η_m 值。

表 1-1　在标定工况下，内燃机 P_e 和 η_m 值的一般范围

内燃机类型	P_e/MPa	η_m
四行程汽油机	0.65~1.20	0.70~0.85
非增压柴油机	0.55~0.85	0.75~0.80
增压柴油机	0.80~3.00	可达 0.92
二行程汽油机	0.40~0.65	—
非增压柴油机	0.40~0.60	0.70~0.80
增压柴油机	0.80~1.30	可达 0.92

3）有效扭矩 M_e

有效扭矩 M_e 是指曲轴输出的扭矩。它与有效功率 N_e 之间有如下关系：

$$N_e = \frac{2\pi n M_e}{60} \times 10^{-3} = \frac{M_e n}{9550} \tag{1-9}$$

式中：M_e 单位为牛顿·米（N·m）。

$$M_e = \mathrm{k} \times P_e \tag{1-10}$$

式中：$\mathrm{k}=318.3V_h i/\tau$ 为一常数。式（1-10）说明内燃机的扭矩与平均有效压力成正比。

4）有效耗油率 g_e

有效耗油率 g_e 是指单位有效功的耗油量，通常以单位有效千瓦小时的耗油量表示：

$$g_e = \frac{G_f}{N_e} \times 10^3 \tag{1-11}$$

式中：G_f 为每小时消耗的燃油量（kg/h）。有效耗油率 g_e 因直接表明了内燃机发出单位功率所消耗的燃油，因此，具有很大的实际经济意义。

5）紧凑性指标

在评价内燃机时，除了上述动力性和经济性指标外，还可以从工作容积的利用率、重量与体积的利用率等方面进行比较。

（1）比重量 G_W。比重量 G_W 是指内燃机重量 G 与标定功率 N_e 的比值，即

$$G_W = \frac{G}{N_e} \tag{1-12}$$

式中：G 为内燃机不加燃料、冷却水、机油及其附属装备净重量（kg）；G_W 为内燃机制造技术和材料利用率程度等综合参数。

（2）升功率 N_L。升功率 N_L 是指内燃机单位升汽缸工作容积所能发出的有效功率 N_e，即

$$N_L = \frac{N_e}{V_H} = \frac{P_e n}{30\tau} \times 10^{-3} \tag{1-13}$$

升功率表示了内燃机汽缸工作容积的有效利用程度，它综合反映了平均有效压力、转速及行程数的影响，因此是表征内燃机强化程度的重要性能指标。

（3）功率密度 N_V。功率密度 N_V 是指内燃机的标定功率 N_e 与其外廓体积 V 的比值，即

$$N_V = \frac{N_e}{V} = \frac{V_H}{V}\frac{N_e}{V_H} = KN_L \tag{1-14}$$

式中：K 为内燃机总布置紧凑性系数（L/m^3）。

显然，要提高内燃机的单位体积功率，不仅应提高升功率，还应提高总体布置的紧凑性。因此在设计内燃机时，即要追求机体尺寸的紧凑性，也要考虑附件布置的合理性。

6）有效热效率 η_e

有效热效率 η_e 是指加入内燃机中的热量转变为有效功的程度，可表示为

$$\eta_e = \frac{3.6 \times 10^6}{H_\mu \times g_e} \tag{1-15}$$

式中：H_μ 为燃料低热值（kJ/kg）。说明 η_e 与 g_e 成反比，即有效热效率越高，有效耗油率就越低。表 1-2 为标定工况下不同类型内燃机的 η_e 与 g_e 值。

表 1-2　标定工况下，g_e 和 η_e 的范围

内燃机类型	g_e/(g/kW·h)	η_e
非增压柴油机	224~299	0.27~0.38
增压柴油机	190~217	0.40~0.45
汽油机	265~340	0.21~0.28

3. 标定指标

标定指标主要包含标定功率和相应的标定转速。标定功率和标定转速一般指内燃机铭牌上所标出的功率和转速。一台内燃机的使用功率及其相应转速究竟应该标定多大，是根据内燃机的特性、使用特点、寿命和可靠性等不同要求而人为确定的。世界各国对标定方法的规定有所不同。我国的国家标准 GB/T 6072.1—2000 规定了内燃机的功率分为以下四种：

（1）15min 功率。内燃机允许连续运转 15min 的最大有效功率。它适用于经常以中小负荷工作而又需要有较大的功率储备或需在瞬时发出最大功率的内燃机，如中小型载货汽车、军用车辆、摩托车等用的内燃机。

（2）1h 功率。内燃机允许连续运转 1h 的最大有效功率。它适用于经常以大负荷工作而又需在短期内满负荷工作的内燃机，如大型载货汽车、轮式土方机械、机械传动的单斗挖掘机、液压传动采用定量泵的挖掘机、振动压路机等用的内燃机。

（3）12h 功率。内燃机允许连续运转 12h 的最大有效功率。它适用于在一个工作日内以基本不变负荷工作的内燃机，如履带推土机、装载机、挖沟机以及农业排灌、电站和拖拉机用的内燃机。

（4）持续功率。内燃机允许长期连续运转的最大有效功率。它适用于长期维持运转的内燃机，如发电、排灌、轮船用的内燃机等。

除了持续功率外，其他几种功率均具有间歇性工作的特点，故称为间歇功率。对于间歇功

率来说，可以标定得高一些，以充分发挥内燃机的工作潜力。内燃机在实际按标定功率运转时，超出上述限定的时间并不意味着内燃机将被损坏，但内燃机的寿命与可靠性受到影响。

按照内燃机产品的使用特点，在内燃机的铭牌上一般应标明上述四种功率中的一种或两种功率及其相应的标定转速。

以上标定功率均指在大气压力为760mmHg(1mmHg=133.3224Pa)、大气温度为20℃、相对湿度为60%的情况下标定的，若外界环境情况与上述不同，则应作相应修正。

4. 充气系数

表示进气行程终了时汽缸中气体充填的程度，用η_v表示。

$$\eta_v = \frac{\text{每循环中实际进入汽缸的新鲜空气量}}{\text{在进气状态下理论进气量}}$$

可见，η_v越大，实际进入汽缸中的气体量越多，汽缸工作容积利用得越充分。因此，充气系数又称为容积效率。车用非增压内燃机充气系数，柴油机一般为0.8~0.9，汽油机一般为0.75~0.85。

第二章 机体和曲轴连杆机构

机体和曲轴连杆机构是内燃机产生动力的主要部分，它将燃料燃烧所释放的热能转变为机械能，也就是把作用在活塞顶部上的燃气压力传给曲轴，将活塞的往复直线运动转变成曲轴的旋转运动，并向传动装置输出动力。机体和曲轴连杆机构包含的零件较多，根据其功用可分为三个组成部分：机体组、活塞连杆组、曲轴飞轮组。

第一节 机 体 组

机体组包括汽缸体、上曲轴箱、下曲轴箱、汽缸套、汽缸垫、汽缸盖、机油盘、前齿轮室、齿轮室盖及后盖等。一般柴油机的缸体与曲轴箱合为一体，总称为机体。机体承受着大小和方向做周期变化的气体压力、惯性力和力矩的作用，并将所受的力和力矩通过机体传给机架。

一、汽缸体

1. 汽缸体的功用

汽缸体往往与上曲轴箱铸成一体，通称汽缸体，是内燃机的主体骨架。风冷式内燃机汽缸大多采用单体汽缸，故一般将汽缸体与曲轴箱分开铸造，再通过螺栓与上曲轴箱连接。

汽缸体的主要功用：支撑曲轴连杆机构运动件并保持其相互位置的正确性；形成水道、油道；安装内燃机附件；承受内燃机工作时所产生的各种作用力。

2. 汽缸体的结构形式

汽缸体的结构形式通常有一般式、龙门式与隧道式三种，如图 2-1 所示。

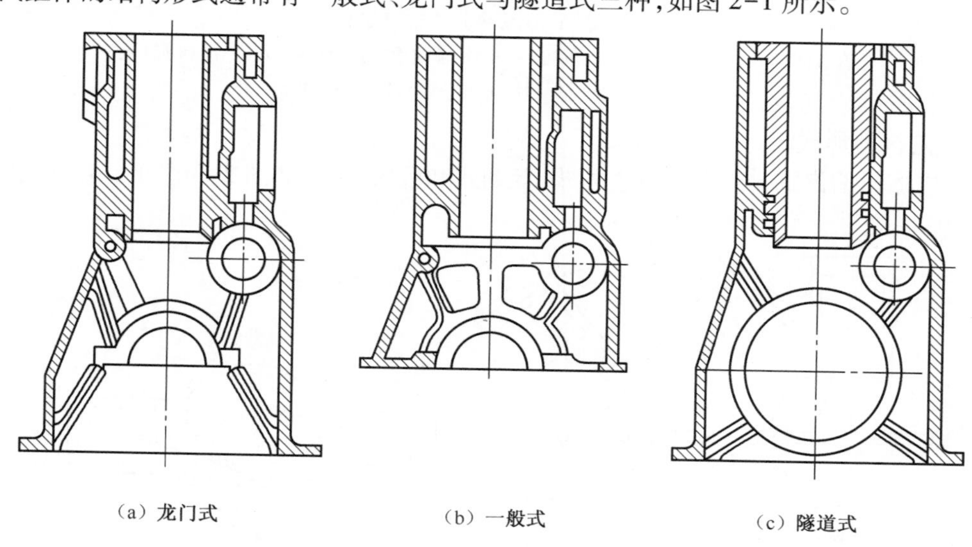

(a) 龙门式　(b) 一般式　(c) 隧道式

图 2-1 汽缸体结构示意图

一般式：上、下曲轴箱的分界面与曲轴中心线在同一个平面上（图 2-1（b））。这种汽缸体高度小、结构紧凑，但刚度稍差，一般多用于 WD615.67 等功率较小的柴油机上 。

龙门式：将上、下曲轴箱的分界面移至曲轴中心线以下（图 2-1（a））。这种结构可以使纵向平面中的弯曲刚度和绕曲轴轴线的扭转刚度显著提高，同时下表面与油底壳完整相配，密封性较好，常被中型以及重型载重汽车所采用，如 6CT、6BT、NT/NTA855、F6L912 型等柴油机。

隧道式：将主轴承做成整体式（图 2-1（c））。这种形式的刚度与强度较好，但其重量与尺寸较大，适用于采用组合式曲轴与滚动主轴承内燃机上，如黄河汽车 6135Q 柴油机。

3. 汽缸体的冷却形式

水冷式汽缸体，在汽缸的周围有充水的空腔，称为水套。水的进口可在汽缸体的前端或侧面，出水口多在汽缸盖的上端或侧面。在汽缸盖与汽缸体的装配面上有许多对应并相通的水道口。

风冷式内燃机的汽缸体与上曲轴箱除常采用分体式外，在汽缸体和汽缸盖的外表面还有许多散热片，以增加散热面积，提高散热能力，如图 2-2。因铸铁耐磨性好，铝合金导热性好，目前多采用在铸铁汽缸套外缘浇锡铝合金工艺，将两种材料铸成整体，称为双金属汽缸体，如图 2-2（b）所示。风冷式内燃机汽缸体常采用龙门式或隧道式结构，以保证其强度和刚度。

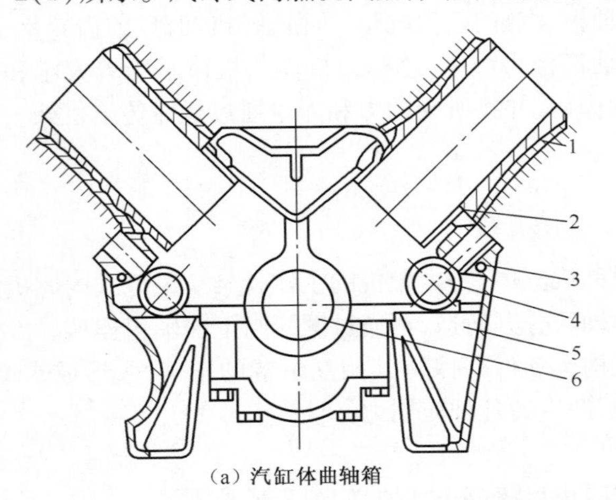

（a）汽缸体曲轴箱

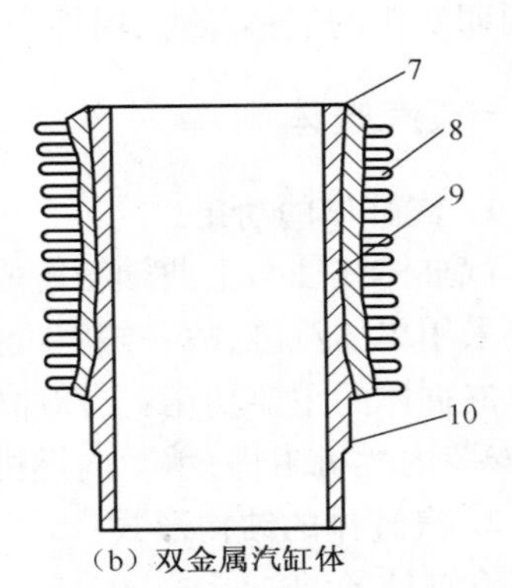

（b）双金属汽缸体

图 2-2　V 形风冷分体式汽缸体

1—汽缸体；2—支撑平面；3—上曲轴箱；4—凸轮轴轴承座孔；5—隔板；6—主轴承座孔；
7—上止口；8—散热片；9—汽缸套；10—下止口。

4. 汽缸排列形式

多缸内燃机的汽缸排列形式有直列式、双列式和卧式三种，如图 2-3 所示。直列式结构简

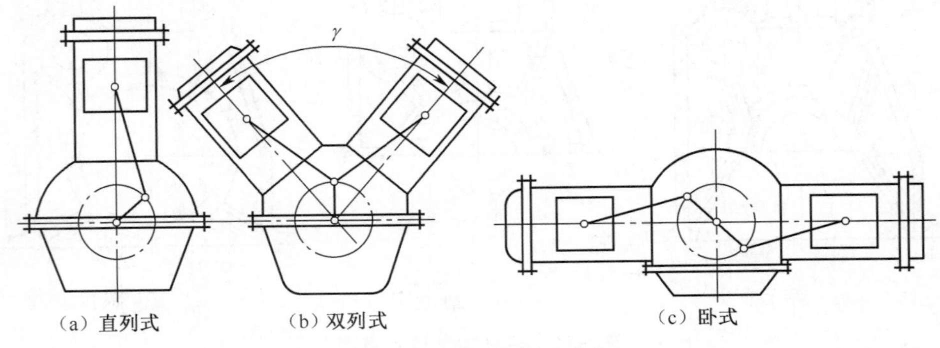

（a）直列式　（b）双列式　（c）卧式

图 2-3　汽缸的排列形式

单，常为四缸和六缸（NT/NTA855 型、WD615. 67 型、F6L912/913 型柴油机）内燃机采用；双列式又称 V 式，结构比较复杂，但可以缩短内燃机的长度，常为八缸和十二缸（如 12V150L 系列柴油机）内燃机采用；卧式多用在大型公共汽车和摩托车上。

二、汽缸套

汽缸体中活塞往复运动的内腔称为汽缸。汽缸可以在汽缸体上直接加工制成，但目前广泛采用的是用耐磨材料（合金铸铁或合金钢）制成汽缸套，镶入汽缸体内，形成汽缸工作面。当采用铝合金汽缸体时，由于铝合金耐磨性较差，必须镶入缸套，这样有利于降低成本，且修理更换汽缸套也比较方便。汽缸套有干式和湿式两种，如图 2-4 所示。

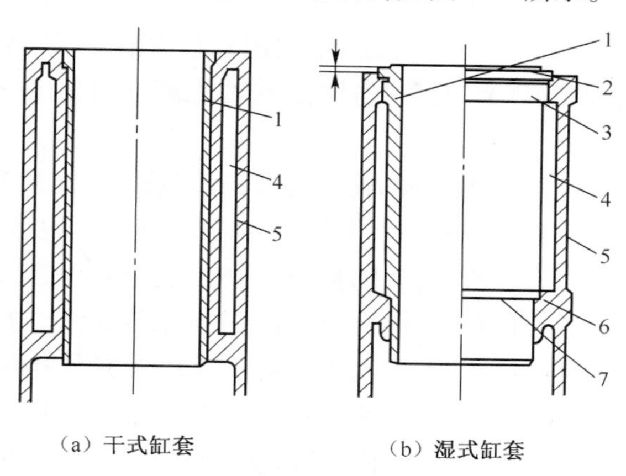

图 2-4　汽缸套

1—汽缸套；2—凸缘；3、7—定位环；4—水套；5—缸体；6—密封圈。

干式汽缸套的特点是缸套外圆表面不直接与冷却水接触，壁厚一般为 1~3mm。其优点是不漏水、不漏气，汽缸体的刚性好、强度高；缺点是散热效果差，为保证汽缸体与缸套的配合精度，加工精度要求高、难度大，拆装修理不便。干式汽缸套一般以上端或下端定位，用合金铸铁制成。WD615. 67 型柴油机采用干式缸套并以上端定位；有的内燃机是在汽缸体大修后镶套时才采用干式缸套。

湿式汽缸套的特点是其外表面与冷却水直接接触，汽缸壁较厚（5~9mm）。缸套的径向定位靠上、下两处凸起的定位环保证（图 2-4（b））；缸套上部突缘的下端面与缸体的凹肩配合，起轴向定位并保证上部密封，胶圈保证下部密封；缸套装入汽缸体后，上端面应高于汽缸体上平面 0. 05~0. 15mm，装配时使汽缸盖能够压紧汽缸垫和缸套，防止漏水和漏气。湿式汽缸套的优点是汽缸体的铸造较容易，散热效果好，拆装简便。缺点是汽缸体的刚度较差，缸套上端面不能被缸盖压紧时，易漏水、漏气。6CT 和 6BT 柴油机、NT855/NTA855 柴油机、12V150L 系列等大部分柴油机都采用湿式汽缸套。

三、汽缸盖与汽缸垫

1. 汽缸盖

1）汽缸盖的功用和材料

汽缸盖的主要作用是封闭汽缸，并与活塞顶共同组成燃烧室。此外，它还为许多零部件提供安装位置。汽缸盖与高温燃气直接接触，同时承受极高的气体压力和缸盖螺栓预紧力，故其所受热应力和机械应力均较严重，因此汽缸盖应具有足够的刚度和强度。

目前使用的汽缸盖材料有两种：一类是灰铸铁或合金铸铁，因其高温强度高、铸造性能好、价格低等优点，应用很广泛，如6BT系列柴油机、NT/NTA855型、WD615.67型柴油机；另一类是铝合金，主要优点是导热性好，降低了汽缸盖的温度，提高了充气系数，减小爆燃倾向，如F6L912/913柴油机，缺点是高温时强度降低，热膨胀系数大，易变形。

2）汽缸盖的结构形式

汽缸盖可分为整体式和分体式两种。

整体式汽缸盖的所有汽缸共用一个汽缸盖。其优点是结构简单，汽缸的中心距离小，可以减小内燃机的质量和长度；缺点是铸造工艺和加工精度要求较高，易弯曲变形，装配质量要求高。多用在汽缸数不超过6个的内燃机中。

分体式就是每个汽缸（或每2~3个汽缸）单独用一个汽缸盖，如WD615.67型柴油机，其优点是刚度大，通用性强，加工简单，但在缩短汽缸中心距离方面受到一定限制，风冷式内燃机大部分采用该结构。

WD615系列发动机的汽缸盖为镍铬珠光体合金铸铁，采用每缸一盖结构，如图2-5所示。每个汽缸盖上，均布置有一个进气门和一个排气门，进、排气道分布于两侧，进气道按直喷式燃烧系统要求能产生一定旋流，有利于混合气的形成。汽缸盖上采用镶入喷油器铜套结构，对改善喷油器散热，提高喷油器工作的可靠性非常有利。冷却水流入汽缸盖后，全部通过汽缸鼻梁热区的水腔，然后掠过喷油器铜套进入出水管。由于冷却水道布置合理，冷却效果好。NT/NTA855、6135Q柴油机采用两缸一盖。其优点是铸造容易，加工精度要求较低，刚度较高，通用性好，有利于产品系列化，但汽缸的中心距较大，使内燃机质量和长度增加，目前多应用于缸径较大的柴油机中。

3）汽缸盖的安装

汽缸盖用螺栓固定在汽缸体上。汽缸盖螺栓的紧定原则是：必须按一定的顺序以规定的扭矩进行，一般由中间对称地向四周分多次均匀拧紧，以保证汽缸垫均匀平整地夹在汽缸体和汽缸盖之间，避免缸盖翘曲变形造成漏气（图2-6）。由于材料的膨胀系数不同，所以安装不同材料的汽缸盖时应用不同的方法。铸铁膨胀系数比钢小，为了防止受热后钢螺栓的伸长大于铸铁缸盖的伸长，致使缸盖与缸体的结合不足，不能保证密封，螺母不但要在冷车时拧紧，而且待内燃机温度升高后还应进行第二次拧紧。铝合金的膨胀系数比钢约大一倍，因此，铝合金缸盖在内燃机热启动后与汽缸体结合得会更紧，故只需冷车一次拧紧即可。常见内燃机的汽缸盖螺栓规格和拧紧扭矩如表2-1所列。

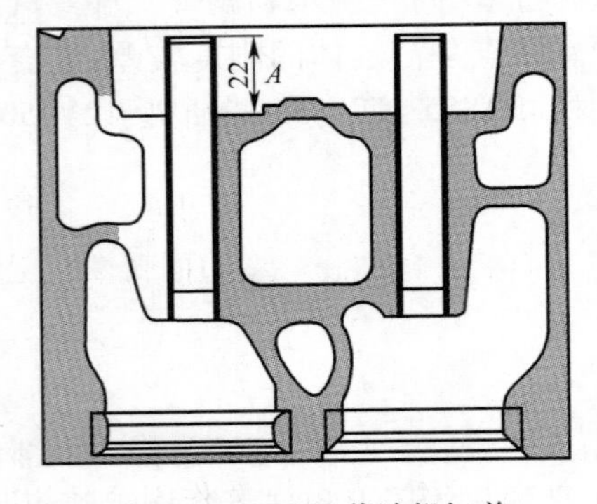

图2-5　WD615柴油机缸盖

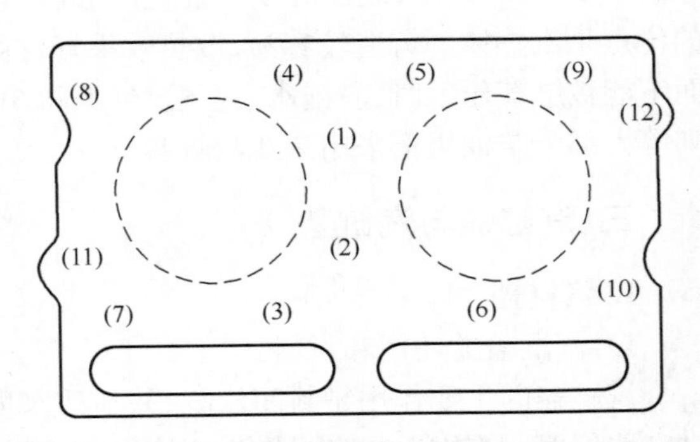

图2-6　NT/NTA855型柴油机缸盖螺栓拧紧顺序

表 2-1　几种常见内燃机的汽缸盖螺栓规格和拧紧扭矩

内燃机型号	螺栓规格	拧紧扭矩/(N·m)
WD615	主螺栓 M16 副螺栓 M12	主螺栓 240~340 副螺栓 120~160
6BT5.9	M12	126
NT/NTA855	12 个 11/12in	359~413.5
F6L912	M12	预紧力矩 30N·m,再分 3 次共拧 135°(3×45°)

2. 汽缸垫

1）汽缸垫的功用

汽缸垫安装于汽缸盖与汽缸体结合面之间,它的作用是保证结合面间的密封,防止漏气、漏油和漏水。图 2-7 为 WD615 柴油机汽缸垫。

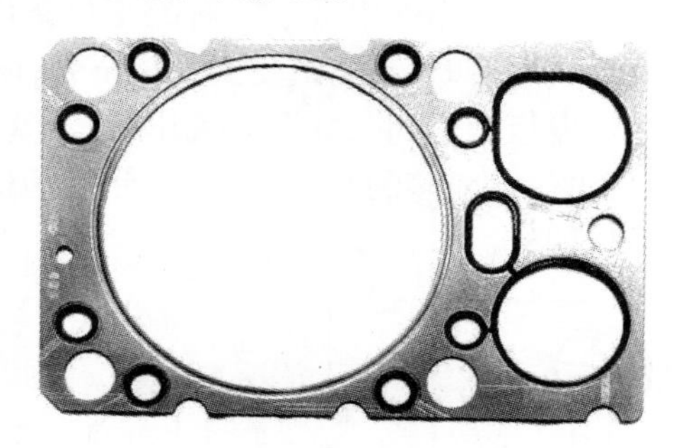

图 2-7　WD615 柴油机汽缸垫

2）汽缸垫的材料

汽缸垫受到缸盖螺栓预紧力和高温燃气压力的作用,同时还受到油、水的腐蚀,因此汽缸垫必须具有一定的强度和良好的弹性,同时还要有一定的耐蚀性和耐热性。

车用内燃机汽缸垫有三类:一是金属与石棉组成的金属—石棉衬垫,它是在夹有金属丝或金属屑的石棉外包以钢皮或铜皮,在与燃气接触的缸垫孔周边用镍片镶边,以防高温燃气烧损,用编织钢丝、扎孔钢板与石棉组成。这一类汽缸垫被车用内燃机广泛采用。

二是用塑性金属制成的金属衬垫,这种衬垫常用硬铝板、冲压钢片或一叠薄钢片制成,主要用于强化程度较高的柴油机上。

三是金属—复合材料衬垫是在钢板的两面粘覆耐热、耐腐蚀的新型复合材料制成,并在汽缸孔、机油孔和冷却水孔周围用不锈钢包边。近年来,一些国外的内燃机上已经用耐热密封胶完全取代了传统的汽缸垫。

3）汽缸垫的安装

汽缸垫有正反面,有"TOP"字样的为正面,安装时应朝上。对无"TOP"标识的汽缸垫,安装时按照以下原则进行:对铸铁材料的缸盖,应将缸垫光滑面朝向汽缸体,卷边面朝向汽缸盖;对铝合金材料的缸盖,光滑面朝向汽缸盖,卷边面朝向汽缸体。

四、油底壳

下曲轴箱根据是否贮存机油,可分为湿式曲轴箱与干式曲轴箱,它的主要作用是封闭曲轴箱。在大部分内燃机上,下曲轴箱还是贮存机油的场所,由于它不受任何作用力,只是一个薄薄的壳体，又称为油底壳。采用湿式曲轴箱的内燃机不另设机油箱，机油即贮存于油底壳中，大多数中、小功率内燃机采用这种形式。

在使用环境较差的工程车或大型载重车的内燃机上，往往采用干式曲轴箱，用专门的机油箱来贮存机油，如12V150L系列柴油机。采用专用机油箱的目的是使车辆在任何倾斜角度下都能保证机油的连续供应。

油底壳底部有放油螺塞，供清理、更换机油用。有的放油螺塞具有磁性，能吸附机油中的金属屑。油底壳内还设有挡油板，防止振动时油面波动过大而导致润滑不良。

第二节　活塞连杆组

活塞连杆组由活塞组与连杆组两部分组成，如图2-8为6CTA8.3型柴油机的活塞连杆组，主要由活塞、活塞环、活塞销、卡环等零件组成。其所处工作条件相当严酷：高温、高速、高负荷、润滑不良、冷却困难。发动机运转时，活塞组受到气体压力、往复惯性力及侧压力的周期性冲击力的作用。发动机最高爆发压力达到130个大气压，使活塞产生很大的机械压力和变形。因此，活塞组成为柴油机常见故障较多的组件之一，要使发动机达到较好的工作可靠性、耐久性和动力性指标，活塞组设计是关键。

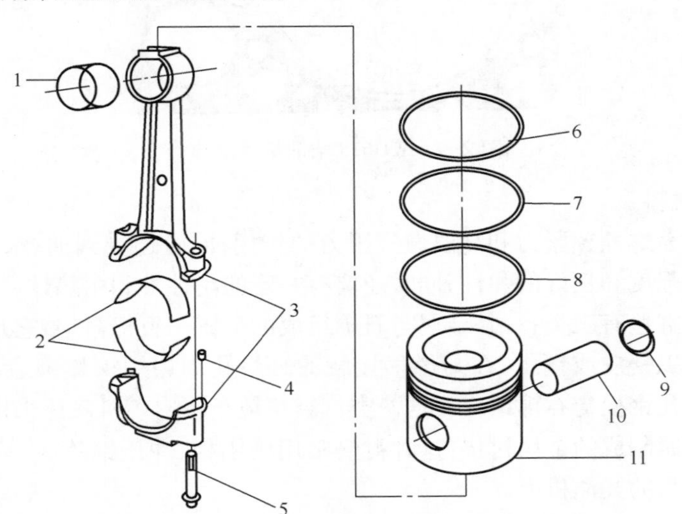

图2-8　6CTA8.3型柴油机的活塞连杆组

1—连杆衬套；2—连杆轴瓦；3—连杆总成；4—定位销；5—连杆螺栓；6、7—压缩环；8—油环；9—卡环；10—活塞销；11—活塞总成。

一、活塞组

活塞组由活塞、活塞环、活塞销及活塞销卡环等组成，活塞组的主要功用如下：与汽缸盖共同组成燃烧室，使发动机产生最佳燃烧效果，并承受燃气压力，将此力传给连杆和曲轴对外做功；密封汽缸，防止燃气泄漏及润滑油窜入燃烧室；将活塞顶部接受的热量传给汽缸壁，进而传至冷却液；将连杆侧压力传给缸壁，支撑活塞连杆组正确运动。

1. 活塞

活塞多用铝合金铸成。铝合金具有重量轻、导热性好、运动惯性小等优点，可以降低活塞工作温度，提高汽缸充气量。其缺点是膨胀系数较大，温度升高时强度和硬度下降较快，因此在结构上必须采取补强措施。6CTA8.3 型柴油机均属于直接喷射式燃烧室，在活塞顶部有 ω 形燃烧室，活塞由耐热性和耐磨性良好的共晶硅铝合金制成，有较高的抗疲劳强度、导热性好等优点。活塞的环槽部切有二道气环槽一道油环槽。它是活塞的防漏部分，两环槽之间称为环岸。第一道环槽内镶有奥氏体铸铁耐磨圈，为梯形环槽，裙部为鼓形椭圆，用以提高环槽承受高温高压气体的能力，减少环槽上、下两侧的磨损，加强和保护环槽，延长活塞的使用寿命。在缸体上装喷油嘴喷出机油压力冷却活塞底部。

1）活塞结构

活塞由顶部、头部和裙部组成，如图 2-9 所示。

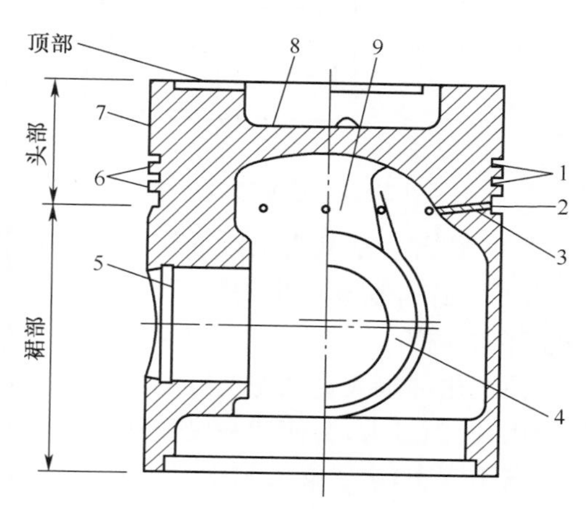

图 2-9　活塞结构

1—气环槽；2—油环槽；3—回油孔；4—活塞销座；5—挡圈槽；6—活塞环岸；7—活塞顶岸；8—燃烧室；9—加强筋。

（1）顶部。活塞顶部是组成燃烧室的主要部分，其结构形状与所选用的燃烧室形式及压缩比有关，一般分为平顶、凸顶、凹顶三种。汽油机活塞顶一般为平顶（图 2-10（a）），具有受热面积小、加工简单等优点，但也有少数汽油机采用凹顶活塞。柴油机通常采用凹顶活塞（图 2-10（c）），其凹坑的形状取决于燃烧室的形式以及混合气的形成方式，因而深浅不一，形状各异。二冲程内燃机多采用凸顶活塞；F6L912、NT855、WD615.67、135 系列等柴油机活塞顶为 ω 形，并加工有进、排气门避让坑，以防止活塞顶和气门相碰撞；120 系列柴油机为球形活塞顶。

（2）头部。从活塞顶部到油环下端面之间部分称为活塞头部。其上加工有气环槽和油环槽，用以安装气环和油环。上面的 2~3 道环槽安装气环，下面的 1~2 道环槽安装油环，油环槽内还钻有许多小孔，以便使油环从汽缸壁上刮下的润滑油经小孔流回曲轴箱。

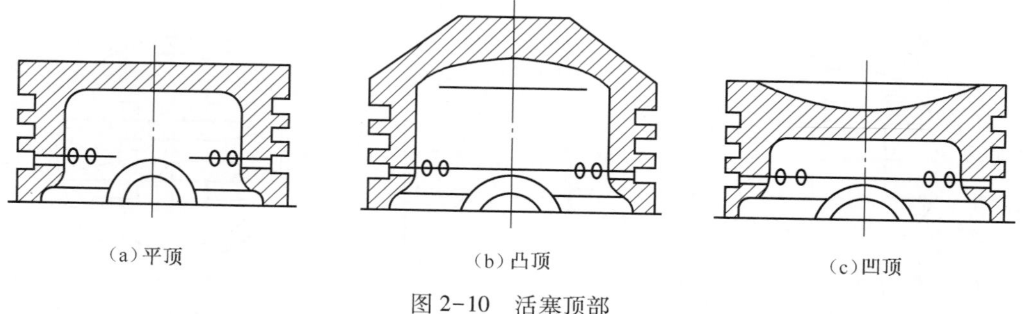
（a）平顶　（b）凸顶　（c）凹顶

图 2-10　活塞顶部

在活塞顶面至第一道环槽之间，有的还加工出很多细小的环形槽。这种细小的环形槽可因积炭而吸附润滑油，在瞬间失油工作时可防止活塞与汽缸壁的咬合，如 NT/NTA855 型、F6L912 型、6135Q 型柴油机就采用这种结构（图 2-11）。

为了改变传热路线，限制传给第一道气环的热量，通常在第一道气环的上方开有较窄的隔热槽（图 2-12）。NT/NTA855 型、F6L912 型、WD615 型柴油机活塞头部第一道环槽镶有镍合金铸铁的环槽护圈，提高了第一道环槽的耐磨性，延长了活塞的使用寿命。

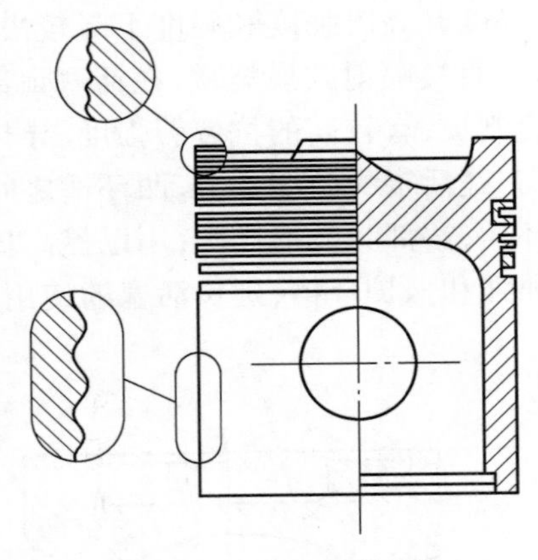

图 2-11　活塞顶环形槽

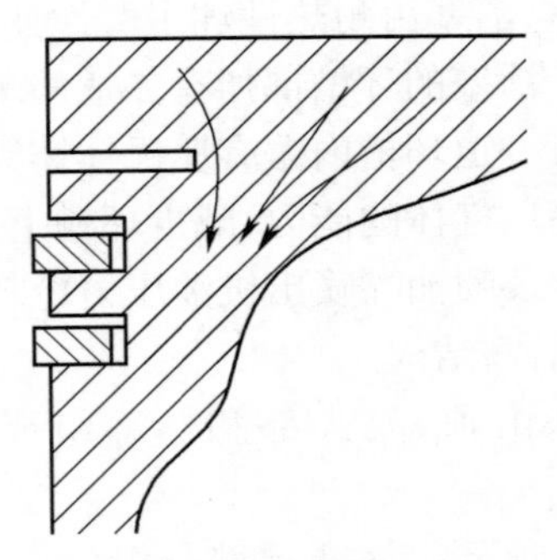

图 2-12　活塞隔热槽

（3）裙部。活塞头部以下部分称为裙部。它引导活塞在汽缸内运动，直接与汽缸壁相接触，并承受连杆摆动产生的侧压力。活塞裙部有活塞销座孔用以安装活塞销，座孔两端开有安装锁环的环槽。

活塞裙部最大直径与汽缸配合应留有适当的间隙，间隙过小，会使活塞受热膨胀后卡死在汽缸内；间隙过大，会使活塞受强烈振动后出现对汽缸的敲击声。

在工作中，由于受力及受热等原因，裙部容易变形，裙部产生变形的原因有以下几种。

（1）金属受热膨胀不均匀。由于在活塞横截面上金属分布不均匀，沿销座轴线方向金属堆积很厚，而垂直于销座轴线方向上金属很薄，因此受热后沿销座轴线方向膨胀量比垂直销座轴线方向要大得多（图 2-13（a））。

（2）活塞顶部燃气的作用力，使裙部沿销座轴线方向向外扩张变形（图 2-13（b））。

（3）裙部受侧作用力挤压。由于侧作用力是垂直于销座轴线方向的，汽缸对活塞裙部的反作用力使垂直于销座轴线方向的裙部受挤压，直径变小，而沿销座轴线方向，直径伸长（图 2-13（c））。上述三种作用力方向是相同的，即：活塞在工作时呈椭圆形，其长轴沿销座轴线方向，短轴垂直销座轴线方向。

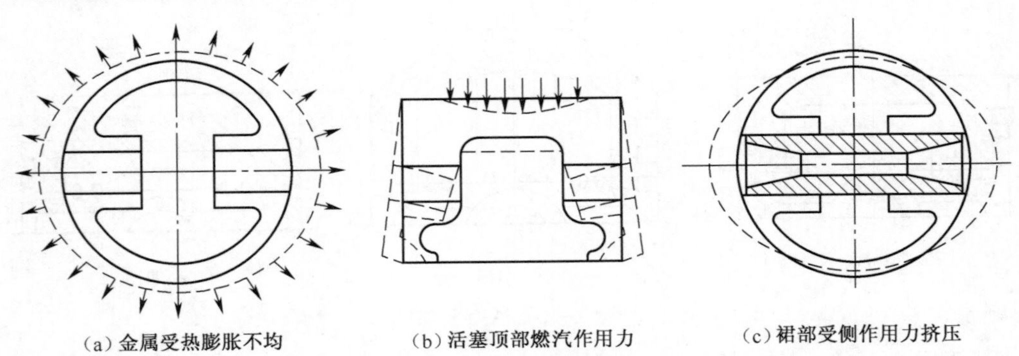

（a）金属受热膨胀不均　　（b）活塞顶部燃汽作用力　　（c）裙部受侧作用力挤压

图 2-13　活塞裙部的椭圆变形

活塞裙部的椭圆变形，使裙部与缸壁之间的间隙不均匀，沿销座轴线方向间隙最小，垂直销座轴线方向间隙最大。在冷态下若按椭圆短轴尺寸与汽缸配合，则工作时因长轴的加大将导致活塞在汽缸中卡死；相反，若按椭圆长轴尺寸与汽缸配合，则冷启动时因间隙过大而引起裙部对缸壁的敲击。

为了保持活塞与汽缸有比较恒定的最佳间隙，在结构上采取了以下几种措施。

(1) 椭圆裙：椭圆长轴与活塞销轴线垂直，活塞工作时由于沿销座轴线方向变形较大而变成圆形。对各型内燃机的椭圆度均有具体规定，6BT 柴油机为(0.35±0.03)mm，NT855、WD615 柴油机为 0.20～0.40mm。少数内燃机采用正圆形裙部，在销孔处附近铸有深 0.5～1mm 的凹陷作为补救措施。

(2) 在裙部开 Π 形或 T 形弹性槽：横向槽开在最下面的活塞环槽内，可以部分切断由活塞上部流向裙部的热量，使裙部热膨胀减小；纵向槽开在活塞裙部，使裙部具有弹性，以保证在冷态下裙部与汽缸之间保持最小值而在工作时又不致卡死。但必须注意，因开槽降低了活塞的刚度，在装配时要将有弹性槽的面安置在不承受最大侧作用力的一边。汽油机铝合金活塞裙部开弹性槽。柴油机汽缸内压力较大，其活塞裙部一般不开膨胀槽，故活塞间隙比汽油机大。

(3) 在活塞销座中镶入膨胀系数小的钢片：在销座两侧镶入膨胀系数小的钢片，以限制活塞裙部的膨胀，减少其热膨胀量，从而可使活塞在汽缸中的装配间隙尽可能小而又不致卡死。

(4) 在活塞高度方向上，由于顶部温度最高，沿着高度往下，温度逐渐降低，为了在工作时沿高度方向间隙均匀，活塞不是制成一个正圆柱体，而是上小下大。目前最好的活塞形状是中凸形(桶形)，它可保持活塞在任何状态下都能得到良好的润滑。

2) 活塞的冷却

在某些强化的柴油机上，由于燃气压力大、温度高，为保证柴油机能正常工作，必须对活塞加强冷却，活塞的冷却一般有以下几种方式。

(1) 自由喷射冷却。由连杆小头向活塞顶的内壁喷机油，或是在曲轴箱体上安装固定喷嘴向活塞喷机油(图 2-14)。

(2) 具有内冷却油腔的强制冷却。活塞顶及密封部的内部作成空腔，将机油引入内腔进行循环冷却(图 2-15)。

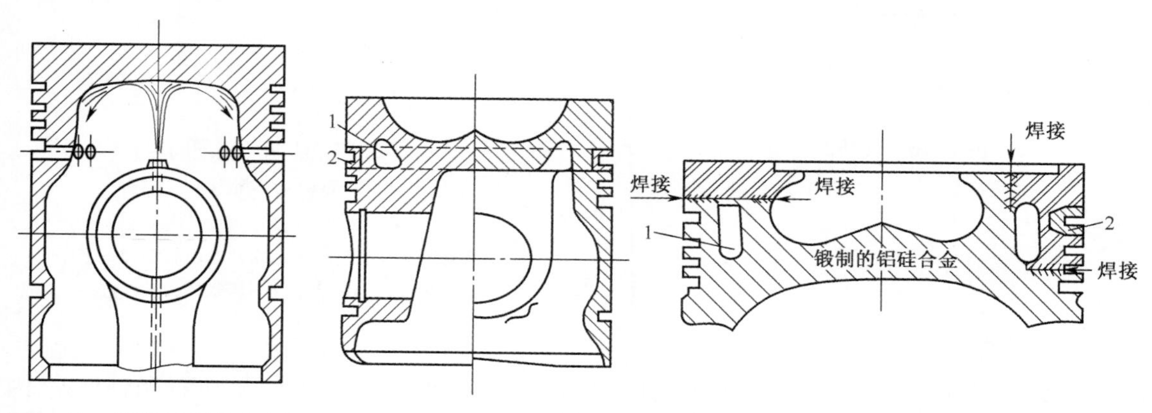

图 2-14 活塞顶的喷油冷却

图 2-15 具有内冷却油腔的活塞

1—冷却油腔；2—活塞环镶圈。

3) 活塞装配应注意的事项。

(1) 活塞与汽缸、活塞销与销孔分组后，应同组装配，不能错装，以提高装配质量。

(2) 铝合金活塞装配活塞销时，先将活塞放在 70～90℃ 的水或油中加热。

(3) 活塞装入汽缸时，应留有适当的缸壁间隙。

(4) 注意活塞装配方向，对于顶部具有燃烧室凹坑的活塞，应与喷油器的喷油方向相配合。对于裙部开有切槽的汽油机活塞，其切槽朝向侧压力较小的一面。通常在活塞顶上都有箭头，箭头指向喷油器或内燃机前端方向。

2. 活塞环

活塞环是开口并具有弹性的圆环，通常由优质灰铸铁或合金铸铁制成。活塞环有气环和油环两种。气环装在活塞身上端，用来密封气体，阻止汽缸中高温、高压燃气漏入曲轴箱（图 2-16），并将活塞顶部的大部分热量传给汽缸壁。油环装在活塞身下端，用来布油和刮油，当活塞上行时，油环将飞溅在汽缸壁上的油滴均匀分布于汽缸壁上；当活塞下行时，油环将汽缸壁上的机油刮下，流回油底壳。

在自由状态时，活塞环的外圆略大于汽缸直径，装入汽缸后，环产生弹力使之压紧在汽缸壁上。环的开口处应保留一定的间隙，称为开口间隙或端隙，以防活塞环受热膨胀卡死在汽缸内。活塞环装入环槽后，在高度方向上也有一定间隙，称为边隙或侧隙，以防活塞环受热膨胀卡死在环槽内而失去弹力。活塞组装入汽缸后，环的内圆表面与槽底之间也有一定的间隙，称为背隙，以防活塞环受热径向膨胀而刮伤汽缸壁（图 2-17）。活塞环的数目取决于内燃机的压缩比和转速。当环数多时，密封和刮油作用较好，但环与缸壁间摩擦阻力较大，转速高时则更大，约占总摩擦阻力的 60%。因此，在保证工作可靠的前提下，环数应尽量少。汽油机一般装有 1~3 道气环、1 道油环。柴油机压缩比大、转速低、容易漏气，一般装有 2~3 道气环、1~2 道油环。油环多于 2 道时，有的柴油机将一道油环装于活塞裙部。

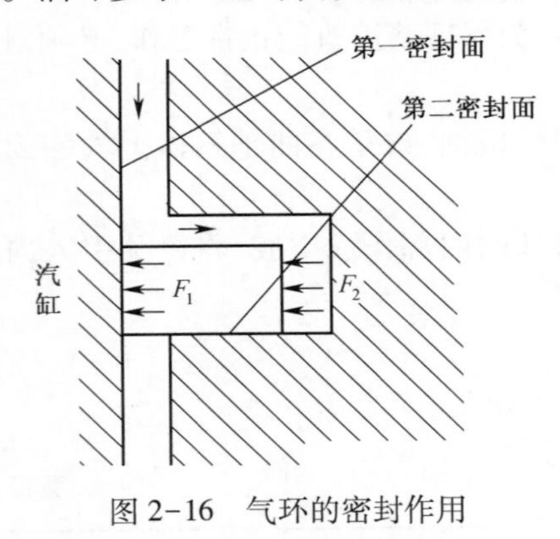

图 2-16　气环的密封作用

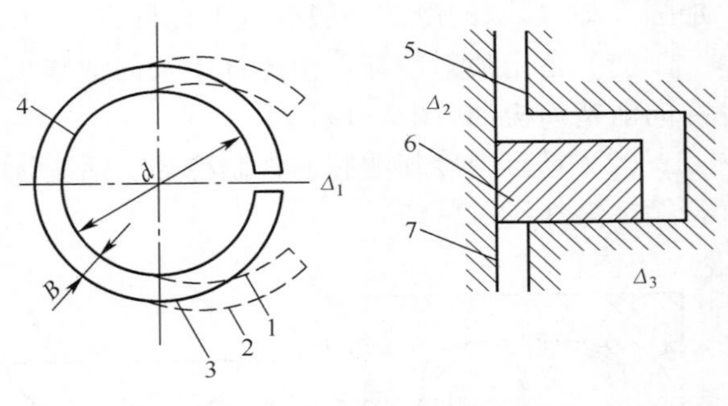

图 2-17　活塞环装配间隙

Δ_1—开口间隙；Δ_2—侧隙；Δ_3—背隙；

d—内径；B—宽度。

1—活塞环的工作状态；2—活塞环自由状态；3—工作面；

4—内表面；5—活塞；6—活塞环；7—汽缸。

1）气环

第一道气环直接与高温气体接触，其工作温度可达 350℃，受压力最大，润滑条件极差，因而磨损最严重。所以，有的内燃机第一道环在其表面镀上多孔性铬层，以保存机油，增加耐磨性。第二、第三道环镀锡，以加速磨合。气环按其断面形状的不同可分成矩形环、梯形环、扭曲环与桶面环等。

（1）矩形环：断面形状为矩形。其磨合性较差，工作时由于活塞的热膨胀和晃动等原因，易使环在运动中失去与汽缸壁的正常接触，从而使性能变差。因此，随着内燃机性能的不断提高，矩形环已不能满足内燃机强化要求，基本上采用了其他断面形式的气环。

（2）梯形环：由于它与环槽的配合间隙经常变化而有自动清除积炭的作用，一般用于强化柴油机的第一道环,如 F6L912G 型柴油机第一道气环采用梯形环。

(3) 扭曲环:分为内切槽环(又称正扭曲环)和外切槽环(又称反扭曲环)两种。这种断面内外不对称环装入汽缸受到压缩后,在不对称内应力的作用下扭曲,产生明显的断面倾斜,使环的外表面形成上小下大的锥面,这就减小了环与缸壁的接触面积,使其易于磨合,并具有向下刮油的作用。而且环的上下端面与环槽的上下端面相接触,既增加密封性,又可防止活塞环在槽内上下窜动而造成的泵油和磨损。

2) 油环

油环结构形式有普通油环、撑簧式油环和组合式油环三种。

(1) 普通油环(图 2-18)。也叫开槽油环,它的刮油能力主要靠自身弹力。该油环的外圆面上开有集油槽,形成上、下两道刮油唇,而其刮下来的润滑油经集油槽底部的回油孔流回油底壳。普通油环结构简单,加工容易,制造成本低。

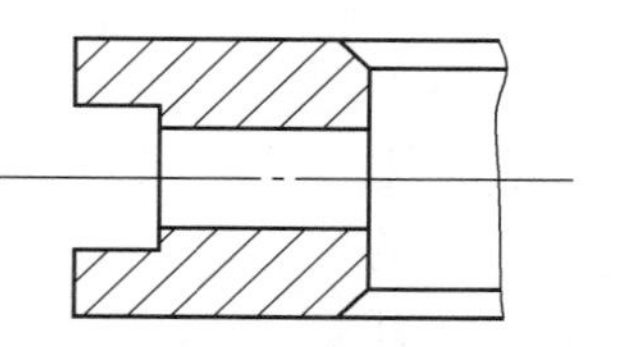
图 2-18　普通油环

(2) 撑簧式油环(图 2-19、图 2-20)。是在普通油环的内圆面上加装撑簧。油环撑簧主要有板形撑簧和螺旋撑簧两种。这种形式的油环增大了环与汽缸壁接触压力,使环与汽缸壁能均匀紧密贴合,并能补偿环磨损后的弹性减弱,因而提高了环的刮油能力和使用寿命。

(3) 组合式油环(图 2-21)。由两个刮片和一个撑簧组成。撑簧使刮片与汽缸壁及环槽侧面紧密接触,刮下来的润滑油经撑簧的小孔流回油底壳。这种油环与汽缸壁的接触压力大,刮油能力强,回油通道大,不易积炭,对汽缸的不均匀磨损适应性强,工作平稳,但制造成本高。目前,在小型高速内燃机上应用较多。

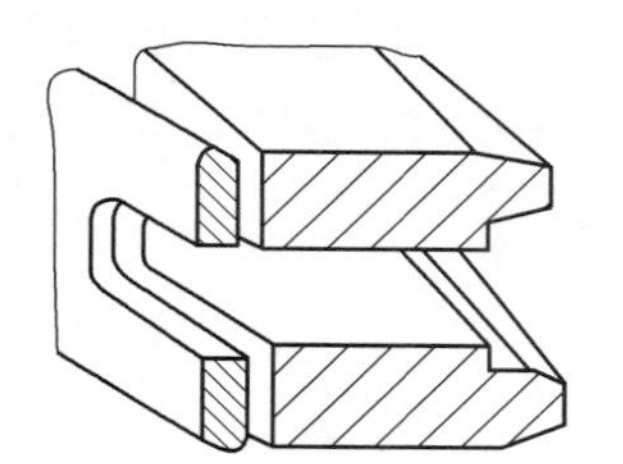
图 2-19　板形撑簧式油环

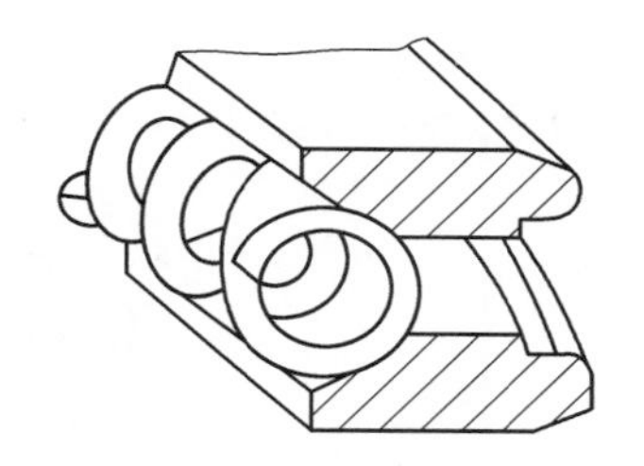
图 2-20　螺旋撑簧式油环

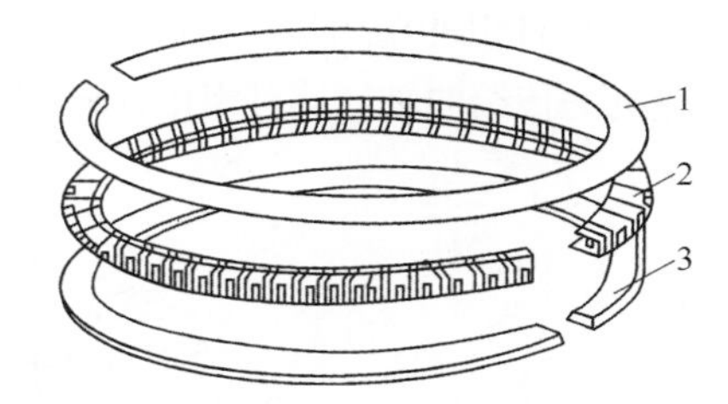

图 2-21　组合式油环

1—上刮片;2—撑簧;3—下刮片。

3) 活塞环的装配

活塞环的工作效能,与活塞环的装配密切相关。安装时,一般应注意以下几点。

(1) 区别第一道环与第二、第三道环。一般来说,第一道环是镀铬环(发亮),第二、三道是普通环。第一道环与第二、第三道环不能互换。

(2) 区别环的上端面与下端面。上端面朝上,下端面朝下;锥形环的小端面向上;扭曲环的内缺口朝上,外缺口朝下;油环的刀口面朝下,一般的倒角面朝上。

(3) 应留合适的端隙、侧隙、背隙。

(4) 检查与缸壁的贴合情况(可做透光试验,切口两侧各 $\pi/6$rad 范围内不许透光,其它圆周上透光不许超过 $\pi/6$rad 两处)。

(5) 环的切口应相互错开 90°~120°。

3. 活塞销

活塞销的功用是连接活塞和连杆小头,并将活塞承受的力传递给连杆小头。活塞销多是空心的圆柱体。活塞销与活塞销座孔和连杆小头衬套孔的配合一般为“全浮式”,即活塞销与连杆小头衬套孔的配合为动配合，而与活塞销座孔的配合为过渡配合，这可使活塞销在全长上都有相对运动，保证磨损比较均匀。为防止活塞销在工作中产生轴向窜动而磨坏汽缸，在销的两端装有卡环，如图 2-22 所示。

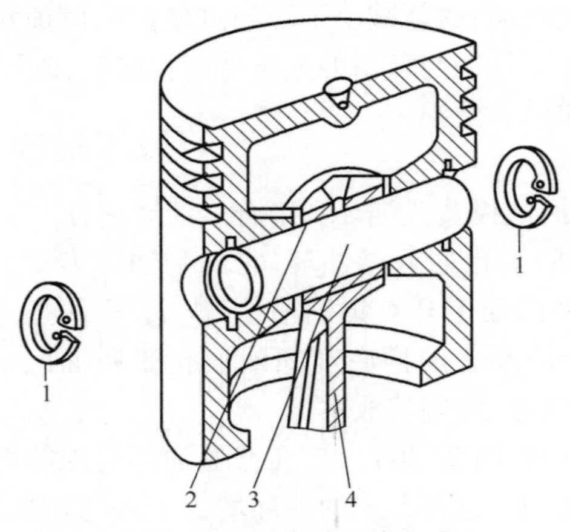

图 2-22　活塞销连接方式

1—卡环；2—轴套；3—活塞销；4—连杆。

二、连杆组

1. 连杆组的功用及结构组成

连杆组的功用是连接活塞和曲轴，将活塞的往复直线运动转变为曲轴的旋转运动，并将活塞承受的力传给曲轴。连杆组由连杆体、连杆盖、连杆衬套、连杆轴瓦和连杆螺栓等组成(图 2-23)。

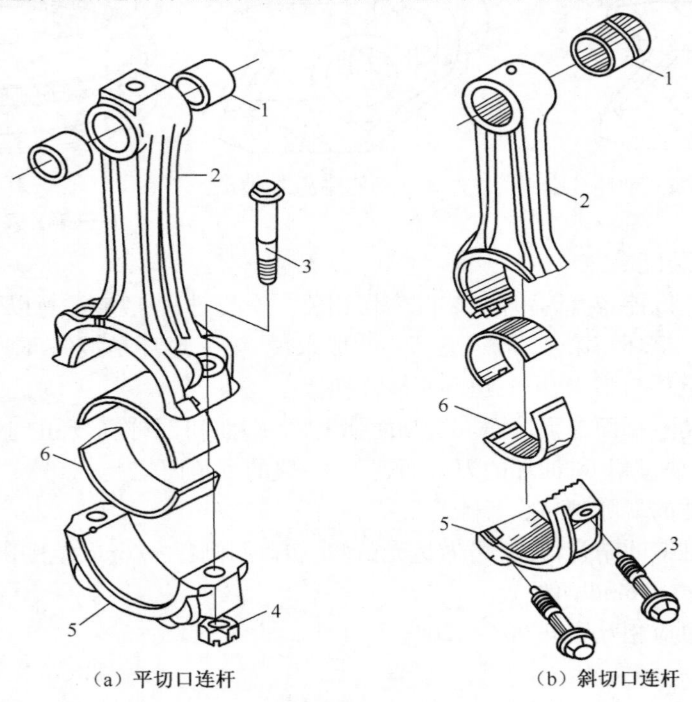

(a) 平切口连杆　　　(b) 斜切口连杆

图 2-23　连杆组

1—连杆衬套；2—连杆体；3—连杆螺栓；4—螺母；5—连杆盖；6—连杆轴瓦。

连杆体由三部分构成:与活塞销连接的部分称为连杆小头;与曲轴连接的部分称为连杆大头;连接小头与大头之间的杆部称为连杆身。连杆通常由优质中碳钢或合金钢(45、40Cr、40MnB、42CrMo 等)经模锻或辊锻制造而成,并需进行调质和喷丸处理。还有的采用球墨铸铁铸造。

在 V 形内燃机上,其左、右两列的相应汽缸共用一个连杆轴颈,其连杆有三种形式:并列连杆、叉形连杆及主副连杆(图 2-24)。

(a) 并列连杆　　(b) 叉形连杆　　(c) 主副连杆

图 2-24　V 形内燃机连杆

2. 连杆小头及杆身

连杆小头用来安装活塞销,以连接活塞。其为圆环形结构,在小头孔内压入青铜衬套或铁基粉末冶金衬套,用以减小磨损和提高使用寿命。为润滑衬套与活塞销的配合表面,在小头和衬套上均开有集油孔和集油槽,用来收集和积存飞溅的机油。

连杆身在工作中受力较大,为防止其弯曲变形,杆身必须具有足够的刚度。为此,连杆杆身都采用工字形断面,工字形断面可以在刚度与强度都足够的情况下使质量最小。在有些采用连杆小头喷射机油冷却活塞的内燃机上,在连杆身上还钻有油道。为了避免应力集中,杆身与小头、大头连接处都采用了大圆弧过度。

3. 连杆大头

连杆大头是连杆与曲轴轴颈相连接的部分。连杆大头由于装配的需要都是剖分式的,被剖分开的连杆盖和连杆大头之间用螺栓紧固,大头的剖分面有平切口(如 NT855 型柴油机)和斜切口(如 WD615、F6L912G 等柴油机)两种。当曲轴的连杆轴颈(又称曲柄销)尺寸较大时,连杆大头的横向尺寸过大,为了在拆装连杆时连杆能随同活塞一起从汽缸中通过,此时就必须采用斜切口。

在连杆大头孔内装有分开式的连杆轴瓦,轴瓦外层为钢质,内层浇铸有耐磨合金层,合金层的材料有巴氏合金、铜铅合金和锡铝合金等,较小功率的汽油机一般采用巴氏合金、中等功率的内燃机采用锡铝合金,强化柴油机一般采用铜铅合金。有的轴瓦内表面有浅槽,用于储油以利润滑。轴瓦上的凸部应嵌入轴承座和盖的凹槽中,以防止工作时移位或转动。

4. 连杆的安装定位

连杆大头上下两半的侧面往往打有数字,标明该连杆装在第几汽缸中。安装时应将上、下两半上的数字朝同一侧。杆身和轴承盖上制有凸点,安装时应朝向内燃机的前方。为保证连杆大头孔的准确定位,常用定位措施有锯齿定位、圆销定位、套筒定位及止口定位。连杆大头与连杆轴颈的连接,是内燃机最重要的接合处,因为连杆螺栓承受的冲击载荷很大,一旦断裂会造成重大事故。因此,对连杆螺栓的材料和制作方法要求都特别高。螺栓的紧定要交替进行,拧紧扭矩应符合表 2-2 的要求。

表 2-2　连杆轴承和主轴承拧紧扭矩

内燃机型号	连杆螺栓		主轴承盖螺栓	
	螺栓规格	拧紧扭矩	螺栓规格	拧紧扭矩
6BT 柴油机		预紧力矩 55N · m, 再旋拧 60°		预紧力矩(80±6)N · m, 再旋拧(60±5)°
F6L912	M12	预紧力矩 30N · m,再分别 旋拧 60°和 30°	BM14	预紧力矩 30N · m,再分别旋拧 60°和 45°
WD615	M14	预紧力矩 120N · m	M18	30N · m 靠紧,80N · m 预紧,最 后以(250±25)N · m 拧紧
CA6110 柴油机		140~160N · m		225~245N · m
6135Q	M18	180~200N · m		

第三节　曲轴飞轮组

一、曲轴

曲轴飞轮组主要由曲轴、飞轮及其他不同功用的零件和附件组成。曲轴前端(自由端)装有正时齿轮、皮带轮和扭转减振器;曲轴后端装有飞轮,其上有启动用的齿圈。

1. 曲轴的功用

曲轴是内燃机中最重要的零件之一,其功用是将活塞连杆组传递来的力转变成转矩,作为动力而输出做功,驱动其他工作机构,并带动内燃机辅助装置工作。

曲轴工作时,除受气体压力和往复惯性力的共同作用外,还受旋转时的离心力。在交变载荷的作用下,会使曲轴产生振动和轴向窜动,因此曲轴除了要有足够的刚度、强度、韧性外,还应具有很好的平衡性,轴颈表面应具有较好的耐磨性且润滑可靠。

在一般高速内燃机中,曲轴多采用优质中碳钢或合金钢模锻而成。为提高曲轴的疲劳强度和轴颈的耐磨性,需对曲轴进行调质处理,对轴颈进行高频淬火或氮化处理。

在现代中、小型内燃机中,曲轴多采用高强度球墨铸铁铸造。球墨铸铁曲轴通常需进行正火、等温淬火或高频感应淬火等处理。

2. 曲轴的分类

按曲轴的结构形式不同可分为整体式和组合式两种。

整体式曲轴的所有组成部分为一个不可分割的整体(图 2-25)。其特点是结构简单,加工

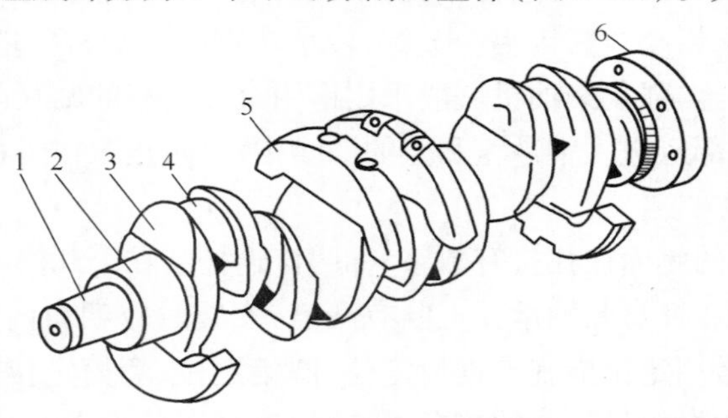

图 2-25　整体式曲轴构造图

1—曲轴前端;2—主轴颈;3—曲柄;4—连杆轴颈;5—平衡块;6—曲轴后端。

容易，质量小、成本低，工作可靠，目前，在中小型内燃机中应用广泛（如 WD615 系列、NT/NTA855 型等柴油机）。组合式曲轴的各组成部分靠单独制造，然后组装成整体（图 2-26）。其优点是主轴轴颈可以采用滚动轴承，摩擦阻力小，且某一组成部分损坏后可以进行单独更换，不至于报废整根曲轴。但其结构复杂，加工精度要求高，成本高。

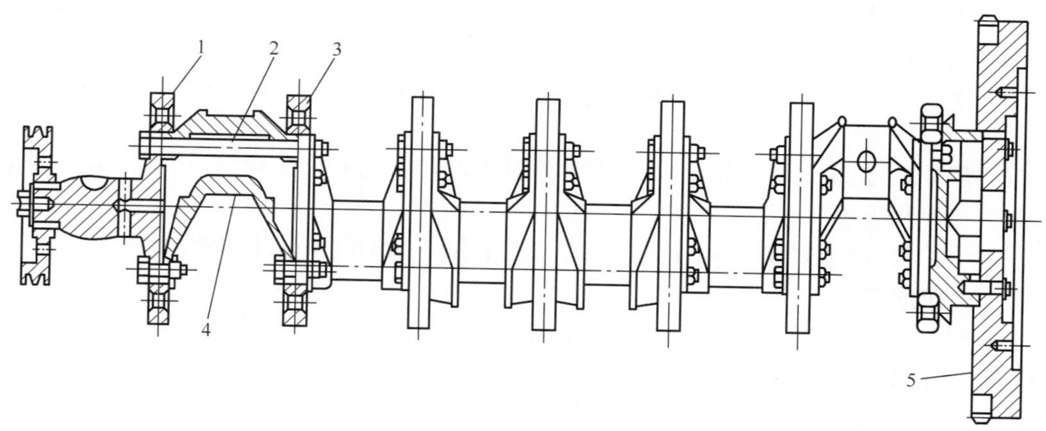

图 2-26　组合式曲轴构造图

1—带轮；2—滚动轴承；3—连接螺栓；4—单元曲拐；5—飞轮。

曲轴通过主轴颈支撑在曲轴箱上，按其支撑形式不同可分为全支撑式和非全支撑式。相邻曲拐之间均设有主轴颈的曲轴，称为全支撑曲轴，否则称为非全支撑曲轴。

全支撑式曲轴的特点是曲轴的主轴颈数比汽缸数多 1 个，刚性好，但曲轴总尺寸较长（图 2-27(a)）（如 NT/NTA855 型、WD615 系列柴油机）。非全支撑式曲轴的特点是主轴颈数比汽缸数少，结构简单，曲轴总长度短，但刚性较差（图 2-27(b)）。

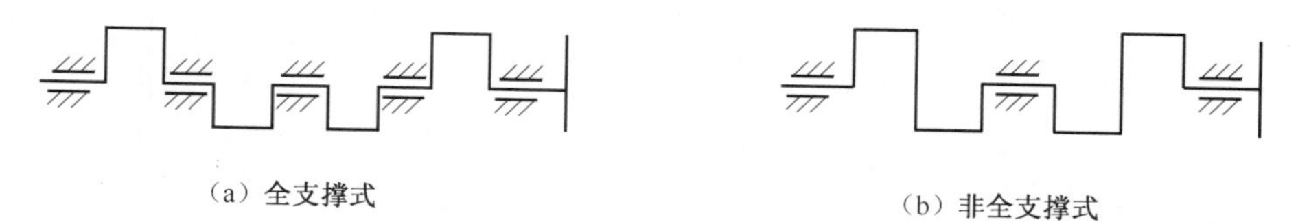

(a) 全支撑式　　(b) 非全支撑式

图 2-27　曲轴的支撑形式示意图

3. 曲轴的结构

典型曲轴构造如图 2-28 所示。

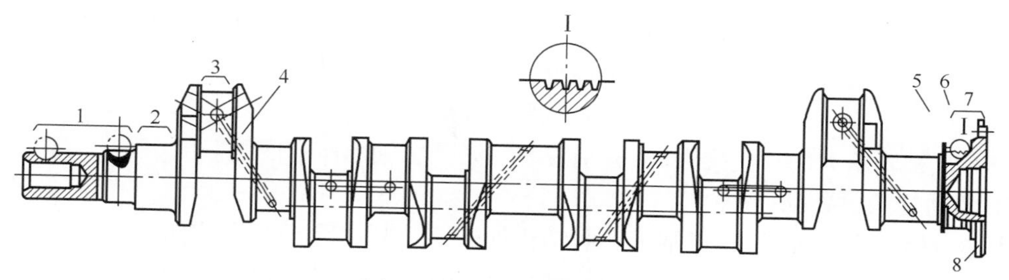

图 2-28　典型曲轴构造图

1—前端轴；2—主轴颈；3—连杆轴颈；4—曲柄；5—挡油凸缘；6—回油螺纹；7—后端；8—后端凸缘。

（1）前端轴：在曲轴的前部，轴上有键槽，前端内孔有螺纹，用于安装正时齿轮、皮带轮和启动爪、扭转减振器等。

（2）主轴颈：用于支撑和作为曲轴的旋转中心。为了使各主轴颈的磨损相对均匀，受力较大的主轴颈（如六缸全支撑曲轴的第一、四、七道主轴颈）都做得宽些。

（3）连杆轴颈：又称为曲柄销，用于连接和装配连杆大头。通常是一个连杆轴颈装一个连杆，对应一个汽缸。在V形内燃机上，每个连杆轴颈可装两个连杆，对应两个汽缸。

（4）曲柄：又称曲轴臂，用于连接主轴颈与连杆轴颈。连杆轴颈连同其两端的曲柄称为一个曲拐，在它的中心部位有一斜孔（油路），使润滑油经此孔润滑连杆轴颈。

（5）平衡块：用于平衡连杆大头、连杆轴颈和曲柄等部件所产生的离心力和力矩，使曲轴旋转平稳。

（6）后端轴：最末一道主轴颈以后的部分，其上有挡油盘和回油螺纹，还用于安装曲轴后油封和连接突缘盘等。

（7）突缘盘：用于安装飞轮，中心的孔是变速箱第一轴的前支撑用的轴承孔。

4. 曲轴的轴向限位

内燃机工作时，为防止曲轴发生过大的轴向窜动而影响活塞连杆组的正常工作，破坏配气正时和喷油正时，必须对曲轴的轴向移动加以限制，通常采用安装止推轴承的方法。

曲轴止推轴承有翻边轴瓦、半圆环止推片和止推轴承。

（1）翻边轴瓦是将轴瓦两侧翻边作为止推面，并在其上浇注减磨轴承合金。同时，在曲轴止推面与轴瓦之间还留有间隙，以限制曲轴的轴向窜动，如图2-29（a）所示。

（2）半圆环止推片一般分上、下两片，分别安装在汽缸体和主轴承盖上的凹槽中，用定位销定位，如图2-29（b）所示。NT/NTA855型和F6L912型柴油机利用曲轴第七道主轴承止推片定位。WD615系列柴油机利用曲轴第二道主轴承止推片定位。

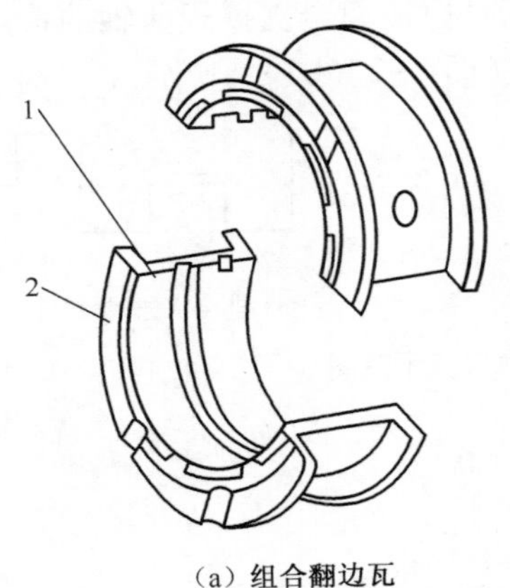

（a）组合翻边瓦

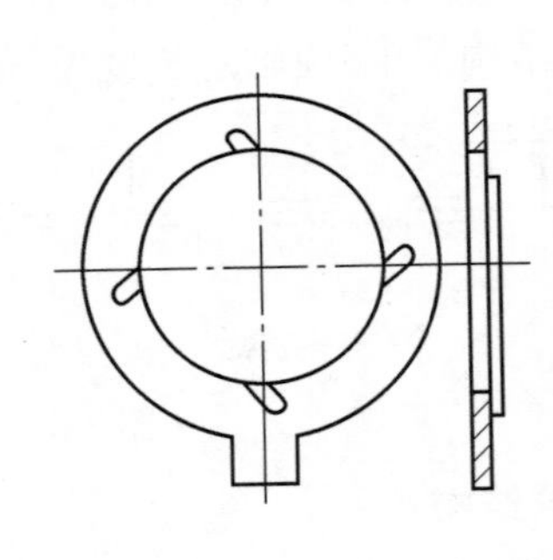

（b）片式止推轴承

图2-29　曲轴止推轴承

1—主轴承；2—止推轴承。

（3）止推轴承为两片止推圆环，分别安装在第一主轴承座的两侧。

5. 滑动轴承的装配

内燃机轴承有主轴承、连杆轴承和曲轴止推轴承。其中除了组合式曲轴的主轴承采用滚动轴承外，其他均采用滑动轴承。常用的轴承合金有白合金、铝基轴承合金和铜基轴承合金。主轴承和连杆轴承都是由上、下两片轴瓦对合而成的，如图2-30所示。

轴瓦装配应正确就位，并紧密地与瓦座贴合。轴瓦在自由状态下并非呈真正的半圆形，弹开的尺寸比直径稍大些，超出量称为自由弹势（一般为0.38~0.63mm，最大为1.5mm），自由

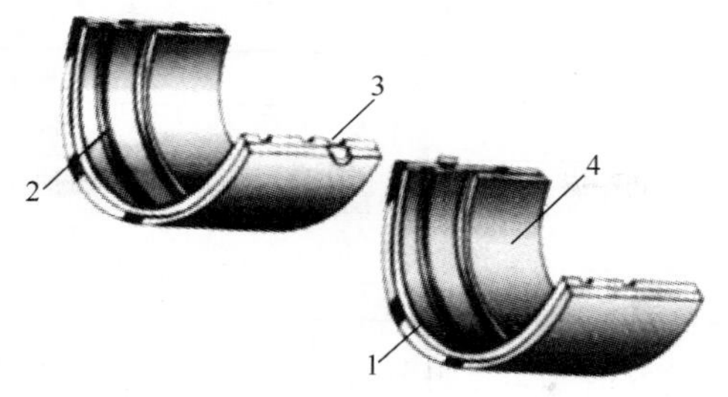

图 2-30　轴瓦

1—钢背;2—油槽;3—定位凸键;4—轴承合金层。

弹势是检查轴瓦机械强度的重要指标。轴瓦工作一段时间后,自由弹势会减小,若自由弹势小于上述最小值,就不能再用。轴瓦必须以适当过盈装入瓦座才能保证两者均匀可靠地贴合。过盈量太大,固紧螺栓时瓦背材料易发生屈服。为了保证轴瓦、瓦座、轴颈三者配合的精确性,轴瓦不可互换,上下轴瓦的位置也不能装错。为此,在轴瓦、瓦座和瓦座盖上都刻有对应的汽缸序号和装配记号,装配时必须按序号和记号对正安装。在紧固主轴承瓦盖连接螺母时,应按规定的拧紧力矩和顺序拧紧。

6. 曲拐的布置形式及其做功顺序

曲轴的形状由汽缸排列形式(直列或 V 形)、工作顺序和汽缸数等因素决定,具体在考虑曲拐布置形式时应遵循如下原则:工作顺序应满足内燃机惯性力的平衡,以使内燃机工作平稳、振动减小;在安排内燃机的工作顺序时,应使各缸做功间隔尽量均匀;避免相邻两个汽缸连续做功,以减少主轴承磨损和避免相邻两缸进气门同时开启出现的“抢气”现象;V 形内燃机左右两排汽缸应尽量交替做功。

直列式四行程四缸内燃机的曲拐布置形式如图 2-31 所示。四行程内燃机完成一个工作循环,曲轴转角是 720°(曲轴转两周),内燃机的每个缸发火做功一次,且发火间隔时间是均匀的。所以,四行程内燃机的发火做功间隔角为 720°/4 = 180°。四套曲拐布置在同一平面内。其发火顺序有两种:1—2—4—3 或 1—3—4—2。它的工作循环如表 2-3 所列。

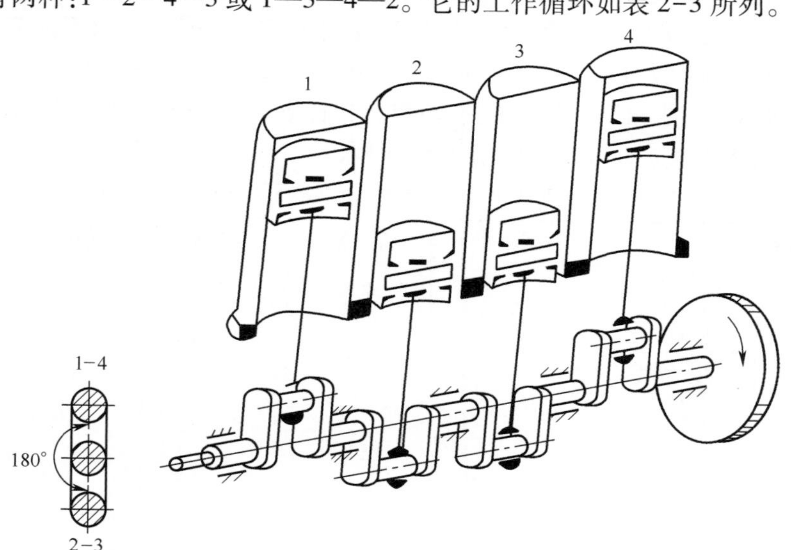

图 2-31　直列四缸内燃机的曲拐布置形式

表 2-3　四缸内燃机工作循环表(工作次序:1—2—4—3)

曲轴转角/(°)	第一缸	第二缸	第四缸	第三缸
0~180	做功	压缩	排气	进气
180~360	排气	做功	进气	压缩
360~540	进气	排气	压缩	做功
540~720	压缩	进气	做功	排气

直列四行程六缸内燃机的曲轴形状,如图 2-32 所示。为使内燃机工作均匀、平稳,内燃机发火间隔角为 720°/6=120°,曲拐布置相互间隔 120°,分别布置在三个平面内,每个平面内有两套曲拐。可分为右式和左式两种曲轴,当 1、6 缸连杆轴颈朝上时,右式曲轴(图 2-32(a))的 3、4 缸连杆轴颈朝右(由前向后看),左式曲轴的 3、4 缸连杆轴颈朝左(图 2-32(b))。右式曲轴工作顺序为 1—5—3—6—2—4(表 2-4),这种方案较多,如 NT/NTA855 型、WD615 系列、F6L912 柴油机等。左式曲轴工作顺序为 1—4—2—6—3—5。

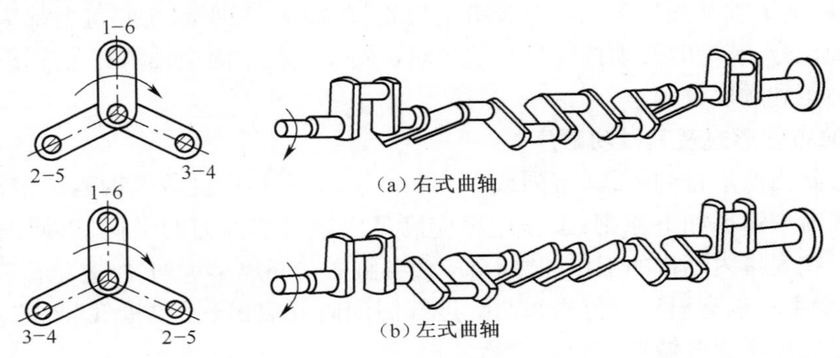

图 2-32　直列六缸内燃机曲轴的形式

V 形内燃机,由于汽缸排成两排,两排汽缸间的夹角对内燃机的工作平稳性亦有影响。内燃机的发火间隔角应为 720°/12=60°(12 缸)。在考虑曲轴形状时,按汽缸数目一半考虑,曲轴形状与直列六缸内燃机相同,曲拐布置在互成 120°的三个平面内。只有当两排缸的夹角为 60°时,才能实现各缸发火间隔角为 60°。当缸排夹角为 75°或 90°时,都不能实现均匀发火。如 12V150L,其发火顺序为 1—12—5—8—3—10—6—7—2—11—4—9。

V 形八缸内燃机的曲轴只有四个曲拐,所以其布置形式与四缸内燃机相同,四个曲拐可布置在同一平面内,也可布置在互成 90°的两个平面内。

表 2-4　六缸内燃机工作循环表(工作次序:1—5—3—6—2—4)

<table>
<tr><th colspan="2">曲轴转角/(°)</th><th>第一缸</th><th>第二缸</th><th>第三缸</th><th>第四缸</th><th>第六缸</th></tr>
<tr><td rowspan="3">0~180</td><td>0~60</td><td rowspan="3">做功</td><td rowspan="2">排气</td><td>进气</td><td>做功</td><td rowspan="3">进气</td></tr>
<tr><td>60~120</td><td rowspan="3">压缩</td><td rowspan="3">排气</td></tr>
<tr><td>120~180</td><td rowspan="3">进气</td></tr>
<tr><td rowspan="3">180~360</td><td>180~240</td><td rowspan="3">排气</td><td rowspan="3">压缩</td></tr>
<tr><td>240~300</td><td rowspan="3">做功</td><td rowspan="3">进气</td></tr>
<tr><td>300~360</td><td rowspan="3">压缩</td></tr>
<tr><td rowspan="3">360~540</td><td>360~420</td><td rowspan="3">进气</td><td rowspan="3">做功</td></tr>
<tr><td>420~480</td><td rowspan="3">排气</td><td rowspan="3">压缩</td></tr>
<tr><td>480~540</td><td rowspan="3">做功</td></tr>
<tr><td rowspan="3">540~720</td><td>540~600</td><td rowspan="3">压缩</td><td rowspan="3">排气</td></tr>
<tr><td>600~660</td><td rowspan="2">进气</td><td rowspan="2">做功</td></tr>
<tr><td>660~720</td><td>排气</td></tr>
</table>

二、飞轮

1. 飞轮的作用

飞轮的主要作用是贮存能量，带动曲轴连杆机构越过上、下止点，保证内燃机运转平稳，提高内燃机短时抗超载能力。另外，还作为启动装置的传动件和传动系中摩擦离合器的驱动件。

2. 飞轮的结构

飞轮是一个转动惯量很大的圆盘，多采用灰铸铁制造，当圆周速度超过 50m/s 时要用强度较高的球墨铸铁或铸钢制造。为减小飞轮质量，提高转动惯量，飞轮大部分质量集中在轮缘，因而飞轮的轮缘制作的宽而厚。飞轮的外缘上压有齿圈（图 2-33），可与启动机（电动机）的驱动齿轮啮合，带动曲轴旋转，启动内燃机。

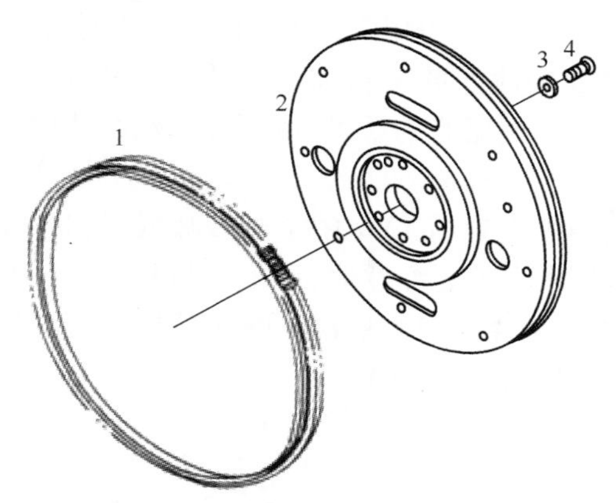

图 2-33　飞轮与飞轮齿圈总成

1—飞轮齿圈；2—飞轮；3—平垫圈；4—飞轮螺栓。

飞轮外缘端面上通常刻有第一缸活塞（或最后一缸）上止点的标记。有的还刻有点火提前角（汽油机）或供油提前角（柴油机）记号，以便于调整。

因为曲轴和飞轮组装后经过了动平衡，为避免修理装配时错位，一般将曲轴与飞轮的连接螺孔按不对称的方式布置，或采用不同直径的螺栓、定位销等措施，以确保装配飞轮时准确无误。

三、曲轴扭转减振器

内燃机工作时，曲轴在周期性变化的转矩作用下，各曲柄之间产生周期性相对扭转的现象称为扭转振动，称为扭振。而曲轴本身又具有一定的自振频率，故当内燃机转矩变化频率与曲轴自振频率相等或成整数倍时，就会发生很大振幅的扭振共振。共振不但可以破坏正常的传动，还可以加剧传动零件的磨损，从而导致内燃机功率下降，噪声增大，甚至曲轴断损。因此，为了避免共振和消除曲轴扭振，大多数内燃机在其曲轴前端安装有扭转减振器。减振器的原理是给振动系统施加阻尼，消耗振动能量，减小振幅。从这个角度来说，采用内摩擦阻尼比较大的球墨铸铁材料代替锻钢，是可以提高抗振能力的。在变工况高速内燃机中应用最广泛的是摩擦式减振器，其结构形式主要有橡胶扭转减振器、硅油扭转减振器和硅油—橡胶扭转减振器三种。

橡胶扭转减振器如图 2-34（a）所示。当内燃机工作时，减振器壳体 1 与曲轴一起振动，由于扭转振动惯性质量块 3 滞后于减振器壳体，故两者之间产生相对运动，使橡胶层变形，其中振动能量被橡胶的内摩擦阻尼吸收,从而使曲轴的扭振得以消减,但是,橡胶扭转减振器中橡胶所受的温度是有一定限制的,因而其工作能力要受橡胶由于内摩擦而发热的限制,正因为如此,这种减振器要求具有良好冷却的工作条件。

橡胶扭转减振器的优点是结构简单,制造容易,工作可靠。但其阻尼系数小,吸收能量有限,减振作用不强,且橡胶层易老化,性能不够稳定,因而多用在小功率的内燃机上(NT/NTA855 柴油机就是采用橡胶扭转减振器)。硅油是一种黏度很大且洁白透明的物质,受热黏度性能稳定,不易变质,也不需维护。但其渗透性很强,容易渗漏,造成减振失败。

硅油扭转减振器如图 2-34(b)所示。其工作原理与橡胶扭转减振器基本相同,只不过用硅油代替了橡胶。当内燃机工作时,减振器壳体 1 与曲轴一起振动,而扭转振动惯性质量块 3 被硅油的黏性摩擦力和衬套 5 的摩擦力所带动,因而在扭转振动惯性质量与减振壳体间产生相对运动。其中,曲轴振动能量被硅油的内摩擦阻尼吸收,从而使扭振得以消减。

硅油扭转减振器的优点是吸收能量较多,减振效果好,性能稳定,工作可靠,加工和维护方便。但惯性盘的质量较大,导致减振器的质量和体积均较大(WD615 柴油机采用硅油扭转减振器)。

硅油-橡胶扭转减振器(图 2-34(c))集中了橡胶减振器和硅油扭转减振器的优点,质量小、减振性能稳定。利用橡胶作为主要弹性体,用来密封和支撑扭转减振惯性质量块 3,而在减振壳体 1 与扭转减振惯性质量块 3 间的密封腔内充满高黏度的硅油。当内燃机工作时,硅油和橡胶共同产生内摩擦,使扭振得以消减。

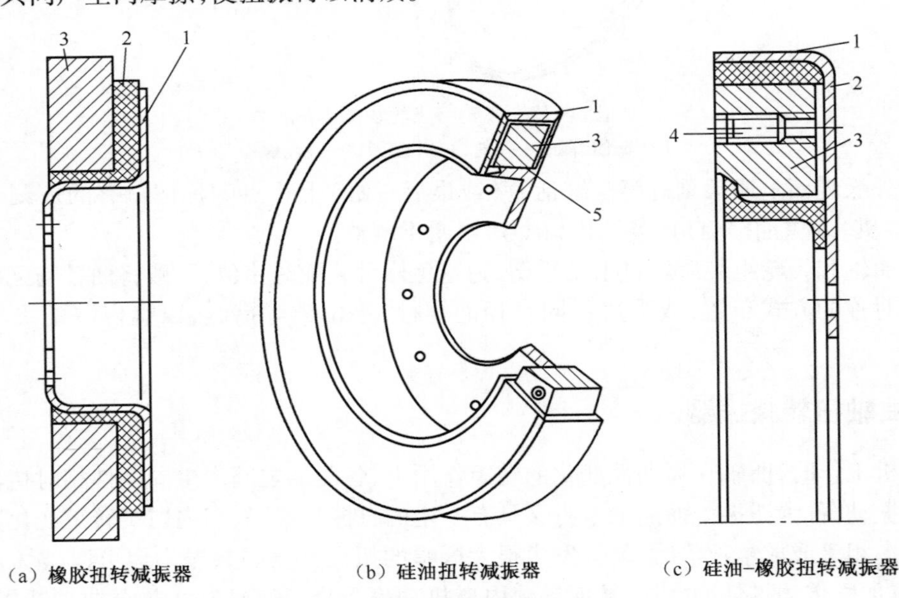

图 2-34 扭转减振器的结构形式

1—减振器壳体;2—硫化橡胶层;3—扭转振动惯性质量块;4—注油螺塞;5—衬套。

第三章　配 气 机 构

第一节　配气机构的功用和形式

一、配气机构的功用

配气机构的功用是按内燃机的工作循环、工作顺序和配气相位的要求，定时开启和关闭各汽缸的进、排气门，使新鲜可燃混和气（汽油机）或空气（柴油机）及时进入汽缸，废气及时排出，实现内燃机工作循环。对配气机构的要求如下：

（1）使内燃机有较高的充气系数。

（2）振动和噪声小。

（3）具有良好的可靠性和耐久性。

二、配气机构的形式

配气机构按照气门和汽缸的位置关系，可分为侧置式气门机构和顶置式气门机构。顶置式气门机构按照凸轮轴的位置，又可分为下置凸轮轴式和顶置凸轮轴式。过去曾大量采用侧置式，这种形式配气机构由于进、排气阻力大，不利于组织燃烧过程而被淘汰。

下置凸轮轴式的配气机构如图 3-1(a)、(b)、(c)所示。凸轮轴置于汽缸侧面，它通过挺柱、推杆和摇臂来控制气门的开启和关闭，这种配气机构的特点是凸轮轴的传动简单。

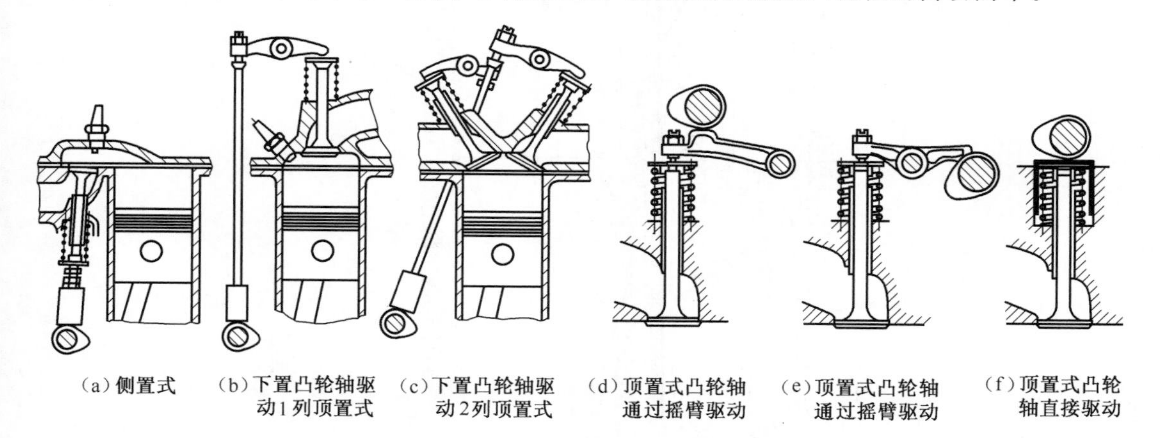

(a)侧置式　(b)下置凸轮轴驱动1列顶置式　(c)下置凸轮轴驱动2列顶置式　(d)顶置式凸轮轴通过摇臂驱动　(e)顶置式凸轮轴通过摇臂驱动　(f)顶置式凸轮轴直接驱动

图 3-1　典型的凸轮式配气机构

缺点是凸轮至气门的距离较远，气门传动零件多，结构复杂，内燃机高度有所增加。常用内燃机如 F6L912、WD615、CA6110、NT855、135 系列等柴油机和现代大部分汽油机均采用这种结构形式。

上置凸轮轴式配气机构如图 4-1(d)、(e)、(f)所示，凸轮轴置于气缸盖上，它直接控制气门或通过中间部件来控制气门。这种配气机构由于取消了中间传动件而使整个系统的刚度大大加强。但由于凸轮轴与曲轴距离较远,驱动比较复杂,往往要采用锥形齿轮传动、齿带传动或链传动。国产 12V150L 柴油机采用上置凸轮轴式配气机构,用锥形齿轮传动来驱动凸轮轴。

三、每缸气门数的选择

为了在有限的汽缸工作容积下提高内燃机的功率,配气机构应保证尽可能多地给汽缸充入新鲜气体,为此要求配气机构的气门在燃烧室允许的条件下尽量做得大些。一般情况下,进气是在外界压力和汽缸真空度的压差下被吸入汽缸的,而排气则是在活塞推动下将废气排出汽缸的,为了改善汽缸的换气条件,进气门直径一般要比排气门直径做得大一些。

当汽缸直径较小而转速不太高时一般采用两气门(一个进气门、一个排气门,如 F6L912、WD615 等柴油机),在缸径较大的内燃机上往往采用四气门式(两个进气门、两个排气门,如 NT855 柴油机)。但如果内燃机转速较高,即使缸径较小,为了保证进排气充分,也有采用四气门的。

四、配气机构的工作过程

配气机构的工作过程(如图 3-2 所示,以 NT855 柴油机顶置式配气机构为例):当曲轴旋转时,曲轴前端的正时齿轮带动凸轮轴正时齿轮旋转,凸轮轴上的凸轮推动随动臂上的滚轮向上运动,并借推杆顶起摇臂的后端,摇臂前端则压下气门丁字压板,并使气门(进气门或排气门)向下运动,气门开启,这时气门弹簧受到压缩;当凸轮的凸起部分离开随动臂滚轮时,滚轮向下运动,进气门或排气门在气门弹簧的张力作用下关闭。

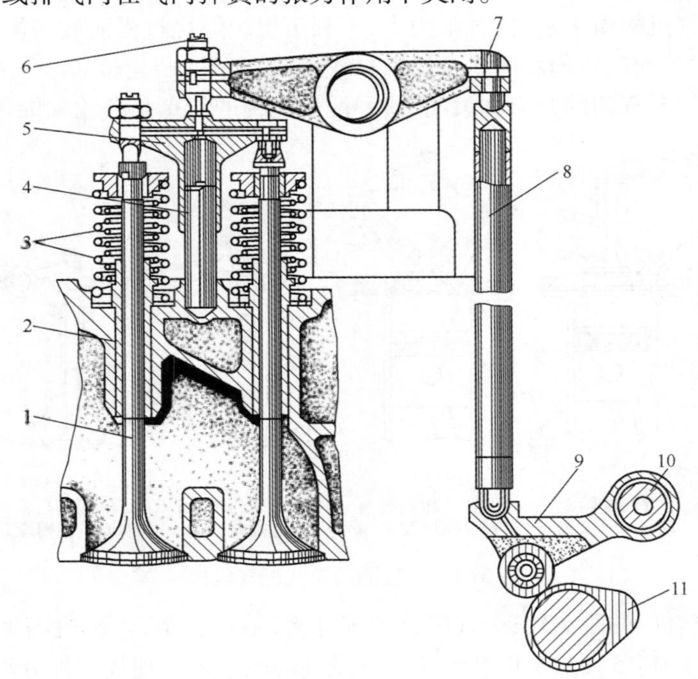

图 3-2　NT855 型柴油机配气机构

1—气门;2—气门导管;3—气门弹簧;4—导柱;5—丁字压板;6—调整螺钉;7—摇臂;8—推杆;9—随动臂;10—随动摇臂;11—凸轮轴。

第二节　配气机构的主要零部件

配气机构主要由气门组、气门传动组和气门驱动组组成。

一、气门组

气门组包括气门、气门导管、气门弹簧座、气门弹簧及气门锁片等零件，如图 3-3 所示。

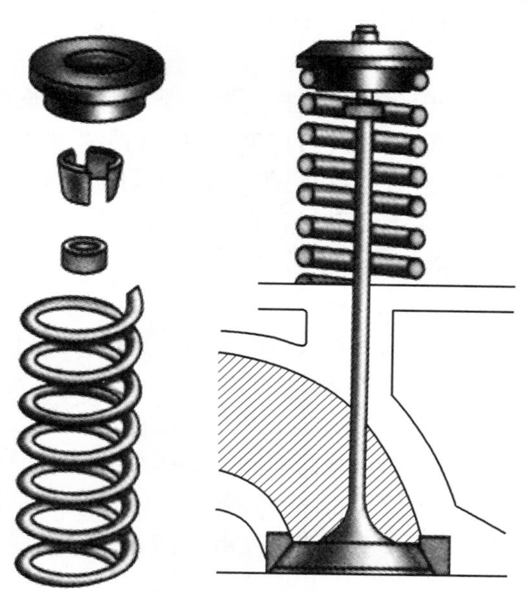

图 3-3　气门组

1. 气门

气门由气门头部及杆部组成，气门头部一般有平顶、凸顶和凹顶三种形状(图 3-4 和图 3-5)。

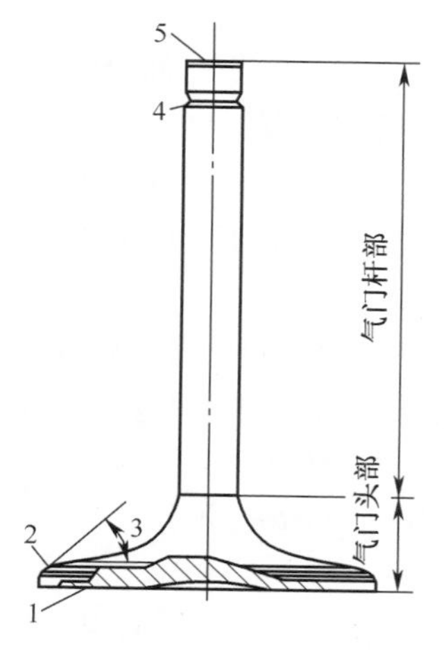

图 3-4　气门结构

1—气门顶面；2—气门锥面；3—气门锥角；4—气门锁夹槽；5—气门尾端面。

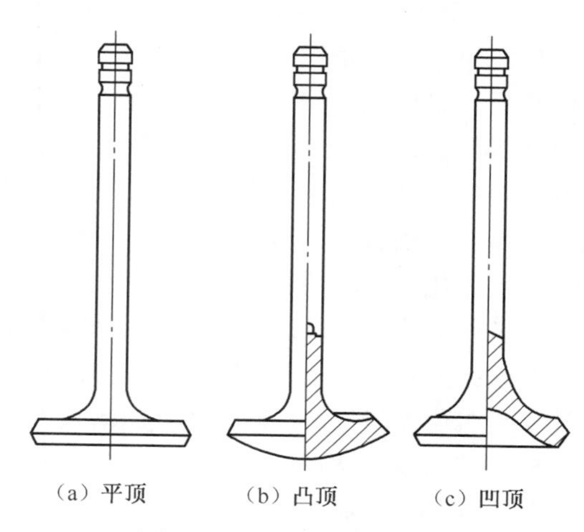

图 3-5　气门头部结构形式

平顶头部由于结构简单、制造方便,得到广泛的应用;凸顶的头部刚度好、排气阻力小,一般用作排气门;凹顶的头部与杆部的过渡部分呈流线形,可以减小进气阻力,一般用作进气门。

气门头部加工有锥形面,又称工作面,它与气门座相配合对汽缸进行密封,此锥形面的锥角一般为 30°或 45°。

气门杆部在气门导管内做高速往复运动,其尾端的形状取决于弹簧座的固定方式。多数内燃机采用气门锁夹来固定弹簧座,即在气门尾端设置气门锁夹槽,在其内嵌入两个对分开的半锥形锁夹,同时将锥形锁夹装入弹簧座的内锥面中。这种固定方式的结构简单,拆装方便,得以广泛采用。此外,还有些内燃机采用圆柱销来固定弹簧座。

2. 气门座及座圈

气门座是与气门头部锥面相配合的环形座。为实现与气门锥面的严密配合,气门座口一般都制成几个圆锥面,即一个与气门相吻合的 45°或 30°锥面和两个 75°和 15°的离角锥面,以保证气门座与气门的吻合锥面不致过宽,达到严密配合的目的。

为防止气门直接坐落在汽缸盖上而引起缸盖的过度磨损,在气门座上一般都镶有气门座圈,它以较大的过盈量压在汽缸盖的气门座槽内。

3. 气门导管

气门导管的功用是保证气门做往复直线运动和落座准确,使气门与气门座或气门座圈能正确配合。它安装在汽缸盖或汽缸体的导管座孔中。

4. 气门弹簧

气门弹簧一般采用圆柱螺旋弹簧。气门弹簧的功用是利用其弹簧力来关闭气门,并保证气门关闭时与气门座或气门座圈能够紧密贴合,同时,气门弹簧还可以防止传动件因惯性力而相互脱离而产生冲击和噪声。气门弹簧承受交变载荷的作用,故应具有足够的刚度和抗疲劳强度。弹簧安装后,必须有一定的预紧力,以防止气门跳动。

当气门开闭频率与弹簧本身固有频率相同或成倍数时,就出现了共振现象。共振使弹簧振幅增大,破坏了气门的正常开闭时间,并使气门与气门座在强烈冲击下加速磨损,弹簧在强烈振动下易折断。根据共振产生的原因,只要将气门开闭频率与弹簧本身固有的振动频率错开,就可以避免共振。目前采用如下措施避免共振发生。

(1) 每个气门采用双弹簧。这两个弹簧同心地安装在气门导管的外面,内外弹簧的螺旋方向相反。采用两个弹簧缩短了弹簧的总长度,降低了内燃机的高度尺寸,又可提高弹簧工作可靠性,抑制共振的产生。为保证两个弹簧在工作时不互相卡住及当一个弹簧折断时另一个弹簧还可以保持气门不会落入汽缸,故顶置式配气机构多采用这种措施,如 WD615.67 型柴油机、492Q 汽油机、120、135 系列柴油机等。

(2) 采用不等距的变刚度圆柱螺旋弹簧。弹簧压缩时,螺距较小的一端逐渐迭合,以致弹簧的实际工作圈数减少,从而逐渐提高了弹簧的刚度和振动频率,避免了共振的发生。在安装不等距弹簧时,必须将螺距较小的一端朝向气门座,否则容易折断,如 F6L912 等柴油机。这时,部分柴油机为避免气门弹簧折断而使气门落入汽缸,在气门杆尾端切有环槽,并装入一个挡圈。

5. 气门旋转机构

在许多内燃机上(如 WD615 柴油机),为改善气门密封面的工作条件,采用了气门旋转机构(图 3-6)。其旋转机构壳体 4 上有 6 个变深度的凹槽,槽内装有钢球 5 和复位弹簧 8。当气门关闭时,钢球在弹簧的作用下位于凹槽最浅处,当气门开启时,逐渐增加的气门弹簧力使碟形弹簧变形,并迫使钢球沿凹槽的斜面滚动,从而带动气门锁夹 6 和气门旋转一定的角度。气门逐渐关闭时，弹簧力不断放松，蝶形弹簧不断复原，当复原到一定程度，滚珠在回位弹簧作用下返回原处。这样，气门每开闭一次，就向一个方向转过一定的角度。

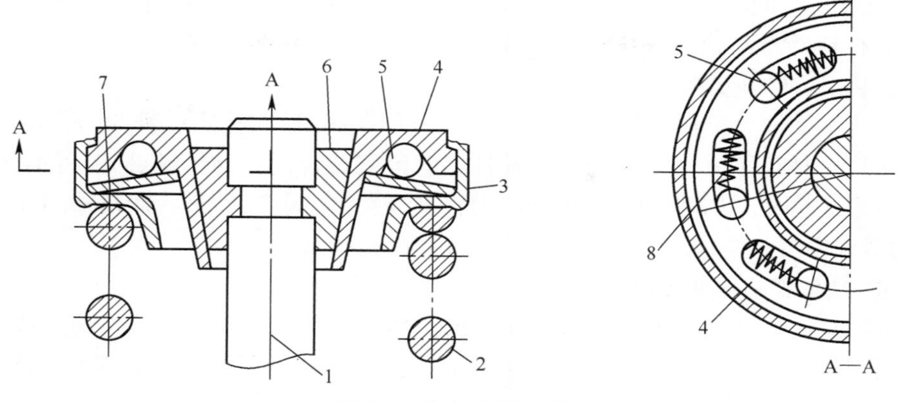

图 3-6　气门旋转机构

1—气门；2—气门弹簧；3—气门弹簧座；4—旋转机构壳体；5—钢球；6—气门锁夹；7—碟形弹簧；8—复位弹簧。

二、气门传动组

气门传动组主要包括挺柱、推杆、摇臂、摇臂轴及摇臂支座等。

1. 挺柱

挺柱的功用是将凸轮的作用力传给推杆或直接传给气门。目前，挺柱可分为机械挺柱和液力挺柱两大类，而每类又可分为平面挺柱和滚子挺柱等多种结构。

1）机械挺柱

如图 3-7 所示为平面机械挺柱，其结构形式有菌形和筒形。侧置气门内燃机多采用菌形，顶置气门内燃机多用筒形。为改善挺柱与凸轮、导管间的工作条件，除加强润滑外，一般常将凸轮宽的中心偏移挺柱中心一个距离，并将挺柱的底面做成半径较大的球面，凸轮制有一定锥度。使挺柱在上下运动同时产生旋转，磨损均匀、提高寿命、降低工作噪声。

如图 3-8 所示为滚子机械挺柱。与平面机械挺柱相比，滚子挺柱的摩擦和磨损均较小，但其结构复杂，质量较大，固在汽缸直径较大或有特殊要求的内燃机上广泛采用。

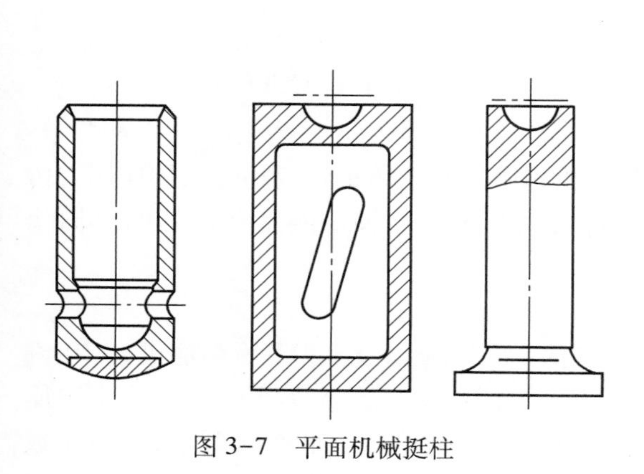

图 3-7　平面机械挺柱

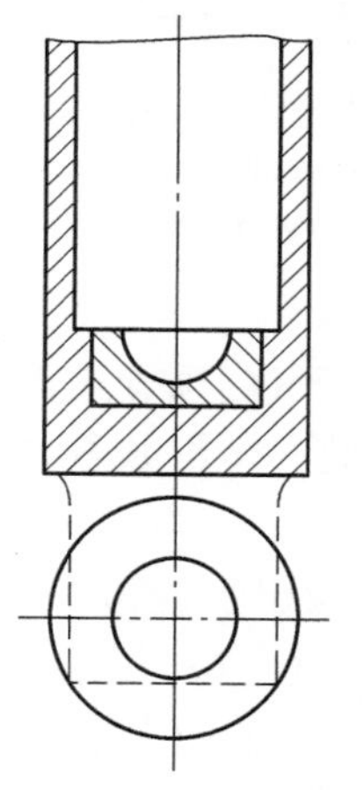

图 3-8　滚子机械挺柱

2）液力挺柱

为消除配气机构中预留气门间隙所造成的碰撞与噪声，在许多现代内燃机上采用了液力挺柱，以实现零气门间隙。同时，液力挺柱还能对气门及其传动件起到自行调整和补偿作用。液力挺柱的材料要与凸轮轴材料相适应，以减少摩擦系数。液力挺柱的结构复杂，加工精度高，成本高，磨损后必须更换。

图 3-9 为平面液力挺柱。其工作过程是：当气门关闭时，在柱塞弹簧 8 的作用下，柱塞 3 与支撑座 5 共同向上移动，使气门及其传动件能够紧密贴合，整个配气机构中将不存在间隙。当挺柱被凸轮顶起时，高压腔内的润滑油压力骤升，使单向阀 7 关闭，将润滑油封闭在高压腔内，由于润滑油不可压缩，故液力挺柱上移而开启气门。

2. 摇臂、摇臂轴和摇臂支座

摇臂实际是一个双臂杠杆，如图 3-10 所示。其功用是将推杆传来的作用力改变方向和大小后作用在气门上，使气门开启。摇臂中部圆孔套装在摇臂轴上，并绕轴摆转。摇臂后端的螺纹孔用来安装气门间隙的调整螺钉，前端与气门杆接触。在摇臂的前后两端都钻有润滑用油孔。摇臂轴是一根空心轴，靠摇臂支座固定在汽缸盖上。润滑油从凸轮轴的轴颈经汽缸体和汽缸盖的油道进入摇臂支座，再由支座流入摇臂轴中，以便润滑各摇臂。

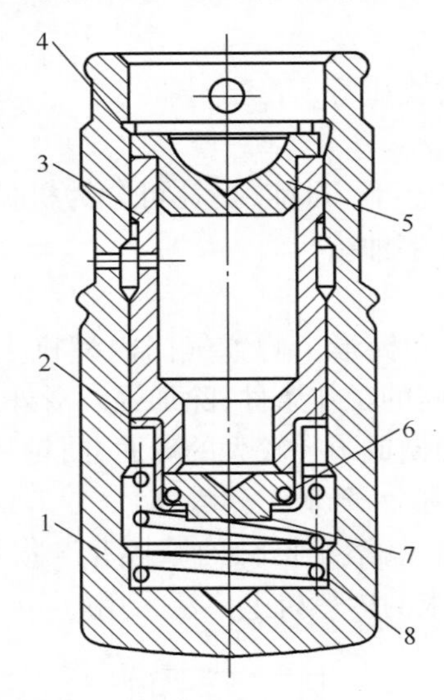

图 3-9　平面液力挺柱

1—挺柱体；2—单向阀架；3—柱塞；4—卡环；5—支撑座；6—单向阀弹簧；7—单向阀；8—柱塞弹簧。

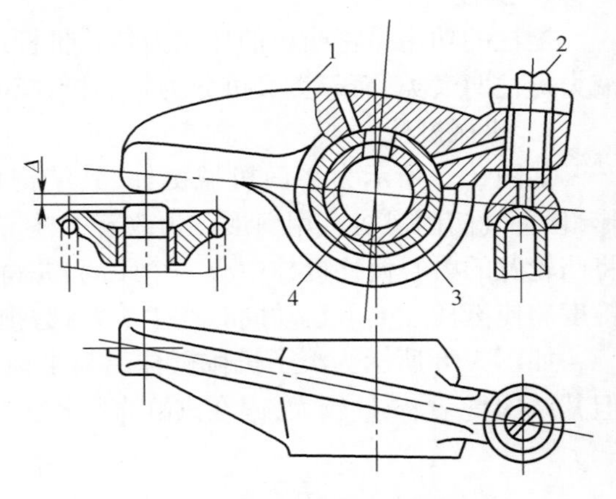

图 3-10　摇臂及摇臂轴

1—摇臂；2—气门间隙调整螺钉；3—摇臂衬套；4—摇臂轴。

3. 推杆

推杆应用于气门顶置式且凸轮轴下置式的配气机构中。其功用是将挺柱传来的作用力传给摇臂。推杆是一个细长杆件，传递力较大，易弯曲，故要求有足够的刚度和较好的纵向稳定性。

4. 丁字压板(气门桥)

丁字压板(气门桥)用来使一个摇臂驱动两个气门(如 WD615、F6L912 等柴油机)。在汽缸盖上每一对进、排气门之间有一圆柱，圆柱上套有一个十字形的架，称为丁字压板。丁字压板装在导杆上，摇臂前端压在丁字压板中央，丁字压板的横臂同时压在两个气门上，丁字压板横臂的一端装有调整螺丝和锁紧螺母，用来调整丁字压板横臂的两端，使之能和两个气门杆端同时贴合,从而保证两个气门同时开启和关闭。

三、气门驱动组

气门驱动组的功用是将曲轴的一部分动力传递给配气机构及其他附件,保证配气机构和各附件能与曲轴连杆机构的运动部件相配合。气门驱动组主要包括凸轮轴、正时齿轮等。

1. 凸轮轴

1）凸轮轴的功用和结构

凸轮轴的功用是根据内燃机各汽缸工作循环顺序、配气相位和升程,及时地驱动气门的开启和关闭,并驱动机油泵、汽油泵和分电器等部件工作。

凸轮轴由若干个进、排气凸轮、凸轮轴轴颈、偏心轮和螺旋齿轮等制成一体,如图 3-11 所示。

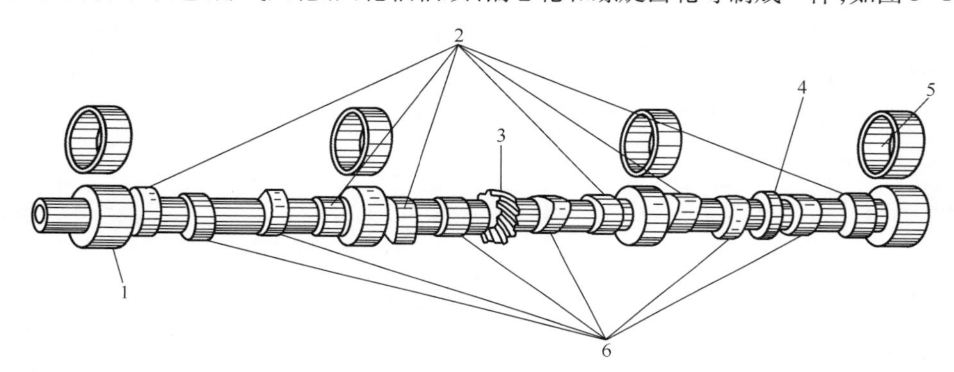

图 3-11　凸轮轴

1—凸轮轴轴颈;2—排气凸轮;3—机油泵和分电器驱动齿轮;4—汽油泵偏心轮;5—轴承;6—进气凸轮。

凸轮轴安装在汽缸体的一侧(凸轮轴下置式)或汽缸盖上(凸轮轴上置式)的座孔中,在座孔中镶有巴氏合金或青铜薄壁衬套作为轴承。由于凸轮轴细而长的结构特点,一般每隔两个汽缸有一个凸轮轴轴承,以减少凸轮轴弯曲变形。为便于拆装,凸轮轴轴颈的直径一般都大于凸轮的轮廓,并从前向后逐个缩小。

各缸进排气门凸轮之间的位置排列和夹角是根据内燃机各缸工作顺序和配气相位决定的。任何两个相继发火的汽缸进气门(或排气门),其凸轮的夹角均为 360°/缸数。如四行程四缸内燃机凸轮的夹角为 90°,六缸内燃机的凸轮夹角为 60°。

2）凸轮轴的传动与定位

凸轮轴由曲轴驱动,而凸轮与曲轴之间存在一定的距离,固必须通过传动件来传动,其传动方式主要有齿轮式传动、链条式传动和齿形带式传动三种。

(1) 齿轮式传动工作可靠,寿命较长,应用广泛,多用于中置式和下置式凸轮轴传动。汽油机通常只有凸轮轴正时齿轮和曲轴正时齿轮,而柴油机还会增加一个中间齿轮来驱动喷油泵,并使轮齿直径减小。其中凸轮轴正时齿轮采用铸铁或夹布胶木制造,曲轴正时齿轮采用中碳钢制造,且二者都是圆柱螺旋齿轮。这样,可以保证齿轮啮合良好,磨损小,噪声低。

(2) 链条式多用于中置式和顶置式凸轮轴的传动。

(3) 齿形带式多用于顶置式凸轮轴的传动,与上面两种类型相比,其质量小、成本低、工作可靠、不需润滑,因而在车用内燃机上应用广泛。

3）凸轮轴的定位

为防止凸轮轴的轴向窜动,在凸轮轴前端采用不同形式的限位装置。

（1）止推片限位装置（图3-12）。止推片用螺栓固定在缸体上，止推片与凸轮轴第一轴颈端面的距离，就是凸轮轴的轴向间隙，一般为0.03~0.13mm。

（2）推力轴承限位装置。有些柴油机凸轮轴第一道轴承为推力轴承，装在轴承座孔内并用螺钉固定在机体上，其端面与凸轮轴的凸缘及隔圈之间留有一定的间隙。当凸轮轴轴向移动，其凸缘通过隔圈碰到推力轴承时便被挡住。

2. 正时齿轮

凸轮轴通过其前端的齿轮被曲轴前端的齿轮驱动。由于配气机构的工作需与活塞在汽缸内的位置（也就是曲轴的转角）相配合，才能保证正确的配气相位和工作顺序，因此凸轮轴上的齿轮与曲轴前端的齿轮必须有严格的啮合关系，固这一对齿轮称为正时齿轮（又称定时齿轮），两者的齿数比为2∶1，安装在内燃机前端的正时齿轮室内。

在内燃机上，除了这一对正时齿轮外，驱动高压油泵、分电器以及曲轴平衡装置等的齿轮，也有严格的定时关系。如图3-13为了保证正时齿轮在装配时的正确位置，避免错乱，在每对正时齿轮上都打有啮合记号，装配时一定要对准啮合记号。

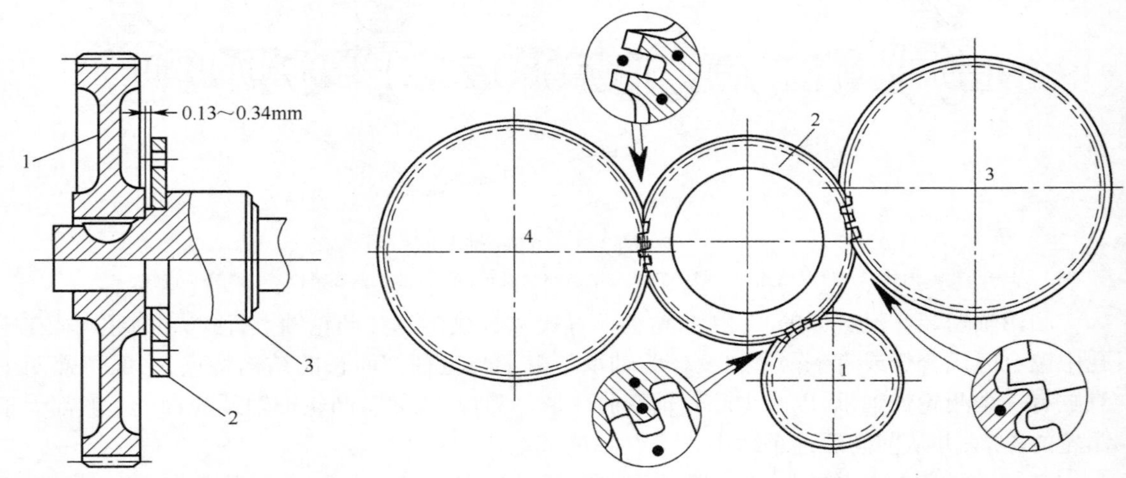

图3-12　凸轮轴止推片轴向限位装置
1—正时齿轮；2—止推片；3—凸轮轴。

图3-13　正时齿轮系的传动及安装标记
1—曲轴齿轮；2—中间齿轮；3—凸轮轴正时齿轮；4—喷油泵正时齿轮。

第三节　配气相位和气门间隙

一、配气相位

内燃机每个缸的进排气门开启和关闭时刻，通常用相对于上下止点时曲拐位置的曲轴转角来表示，称为配气相位（或称气门正时）。表示其相互关系的图称为配气相位图。

内燃机工作时转速较高，活塞每一行程所需的时间十分短促。例如，当内燃机转速约为3000r/min时，活塞每个行程（曲轴转角180°）时间只有0.01s，在这样短的时间内完成进气或排气过程是困难的，往往会使内燃机充气不足或排气不净，从而使内燃机功率下降。所以，现代内燃机都采取了延长进、排气时间的方法，即气门的开启与关闭的时刻并不正好是活塞处在上止点和下止点的位置，而是分别提早和延迟了一定的时间（一般以曲轴转角来表示），以增加进、排气时间，提高内燃机的动力性。

1. 进气门的配气相位

1）进气门的提前开启

实际工作中内燃机的进气门是在上一工作循环的排气行程还未结束、活塞上行尚未到达上止点前打开的，进气门从开启至活塞到达上止点时的曲轴转角称为进气提前角，用 α 表示。内燃机的进气提前角一般为 10°～30°。

进气门早开的目的：保证在进气行程开始时进气门已经有了一定的开度，减少进气阻力，使气流能顺利地进入汽缸。

2）进气门的延迟关闭

当活塞进气行程到达下止点时，进气门并不是立即关闭，而是在曲轴转到超过曲拐的下止点位置以后的某一角度 β 时，进气门才关闭，这个转角 β 称为进气门的迟闭角，一般为 40°～70°。

进气门迟闭的目的：在压缩行程的开始阶段，活塞上移速度较慢，汽缸内的压力仍低于大气压力，且进气流具有一定的流动惯性，仍可利用气流惯性和压力差继续进气。这样，整个进气门开启的持续时间相当于曲轴的转角为 $180°+\alpha+\beta=230°\sim280°$。

2. 排气门的配气相位

1）排气门的提前开启

当活塞作功行程到达下止点前，排气门便开启，所提前的曲轴转角 γ 称为排气门的开启提前角，一般为 40°～80°。

排气门提前开启的目的是：当作功行程活塞接近下止点前，气缸内压力虽有 300～400kPa，但对活塞作功而言，作用已不大，这时若稍开启排气门，大部分废气在此压力作用下可迅速从缸内排出。当活塞到达下止点时，缸内压力已大大下降，排气门已开大，从而减小了活塞上行的排气阻力。

2）排气门的延迟关闭

经过整个排气行程，活塞到达上止点后又下行了一定的曲轴转角，(排气门才关闭，转角 δ 称为排气门的迟闭角，一般为 10°～30°。

排气门迟闭的目的是：当活塞到达上止点时，燃烧室的废气压力仍高于大气压力。加之排气的气流惯性，排气门晚关一点，可以使废气排放得更净。

这样，整个排气门开启的持续时间相当于曲轴的转角为：$180+\gamma+\delta=230°\sim290°$。

二、气门间隙

1. 气门间隙

气门间隙是指在采用机械挺柱配气机构的内燃机上，气门杆的尾端与挺柱调整螺钉头的顶端（侧置式气门）或与摇臂端面（顶置式气门）之间的间隙。如图 3－10 所示，Δ 即为气门间隙。其作用是保证气门关闭严密，防止内燃机在热态下气门受热伸长后，产生气门关闭不严而漏气现象。

气门间隙过大，将使气门开度不足，形成迟开早闭，缩短进气时间，造成进气不足和排气不净，内燃机功率下降，气门杆端与摇臂发生撞击。同时，由于进气不足，压缩不良，燃烧缓慢，会导致内燃机过热。

气门间隙过小，气门因受热膨胀后关闭不严而漏气，汽缸内的气体得不到正常的压力和温度，燃烧不良，使内燃机过热和功率下降。同时，由于气门关闭不严，高温气体经常流过气门头和气门座之间，而将其烧坏。因此，当气门间隙过大和过小时，都应进行调整。

采用液力挺柱配气机构的内燃机,其挺柱的长度能自动补偿气门及其传动件的热膨胀量,因而不需要预留气门间隙。

2. 气门间隙的调整

气门间隙有冷态和热态间隙之分,修理装配过程中的气门间隙调整是冷态间隙调整。热态间隙调整是在内燃机运转,温度上升至正常工作温度后,进行间隙的调整。

检查调整气门间隙时,必须使被调整的气门处于完全关闭状态,即挺柱底面落在凸轮的基圆上时,才能进行。调整时,先松开锁紧螺母,再松调整螺钉,将厚薄规插入气门杆端部与摇臂之间,拧紧调整螺钉将厚薄规轻轻压住,再拧锁紧螺母。抽出厚薄规,再复查一次即可。

气门间隙的调整方法,每种车型的使用说明书上都有介绍,应按厂方的要求严格执行。常见内燃机气门间隙、气门排列及可调气门如表 3-1 所列。

常用气门间隙的调整方法有以下两种。

1) 逐缸调整法

所谓逐缸调整就是将每一汽缸逐个旋转至压缩上止点位置,进、排气门间隙同时调整。具体方法是:沿发动机旋转方向旋转飞轮,当第 6 缸排气门全关、进气门刚刚开启时(俗称 6 缸进气门"点头"),第 1 缸即在压缩上止点,1 缸即可调整其进、排气门的气门间隙。此时,第 1 缸称为"可调缸",第 6 缸称为"点头缸"。

表 3-1 常见内燃机气门间隙、气门排列及可调气门

汽缸序号	1		2		3		4		5		6		1 缸压缩上止点时可调气门序号	气门间隙/mm	
气门序号	1	2	3	4	5	6	7	8	9	10	11	12		进气门	排气门
6BT	进	排	进	排	进	排	进	排	进	排	进	排	1—2—3—6—7—10	0. 25	0. 51
NT855	排	进	进	排	排	进	进	排	排	进	进	排	1—2—3—5—7—9	冷 0. 28	冷 0. 58
CA6110A	排	进	排	进	排	进	排	进	排	进	排	进	1—2—4—5—8—9	0. 3	0. 35
EQ6100Q-1	排	进	排	进	排	进	排	进	排	进	排	进	1—2—4—5—8—9	冷 0. 20	冷 0. 25
F6L912	进	排	进	排	进	排	进	排	进	排	进	排	1—2—3—6—7—10	冷 0. 15	冷 0. 15
CA6102Q	排	进	排	进	排	进	排	进	排	进	排	进	1—2—4—5—8—9	冷 0. 20	冷 0. 25
6135Q	进	排	进	排	进	排	进	排	进	排	进	排	1—2—3—6—7—10	冷 0. 25~0. 30	冷 0. 30~0. 35

对于一个按 1—5—3—6—2—4 工作顺序的六缸内燃机来说,1 缸与 6 缸、2 缸与 5 缸、3 缸与 4 缸互为"可调缸"和"点头缸"。

2) 两次调整法

该方法是按内燃机的配气相位,点火顺序推算出来的调整方法,简称两次调整法。这种方法只摇转曲轴两次,提高了工作效率,省时省力,适用于多缸(6 缸以上)内燃机。

首先找出第 1 缸的压缩上止点,这时单数缸(第 3、第 5 缸等)可以调整其排气门间隙,双数缸(第 2、第 4 缸等)可以调整其进气门间隙,第 1 缸处于压缩上止点位置,进、排气门间隙都可调整,末缸(最后一缸)进、排气门间隙均不可调整

第四节 柴油机进气系统

一、进气方式

康明斯柴油机的进气系统的组成是根据柴油机的进气方式不同而定的。如图 3-14 所

示，利用排出的废气驱动涡轮，涡轮再带动离心式压缩机来提高进气压力，增大空气的密度后进入汽缸。

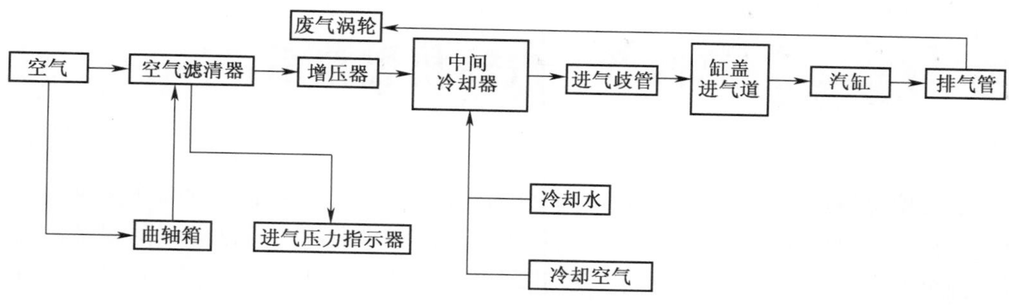

图 3-14　柴油机进气系统

二、进气系统组成

6CTA8.3 进气系统如图 3-15 所示。它由空气滤清器 1、增压器 2、中冷器 5、进气门、排气门和进、排气管组成。新鲜空气通过空气滤清器被吸入压气机，经压缩进入中冷器，冷却后进入汽缸与燃油混合，燃烧后的废气进入涡轮推动其旋转，并带动压气机旋转，以压缩新鲜空气。涡轮增压器迫使更多的空气进入汽缸，所以它可燃烧更多的柴油，柴油机发出更大功率。使用增压器还能使柴油机在较高的海拔高度保持原性能。

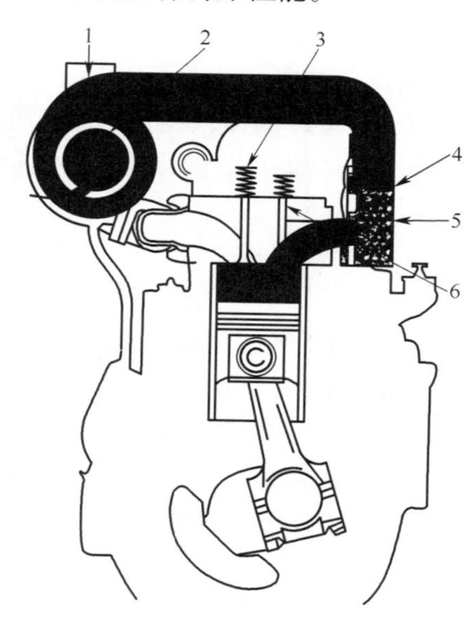

图 3-15　进气系统流向图

1—空滤；2—增压器；3—排气门；4—进气管；5—中冷器；6—进气门。

第四章　汽油机燃料系

汽油机按可燃混合气的形成方式不同，分为化油器式和电子控制燃油喷射式两种。目前，载货汽车仍在大量使用化油器式汽油机。随着对节能和排放提出越来越高的要求，发达国家已限制甚至停产化油器式汽油机的生产。我国也已规定，自 2001 年 1 月 1 日起不准生产 6 人座以下化油器式轿车内燃机，取而代之的是电子控制燃油喷射式内燃机。

第一节　内燃机的燃料

为了更好地使用内燃机，这里简要介绍一下汽油和柴油的性质与特点。

一、内燃机的燃料

从石油中提炼出的内燃机燃料是由约 200 种分子中的某些分子组合而成。代用燃料是指除了常规的汽油和柴油外，从煤或其他能量载体中获取的能代替汽油和柴油的内燃机燃料，如从煤炭派生出的醇类燃料和人工合成汽油等。

汽油是石油在 30～200℃ 范围内通过蒸馏获得，柴油是在 200～360℃ 范围内获得，在 270℃ 左右蒸馏出的称为航空煤油。除蒸馏方法外，炼油厂还大量使用裂化法、重整法、聚合法等方法提炼燃油。

二、燃料的使用特性

(1) 挥发性。汽油挥发性远比柴油要好，所以，汽油在存贮时一定要注意密封、防火。

(2) 抗爆性。抗爆性表示汽油在燃烧时防止发生爆燃的能力。

(3) 气阻。汽油是由多种化学成分组成的混合物，它没有一个恒定的沸点，其沸腾温度是一个温度范围，这个温度范围称为汽油的馏程。汽油机工作时由于温度升高，汽油中馏出温度较低的成分在油管内蒸发形成汽油蒸气附着在管壁上，使汽油流动不畅而形成“气阻”，这对内燃机的工作是极其不利的。

(4) 胶质。汽油在使用和贮存中，由于氧化而生成胶质，此胶质影响汽油流通，若胶质进入燃烧室，则会黏结于气门或火花塞上，破坏气门密闭性和火花塞跳火。为了减少胶质的产生，汽油在使用和贮存中应尽量避免光和热的影响，并按照规定的使用期限使用。

三、汽油和柴油的牌号

1. 汽油

汽油结晶点温度较低，使用时一般不考虑环境温度的影响。汽油的牌号是以辛烷值来表示的。所谓辛烷值，即是按不同的容积百分比将正庚烷（抗爆性差，规定其辛烷值为 0）和异辛烷（抗爆性好，规定其辛烷值为 100）混合组成“标准”燃料，其中异辛烷的含量便是“标准”燃料的辛烷值。将“标准”燃料在标准试验机上与待测燃料进行对比试验，当两者具有相同的抗爆性时，“标准”燃料的辛烷值就是待测燃料的辛烷值。如 93 号汽油，其辛烷值为 93。汽油牌号表示汽油辛烷值的大小，而辛烷值又表征汽油的抗爆性，因此，汽油机使用何种牌号的汽油是由汽油机的压缩比来确定的。

2. 柴油

柴油受环境温度影响较大，使用柴油时必须考虑环境温度的影响。柴油在冷态时会变“粘”和出现固态“结晶”，以致供油受到影响甚至阻塞。为此，人们规定柴油的牌号由其凝固点来确定。常见的柴油牌号有-30 号、-20 号、-10 号、0 号、10 号。-10 号柴油表明其凝固点为-10℃。

柴油选用的原则一般是其牌号比环境温度低 5℃。如环境温度为-5℃时，应选用-10 号柴油。在剧冷环境下，可在柴油中掺入 10%~20%的煤油或汽油，以改善柴油性能。

尤其注意的是当车队大距离转场，环境温度突降时应及时更换柴油。

柴油机混合气靠压缩终了的温度超过柴油的自燃点而着火，柴油的自燃性通常用十六烷值来衡量。十六烷值越高，柴油自燃点就越低，即柴油自燃性好。十六烷值是由实验测定的，十六烷($C_{16}H_{34}$)很高易自燃，规定其十六烷值为 100；α-甲基萘($C_{11}H_{10}$)很难自燃，规定其十六烷值为 0。若将这两种燃油按不同比例混合，与待测的柴油自燃点相同，则其十六烷的含量就是待测柴油的十六烷值。高速柴油机用柴油的十六烷值一般在 40~60，低速柴油机用柴油的十六烷值一般在 30~50。

第二节　汽油机可燃混合气的形成及燃烧

一、混合气浓度

可燃混合气是指汽油与空气按一定比例混合，火焰能在其中燃烧并能传播的混合气，一般用过量空气系数(α)表示。

理论上 1kg 汽油完全燃烧所需要的空气约为 14.7kg，过量空气系数(α)表示：燃烧 1kg 汽油实际供给空气量与理论所需空气量之比。可见，$\alpha=1$ 的混合气称为完全燃烧的标准混合气；$\alpha>1$ 的称为稀混合气；$\alpha<1$ 的称为浓混合气。

二、混合气浓度对汽油机工作的影响

1. 混合气浓度对汽油机性能的影响

试验表明，汽油机功率 N_e 和燃油消耗率 g_e 都是随空燃比 λ 而变化的。

由表 4-1 可知，为了保证汽油机可靠、稳定运转，混合气浓度 λ 应在 0.8~1.2 范围内调节。一般在节气门全开条件下，$\lambda=0.85\sim0.95$ 时，汽油机可得到较大的功率；当 $\lambda=1.05\sim1.15$ 时，燃油消耗率较低。

2. 汽油机各种工况对混合气浓度的要求

1）汽油机工况和负荷概念

汽油机工况指的是汽油机的转速和负荷情况。汽油机的负荷是指外界施加给汽油机的阻力矩，它随汽车工作情况(如道路状况、车速、装载量等)的变化而变化。汽油机工作时发出的扭矩是随节气门开度而变化的，所以节气门开度的大小代表着负荷的大小。

表 4-1 可燃混合气浓度对汽油机性能的影响

混合气种类	空燃比	汽油机功率	耗油率	备注
火焰传播上限	0.4	—	—	混合气不燃烧,汽油机不工作
过浓混合气	0.43~0.87	减小	显著增大	积炭,冒黑烟,消声器有拍击声(放炮)
浓混合气	0.88~0.95	最大	增大 18%	—
标准混合气	1.0	减小 2%	增大 4%	—
稀混合气	1.11	减小 8%	最小	加速性变差
过稀混合气	1.13~1.33	显著减小	显著增大	化油器回火,机体过热,加速性差
火焰传播下限	1.4	—	—	混合气不燃烧,汽油机不工作

2) 汽油机各种工况对混合气浓度的要求

(1) 稳定工况对混合气浓度的要求。

稳定工况是指汽油机完成预热后转入正常运转,且在一定时间内无转速或负荷的变化。稳定工况按负荷大小可划分为怠速和小负荷、中负荷、大负荷和全负荷三个范围。

① 怠速和小负荷工况。怠速是指汽油机对外无功率输出,以最低转速运转(300~700r/min)。怠速工况下,节气门处于接近关闭位置,吸入缸内的可燃混合气不仅数量少,且汽油雾化也不良。此外,汽缸中残余废气对新鲜混合气的稀释作用也明显。为保证怠速时混合气能正常燃烧,要求化油器提供较浓的混合气,即 $\lambda=0.6\sim0.8$。当节气门略开转入小负荷工况时,由于汽油雾化质量逐渐改善,废气对混合气的稀释作用也逐渐减弱,因此,λ 值可增大至 0.7~0.9。

② 中等负荷工况。车用汽油机大部分工作时间都是处于中等负荷状态,此时的工作经济性是最主要的。因此,化油器应供给 $\lambda=0.9\sim1.1$ 较经济的混合气。

③ 大负荷和全负荷工况。当汽车需要克服较大阻力时,要求汽油机尽可能地发出较大的功率,此时节气门应全开。汽油机在全负荷下工作时,化油器应供给 $\lambda=0.85\sim0.95$ 的最大功率混合气。

(2) 过渡工况对混合气浓度的要求。

过渡工况主要有冷启动、暖机及加速三种。

① 冷启动。汽油机启动时的转速很低,一般只有 100r/min 左右。此时,化油器中的空气流速非常低,不能使汽油得到良好雾化,大部分汽油将呈较大的油粒状态。特别是在冷机启动时,这种油粒附在进气管壁上,不能及时随气流进入汽缸内,从而使进入汽缸内的混合气过稀,以至无法燃烧。为此要求化油器供给 $\lambda=0.2\sim0.6$ 的极浓混合气,以保证进入缸内的混合气中有足够的汽油蒸气,使汽油机能够顺利启动。

② 暖机。冷机启动后,汽油机温度逐渐上升,直到接近正常值,汽油机能稳定地进行怠速运转。在暖机过程中,要求化油器供给的混合气应随温度的升高从启动时 λ 的极小值逐渐加大到稳定怠速所要求的 $\lambda=0.6\sim0.8$ 值。

③ 加速。加速时,驾驶员猛踩油门踏板,使节气门突然开大,这时通过化油器的空气流量随之增加,但由于液体燃油的流动惯性远大于空气的流动惯性,故燃料流量的增加比空气流量的增加要慢,致使混合气出现暂时过稀现象。因此,急开节气门不仅达不到汽油机加速目的,而且还可能会导致汽油机熄火。为了能改善汽油机的加速性能,就要求化油器在节气门突然开大时,能额外增加供油量,以及时加浓混合气。

三、汽油燃烧过程

实际汽油机的燃烧过程并不是活塞压缩到达上止点一瞬间完成的,从火花塞跳火点燃可燃混合气到全部可燃混合气燃烧完毕,是需要一定燃烧时间的持续过程。在正常燃烧情况下,汽油的燃烧过程大致可分为三个阶段,如图 4-1 所示。

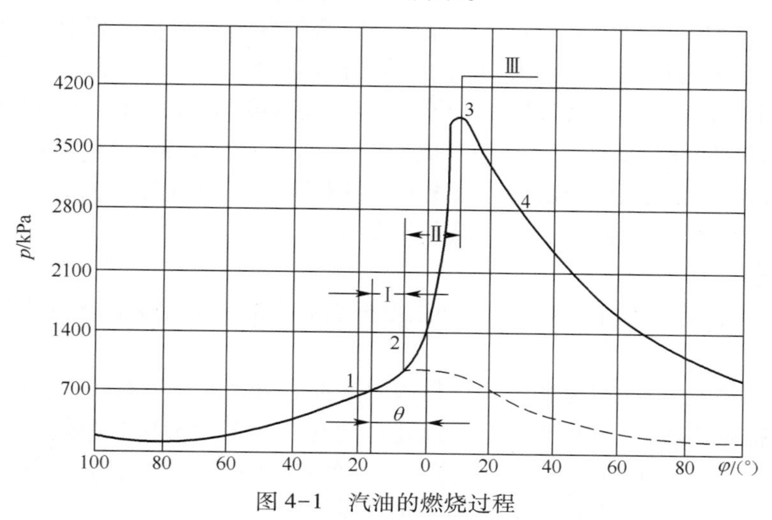

图 4-1　汽油的燃烧过程

1—点火开始;2—形成火焰中心;3—最高压力点;4—后燃期。

1. 着火延迟期

着火延迟期是指从火花塞跳火到出现火焰中心为止(图中 1~2 段)。由于火花的出现,火花塞周围的可燃混合气产生了一系列物理和化学变化,在局部区域产生高温并出现火焰中心。着火延迟期的长短与燃料性质、混合气成分、温度、压力及火花强度有关。

2. 速燃期

速燃期是指从出现火焰中心到汽缸内压力达到最大值所经历的时间(图中 2~3 段)。当出现火焰中心后,火焰迅速地向四周扩展而使可燃混合气逐层燃烧。此阶段约有 90%左右的可燃混合气进行了燃烧,这使得缸内的气体压力迅速上升至最大值(大约在上止点后 10°~15°出现)。

在速燃期,火焰传播速度与燃料的性质、混合气浓度、温度及混合气的紊流状况等因素有关。对于 $\lambda=0.88\sim0.95$ 的可燃混合气,其火焰传播速度最快,这可使缸内达到最高压力和最高温度的时间最短,因此汽油机可发出最大功率。混合气过稀或过浓,火焰传播速度都会变慢,汽油机发出的功率也随之降低。

3. 补燃期

速燃期汽缸中尚有约 10%的可燃混合气由于蒸发不良,或是与空气混合不均匀等原因,没有在火焰传播过程中及时燃烧,而是在活塞下行时继续燃烧。这一段时期称为补燃期(图中 3~4 段)。由于补燃期是在活塞下行、汽缸容积明显扩大时进行的,因此,燃料燃烧产生的压力比速燃期要低得多,气体也得不到充分膨胀,从而使燃料燃烧的经济性下降。另外,由于燃烧偏离上止点,又会使排气温度上升。

为了充分利用燃料热能,就应尽量缩短补燃期,使可燃混合气尽可能地在上止点附近完全燃烧掉。因此,就必须将点火时刻提前到压缩上止点前,这就是点火提前角。

所谓点火提前角就是从火花塞跳火到活塞到达上止点时曲轴转过的角度。该角度的大小随汽油机的工况而变化，与转速、负荷、燃料性质、混合气成分等因素有关。

以上介绍的燃烧三个阶段是正常的燃烧过程。当汽油机使用了低辛烷值汽油，或是汽油机使用不当产生过热时，往往会产生一种不正常的燃烧现象——爆燃。产生爆燃时，通常会出现下列现象：汽缸内产生金属敲击声，汽油机过热，功率下降，油耗上升等。

爆燃的产生是因为汽缸中最后着火的那部分混合气在火焰传播还没到达该处时，因其温度超过了汽油的自燃温度而自行着火，并形成局部高温高压。由于这部分压力与汽缸中其他区域中的压力相差比较悬殊，它将以高于正常火焰传播速度几十倍、甚至上百倍的速度进行传播（可达1000~2000m/s），从而在汽缸中形成冲击波，使汽油机曲轴连杆机构的主要零件受到冲击载荷产生撞击而出现金属敲击声。爆燃对汽油机造成的危害是很大的，严重时甚至会损坏汽油机零件。影响爆燃的因素主要有以下几方面。

1）燃料因素

辛烷值低的汽油容易产生爆燃，因此必须根据汽油机的压缩比来正确选用汽油。

2）结构因素

汽缸直径、燃烧室形状、火花塞位置等结构因素都对爆燃的产生有较大影响。当汽缸直径较小时，火焰传播距离较短，在离火花塞最远处也能在火焰正常传播时燃烧，一般不易产生爆燃现象；火花塞在燃烧室中的位置应尽量使其在各个方向的火焰传播距离相接近；在火焰传播的最后区域应加强冷却。所有这些措施都能减少爆燃的产生。

3）使用因素

汽油机转速、负荷、混合气浓度、点火提前角等因素都对爆燃的产生有一定影响。

转速增加时，气体扰流增强而使火焰传播速度加快，对减少爆燃的产生是有利的。

负荷较大时，汽油机工作温度高而容易过热，在此条件下，容易产生爆燃。

当$\lambda=0.85\sim0.95$时，火焰传播速度最快，对燃烧有利，但该浓度的自燃温度最低，着火延迟期最短，也最易产生爆燃。

点火提前角过大时，因活塞到达上止点时汽缸中的压力和温度都已上升得较高，在这种条件下容易引起爆燃。

根据上述分析，汽油机在最大扭矩点附近工作时（此时是大负荷、低转速）最容易产生爆燃。此时必须组织好冷却，以减少爆燃的产生。

除爆燃外，汽油机还有一种非正常燃烧现象——表面着火。产生表面着火现象的主要原因是燃烧室内的炽热区域（如排气门头部、火花塞、积炭等）的温度过高，使该区域内的可燃混合气在火花塞跳火之前就被点燃。严重的表面着火现象甚至在汽油机关闭点火开关后，仍能使汽油机继续转动。

表面着火又称早燃。早燃时缸内压力、温度过早升高使汽油机过热，严重时可将活塞烧熔。表面着火往往易诱发爆燃，爆燃反过来又易促进表面着火，造成恶性循环。

第三节　电控汽油喷射系统

电控汽油喷射系统（Electronic Fuel Injection，EFI）由于电子控制的灵活性和计算机强有力的处理能力，可根据汽油机的各种运行工况（如启动、暖机、怠速、加速、满负荷、部分负荷、滑行），以及环境温度、海拔高度和燃油质量，实现最佳空燃比控制，使汽油机达到优化运转，从而取得良好节油和排气净化效果。电控汽油喷射系统可使汽油机的功率提高 5%~10%,燃油消耗率降低 5%~15%,废气排污量减少 20%左右。

一、电控内燃机分类

电控内燃机主要从以下三个方面进行分类。

1. 按汽油喷射位置分类

1) 进气道多点喷射(Multi-Point Fuel Injection,MPFI)

多点喷射系统是在每缸进气口处装一只电磁喷油器,并由电控单元按一定模式进行控制喷射(图 4-2(a))。

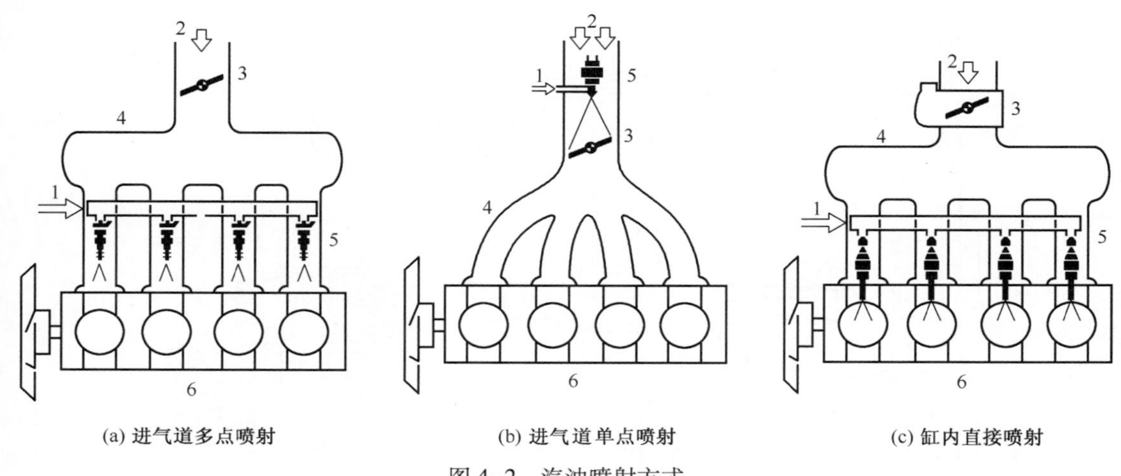

图 4-2 汽油喷射方式

1—燃油;2—空气;3—节气门;4—进气管;5—喷油器;6—汽油机。

2) 进气道单点喷射(Single-Point Fuel Injection,SPFI)

单点喷射系统是在进气管节流阀体上方装一个中央喷射装置,用一到两只喷油器集中喷射,汽油喷入进气流中,并与空气混合后由进气歧管分配到各个汽缸中(图 4-2(b))。单点喷射又称为节气门座喷射(Throttle Body Injection,TBI)或中央燃油喷射(Central Fuel Injection,CFI)。这两种都属于进气道喷射方式。

3) 缸内直接喷射(Gasoline Direct Injection,GDI)

缸内直接喷射是将燃料直接喷入汽缸内(图 4-2(c)),其原理与柴油机的喷油原理相同。

2. 按汽油喷射控制方式分类

1) 连续喷射

连续喷射是在汽油机的运转过程中喷油器持续喷射,喷油量的改变是通过控制燃料测量截面积的大小而实现。该喷射仅限于进气管喷射。

2) 间断喷射

间断喷射是在汽油机工作循环中的某一段或几段时间内进行喷射,通过控制每次喷射的持续时间来控制喷油量。间断喷射的油量控制方式除适用于进气管喷射外,还被缸内直接喷射系统所采用。

3. 按进气量的检测方式分类

电控单元根据内燃机工况选取最佳的空燃比,只要准确地测定空气流量,就能确定即时的喷油量。电喷内燃机的空气流量测定方法分为D型(速度—密度控制法)和L型(质量—流量控制法)两种。D型是一种间接测定法,通过进气歧管压力传感器和内燃机转速传感器来计算空气流量。L型是一种直接测定法,设有空气流量计。常用的空气流量计有三类:叶片式空气流量计;热线式和热膜式空气流量计;卡尔曼涡流式空气流量计。

二、汽油喷射系统的组成及工作原理

电控汽油喷射系统主要由空气系统、燃油系统及电子控制系统组成。下面以图4-3所示LH型间歇式电控燃油喷射系统为例,介绍汽油喷射系统的组成及工作原理。

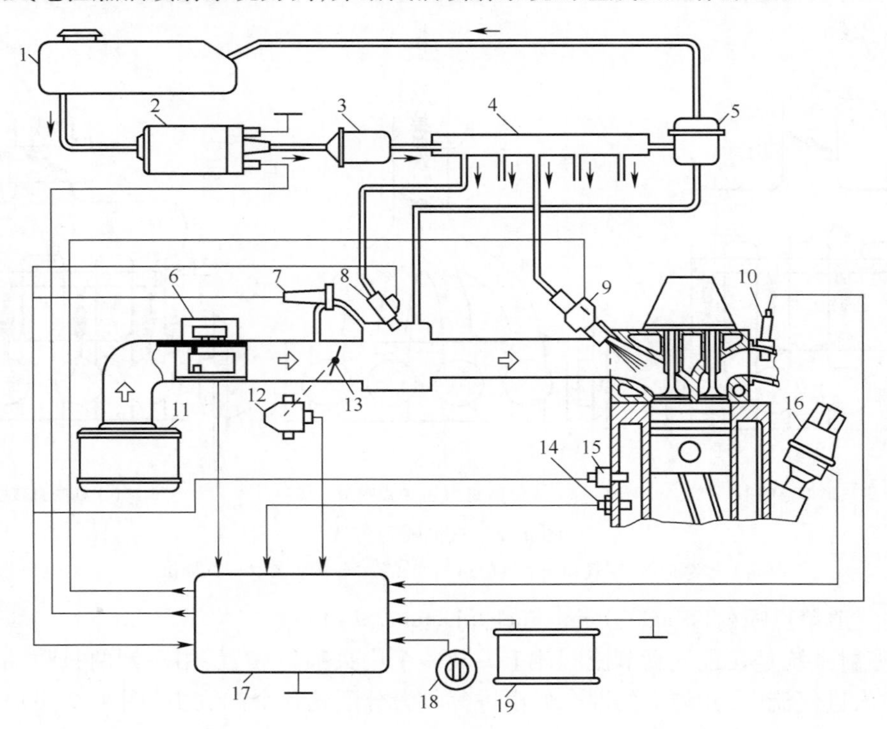

图4-3 电控汽油喷射系统

1—汽油箱;2—电动汽油泵;3—燃油滤清器;4—燃油分配管;5—油压调节器;6—空气流量计;7—补充空气阀;8—冷启动阀;9—喷油器;10—氧传感器;11—空气滤清器;12—节气门位置传感器;13—节气门;14—机体温度传感器;15—温度时间开关;16—分电器;17—电控单元;18—点火开关;19—蓄电池。

1. 空气系统

空气系统的作用是检测和控制供给汽油机燃烧所需的空气量,并将测量结果转换为电信号传输给电控单元。空气系统由空气流量计6、补充空气阀7和节气门13等组成。进入汽缸的空气量与汽油机转速、节气门开度以及进气管压力有关。根据进气量来确定喷油量可以控制空燃比,因此,精确计量进气量十分重要。早期曾广泛使用叶片式空气流量计,目前大多采用热线式或热膜式空气流量计来计量进气量。

2. 燃油系统

燃油系统主要由汽油箱1、电动汽油泵2、汽油滤清器3、燃油分配管4、油压调节器5、冷启动阀8和喷油器9等组成,有的还设有油压脉动缓冲器。

燃油从汽油箱1中被电动汽油泵2吸出并以一定的压力泵入汽油滤清器3,除去杂质后进入燃油分配管 4。位于燃油分配管 4 后端的油压调节器 5 可使喷油压力保持恒定。经调节后的压力油通过燃油分配管 4 分送到各喷油器 9,接受电控单元 17 的指令控制。当电控单元发出喷油指令信号时,喷油器将燃油喷至进气门上方与空气混合,直至进气门开启时,才将燃油和空气同时吸入汽缸中。

燃油分配管的功用是将燃油均匀、等压地分配给各个喷油器,同时,由于其容积较大,故还具有贮油蓄压和减缓油压脉动的作用。

油压调节器的功用是保持恒定的喷油压力,这样,可以保证喷油量在各种载荷下都唯一取决于喷油持续时间,从而实现电控单元对喷油器的精确控制。

喷油器的功用是按照电控单元的指令适时地将精确配剂的一定量的汽油喷入进气道或进气管内,并与空气混合形成混合气。

冷启动阀的功用是当汽油机低温启动时,喷入一定数量额外的汽油,使混合气加浓。冷启动阀是一个电磁阀,且仅在汽油机冷启动时起作用。

3. 控制系统

控制系统主要由传感器、电控单元(Electronic Control Unit,ECU)与执行器组成。

传感器将驾驶员的意图、汽油机的工况与环境信息,及时、真实地传输给电控器。电控器根据来自各个传感器的输入信号和其他开关信号,用控制软件并结合存储的各种标定数据与图表进行分析运算,决定应如何控制,并以相应的电信号向执行器发出各种控制指令,执行器产生相应的动作以实现所要求的控制。

点火线圈连同火花塞、喷油器和节气门开度控制是三个最基本的执行器。点火线圈为内燃机适时提供点火高电压,电磁阀控制的喷油器则适时保证精确计量的汽油喷射。

对进气量的控制,多数仍采用人工控制节气门开度。对冷启动、热机怠速和车辆减速工况,则用电控怠速执行器来调节通过怠速旁通孔的空气流量,以保证内燃机稳定运转。

三、汽油喷射系统主要器件

1. 主要传感器

1)曲轴转速与位置传感器

曲轴的转速信号反映内燃机的速度工况,曲轴的位置信号则用来判断活塞上止点的位置,以便控制点火提前角和喷油时序。常见的电磁式曲轴转速与位置传感器如图 4-4 所示。它的

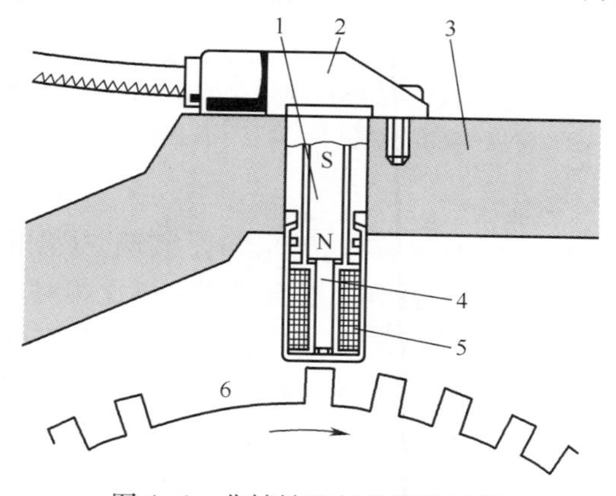

图 4-4　曲轴转速与位置传感器

1—永久磁铁;2—壳体;3—内燃机机体;4—软铁心;5—绕组;6—带定时记号的触发轮。

触发轮6(或称信号盘)装在曲轴上,与曲轴同步旋转。触发轮上有若干等节距的齿(如60-2=58个齿,其中有两个齿空缺),当各齿转过固定在内燃机机体3上的磁头时(由永久磁铁1、软铁心4和绕组5组成),由于磁隙的周期变化,在绕组5两端产生交变的感应电动势,这一交流信号作为转速信号送到电控器。同时,触发轮上的两个齿缺口对应着一定的曲轴位置,从而产生了相应的上止点信号。为了区别压缩上止点与排气上止点,在凸轮轴上加装霍尔效应传感器,以保证正确的点火角度与喷油时序。

2）进气流量传感器

对于均质燃烧的汽油机而言,空气流量是直接反映内燃机负荷的重要参数,同时它又与喷入的燃料量一起构成了确定空燃比的重要依据。

热线式或热膜式质量流量计工作原理:经过热线或热膜表面的空气分子会带走一定的热量,带走热量的总值与流过空气的质量流量有关,为了保持热线或热膜表面与周围环境的温差不变,必须用增加电流的方法来补偿表面的散热损失。当热线或热膜电阻为定值时,只要测出加在传感器两端电压的变化就能确定电流与加热量,从而确定了流经热线或热膜表面的空气质量流量。图4-5(a)所示为热膜式进气流量传感器结构与工作原理图,图4-5(b)所示为其输出电压与空气质量流量的变化关系。

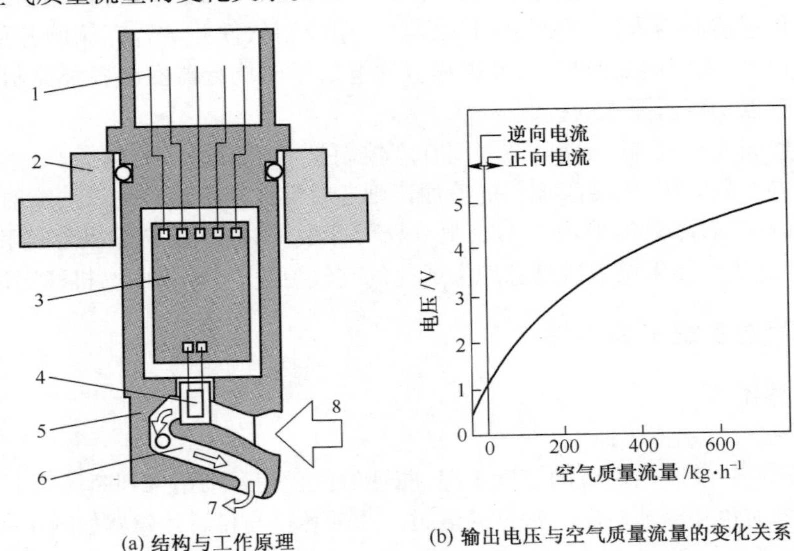

(a) 结构与工作原理　　(b) 输出电压与空气质量流量的变化关系

图4-5　热膜式空气的质量流量传感器

1—电插口;2—进气管;3—集成电路板;4—热膜元件;5—传感器壳体;6—分流管;7—流出分流管空气量;8—流进分流管空气量。

3）氧传感器

氧传感器(因空燃比用λ表示,故又称λ传感器)是实现空燃比闭环控制的关键。它把排气中氧含量信号传给电控器,电控器据此判断混合气的空燃比相对于设定值是稀还是浓,以控制喷油量的增减,从而使空燃比保持在$\lambda=1$左右,确保三效催化转化器高效工作。

目前采用的氧传感器按所用感应元件的材料不同分为氧化锆型(ZrO_2)和氧化钛型(TiO_2)。排气中氧含量接近零($\lambda\approx1$)时,这两种氧传感器的输出电压都会产生突变,但机理不完全相同。目前应用较广的氧化锆氧传感器的工作原理与电压输出特性如图4-6所示。它可以说是一个由氧含量差驱动的“微电池”,在氧化锆陶瓷管2的两侧各镀上一层多孔铂

(Pt)膜作为电极(图 4-6(a)中的 3),管内侧与空气(氧含量约为 21%)接触,管外侧与排气(氧含量很低)接触,两侧的氧气分压不等。当氧化锆陶瓷体温度超过 300℃时,管表面及管内吸附的氧离子化,由于氧化锆有吸引氧离子的趋势,致使氧离子从氧气分压高的大气侧流向氧气分压低的排气侧,从而在排气侧堆积较多的氧离子。又由于每个氧离子带有两个俘获的电子呈负电,故造成两侧铂膜之间的电位差,排气侧为负极,空气侧为正极。氧传感器输出电压随空燃比的变化关系如图 4-6(b)所示。由图 4-6(b)可见,当排气温度为 600℃时,在 $\lambda<1$ 的浓混合气区域,输出电压为 900~1000mV;而在 $\lambda>1$ 的稀混合气区域,输出电压不足 100mV;在 $\lambda\approx1$ 附近,电压输出有一个明显的跳跃变化。这样,氧传感器的作用就如同一个关于 λ 的开关,即当 $\lambda<1$ 时接通,当 $\lambda>1$ 时关闭。

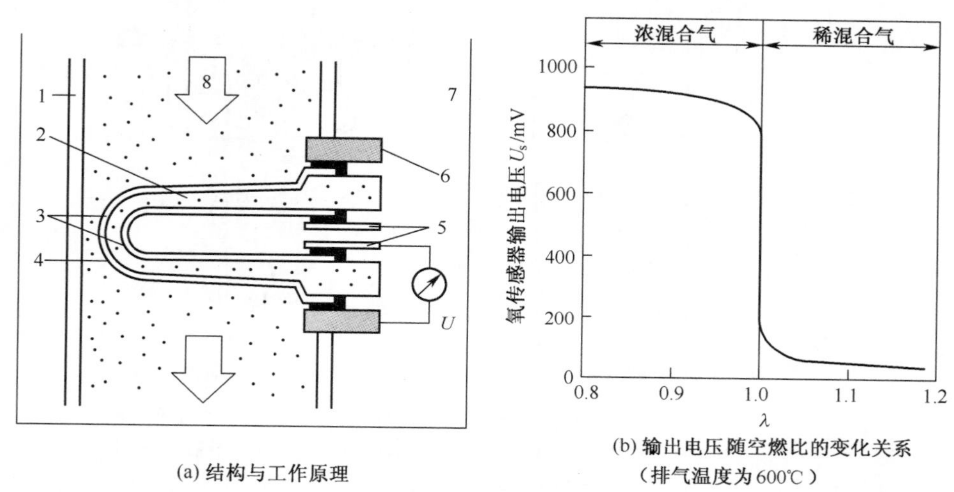

(a) 结构与工作原理

(b) 输出电压随空燃比的变化关系(排气温度为 600℃)

图 4-6 氧传感器结构示意图与工作特性

1—排气管;2—活性感应陶瓷(ZrO_2);3—铂电极;4—陶瓷保护层;5—正极接线柱;6—负极接线柱;7—空气;8—排气。

2. 主要执行器

1) 喷油器

喷油器接受电控器送来的喷油脉冲信号,精确地计量燃油喷油量,使燃油在一定压力下及时喷入进气道内。对喷油器要求其动态流量特性稳定,抗堵塞与抗污染能力强,雾化性能好。就喷嘴计量孔的形式来说,可分为轴针式和孔式两类。按进油方式不同又可分为上部(顶端)进油(图 4-7(a))和下部(侧面)进油方式(图 4-7(b))。前者的优点是整个燃油供给系统在内燃机上安装与布置的自由度较大;后者由于直接嵌装在燃油轨中,侧面与进油总管相通,停止喷油时,回流的燃油流过喷油器起着冷却并带走气泡的作用,因此保证了喷油器在高温环境下的正常工作。这种结构还有缩短喷油器的长度以利于降低内燃机高度的优点。

如图 4-7 所示为两种轴针式喷油器的结构。它们由喷嘴体 6、针阀 7、电磁铁(电磁线圈 3 以及套在针阀外的衔铁 5)等组成。当电磁线圈无电流时,喷油器的针阀在弹簧压力下关闭。当 ECU 发出的电脉冲信号将电磁线圈与电源回路接通时,产生磁场,吸引衔铁并带动针阀从座面向上移(针阀行程为 0.06~0.1mm,吸动与下降时间为 1.0~1.5ms),燃油遂在燃油轨保持的恒定压力下,从针阀与座面之间的锥面以及轴针与喷孔之间的环形间隙喷出。针阀开启与关闭时由于轴针在喷孔中的往复运动,使喷孔不易堵塞,另外,还可以通过轴针头部不同倒锥角的设计来调节油束喷雾锥角的大小和改善喷雾质量。

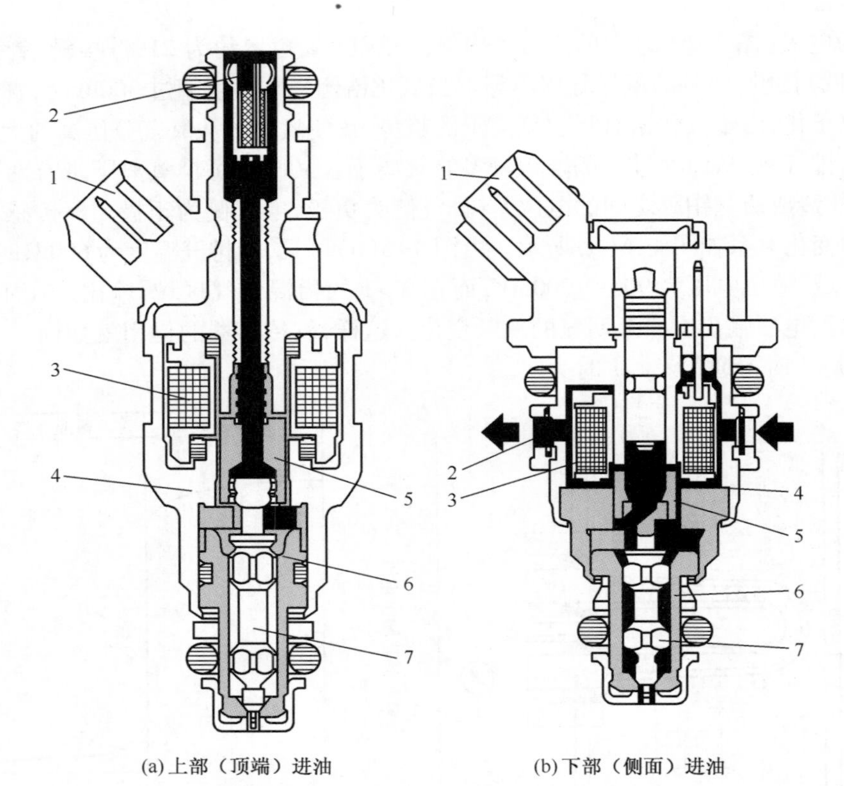

图 4-7　轴针式喷油器

1—电插头；2—滤清器或滤网；3—电磁线圈；4—喷油器体；5—衔铁；6—喷嘴体；7—针阀。

孔式喷油器种类也很多，按喷孔数目可分单孔、双孔与多孔等形式，按关闭阀门形式又可分为片阀与球阀等。为了进一步改善燃油与空气的混合，采用片阀式多孔（或双孔）喷油器结构，同时还可以附加空气辅助喷雾的措施，其结构外形与工作原理如图 4-8 所示。由图可见，空气通过喷油器体的外侧绕到片阀前与经过计量孔喷出的燃油混合，从而提高了喷雾质量，改善了混合气形成。而且这个效应在部分负荷下比较显著，因为这时进气道内保持了较高的真空度，能够将气流顺利地吸入喷嘴。

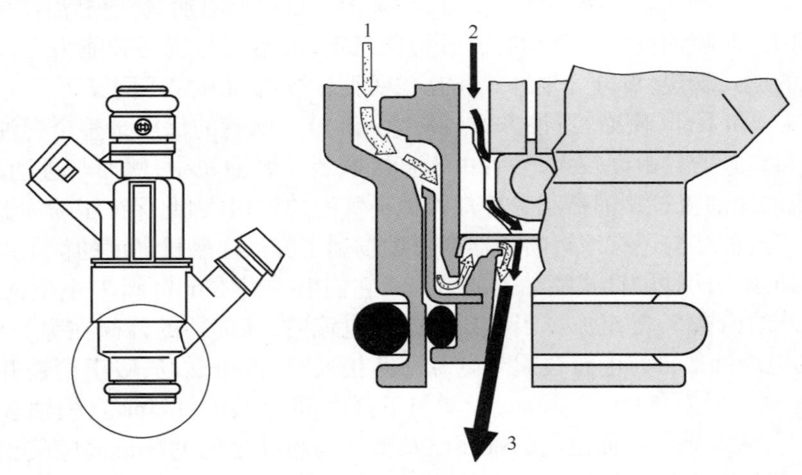

图 4-8　空气辅助式喷油器

1—空气；2—燃油；3—空气、燃油混合物。

2）点火装置

现代电子控制燃油喷射系统均是集喷油控制与点火控制为一体的综合系统。电子点火系统经历了由晶体管点火系(Breaker-Triggered-Transistorized Ignition,BTI),半导体点火系(Semiconductor Ignition System,SIS)到无分电器式的半导体点火系(Distributorless Ignition System,DIS)的发展历程。DIS 系统取消了机械装置,没有任何运动部件,直接由电控器中的点火控制器输出多个脉冲电流,驱使点火线圈直接向汽缸点火,这是目前应用得最多的点火系统。但在 DIS 系统中最初流行的是汽缸偶点火方式,即用一个点火线圈同时点燃两个火花塞,前提是这两个被点火的汽缸同时处于上止点位置(一个为压缩上止点,为有效点火,另一个在排气上止点,为无效点火)。这种汽缸偶点火方式的优点是减少了点火线圈,简化了点火与控制系统,但它只适用于汽缸数为偶数的内燃机。随着高性能点火线圈小型化和电控器功能的增强,目前在高性能的 4 气门汽油机上已开始采用每缸一个点火线圈的独立点火方式。其点火线圈与火花塞集成在一起,取消了高压线与分电器,减少了电磁干扰并且能适用缸数为奇数(3 缸或 5 缸)的内燃机。

3）进气量调节装置

均质燃烧汽油机负荷的调节是依靠节气门的开度来实现的,这时加速踏板通过软索或拉杆与节气门操纵杆相连。驾驶人员踩动踏板,便能转动节气门,实现人工操纵。但在节气门开度很小或急速开闭的某些工况,如热机怠速、冷机启动、开动某些附加装置(如空调等)或是突然加速的过渡工况,需要供给额外的空气。这些功能很难用人工调节进气门来实现,而需要专门的进气补偿装置。常见的进气补偿装置采用的是旁通式补气方式,其工作原理如图 4-9 所示。当驾驶人员完全松开加速踏板,节气门关小并不再由人工控制时,所需补充的空气可由电控器 2 根据相应工况的需要控制旁通阀 1 来提供。由于这种装置主要用来保证怠速稳定运行,故一般称为怠速执行器,其功能实际上并非仅限于怠速工况。

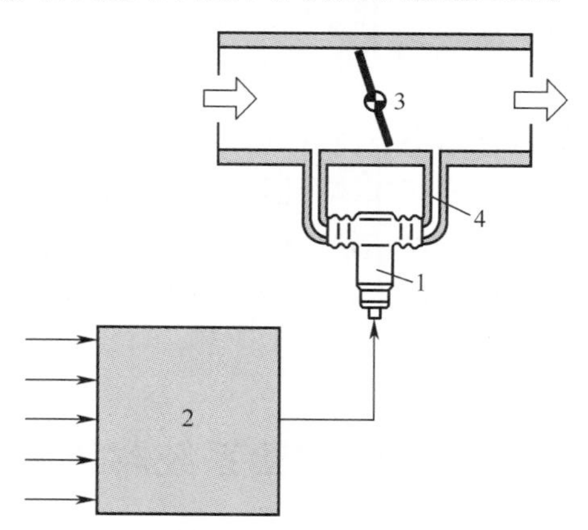

图 4-9　旁通式空气补偿装置(怠速执行器)

1—旁通阀;2—电控器;3—节气门;4—旁通管道。

在旁通式空气补偿装置中,驱动旁通阀的方式有很多种,有直线运动电磁阀、旋转电磁阀与步进电机等。旁通式空气补偿装置(怠速执行器)目前应用得较为广泛。

还有一种进气量调节方式是用电控节气门(Electronic Throttle Control,ETC)直接控制节气门开度。这种控制方式工作能力强,控制稳定性好,目前已开始得到应用。它的加速踏板组件与节气门组件上均装有电位器,前者给出驾驶者的意图与工况设定值,后者给出了节气门开度的实际值与反馈信号。电控器根据上述信息进行协调,并参照各种工况的特定要求进行修正,通过步进电动机及时调整节气门开度,如图 4-10 所示。

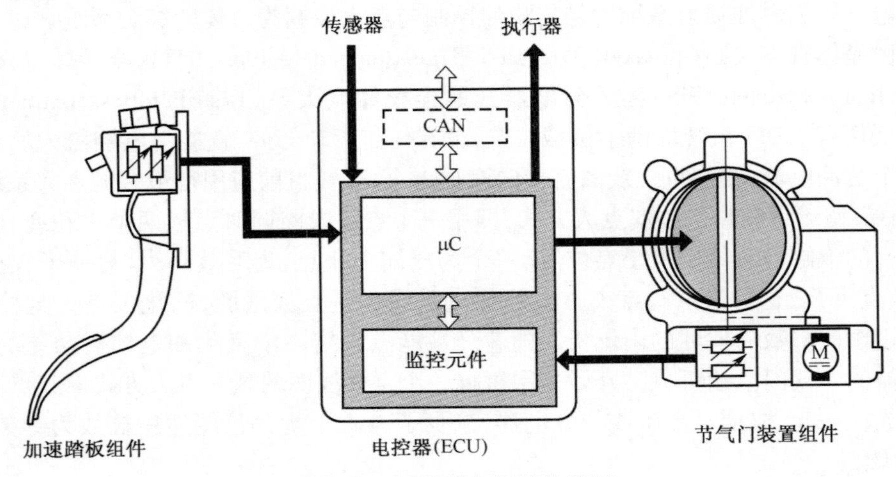

图 4-10 电控节气门结构简图

4) 废气再循环控制

在 EGR 系统中,通过一个特殊的通道将排气歧管与进气歧管连通,在该通道上装有 EGR 阀,通过控制 EGR 阀的开度来控制废气再循环量。

废气再循环控制系统有机械式和电控式两种。一般机械控制的 EGR 率较小,约为 5%~15%。即使采用能进行比较复杂控制的机械控制装置,控制的自由度也受到限制。电控式不仅结构简单,面且可进行较大的 EGR 率控制,一般为 15%~20%。另外,随着 EGR 率的增加,燃烧将变得相对不稳定,缺火严重,油耗上升,HC 的排放量也增加。因此,当燃烧恶化时,应减少 EGR 率,甚至完全停止 EGR。EGR 电控系统的主要功能就是选择 NO_x 排放量多的内燃机运转范围,进行适量 EGR 率控制。

3. 电控器

电控器是一个微型的计算机管理中心,它以信号(数据)采集作为输入,经过计算处理、分析判断、决定对策,然后输出控制指令指挥执行器动作,有时它还要给传感器提供稳压电源或参考电压。其全部功能是通过各种硬件和软件的总和来完成的。借助于大规模集成电路,已经可以把复杂多样的几百个元器件全都做在 1~2 块多层电路板上,封装在一个十分紧凑的盒子里,用铝制外壳屏蔽起来。

第四节　燃油供给系统附属装置

一、汽油供给装置

供给装置由油箱、滤清器、汽油泵及油管组成,其作用是贮存、滤清和输送汽油。

1. 汽油箱

汽油箱用以贮存汽油。普通汽车具有一个油箱,越野汽车则常有主副两个油箱。在油箱盖上装有空气阀和蒸气阀,如图 4-11 所示,当箱内汽油减少、压力降低到 98kPa 时,空气阀被大气压打开,空气便进入油箱内(图 4-11(a)),使汽油泵能正常供油。当油箱内汽油蒸气过多、其压力大于 110kPa 时,蒸气阀被顶开,汽油蒸气泄到大气中(图 4-11(b)),以保持油箱内压力正常。

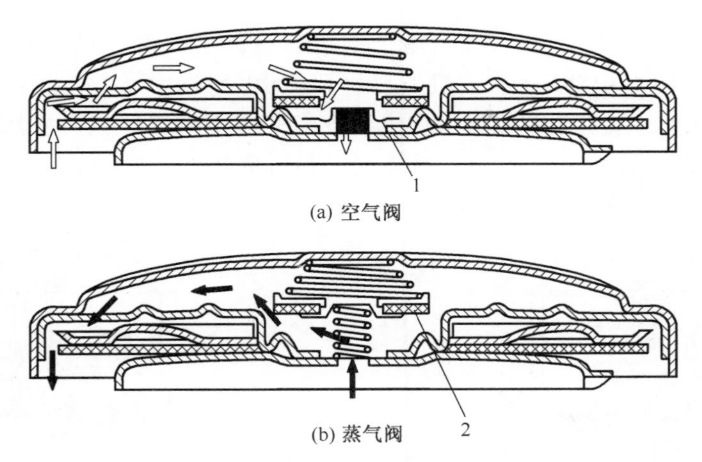

图 4-11　带有空气和蒸气阀的油箱盖

1—空气阀;2—蒸气阀。

2. 汽油滤清器

汽油在进入汽油泵之前,必须经过汽油滤清器,以除去其中的水分和杂质,否则将引起汽油泵等部件发生故障。图 4-12 为国产 282 型汽油滤清器。它由盖、滤芯及沉淀杯等主要零件组成。多孔陶瓷滤芯 3 用螺栓 4 装在盖上。沉淀杯 5 与盖 1 之间有密封垫,并用螺钉固紧。汽油机工作时,在汽油泵的作用下,汽油经进油管接头流入沉淀杯中,由于水的比重大于汽油,故水分及较重的杂质沉淀于杯底,较轻的杂质随汽油流向滤芯而被粘附在滤芯上,清洁汽油则由陶瓷滤芯的微孔渗入到滤芯内腔中,然后从出油管接头流出。

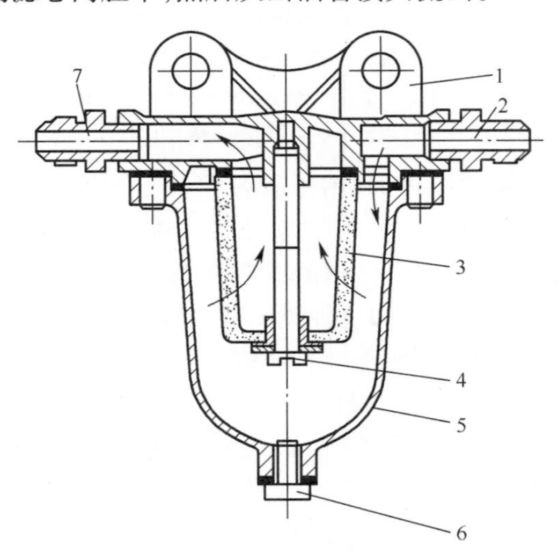

图 4-12　282 型汽油滤清器

1—滤清器盖;2、7—进出油管接头;3—滤芯;4—中心螺栓;5—沉淀杯;6—放油螺塞。

滤清器安装使用时应注意:滤芯应定期清洗或更换,沉淀杯中积存的水分和污物要按时排除,否则将造成滤芯的阻塞,影响滤清效果,在冬季甚至还会造成积水冻结而使供油中断;装配时应注意接合处的密封垫圈是否完好,如密封不严,汽油会不经滤芯而直接流入滤芯内腔,使滤清器失效;汽油都是从滤芯外表面空间流向内表面空腔,为防止进出油管接反,滤清器进出油管接头处一般打有方向标记。

3. 汽油泵

目前,广泛采用机械驱动膜片式汽油泵,它由配气机构凸轮轴上的偏心轮驱动。

图 4-13 为东风 EQ6100Q-1 汽油机采用的 EQB501 型汽油泵。它由上体、下体和泵膜总成三部分组成。在上体装有进油管接头和出油管接头,进油阀 23 和出油阀 22 结构相同,但在阀门支持片 11 上的安装方向相反,支持片连同二阀用螺钉固定在上体上。

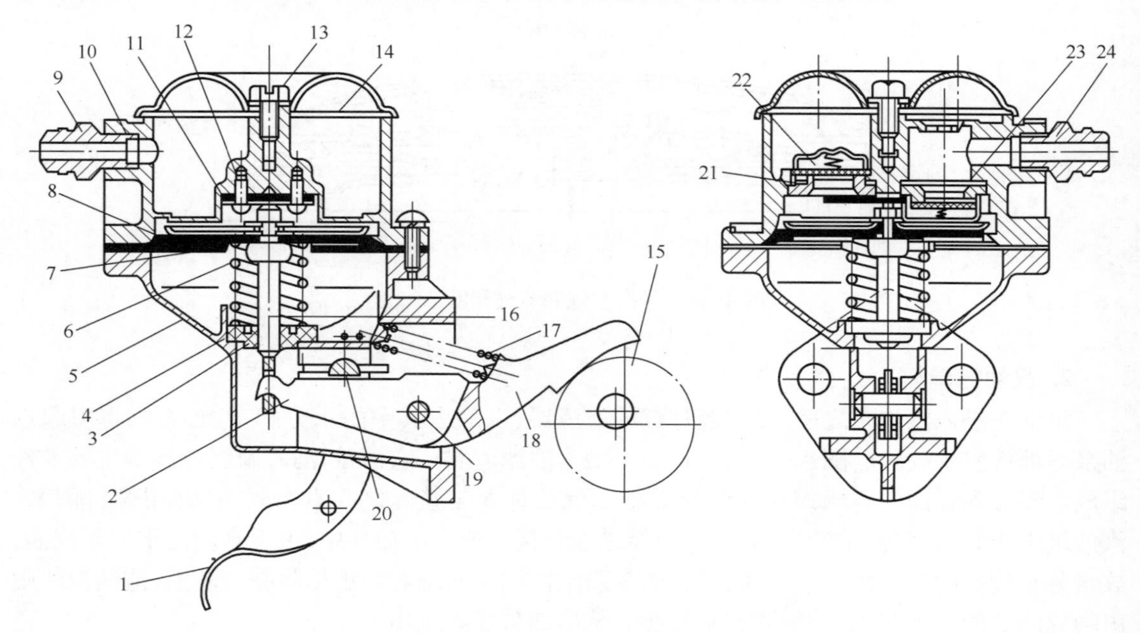

图 4-13 EQB501 型汽油泵

1—手摇臂;2—内摇臂;3—泵膜拉杆油封;4—拉杆油封座;5—下体;6—泵膜弹簧;7—泵膜下盘;8—泵膜;9—出油管接头;10—上体;11—阀门支持片;12—螺钉;13—泵盖;14—垫片;15—偏心轮;16—泵膜拉杆;17—摇臂回位弹簧;18—摇臂;19—摇臂轴;20—手摇臂轴;21—垫片;22—出油阀;23—进油阀;24—进油管接头。

上体与下体之间夹装着泵膜组件,它由橡胶泵膜及上下护盘和拉杆等组成。泵膜弹簧 6 装于支承在下体凸缘上的弹簧座和膜片下护盘之间。弹簧座下面设有泵膜顶杆油封 3,以防止膜片破裂时,汽油流入曲轴箱。在下体内的摇臂轴 19 上松套着摇臂 18 及内摇臂 2,二者之间为斜平面接触,形成单向传动关系,回位弹簧 17 使摇臂 18 压紧在凸轮轴上的偏心轮上。

其工作情况是:当偏心轮转动到使外摇臂 18 绕其轴 19 逆时针(从图面上看)偏转时,外摇臂即通过斜面带动内摇臂 2,并通过拉杆 16 拉动泵膜向下拱曲到最低位置,此时泵膜弹簧 6 被压缩。在此过程中,膜片上方的容积增加,产生真空度,因此进油阀 23 开启,出油阀 22 关闭,汽油便经进油室流入泵室内(图 4-14)。当偏心轮的偏心部分转离摇臂后,在摇臂回位弹簧的作用下,外摇臂转回原位,其斜面与内摇臂斜面之间的压紧力消失,泵膜便在泵膜弹簧的作用下,连同内摇臂向上移动,使泵室内容积减小,油压增大,进油阀关闭,出油阀开启,汽油便从出油阀经出油管接头流向化油器。

在上述压油过程中,从泵室压出的汽油首先被压入出油气室中,使气室中的空气受到压缩而形成空气"弹簧"。由于空气"弹簧"的伸张作用,气室内的汽油在出油阀关闭后仍能继续流出,从而减小了泵油脉动现象,使汽油流出比较均匀,提高了浮子室油面的稳定性。

膜片式汽油泵可随汽油机耗油量的变化而自动调节供油量,其工作原理:汽油泵的供油量决定于泵膜的行程,行程越大,供油量就越多,因此改变泵膜行程即可调节供油量。

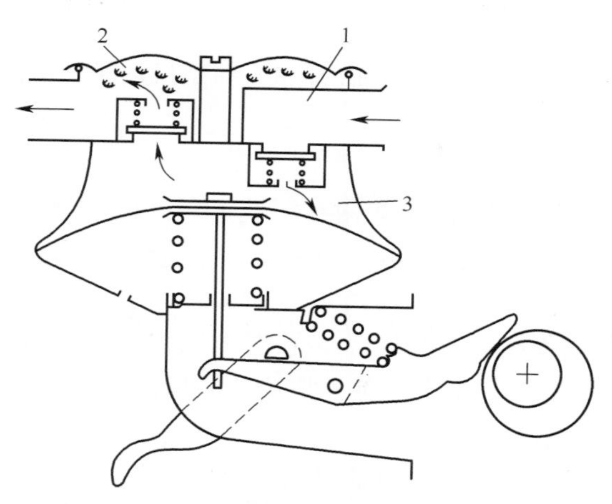

图 4-14　EQB501 型汽油泵工作原理简图

1—进油室；2—出油气室；3—泵室。

泵油时，当泵膜上拱到一定位置后，若化油器浮子室中的油面已达到规定的高度，浮子的浮力使针阀关闭进油孔。因泵膜弹簧弹力所形成的油压对针阀的压力总是小于浮子的浮力，故汽油不能强制顶开针阀。此时，虽然外摇臂在回位弹簧作用下顺时针转动，但因泵膜弹簧弹力与泵室油压力已平衡，使得泵膜不能继续上拱，因此拉杆不能带动内摇臂左端上移，于是在内、外摇臂的接触斜面之间出现间隙。此时汽油泵的供油量（即泵膜行程）并未达到最大值。当外摇臂由偏心轮驱动再次逆时针转动时，首先要克服内、外摇臂之间的间隙才能带动内摇臂，使其左端拉动泵膜拉杆下行吸油，这时汽油泵只能吸入与上次供出油量相等的汽油。

由此可见，若汽油机耗油量少，存留在化油器针阀与汽油泵泵膜之间密闭油腔里的汽油就多，泵膜上移行程就小，下移时行程亦小，因而吸油量亦少；当汽油机耗油量增加时，泵膜上移行程随之增大，供油量也相应增加，泵膜下移行程亦增大，吸油量亦随之增加。显然，泵膜工作时每次下行的最低位置是不变的，但上行的最高位置是随汽油机耗油量的变化而变化。因此，汽油泵泵膜的实际供油行程可随汽油机实际耗油量的不同而自动调整。

为了在汽油机不工作时也能使汽油泵泵油，在内摇臂的上方装有断面为半圆的手摇臂轴 20，以及与之相连接的手摇臂 1，将手摇臂上下扳动，便可带动半圆轴 20 转动，通过内摇臂 2 使泵膜上下移动而泵油。使用手摇臂泵油时应注意的是，如偏心轮的凸起部分顶着外摇臂，则泵膜处于最低吸油位置，手摇臂轴在转动时因不能压动内摇臂而不能泵油。此时应转动曲轴，使偏心轮的凸起部分转过摇臂后，再用手摇臂泵油。

二、进、排气装置

1. 空气滤清器

空气滤清器的作用是滤去进入缸内空气中的灰尘，减少汽缸、活塞和活塞环的磨损。按照杂质被清除的方式不同，空气滤清方法可分为三类。

1）惯性式

利用气流在急速改变流动方向时，因尘粒具有较大的惯性而与空气分离。它是清除大颗粒尘土的有效手段，空气在通过滤芯之前先进行惯性分离处理可清除其中 50%～60%的大颗粒尘土。

2）油浴式

空气进入滤芯前，在气流转向流过机油表面时，利用机油黏性将因惯性作用而甩出的大颗粒尘土黏附住。

3）过滤式

利用气流通过滤芯而将尘土阻挡或黏附在滤芯上。另外，有些空气滤清器还综合了以上三种滤清方式，形成了综合式空气滤清器。图 4-15 为综合式空气滤清器，它由外壳 2、盖 1、滤芯 7 等主要零件组成。

汽油机工作时，空气以很高的速度从盖与壳之间的夹缝进入并向下流动，较大颗粒尘土因惯性大而冲向机油面上而被黏住，较轻的尘粒随空气流向滤芯，又被滤芯黏附。经两级过滤后的空气经中心管 5 流入化油器，此时空气中 95%~97%的尘土被清除掉了。黏附在滤芯上的尘土，由于受到被气流带起的油粒清洗而随机油一起流回机油盘并沉入油池底部。近年来，在汽车汽油机上还广泛使用纸质干式空气滤清器，其构造如图 4-16 所示。

汽油机工作时，空气由盖 1 与外壳 2 之间的空隙进入，经纸质滤芯 3 过滤后，再经接管 4 流入化油器。纸质滤清器的缺点：使用寿命较短；恶劣条件下工作不够可靠；对油类的污染十分敏感，一旦被油质浸润，则滤清阻力将急剧加大。

空气滤清器长期使用会产生阻塞而使内燃机的充气量减少，其结果将导致动力性降低，因此，必须对其定期保养。对于综合式空气滤清器应定期清洗并更换机油。装配时滤芯上应粘有机油，壳内加入较稀的机油至规定高度。

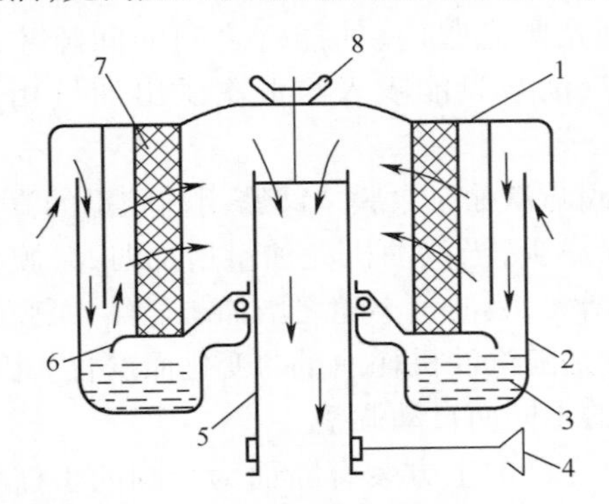

图 4-15　综合式空气滤清器示意图

1—盖；2—外壳；3—油池；4—紧固夹螺栓；5—中心管；6—托盘；7—滤芯；8—固定螺帽。

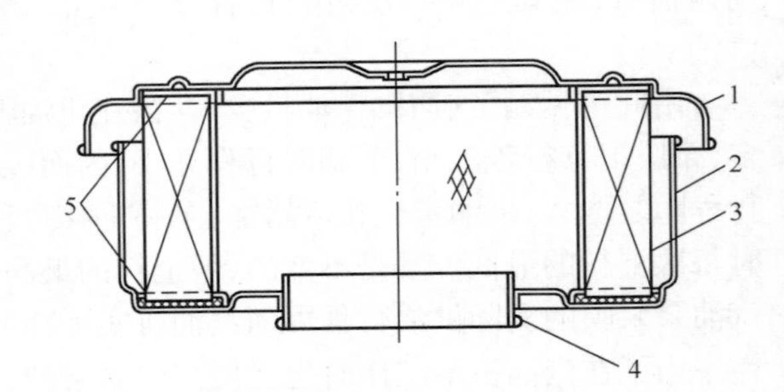

图 4-16　纸质干式空气滤清器

1—滤清器盖；2—外壳；3—纸质滤芯；4—接口管；5—密封圈。

2. 进气管与排气管

进气管的作用是将可燃混合气（汽油机）或空气（柴油机）导入到各汽缸中。对汽油机来说，进气管的另一作用是使可燃混合气中的油粒和沉积在管壁上的油膜得到进一步汽化。

进、排气管一般通常用螺栓固定在汽缸盖的侧面，并在接合面处装有外包铜皮的石棉衬垫，以防漏气。安装时衬垫铜皮卷边的一面应朝向汽缸盖。为防止漏气和排气管在热应力的作用下产生裂纹，固定螺栓应有一定的扭力要求，不可过松和过紧。

3. 排气消声器

为降低排气噪声和消除废气中的火焰，在排气管口处装有排气消声器，废气经排气消声器排到大气中。图 4-17 为东风 EQ6100-1 型汽油机的排气消声器。其外壳 1 呈圆筒形，两端封闭并各插入带孔的进入管 2 和排出管 4，中间用两道隔板 3 将消声器分为三个消声室，三个消声室分别通过带孔的排气管相互沟通。

4. 排气污染及其净化主要措施

随着汽车保有量的增加和汽车普及率的提高，特别是在汽车集中程度高的城市中，内燃机排气已是空气污染的重要来源之一，对人身健康构成威胁。近30年来，排放问题成为车用内燃机发展中的重大课题，主导着车用内燃机的发展方向。

内燃机废气中的有害气体及碳烟对大气的污染，随着内燃机使用数量的增加而日趋严重，因此在美国、日本及西欧等一些国家对内燃机废气中的有害气体的排放指标及排放量有严格的规定。对大气环境和人类健康危害影响很大，且已被各国排放法规限制的内燃机排放物主要是CO、HC、NO_x和PM。目前常使用的尾气净化方法有下列几种。

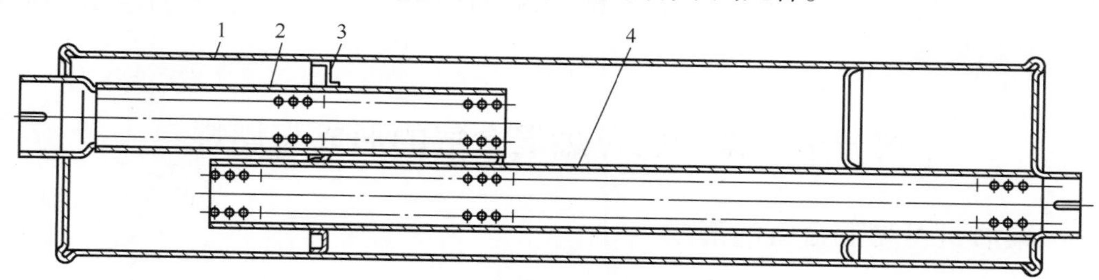

图4-17　东风EQ6100-1汽油机排气消声器

1—外壳；2、4—多孔管；3—隔板。

1）废气再循环

废气再循环控制（Exhaust Gas Recirculation，EGR）是指在内燃机工作时将一部分废气引入进气管，并与新鲜空气混合后吸入汽缸内再次进行燃烧的过程，广泛应用于减少NO_x的生成。废气在燃烧过程中会吸收热量，降低了最高燃烧温度，从而抑制NO_x的生成。在EGR系统中，通过一个特殊的通道将排气歧管与进气歧管连通，在该通道上装有EGR阀，通过控制EGR阀的开度来控制废气再循环量。

2）降低最高燃烧温度

燃烧温度越高，废气中的NO_x就越多。降低最高燃烧温度的措施主要有减小喷油提前角、在进气中喷水、降低压缩比、采用分隔式燃烧室、改善换气过程及废气再循环等。采用这些措施均可使NO_x降低，但往往会使功率下降，燃油消耗率上升。

3）提高燃油质量和在燃油中加添加剂

提高燃油质量和在燃油中加添加剂均可减少有害气体的形成。实验表明采用添加剂具有较好的效果。

4）三效催化转化器

三效催化转化器（Three-Way Catalitic Converter，TWC，又称三元催化转化器）安装在排气管中，通过三效催化剂与HC、CO和NO_x发生反应，生成水蒸气、二氧化碳和氮气等无害气体，从而实现对废气的净化。

三效催化转化器用铂和锗的混合物作为三效催化剂。铂能促使排气中的CO、HC氧化成CO_2和H_2O，锗能加速有害气体NO还原成N_2和O_2，从而起到净化排气的作用。三效催化剂的转换效率与空燃比有关，其转换效率只有当内燃机的空燃比在1附近运行时，才能达到最佳。为此，必须精确控制内燃机的空燃比范围。

第五章 柴油机燃料系

柴油机燃料系的功用是根据柴油机的不同工况和做功顺序要求，定时、定量地将一定压力的柴油按所需供油规律和喷雾质量要求喷入汽缸，使柴油与进入汽缸中的空气相混合燃烧，并将燃烧所产生的废气排出缸外。柴油机燃料系按燃油供给方式不同又可分为直列泵、PT 泵和 VE 泵燃油系统。

第一节 柴油机可燃混合气的形成与燃烧

一、柴油机可燃混合气的形成

因为柴油不易挥发，所以柴油机采用内混合方法形成可燃混合气，也就是用喷油器将柴油成雾状喷入燃烧室中，与高温高压空气混合形成可燃混合气。而可燃混合气混合的质量好坏，对燃烧过程具有决定性的影响。

柴油机可燃混合气的形成和燃烧是交织重叠的。在压缩行程末期，柴油喷入汽缸与空气混合和燃烧的时间非常短。柴油机的喷油持续角一般为 15°~35°曲轴转角，对一台转速为 1500r/min 的柴油机而言，此转角范围仅相应于 0.0017~0.004s。在如此短的时间内，要求获得质量良好的混合气以及保证柴油良好的燃烧，就必须有相应的混合气形成方式。

1. 空间雾化混合

空间雾化混合的特点是将柴油直接喷入燃烧室内与空气形成雾状混合物。为了使其混合均匀，喷注形状要和燃烧室形状相适应，以使柴油均匀地分布在燃烧室空间；另外，可利用燃烧室中的气流运动以加速柴油和空气的混合，并使混合气均布于整个燃烧室中。

2. 油膜蒸发混合

油膜蒸发混合的特点是将绝大部分柴油顺气流均匀地喷到燃烧室壁面，并使柴油在壁面上形成油膜。油膜受热蒸发时，油气被燃烧室中的涡流气流逐层卷走，随即与空气形成均匀的可燃混合气。

3. 复合式混合

复合式混合的特点是将部分柴油顺气流喷向燃烧室壁面，形成油膜，而另一部分柴油则散在燃烧室空间。复合式混合兼顾了上述两种混合方式的特点（故称为复合式混合）。某些复合式混合的柴油机，在高速时，由于强烈的进气涡流将大部分柴油卷向燃烧室壁面，形成油膜，因此这时是以油膜蒸发为主。在低速时，进气涡流大大减弱，卷向燃烧室壁面的柴油仅占少数，因而转为以空间雾化混合为主。

二、影响混合气形成的主要因素

影响可燃混合气形成的主要因素有柴油的喷雾质量、燃烧室中的气流运动、燃烧室的结构形状。

1. 柴油的喷雾

将柴油喷散雾化成细滴的过程称为柴油的喷雾。喷雾可大大增加柴油和空气接触的表面积,以利迅速混合。柴油的喷雾质量优劣对混合气的混合质量及燃烧过程有很大的影响。

1）油束的形成与特性

柴油以高压(通常为9.8~19.6MPa)和高速(100~300m/s)从喷油器喷孔中喷出时,便形成喷注(或称喷束)。由于喷注处在压缩空气的高速运动中而使其表面产生很大的摩擦力,因此喷注扩散成极细的油滴。

2）影响油束的主要因素

影响油束特性的因素很多,主要为喷油压力、喷油器的构造、喷油泵凸轮轮廓线的形状、凸轮转速、汽缸内空气压力、柴油的黏度等。

2. 气流运动

柴油的喷雾是混合气形成的首要步骤,其次是如何使柴油和空气有效混合。一种方法是使柴油去寻找空气,即利用多孔喷油器使油束数目、形状、方向与燃烧室形状恰当配合,并使柴油尽量地喷散雾化,从而使柴油与空气很好地混合,如图5-1(a)所示。但喷孔数过多,则孔径相应减小,这不仅使喷孔易被积炭所堵塞,而且制造困难。另一种是组织合理气流运动,使空气绕汽缸轴线做旋转运动去寻找柴油,以改善混合,如图5-1(b)所示。

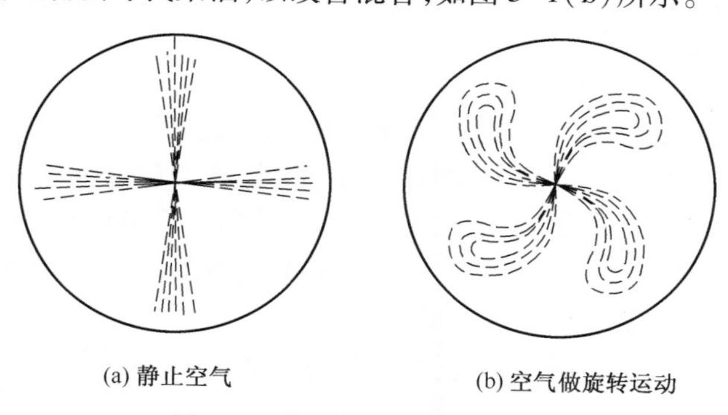
(a) 静止空气　　(b) 空气做旋转运动

图5-1　多孔喷油器混合气形成

随着内燃机工业的发展,在技术和经济上对提高转速及降低空燃比的要求越来越迫切,但转速提高将使混合气形成和燃烧的时间更为缩短。而降低空燃比又将使混合气形成和及时完全燃烧更难进行。经过反复实践和总结,发现在燃烧室内组织合理的气流运动(通常称为涡流运动)是一个极为有效的措施,对于中小型高速柴油机而言,则更为如此。

对于不同形式的燃烧室,组织气流运动的方法也不一样,通常可概括为进气涡流、压缩涡流及燃烧膨胀涡流三种。涡流运动可以使柴油迅速分散至更大的容积中去,以加大混合区。涡流运动较强时,对油束的吹散作用就较大。此外,还可加速火焰传播,促使燃烧过程迅速进行。但涡流运动过强时,也可能使油束射程太短而带来不利影响。

三、混合气的燃烧过程

柴油机混合气的形成、着火与燃烧是一个复杂的过程,为了便于分析和揭示燃烧过程的规律,通常把这一连续的过程按燃烧过程进展中的某些特征,划分为四个阶段。

1. 滞燃期(着火落后期)

从柴油开始喷入汽缸,到开始着火为止的这一段时期称为滞燃期或着火落后期。

在滞燃期中，柴油不断地喷入汽缸，到此期终了时，喷入的柴油量占每循环供油量的30%~40%，个别的高速柴油机可达100%（油膜蒸发混合时）。

在滞燃期中，柴油尚未着火燃烧，仅进行着火前的物理化学变化，因此循环放热量小到可以忽略不计，所以汽缸内气体压力及温度变化仍由压缩过程本身决定。

2. 速燃期

从混合气开始着火到迅速燃烧出现最高压力为止的这段时间称为速燃期。

混合气着火后，由于形成很多火焰中心且它们各自向四周传播，因此速燃期中，汽缸内可燃混合气迅速燃烧，放出大量热量。由于此时活塞靠近上止点，汽缸容积变化很小，因此缸内压力和温度迅速上升，直至压力达到最大值。对于高速内燃机而言，最高压力点一般出现在上止点后6°~10°的曲轴转角。

在速燃期中，如果燃烧速度过快，则缸内压力急剧升高。当压力升高率过大时，可能发生粗暴燃烧，这将对受力机件产生冲击性压力波的撞击，并伴随有尖锐的敲击声，从而影响机件寿命，导致柴油机工作粗暴。

引起柴油机工作粗暴现象的主要原因是滞燃期长，以及在此期间内柴油过多地参与了着火过程。因此，缩短滞燃期和限制在此期间内的柴油喷入量是控制柴油机燃烧过程的一个重要手段。速燃期的进展情况对柴油机的动力性及经济性有着极为重要的影响，但是必须指出，工作粗暴的柴油机，其经济性和动力性未必是差的。

3. 缓燃期

从最高压力点开始到出现最高温度点为止的这一段时间称为缓燃期。

当缓燃期开始时，虽然汽缸内已形成燃烧产物，但仍有大量混合气正在燃烧，且由于在缓燃期的初期，喷油过程通常仍未结束，因此，缓燃期的燃烧过程仍在高速进行，放出大量热量，从而使气体温度升高到最大值。但由于这一阶段的燃烧是在汽缸容积不断增大的情况下进行的，因此缸内气体压力变化不大或缓慢下降。

在缓燃期中，燃烧废气不断增多，空气及柴油的浓度不断下降，因此缓燃期的后期，燃烧速度显著减小，燃烧过程基本结束。

缓燃期一般在曲轴上止点后20°~35°时结束，此时期的放热量占循环总放热量的70%~80%。

4. 后燃期（补燃期）

缓燃期结束时，虽然喷油已停止，但事实上总是会有一些柴油不能及时地烧完而继续燃烧。

从缓燃期终点到柴油基本烧完时为止（一般放热量达到循环总放热量的95%~97%），称为后燃期或补燃期。实际上后燃期的终点是很难确定的，对于高速、大负荷柴油机，其终点有时甚至会延续到排气过程。

在后燃期中，由于燃烧速度很慢，且缸内容积不断增大，因此，汽缸内压力和温度迅速下降。基于上述原因，后燃期中所放出的热量很难被有效利用。相反，它却使零件热负荷增大，排气温度增高，并增加了传给冷却水的热量。由此可见，后燃期应尽量缩短。减少缓燃期的喷油量及加强气流运动对缩短后燃期有决定性的影响。

四、影响燃烧过程的主要因素

通过对燃烧过程的探讨可知，柴油机对燃烧过程的要求是很高的。从动力性及经济性方面考虑,燃烧应在上止点附近完成,并应以尽量低的空燃比工作而又使燃烧完全,排气无烟;从运转平稳性及寿命方面考虑,应降低压力升高率及限制最高燃烧压力。燃烧过程的这些要求是相互联系而又矛盾的,为了更深入地了解这一问题,必须对影响燃烧过程的因素加以分析。

1. 结构因素的影响

1)压缩比

为了保证柴油能可靠地着火燃烧,柴油机压缩终了温度应超出柴油此时自燃温度(约573K),为此应有足够高的压缩比。压缩比增加,压缩终了的温度及压力上升,因而柴油的物理化学反应速度加快,于是着火落后期缩短,压力升高率降低,柴油机运转平稳。

压缩比增加,燃烧压力及温度也升高,这将使燃烧有效性提高,即指示效率有所增加,但压缩比大于16后,则效果不甚明显。此外,提高压缩比还可使柴油机的低温启动性能有所改善。但是压缩比过高时,将使燃烧最高压力过分增加,并使受力机件承受过高的负荷。

2)燃烧室、进气道、喷油泵及喷油器的结构形式

进气道的形式对气流运动的影响以及喷油设备的结构对喷雾质量的影响都会严重影响燃烧过程。燃烧室的形状对混合气的形成及燃烧也有很大影响。

3)喷油规律

喷入汽缸中的油量随曲轴转角而变化的关系称为喷油规律。喷油规律主要取决于喷油泵的凸轮轮廓线,此外,它还和喷油器的结构形式、高压油管的尺寸等因素有关。对于大多数柴油机来说,合理的喷油规律应该是:开始喷油时,喷油速度应小些,以减少着火落后期的油量,以确保柴油机工作柔和;喷油中后期,喷油速度应增大,喷油量急剧增长,以保证大部分柴油在上止点前后及时迅速地完成燃烧,减少后燃。

2. 运转因素的影响

1)燃油

燃油的物理化学性能,如着火性、蒸发性、流动性等对柴油机混合气的形成和燃烧均有重要影响,其中十六烷值对着火落后期的影响更为突出,因此对燃烧过程影响更为明显。

2)喷油提前角

喷油提前角是指从喷油器开始喷油到活塞到达上止点的曲轴转角。它对柴油机的燃烧过程影响很大,合理的喷油提前角应保证可燃混合气在上止点附近及时燃烧。

喷油提前角过大时,着火虽相应提前,但由于此时燃烧室内的空气温度和压力不高,因而着火落后期增大,这将导致压力升高率及最高爆发压力增高而使工作粗暴,同时因着火过早,而此时活塞仍在上行,因此活塞上行阻力增大,于是输出功就相应减小。

喷油提前角过小时,混合气形成和燃烧可能在活塞下行时才进行,虽然可使压力升高率及最高爆发压力降低,但后燃量增大,这将使得排气温度增高,热损失增大,功率及有效热效率下降。若喷油太迟(甚至在上止点后才开始喷油),将使燃烧过程延续到排气时仍未结束,部分柴油未被利用而排出。

综上所述,喷油提前角应有一最佳值,当喷油提前角为最佳值时,相同的循环油量可使内燃机发出最大的功率,且燃油消耗率最低。随燃烧室形式和转速不同,最佳喷油提前角也不同。转速升高时,同一着火落后期所对应的曲轴转角将增大,为使燃烧仍在上止点附近及时完成,最佳喷油提前角也应增大。

3)喷油器的喷油压力

喷油器的喷油压力将影响喷雾质量,它对混合气的形成与燃烧将产生明显的影响。应按

说明书的规定来调整喷油器针阀开启的压力，且不得随意变动。

4）负荷

当柴油机转速不变时，增加负荷，即意味着增加循环供油量，即减小空燃比，混合气变浓。由此可见，柴油机是靠改变混合气的浓度来调节负荷的。负荷增加时，柴油机温度上升，因此着火落后期略有减小，工作就较为柔和。但由于空燃比变小，燃烧不完全而冒黑烟。同时，缓燃期中喷入油量随负荷增加而增多，易使柴油在高温缺氧情况下裂解出游离碳，致使后燃期延长。满负荷时排气冒黑烟甚至喷火。

5）转速

当转速改变时，气流运动、充气系数、柴油机的热状态、喷油压力和循环供油量（此时，供油机构位置不变）等均将发生变化，而这些变化又将影响混合气的形成与燃烧。当柴油机转速增加时，由于气流运动的增强，用曲轴转角计的着火落后期有所增加，因此，为使燃烧仍在上止点附近完成，应适当增大供油提前角。

五、柴油机燃烧室

柴油机燃烧室按结构形式的不同分为统一式燃烧室和分隔式燃烧室两大类。

1. 统一式燃烧室

常见的结构形式如图5-2所示，燃烧室是由凹形活塞顶与汽缸盖底面所围成的一个内腔。采用这种燃烧室的柴油机，燃油自喷油器直接喷射到燃烧室中，借喷出油柱的形状和燃烧室形状的匹配以及室内的空气涡流运动，迅速形成混合气。这种燃烧室又称为直接喷射式燃烧室。常见的有ω形和球形两种形式。

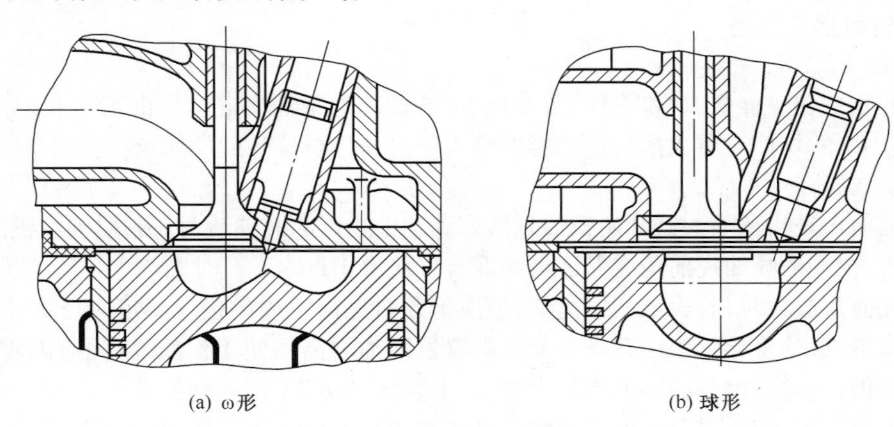

图5-2　统一式燃烧室

ω形燃烧室的活塞顶剖面轮廓呈ω形（图5-2（a））。这种燃烧室要求喷油压力较高，一般为17~20MPa，并应采用小孔径的多孔喷油器。ω形燃烧室的柴油机启动性能好，缺点是多孔喷油器的喷孔直径小，易于堵塞，柴油机工作比较粗暴。NT855型、WD615.67型、135系列柴油机均采用此种燃烧室。

球形燃烧室的活塞顶剖面轮廓呈球形（图5-2（b））。球形燃烧室的柴油机特点是喷油器为单孔或双孔喷油器，柴油机工作比较柔和，但是柴油机启动较困难。

2. 分隔式燃烧室

分隔式燃烧室由两部分组成，一部分由活塞顶与缸盖底面围成，称为主燃烧室；另一部分在汽缸盖中，称为副燃烧室。主、副燃烧室之间由一个或几个孔道相连通。分隔式燃烧室的常见形式有涡流室式燃烧室和预燃室式燃烧室。

涡流室式燃烧室（图5-3(a)）的副燃烧室是球形或圆柱形的涡流室，借与其内壁相切的孔道与主燃烧室连通，因而在压缩行程中，空气从汽缸被挤入缸盖中的涡流室时，形成强烈的有规则的涡流。燃油直接喷入涡流室中并与做涡流运动的空气迅速混合。大部分燃油在涡流室内燃烧，末燃部分在做功行程初期与高压燃气一起通过切向孔道喷入主燃烧室，进一步与空气混合燃烧。

预燃室式燃烧室（图5-3(b)）由于其与主燃烧室连通的孔道直径较小，在压缩行程中空气从汽缸进入预燃室时产生无规则的紊流运动。喷入的燃油依靠空气扰动的紊流与空气初步混合，并有小部分燃油在预燃室内开始燃烧，使预燃室内气压急剧升高，未燃烧的大部分燃油连同燃气经通道高速喷入主燃烧室。此时由于窄小孔道的节流作用，在主燃烧室中产生涡流，使燃油进一步雾化并与空气混合实现完全燃烧。

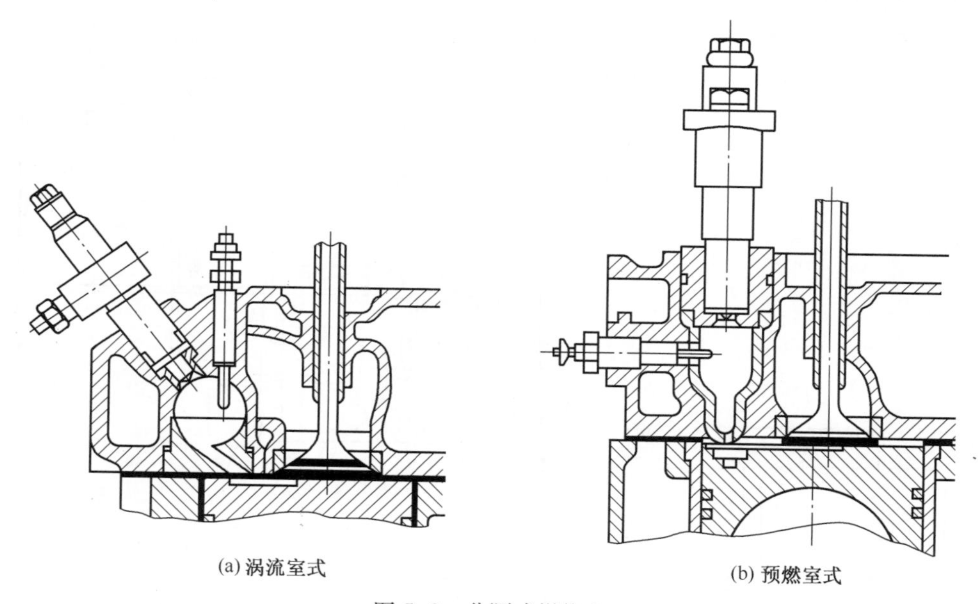

图5-3　分隔式燃烧室

分隔式燃烧室的特点是：混合气的形成主要靠强烈的空气运动，对喷油系统要求不高，可采用喷油压力较低（12～14MPa）的轴针式喷油器，在使用中故障较少。

六、废气的烟色

当柴油机正常工作时，排气一般呈浅灰色，满载工作时，允许呈深灰色。当柴油机工作不正常时，由于不同原因排气可呈黑、白、蓝三种不同烟色。

黑烟：当负荷过大时，柴油机排烟往往呈黑色。一般认为黑烟生成的过程是由于喷入燃烧室的柴油过多，且缸内温度又高，在高温缺氧的情况下燃烧时，柴油易裂解而形成碳烟。碳烟是一种碳的聚合体，大颗粒碳烟直径约为0.55μm，它随废气排出而使排气呈黑色。产生碳烟时，柴油机性能将变差，排气温度增高，以及活塞、活塞环、气门及喷油器等零件易发生积炭；碳烟排入大气后则妨碍交通视线、污染大气、影响人体健康，因此，不允许柴油机在严重冒黑烟的状态下工作。

白烟：当温度较低时（通常在寒冷天气或冷车时），由于着火不良，柴油未能完全燃烧，这时直径为1μm以上的液滴随废气排出而形成白烟。当柴油中有水分时，也会形成较多的水汽而使废气呈白色。

蓝烟：柴油机在低负荷时，燃烧室温度较低，着火不良，因而柴油或窜入燃烧室的润滑油未能完全燃烧，其中直径为0.4μm以下的剩余油微粒随废气排出，形成带微臭的蓝烟。

第二节　直列泵燃油系统

柴油机直列泵燃油系统组成如图5-4所示。在柴油箱到喷油泵入口这段低压油管11中，柴油箱7内的柴油被输油泵4吸出并加压，经柴油粗滤器6和柴油细滤器1滤去杂质后，送入喷油泵2。喷油泵将柴油加压，经高压油管8、喷油器9喷入燃烧室。因输油泵的供油量比喷油泵供油量大，过量的柴油和喷油器渗漏的柴油经回油管10回到柴油箱。

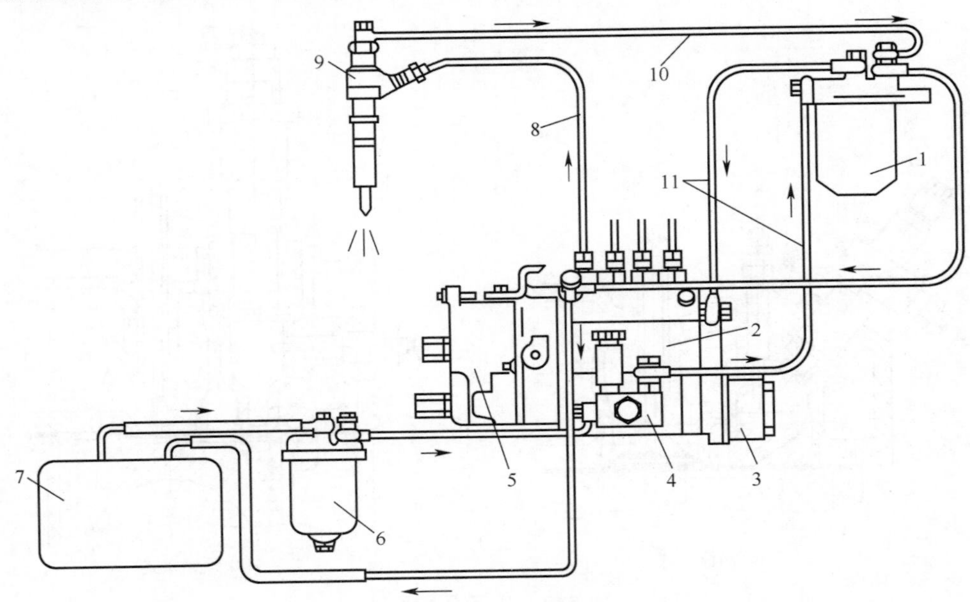

图5-4　柴油机直列泵燃油系统

1—柴油细滤器；2—喷油泵；3—喷油提前器；4—输油泵；5—调速器；6—柴油粗滤器；7—柴油箱；8—高压油管；9—喷油器；10—回油管；11—低压油管。

从输油泵到喷油泵入口段油路中的油压是由输油泵建立的，压力较低，称为低压油路；从喷油泵到喷油器这段油路中的油压是由喷油泵建立的，压力较高，称为高压油路。高压柴油通过喷油器呈雾状喷入燃烧室，与压缩空气混合形成可燃混合气。

喷油泵（高压油泵）的作用是根据柴油机的不同工况，定时、定量地向喷油器输送高压燃油。多缸柴油机的喷油泵应保证各缸的供油顺序与柴油机的工作顺序相对应；各缸供油间隔角度偏差不大于1°~2°；各缸供油量应均匀一致，不均匀度在额定工况下不大于4%。为避免喷油器工作时的滴油现象，喷油泵必须保证供油及时、停油干脆。

一、喷油器

喷油器的作用是将柴油喷射成较细的雾化颗粒，并把它们分布在燃烧室中，与高温高压空气混合形成良好的可燃混合气。根据混合气形成与燃烧的要求,喷油器应具有一定的喷射压力和喷射距离,以及合适的喷注锥角和使燃油颗粒具有适当的雾化程度等,并且在喷油终了时,应迅速停油,不能有渗油现象。

1. 喷油器的作用与分类

喷油器有开式和闭式两种。开式喷油器是高压油路通过喷油器直接与燃烧室相通,中间没有针阀隔断,当喷油泵供油压力超过汽缸压力时,将燃油喷入燃烧室。闭式喷油器是由一个针阀将高压油路与燃烧室隔开,当供油压力达到一定值时,开启针阀将燃油喷入燃烧室。闭式喷油器按喷油器的结构分为孔式、轴针式和平面阀式三种,如图 5-5 所示。在此仅介绍常用的孔式喷油器。

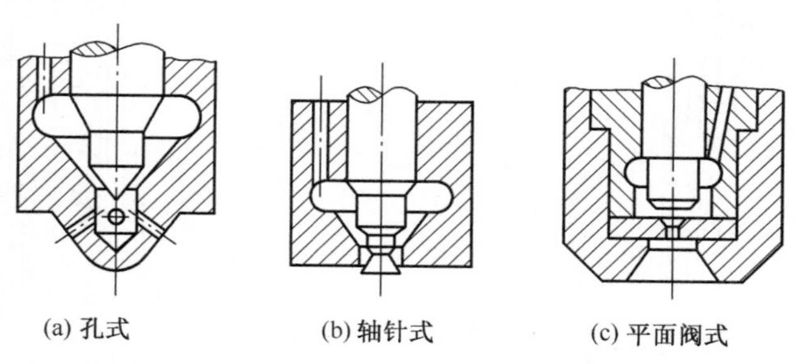

(a) 孔式　(b) 轴针式　(c) 平面阀式

图 5-5　喷油器头部构造形式示意图

2. 喷油器的结构及工作原理

孔式喷油器主要用于具有直接喷射燃烧的柴油机。喷油器的喷孔数目一般为 1~8 个,喷孔直径为 0.2~0.8mm,喷孔数和喷孔角度的选择视燃烧室的形状、大小和空气涡流情况而定。

1) WD615.67 型发动机喷油器

如图 5-6 所示,喷油嘴为 4 孔,在喷油嘴头部装有不锈钢薄壁护套,以减少喷油嘴与燃气的直接接触。选用的与博世泵(Bosch)匹配的喷油器均为多孔直喷喷油器,开启压力均为 22.5 ±0.5MPa。

2) F6L912G 型柴油机喷油器

F6L912G 型柴油机喷油器(图 5-7),为 4 孔闭式喷油器,喷孔直径为 0.285mm,喷油压力为 17.5~18.3MPa。喷油压力的调整是通过增减调整垫片来实现的。增加调整垫片其压力增高,反之压力降低。

二、喷油泵

直列泵燃油系统的喷油泵一般带有凸轮轴,柱塞呈直列,柱塞数目与柴油缸数相同。按大小可分为不同尺寸系列。A、B、AD、ZW 为泵体开有侧窗式,而 MW、P、BQ 为整体全封闭式,有利于增强泵体强度与喷油速率。我国自行设计Ⅰ、Ⅱ、Ⅲ型泵为上下分体式。

1. B 型喷油泵

ZL-50 装载机用 6135K-9a 柴油机采用 B 型喷油泵,由柴油机曲轴经正时齿轮驱动。喷油泵凸轮轴和驱动轴用联轴器连接,调速器装在喷油泵的后端,如图 5-8 所示。

泵体为整体式,中间有水平隔壁分成上室和下室两部分。上室安装分泵和油量控制机构,下室安装传动机构并装有机油。上室有安装柱塞套的垂直孔,中间开有横向低压油道,使各柱塞套与周围的环形油腔互相联通。油道一端安装进油管接头,上室正面两端分别设有放气螺钉,需要时,可放出低压油道内的空气。

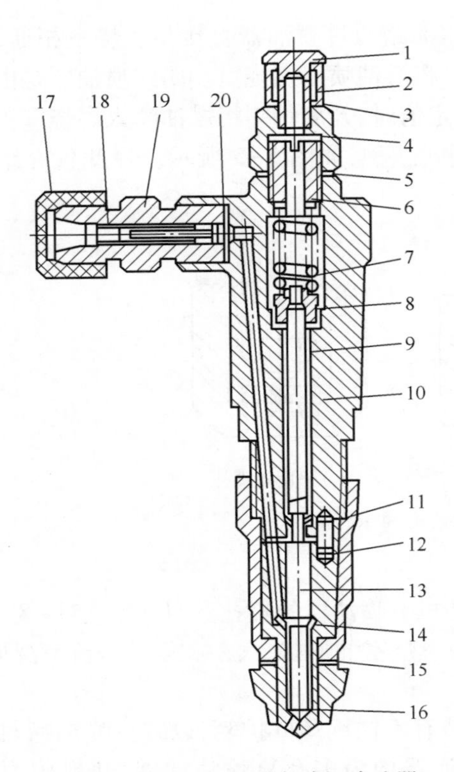

图 5-6　WD615.67 型发动机喷油器

1—回油管接头螺栓；2—胶木护套；3—衬套；4—调压螺钉锁帽；5—垫圈；6—调压螺钉；7—调压弹簧；8—弹簧座；9—顶杆；10—喷油器体；11—定位销；12—喷油嘴固定螺套；13—针阀；14—针阀体；15—调整垫；16—铜锥体；17—护帽；18—缝隙滤芯；19—进油管接头；20—垫圈。

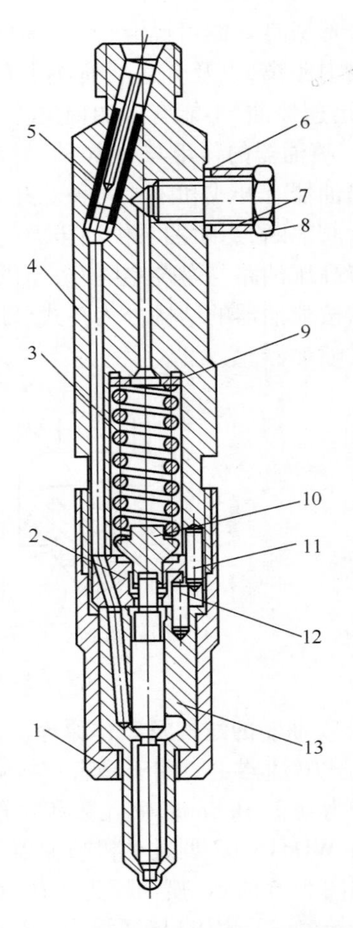

图 5-7　F6L912G 型柴油机喷油器

1—油嘴固定螺帽；2—中间垫块；3—弹簧；4—喷油器体；5—细滤器；6—密封垫；7—油管接头；8—紧固螺母；9—调整垫；10—中间轴；11—圆柱销；12—定位销；13—针阀偶件。

中间水平隔壁上有垂直孔，用于安装滚轮传动部件。在下室内存放润滑油，以润滑传动机构，正面设有机油尺和安装输油泵的凸缘，输油泵由凸轮轴上的偏心轮驱动。上室正面设有检视口，打开检视口盖，可以检查和调整供油间隔角、供油量和供油均匀性。

1）分泵

分泵与汽缸数相等，包括柱塞套和柱塞、柱塞弹簧及弹簧座、出油阀和出油阀座、出油阀弹簧和出油阀压紧座等。柱塞弹簧上端通过弹簧上座顶在泵体上；下端通过下座卡在柱塞下端锥形体上。柱塞弹簧使柱塞推着滚轮传动部件始终紧靠在凸轮上。

柱塞套和柱塞是一对精密配合偶件，其配合间隙为 0.0015~0.0025mm，配对后的柱塞偶件不可互换。柱塞上部的圆柱表面铣有用于调节供油量的螺旋形斜槽，以及连通泵油腔和斜槽的轴向直槽（图 5-12）。柱塞中部切有浅环槽，以储存少量柴油，有利润滑。柱塞下部有两个凸耳，卡在油量控制套筒的槽内，使柱塞可随着油量控制套筒一起转动。柱塞套装入泵体座孔中。柱塞套上有两个油孔与泵体的低压油腔相通，为防止柱塞套在泵体内转动，用定位螺钉定位。

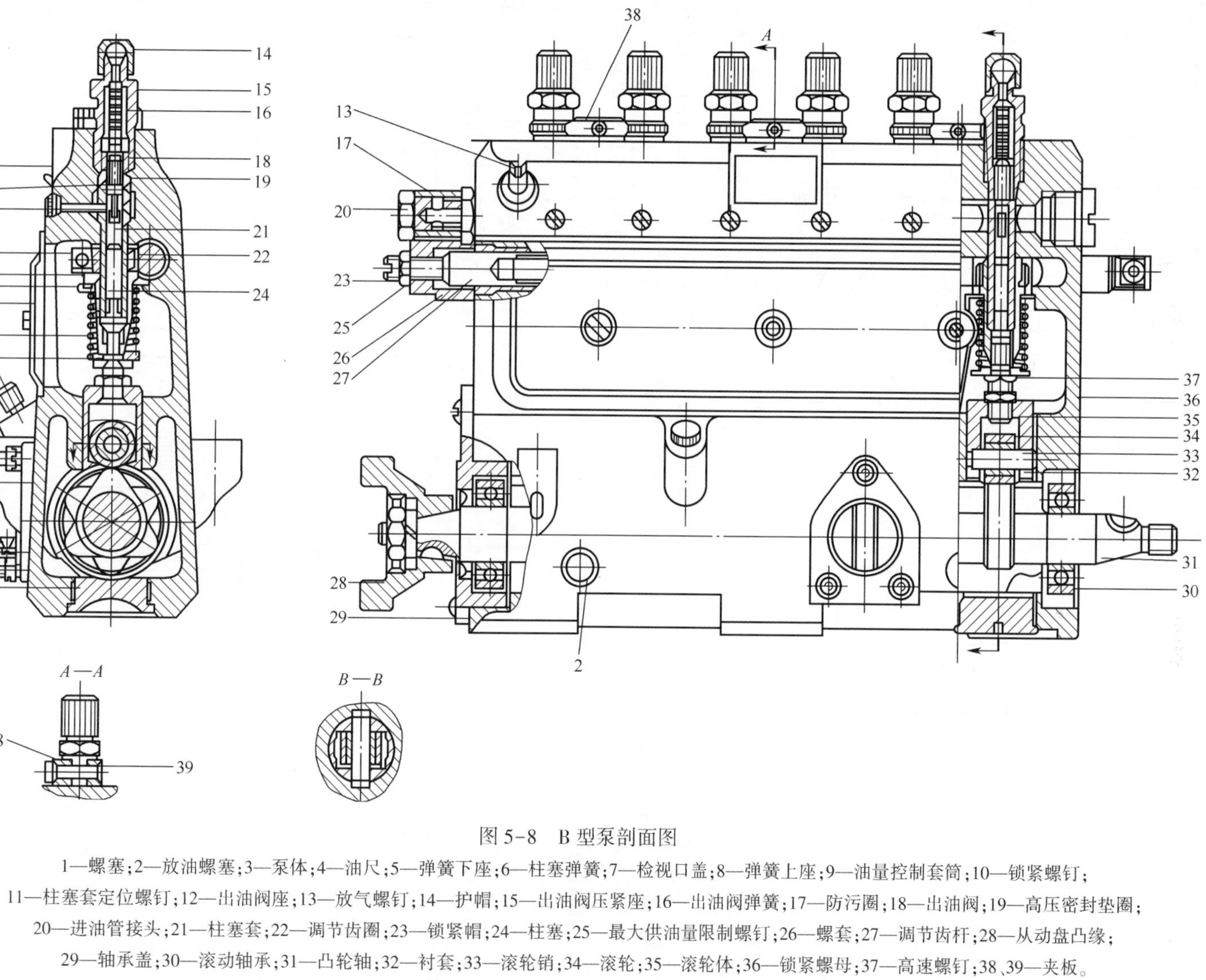

图 5-8 B 型泵剖面图

1—螺塞;2—放油螺塞;3—泵体;4—油尺;5—弹簧下座;6—柱塞弹簧;7—检视口盖;8—弹簧上座;9—油量控制套筒;10—锁紧螺钉;11—柱塞套定位螺钉;12—出油阀座;13—放气螺钉;14—护帽;15—出油阀压紧座;16—出油阀弹簧;17—防污圈;18—出油阀;19—高压密封垫圈;20—进油管接头;21—柱塞套;22—调节齿圈;23—锁紧帽;24—柱塞;25—最大供油量限制螺钉;26—螺套;27—调节齿杆;28—从动盘凸缘;29—轴承盖;30—滚动轴承;31—凸轮轴;32—衬套;33—滚轮销;34—滚轮;35—滚轮体;36—锁紧螺母;37—高速螺钉;38、39—夹板。

出油阀和出油阀座也是一副精密偶件，阀与阀座孔经配对研磨，其配合间隙约为0.01mm，配对后的出油阀偶件不可互换。出油阀偶件是个单向阀，如图5-9所示。出油阀的圆锥面是密封面，以防高压油管内的柴油倒入喷油泵的低压油腔。中部的圆柱面称为减压环带，其作用是使喷油泵停油干脆，而且能使高压油管内保持一定的剩余油压，以便下次开始供油及时准确，避免喷油器出现滴油现象。出油阀下部是十字形断面，既能导向，又能通过柴油。

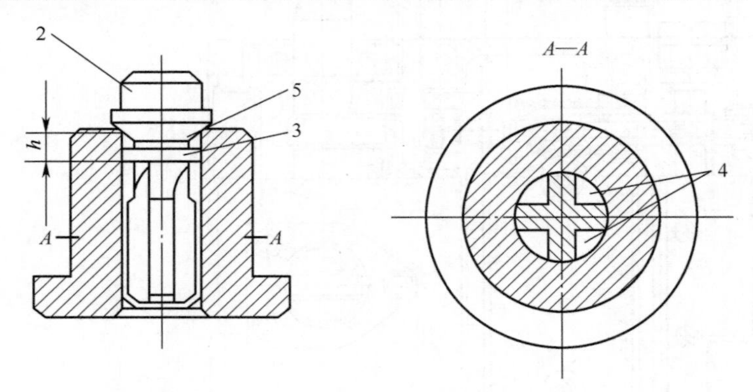

图5-9　出油阀偶件

1—出油阀座；2—出油阀；3—减压环带；4—切槽；5—密封锥面。

出油阀偶件位于柱塞套上面，二者接触平面要求密封。当拧入压紧座时，通过高压密封垫圈将出油阀座与柱塞套压紧，同时使出油阀弹簧将出油阀紧压在阀座上。

出油阀的密封装置有两个：一个是出油阀座与出油阀压紧座之间的高压密封铜垫圈，以防高压油漏出；另一个是出油阀压紧座与泵体之间的低压密封橡胶圈，用于防止低压油腔漏油。

2）油量控制机构

B型泵采用齿杆式油量控制机构。主要由油量控制套筒，调节齿轮和调节齿杆组成，如图5-10所示。柱塞下端的凸耳嵌入油量控制套筒的切槽中，油量控制套筒松套在柱塞套下部。在油量控制套筒上部套装有调节齿轮，用螺钉锁紧。各分泵的调节齿轮与同一调节齿杆相啮合。调节齿杆的一端与调速拉杆相连，当拉动调速器手柄时，调节齿杆便带动各缸调节齿轮，

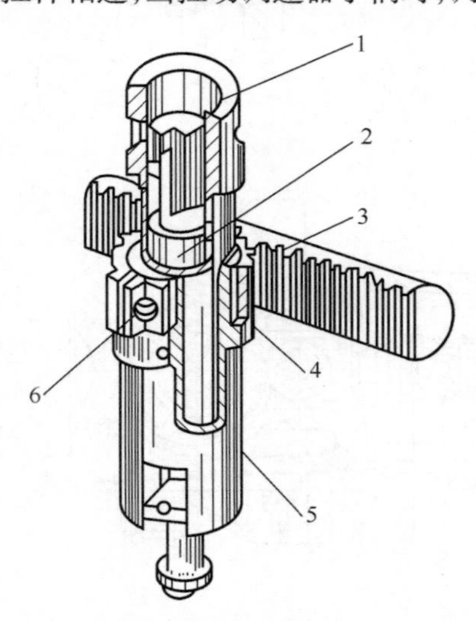

图5-10　齿杆式油量控制机构

1—柱塞套；2—柱塞；3—调节齿杆；4—调节齿轮；5—油量控制套；6—固定螺钉。

连同油量控制套筒使柱塞相对于固定不动的柱塞套转动一个角度,从而改变了柱塞螺旋斜槽与柱塞套上进油孔的相对位置,使供油量得到调节。为限制喷油泵最大供油量,在泵体前端装有最大供油量限制螺钉,拧出或拧进此螺钉,可以改变调节齿杆最大行程。最大供油量限制螺钉在喷油泵出厂时已调试好,一般不要自行调整。

齿杆式油量控制机构的特点:传动平稳、工作可靠,但制造困难、成本高、维修不便。

3）驱动机构

用于驱动喷油泵,并调整供油提前角,由凸轮轴、滚轮传动部件等组成。凸轮轴支承在两端的圆锥轴承上,其前端装有联轴器,后端与调速器相连。为保证在相当于一个工作循环的曲轴转角内,各缸都喷油一次,四冲程柴油机的喷油泵凸轮轴的转速应等于曲轴转速的 1/2。凸轮轴上的各个凸轮的相对位置,必须符合所要求的多缸内燃机工作顺序。

滚轮传动部件由滚轮体、滚轮、滚轮销、调整螺钉、锁紧螺母等组成,如图 5-11 所示。其高度采用螺钉调节,滚轮销长度大于滚轮体直径,卡在泵体上的滚轮传动部件导向孔的直槽中,使滚轮体只能上下移动,不能轴向转动。

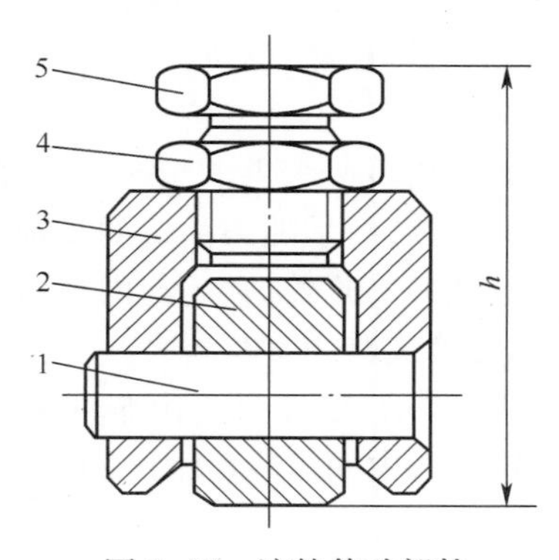

图 5-11　滚轮传动部件

1—滚轮销;2—滚轮;3—滚轮体;4—锁紧螺母;5—调整螺钉。

4）喷油泵的供油过程

当凸轮轴旋转时,凸轮按柴油机的工作顺序顶动滚轮传动部件压缩柱塞弹簧,推动柱塞上行,而柱塞弹簧的伸张使柱塞下行。柱塞的上下运动实现进油、压油、停止供油,如图 5-12 所示。

(1) 进油。当柱塞下移到两个油孔同柱塞上面的泵油腔相通时(图 5-12(a)),从输油泵经滤清器压送来的柴油自低压油腔的油孔被吸入并充满泵油腔。

(2) 压油。当柱塞自下止点上移的过程中,起初有一部分柴油又从泵油腔被挤回低压油腔,直到柱塞上部的圆柱面将油孔完全封闭时为止。此后,柱塞继续上行(图 5-12(b)),柱塞上部油压迅速升高,当压力升高到足以克服出油阀弹簧的张力时,出油阀即开始上升;当出油阀上的减压环带离开出油阀座时,高压柴油便自泵油腔通过高压油管向喷油器供油。

(3) 停止供油。柱塞继续上移,当斜槽和油孔开始接通时(图 5-12(c)),也就是泵油腔和低压油腔接通,泵油腔内的柴油便经柱塞中的孔道、斜槽和油孔流回低压油腔。这时泵油腔中油压迅速下降,出油阀在弹簧张力作用下立即回位,喷油泵供油停止。此后柱塞仍继续上行,直到上止点为止,但不再泵油。

5）喷油泵的供油正时

喷油泵的供油正时,即所谓供油提前角是指喷油泵开始供油,到活塞移至上止点时曲轴所

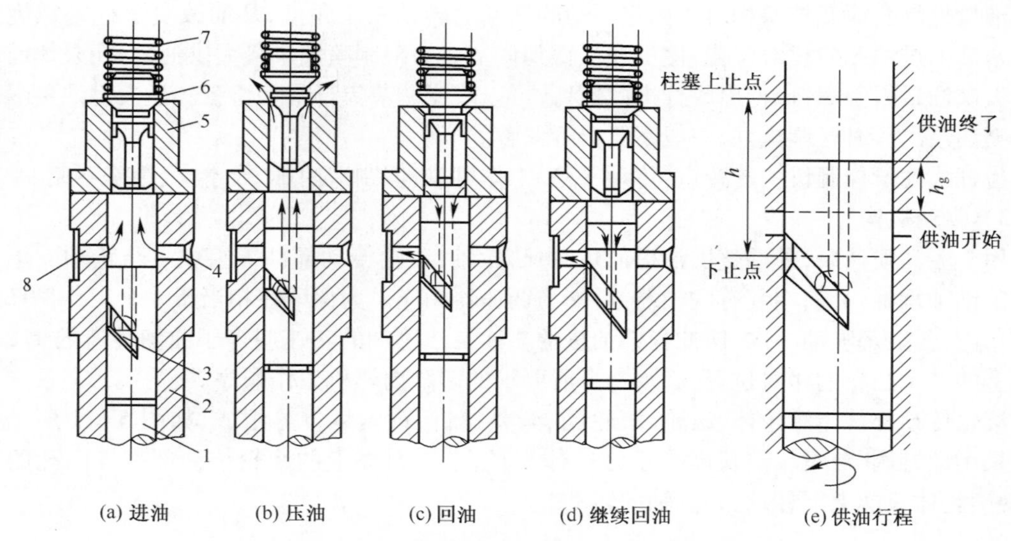

图 5-12　柱塞式喷油泵工作原理

1—柱塞;2—柱塞套;3—斜槽;4、8—油孔;5—出油阀座;6—出油阀;7—出油阀弹簧。

转过的角度。最佳的供油提前角就是在转速和供油量一定的条件下,能获得最大功率及最小耗油率的供油提前角。它不是一个常数,而是随柴油机的负荷(供油量)和转速而变化的。负荷越大、转速越高时,供油提前角应越大。此外,它还与内燃机的结构有关,当采用直接喷射燃烧室时,其最佳喷油提前角比采用分隔式燃烧室时要大些。

(1) 喷油泵的驱动。如图 5-13 所示,喷油泵是由柴油机曲轴前端的正时齿轮 1,通过一组齿轮来驱动的。喷油泵驱动齿轮 2 和中间齿轮(图中未画出)上都刻有正时啮合记号,必须对准记号安装才能保证喷油泵供油正时。

喷油泵通常是靠底部定位并安装在托板 7 上,用联轴器 4 把驱动齿轮 2 和喷油泵的凸轮轴连接起来。有的柴油机在其间串联了空气压缩机 3 和供油提前角自动调节器 5。

喷油正时是喷油泵调试完毕后在柴油机上安装时进行的,各处相应的正时标记都必须对准,才能保证喷油系统有正确的喷油时刻。

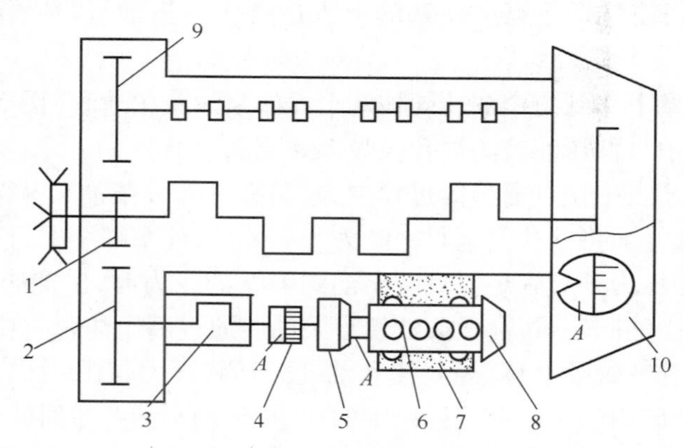

图 5-13　喷油泵的驱动与供油正时

1—曲轴正时齿轮;2—喷油泵驱动齿轮;3—空气压缩机;4—联轴器;5—供油提前角自动调节器;6—喷油泵;7—托板;8—调速器;9—配气机构驱动齿轮;10—飞轮上的喷油正时标记;A—各处正时标记。

(2) 联轴器。图 5-14 为挠性片式联轴器,其挠性作用是通过两组圆形弹性钢片来实现的，靠其挠性可使驱动轴与凸轮轴在少量同心度偏差的情况下无声地传动。

两组圆形弹性钢片有所不同，前组钢片的内孔与主动连接叉3紧固连接。外孔是两个弧形孔，用两个连接螺钉和驱动件1连接，以便调整供油提前角的大小。后组钢片上对称地冲制4个圆孔，通过螺钉交叉与主、被动叉连接。可见联轴器有两个作用：

① 弥补喷油泵安装时造成的喷油泵凸轮轴和驱动轴的同心度偏差。

② 用小量的角位移调节供油提前角，以获得最佳的喷油提前角。

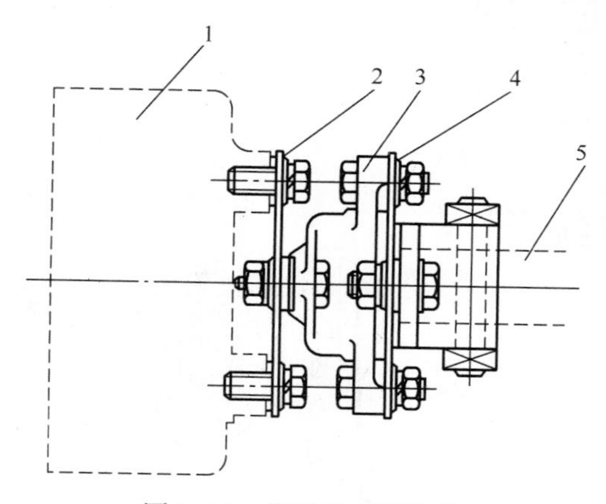

图5-14 挠性片式联轴器

1—供油提前角自动调节器；2、4—弹簧钢片；3—连接叉；5—喷油泵凸轮轴。

（3）喷油泵的正时与连接。所谓喷油泵的正时，就是保证喷油泵对柴油机有正确的供油时刻。喷油泵在柴油机上安装时，为了保证其供油提前角正确，应按下述方法进行。

① 转动曲轴，使第一缸活塞处于压缩行程上止点前规定的供油开始位置（使飞轮上或皮带轮上的供油开始记号对正）。

② 转动校验好的喷油泵凸轮轴，使凸轮轴上的从动凸缘盘上的记号与泵体上的记号对正，即为第一缸分泵开始供油位置。

③ 将联轴器前组钢片2上的两个弧形孔上的记号与供油提前角自动调节器1上的相应记号对正，然后用两个螺钉将二者紧固连接（图5-14）。

④ 启动柴油机试车。根据运转和排烟情况，若发现供油提前角有误差，可松开上述两个弧形孔上的连接螺钉进行调整。顺向转动凸轮轴供油提前角增大，反之减小。在使用过程中为了消除驱动件的磨损所造成的供油提前角的变化，也可通过联轴器的微调使供油提前角恢复正常。

（4）供油提前角自动调节器。柴油机是根据常用的某个工况（供油量和转速）范围的需要而确定一个喷油提前角（直接喷射燃烧室为28°~35°；分隔式燃烧室为15°~20°），在将喷油泵安装到柴油机上时即已调好（称为初始角）。显然，初始角仅在指定工况范围内才是最佳的。而车用柴油机的转速变化范围很大，要保证柴油机在整个工作转速范围内性能良好，就必须使供油提前角在初始角基础上随转速而变化。因此，车用柴油机几乎都装有供油提前角自动调节器。

柴油机的最佳供油提前角是随循环供油量和柴油机转速变化的。循环供油量越多，转速越高，供油提前角应越大。为了使柴油机的供油提前角尽可能地接近最佳供油提前角，F6L912G型等柴油机在联轴器调整的基础上，还装有随转速变化的供油提前角自动调节器（简称调节器）。

F6L912G 型等柴油机供油提前自动调节器为机械离心式,安装在喷油泵凸轮轴前端,通过联轴器与传动轴相连,如图 5-15 所示。

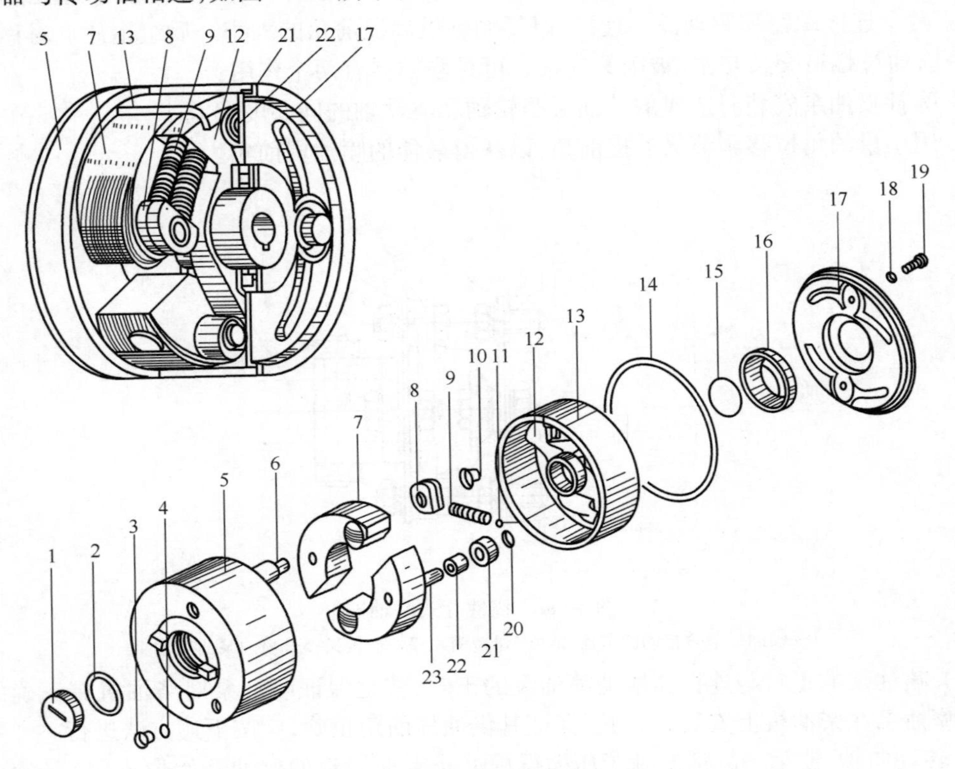

图 5-15　供油提前角自动调节器

1—螺塞;2、4、18、20—垫圈;3—放油螺钉;5—驱动盘;6—销轴;7—飞块;8—弹簧座;9—弹簧;11—调整垫片;12—从动臂;13—从动套臂;14—密封圈;15—油封弹簧;16—油封;17—调节器盖;19—螺栓;21—滚轮;22—滚轮衬套;23—拨销。

调节器驱动盘也是联轴器从动盘。在驱动盘上有两根销轴,在每一销轴上套装一只飞块。飞块上压装有拨销,其上装有衬套和滚轮。从动盘由制成一体的从动臂和套筒组成,从动盘毂用半圆健和螺母固装在凸轮轴前端。从动臂一侧靠在滚轮上,一侧压在弹簧上。弹簧另一端顶在弹簧座上,弹簧座则套在套装飞块的销轴上。从动盘套筒的外圆面与驱动盘内圆面滑动配合,起定位作用。驱动盘圆孔用螺塞封闭,并装有放油螺塞。后端用装有油封和密封圈的盖封闭,盖用螺栓固定在两根销轴上,内装有用来润滑的柴油机机油。

调节器的工作如图 5-16 所示,它在联轴器驱动下沿图中箭头方向旋转(在从动盘后端看),当调节器转速低于 400r/min 工作时,由于从动臂上弹簧张力大于飞块离心力,弹簧通过从动臂和滚轮拨销,使飞块在完全收拢位置(即调节器不运转的位置),此时调节器不起增加供油提前角的作用,如图 5-16(a)所示。

当调节器转速高于 400r/min 时,从动臂上弹簧的张力小于飞块的离心力,飞块的拨销和滚轮一端向外张开,滚轮拨动从动臂并压缩弹簧,使从动盘相对驱动盘向箭头方向转动一个角度,从而自动增大供油提前角。调节器转速在 400~1000r/min 范围内变化,调节器供油提前角增大的范围为 0°~5°30′。它是在联轴器确定的供油提前角 19°的基础上增大的,总供油提前角在 19°~24°30′的范围内变化,如图 5-16(b)所示。

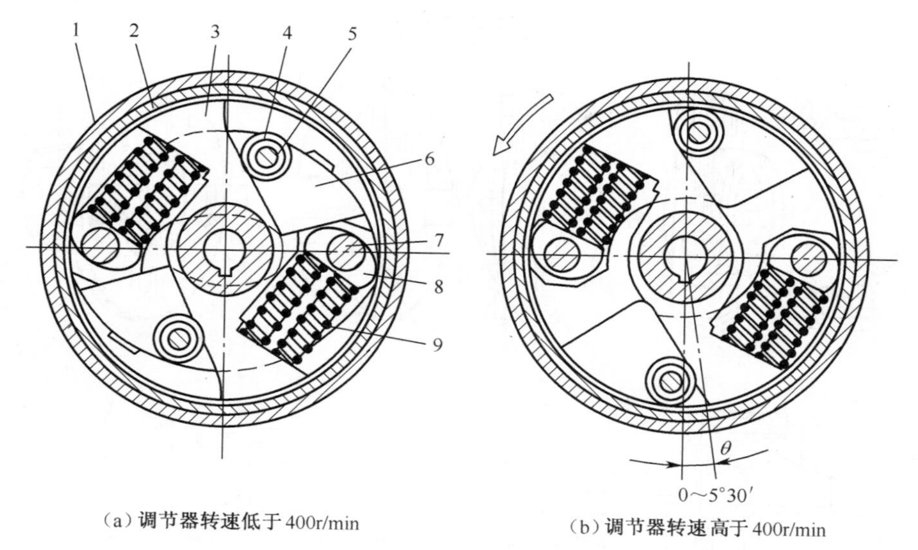

图5-16　供油提前角自动调节器工作原理

1—驱动器；2—从动套筒；3—从动臂；4—滚轮；5—拨销；6—飞块；7—销轴；8—弹簧座；9—弹簧。

（5）供油提前角调整。喷油泵供油提前角的调整方法分单个调整和整体调整两种。

① 单个调整。通过改变滚轮传动部件的高度即调整螺钉来实现（图5-11），拧出调整螺钉，滚轮传动部件高度增大，柱塞封闭柱塞套上进油孔的时刻提前，供油提前角增大；反之供油提前角减小。改变滚轮传动部件的高度只能调整单个分泵的供油提前角，因此，通过对各分泵的调整以达到多缸柴油机的各缸供油提前角一致，即各分泵供油间隔角一致。

Ⅱ号泵滚轮传动部件的高度通过增加调整垫片来调整。

② 整体调整。通过联轴器的调整，从而改变喷油泵凸轮轴与柴油机曲轴的相对角位置来实现。联轴器的结构，如图5-17所示。它由装在喷油泵凸轮轴上的从动凸缘盘（具有两个凸块 a）、中间凸缘盘（具有两个凸块 b）、主动盘及夹布胶木盘等组成。以销钉将主动盘楔紧在传动轴上。中间凸缘盘用两个螺钉穿过主动盘的弧形孔，与传动轴上的主动盘连接。中间凸缘盘的凸块和从动凸缘盘的凸块分别插入夹布胶木盘的4个切口中。

调整时，把两个螺钉松开，中间凸缘盘（和从动凸缘盘）就可以沿弧形孔相对于主动盘转过一定角度，这就同时改变了各缸的开始供油时刻即供油提前角。这种联轴器可以调整的角度约为30°。在中间凸缘盘和主动盘的外圆柱面上刻有表示角度数值的分度线。

2. Ⅱ号喷油泵

Ⅰ、Ⅱ、Ⅲ号喷油泵的结构特点基本类似，下面以部分ZL-50装载机用135系列柴油机所用的Ⅱ号喷油泵为例来介绍喷油泵的特点和工作原理。

1）柱塞

Ⅱ号喷油泵柱塞表面铣有与轴线成50°夹角的斜槽。柱塞中部开有浅环槽，以便储存少量柴油，供柱塞副润滑用。柱塞尾端和调节臂压配，压配时应保证一定的相对位置（图5-18），以免影响喷油泵正确的供油量。柱塞套上有两个径向油孔，它们与泵体内的低压油腔相通。为保证柱塞套的正确安装位置和防止转动，柱塞套用定位螺钉定位。喷油泵柱塞斜槽以上的密封段高度较小，密封表面稍有磨损后就不易密封而使油压下降，因此，柱塞及柱塞套的使用寿命较短。

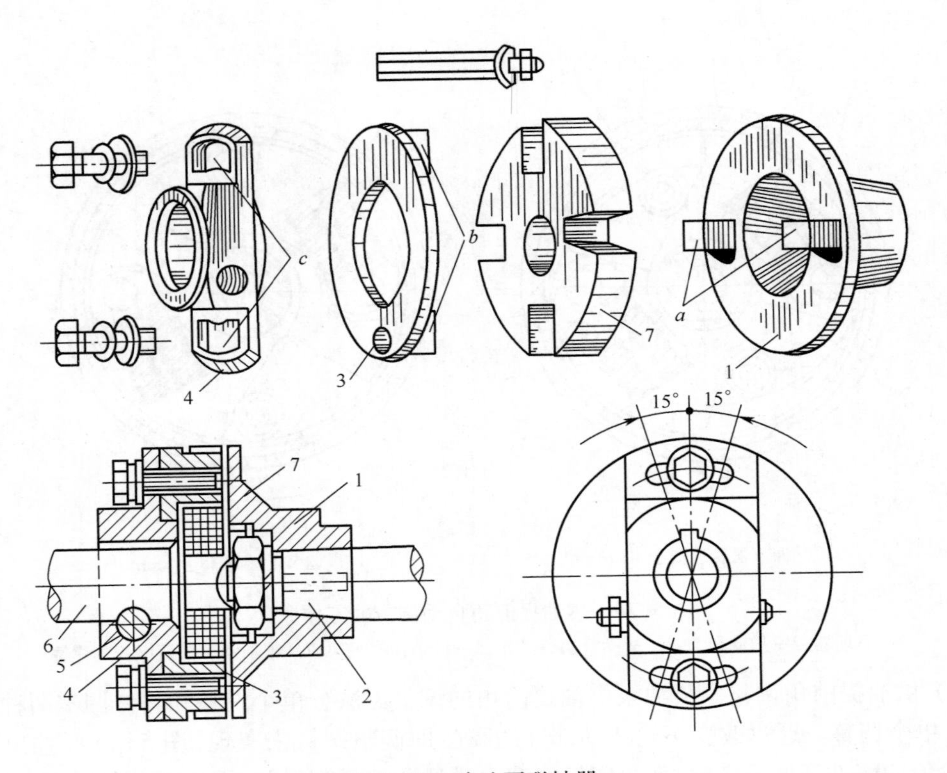

图 5-17　喷油泵联轴器

1—从动凸缘盘；2—凸轮轴；3—中间凸缘盘；4—主动盘；5—销钉；6—传动轴；7—夹布胶木盘。

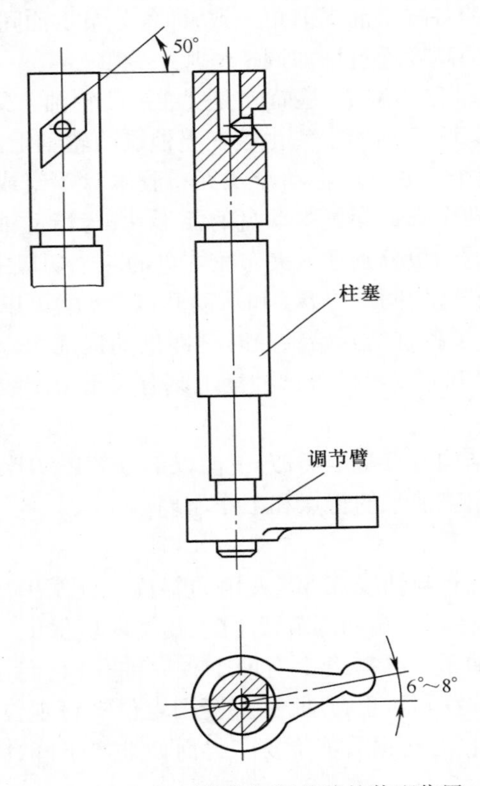

图 5-18　Ⅱ号泵柱塞与调节臂的装配位置

2）油量控制机构

Ⅱ号喷油泵采用结构简单、制造容易的拨叉式油量控制机构，如图 5-19 所示。它由拉杆 4、调节叉 6、调节臂 1 及油门拉板 7 等零件组成。柱塞尾端压配的调节臂 1 的球面端头插入调节叉 6 的凹槽内，调节叉 6 用螺钉固定在拉杆 4 上。当移动拉杆时，就可通过调节叉及调节臂来转动各分泵的柱塞，从而改变供油量。为防止拉杆在支承孔内转动，保证调节叉凹槽与柱塞平行，在拉杆上铣成平面与调节叉相配。当各分泵供油量不均匀时，可松开相应的调节叉，并按需要的方向将调节叉在拉杆上移动一定的距离，则分泵的柱塞转动了一定的角度，分泵的供油量就得到了调整。

Ⅱ号喷油泵拉杆直径为 10mm，实践证明其刚性较差，因而拉杆易抖动，这是造成游车的原因之一（游车：内燃机转速不稳定，表现为忽高忽低现象）。同时，由于拉杆的全行程较短（13mm），此值比同类型喷油泵小，又由于柱塞斜槽角度较大（50°），因此油量的变化相对于拉杆行程和柱塞转角的变化较为敏感，致使供油量均匀性的调整较为困难。

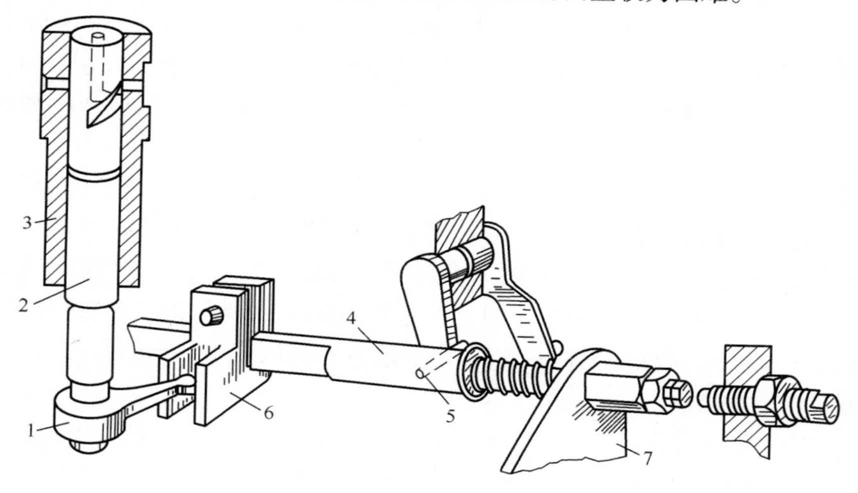

图 5-19　Ⅱ号喷油泵的拨叉式油量控制机构

1—调节臂；2—柱塞；3—柱塞套；4—拉杆；5—停油销子；6—调节叉；7—油门拉板。

3）滚轮体

滚轮体部件在凸轮轴驱动下做上下移动，并使柱塞随之移动，如图 5-20 所示。滚轮体上开有纵向长槽与定位螺钉相配合，使滚轮体仅能做上下移动而不能转动。

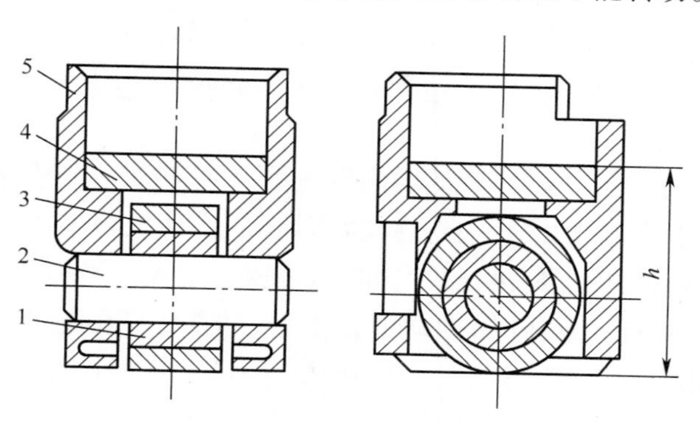

图 5-20　Ⅱ喷油泵滚轮体部件

1—滚轮套；2—滚轮轴；3—滚轮；4—调整垫块；5—滚轮体。

柴油机供油提前角及各缸供油间隔均匀性是否符合规定,对柴油机的工作性能有很大影响。因此,在安装调整喷油泵时必须符合规定。基于上述原因,当凸轮及滚轮磨损后应作适当的调整。

3. P 型喷油泵

WD615 型系列柴油机采用的是博世 P 型喷油泵。P 型喷油泵工作原理与 B 型泵基本相同。P 型喷油泵是强化型直列式喷油泵。

P 型喷油泵具有较高的强度和刚度,能够承受较高的泵端压力。喷油泵采用强制润滑,泵体上设有润滑油供油孔,凸轮室内润滑油面由回流口位置保证,喷油泵与调速器之间没有油封,两者相通,泵底各部分用底盖板密封。

P 型喷油泵的泵油系统采用予装悬挂式结构,柱塞套悬挂在法兰套内,由压入法兰套上的定位销定位。柱塞偶件、出油阀偶件、出油阀弹簧、减容体和出油阀垫片由出油阀压紧座固定在法兰套内,坚硬的挡油圈由卡环固定在柱塞套的进回油孔处,防止燃油喷射结束时逆流冲蚀泵体。泵油系统作为一个整体,悬挂在泵体安装孔内,由螺栓固定。低压密封采用 O 形密封圈,法兰套开有腰型孔,可以在 10°范围内转动柱塞套以调整各分泵油量均匀度。用法兰套与泵体之间的垫片来调整供油预行程和各分泵供油间隔角度,以保证凸轮型线在最佳工作段上。

1) P 型喷油泵油量调节机构

油量调节机构主要由角型供油拉杆与油量控制套筒组成,如图 5-21 所示。角型供油拉杆是通过拉杆衬套安装在泵体上,套在柱塞套外圈上的油量控制套筒上的钢球与供油拉杆方槽啮合。柱塞下端的扇形块嵌在油量控制套筒的下部槽内,拉动供油拉杆,通过油量控制套筒带动柱塞转动,从而改变了柱塞与柱塞套的相对位置,达到改变供油量的目的。

2) P 型泵增压补偿器

增压补偿器又称冒烟限制器。装有增压器的柴油机用于工程机械后,若加大喷油泵的供油量,可以提高柴油机的标定功率。但低速时,增压器供气不足,进气压力较低,送至汽缸中的空气量减少,这时,如果供油量不变,则喷入汽缸中的燃油不能得到充分燃烧,使油耗增加,排气冒黑烟。为此,在喷油泵上加装冒烟限制器(图 5-22),它能使喷油泵在低速时适当地减少供油量,从而使喷入汽缸的燃油充分燃烧。

3) 冒烟限制器的结构与工作原理

启动时将调速器负荷手柄置于最大负荷位置,把冒烟限制器轴置于启动位置,如图 5-23 所示。这时供油拉杆移到启动油量位置,并与启动限位螺钉接触。启动结束后,供油拉杆在调速器的作用下,向减油方向移动,移动拉杆在回位弹簧的作用下退回原始位置,如图 5-24 所示。

柴油机启动后,由于柴油机转速较低增压供气不足,来自进气歧管中的空气进入冒烟限制器膜片的上方空间,所产生的压力不能将弹簧压缩,使供油拉杆不能前移,如图 5-25 所示。随着柴油机转速的升高,增压器的供气量增加,增压压力增大。当增压压力达到一定值时,膜片上方的压缩空气产生的压力,开始推动弹簧下移,如图 5-26 所示。通过杆件作用,供油拉杆向增油方向移动。转速继续升高,增压压力达到另一值时,弯角摇杆上的限位螺钉与满载限位螺钉接触,供油拉杆达到全负荷位置。转速再升高,由于限位螺钉的作用,使膜片不能下移。

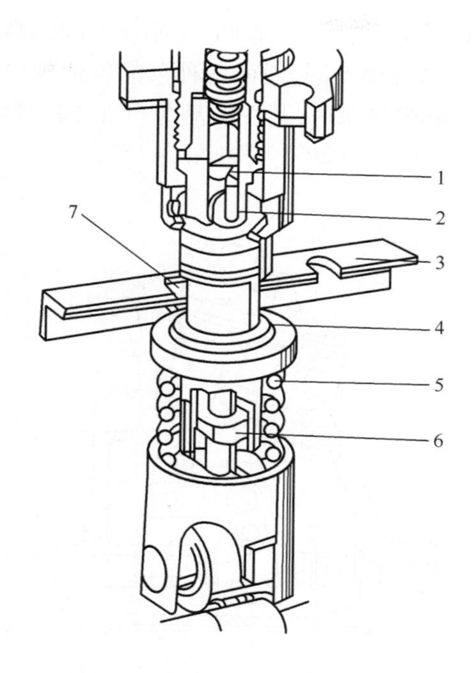

图 5-21　P 型喷油泵油量调节机构
1—柱塞;2—柱塞套;3—调节拉杆;4—控制套筒;
5—柱塞回位弹簧;6—柱塞调节臂;7—钢球。

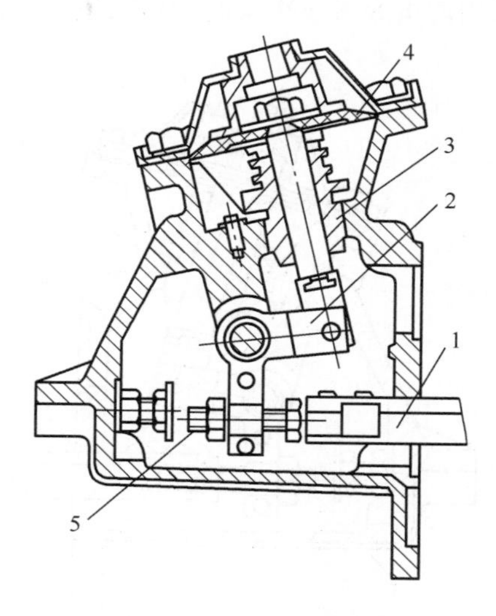

图 5-22　P 型泵增压补偿器
1—供油拉杆;2—弯角摇杆;3—导向套;
4—膜片;5—限位螺钉。

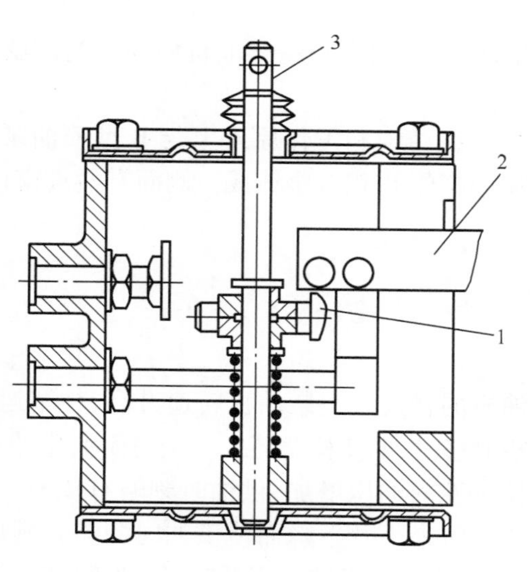

图 5-23　增压补偿器在启动位置
1—限位螺钉;2—供油拉杆;3—移动轴。

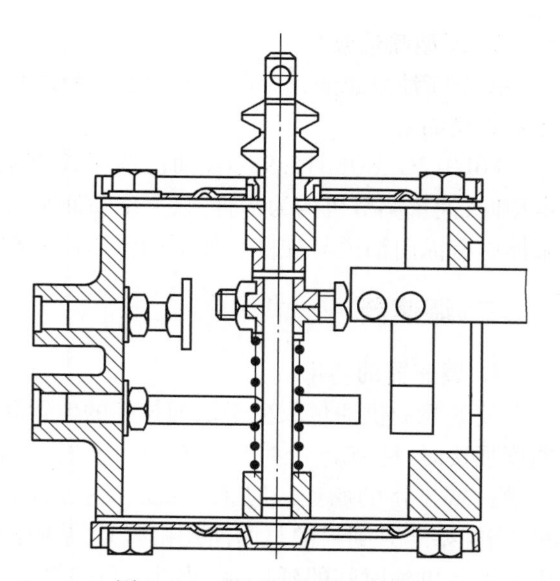
图 5-24　增压补偿器在启动后

4. FM 泵

WD615 型系列柴油机除采用博世 P 型喷油泵外,还可采用奥地利 FM 公司生产的 P7 泵,又称 FM 泵。

FM 泵结构与博世 P 型泵相同,也是采用箱式全封闭结构,柱塞与出油阀装在法兰套筒内并整体悬置在泵体上。只是 P 型泵柱塞的进、回油孔在同一高度上,而 FM 泵则在不同的高度位置。此外,博世泵与 FM 泵的驱动凸轮型线不同,柱塞直径不同,因而两种泵的供油规律和喷油速率略有不同。为保证同一台柴油机采用不同厂牌喷油泵时,其性能基本一致,同一台柴油机采用博世泵和 FM 泵时,其供油提前角略有不同,博世泵为 $20°{}^{0}_{-2}$,FM 泵为 $15°{}^{0}_{-2}$。

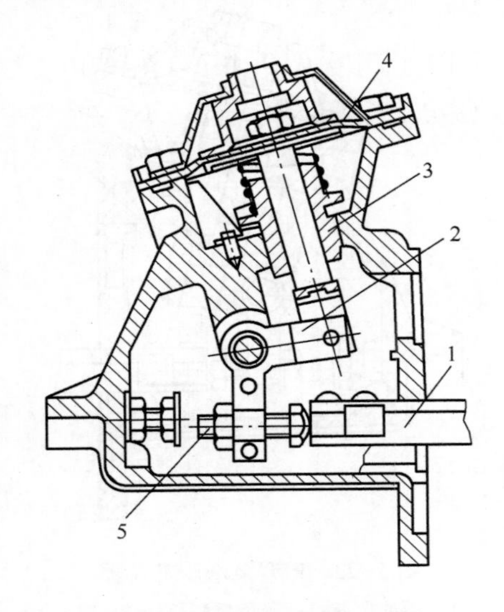

图 5-25 增压器气压低时

1—供油拉杆;2—弯角摇杆;3—导向套;4—膜片;5—限位螺钉。

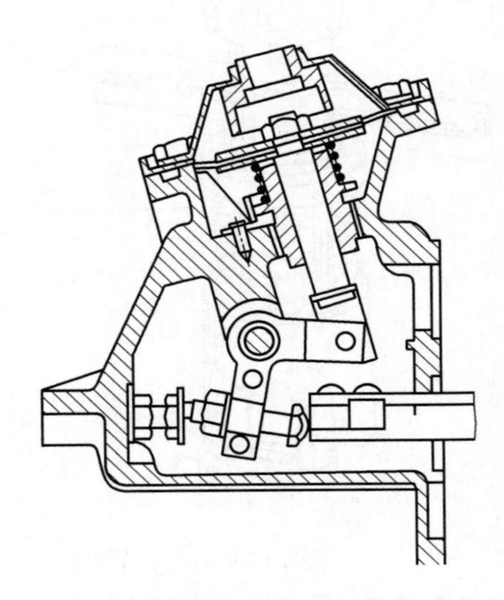

图 5-26 增压器气压高时

5. A 型喷油泵

A 型喷油泵总成是国际上通用的一种系列产品,也是国内中小型柴油机使用最为广泛的柱塞式喷油泵。

F6L912G、EQ6BT5.9 型柴油机选用 A 型喷油泵。在结构和工作原理上与 B 型喷油泵基本相同,油量调节机构为齿杆式,A 型喷油泵泵体为整体式,由铝合金铸成。侧面有检查窗口,泵体中有纵向油道与柱塞套外围的低压油室相通。

三、调速器

1. 调速器的功用

喷油泵的供油量取决于供油拉杆的位置和柴油机的转速。当柴油机转速升高,柱塞运动速度加快时,柱塞套上油孔的节流作用增大,当柱塞上移时,即使柱塞还未完全封闭油孔,但由于被柱塞排挤的燃油一时来不及从油孔流出,而使泵腔内油压增加,供油时刻略有提前。同理,当柱塞上升到斜槽与回油孔相通时,泵腔内油压一时来不及下降而使供油时刻略微延后。由于上述供油时间的延长,会使供油量略微增大,反之,当柴油机转速降低时,供油量便略有减少。这种在油量调节拉杆位置不变时,供油量随转速变化的关系称为喷油泵的速度特性。

柴油机在高速或大负荷时,如遇负荷突然减小(如机械从上坡刚过渡到下坡),柴油机转速会突然升高。由于喷油泵在速度特性的作用而会自动加大供油量,促使柴油机转速进一步升高,转速和供油量如此相互作用的结果,可能导致柴油机转速超过标定的最大转速,而出现“飞车”现象。另外,柴油机在怠速工况下工作时,油量调节拉杆在最小供油位置,此时当负荷增大而使柴油机转速略有下降时,由于喷油泵速度特性的作用,其供油量会自动减小,使柴油机转速进一步降低，如此循环将使柴油机熄火。

可见，由于喷油泵速度特性的作用使柴油机转速的稳定性很差，无法维持正常工作。因此要使柴油机稳定运转，就必须在负荷发生变化时及时改变供油量，修正喷油泵速度特性的不良影响。

车用柴油机一般都装用两极调速器，自动进行供油量调节以限制柴油机最高转速和稳定怠速。对于阻力变化频繁，而且变化范围很大的车辆，为了保证正常运行，要求柴油机在负荷发生任何变化时，仍保持在某一稳定的转速下工作，此种柴油机一般都采用全程调速器来自动调节供油量。全程调速器不仅限制最高转速和稳定怠速，还能使柴油机在其工作范围内的任一选定的转速下稳定工作。

调速器按其调速功能可以分为单级式调速器、两极式调速器、全程式调速器三类。车辆及工程机械用柴油机上几乎全部采用机械式调速器，以下只介绍机械式调速器。

2. 机械式调速器工作原理

1）单级式调速器工作原理

单级调速器的功用是限制柴油机的最高转速。如图5-27所示，轴1由柴油机驱动，并带动飞球2旋转，拉杆5与油量调节机构相连。弹簧3在安装时有一定的预紧力。柴油机转速升高时，飞球离心力增大，并压迫滑杆4，若此力不足以克服弹簧3的预紧力和机构的摩擦力时，调速器不起作用。若转速升高，使离心力增大到大于弹簧预紧力和机构摩擦力时，弹簧被压缩并使滑杆4左移，此时拉杆5向减小供油量方向移动，从而防止柴油机转速进一步增高。

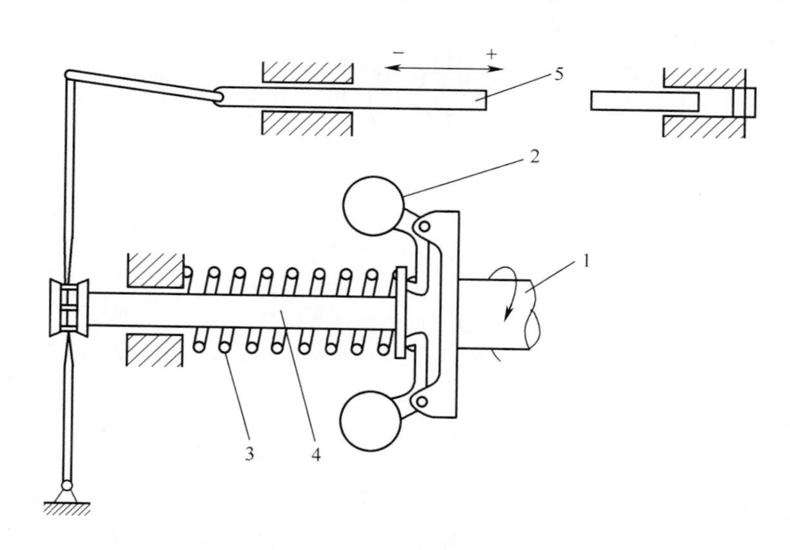

图5-27　单极调速器简图

1—调速器轴；2—飞球；3—弹簧；4—滑杆；5—供油拉杆。

由于弹簧预紧力是不变的，故只有在转速达到某一规定值时，调速器才起作用，因此称为单级调速器。单级式调速器只控制高速工况，主要用于恒定转速的柴油机，如发电机组。

2）两极调速器工作原理

如图5-28所示，轴4由柴油机驱动，并使飞球5旋转而产生离心力。离心力通过飞球作用在滑杆3的一侧。滑杆另一侧作用着两个弹簧，外弹簧1较长且弹力较弱，称为低速弹簧；内弹簧短且弹力强，称为高速弹簧。杆6为供油量调节拉杆，它由调速器所控制，同时也受司机控制。

当转速低于最低转速时，飞球离心力小于低速弹簧的预紧力（高速弹簧处于自由状态），在低速弹簧力的作用下，滑杆右移，使杆 6 向供油量增加方向移动，从而防止转速进一步下降而熄火。当转速处于最高及最低转速之间时，飞球离心力已远大于低速弹簧力和机构摩擦力，因而低速弹簧被压缩到使得滑杆 3 和高速弹簧相靠，但由于高速弹簧弹力较大，因此飞球离心力不足以使它变形，滑杆 3 移动受阻，此时，调速器不起作用。司机改变操纵杆或拉板位置时（图 5-29），杠杆以下端为支点而直接改变供油量调节拉杆 6 的位置，以适应各种工况的要求。当转速升高到最高转速，飞球离心力大于高、低速弹簧力及摩擦力的合力时，滑杆 3 左移，杆 6 向减小供油量方向移动，从而不使转速进一步上升而防止了“飞车”。

两极式调速器只控制柴油机怠速和最高速，在两者范围内调速器不起作用，而由驾驶员直接控制调节齿杆或调节拉杆改变柴油机转速。两极调速器的加速性较好，操作省力，适用于转速变化频繁的柴油机，如车用柴油机。

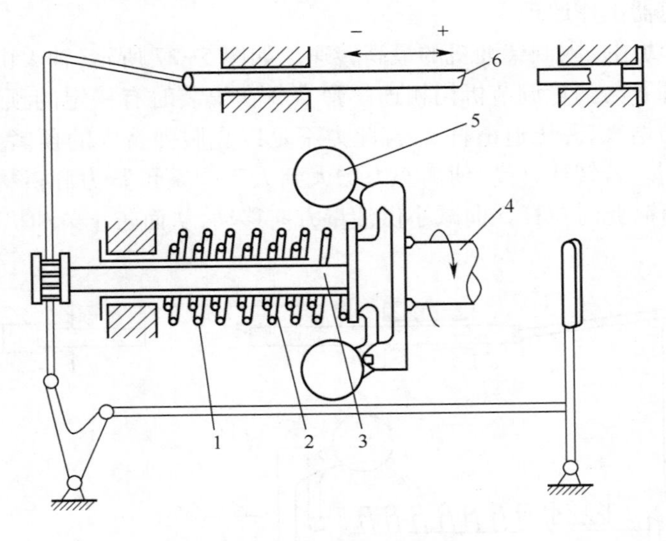

图 5-28　两极调速器简图

1—外弹簧；2—内弹簧；3—滑杆；4—调速器轴；5—飞球；6—供油调节拉杆。

3）全程调速器工作原理

如图 5-29 所示，当轴 4 转动时，飞球产生的离心力使杆有左移倾向，但由于滑杆另一侧受弹簧力的作用，因而又使杆有右移倾向。当柴油机正常工作时，操纵杆处于某一位置，亦即弹簧处于某一预紧力下，这时如果离心力和弹簧力相等，则滑杆 3 不动，拉杆 6 处于某位置下工作。当转速上升至离心力大于弹簧预紧力和机构摩擦力时，滑杆 3 左移，拉杆 6 向减油方向移动，从而阻止转速上升。当负荷增大转速下降时，则离心力减小，弹簧力大于离心力和摩擦力，滑杆 3 右移带动拉杆 6 向加油方向移动，从而阻止转速继续下降。可见，操纵杆处于某位置时，由于调速器的调速作用而使柴油机能在某一转速下稳定运转。

改变操纵杆的位置，就改变了调速弹簧的预紧力，因而可使柴油机处于另一转速下稳定运行。可见，装全程调速器的柴油机可在不同转速下稳定运转。采用一定的措施使操纵杆调节范围受到阻止，就可防止柴油机熄火及飞车。一般采用高、低速限速螺钉来限制操纵杆的位置。

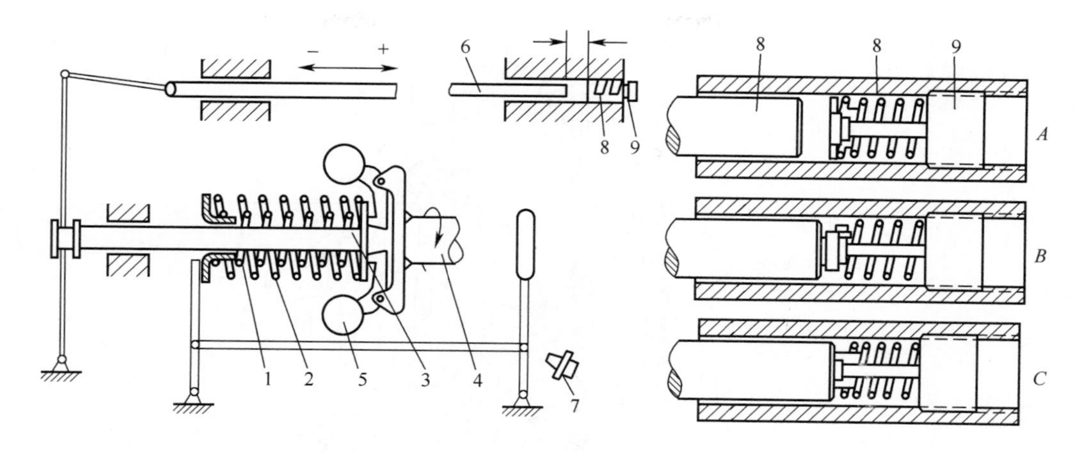

图 5-29 全程式调速器简图

1—内弹簧;2—外弹簧;3—滑杆;4—调速器轴;5—飞球;6—供油量调节拉杆;
7—最高转速限制螺钉;8—校正器;9—校正器调节弹簧。

此外,全程调速器中对俗称的踩“油门”这一概念应理解为改变调速弹簧的预紧力,切不可误解为改变油量的多少。由于司机不直接控制供油量调节机构的位置,因而全程调速器的加速性不如两极式调速器。

由于全程调速器可在柴油机转速的全部范围内都起调速作用,因此它能满足柴油机不同工况的需要。大型载重汽车和工程机械用柴油机一般都采用全程调速器,以保证在全部转速范围内,在负荷多变的情况下,能稳定工作。

3. 几种常见调速器

1) RSV 型调速器

RSV 调速器是博世公司 S 系列中的一种机械离心式全程调速器,可用于 M、A、AD、P 型喷油泵,大部分 F6L912/913 型和 EQ6BT5.9 柴油机上使用 RSV 调速器。

调速器代号基本遵循德国博世公司的规定代号,其含义如下:

EP——喷油泵部件;R——离心式调速器;S——调速弹簧为摆动式;Q——浮动杠杆比可变式;V——全速式调速器;U——调速器带有齿轮增速机构。

例如:RQ 表示离心式杠杆比可变的两速调速器;EP/RSV 表示离心式摆动弹簧全速调速器。

如图 5-30 所示,有一套紧凑的杆件系统,可使浮动杠杆比约为 2∶1,即齿条移动 2mm 而调速套筒只位移 1mm。当飞锤张开或合拢时,可通过这一套杆件机构把齿杆向减油或增油方向移动。

调速弹簧采用拉簧结构,只有一根拉力弹簧,其倾斜角度随着操纵杆位置的不同而发生变化。使高速和低速时有不同的有效刚度,以满足调速器在高速和低速时对调速弹簧的不同要求,从而保证了调速器在高速和低速时调速率的变化不大。因此,可以用一根弹簧代替其他类型调速器中几根弹簧的作用。

有可变调速率机构。RSV 调速器在飞锤和弹簧不更换的情况下,在一定范围内可以改变调速器的调速率,方法是改变调速器调速弹簧安装时的预紧力,用摇臂上的调节螺钉进行调整(图 5-31),以适应不同用途柴油机对调速器调速率的要求。

当操纵杆每变更一个位置时,就相应改变调速弹簧的有效张力(改变变形量和角度),使

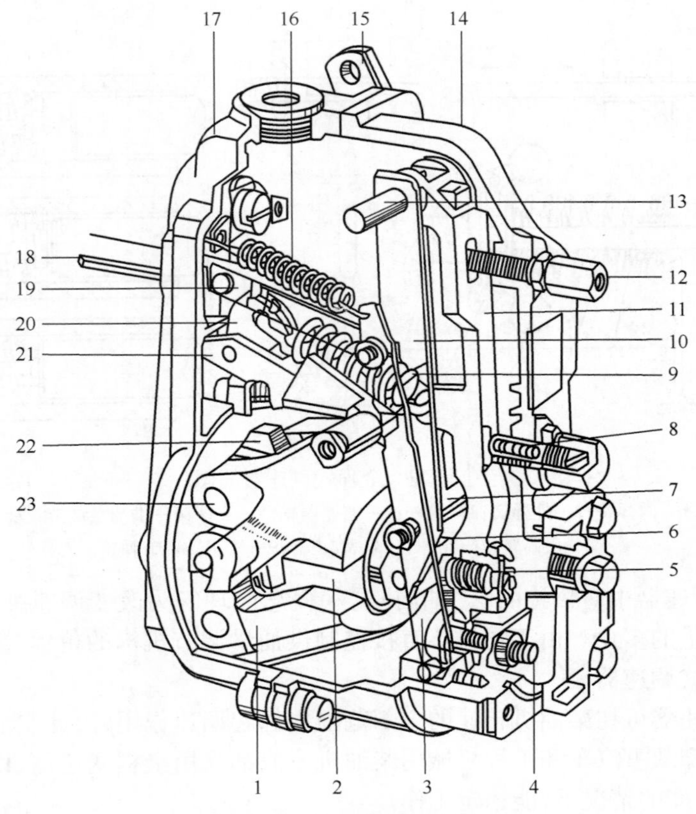

图 5-30　RSV 调速器结构

1—飞锤；2—调速套筒；3—拉杆；4—行程调节螺钉；5—校正弹簧；6—丁字块；7—支架轴；8—怠速稳定弹簧；9—调速弹簧；10—支架；11—支撑杆；12—怠速限位螺钉；13—支撑杆销；14—调速器后壳；15—操纵手柄；16—启动弹簧。

调速器起作用转速发生变化，达到全程调节作用。因为油量操纵杆直接作用于调速弹簧，所以操纵油量踏板时，感觉用力比其他类型调速器稍大。

如图 5-32 所示，调速手柄在全程位置时，图中曲线Ⅰ在 $F \to E$ 为启动加浓位置。$E \to D$ 为

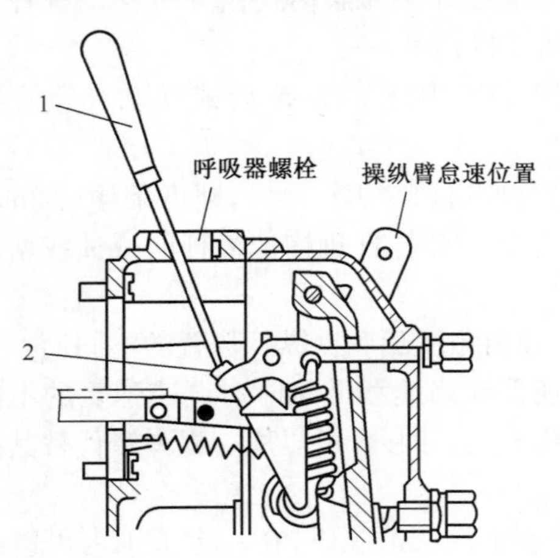

图 5-31　RSV 调速器转速变化率调整装置

1—螺丝刀；2—调整螺钉。

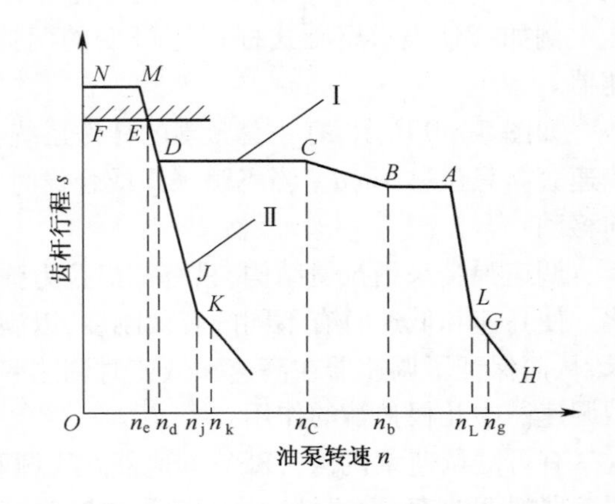

图 5-32　RSV 调速器调速特性曲线

Ⅰ—全速位置；Ⅱ—怠速位置。

启动弹簧控制区；$D \to C$ 为最大校正位置。$C \to B$ 为校正弹簧控制区，其中 B 为校正开始点，C 为校正结束点；$B \to A$ 为齿杆标定行程位置，A 为标定工况，即调速器起作用点。$A \to L$ 为调速弹簧控制区，L 为怠速稳定弹簧开始起作用点。$L \to G \to H$ 为调速弹簧与怠速稳定弹簧合力控制区，G 相当于柴油机最大空转工况，H 为高速停油点。调速手柄在怠速位置时，图中曲线Ⅱ在 $D \to J$ 为调速弹簧在怠速位置时的控制区，$J \to K$ 为调速器弹簧和怠速稳定弹簧合力控制区，K 为怠速工况，n_k 相当于柴油机怠速转速。

用停车手柄停车。调速器的停车机构可在任一转速起作用，遇有紧急情况，只要拨动停车手柄，即可立即停止供油，如图 5-33 所示。用操纵杆停车。调速器上未设专门的停车装置，需要停车时，将操纵杆扳至最右停车位置。这时摇臂推动导动杆使其右移，并带动浮动杆和调节齿杆往减油方向移动，直到停车。

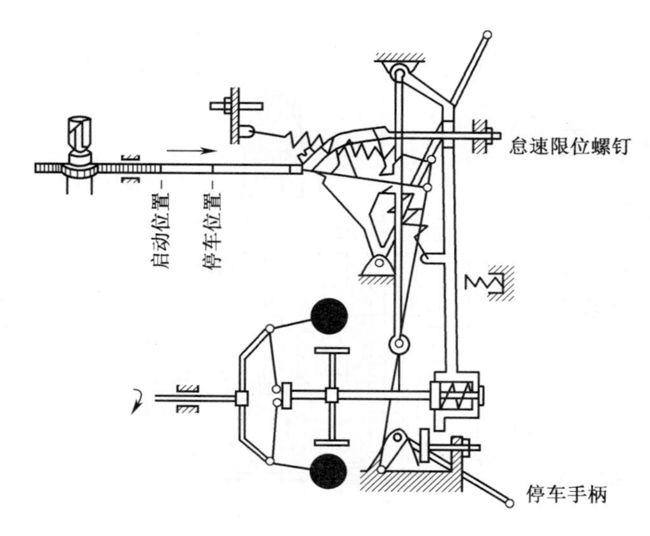

图 5-33　停车机构

2）B 型泵调速器

B 型泵所配用的调速器为全程离心式调速器，安装在喷油泵后端，由喷油泵凸轮轴驱动，如图 5-34 所示。离心铁座架用滚珠轴承装在托架上，受调速齿轮的驱动，它上面通过销子活络地装有两块离心铁，其尾部与伸缩轴上的推力轴承接触。伸缩轴在离心铁座架内孔中可左右移动，顶部顶在调速杠杆的滚轮上。调速杠杆下端通过杠杆轴装在调速器后壳上，可绕其轴转动，上端与调速拉杆活动连接。调速拉杆另一端通过拉杆接头与喷油泵调节齿杆相连。拉杆上套装着拉杆弹簧，在调速杠杆通过弹簧带动调速拉杆和调节齿杆加大供油量时，由于弹簧的缓冲作用，使柴油机转速上升平稳。而在减速时，调速杠杆是直接带动调速拉杆和调节齿杆的，故使减油迅速。调速弹簧一端通过滑轮销与调速杠杆连接，另一端装在调速手柄的内摇臂上，左右扳动调速手柄，可以改变调速弹簧的预紧力，即可改变供油量。停车手柄通过其内臂直接控制调速拉杆和调节齿杆，平时由于停车手柄轴上的弹簧作用，使其内臂靠在调速器外壳上，从而不起作用。

调速器后壳上还装有低速稳定器，以控制柴油机的最低稳定转速。操纵机构上装有低速限制螺钉和高速限制螺钉，以限制调速手柄的移动距离。调速器通过在其内加注机油进行润滑。机油油面应与机油平面螺钉的下沿平齐，下部有放油螺钉。柴油机在运转中，当转速在调速手柄控制的位置，以一定的转速运转时，离心铁的离心力与调速弹簧的拉力及整套机构的摩

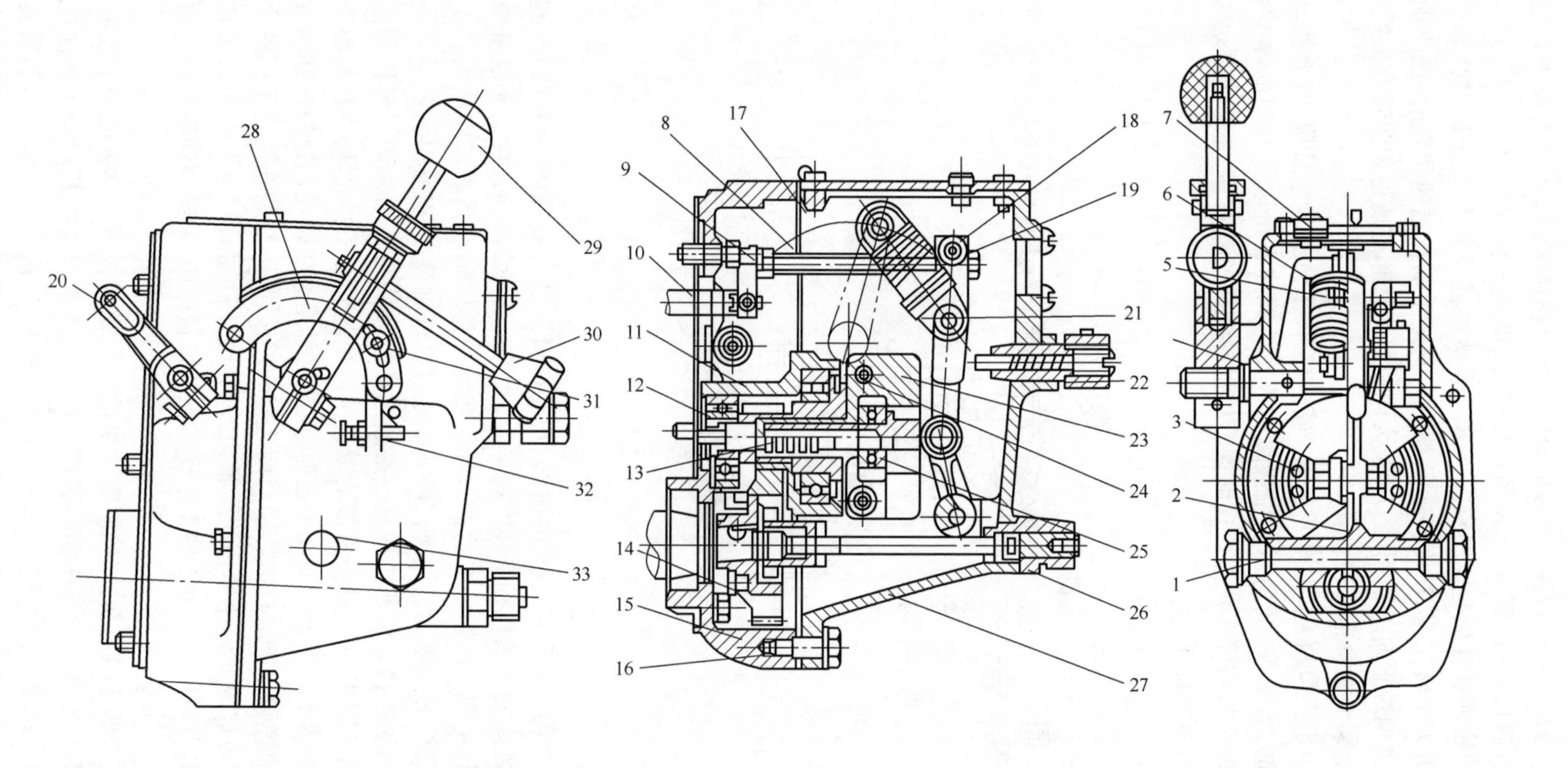

图 5-34 B 型泵调速结构

1—杠杆轴;2—调速杠杆;3—滚轮;4—操纵轴;5—内摇臂;6—调速弹簧;7—螺塞;8—调速拉杆;9—拉杆接头;10—调节齿杆;11—托架;12—离心铁座架;13—伸缩轴;14—调速齿轮;15—调速器前壳;16—放油螺钉;17—拉杆弹簧;18—拉杆销钉;19—拉杆支撑螺钉;20—停车手柄;21—滑轮销;22—低速稳定器;23—离心铁;24—离心铁销;25—推力轴承;26—转速表接头;27—调速器后壳;28—扇形齿板;29—调速手柄;30—微调手轮;31—低速限制螺钉;32—高速限制螺钉;33—机油平面螺钉。

擦力相互得到平衡，于是离心铁、调速杠杆及各机件之间的相互位置亦保持不变，这时燃油的供给量也基本不变。

当柴油机负荷减轻而其转速增高时，离心铁的离心力将大于调速弹簧的拉力，离心铁向外张开，顶动推力轴承，使伸缩轴向右移动推调速杠杆滚轮，从而使调速杠杆克服调速弹簧的拉力，拉伸弹簧，绕杠杆轴向右摆动。带动拉杆和齿杆向右移，减少供油量，柴油机转速便降低，离心铁的离心力也减小，直到离心铁的离心力与弹簧的拉力再次得到平衡时，柴油机便回到调速手柄所控制的规定转速（转速比负荷减轻前略高）。

当柴油机负荷增大时，转速降低，离心铁的离心力减少，调速弹簧收缩，调速拉杆在调速弹簧的拉力下向左摆动，通过拉杆弹簧带动拉杆和齿杆向左加大供油量，使柴油机转速提高，直至离心铁的离心力与调速弹簧的拉力再次平衡时，柴油机又回到调速手柄控制的规定转速（转速比负荷增大前略低）。当拉动调速手柄进行加速和减速时，通过内摇臂改变调速弹簧的拉力，即可改变柴油机的供油量。

当调速手柄放在最低供油位置时，即调速手柄内摇臂放松了调速弹簧，由于离心铁作用，使调速杠杆紧靠在低速稳定器上，离心铁的离心力和低速稳定器弹簧的张力相互得到平衡，如转速略有增减，弹簧即被压缩或伸张，使油量减少或增加，从而保持柴油机低速时运转平稳。如果柴油机低速运转不稳定时，可缓慢地拧动低速稳定器调节螺钉，直到转速波动不大为止（一般规定转速波动在±30r/min 范围内）。柴油机出厂时，低速稳定器已经调整好，平时不能随意调。扳动停车手柄时，其内臂克服拉杆弹簧的张力，拨动齿杆和拉杆向右移动，使喷油泵停止供油，柴油机熄火。

3）RQ 调速器

WD615.67 的 Bosch P 型泵采用 RQ 调速器。RQ 调速器的调速弹簧装在飞锤内部，弹簧力直接作用在飞锤上，因飞锤（块）尺寸较大，故又称为弹簧内装式或大飞块调速器。

如图 5-35 所示为 RQ 两极式调速器的机构简图与工作原理图。飞锤 17 在喷油泵凸轮轴 18 的驱动下旋转，当转速增加时，飞锤即在离心力作用下克服调速弹簧 16 的预紧力向外张

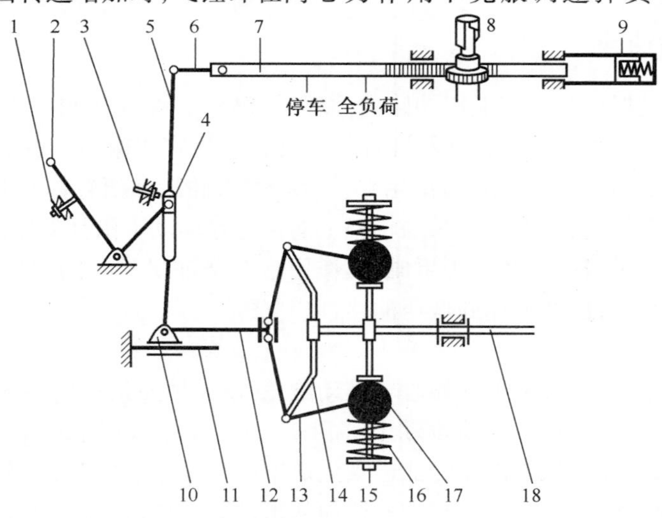

图 5-35　RQ 两极调速器的机构简图与工作原理

1—停车挡块；2—操纵杆；3—全负荷挡块；4—滑块；5—牵引杠杆；6—连接叉杆；7—油泵齿杆；8—柱塞；9—弹性触止；10—滑座；11—导向销；12—滑柱；13—飞锤转臂；14—飞锤座；15—调节螺母；16—调速弹簧；17—飞锤；18—凸轮轴。

开,此运动通过飞锤转臂 13 转变为滑柱 12 的轴向移动,从而使牵引杠杆 5 绕滑块 4 上的支点旋转,牵引杆端部遂通过连接叉杆 6 将喷油泵齿杆向减少油量方向拉动。反之若转速降低,则将喷油泵齿杆向增加油量方向推动。同时,若驾驶人员通过加速踏板使操纵杆 2 在停车挡块 1 与全负荷挡块 3 之间转动时,牵引杠杆 5 则改由下部滑座 10 上的铰链为支点摆动,从而拉动喷油齿杆,达到增加或减少供油量的目的。在 RQ 两极调速器的飞锤中(图 5-36~图 5-38)同心地安装了三组弹簧,外弹簧 4 为怠速工况弹簧,内弹簧 3 为两个同心安置(防止共振并优化弹簧特性)的调速弹簧。由于调速弹簧压缩量与预紧力比怠速弹簧大很多,致使飞锤在怠速与标定转速之间的中间转速范围内不起作用,调速器只控制怠速与标定转速,中间转速范围则由驾驶人员控制,从而构成了两极调速器。

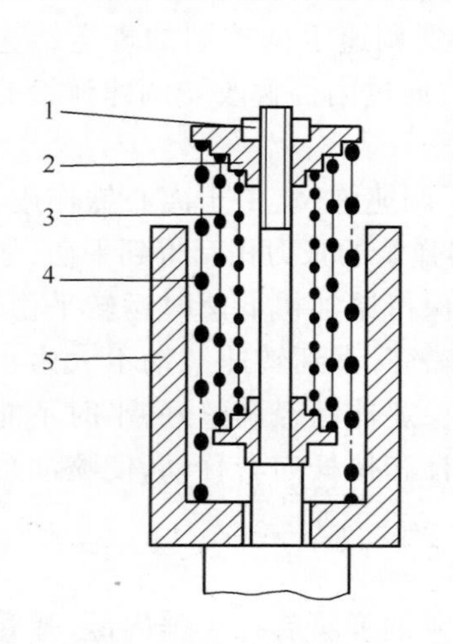

图 5-36　RQ 两极调速(不带油量校正)

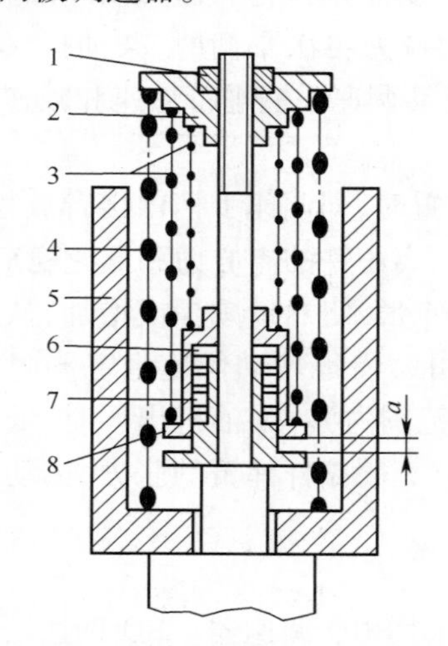

图 5-37　RQ 两极调速(带油量校正)

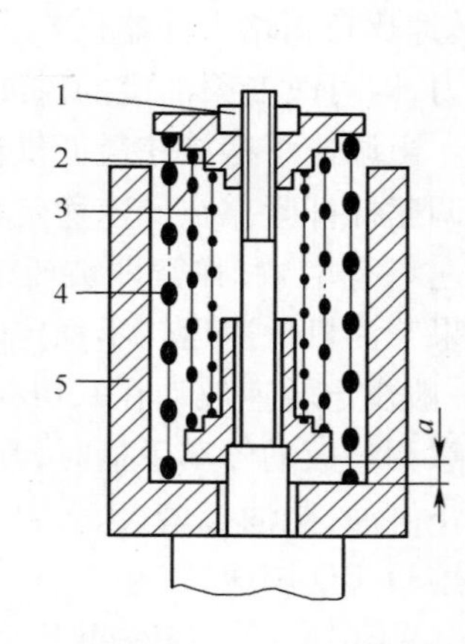

图 5-38　RQV 全程调速器

1—调节螺母;2—弹簧座;3—调速弹簧;4—怠速弹簧;5—飞锤;6—垫片;7—校正弹簧;8—弹簧座。

四、活塞式输油泵

输油泵的作用是保证柴油在低压油路内循环,并供应足够数量和一定压力的柴油给喷油泵。输油泵有活塞式、膜片式、齿轮式和叶片式等几种。活塞式输油泵由于工作可靠被广泛应用。活塞式输油泵如图 5-39 所示,由滚轮部件(滚轮、滚轮轴和滚轮体)、顶杆、活塞和弹簧等组成。滚轮部件及顶杆、活塞在喷油泵凸轮轴上的偏心轮驱动下沿活塞轴线方向做往复运动。手油泵由泵体、活塞、手泵拉销及杆等组成,其作用是在柴油机长时间停机后,手动泵油,驱除进入低压油路中的空气,使柴油充满低压油路,以利柴油机启动。

1. 进油和压油

当喷油泵凸轮轴转动时,轴上的偏心轮推动滚轮、滚轮体及顶杆使活塞向下运动。当偏心轮的凸起部转到上方时,活塞被弹簧推动上移,其下方容积增大(图 5-39(a)),产生真空度,使进油止回阀开启,柴油便从进油孔经油道吸入活塞的下泵腔。此时,活塞上方的泵腔容积减小,油压增高,出油止回阀关闭,上泵腔中的柴油从出油孔中压出,流往柴油滤清器。当活塞被偏心轮和顶杆推动下移时(即 5-39(b)),下泵腔中的油压升高,进油止回阀关闭,出油止回阀开启。同时上泵腔中容积增大,产生真空度,于是柴油自下泵腔经出油止回阀流入上泵腔。如此重复,柴油便不断被送入柴油滤清器,最后被送入喷油泵。

2. 泵油量的自动调节

当输油泵的供油量大于喷油泵的需要,或柴油滤清器阻力过大时,油路和上泵腔油压升高。若此油压与活塞弹簧弹力相平衡,则活塞便停在某一位置(图 5-39(c)),不能回到上止点,即活塞的行程减小了,从而减少了输油量,限制油压的进一步升高,自动调节了输油量和供油压力。

3. 手油泵泵油

使用手油泵泵油时,应先将柴油滤清器或喷油泵的放气螺钉拧开,再将手油泵的手柄旋开(图 5-38)。当往复按手油泵的活塞,活塞上行时,将柴油经进油止回阀吸入手油泵泵腔;活塞下行时,进油止回阀关闭,柴油从手油泵泵腔经机械油泵和下腔出油止回阀流出并充满柴油滤清器和喷油泵低压腔,并将其中的空气驱除干净。手动输油完成后,应拧紧放气螺钉,向下压手油泵手柄,然后旋紧手油泵手柄。

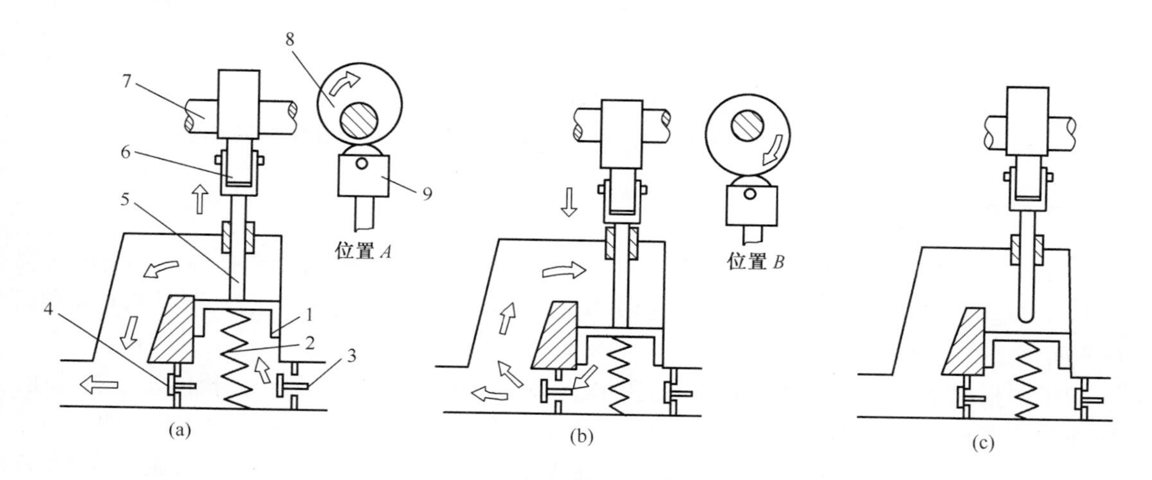

图 5-39 活塞式输油泵工作原理

1—活塞;2—弹簧;3—进油止回阀;4—出油止回阀;5—顶杆;6—滚轮;7—凸轮轴;8—偏心轮;9—滚轮架。

第三节 PT 燃油系统

PT 燃油供给系统的基本原理是根据燃油泵输出压力和喷油器进油时间对进油量的影响来控制循环供油量,以满足柴油机不同工况的需要。因系统的调节要素是压力(Pressure)和时间(Time),故称为 PT 泵。TY-160 推土机用 NT855-C280 柴油机采用的就是 PT 泵。

一、PT 燃油系的组成

PT 燃油供给系统的组成如图 5-40 所示。内燃机工作时,燃油箱中的柴油经滤清器滤清后流入 PT 泵,PT 泵可根据柴油机工况的变化,以不同的油压将燃油输送给喷油器,喷油器则对低压燃油进行计量、加压,并在规定的时刻使之呈雾状喷入汽缸。

工程机械油箱位置一般高于喷油器,为防止停车时燃油自回油管流入汽缸和曲轴箱,在比喷油器较低的位置处设有浮子油箱。当浮子油箱中燃油达到规定的高度时,柴油箱中的燃油便停止流入;当浮子油箱中油面下降时,柴油流入浮子油箱以保持一定的油面高度。

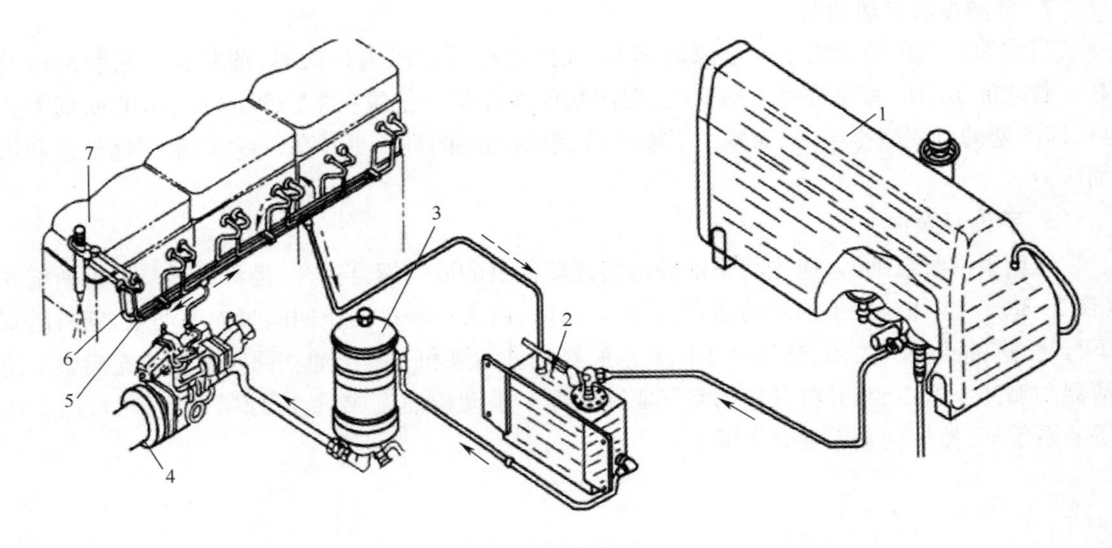

图 5-40　PT 燃油供给系统基本组成

1—燃油箱;2—浮子油箱;3—滤清器;4—PT 燃油泵;5—供油管;6—回油管;7—喷油器。

二、PT 燃油泵

PT 泵是根据简单的液压原理工作的:一是在封闭系统内的液体,能够把加在其上的压强大小不变地传递到容器的各个方向;二是液体流过的数量正比于液体的压力、流过的时间和通路截面积。

PT 泵根据柴油机工作的需要,完成燃油输送和压力的调节,以控制柴油机的扭矩和转速。PT 泵是由曲轴正时齿轮经配气凸轮轴正时齿轮通过附件传动齿轮驱动,它是 PT 柴油燃料系中最重要的一个部件。PT 泵是由输油泵、滤油器、PTG 调速器、节流阀、MVS 调速器或 VS 调速器和断油阀组成,如图 5-41 所示。PT 泵中油路基本走向如图 5-42 所示。当输油泵的齿轮旋转时,柴油从柴油滤清器经油管被吸入,经输油泵增压。稳压器与输油泵出口端相通,用以吸收输油泵出口压力的脉动,使柴油以平稳的压力流入滤油器进行过滤。柴油通过滤油器时分为两路:一路经细滤网(上滤网)过滤后与 MVS 调速柱塞端部的空腔相通;另一路经粗滤网(下滤网)过滤后经泵体内的油道流入 PTG 调速器。进入 PTG 调速器的柴油有三个出口:一是经 PTG 调速器柱塞的轴向油道和旁通油道流回输油泵进油口;二是经主油道和节流阀流向 MVS 调速器,再经断流阀流往喷油器;三是经怠速油道绕过节流阀后与主油道汇合。汽车所装的 PT 泵,往往没有装 MVS 调速器,此时后两路油经 PTG 调速器和节流阀调节压力后,直接经断流阀流往喷油器。

1. 输油泵和稳压器

输油泵和一般齿轮泵结构和工作原理相同,它受 PT 泵主轴的驱动,将柴油箱的柴油压送到喷油器。为消除输油泵压送柴油时油压的脉动,在输油泵出口处设有钢片式稳压器(脉冲减振器),其结构如图 5-43 所示。稳压器内装有钢片,为防止漏油,两侧安装有直径大小不同的橡胶密封圈和尼龙垫圈。钢片左室通过油道与输油泵端面的出油口相通,钢片右室为空气室。当输油泵泵油时,出口处柴油部分压向稳压器左室,钢片受压产生弹性变形并压缩了右室的空气,形成弹性空气软垫;当泵油间歇时,钢片变形消失,右室的空气膨胀,使左室存油继续

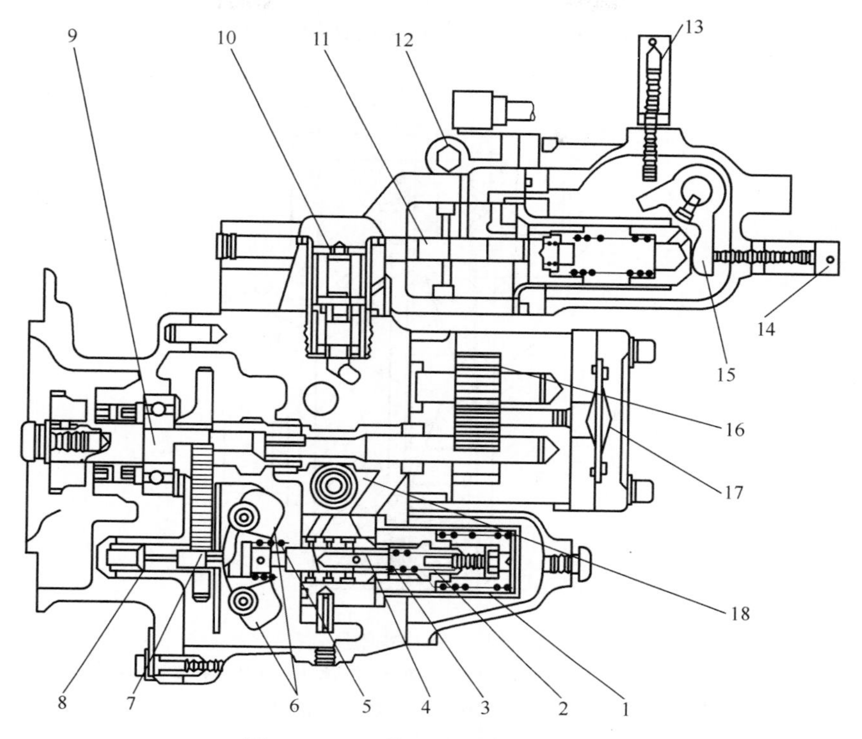

图 5-41　PT 燃油供给系统—PT 泵

1—PTG 调整器弹簧；2—怠速弹簧；3—怠速弹簧柱塞；4—调速器柱塞；5—高速扭矩控制弹簧；6—离心铁；7—离心铁助推柱塞；8—低速扭矩弹簧；9—主轴；10—滤油器；11—调速器柱塞；12—断流阀；13—高速限止螺钉；14—低速限止螺钉；15—双臂杠杆；16—输油泵；17—稳压器；18—节流阀。

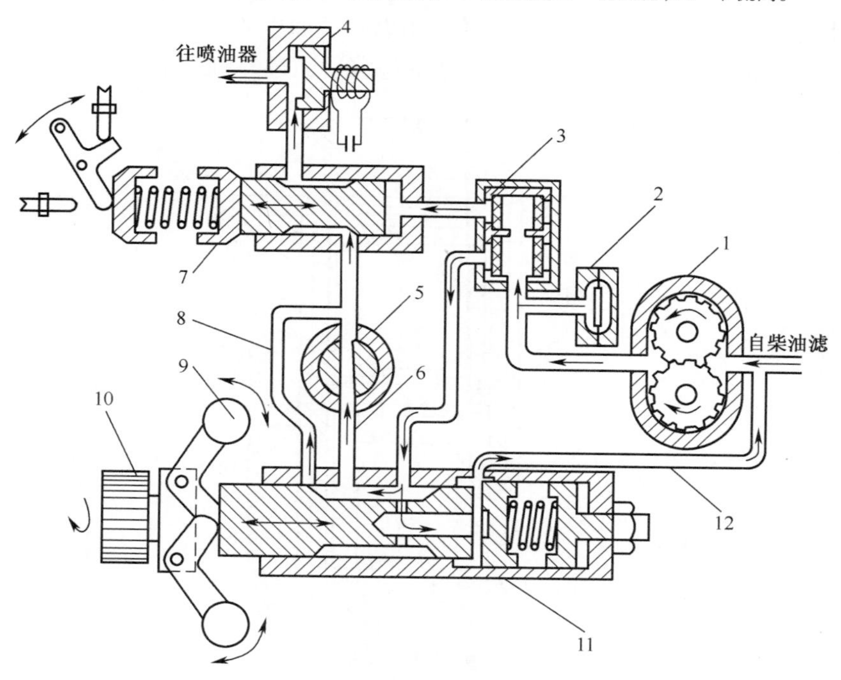

图 5-42　PT 燃油供给系统—PT 泵油路示意图

1—输油泵；2—稳压器；3—滤清器；4—断流器；5—节流阀；6—主油道；7—MVS 调速器；8—怠速油道；9—离心铁；10—驱动齿轮；11—PTG 调速器；12—旁通油道。

向出油口流出,从而减少出油口压力脉动,使柴油流量比较均匀。

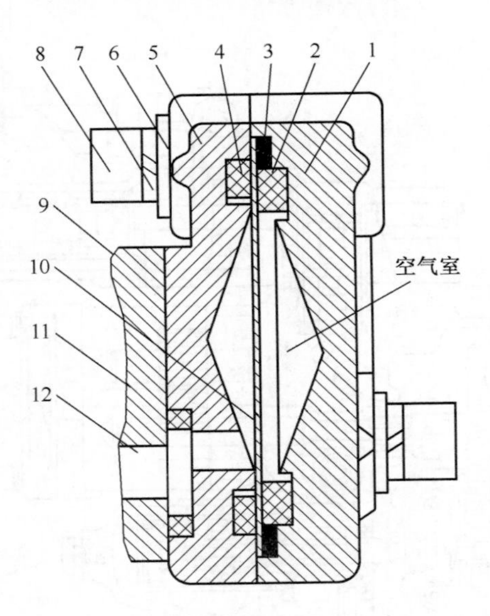

图 5-43 钢片式稳压器

1—后端盖;2、4、11—橡胶密封圈;3—尼龙垫圈;5—壳体;6—平垫;7—弹簧垫;8—螺钉;9—输油泵体;10—钢片;12—通向输油泵出油口。

2. 滤油器

PT 柴油燃料系除了装有一般的柴油滤清器以外,在 PT 泵内还设有滤油器,以便再次滤清柴油中的杂质。滤油器主要由下滤网、护圈、上滤网、锥形弹簧、滤油器外壳等组成,如图 5-44 所示。下滤网较粗,其内孔上方装有磁铁,用以除去油中的铁屑,通过下滤网的柴油全部流入 PTG 调速器进油口。上滤网孔隙极细,柴油滤清后通过外壳上的油孔进 MVS 调速器柱塞

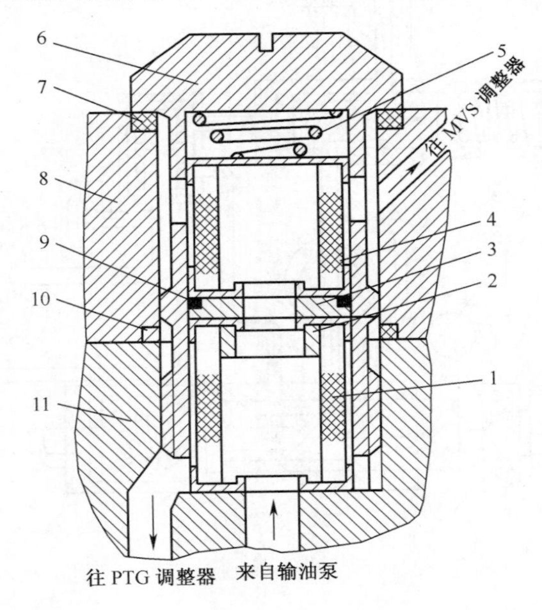

图 5-44 滤油器

1—下滤网;2—磁铁;3—护圈;4—上滤网;5—弹簧;6—外壳;7、9、10—橡胶密封;8—MVS 调速器壳;11—PT 泵体。

左端。为防止上下滤网过滤后的柴油混合，由护圈和橡胶密封圈隔开，并由锥形弹簧压紧。整个滤油器通过外壳下端的螺纹紧装在泵体的上方。

3. PTG 调速器

1）作用

（1）随着柴油机转速的变化自动调节供油压力。

（2）限制柴油机的最高转速。

（3）稳定柴油机的最低转速。

（4）装有高、低速扭矩弹簧，以增加柴油机高、低速时对负荷的适应性。

2）结构

PTG 调速器装在整个 PT 泵的下部，是一个能自动调节供油压力的两极机械离心式调速器，其结构如图 5-45 所示。它主要由离心铁、离心铁支架、PTG 调速器柱塞、柱塞套、油压控制钮（也称怠速弹簧柱塞）、怠速弹簧、油压控制钮外套、高速弹簧、怠速调速螺钉、低速扭矩弹簧（离心铁助推弹簧）、离心铁助推柱塞、高速扭矩弹簧、弹簧罩及一些弹簧调整垫等组成。

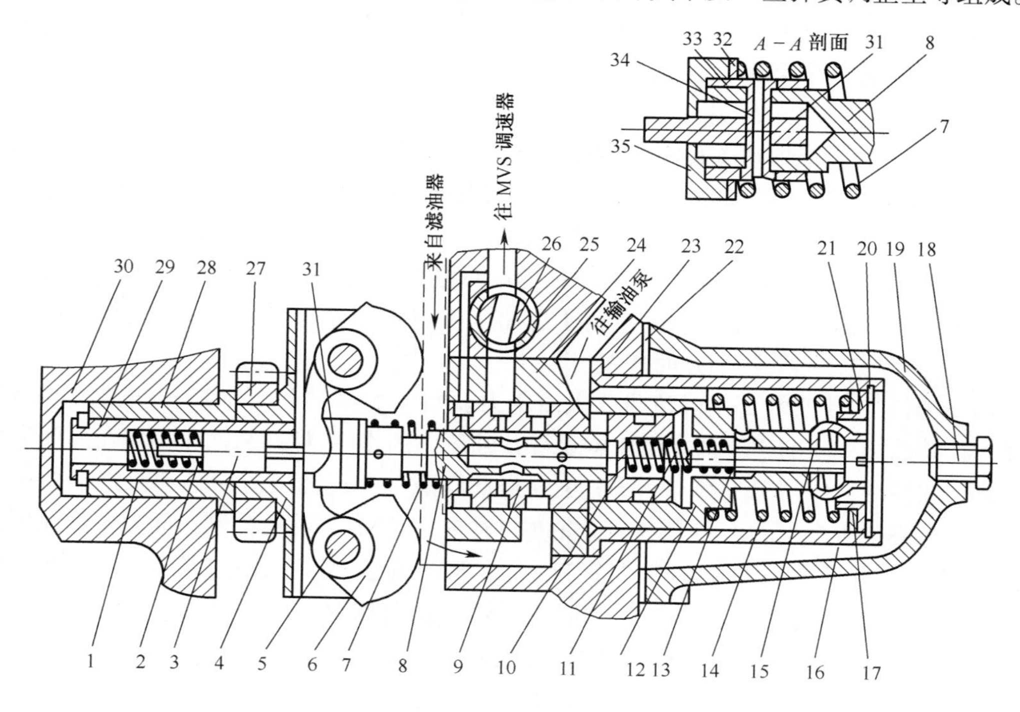

图 5-45　PTG 调速器结构

1—低速扭矩弹簧；2、13、17、32—弹簧调整垫；3—离心铁助推柱塞；4—离心铁支架；5—离心铁销；6—离心铁；7—高速扭矩弹簧；8—PTG 调速器柱塞；9—柱塞套；10—油压控制钮；11—怠速弹簧；12—油压控制钮外套；14—高速弹簧；15—怠速调速螺钉；16—弹簧罩；18—螺塞；19—弹簧罩盖；20—卡环；21—弹簧座；22—密封垫；23—PT 泵体；24—柱塞套体；25—节流阀套；26—节流阀轴；27—被动齿轮；28—离心铁轴套；29—离心铁轴；30—前盖；31—丁字块；33—柱塞间隔套；34—柱塞传动销；35—止推垫圈。

两块离心铁通过离心铁销活络地装在离心铁支架上，离心铁支架压装在离心铁轴上，并通过离心铁轴支撑在前盖的轴套上。被动齿轮压装在离心铁支架上，离心铁、离心铁支架和离心铁轴随被动齿轮（由主轴上的主动齿轮驱动）一起旋转。

调速器柱塞是空心的，外圆柱面做成凹槽状，中间进油孔通过泵体内的油道经滤油器和输油泵的出油口相通。调速器柱塞右边圆柱面上有4个卸压小孔,超速时大量柴油从此小孔旁流回输油泵进油口。右端面靠在油压控制钮(也称怠速弹簧柱塞)上,左端用柱塞传动销和丁字块固装在一起。丁字块被夹在两块离心铁的凸爪之间,因此调速器柱塞可随离心铁在柱塞套内旋转,以减少运动时的摩擦力,如有烧伤或锈蚀,传动销被折断,以保护传动机构。

调速器柱塞左面承受着离心铁所产生的离心力的轴向推力,右面承受着怠速弹簧和高速弹簧的推力,可在柱塞套内做轴向移动。柱塞套和柱塞套体都固装在泵体内,其上有3排不同的油孔,右孔通过油道与滤油器相通,中孔通过主油道与节流阀相通,左孔与怠速油道相通。此外,柱塞套右端还设有旁通油道,并与输油泵进油口相通。

油压控制钮装在油压控制钮外套左端的孔内,可左右移动。油压控制钮右面装有较软的怠速弹簧,怠速弹簧右端通过怠速弹簧调整螺钉支撑在油压控制钮外套上,在怠速时稍被压缩,其张力使油压控制钮与其外套的内孔墙面产生一定间隙。当柴油机转速升高后,怠速弹簧完全被压缩而不起作用,油压控制钮靠紧在其外套的端面上,油压控制钮外套右端装有高速弹簧,该弹簧较硬,高速时起作用。此外,在调速器柱塞左端的止推垫圈与柱塞套之间装有高速扭矩弹簧。在离心铁轴的中心孔内装有离心铁助推柱塞和低速扭矩弹簧,离心铁助推柱塞右端顶在调速器柱塞的丁字块上,左端靠在低速扭矩弹簧上。

3)工作原理

当柴油机通过主轴带动离心铁运转时,离心铁产生离心力,其大小和转速的平方成正比。离心力的轴向分力(以下简称为离心力)将柱塞向右推,如图5-46(a)所示。油压控制钮依靠右端的怠速弹簧和高速弹簧的张力力图将柱塞向左推,与离心力相平衡,如图5-46(b)所示。当转速升高时,离心力大于弹簧张力,离心铁的凸爪推柱塞向右移动,如图5-46(c)所示。当转速降低时,离心力小于弹簧张力,弹簧通过油压控制钮推柱塞向左移动,如图5-46(d)所示。以下按调速器作用的四个方面来叙述。

(1)根据柴油转速的变化自动调节供油压力。如图5-47所示,油压控制钮的端面制成一个凹面,并盖住柱塞的空心部。由于空心部柴油压力的作用,柱塞与油压控制钮之间形成一定的间隙,在各种工作情况下都有一部分柴油经此间隙和旁通油道流回输油泵进油口。柴油机运转时,离心铁所产生的离心力总是将柱塞向右推,而柱塞与油压控制钮间隙中的油压则将柱塞向左推。当此两力相等时,柱塞即处于一个暂时平衡(稳定不动)的状态。同时间隙中的油压也要与油压控制钮右面所承受的调速器弹簧(包括怠速弹簧和高速弹簧)的张力相平衡。也就是说,离心铁的离心力与调速弹簧的张力是通过间隙中的油压平衡的,即:离心力→←柴油压力→←调速器弹簧张力,如图5-48所示。所以,输油泵的供油压力取决于使调速器柱塞与油压控制钮之间间隙闭合的作用力,它直接与柴油机的转速有关。

当柴油机转速升高时,离心力增大,推柱塞右移,并通过柱塞与油压控制钮之间间隙中油压的作用压缩高速弹簧,使其张力增大。由于离心力和弹簧张力的增大,柱塞和油压控制钮之间间隙将减小,如图5-48(a)所示。同时,输油泵的泵油量又随转速的升高而增大。所以供油压力随柴油机转速升高而升高,如图5-48(b)所示。当离心力、油压力和弹簧张力重新达到平衡时,柱塞处在新的平衡位置工作。

当转速降低时,离心力减小,弹簧张力通过油压推柱塞左移,由于离心力和弹簧弹力的减小,柱塞和油压控制钮之间的间隙将增大。同时,输油泵的泵油又随转速的降低而减少。所以供油压力随转速的降低而降低,如图5-49所示。

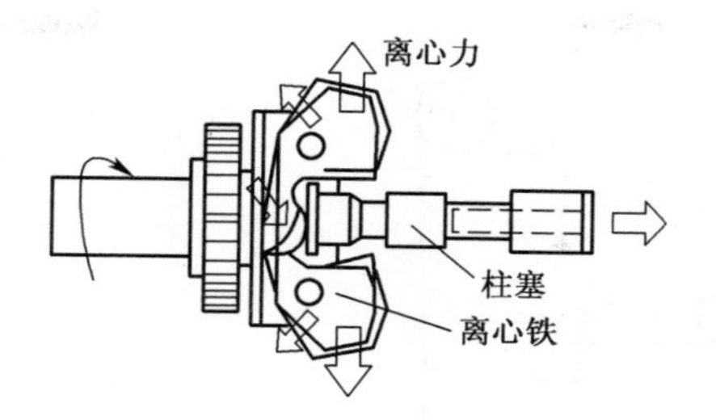

（a）离心力将柱塞向右推

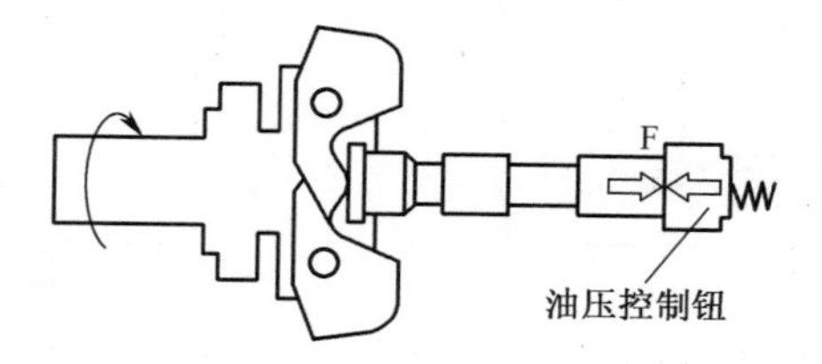

（b）离心力与弹力平衡

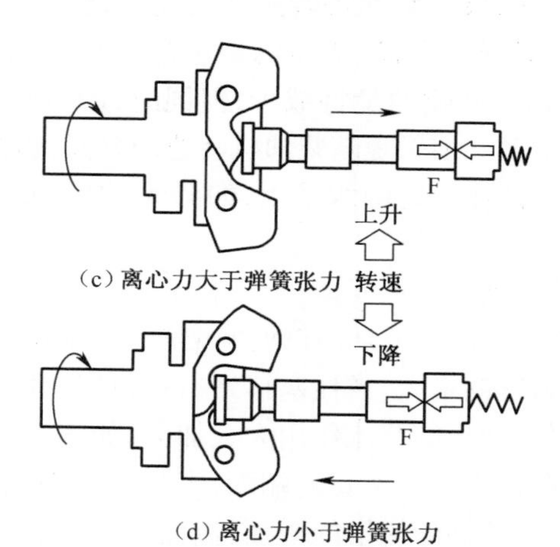

（c）离心力大于弹簧张力

（d）离心力小于弹簧张力

图 5-46　离心力与弹簧力的平衡情况

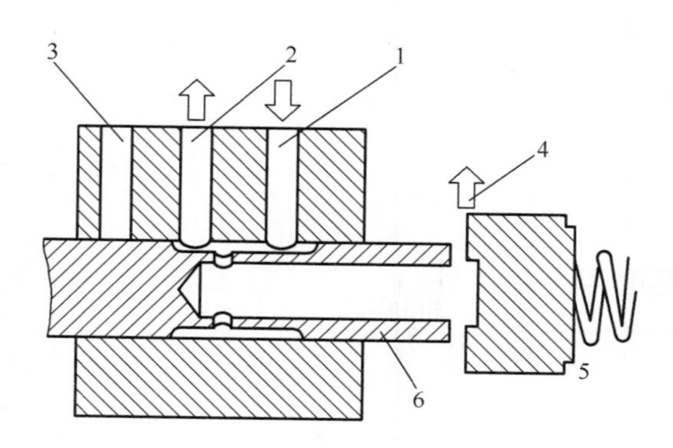

图 5-47　油压的控制原理

1—进油道；2—主油道；3—怠速油道；4—旁通油道；5—油压控制钮；6—柱塞。

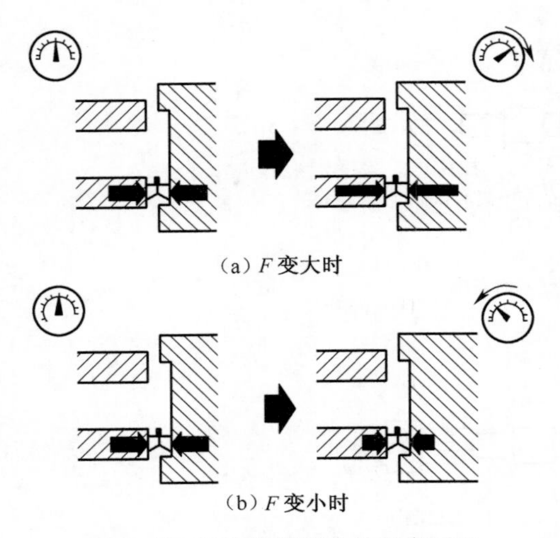

图 5-48 PTG 调速器力的平衡原理

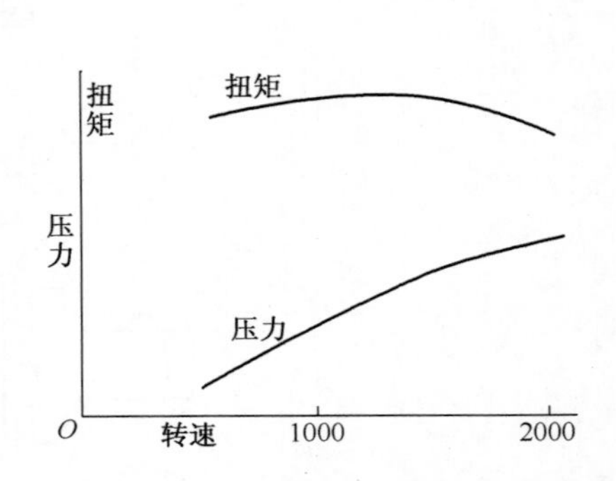

图 5-49 油压和扭矩随转速的变化关系

由此可见,PTG 调速器可以根据柴油机转速的变化自动调节供油压力,起到了压力调节阀的作用。所以,在 PT 柴油燃料系中,当柴油机转速升高时,由于喷油器计量量孔进油时间的缩短(详见喷油器部分),每循环喷油量将减少;但同时,PT 泵的供油压力随转速的升高而升高,又使计量量孔的流量增多。结果是随柴油机转速的升高,喷油器每循环的喷油量基本上不变,从而使柴油机的扭矩保持在一定的水平上,如图 5-49 所示。这就是 PT(压力—时间)系统工作的基本原理。

(2) 柴油机最高转速的限制。

当柴油机转速达到额定转速时,PT 泵出口处的柴油压力达到最大值。当柴油机转速超过额定转速继续升高时,离心力继续增大,推柱塞移到右端位置,柱塞将通往节流阀的主油道遮住一部分,最后几乎全部遮住,油道的节流作用大大加强,如图 5-50 所示。同时,随着转速的升高,柱塞上的 4 个卸压小孔也离开柱塞套的端面,大量油从卸压小孔流向旁通油道。这样,由于主油道节流作用的加强和柴油旁流量的增加,流往节流阀的柴油压力就急速下降(图 5-51),使喷油器的喷油量急速减少,最后几乎停止喷油,柴油机的输出扭矩也急剧下降到零,从

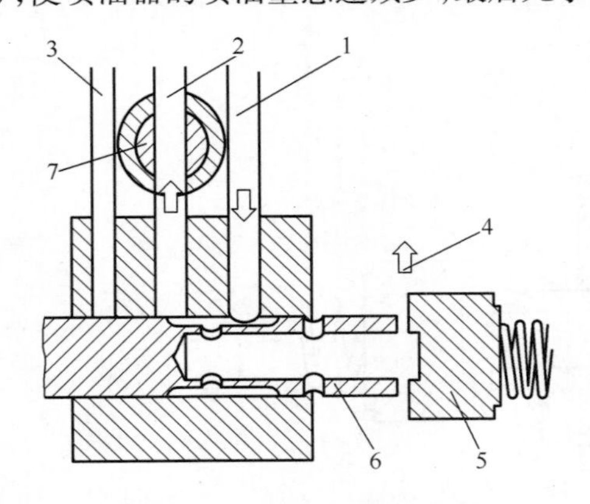

图 5-50 最高转速时 PTG 调速器柱塞的位置

1—进油道;2—主油道;3—怠速油道;4—旁通油道;5—油压控制钮;6—柱塞;7—节流阀。

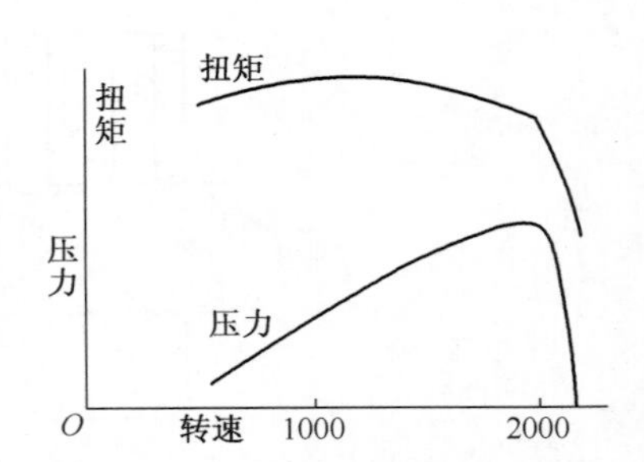

图 5-51 油压和扭矩随转速的变化关系

而限制了转速的升高。这时，柴油机的转速达到最高空转转速，几乎全部柴油从柱塞上的卸压小孔以及柱塞和油压控制钮之间的间隙，经旁通油道流回输油泵进油口。

（3）柴油机稳定怠速的保持。

怠速时，节流阀关闭（见节流阀部分），主油道被切断，这时柴油机转速很低，离心铁的离心力很小，怠速弹簧稍被压缩，柱塞处在接近最左端的位置，怠速油道处在稍开的状态（图 5-52）。少量柴油从怠速油道绕过节流阀直接经断流阀送往喷油器，维持柴油机怠速时的需要。同时，部分柴油由柱塞与油压控制钮之间的间隙旁流回输油泵进油口。如此时由于某种原因（如阻力减小）使柴油机转速升高，离心力就增大，超过怠速弹簧的张力，离心力推柱塞通过油压的作用将油压控制钮一起推向右移，怠速弹簧被压缩，柱塞将怠速油道关小，使通往喷油器的油压下降，因而使喷油器的喷油量迅速减少，限制了怠速的升高。如由于某种原因使柴油机转速降低时，情况则相反。由于怠速弹簧较软，因此只要转速稍有变化，柱塞就会随之发生较大的位移，使怠速油道的流通断面发生较大的变化，喷油量迅速发生较大的变化，从而使转速变化较小，保持柴油机怠速的稳定。

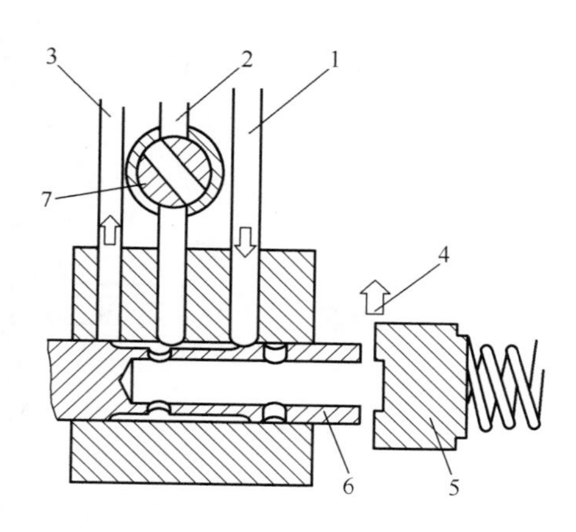

图 5-52　怠速时 PTG 调速器柱塞的位置

怠速弹簧的弹力是可以通过人工调整来改变的，如需要调整，可把弹簧罩盖上的螺塞拆下，用起子拧动怠速调整螺钉。往里拧，弹簧弹力增加，怠速升高，反之则降低。PT 泵装有 MVS 调速器时，其柴油机最高转速的限制和稳定怠速的保持以及调整是在 MVS 调速器上实现的（见 MVS 调速器原理部分），因此使用中不要去调整 PTG 调速器。

（4）高速和低速时油压的校正。

由前所述，当柴油机转速变化时，PTG 调速器能自动调节供油压力，使喷油器每循环的喷油量基本保持不变，因而柴油机的扭矩也基本不改变，这对于负荷多变的柴油机是不适应的，因此 PTG 调速器装有高速和低速扭矩弹簧。

① 高速时油压的校正。在调速器柱塞左端装有高速扭矩弹簧，当柴油机在低速运转时，柱塞处于左端位置，高速扭矩弹簧处于自由状态，如图 5-53（a）所示。这时的柴油压力及扭矩曲线如图 5-53（c）所示，高速扭矩弹簧的作用与无扭矩弹簧时相同。当转速升高到最大扭矩的转速时，由于柱塞右移，高速扭矩弹簧靠在柱塞套的端面上，如图 5-53（b）所示。这时，如转速进一步升高，高速扭矩弹簧被压缩，抵消了一部分离心力，使柱塞向右的推力相应减小。与无高速扭矩弹簧相比，同样柴油机转速，供油压力降低了，使喷油器循环喷油量相应减少，因而柴油机的扭矩也降低，如图 5-53（c）实线所示（虚线表示无高速扭矩弹簧的情况）。这样，

柴油机在高速时,若负荷增加而使转速降低时,柴油机的扭矩就有较大的增加量,从而提高了高速时对负荷的适应性,即柴油机克服过载能力有了改善,起到一般调速器的油量校正弹簧的作用。

② 低速时油压的校正。在离心铁助推柱塞的左端装有低速扭矩弹簧(也称离心铁助推弹簧),当柴油机在高速运转时,调速器柱塞处于右端位置,低速扭矩弹簧处于自由状态,如图 5-54(a)所示。当转速降低到稍低于最大扭矩的转速时,调速器柱塞左移,并推离心铁助推柱塞向左移动,低速扭矩弹簧被压缩,如图 5-54(b)所示。此弹簧力使离心铁助推柱塞和调速器柱塞均受到向右的推力,因此调速器柱塞的推力相应增加,使供油压力和喷油器每循环的喷油量也增大,柴油机的扭矩增加,如图 5-54(c)的实线部分(虚线表示无低速扭矩弹簧时的情况)。这样就缓和了柴油机低速时扭矩减小的倾向,增加了柴油机低速时对负荷的适应性。

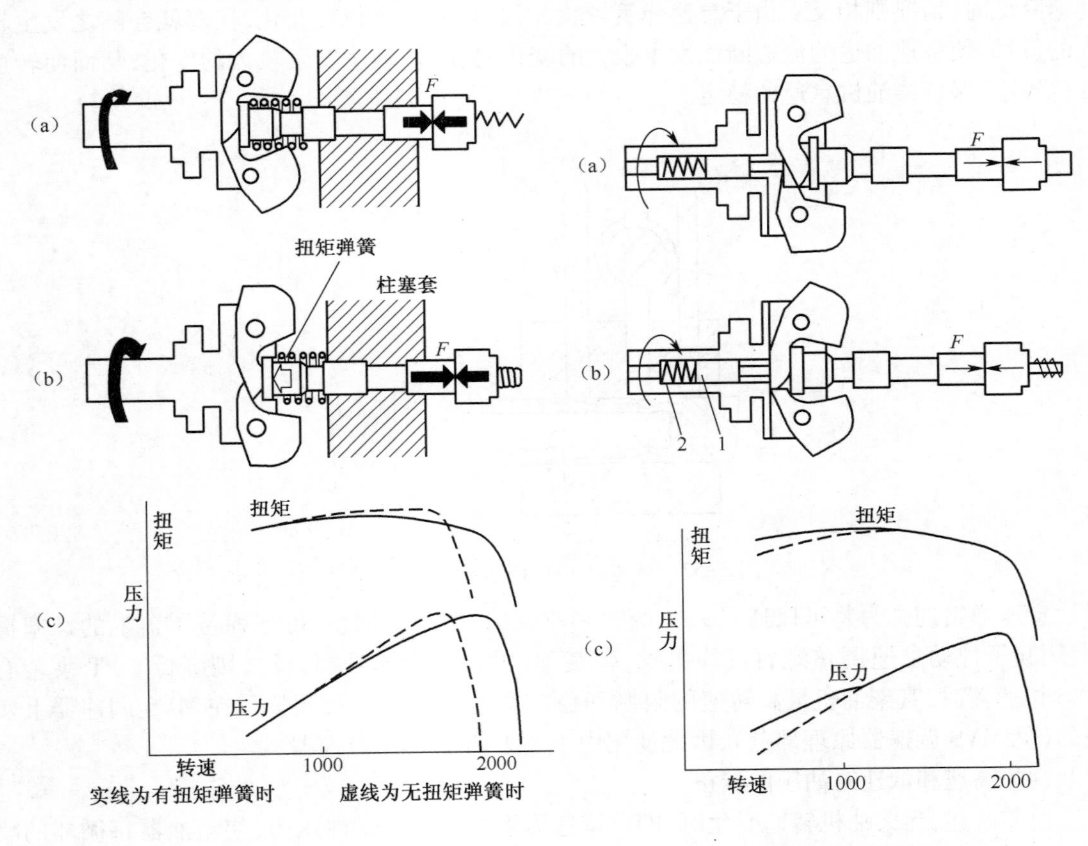

图 5-53 高速扭矩弹簧作用

图 5-54 低速扭矩弹簧的作用

4. 节流阀

节流阀好比油道中的节流开关,它的作用是调节由 PTG 调速器送往喷油器的柴油压力,以改变喷油器的喷油量和柴油机的扭矩。根据控制油道的形式不同,节流阀分为操纵式和固定式两种。汽车上用的 PT 泵未装 MVS 调速器,节流阀是操纵式的(图 5-55)。它装在 PTG 调速器和断流阀之间,主要由转动臂、节流阀轴、节流阀套、限制螺钉、柱塞和调整垫片等组成。节流阀轴上有油道,用以联通 PTG 调速器的扭矩主油道和通往喷油器的油道。节流阀轴内装有柱塞,柱塞由调整垫片调整位置(图 5-55(b)),以改变节流阀轴的油道断面,使节流阀处于全开时通往喷油器的油压降到额定值,从而使喷油量达到额定值。额定油压的调整在出厂时已用试验台调好，使用中不能随意变动。

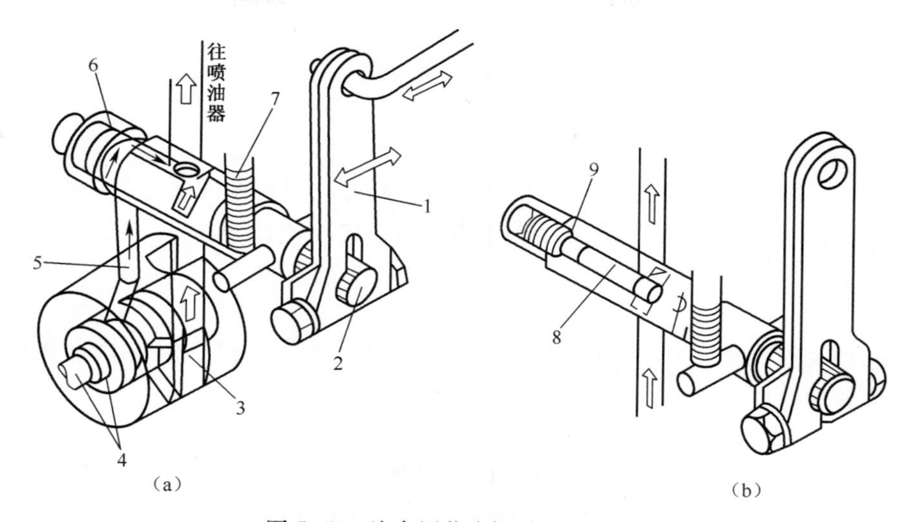

图 5-55　汽车用节流阀(操纵式)

1—转动臂；2—节流阀轴；3—主油道；4—PTG 调速器柱塞、柱塞套和柱塞套体；5—怠速油道；6—节流阀套；7—限制螺钉；8—柱塞；9—调整垫片。

节流阀轴通过转动臂与驾驶室油门踏板相连，故柴油机的扭矩可由踏板行程人工自由改变。当踏下油门踏板而使转动臂逆时针转动时，节流阀油道的流通断面增大，节流作用减小，通往喷油器的油压升高，喷油器的喷油量增加，柴油机的扭矩增加；当转动臂顺时针转动时，情况则相反。

当转动臂顺时针转动到节流阀处于全闭位置时(图 5-55(a))，由于限制螺钉的限制，使节流阀轴上的油道与通往喷油器油道保持一定的间隙，让少量柴油通过，以利怠速向中速过渡平稳；另有部分柴油由怠速油道不经节流阀油道直接流向通往喷油器的油道。由于此时节流阀轴油道间隙和怠速油道的断面积都很小，使流向喷油器的油压降得很低，喷油器的喷油量很少，以维持柴油机怠速运转的需要。

工程机械上的 PT 泵，因为装有 MVS 调速器，通往喷油器的油压由 MVS 调速器来控制，所以节流阀为固定式，如图 5-56 所示。节流阀安装在 PTG 调速器和 MVS 调速器之间，如图 5-

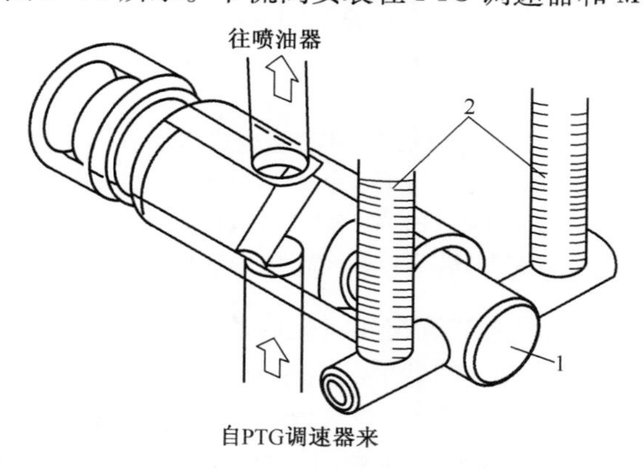

图 5-56　工程机械用的节流阀(固定式)

1—节流阀轴；2—限制螺钉。

57所示。油道调整在一定的开度(短路),使通往MVS调速器的油压达到额定值,不能从外部进行操纵。另外,节流阀轴上没有安装柱塞,柴油通道大小由左右限制螺钉进行调整,额定压力值(0.819MPa)的调整工作可以在PT泵试验台上进行或在车上接通压力表直接测试,限制螺钉在出厂时已调好并铅封,操作人员不准随意变动。

5. MVS调速器

由于PTG调速器仅能保持稳定怠速和限制最高转速,而工程机械经常在负荷变化频繁的条件下工作,因此要求柴油机能够在怠速与额定转速之间的任一转速下稳定运转。为此,PT泵上增加有一个MVS调速器。

1)作用

在油门控制的转速范围内,当柴油机负荷(外界阻力矩)变化时,能自动调节供油压力,以保证柴油机转速稳定。

2)结构

MVS调速器装在节流阀和断流阀之间的油路中,是一个液压全程式调速器,其结构如图5-57所示。它主要由调速器柱塞、柱塞套、怠速弹簧柱塞、怠速弹簧、弹簧座、高速弹簧、高速弹簧后座、弹簧罩和调整垫等组成。操纵机构主要由双臂杠杆、杠杆轴、高速限制螺钉和怠速限制螺钉等组成。

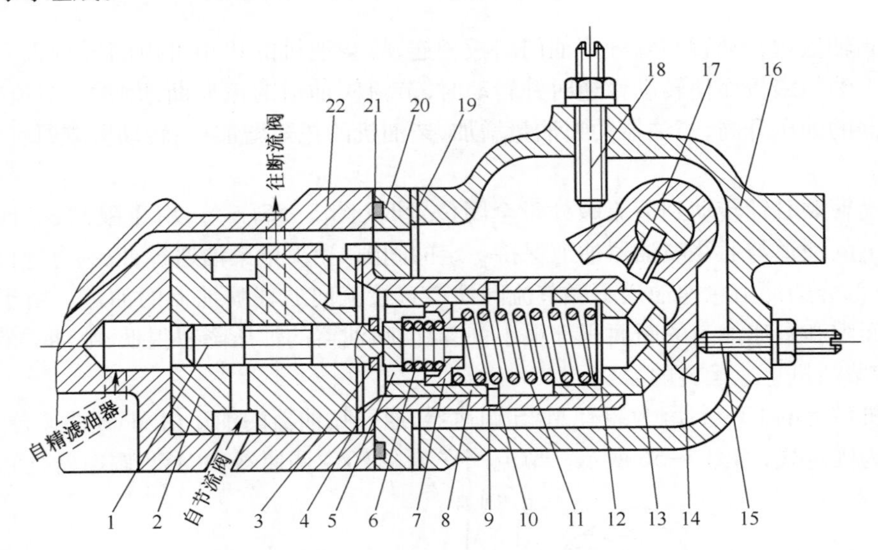

图5-57 MVS调速器

1—MVS调速器柱塞;2—柱塞套;3、10—卡环;4、9、12—调整垫;5—怠速弹簧柱塞;6—怠速弹簧;7—弹簧座;8—弹簧罩;11—高速弹簧;13—高速弹簧后座;14—双臂杠杆;15—怠速限制螺钉;16—调速器盖;17—杠杆轴;18—高速限制螺钉;19—垫片;20—连接板;21—橡胶密封;22—调速器壳体。

调速器柱塞中间有凹槽,以联通节流阀和断流阀的油道。柱塞左端的空腔通过油道与滤清器上滤网的油腔相通。柱塞右面外圆柱上装有卡环,以限制柱塞左移的极限位置。柱塞右端与怠速弹簧柱塞相接触,怠速弹簧柱塞在弹簧罩的中心孔内可以左右移动。向右移受到卡环和调整垫的限位,以保证柱塞移到极右位置时,柱塞和柱塞套之间的油道有一定的泄露间隙。怠速弹簧柱塞右面中心孔内装有怠速弹簧,弹簧座左端支撑着怠速弹簧,右端支撑着高速弹簧,在怠速弹簧柱塞的中心孔内可以左右移动。高速弹簧通过高速弹簧后座受双臂杠杆的控制，双臂杠杆通过杠杆轴与驾驶室中的油门操纵杆相连，扳动油门操纵杆，即可改变调速弹簧的压缩程度。双臂杠杆受到高速限制螺钉和怠速限制螺钉的限位。

3）工作原理

调速器柱塞左端承受着由输油泵经滤油器上滤网过滤的柴油压力，此压力由 PTG 调速控制，随柴油机转速的增减而增减，调速器柱塞右端承受着调速弹簧（包括怠速弹簧及高速弹簧）的张力。由于调速器弹簧的弹力是由操纵杆的位置决定的，因此操纵杆在每一位置，都有一相应的弹簧力与油压平衡，使柴油机在这一转速下稳定地工作。若因柴油机负荷减小，即转速增加，齿轮泵出口的油压也增加。油压力大于调速器弹簧力，柱塞就被推向右方，关小柱塞和柱塞套之间的油道流通断面，MVS 调速器出口处的油压迅速下降，喷油器的喷油量减小，限制了柴油机转速的提高。若因柴油机负荷增加，上述情况相反。总之，有了 MVS 调速器就可以在操纵杆任何位置，根据柴油机负荷大小，自动地控制柴油机的转速，以保持稳定。

顺时针转动双臂杠杆，调速器弹簧弹力增强，则柴油机转速提高，最高转速由高速限制螺钉限制。往里拧螺钉，则最高转速降低；反之则升高。反时针转动双臂杠杆到底，使高速弹簧完全放松则柴油机进入怠速，由怠速弹簧维持怠速稳定。怠速可由怠速限制螺钉来限制，螺钉往里拧，怠速升高；反之则降低。怠速应控制在 500~580r/min 的范围内。高速限制螺钉和怠速限制螺钉在出厂时都已调好并铅封，在使用中不能随意变动。

6. VS 调速器

VS 调速器为离心式全程调速器，如图 5-58 所示。它位于 PT 泵上部，在结构上与 MVS 调速器不同之处是 VS 调速器多了一套飞块总成。VS 飞块总成由 PT 泵驱动轴通过齿轮来驱动，VS 飞块旋转产生离心力，从而对调速柱塞产生轴向推力，使 VS 柱塞在柱塞套中产生轴向位移。VS 调速器的作用与工作原理和 MVS 调速器基本相同，只是 VS 调速器中作用在调速柱塞上的力不是燃油压力，而是飞块离心力产生的轴向分力。目前 VS 调速器取代了 MVS 调速器，它比 MVS 调速器有较小的速度波动。

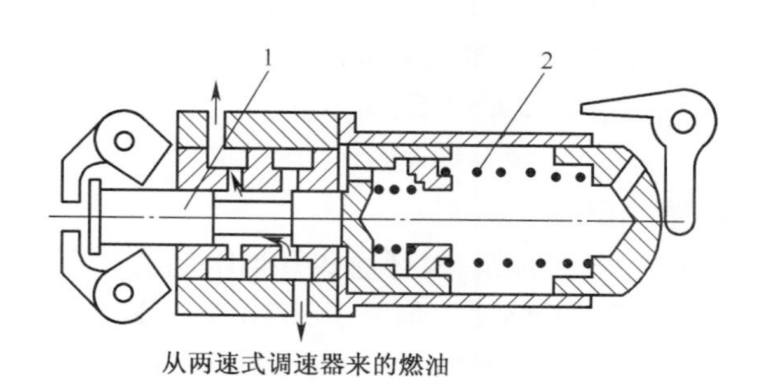

图 5-58　VS 调速器示意图

1—调速柱塞；2—调速弹簧。

7. 断油阀

断油阀装在 PT 泵燃油出口处，用于接通和切断柴油通道，以使柴油机工作或熄火，是手动和电磁两用断油阀。主要由断油阀体、电磁铁、圆盘形阀板、手动旋钮（螺钉）和回动弹簧片等组成（图 5-59）。接线时，蓄电池（24V）正极应与较长的螺钉接头相连，较短的螺钉接头搭铁。阀板在弓形回动弹簧片弹力作用下，平时是关闭油路的（图 5-59（b））。当接通电路时，电磁铁产生磁力，克服弓形回动弹簧片的弹力，将阀板吸向右方，打开油路，柴油机工作。

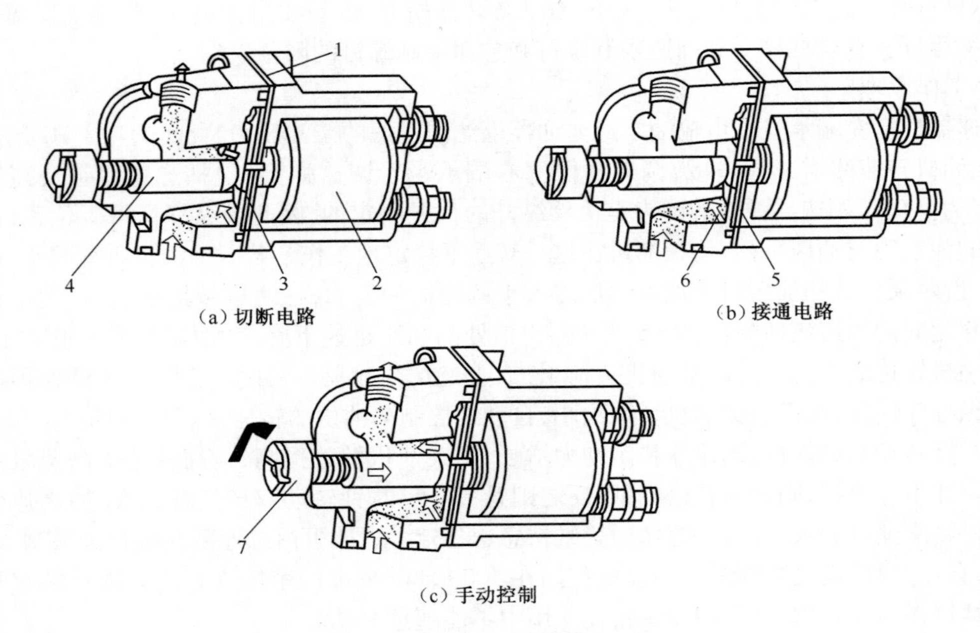

(a) 切断电路　　(b) 接通电路

(c) 手动控制

图 5-59　手动电磁两用断油阀

1—阀体；2—电磁铁；3—阀板；4—手动螺钉；5—回动弹簧；6—平衡孔；7—旋钮。

(图 5-59(a))当切断电路时，磁铁磁力消失，弓形弹簧片伸张，将阀板向左弹回原位，切断油路，柴油机即熄火。如果电气系统发生故障，阀板打不开，柴油机不能启动，为此，可以用手来控制(图 5-59(c))。往里拧动旋钮可将阀板顶开，油路即通；熄火时，只需退出旋钮，阀即自行关闭油路。

阀板上钻有平衡孔，以减小阀板左右移动时的阻力。如果在下坡时切断电路，则阀门关闭，此时行走机构将带动柴油机和 PT 泵转动，具有一定压力的燃油可以经平衡孔进入阀板右侧，阀板将受燃油的推压，这时即使重新将电路接通，电磁铁也不能吸开阀板。因为此时阀板右侧燃油压力大于电磁铁吸力，必须将车停下，再重新启动柴油机。因此，驾驶推土机下坡时，不要关闭电路开关。

8. 空气—燃料控制装置(AFC)

康明斯增压柴油机的新型 PT 燃油泵，对旁通式冒烟限制器进行了重新设计，汽车用康明斯增压柴油机上以 PT(G)燃油泵为基础，均装上了 AFC(Air—Fueliatic Control)空燃比控制装置，称为 PT(G)AFC 燃油泵。例如，康明斯 NT 855-C280 柴油机就装用 PT(G)AFC 燃油泵。PT(G)AFC 燃油泵的外形尺寸、内部结构、工作原理和 PT(G)型燃油泵基本相同，仅增加了一个 AFC 空燃比控制装置。它在 PT 泵中的位置，如图 5-60 所示。有些柴油机并不要求对空气和燃料量进行控制，这时 PT(G)型燃油泵的壳上装 AFC 装置的位置用一个堵塞来代替。

1) AFC 空燃比控制装置的作用

增压柴油机的空气是经过增压后送入汽缸与柴油混合成所需的混合气成分的。但是，柴油机在启动或加速时，由于增压器的惯性而滞后起作用，使空气量瞬时相对减少，混合气变浓，燃烧不完全，排出大量的黑烟，不仅功率下降，而且污染了环境。

AFC 空燃比控制装置的作用就是在上述工况下，相对地减少燃油的压力和流量，使供油量相对地减小，从而保证了空气与燃油较理想的混合比，保证了燃烧完全，限制排黑烟的作用，

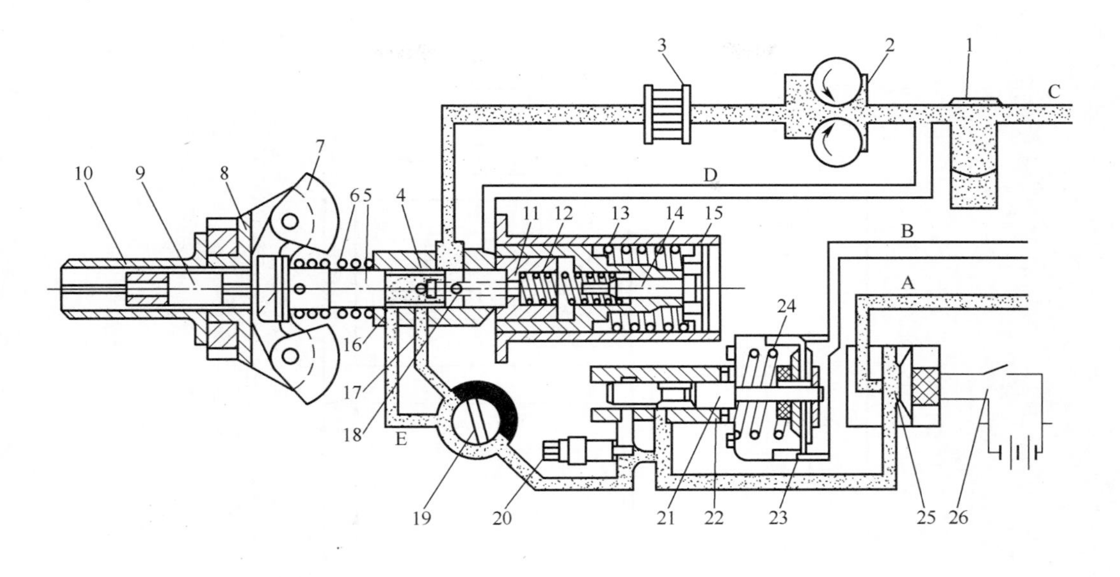

图 5-60　康明斯增压柴油机 PT(G)-AFC 燃油泵组成

A—流向喷油器燃油；B—从进气管进入的空气；C—来自油箱的燃油；D—旁通的燃油；E—怠速油道的燃油；
1—燃油粗滤器；2—齿轮泵；3—磁性滤清器；4—调速器套筒；5—调速器柱塞；6—扭矩校正弹簧；7—调速器飞块；
8—飞块支架；9—低速扭矩校正柱塞；10—低速扭矩校正弹簧；11—怠速弹簧柱塞；12—怠速弹簧；13—高速弹簧；
14—怠速调整螺钉；15—高速调整垫片；16—怠速油道；17—主油道；18—回油道；19—节流阀；20—AFC 调节针阀；
21—AFC 柱塞；22—AFC 套筒；23—膜片；24—弹簧；25—断油阀；26—开关。

故称空气燃油混合比控制装置(简称 AFC 装置)。

2）AFC 空燃比控制装置的构造及工作原理

AFC 装置是装在 PT(G)燃油泵中旋转式油门的上方，配装 AFC 装置的 PT(G)燃油泵的燃油流向，如图 5-61 所示。来自油箱的燃油经粗滤清器到齿轮泵、磁性滤清器、套筒上的油道到节流阀 19 后，必须通过 AFC 装置，然后流经断油阀再到喷油器。

AFC 装置的构造及工作原理，如图 5-62 所示。AFC 柱塞 16 安装在 AFC 套筒 17 中，在 AFC 柱塞左端的中央螺栓 3 上装有 AFC 活塞 6，活塞 6 的前端装有膜片 1、密封垫圈 2，并通过锁紧螺母 4 固定。AFC 活塞 6 的右端有弹簧 7 支撑在泵体上，AFC 柱塞 16 可在 AFC 套筒 17 中轴向移动，AFC 套筒 17 上有油道 A 与旋转式油门油道相通，油道 B 通向停车阀。无空气调节针阀 10 装在泵体 9 上端部，由锁紧螺母 12 固定，从旋转式油门来的燃油必须通过无空气调节针阀后，再流向停车阀。

在柴油机启动或突然加速时，由于增压器的惯性而不能马上相应地增加所需要的空气量，导致进气管压力很低，与进气管相通的 AFC 膜片 1 左方气压不足以克服弹簧 7 的作用力，AFC 柱塞 16 处于图 5-62(a)所示的位置。此时，AFC 柱塞正处于关闭套筒上油道 A 的位置。从旋转式油门来的燃油只经过无空气调节针阀 10 的油道流向停车阀。而无空气调节针阀 10 的前端过油断面很小，限制了流向停车阀的燃油压力和流量，使喷油量减少，避免了混合气过浓，防止了柴油机冒黑烟。

当柴油机转速增高，待增压器转速上升使进气管中气压增高时，作用在膜片 1 左方的空气压力大于 AFC 弹簧 7 的作用力，使膜片 1 连同 AFC 柱塞 16 向右移动，如图 5-62(b)所示。AFC 柱塞 16 上的环形槽打开 AFC 套筒 17 上的油道时，燃油便从无空气调节针阀 10 经 AFC

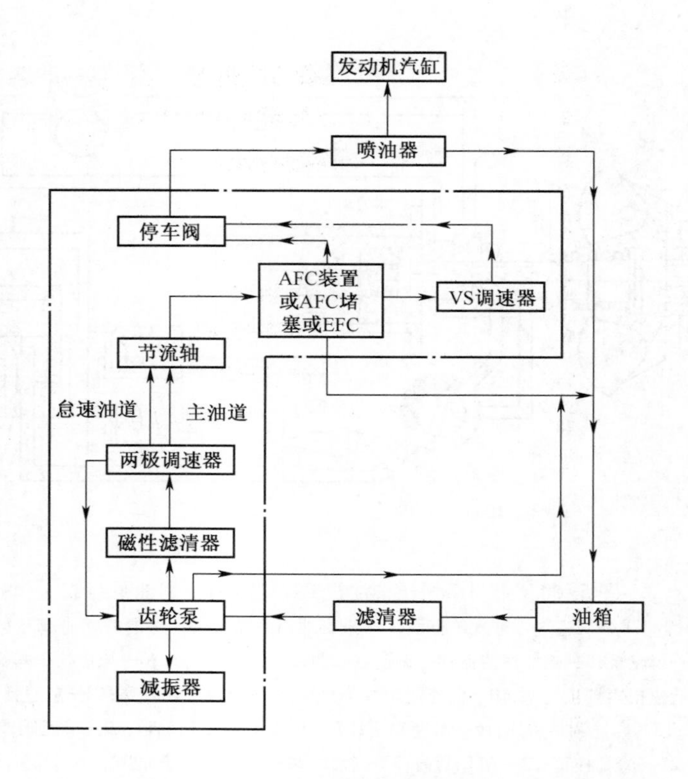

图 5-61　PT(G)AFC 燃油泵的燃油流向

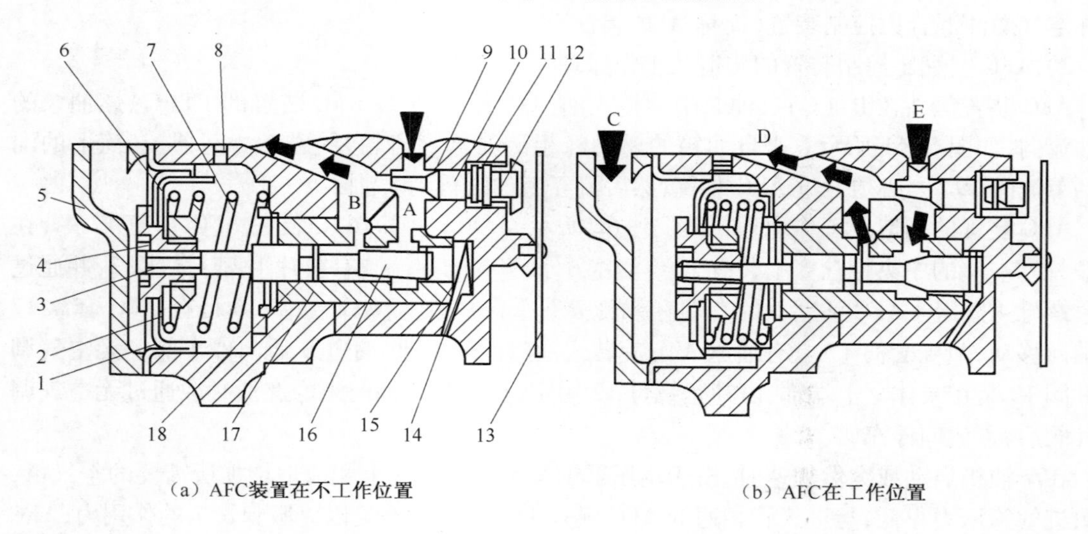

(a) AFC装置在不工作位置　　(b) AFC在工作位置

图 5-62　AFC 空燃比控制装置

A、B—油道;C—由增压器来的空气;D—至停车阀;E—来自旋转式油门的燃油;
1—膜片;2—密封垫圈;3—中央螺栓;4—锁紧螺母;5—盖板;6—AFC 活塞;7—弹簧;8—ASA 装置或燃油回油接头安装孔;
9—泵体;10—无空气调节针阀;11—密封圈;12—无空气调节针阀锁紧螺母;13—油门盖板;14—泄油孔;15—套筒弹簧;
16—AFC 柱塞;17—AFC 套筒;18—柱塞 O 形密封圈。

柱塞 16 的环形槽和套筒构成的油道流向停车阀,使燃油供油量增加。当进气管中空气压力继续增加时,AFC 柱塞继续右移,直到 AFC 柱塞的环形槽与套筒所构成的过油断面达最大时为止，此位置称全气压位置。

三、PT 喷油器

传统柱塞式油泵的循环供油量是在喷油泵中计量的，而 PT 燃油系的循环供油量是在喷油器中计量的。

PT 喷油器有两种基本型：一种是具有安装法兰的 PT 喷油器，用于早期康明斯发动机上，现已停产；另一种是圆柱形喷油器，其特点是用安装板或夹箍固定在汽缸盖上，喷油器进、回油管均在汽缸盖内所钻的暗孔中，发动机外部无油管，干净、简单，并减少了因管路损坏泄露所引起的故障。

圆柱形喷油器有四种类型：PT 型、PT(B)型、PT(C)型、PT(D)型。这里介绍 N 系列内燃机使用的 PT(D)型。

1. 喷油器结构与驱动机构

图 5-63 为 PT(D)型喷油器结构与驱动机构。针阀 6 受到凸轮 17 旋转产生的强压力(通

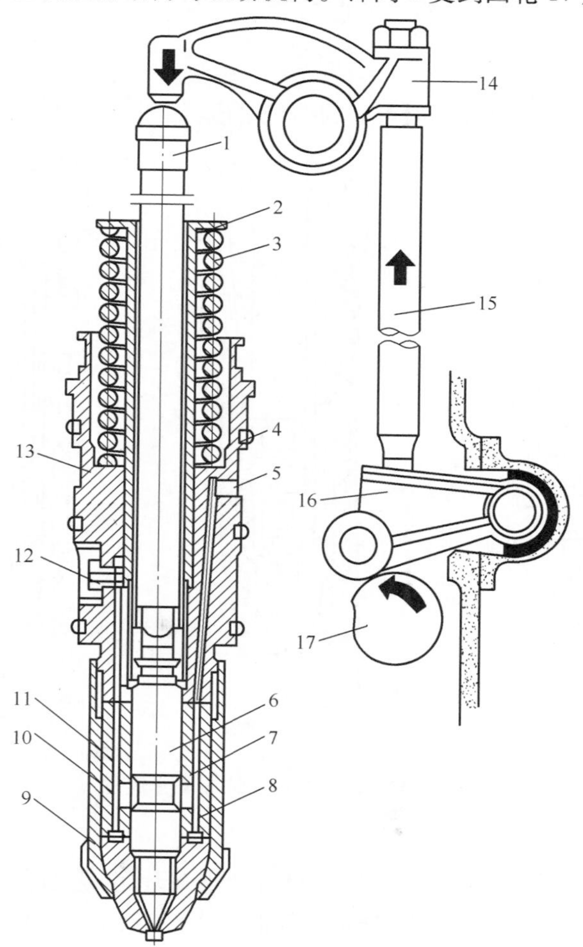

图 5-63　PT(D)型喷油器结构与驱动机构

1—挺杆；2—导向套；3—复位弹簧；4—密封圈；5、7—回油孔；6—针阀；8—针阀体；9—喷油嘴头；10—计量量孔；11—进油孔；12—进油量孔；13—喷油器体；14—摇臂；15—推杆；16—随动臂；17—凸轮。

过随动臂16、推杆15、摇臂14、挺杆1驱动)和复位弹簧3的弹力作用,做往复运动。这种驱动机构类似顶置式气门驱动机构,但挺杆与摇臂之间无间隙。而且挺杆下降到终点后,还以强力压向喷油嘴头的锥形部分,使燃料完全喷出,既可防止喷油量改变,又可防止燃油残留在锥部形成积炭。此压力可通过摇臂上的调整螺钉调节,但调整时凸轮的凸起应位于最高处。

针阀端部是锥体,正好与油嘴喷头的内锥孔相配合。针阀中部偏下制有环形槽,只有当针阀上升或下降至某一部位时,燃油方能从此通过,进入喷油器的锥部空间,在针阀体上设有进油量孔、计量量孔和回油孔。量孔非常精密,维护时要特别注意。

量孔用于控制燃油流量和调节燃油压力。计量量孔位于进油量孔和回油孔之间,如果这中间的燃油压力变了,喷射量也会随着发生变化,而这一部分的压力是随PT泵输送的油压和进、回油量孔的精确度而变化的。如进油量孔堵塞或排油量孔扩大,中间的压力就下降,流经计量量孔的燃油流量就减少,喷油量也就减少;反之若进油量孔扩大,排油量孔堵塞,中间的压力就上升,流经计量量孔的燃油流量就增大,喷油量也就增多。因此,喷油器量孔技术状况如何,对喷油量影响很大,如果量孔失准,则使已经调整好的PT泵供油压力被破坏,导致喷油量失常,故在使用中不得任意拆卸。

2. 喷油器工作原理

PT(D)型喷油器的工作过程一般可分为三个阶段,如图5-64所示。

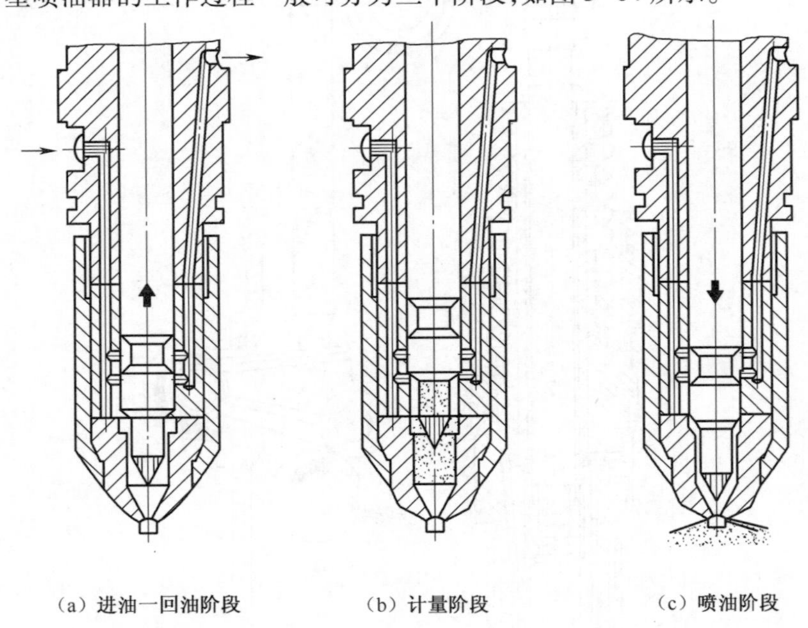

图5-64 PT(D)型喷油器工作过程

1) 进油回油阶段

当曲轴旋转到进气行程上止点时(图5-63),针阀6升起,进油孔11与回油孔7相连通。此时,计量量孔10被关闭,来自PT燃油泵的柴油直接经进油量孔12、进油孔11及回油孔5和7流回柴油箱。此外,喷油器的来油和回油由三道O形密封圈4分隔开。

在该阶段,柴油在喷油器内循环流动,有利于针阀和针阀体的冷却和润滑。

2) 计量阶段

当曲轴旋转到进气行程上止点后44°时,针阀6升起,计量量孔10被打开。此时进油孔

11 和回油孔 7 均被关闭，柴油经计量量孔进入喷油嘴头 9 的内腔。曲轴继续旋转直至上止点后 60°时，针阀上升到最高位置，随后停住不动，直到曲轴转到压缩行程上止点前 62°时，针阀才开始下降。当曲轴转到压缩行程上止点前 28°时，计量量孔关闭，计量量孔 10 从开启到关闭的这段时间称为柴油计量阶段。

3）喷油阶段

当内燃机压缩行程接近终了时，针阀 6 迅速下行，将喷油嘴头 9 内腔的柴油以高压喷入汽缸，直至压缩行程上止点后 18°时喷油结束。此时，针阀锥面紧压在喷油嘴头的内锥面上，使柴油完全喷出。而后由于凸轮下凹，针阀 6 在稍稍开启后便保持在此高度不变，直至做功行程和排气行程终了。

由上可知，计量量孔的开启时间和 PT 泵的供油压力便确定了喷油器每循环的喷油量。当柴油机转速升高时，每循环量孔开启的时间将缩短（曲轴转角一定），为了在不同转速下使循环喷油量不变以保持扭矩不变，必须增加供油压力，以增加量孔处的流量。当外界负荷增加时，为了保持柴油机转速不变，也必须增加供油压力，以增加量孔处的流量。PT 泵的功用就在于泵和喷油器二者密切配合进行柴油压力的调节，从而改变喷油量的大小，这就是压力（Pressure）—时间（Time）系统调节喷油量的原理。

3. 圆柱形喷油器上的标记

圆柱形 PT 喷油器的型号标记在喷油器体出油口处圆柱外表面上，如图 5-65 所示。例如，PT（D）喷油器的标记为 178—A8—7—17，其中：178—A 是喷油器在喷油器试验台上校准的流量代号，178 表示 178mL。字母 A 表示 178mL 是在进油压力为 838kPa 时 1000 次喷油量的 80%，即 800 次的喷油量。因此 1000 次喷油量为 178/0. 8 = 228. 5mL，每次喷油量（循环喷油量）为 222. 5mL。若字母为 B，则表示进油压力为 838kPa 时 600 次的喷油量。若字母为 C，则表示进油压力为 559kPa 时的 800 次喷油量。无字母则为每 1000 次的喷油量（mL）。

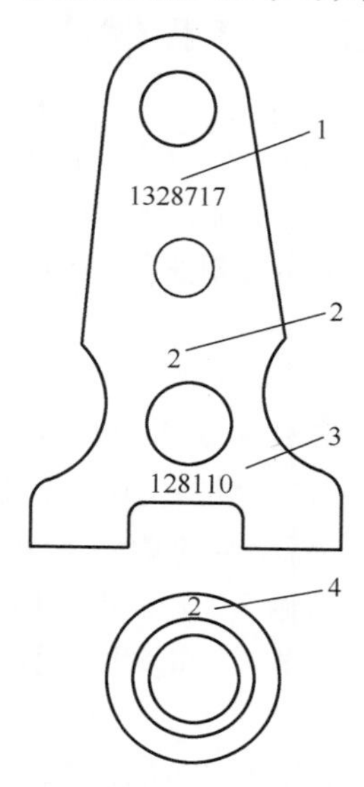

图 5-65　喷油器体上的标记

1—型号（柱塞上面）；2—级号；3—康明斯编号；4—级号（壳体上面）。

8—喷油孔为 8 个；7—喷油孔的孔径为 0. 1778mm（0. 007in）；17—喷油孔角度即喷油孔轴线与水平面的夹角；N 系列的喷油器以 8—7—17 和 8—8—18 较多；K 系列主要使用 10—

0.0085—10、9—0.0085—10 的喷油器(0.0085 表示喷油孔直径为 0.2159mm(0.0085in))。

四、PT 燃料系的特点

1. PT 燃料系与一般柱塞式喷油系的主要区别

(1) PT 燃料系从主油箱→浮子油箱→PT 泵→喷油器→浮子油箱。其中从喷油器喷出的燃油约只占 PT 泵供油的 20%,余下 80%的燃油对喷油器进行冷却和润滑后,流回浮子油箱。而一般柱塞式喷油系,燃油从喷油泵压送到喷油器,几乎全部喷射,只有从喷嘴针阀泄漏的微量燃油流回油箱。

(2) 在柱塞式喷油系统中,使燃油产生高压,定时分配,油量调节都在喷油泵中进行。而 PT 燃料系的油量调节则在 PT 泵中进行,产生高压和定时喷射则在喷油器中进行。

(3) 柴油机停车时,PT 燃料系是切断电源,关闭断油阀以切断油的流动。而柱塞式喷油系统则是使喷油泵处于不供油位置。

2. PT 燃料系的优点

(1) 由于高压在喷油器中产生,PT 泵可以在较低压力下工作(出口压力为 0.8~1.2MPa)。取消了高压油管,运转时减少漏油和不存在压力波问题,可以采用较高的喷油压力,约为 100MPa,比柱塞式喷油泵高 5 倍多。因此喷油雾化程度好,有利于燃烧。

(2) 结构简单紧凑,零件数较柱塞式喷油系统大为减少。

(3) 维修简单。PT 泵不需要经常调整,喷油器可单独更换,更换后不像柱塞式喷油系统需要在试验台上调整和进行供油的均匀性试验。

(4) 运转中不存在喷油提前角和供油均匀度调整问题,仅当在海拔超过 1000m 处工作时,须对供油提前角进行检查调整。

第四节 VE 燃油系统

与柱塞式喷油泵相比,VE 型分配泵具有结构简单,质量小,工作可靠,易于维修,供油均匀性好,不需对各缸供油量和供油定时进行调节等特点。此外分配泵的凸轮升程小,有利于柴油机转速性能的提高。部分 EQ6BT5.9 柴油机采用 Bosch VE 型分配泵。

一、VE 型分配泵的结构

VE 型分配泵主要由驱动机构、二级滑片式输油泵、高压泵、电磁式断油阀、液压式喷油提前器和调速器等组成(图 5-66)。其中,二级滑片式输油泵的功用是将柴油从柴油箱中吸入到分配泵油腔内,并控制最大输油压力。高压泵的功用是使低压柴油增压,并将其分配到各个汽缸。电磁式断油阀的功用是切断柴油的输送,从而使柴油机停转。液压式喷油提前器的功用是根据柴油机运转情况的变化来自动调节供油时间。调速器的功用是根据柴油机载荷的变化来自动调节供油量。

VE 型分配泵如图 5-67 所示,二级滑片式输油泵 12 由驱动轴 13 来驱动,并带动调速器轴旋转。而驱动轴的右端与平面凸轮盘 9 相连接,并通过其上的传动销带动分配柱塞 6,使其在柱塞弹簧 7 的作用下被压紧在平面凸轮盘上,同时使凸轮盘压紧滚轮。

当驱动轴旋转时,平面凸轮盘和分配柱塞与其同步旋转,并在平面凸轮弹簧和滚轮的共同作用下,凸轮盘带动分配柱塞 6 在柱塞套 4 内做往复运动。在这一过程中,旋转运动使柴油进

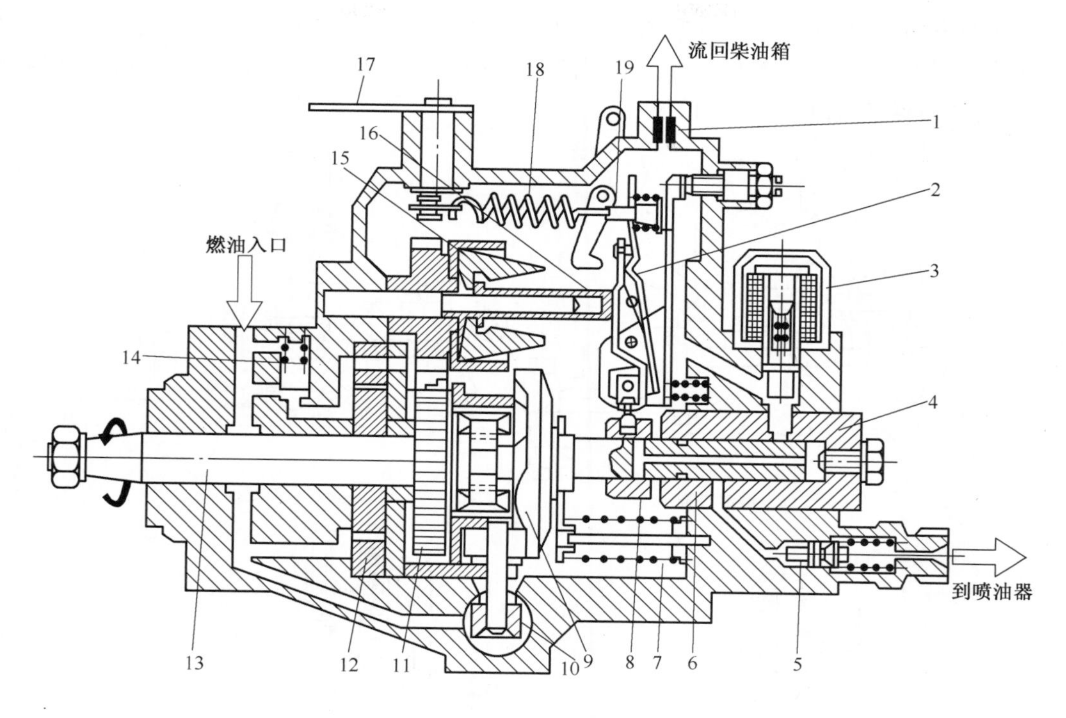

图 5-66　VE 型分配泵

1—溢流节流孔;2—调速器张力杠杆;3—断油阀;4—柱塞套;5—出油阀;6—分配柱塞;7—柱塞弹簧;8—油量调节套筒;9—平面凸轮盘;10—液压式喷油提前器;11—调速器驱动齿轮;12—二级滑片式输油泵;13—驱动轴;14—调压阀;15—飞锤;16—调整套筒;17—调整手柄;18—调整弹簧;19—停车手柄。

行合理分配,往复运动使柴油增压。

二、VE 型分配泵的工作原理

1. 进油过程

如图 5-67(a)所示。当平面凸轮盘的凹下部分转到与滚轮相接触时,分配柱塞在柱塞弹簧的作用下从右向左移至下止点位置。此时,分配柱塞上部的进油槽与柱塞套上的进油孔相通,柴油经开启的断油阀进入柱塞腔内。

2. 泵油过程

如图 5-67(b)所示。当平面凸轮盘转动到凸起部分与滚轮相接触时,分配柱塞从左向右移动而将进油孔关闭,使柱塞腔内的柴油增压。此时,分配柱塞上的燃油分配孔与柱塞套上的出油孔相通,于是高压柴油经依次打开的分配油道进入喷油器,再喷入各缸的燃烧室内。

3. 停油过程

如图 5-67(c)所示。在平面凸轮盘的推动下,分配柱塞继续右移,直至柱塞上的泄油孔被油量调节套筒开启,并与喷油泵体内腔相通时,柱塞腔上方的高压柴油经中心油孔和泄油孔流入喷油泵体内腔,使柱塞腔内柴油压力急剧下降。此时,出油阀在出油阀弹簧的作用下迅速关闭,供油结束。

4. 压力均衡过程

如图 5-67(d)所示。当某一汽缸供油结束后,柱塞转动直至其上的压力平衡槽与相应汽缸的分配油道相连通，这样会使分配油道内的油压和喷油泵体内腔的油压趋于均衡。如此，在柱塞旋转过程中，压力平衡槽与各缸的分配油道逐一相通，可使各分配油道内的油压在喷射前趋于一致，从而保证各缸供油的均匀性。

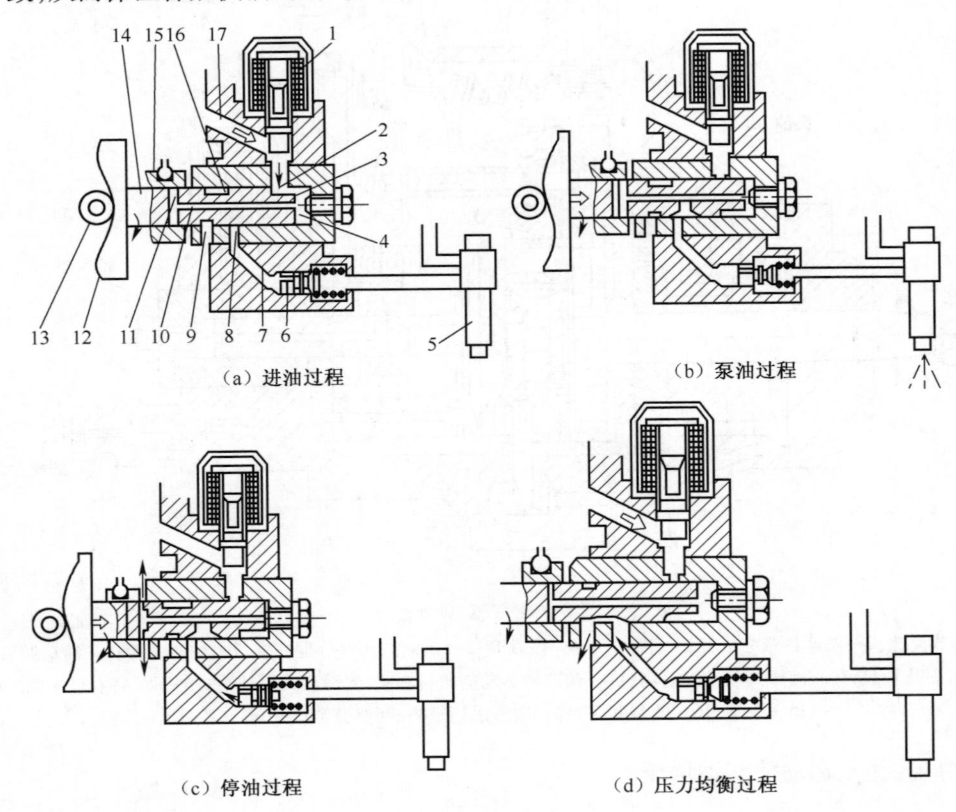

图 5-67　VE 型分配泵的工作原理

1—断油阀；2—进油孔；3—柱塞套；4—柱塞腔；5—喷油器；6—出油阀；7—分配油道；8—出油孔；9—压力平衡孔；10—中心油孔；11—泄油孔；12—平面凸轮盘；13—滚轮；14—分配柱塞；15—油量调节套筒；16—压力平衡槽；17—进油道。

第六章　润　滑　系

第一节　润滑系的作用和组成

一、润滑系的功用

内燃机工作时,各运动零件以很高的速度做相对运动,接触表面之间必然存在摩擦,摩擦剧烈时会导致内燃机无法正常工作。因此,必须对相对运动的零件表面进行润滑,使金属表面覆盖一层薄的油膜,形成液体间摩擦,从而减少摩擦阻力,降低功率损失,减轻零件磨损,使内燃机具有良好的动力性、经济性、可靠性和耐久性。因此,润滑系的任务是不断地输送清洁的、数量足够的、一定压力的、温度适宜的润滑油到各摩擦表面,以保证内燃机的正常工作。润滑系具有以下作用。

(1) 润滑作用。在摩擦表面之间形成一层油膜,降低摩擦系数,减少摩擦功,提高机械效率。

(2) 清洁作用。冲洗摩擦表面的磨屑和脏物,减少零件磨损,延长使用寿命。

(3) 冷却作用。吸收摩擦表面的热量,降低摩擦表面的温度。

(4) 密封作用。提高汽缸的密封性。

(5) 保护作用。把金属表面与腐蚀性气体隔开,保护金属,减少或避免腐蚀。

内燃机各摩擦表面所需的润滑强度与其工作条件(载荷、相对运动速度等)有关,例如,曲柄连杆机构所需的润滑强度最大,配气机构较小,其他辅助机构可以更小。因此,润滑系还应根据各摩擦部位的实际需要分配润滑油。

润滑性能还与润滑油的品质有关。润滑油的品质除了指其原有性能外,还与使用中的保管有关。

二、润滑原理

润滑的实质是在两个相对运动的机件之间送进润滑剂而形成油膜,用液体间摩擦代替固体间摩擦,从而减少机件的运动阻力和磨损。下面以轴的转动和机件的直线运动为例介绍油膜形成的过程。

1. 轴的转动

如图 6-1 所示,轴颈处于充满润滑油的滑动轴承中,当轴静止不动时,由于轴的重力作用,轴颈与轴承只在最下方接触,形成上大下小的楔形空间,接触面没有或只有极薄的润滑油存在。当轴刚开始转动时,轴下方与轴承接触的部位为干摩擦。当轴开始沿顺时针方向转动时,由于润滑油具有一定的黏度,因此,黏附在轴颈表面的润滑油将随轴一起转动,轴颈将润滑油不断带入右侧的楔形空间,由于从轴颈右侧到下方的断面不断缩小,导致右侧下方空间内的润滑油压力增大,这样随着轴转速的不断提高,轴右下方楔形空间内的压力不断增大,当压力达到一定程度时,轴就被向左上方顶起,轴颈下方与轴承之间就形成了足够厚的油膜,从而形成液体间摩擦。

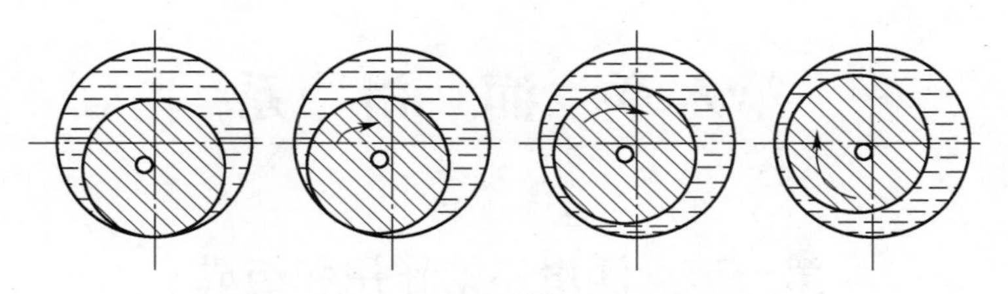

图 6-1　轴与轴承间油膜形成示意图

2. 机件的直线运动

如图 6-2 所示,当附有润滑剂的两机件做直线相对运动时,只要机件前部有倒角且达到一定的运动速度,也可以使润滑剂进入摩擦表面而形成油膜,变干摩擦为液体间摩擦。

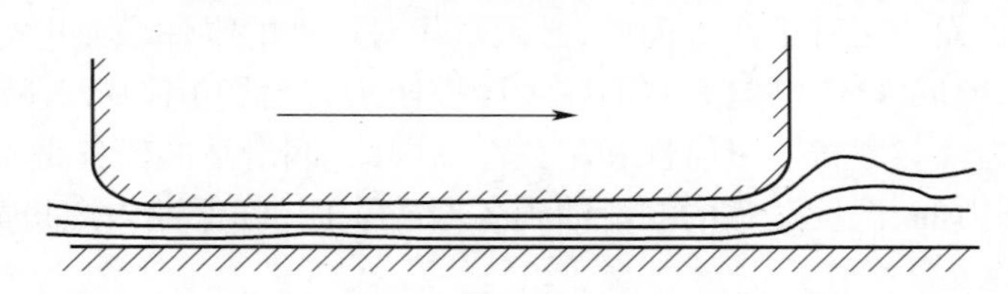

图 6-2　相对直线运动两机件间的油膜形成示意图

三、润滑方式

内燃机工作时由于各运动零件的工作条件不同,所要求的润滑强度也不同,因而需采取不同的润滑方式。内燃机常见润滑方式如下。

(1) 压力润滑。曲轴轴承、连杆轴承及凸轮轴轴承等处所承受的载荷及相对运动速度较大,需要以一定的压力将机油输送到摩擦部位,这种润滑方式称为压力润滑。其特点是工作可靠,润滑效果好,并且具有较强的冷却和清洗作用。

(2) 飞溅润滑。对于机油难以用压力输送到或承受负荷不大的摩擦部位,如汽缸壁、正时齿轮、凸轮表面等处,则可利用运动零件飞溅起来的油滴或油雾来润滑其摩擦表面,称为飞溅润滑。

(3) 掺混润滑。摩托车及其他小型曲轴箱扫气的二冲程汽油机摩擦表面的润滑,是在汽油中掺入 4%~6%的机油,通过化油器或燃油喷射装置雾化后,进入曲轴箱和汽缸内润滑各零件摩擦表面,这种润滑方式称为掺混润滑。

(4) 复合式润滑。大多数内燃机的润滑系统是压力润滑、飞溅润滑等润滑方式的复合,称为复合式润滑。

(5) 加注润滑。对于运动载荷较小和采用上述润滑方式较困难的摩擦面,则采用定期加注润滑脂的方法进行润滑,如水泵、发电机、启动机的轴承等部位。

四、润滑系的组成

为使内燃机得到必要的润滑,润滑系主要由以下几部分组成(图 6-3):

(1) 供给装置:包括为进行压力润滑和保证润滑油循环而提高机油压力的机油泵;储存机油的油底壳;输送机油的管路和限制机油压力的限压阀等。以保证润滑油以一定的压力,一定的流量、一定的路线对运动机件进行润滑。

（2）滤清装置:包括集滤器、粗滤器、细滤器、旁通阀等。用以清除润滑油中的各种杂质与胶质,保证润滑油的清洁。

（3）冷却装置:包括机油散热器、机油散热器等。

（4）仪表与信号装置:包括油路堵塞指示器、压力感应塞、油压警报器、指示灯、压力表等。以便驾驶员能及时掌握内燃机润滑系的工作情况,确保内燃机安全运转。

第二节 内燃机润滑油路

一、基本润滑油路

现代内燃机的润滑油路,在布置上随着机型的结构和工况的实际需要,虽然各有差异,但其流动路线基本相同。现以图6-3所示的一般油路进行分析如下。

内燃机工作时,机油泵1被带动开始工作,将储存在油底壳内的机油吸出并经粗滤网初步除去大颗粒杂质后(可改善机油泵的工作条件)沿吸油管泵入机油散热器3,机油冷却后进入粗滤器5,随后分成两路:一路是大部分机油送入主油道,随后分送至各润滑部位;另一路是少量机油进入细(精)滤器10,经滤清后回到油底壳内。可见,粗滤器与主油道是串联的,而细滤器与主油道是并联的。这种安排是考虑到送往润滑部位的机油既要清洁又要充分,而细滤器的阻力很大,如果机油全部通过细滤器,则消耗于驱动机油泵的功率将大大增加,难以保证主油道充足的流量。所以只能让通过粗滤器的机油去完成润滑任务,而少量通过细滤器的机油虽然并未直接用于润滑摩擦表面,但全部机油在不断的循环流动中,短时间内即可通过细滤器-次,因此总的滤清效果还是良好的。在这样的安排下,既可保证良好的滤清质量和充分可靠的润滑,又能减小功率损耗。

在图6-3所示的循环油路里,机油的流向是先经过散热器,冷却后再送往滤清器。这种安排对于机油的散热较好,但是散热器容易脏,清洗困难。较多数的循环油路是机油先经过滤

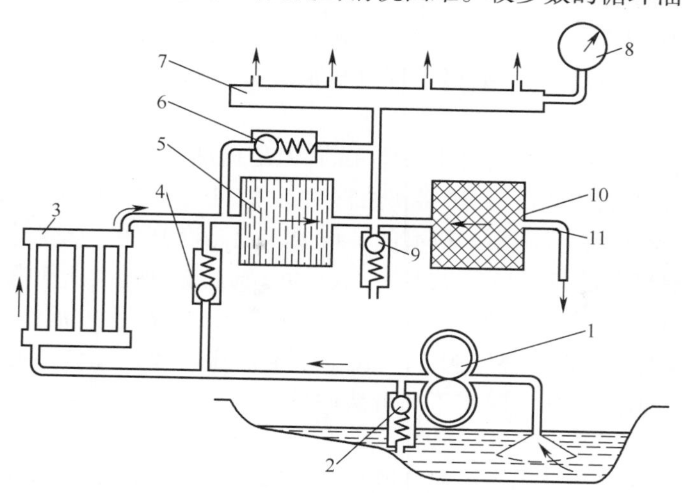

图6-3　润滑油路示意图

1—机油泵;2—限压阀;3—散热器;4—恒温阀;5—粗滤器;6—安全阀;7—主油道;
8—油压表;9—溢油阀;10—细滤器;11—回油道。

清器后再冷却，这样既能改善散热器的清洁条件，又对冷态启动润滑和减小流阻有一定帮助。在油路中还设有油压表8。油压表的传感器一般都接在主油道或与主油道直接畅通的管道上，以指示进入各润滑表面的机油油压是否正常，即检查整个润滑系的工作是否正常。送往各摩擦表面润滑后的机油，都流入油底壳内汇集，如此构成循环。

为保证润滑系工作可靠，对于机油泵的供油量、供油压力、机油的温度和清洁度等，内燃机在使用中有一定的要求。

1. 供油量与供油压力

供油量是保证润滑可靠的首要问题。机油泵的输油量（即每分钟的泵油量）随内燃机的类型不同而有所差别，在结构形式和尺寸已确定的条件下，机油泵的输油量与转速和磨损程度有关。输油量大小的要求不仅取决于摩擦表面的润滑需要，而且应使机油流过摩擦表面时带走的摩擦热与生成的摩擦热保持平衡，以保证摩擦表面始终在正常温度下工作。输油量过少，润滑不可靠，摩擦表面所产生的热量不能及时带走，使得摩擦副温度越来越高，以致最终被烧坏。输油量过多，则驱动机油泵的功率增加，机油耗量也增加，并容易造成积炭。

合适的输油量要求油底壳有相应的储存量。储油量过少，则机油泵"吃不饱"，输油量也就减少（内燃机在大倾斜度情况下工作时，机油向一端或一侧集中，机油泵有可能露出油面而"吃不饱"甚至"吃不上"）；储油量过多，则增大曲轴搅油阻力，且容易引起机油上窜燃烧室而燃烧，并使排气带烟，活塞环结焦。油底壳储油量可由油尺检查，内燃机运转过程中，机油量随着上窜燃烧室、蒸发、渗漏等原因而逐渐减少，因此应及时检查和添加机油，以避免事故发生。正常运转时的机油消耗量一般不应超过燃油消耗量的1%～2%，当机油消耗量大于4.5%时，应停车检查。

主油道油量的多少可由油压表的压力来显示，一般正常值为147～343kPa。当主油道油压过低时（由于摩擦副磨损配合间隙增大而泄漏、机油泵工作不正常和机油滤清器堵塞等原因造成），则位置高或远处的摩擦表面因机油压力过低而导致润滑不足。油压过高时（如新机器，各摩擦副的配合间隙较小，泄漏损失较小时可能发生），说明输油量过多，如不及时泄油降压，则可能损坏润滑系的各机件和密封装置，为此，可与主油道并联一个溢油阀9，以限制最高油压，当油压超过允许值时，溢油阀弹簧力（应调整到主油道允许压力的上限值即343kPa左右）被油压推力克服，通道打开，主油道中部分机油自溢油阀泄回油底壳，使油压维持在允许范围内。

主油道的油压是靠机油泵的输出压力建立的，但是机油泵的输出压力除应满足主油道要求的油压外还应克服机油滤清器、散热器和油管的阻力。因此，输出压力总是高于主油道的压力，一般要求在70～90℃内，且随不同机型的具体要求而略有高低。如果输出压力过低（如当油泵磨损过甚）则润滑不可靠；过高（如冬季冷启动时机油黏度过大所引起）则增加了驱动油泵的功率损耗和油泵本身的机械负荷，使机油泵加速磨损，润滑系中机件和密封可能遭到损坏。为此，在机油泵出口处设一限压阀2，当机油泵输出压力超过允许值时，限压阀被自动顶开，使部分机油流回油底壳，从而限制了润滑系的最高压力。

2. 机油温度

本章第二节已经谈到机油温度对机油黏度的影响和机油黏度对润滑作用的影响，因此机油温度不能太高也不能太低，一般认为正常的机油温度为343～363K。机油温度与内燃机的负荷、外界气温和油量多少有关，负荷不同或季节、地区不同时，机油温度也随之变化。为了保持合适的机油温度和黏度，除了在不同季节和不同地区选用不同牌号的机油外，通常在润滑系中还设有机油散热器,以便对机油进行冷却。有时在通往散热器的管道上还设有转向开关或恒温阀 4,以便控制机油是否通过散热器。恒温阀与散热器并联,它的作用是根据机油的温度来控制流入散热器的油量,以便自动调节机油温度。当机油温度较低时,由于黏度大,通过散热器的阻力增加,油压升高,因此恒温阀便被推开,机油经此阀流过不再冷却。当机油温度升高到一定程度,机油黏度减小到油压不足以推开恒温阀时,机油便流入散热器进行冷却。转向开关则是靠人工控制的使机油通过或不通过散热器的阀门。

3. 机油的滤清

机油在内燃机运转中不断产生的磨屑和外界的尘土所污染,又因热氧化的作用会产生可溶于机油中的酸性物质和不可溶的胶状沉淀物,如不除掉这些杂质,必将加速零件磨损、堵塞油道,甚至使活塞与活塞环、气门与气门导管等零件之间发生胶结而影响内燃机的正常运转,机油的使用期也会缩短。因此,润滑系中都设有机油滤清器,以便除掉机油中的杂质和胶状沉淀物。

滤清器的滤清效果与通过能力对于过滤式滤清器来说是互相矛盾的。若滤清效果好,则通过阻力必大,以致润滑不可靠;反之,通过能力好的滤清器则其滤清效果差。因此,在润滑系中常采用粗、细两种滤清器。若欲简化结构采用一种滤清器,也必须增大其过滤面积,以提高通过能力,或采用非过滤式滤清器,以确保正常供油。

当机油很脏、滤清器滤芯被杂质黏附堵塞或机油黏度很大时,滤清器的通过能力将大大降低,于是润滑表面将会缺油甚至断油,这是很危险的。所以,在润滑系中常与粗滤器并列一个安全阀,又称旁通阀,在发生上述情况时,粗滤器前面管道中的油压升高,当粗滤器前后压力差达 59~118kPa 时,安全阀被推开,于是机油不经过滤清器而由安全阀直接流向主油道,从而为各摩擦表面提供了必需的润滑油,以避免烧坏机件。但是采用安全阀来保证润滑不中断只是应急措施,使用中不允许机油长期不经过滤清,否则会引起机件的早期磨损,缩短使用寿命。为此,在使用中应定期清洗滤清器和更换机油。

在上述油路中,介绍了限压阀、恒温阀、溢油阀和安全阀的作用,这些阀都是在油压作用下自动开启或关闭的。油路中油压的大小可借助于弹簧和螺塞进行调整,厂家在调整完毕后常加铅封,以防随意调节而影响润滑系的正常工作。但是并非所有内燃机的润滑系都完全具备这些阀,一些内燃机往往只设置必须具备的限压阀和安全阀。

二、典型内燃机的润滑油路

1. NT/NTA855 型柴油机润滑油路

康明斯柴油机润滑系统可分为全流量冷却式润滑系统和用于大凸轮轴颈 N 系列的变流量冷却式润滑系统。分别介绍如下。

1)全流量冷却式润滑系统

如图 6-4 所示,工作时,机油经集滤器和油管被吸入机油泵,加压后从机体前端油道横穿过去,进入柴油机左侧的机油散热器,在机油散热器中冷却后,一部分机油送到机油细滤器后回到油底壳;另一部分机油进入机油粗滤器,而后再经机油散热器前座返回而分成 4 路:第一路到增压器,而后回油底壳;第二路去润滑附件传动及空压机;第三路到冷却喷嘴,用来冷却活塞内顶部,喷出的机油回油底壳;第四路流到主油道,进入主油道的机油通过汽缸体上设有的油道前往各主轴承,然后经曲轴上的孔道进入各连杆轴承,再通过连杆身上钻的油道流向活塞销和连杆小头的衬套。主油道的机油还通过汽缸体上油道流向凸轮轴承、随动臂轴、各摇臂轴、摇臂前后端和推杆等处,上述各处的机油润滑后均流回油底壳。汽缸壁、活塞、活塞环、凸轮靠飞溅润滑。

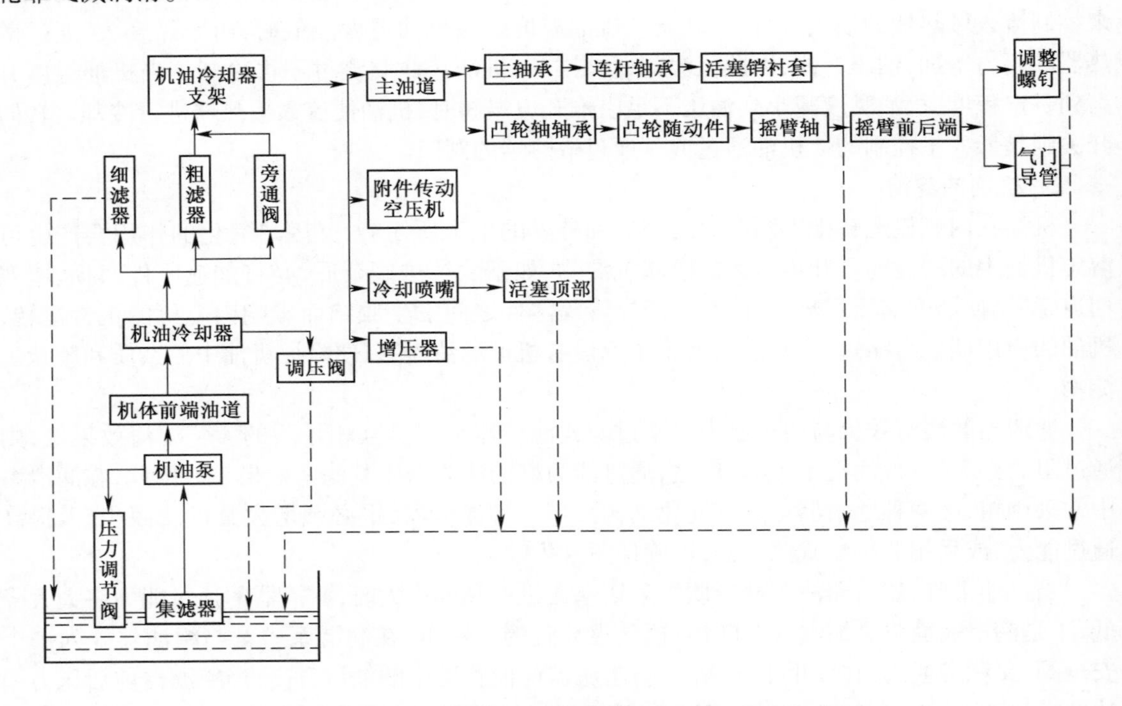

图 6-4　NT/NTA855 型柴油机全流量冷却式润滑油路

2）变流量冷却式润滑系统

如图 6-5 所示,变流量冷却式(DFC)润滑系统可根据柴油机的需要来调节机油流量和冷却作用,而不是一直以最大流量运转。工作时,与全流量冷却式润滑系统不一样的地方是机油被吸入机油泵后,因为变流量式的机油泵内设有限压阀和与主油道连通的调压阀,所以变流量冷却式润滑系统主油道压力较低(0.241~0.310MPa),机油流量较小(151.4L/min),而且还控制进入柴油机主油道之前冷却的机油量。

机油流量是通过两个独立的回路来控制的:一个是具有内部调节机构和外部反馈信号软管的低流量机油泵回路;另一个是包括机油散热器总成中的温度控制旁通阀的回路。工作时与全流量冷却式润滑系统一样,机油被吸入机油泵加压后,从机体前端横穿油道,进入柴油机左侧的机油散热器,散热器的旁同阀根据机油的温度来控制进入散热器的机油量,以调节机油的冷却作用。冷却后的机油(或部分冷却和部分未冷却的机油)进入机油细滤清器,滤清后的机油流向与全流量冷却式润滑系统相同。

2. F6L912/913 风冷柴油机的润滑油路

F6L912/913 风冷柴油机的润滑方式是采用压力、飞溅的综合润滑。压力润滑的部位有主轴承、连杆轴承、凸轮轴承、齿轮室齿轮、配气机构、喷油泵总成、涡轮增压器轴承等。而活塞销、凸轮和挺杆、活塞环和缸套等则靠飞溅润滑。压力润滑油路循环如图 6-6 所示。

3. WD615.67 系列柴油机润滑油路

WD615.67 型柴油机润滑油路如图 6-7 所示。

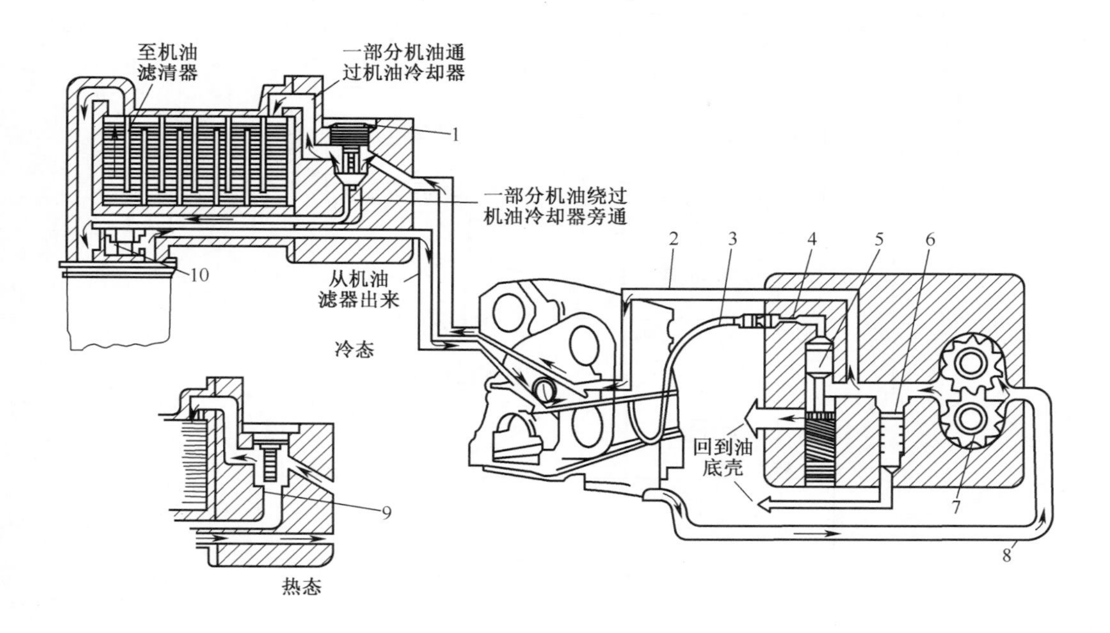

图 6-5　NT/NTA855 型柴油机变流量冷却式润滑系统

1—旁通阀；2—机油泵排出口；3—主油道压力信号软管；4—阻尼量孔；5—主油道调节阀；6—限压阀；7—齿轮泵；8—机油泵进口；9—主机油旁通；10—机油细滤器旁通阀。

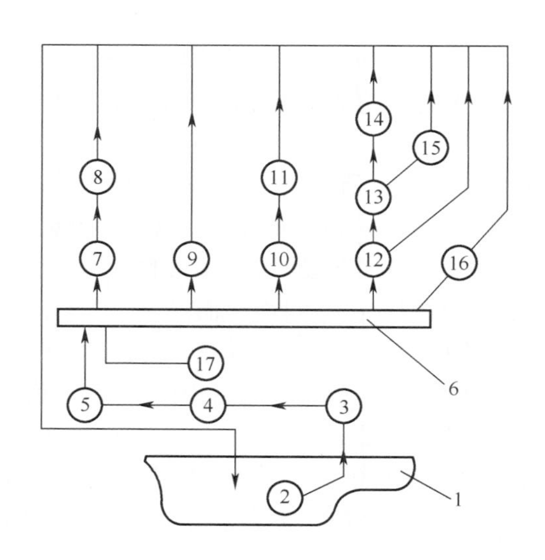

图 6-6　FL912/913 柴油机压力润滑简图

1—油底壳；2—集油器；3—机油泵；4—机油散热器；5—机油滤清器；6—主油道；7—冷却喷油嘴；8—活塞(压力油冷却活塞内表面)；9—喷油泵总成；10—主轴承；11—连杆轴承；12—凸轮轴轴承；13—挺杆和推杆；14—气门摇臂；15—空气压缩机；16—齿轮室齿轮；17—机油压力。

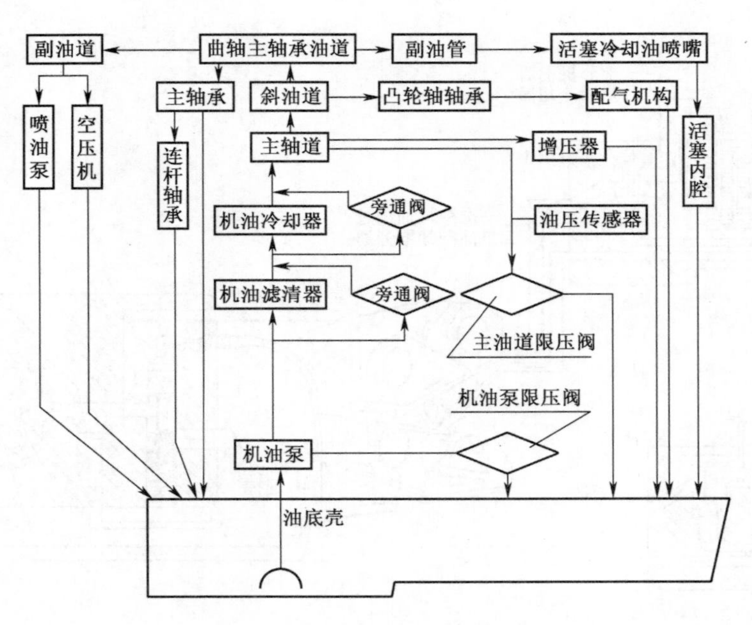

图 6-7　WD615.67 型柴油机润滑油路

第三节　润滑系主要零部件

一、机油泵

机油泵的功用是以一定压力和流量向润滑系统循环油路供油,以使内燃机得到可靠的润滑。目前,在内燃机上广泛采用的是齿轮式机油泵和转子式机油泵。

1. 齿轮式机油泵

齿轮式机油泵的工作原理如图 6-8 所示。在油泵壳的内腔装有一对齿轮(主动和从动齿轮),齿轮与壳体内壁的间隙很小,由于两齿轮的啮合,把内腔分成进油腔 1 和出油腔 2 两部分,并使两部分隔开。当齿轮按图示方向转动时,两齿轮的齿间分别将进油腔 1 的油不断地输送到出油腔 2 中,进油腔内由于油量减少、空间增大而产生一定的真空度,机油便不断地被吸入。出油腔内由于齿轮不断地将机油输入而压力升高,一定压力的润滑油便不断地流入机油粗滤器和主油道。当两齿轮进入啮合时,齿间机油由于齿的啮合、齿间间隙的容积由大变小而将产生很大压力,以阻止齿轮旋转。因此,在进入啮合区的机油泵盖上铣出了一道油槽 3,使齿轮啮合过程中挤压的油从此槽流至出油腔。由于该油槽卸去了啮合齿间的压力油,因此称为卸压槽或卸油槽。齿轮式机油泵结构简单,制造容易,工作可靠,因此在汽车发动机上得到了的广泛应用。

齿轮式机油有单级和多级之分,NT855 柴油机所用单级齿轮式机油泵。机油泵输出的压力油将有 5%左右通过细滤器过滤后流回油底壳。机油泵安装在柴油机前部右侧、空压机的下方。为了保证机油泵和润滑系统各部件的工作安全可靠,机油泵出油压力必须限制在一定范围内,因此在机油泵上安装有限压阀。WD615 型柴油机采用两级齿轮式机油泵,两组齿轮分为主泵和副泵,主泵的作用是保证润滑系统循环油路的机油供应;副泵把后集油槽的机油泵

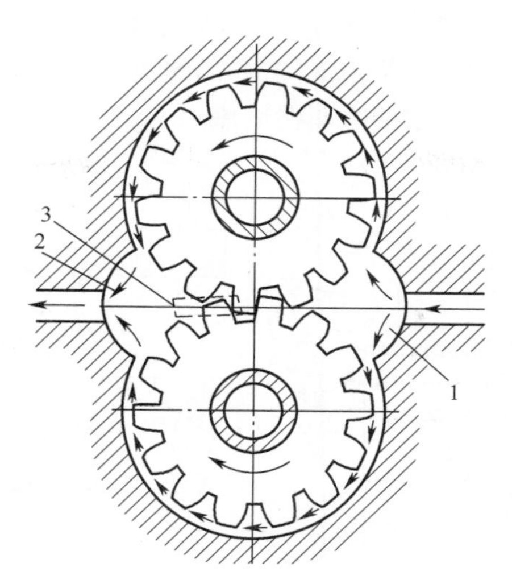

图 6-8　齿轮式机油泵工作原理

1—进油腔;2—出油腔;3—卸压槽。

到前集油槽,以保证主泵工作。主泵在前,副泵在后。它安装在曲轴箱的第一道主轴承盖上,由曲轴齿轮通过中间齿轮驱动。

2. 转子式机油泵

转子式机油泵在我国已形成了系列产品。它的优点是结构简单、紧凑、体积小、吸油真空度高、泵油量大。当机油泵安装在曲轴箱外且位置较高时,更能显示它的优越性。

转子式机油泵的工作原理如图 6-9 所示,当内燃机工作时,机油泵的内转子旋转并带动外转子旋转。内转子有 4 个凸齿,外转子有 5 个凹齿,可以看作是一对只相差一个齿的内啮合齿轮传动,且内、外转子转速不等(速比 $i=4/5$),内转子快于外转子。当机油泵工作腔转至图 6-9(a)图的位置时,容积由小变大,产生真空,将机油吸入进油腔 1;当工作腔转至图 6-9(b)的位置时,油腔接近最大;当工作腔再转至图 6-9(c)的位置时,容积由大变小、产生压力,油压升高,将机油压出,送至发动机的润滑主油道。

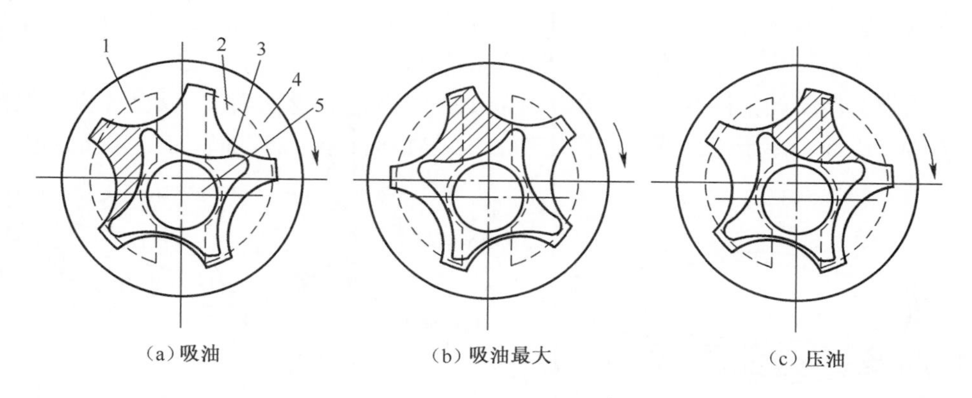

图 6-9　转子式机油泵工作原理示意图

1—进油腔;2—出油腔;3—内转子;4—外转子;5—驱动轴。

如图 6-10 为 F6L912 型风冷柴油机转子式机油泵,其由两个偏心内啮合的转子(内、外转子)以及壳体组成。内转子用半圆键固装在主动轴上,有曲轴齿轮通过传动齿轮驱动。外转子松套在壳体中，由内转子带着转动，为保证内、外转子之间以及外转子与壳体之间有正确的相对位置，油泵壳体与盖板之间用定位销定位，并用螺钉紧固。为保证内、外转子与壳体间的端面间隙，在盖板与壳体之间装有耐油纸调整垫片。

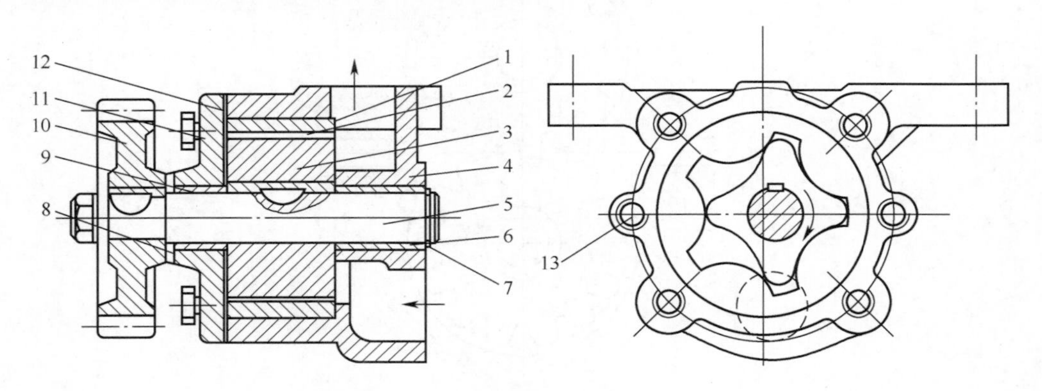

图 6-10　F6L912 柴油机转子式机油泵

1、12—调整垫片；2—外转子；3—内转子；4—外壳；5—主动轴；6、9—轴套；
7—卡环；8—止推轴承；10—传动齿轮；11—盖板；13—定位销。

二、机油滤清器

机油滤清器的作用是滤除机油中的各类杂质，提高机油的清洁度，降低内燃机的机械磨损。一般在内燃机的润滑系中装用几个不同滤清效果的滤清器，并分别与主油道串联或并联。同主油道串联的称为全流式，同主油道并联的称为分流式。目前，轿车及其他中小型内燃机多采用全流式机油滤清器，而工程机械内燃机多采用分流式机油滤清器。滤清器有集滤器、粗滤器和细滤器三种。

1. 集滤器

集滤器的作用是滤除机油中较大的机械杂质，防止机油泵的早期磨损。集滤器都装在机油泵之前，按其安装方式的不同，可分为浮子式和固定式。

固定式集滤器滤网的安装位置相对于油底壳是固定不变的，只能固定吸取油池中层或中下层的机油。固定式集滤器与机油泵进油管口的连接是靠法兰盘紧固的。

浮子式集滤器结构如图 6-11 所示。其工作时漂浮在润滑油面上，以保证机油泵能吸入最上层的清洁机油。浮子式集滤器的固定油管安装在机油泵上，吸油管一端与浮筒焊接，另一

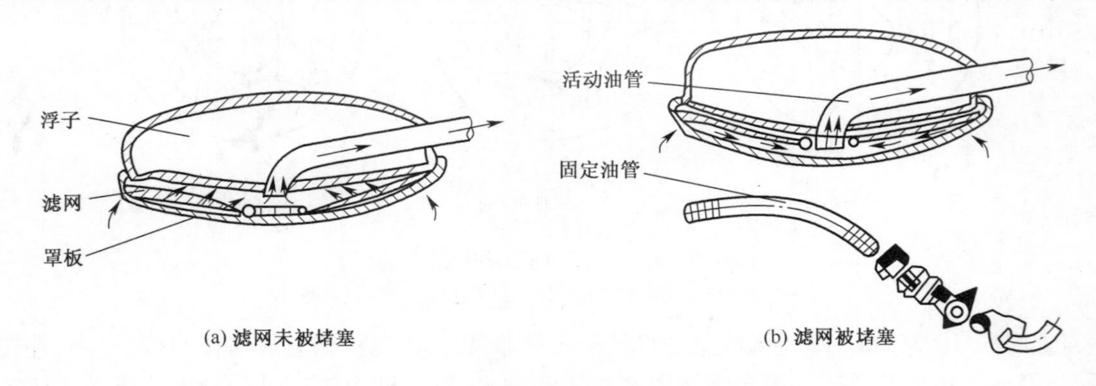

(a) 滤网未被堵塞　　(b) 滤网被堵塞

图 6-11　浮子式集滤器

端与固定油管活络连接，这样可使浮筒自由地随着润滑油液面上升或下降。

当机油泵工作时，润滑油被从罩板与浮子间的狭缝吸入，经滤网滤去粗大杂质后进入机油泵。当滤网被堵塞时，机油泵所形成的真空度会迫使滤网上升，并使滤网的环口离开罩板，此时润滑油便被直接从环口吸入进油管，以保证机油的供应不至中断。

浮式集滤器能保证吸入较清洁的机油，但易吸入泡沫，使机油压力降低，润滑欠可靠。固定式集滤器装在油面以下，吸入机油的清洁度稍逊于浮式，但可防止泡沫吸入，润滑可靠且结构简单。

2. 粗滤器

粗滤器用于滤去机油中粒度较大（直径 0.1mm 以上）的杂质，它对机油的流动阻力影响较小，一般串联在机油泵与主油道之间，即属于全流式滤清器。粗滤器根据滤芯元件的不同，有不同的结构形式，国产内燃机常用的有金属片式和纸质式两种。金属片式粗滤器是一种永久性滤清器，使用寿命长。但由于它质量大、结构复杂、制造成本高等缺点，已基本被淘汰。

粗滤器构造如图 6-12 所示。它的外壳是由上盖和冲压成形的壳体组成。滤芯的两端用环形密封垫密封，夹持在上盖的止口与托板之间。机油由进油孔流入，通过滤芯滤清后，从出油孔流入主油道。当滤芯被杂质堵塞、内外压差达到 150~180kPa 时，旁通阀被顶开，机油不流经滤芯而直接进入主油道。

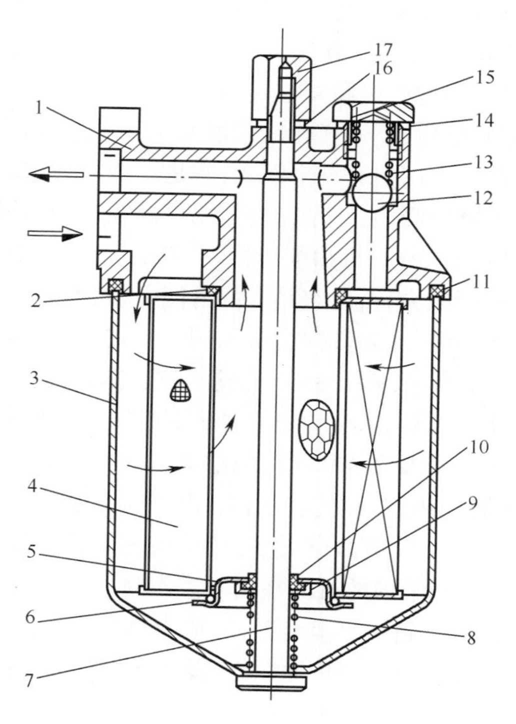

图 6-12　纸质滤芯机油粗滤器

1—上盖；2、6—滤芯密封圈；3—外壳；4—纸质滤芯；5—托板；7—拉杆；8—滤芯压紧弹簧；9—弹簧垫圈；10—拉杆密封圈；11—外密封圈；12—球阀；13—旁通阀弹簧；14—密封垫圈；15—阀座；16—密封垫圈；17—螺母。

纸质机油滤芯是用经过树脂处理过的微孔滤纸制成的，为了增大滤芯的面积，减小滤芯阻力，滤纸常折成百褶裙状。滤芯的结构如图 6-13 所示。它是一次性滤芯，具有较高的强度、抗腐蚀性和抗水性，价格低廉，体积小，重量轻，结构简单，成本低，滤清效果好，过滤阻力小以及维护保养方便的优点，因此在现代内燃机上得到了广泛应用（如 WD615、F6L912、NT855 等柴油机）。

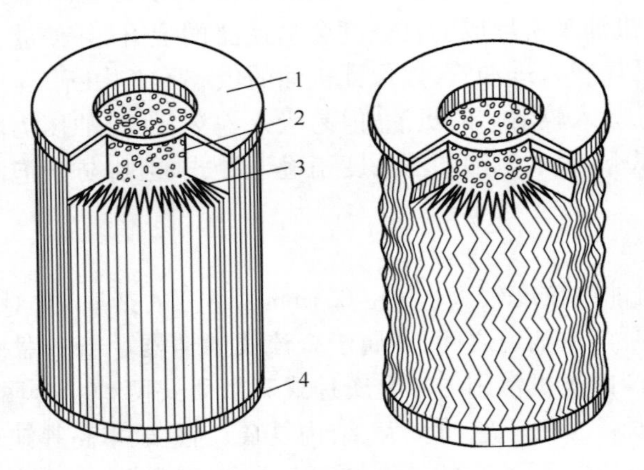

图 6-13　机油粗滤器纸质滤芯的构造

1—上端盖；2—芯筒；3—微孔滤纸；4—下端盖。

3. 细滤器

细滤器用以清除直径在 0.001mm 以上的细小杂质。由于它对机油的流动阻力大，因此多采用分流式，即与主油道并联，内燃机工作时，只有少部分机油从细滤器通过。

细滤器按滤清方式，可分为过滤式和离心式两种。

过滤式细滤器：其滤芯有纸质、硬纸板和锯末纸浆结构。这些都是一次性滤芯，应在二级保养时更换。过滤式细滤器在使用中有三个问题：一是滤清能力与通过能力的矛盾；二是通过能力随着淤积物的增加而下降的问题；三是需要定期更换滤芯，使维修费用增加。

离心式细滤器：图 6-14 是离心式机油细滤器结构图。它是一种永久性的滤清器，可通过维修保养的方法来恢复其滤清能力，所以它具有滤清能力强、不易堵塞、使用寿命长等优点；缺点是对胶质滤清效果较差。目前，大多数内燃机采用离心式机油细滤器。

离心式细滤器由壳体、盖、转子、限压阀等组成。转子体和转子盖上分别压青铜衬套作为转子轴承。转子体内有两个出油管，其上口罩有滤网，下端与水平喷嘴相通，两个喷嘴的喷射方向相反。当主油道内油压大于 0.25MPa 时，细滤器限压阀被推开，机油经转子轴的中心孔和径向孔流入转子内，充满转子内腔，致使转子内油压增高，在压力作用下，机油通过滤网、出油管，从水平喷嘴喷出，在喷射反作用力作用下，转子高速旋转，当油道压力为 0.4MPa 时，转子转速可达 5000r/min 以上。转子内的机油在离心力作用下，将杂质甩向四周，并积存在转子内壁上，这样，当转子旋转速度达到一定程度后，从喷嘴喷出的机油就变成清洁机油了。从喷嘴喷出的清洁机油直接流回油底壳。当机油压力过低时，进油限压阀关闭，机油不进入离心式细滤器而全部进入主油道，以保证内燃机的可靠润滑。

离心式细滤器在清洗时，禁止用金属刮除转子内壁的沉积物，以防破坏转子的平衡。在正常状况下，当发动机熄火后，由于惯性，转子仍在旋转，此时应听到嗡嗡声，否则应对其检修。

三、机油散热器

内燃机工作时，机油温度不断升高，黏度降低，润滑性能变坏，因此，应设法维持一定的机油温度。在中小功率内燃机上，往往依靠油底壳的散热作用，尤其是在运输车辆上时，可借助

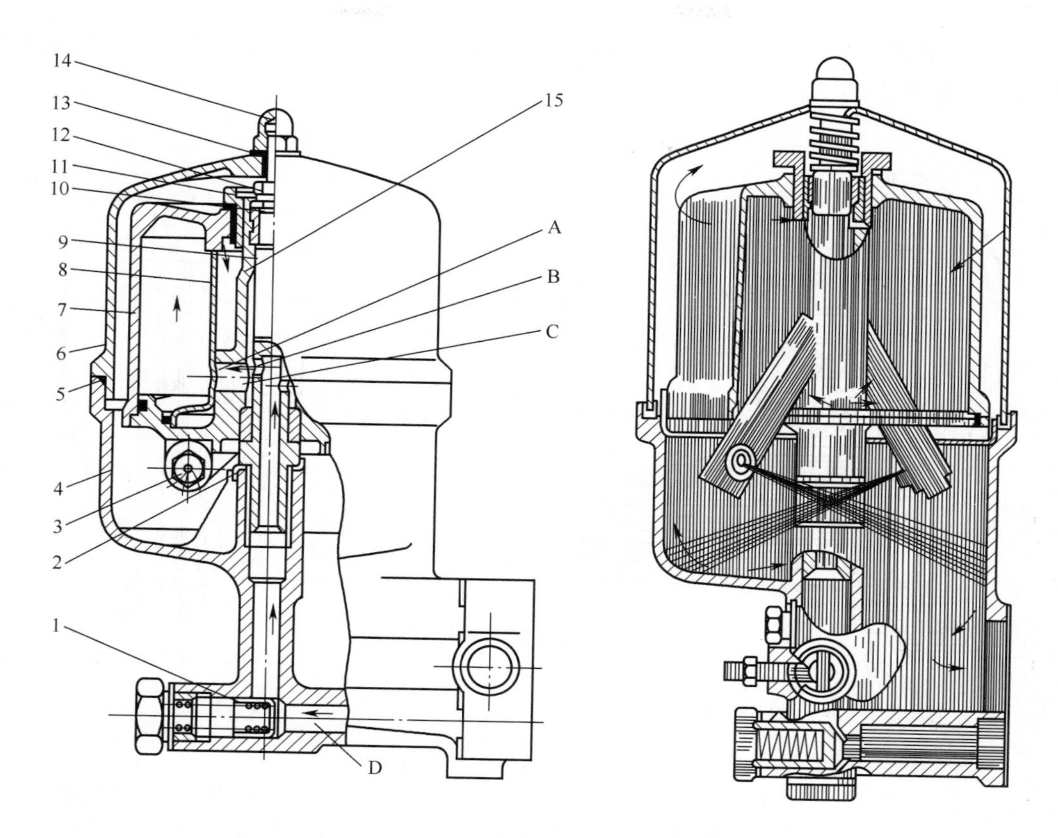

图 6-14　离心式机油细滤器结构图

1—低压限压阀；2—转子轴止推片；3—喷嘴；4—底座；5—外罩密封圈；6—外罩；7—转子罩；8—导流罩；9—转子轴；10—止推片；11—垫圈；12—紧固螺母；13—垫片；14—盖形螺母；15—转子体；A—导流罩油孔；B—转子轴油孔；C—转子体进油孔；D—细滤器进油孔。

于迎面气流的吹拂，就能满足机油的冷却要求。但是随着内燃机的不断强化，零件温度和机油受热量大为增加，依靠上述措施已不能维持最合适的机油温度，因此，常在润滑系中设置机油的强制冷却装置，以加强机油的冷却作用。大多数内燃机将机油冷却装置串联在润滑系主油道中。机油散热器分为风冷式和水冷式两种。

1. 风冷式机油散热器

机油散热器一般由带散热片的扁管构成，结构与冷却水散热器相类似。机油在管中流动，将热量通过散热片传给周围的空气带走，使机油得到降温。机油散热器一般与冷却水散热器一起装在内燃机的前端，并利用风扇来加强冷却。对于汽车来说，因有迎风气流的作用，并且内燃机与车厢内部是隔开的，所以风扇是吸风式。但是对于工程机械来说，内燃机通常位于车厢内部，所以往往采用排风式风扇。

2. 水冷式机油散热器

水冷式散热器的散热效果较好，故常用在工程机械上，因为工程机械常在满负荷工况下工作，热负荷严重，且多为固定作业或行驶速度较低、散热条件差。

如图 6-15 所示为水冷式机油散热器。外壳内装有由铜制成的一组带散热片 8 的冷却管 6 所构成的散热器芯，散热器芯的两端与散热器前后盖内的水室相通。工作时，冷却水在管内流动，而机油则在管外受隔片 7 的阻碍而曲折流动，高温机油的热量通过散热片传给冷却水而被带走，于是机油得到降温。在冷态启动暖车期间机油温度较低时，则机油从冷却水吸热，以加快提高温度而有利于润滑。

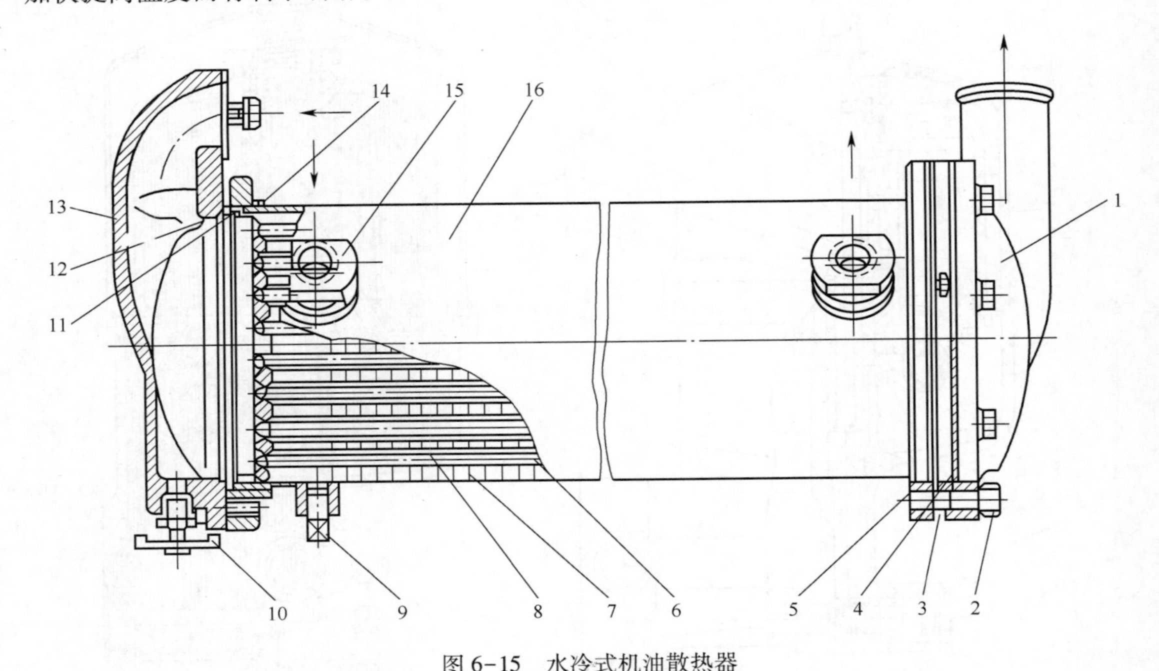

图 6-15　水冷式机油散热器

1—前盖；2—螺钉；3—垫片；4—散热器芯法兰；5—外壳法兰；6—冷却铜管；7—隔片；8—散热片；9—方头螺塞；10—放水阀；11—封油圈；12—油封垫片；13—散热器后盖；14—散热器芯底板；15—进油管接头；16—外壳。

四、曲轴箱

内燃机工作时在压缩和膨胀冲程中，汽缸内一部分可燃混合气和废气不可避免地会经过活塞环间隙漏入到曲轴箱中，必须将这部分气体排出，这就是曲轴箱通风。如果不将这部分气体导出，会产生以下不良后果：①曲轴箱内的气压增高，高于环境大气压力时，会引起机油自曲轴两端油封处漏出以及油雾自油底壳密封面漏出；②曲轴箱中的机油被漏气所污染；③在曲轴箱中温度过高并存在有飞溅油雾和燃气情况下，遇到某些热源的引燃时，可能产生爆炸。所以，现代内燃机都采用曲轴箱通风装置，将可燃气体和废气引出曲轴箱。

曲轴箱通风装置的结构形式，可分为自然通风式和强制通风式两大类。自然通风是将曲轴箱内的气体直接导入到大气的一种通风方式；强制通风则是将曲轴箱内的气体导入内燃机的空气滤清器或进气管内，然后送入汽缸内燃烧的一种通风方式。

自然通风利用机油加入口和加油管作为曲轴箱的通风装置。加油管安装在曲轴箱侧面或气门室盖的上方，机油加入口处装有滤清材料，防止外界尘土倒流入曲轴箱而污染机油。这种通风方式常用在柴油机上。强制通风是利用发动机工作时的进气吸力，强制地把曲轴箱内的废气吸到进气管中，并随新鲜可燃混合气一起进入汽缸。可减少废气对大气的污染，同时把曲轴箱内润滑油蒸气（机油温度较高时）吸入汽缸，也改善了汽缸上部的润滑条件。

第七章　冷　却　系

第一节　冷却系的功用和形式

一、冷却系的功用

内燃机工作时，汽缸内的最高燃气温度可达2500℃。燃气燃烧所产生的热量可分为三部分：一部分转变为机械能对外输出；另一部分热量随废气排出；还有一部分热量被内燃机零件吸收。因而与燃气直接接触的汽缸盖、汽缸、活塞和气门等零件受热十分严重，必须采取相应的冷却措施。否则，会产生下述各种不良现象。

（1）汽缸内温度过高，吸进的工质因高温而膨胀，使汽缸充气系数下降，从而导致内燃机功率下降。

（2）汽缸内可燃气或空气温度过高，易发生早燃和爆燃。

（3）温度过高导致机油黏度下降，摩擦表面之间因机油过稀而不能保持形成正常的润滑油膜，导致润滑条件恶化；高温还会导致机油氧化变质。

（4）受热零件由于温度过高而破坏了正常的配合间隙，使其无法正常工作。

（5）温度过高使金属材料的力学性能下降，易发生变形甚至破裂。

上述现象最终将导致内燃机不能正常工作。因此，内燃机必须进行冷却，使其维持在适宜的温度范围内。但若冷却过度则会使内燃机温度过低，也会产生以下不良后果。

（1）由于汽缸内温度过低，使燃油雾化蒸发性能变差，燃烧品质变坏，从而使内燃机耗油量增大。

（2）由于温度过低，机油黏度增大，摩擦表面之间不能形成良好的润滑油膜，使摩擦损失增大，内燃机若在40~50℃温度下工作，其零件；由于温度低而加重了汽缸的腐蚀磨损比正常工作温度下增加1.6倍。

（3）燃烧废气中的水蒸气和硫化物在低温下会凝结成亚硫酸、硫酸等酸性物质，造成零件的腐蚀和磨损。

（4）汽缸内温度过低，会使热量损失增大，从而使内燃机热效率和输出功率降低。

综上所述，内燃机的工作温度过高或过低，都会影响发动机内燃机的动力性、经济性以及它的使用寿命。实验证明，当冷却系的水温在80~90℃时，内燃机的工况处在最佳状态，因此，冷却系的功用就是及时地将零件所吸收的热量散走，以保持它们在正常的温度范围内（80~90℃）工作。内燃机启动后，机体应迅速达到并持久保持在这个温度范围内。

二、冷却系的形式

根据冷却介质的不同，内燃机冷却系可分为水冷式和风冷式。

1. 水冷式冷却系

水冷式冷却系按冷却水的循环方式可分为自然循环与强制循环两种。按冷却水是否直接与大气相通,又可分为开式循环与闭式循环两种。

自然循环冷却系是利用水的密度随温度变化的特点,使冷却水在系统中进行自然循环,通过水的蒸发带走热量,它属于开式循环。自然循环冷却系的优点是结构简单,缺点是耗水量大。由于散热,水不断被蒸发,必须及时补充冷却水才能保持内燃机正常工作。这对于车用内燃机是不方便的,因此它一般仅用于单缸内燃机或小型翻斗内燃机上。

强制循环冷却是利用外来的动力迫使冷却水在冷却系内流动。强制循环的冷却效果比自然循环好,目前,绝大部分内燃机采用强制循环冷却。

图 7-1 是典型强制循环式水冷却系示意图,它具有较完善的冷却调节和控制功能,当内燃机冷车启动时,工作温度偏低,节温器 4 的主阀门关闭,副阀门开启,冷却水由水泵 3 进入分水管 7,经水套 6 由上出水口通过节温器的副阀门直接流向水泵(不经散热器 11),由水泵提高水压后再进入分水管,这一循环称为冷却系的小循环。内燃机在进行这种循环时温度会迅速升高,当水温升到一定值时,节温器的主阀门开启,副阀门关闭,水套中的冷却水由上出水口经节温器主阀门流向散热器上贮水箱,经散热器 11 冷却后进入散热器下贮水箱,从下水管被吸入水泵,提高压力,再泵入分水管 7,这一循环称为冷却系的大循环。冷却系还利用风扇 1 的强力抽吸,使空气从前向后高速吹过散热器,提高散热能力。

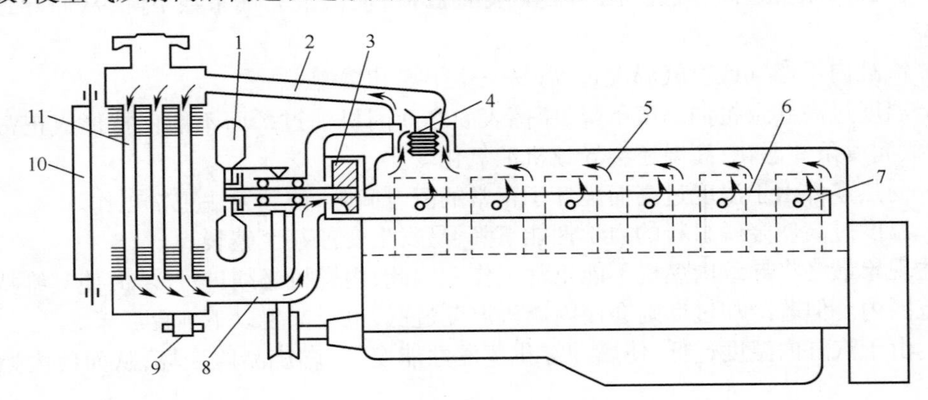

图 7-1　强制循环式水冷却系示意图

1—风扇;2—上水管;3—水泵;4—节温器;5—汽缸盖水套;6—机体水套;
7—分水管;8—下水管;9—散热器放水开关;10—百叶窗;11—散热器。

为了克服冷却系中水的溢出和蒸发,目前多用封闭式水冷却系统。如 NT855 柴油机、WD615.67 柴油机、12V150 柴油机、CA6102Q 型汽油机、EQ6100Q-1 型汽油机、6135 柴油机等冷却系均采用闭式水冷却系统。典型闭式水冷却系冷却水循环途径如图 7-2 所示。

2. 风冷式冷却系

风冷式冷却系是利用空气做冷却介质,空气高速吹过机件表面时,把汽缸体、汽缸盖等机件的热量带走,从而保证内燃机在正常的温度范围内工作。

为了提高内燃机主要受热机件的散热能力,风冷式冷却系的汽缸体和汽缸盖的表面上设置了很多散热片,从而增大了散热面积。为保证铸造质量,一般都把汽缸体和曲轴箱分开铸造,加工后再组装为一体。

内燃机最热的部分是汽缸盖,为加强冷却,现代风冷式内燃机的缸盖都用铝合金铸造。为了更充分有效地利用气流,加强冷却,一般都装有高速风扇和导风罩,有的还设有分流板等进行强制冷却,以保证各缸冷却均匀。考虑各缸背风面的冷却需要,有些内燃机还装设有挡风

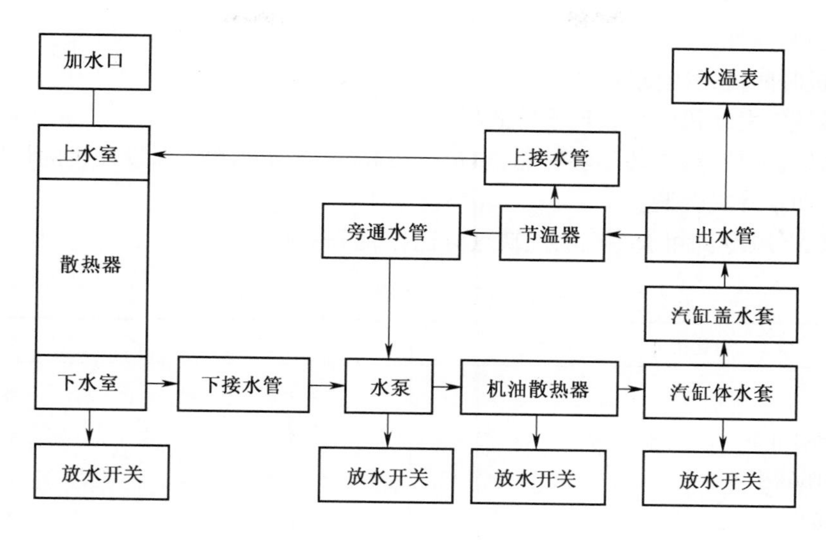

图 7-2　冷却水循环途径

板，以使空气流经汽缸的全部圆周表面（图 7-3 为风冷柴油机冷却系示意图）。

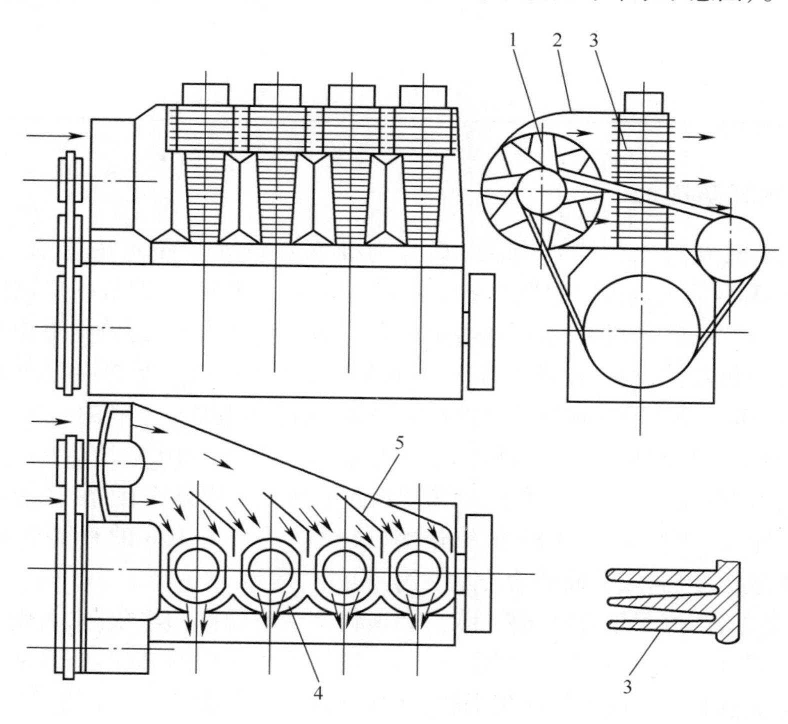

图 7-3　风冷式柴油机冷却系示意图

1—风扇；2—导流罩；3—散热片；4—汽缸导流罩；5—分流板。

风冷内燃机具有如下的特点：

（1）结构简单，使用维修方便，制造成本低。

（2）对环境温度适应性强，风冷发动机缸体的温度较高，一般为 150～180℃，当温度低到-50℃时，也能正常工作，对地区条件要求也不严，严寒无水的地区也能正常工作。

（3）由于发动机工作温度高，燃烧物中的水分不易凝结，因此不易形成硫酸性物质，故对汽缸等机件的腐蚀性小。

(4) 暖机时间短,容易启动。

(5) 重量轻,发动机的总长比水冷式发动机短。

风冷内燃机的缺点:冷却不够可靠,热负荷较高,消耗功率大。对发动机的材质要求高,噪声大,应用不如水冷式普遍。

一般情况下风冷机和水冷机的优缺点对比如表7-1所列。

表7-1 一般情况下风冷机和水冷机的对比

对比指标	风冷机	水冷机
可靠性	较好	较差
维修和保养工作量	较少	较多
环境温度的适应性	好	差
结构复杂程度	简单	复杂
整体质量和体积	较小	较大
系列化生产的方便程度	好	较差
强化程度	低	高
机油消耗量	大	小
噪声	大	小

三、冷却水和防冻液

水冷式内燃机采用水作为冷却液,水分为硬水和软水。硬水中含有大量的矿物质($MgCl_2$,$Ca(HCO_3)_2$等),高温时这些矿物质会沉析出来形成水垢,造成管道堵塞和运动机件磨损,从而影响冷却系散热效果;水垢还会附着在冷却系管件内壁,影响热量由水向散热机件传递效果,使发动机过热。另外,溶解于水中的某些盐类($MgCl_2$)受热时发生水解,产生$Mg(OH)_2$和HCl。其中HCl是一种具有腐蚀性的物质,对冷却系是很不利的。为此,部分现代内燃机上安装有冷却水过滤装置(如NT855型柴油机),以保证冷却水的清洁。

冷却液应使用软水,如果只有硬水,则需要经过软化。常用方法有:在1L水中加入碳酸钠(纯碱)0.5~1.5g,或加入0.5~0.8g氢氧化钠(烧碱),或加入10%的重铬酸钾(红矾)溶液30~50mL,待生成沉淀后,取上面的清洁水使用。

在寒区的冬季,当汽车较长时间停车时,必须将发动中的冷却水放净,否则会因冷却水结冰而造成汽缸体和汽缸盖等零件被胀裂。这不仅增加了使用中的麻烦,而且使车辆的机动性变差,同时稍有疏忽容易造成零件冻裂事故。因此,为了防止发动机冬季使用过程中零件冻裂事故的发生,又减少加水、放水工作,理想的办法是采用防冻液,即在冷却水中加入一些有机物质,以降低冷却水的冰点。

目前,常用的防冻液有酒精、乙二醇或甘油等分别与水配合而成。在使用乙二醇配制的防冻液时应注意:①乙二醇有毒,切勿用口吸;②乙二醇对橡胶有腐蚀作用;③乙二醇吸水性强,且表面张力小,易渗漏,故要求冷却系密封性好;④使用中切勿混入石油产品,否则在防冻液中会产生大量泡沫。在防冻液中加少量的添加剂(如亚硝酸钠、硼砂、磷酸三丁酯、着色剂等)可以配制成长效防锈防冻液。

第二节　强制循环水冷系主要机件

强制循环冷却系的主要部件有散热器、水泵、风扇、节温器和膨胀水箱等。

一、散热器

1. 散热器的功用、结构组成

散热器的作用是将循环水从水套中吸收的热量散布到空气中，用来降低冷却水的温度，以便再次循环对内燃机进行冷却。

散热器又称叫水箱，它由上贮水箱（进水室）、下贮水箱（出水室）和散热器芯等组成（图 7-4）。上贮水箱的上部有加水口并装有水箱盖，后侧有进水管，用橡胶管与汽缸上的出水管相连。下贮水箱的下部有放水开关，后侧有出水管，也用橡胶管与水泵的进水管相连，并用卡箍紧固。这样，散热器与发动机内燃机机体就形成了活络柔性连接，可防止汽车行驶中因的振动而损伤散热器。按照散热器中冷却水流动的方向不同，散热器可分为纵流式和横流式（图 7-4）。

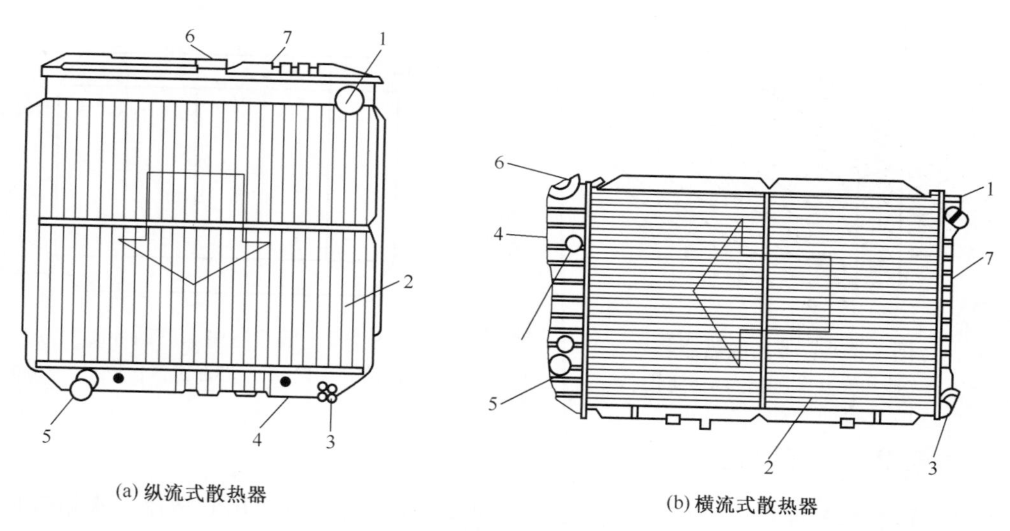

图 7-4　散热器的结构形式

1—进水口；2—散热器芯；3—放水开关；4—出水室；5—出水口；6—散热器盖；7—进水室。

2. 散热器芯

散热器芯用导热性好的材料（铜或铝）制作，而且还要有足够的散热面积。散热器芯的结构形式很多，管片式散热器芯（图 7-5）具有制造工艺简单、刚性好、散热效果佳、成本低等优点，广泛地被车用内燃机所采用。管片式散热器由许多冷却管和散热片组成，冷却管是焊在上下贮水箱间的直管，是循环水的通道。当空气吹过管子的外表面和散热片时，管内流动的水得到冷却，冷却管的断面采用扁圆形。在冬季，当管内的水结冰膨胀时，扁管可以产生横断面变形而不易破裂。在冷却管外横向套装了很多金属片（散热片），散热片的安装除增加散热面积、提高散热效率外，还提高了散热器的刚度和强度。

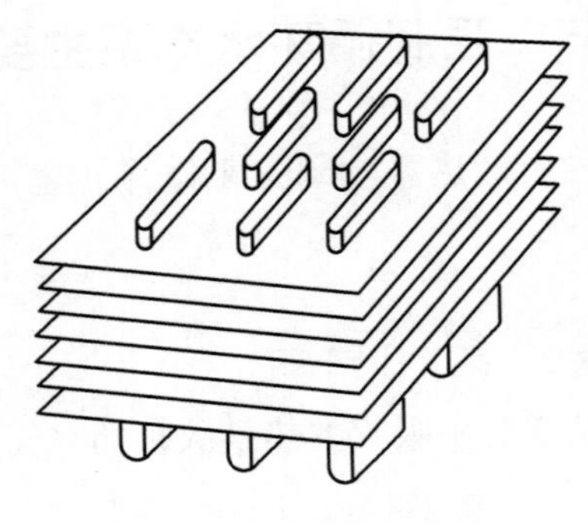

图 7-5　管片式散热器芯

图 7-6 为管带式散热器芯示意图。波纹状的散热带 2 与冷却管 1 相间排列。在散热带上一般开有形似百叶窗的缝孔 A,以破坏空气流在散热带表面的附面层,提高散热能力。这种散热器芯与管片式散热器芯相比,散热能力较高、制造工艺简单、质量小,但结构刚度不如管片式好。当散热器尺寸较大时,为了提高冷却水的流速,在上、下水室中增加隔板,使冷却水在散热器中流经几个来回(图 7-7)。

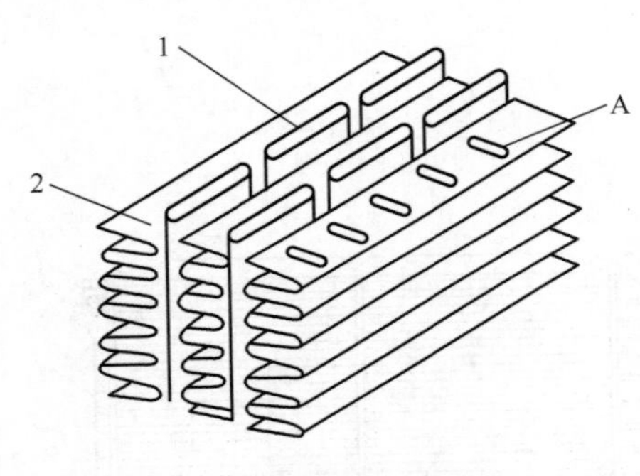

图 7-6　管带式散热器芯
1—冷却管;2—散热带;A—缝孔。

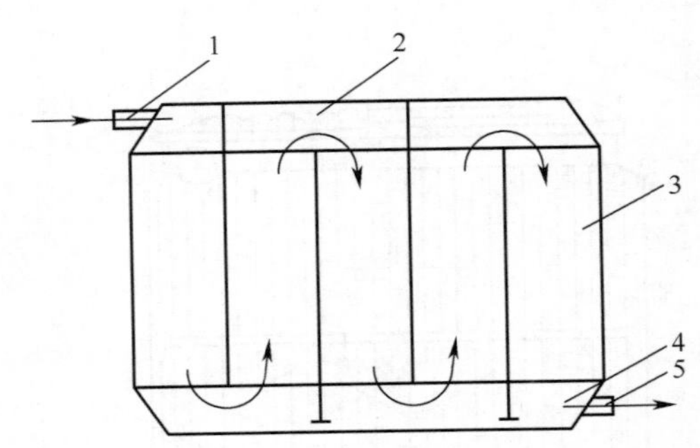

图 7-7　散热器中水流循环简图
1—进水口;2—上水室;3—芯部;4—下水室;5—出水口。

二、水箱盖(散热器盖)

水箱盖是散热器加水口的盖子,用以封闭加水口,防止冷却液溅出和散发。水箱盖是由空气阀和蒸气阀组成(图 7-8)。

其工作过程是:当内燃机工作时,若冷却水的温度上升至沸点,散热器中蒸汽压力高于大气压力到一定数值时(一般为 0.0245~0.0372MPa),在内外压差作用下,蒸汽阀开启使水蒸气排出(图 7-8(b))。这样,就避免了因冷却系中水蒸气压力增大可能使散热器破裂的可能。当水温下降,冷却系中压力低于大气压力到一定数值时(一般为 0.0098~0.0118MPa),内外压差使空气阀开启,空气便进入冷却系(图 7-8(a)),以防胶皮管及散热器上、下贮水箱被大气压瘪。一般情况下,两个阀均在弹簧力的作用下处于关闭状态,避免了冷却水的散失。因此,水箱盖又被称为空气—蒸气阀。

发动机内燃机工作时,空气-蒸气阀的存在可使冷却系内的气压稍高于外界气压,从而提高了冷却水的沸点,提高内燃机热效率,这一性能对在热带和高原地区工作的发动机内燃机特别有利。目前,闭式水冷系广泛采用具有上述特性的水箱盖。但应注意,在发动机内燃机热机状态下，不宜立即取下水箱盖，以免烫伤。

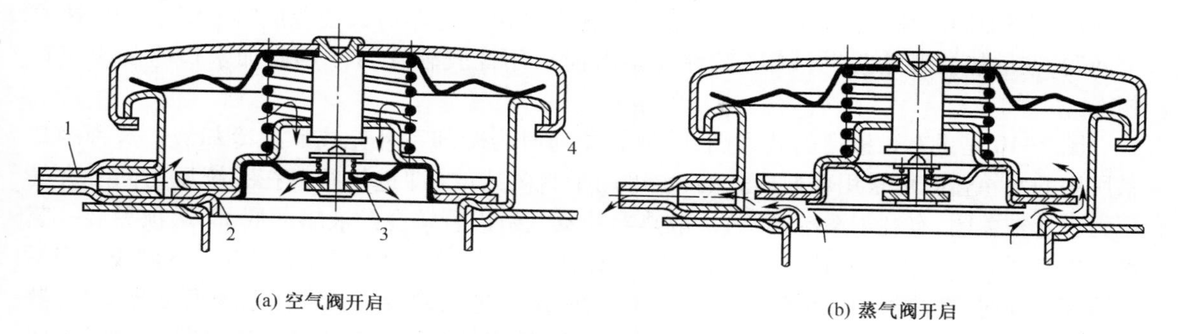

图 7-8 具有空气—蒸汽阀的水箱盖

1—蒸汽排出管；2—蒸汽阀；3—空气阀；4—散热器盖。

三、膨胀水箱

随着汽车工业的飞速发展和发动机内燃机的不断强化，对冷却系散热能力的要求也逐渐提高。目前多数汽车采用的闭式冷却系已不能满足需要，这是由于闭式冷却系的水、气不能分离，而造成冷却系中机件的氧化腐蚀和导致冷却效果的降低的缘故。为解决这个问题，在冷却系统中增设了膨胀水箱，使整个系统变成永久性的封闭系统。

采用膨胀水箱的目的：减少空气进入冷却系；使水、气分离；保持水箱内蒸气压力稳定；减轻机件腐蚀损坏。

图 7-9 是装有膨胀水箱的冷却系。它是在封闭式冷却系统中增设了一个水箱，其上部空间由两根细管分别与最易产生蒸汽的部位（汽缸盖出水管口和散热器上水箱盖蒸汽阀）相连，其底部用水管与水泵进水口相接。当水箱内温度升高，压力大于蒸汽阀的开启压力时，空气和蒸汽被引到膨胀水箱里，进行水气分离。蒸汽冷凝成水后再流到水泵进水口，提高了水泵入口处的水压力，减少了汽蚀现象。有的轿车还采用了类似的变形结构，将膨胀水箱（静水室）置于上贮水箱内的上半部。

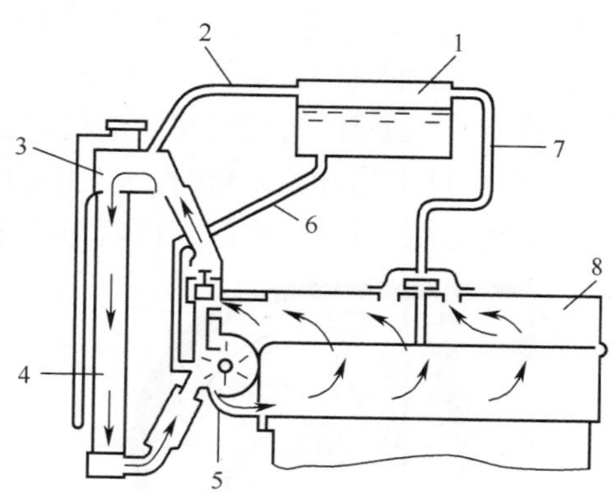

图 7-9 装有膨胀水箱的冷却系

1—膨胀水箱；2—泄流管；3—散热器上储水室；4—散热器芯体；5—水泵；6—补偿管；7—泄流管；8—汽缸盖。

四、装有储液罐的冷却系

随着长效冷却液或防冻液的广泛采用，现代汽车（尤其是轿车）的冷却系结构也产生了相应的变化。由于有机质液体的膨胀系数比水大,当冷却液温度变化时体积也有较大的变化。如在行车前加满冷却液,在行驶中会因受热膨胀而溢出。停车后又会造成“缺水”。为解决这个问题,在散热器旁增设贮液罐(又称补偿水桶),用橡胶软管与散热器加水口座的出气口相连。

图 7-10 是设有贮液罐的装置图,贮液罐能随时为冷却系补充或贮存冷却液。这种冷却系所用的水箱盖既可采用普通形式的,也可用半封闭式的(即进气阀只在系统压力高于大气压力时才被关闭,有利于系统升压)。散热器的蒸汽引出管接在贮液罐的底部,罐顶另装一蒸汽引出管通大气。内燃机首次启动前,罐中液面应处于满刻度线位置,不得低于下刻线。当系统温度升高时,散热器内液体将推开排气阀,沿引出管进入贮液罐暂存。系统温度降低时,散热器内气压低于外界气压,在内外压力差作用下冷却液又会沿原路线经水箱盖“进气阀”流回到系统中(散热器)。

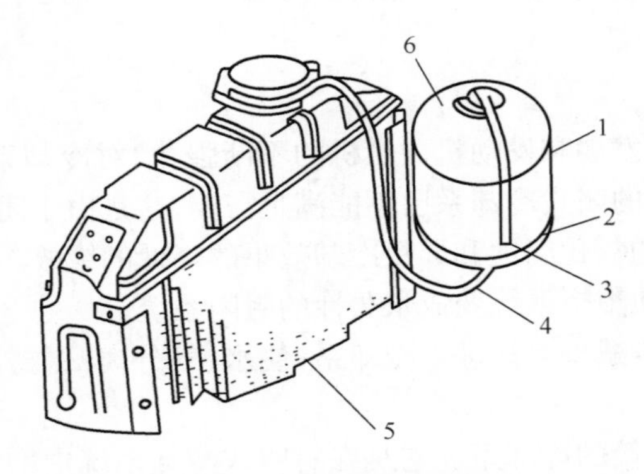

图 7-10　没有贮液罐的装置图

1—贮液罐的上刻线(即冷却液满刻度线);2—贮液罐下刻度线(即缺“水”线);
3—蒸汽引出管;4—连通管;5—散热器;6—贮液罐。

五、水泵

水泵的功用对冷却水加压,迫使其在冷却系中循环流动,以增强冷却效果。汽车发动机广泛采用离心式水泵。原因是它体积小、输水量大、结构简单、维修方便,工作可靠,尤其是当水泵因故停止运转时,冷却水仍可进行自然循环。目前,在发动机内燃机中得到广泛应用。

离心式水泵的工作原理是(图 7-11):当叶轮旋转时,水泵中的水被叶轮带动一起旋转,并在本身离心力的作用下,甩向叶轮的边缘,然后沿水泵壳内腔与叶轮成切线方向的出水管压送

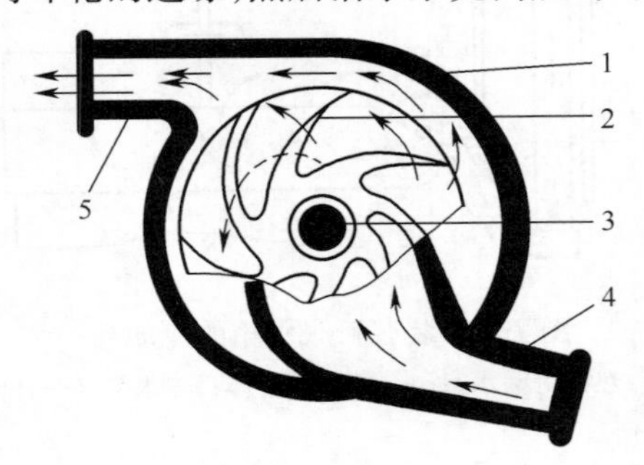

图 7-11　离心式水泵工作原理

1—水泵壳体;2—叶轮;3—进水管;4—出水管。

到汽缸体的水套中。与此同时，叶轮中心处压力降低，散热器下贮水箱的水便从进水管被吸到叶轮中心部位。图 7-12 是 WD615.67 型发动机柴油机的离心式水泵结构。皮带轮、叶轮及水泵为过盈配合，水泵盖铸在汽缸体上，出水口与汽缸体右侧进水道相连通，水泵由皮带传动，水泵工作时，水封随叶轮转动，而水封总成不转动。

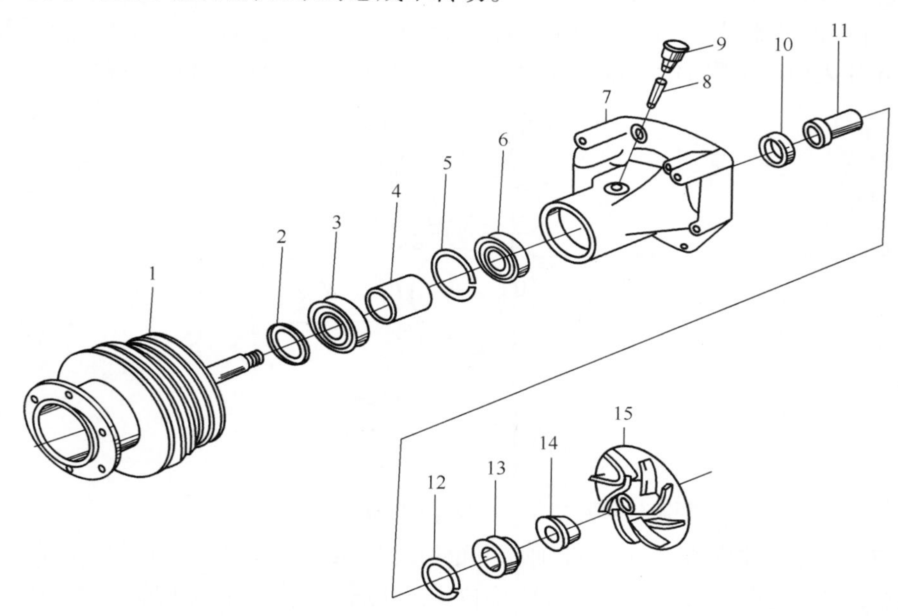

图 7-12　WD615.67 型发动机柴油机离心式水泵结构

1—皮带轮；2—挡环；3、6—轴承；4—隔离套管；5、12—弹性挡圈；7—泵壳；8—油杯座；
9—油杯；10—油封；11—衬套；13—水封；14—水封挡圈；15—叶轮。

六、水套和分水管

内燃机的水套由汽缸体和汽缸盖内的空腔组成。汽缸体和汽缸盖的结合面间有相对应的孔道相通，以便冷却水循环。水套下部装有放水开关，可放出水套内的水。

在多缸内燃机上，冷却水流过前面汽缸后再对后面的汽缸进行冷却，因此前面汽缸冷却效果好，后面的汽缸冷却效果差。为了保证各个汽缸冷却效果一致以及温度较高的机件（如排气门座）能优先得到冷却，在水套内装有分水管。

分水管是用铜皮或不锈钢皮制成，从汽缸前端进水口处插入水套内。分水管的上部及两侧在对准各缸的排气门座与汽缸外壁处均开有孔眼，从水泵压入的冷却水从这些孔眼中流到排气门座与汽缸周围，使其优先得到冷却，然后再冷却其他部位。由于汽缸下部温度并不很高，因此主要依靠水的对流进行冷却。

七、冷却强度调节装置

为使内燃机适应转速、负荷、环境和气候环境的变化（转速、负荷、环境和气候），保证其经常处在最佳温度状况下工作，在冷却系统中可通过改变通过散热器的空气流量和冷却水流量两种方法来调节。

1. 风扇和风扇皮带

风扇的作用是增大流经散热器的空气流速和流量，以提高散热器的散热能力。

风扇叶片一般用薄钢板冲压而成，其断面多采用圆弧形，有的也采用塑料或铝合金铸成翼形断面。叶片的数量通常为四片或六片。为减少风扇叶片旋转时的振动和噪声，叶片之间的夹角不是均匀排列的。有些汽车发动机内燃机风扇的叶片，将外缘端部冲压成弯曲状以增加风量。为提高风扇的效率，在风扇的圆周外装一圆形挡风圈。目前，应用较多、较先进的风扇是带有辅助叶片的导流风扇，在叶片表面铸有凸起(图 7-13)。其优点是增加了空气的径向流量，防止在叶片表面产生附面层和涡流现象，从而改善了冷却性能，降低了噪声。

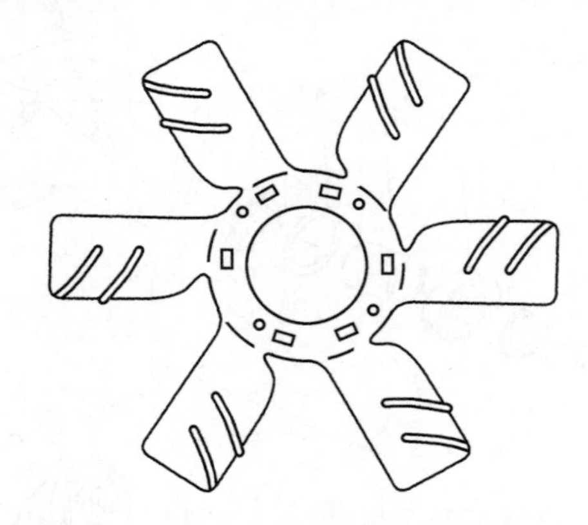

图 7-13　带有凸起的辅助叶片的导流风扇

风扇一般安装在散热器后面，由曲轴皮带轮通过三角皮带驱动，也可以用电动机来驱动。在工程机械冷却系统中，风扇通常与水泵同轴安装，并通过皮带直接由曲轴来驱动。这种机械驱动方式结构简单、工作可靠，但不能很好地调节内燃机的温度。因此，目前在轿车上多采用电动风扇。电动风扇由直流低压电动机驱动并由蓄电池供电，采用传感器和电器系统来控制风扇的工作。其优点是结构简单、布置方便，并可以根据内燃机的温度来控制风扇的转速，以使内燃机在最适宜的温度范围内工作。

2. 硅油风扇离合器

对于风扇直接安装在水泵轴上的内燃机来说，其扇风量是随内燃机转速的变化而变化，不是根据冷却水温度的变化而变化的，这样使风扇的冷却效率大大降低。若采用硅油风扇离合器，则可以使扇风量随冷却水温度的变化而变化，从而降低了功率消耗，可以使内燃机保持在比较适宜的工作温度范围内。目前已较普遍地应用在汽车上，尤其是风扇功率消耗比较大的重型车辆应用更广。

图 7-14 是 WD615.67 型柴油机采用的硅油风扇离合器。硅油风扇离合器的离、合是靠散热器后面的温度感应双金属片控制的。

其工作原理：当柴油机出水温度在 86℃左右时，风扇离合器双金属片周围温度在 65℃左右，双金属片开始卷曲，使感温器阀片开始偏转，打开从动板上的进油孔，这时储油室内硅油经过进油孔流入工作室，又经主动板上的油孔流入主动板和壳体沟槽的间隙内，由于硅油的黏性把主动部分和被动部分粘在一起，此时风扇离合器结合，风扇转速可达 2650~2850r/min，扭矩为 8.8~10.8N·m，硅油在储油室和工作室之间进行不间断的闭式循环。

当柴油机出水温度低于 75℃时，风扇离合器双金属片周围温度在 45℃左右，此时阀片关闭从动板上的进油孔，储油室内硅油不能流入工作室，但工作室内的硅油继续从回油孔返回储油室，最后受离心力的作用，工作室内的硅油被甩空，风扇离合器呈脱离状态，风扇随离合器壳

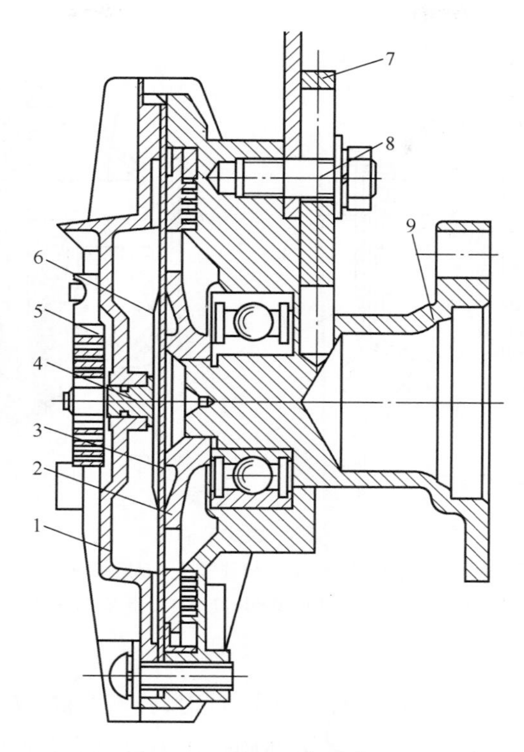

图 7-14　硅油风扇离合器

1—前盖;2—主动板;3—从动板;4—阀销;5—双金属感温器;6—阀片;7—锁止块;8—锁止螺钉;9—主动轴。

体在主动轴上打滑,这时转速较低,一般在 800r/min 左右。

当硅油风扇离合器发生故障失效时,可将风扇后面两个螺栓松开,把锁止块插到主动轴内再拧紧螺栓,这样使风扇离合器的壳体、风扇和主动轴锁成一个整体,变为直接驱动,以保证风扇在离合器失效时仍能正常工作。

3. 百叶窗和挡风帘

在散热器的前面装有百叶窗或挡风帘,用以调整控制通过散热器的空气流量,来达到调节冷却强度的目的。当水温度过低时,可将百叶窗部分或完全关闭,减少流经散热器的空气量,使冷却水温度升高。百叶窗或挡风帘一般由驾驶员通过装在驾驶室的手柄控制。挡风帘一般安装在汽车头部,多用于北方寒冷地区。冬季使用时部分或全部放下,以保证发动机内燃机机体温度保持在正常工作温度范围。

4. 节温器

节温器安装在汽缸盖出水口座中。节温器的作用是随发动机内燃机水温的变化,自动改变冷却水的循环路线,实现冷却系的大小循环,以达到自动调节冷却强度的目的。

节温器分为蜡式节温器、折叠筒式节温器和金属热偶式节温器三种。蜡式节温器,因为具有对压力的影响不敏感、工作性能稳定、水流阻力小、结构坚固、使用寿命长等优点,目前得到了广泛的应用。

蜡式节温器是以白蜡作为传感物质,将其装于封闭的金属筒内,利用白蜡在 82.5~83℃时由固体熔化为液体而体积膨胀的特点,控制阀门的开闭。其结构组成如图 7-15 所示。

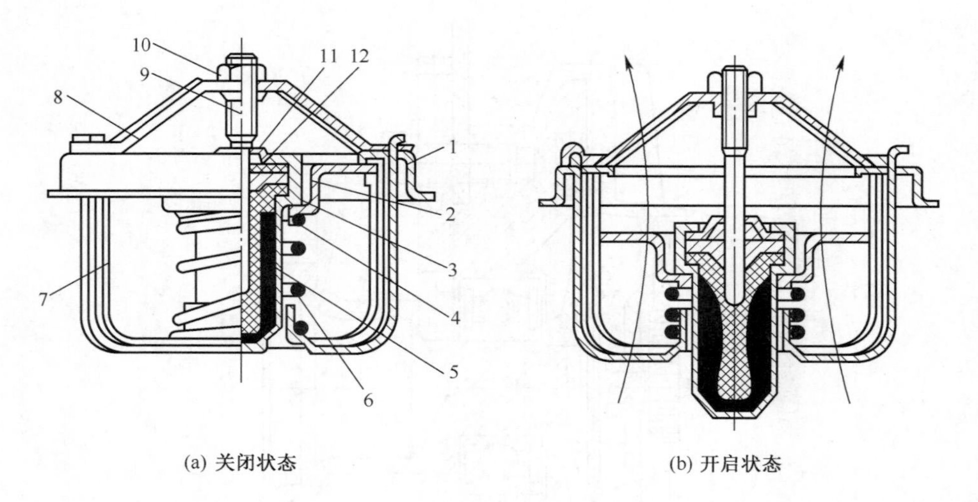

图 7-15　蜡式节温器

1—阀座；2—弹簧；3—节温器外壳；4—橡胶管；5—石蜡；6—弹簧；7—下支架；
8—上支架；9—反推杆；10—螺母；11—节温器盖；12—密封圈。

蜡式节温器的工作原理：

（1）当冷却水温度低于76℃时，石蜡呈固态，此时，弹簧6将阀门压在阀座1上，主阀门关闭、副阀门打开，冷却水从汽缸盖出水口经旁通阀直接进入水泵进水口进行小循环。

（2）当内燃机水温升高时，石蜡逐渐融化呈液态，体积随之增大，迫使橡胶管4收缩，而对反推杆9的锥状头部产生上举力，同时固定不动的反推杆9对橡胶管4和节温器外壳3产生向下的反推力。随着温度的不断升高，推杆的反推力克服了弹簧6的预紧力而向下移动，主阀门慢慢打开，当温度达到86℃时，主阀门完全打开，达到最大升程，从汽缸盖出水口出来的水则经主阀门和进水管进入散热器上贮水箱，经冷却后流到下贮水箱，再由出水口被吸入水泵的进水口，经水泵加压送入汽缸体分水管或水套中而进行大循环。

国外有些柴油机装有两个以上的节温器，如日产PD6型柴油机在回水歧管前装有三个节温器，日产RD8型内燃机装有两个节温器。其目的是为了避免水压和水温的急剧变化，防止由于其中一个节温器失效而引起内燃机过热。日产PD6内燃机的三个节温器，一个是在水温76℃时开启，达到90℃时全开；另一个是82℃时开启，95℃时全开；第三个节温器当水温超过95℃时才开启，冷却系的小循环通道才全部关闭，冷却水全部流经散热器，实行冷却系的大循环。

第三节　空气中间冷却器

空气中间冷却器，是将增压后的空气在进入汽缸前进行冷却的装置，简称中冷器。其作用是克服因增压后空气温度升高，密度减小而产生的不良影响，使增压后的空气降低到适宜的进气温度，以增加空气密度，提高充气效率。它可以使柴油机功率提高8%~10%。

中冷器的冷却介质有水、机油和空气。与此相应的有水对空气中冷系统、油对空气中冷系统、空气对空气中冷系统三种类型。WD615.67/77柴油机中冷器采用空气对空气冷却系统，其结构如同水散热器，中冷器芯管壁上带有散热片，散热面积为 0.4803 ㎡，位于水散热器前部，并与其安装在一起。

如图 7-16 所示为典型的水对空气型中冷器。它由中冷器壳及芯 4 等组成。中冷器壳由铝板摸压而成。中冷器壳分为中冷器盖 7 和中冷器体 1 两部分，中冷器盖通过进气接管与空气压缩机相连，中冷器还将进气歧管与汽缸盖进气口相连，中冷器芯由铜合金管子组成。发动机冷却水从中冷器后端的进水接头进入中冷器芯 4 中，然后由前端出水接头 9 流向节温器。空气由增压器压送到中冷器，流过中冷器受到冷却水的冷却，降温后而进入汽缸。

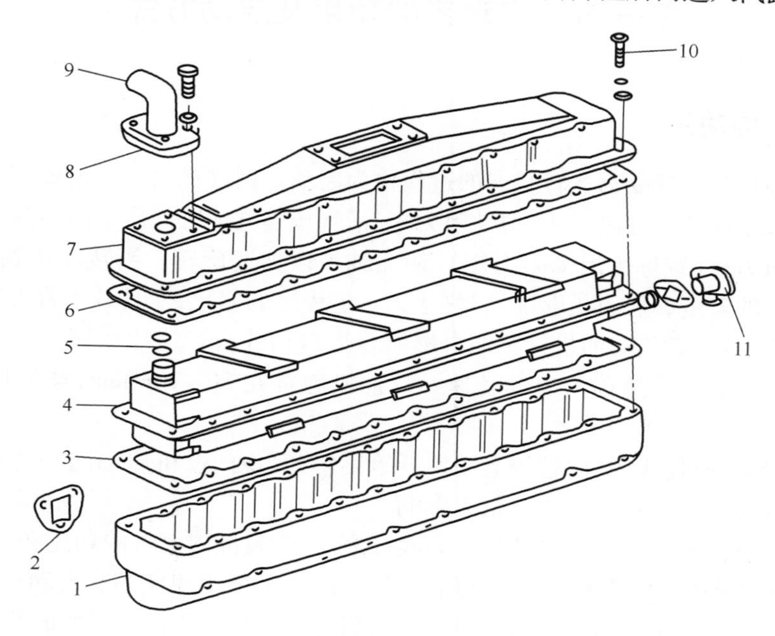

图 7-16　水对空气型中冷器分解图

1—中冷器体；2—进气歧管；3—垫片；4—中冷器芯；5—“O”形圈；6—中冷器盖垫片；7—中冷器盖；8—垫片；9—出水接头；10—螺钉；11—进水接头。

第八章 启 动 系

第一节 启动系的功用及启动方式

一、启动系的功用

内燃机由静止状态转变为运转状态的过程称为启动。内燃机启动时需要有一定的外来动力克服它本身运动件的摩擦阻力矩、惯性阻力矩、活塞压缩气体时的压缩阻力矩以及辅助机构和附件的各种阻力矩(统称为启动阻力矩),使曲轴得以加速旋转。当转速达到一定数值时,汽缸内压缩终了的温度和压力足够高、燃料达到一定程度的雾化,便具备了着火条件,这时,汽油机是在电火花的点燃下、柴油机是柴油自燃而着火启动并自行连续运转。在这一过程中能够开始着火启动的最低转速称为启动转速。汽油机通常在50~70r/min,柴油机通常在80~150r/min。

提供启动能量,驱使飞轮、曲轴等运动件开始旋转,实现内燃机启动的一套装置称为启动系。启动系的性能对内燃机的工作有很大影响。

启动可靠性是内燃机工作可靠性的重要表征之一,为发挥内燃机的功能必须保证这一点。在寒冷地区或野外条件下,要求工程机械用内燃机在或-40℃下也能顺利启动。

启动系应具备启动迅速方便,操作简单易行,启动后很快转入正常工作的性能。这不仅提高工作效率、减轻劳动强度,而且也保证了工程机械的机动性。启动过程,特别是寒冷季节的启动,其磨损量在内燃机的总磨损量中占很大比例。改善启动条件、保证迅速可靠启动是减少磨损的重要途径之一。

启动性能的好坏直接影响内燃机的使用经济性。启动性能不良会降低内燃机的使用寿命,增加燃料消耗。总之,启动系应具备工作可靠,启动迅速方便,适应于使用环境、经济耐用等良好性能。

二、常用启动方式

内燃机按其机种(汽油机或柴油机)、功率大小、使用场合等条件选择启动方式和有关辅助装置。

1. 人力启动

小型内燃机一般用人力启动,功率不超过14.7kW,汽缸不多于两个,缸径在110mm以下的柴油机几乎都采用人力启动。对于汽油机,除了小功率的以人力启动为主要方式外,一般汽车用汽油机都以人力启动为备用手段。

人力启动的方法多数以手摇把插入与曲轴相连接的凸瓜用人力摇动曲轴使之启动。手摇把与凸爪的连接,从设计上要保证单方向传递扭矩,以防内燃机反转时伤人。摇把一般为0.2~0.3m,人力不超过200N。有的四行程柴油机是通过驱动凸轮轴实现的,这样可获得较高的转速，利于启动。人力启动的另一种方法是用绳索缠绕在内燃机的绳轮上，拉动绳索拖转曲轴，每拉动一次，绳索都自行脱开，直至实现启动。

人力启动柴油机要有减压措施，并利用飞轮、曲轴等转动机构的惯性力来克服阻力。所以，小型柴油机不仅从转速均匀性上，而且从启动上都要求装有转动惯量足够大的飞轮。

人力启动具有装置简单、工作可靠等优点，但因操作不便、力量有限，缸数多于两个的内燃机基本不用。

2. 电动机启动

现代内燃机绝大多数采用串激低压直流电动机作为启动机，由蓄电池供给电能。电动机启动的优点是启动迅速、操作方便、启动结构紧凑、外形尺寸小，且电动机具有很大柔性的扭矩特性，由静止状态开始转动时有最大的驱动扭矩，正适合克服较大的静摩擦阻力矩。电启动的主要缺点在于目前常用的铅—酸蓄电池使用寿命短、耐震性差、使用麻烦（需经常充电）、温度低时放电能力急剧下降。为保证蓄电池的使用寿命，每次启动通电不超过15s，连续使用不超过三次，且各次之间的间歇时间不少于1min。

汽油机用启动电动机的功率大小为

$$N=(0.015\sim0.025)N_e$$

式中：N_e为汽油机有效功率。蓄电池容量为50~150Ah，电压为12V。

柴油机用启动电动机的功率为

$$N=(0.05\sim0.1)N_e$$

式中：N_e为柴油机有效功率。蓄电池容量为100~200Ah，电压为12V或24V。

3. 辅助汽油机启动

有些主要用于农业、矿山、工程机械的柴油机，经常在严寒、野外等困难条件下工作，常常采用辅助小汽油机作启动装置。这种汽油机用人力启动，它可以连续拖动主柴油机达10~20min之久，并可能用其冷却水和废气预热主机，因而在-40℃下仍能可靠启动。这种启动方式的缺点是操作不便、结构复杂庞大、启动时间长、机动性差，且需备有两种燃油，给使用带来麻烦。

4. 变换式启动

柴油机通过机构、燃油的变换，转变为汽油机进行启动，待预热充分、转速稳定后再变换为柴油机。在变换为汽油机时，采用启动电机或手摇启动。

柴油机变换为汽油机要做到三点：一是设置减压室，以阀门控制它与燃烧室的通道，两者相通时压缩比降低，以适应汽油机要求；二是增设汽油供给装置以及相应的进气道、阀门等，以提供可燃混合气；三是增设电火花点火系统。

汽油机易于启动，所以这种启动方式比较可靠。然而，其结构复杂、操作要求高，目前只在个别柴油机上使用。

5. 压缩空气启动

利用压缩空气，由气阀控制，以1.5~5MPa的压力，通过空气分配器，按照柴油机着火顺序，依次经由高压空气管路和汽缸上的单向阀进入处于工作行程的汽缸内，推动活塞使曲轴旋转实现启动，称为压缩空气启动。其优点是启动扭矩大、迅速可靠、对于大气温度不敏感、可在低温下工作。缺点是需有一套贮气瓶、分配器、高压气管及阀等设备，且其结构庞大、复杂且昂贵，当贮气瓶内高压空气用完后还需压气机予以充气，启动时空气在汽缸内膨胀，温度降低，加剧汽缸的冷态磨损。

这种启动方式一般用于缸径在150mm以上较大排量的固定式或船用柴油机。另外，个别内燃机用惯性启动、液压马达启动，启动可靠性强，但结构复杂，制造成本高。

第二节 电源设备

内燃机的电源设备主要有发电机和蓄电池，蓄电池起着储放电能的作用。内燃机启动后带动发电机发电，供电器设备使用。发电机在供电之余，将剩余的电能储存于蓄电池中；而当发电机不供电或供电不足时，蓄电池将所储存的电能输送给用电设备。内燃机使用的电源有6V、12V、24V。一般汽油机用12V，柴油机用24V，6V多用于摩托车上。内燃机电源与用电设备的连接常采用单线制，即一根导线连接电源，另一根导线由机体来代替，习惯上称为“搭铁”，目前内燃机基本采用负极搭铁。

一、蓄电池

1. 蓄电池的作用

(1) 启动内燃机时，供给启动机大电流(汽油机为200~600A，柴油机为800~1000A)，故称为启动型蓄电池。柴油机启动机的电压为24V，故常将两个12V的蓄电池串联使用。

(2) 在发电机不发电或电压较低的情况下向用电设备供电。

(3) 在用电设备短时间耗电超过发电机供电能力时，协助发电机向用电设备供电。

(4) 蓄电池存电不足，而发电机发电有余时，将多余电能转变为化学能贮存起来(即充电)。

(5) 蓄电池相当于一个大电容器，它可随时将发电机产生的过电压吸收掉，起到保护电器设备的作用。

蓄电池按照电解液成分和极板材料的不同，可分为酸性蓄电池和碱性蓄电池。其中常用的是酸性蓄电池，即铅蓄电池。铅蓄电池以其内阻小，能迅速供给内燃机启动所需的较大电流、制造简单、成本低和寿命长等优点而得到广泛应用。

从技术发展和使用角度，蓄电池又可分为普通型、干荷电型和免维护型。

干式荷电铅蓄电池，就是蓄电池在干燥条件下，能够长期保存其极板具有的干荷电性能。这种电池在规定的两年保存期内，如果急需，只要对它灌注密度为1.285g/cm^3(30℃)的电解液，静置0.5h(不得少于20min)，不需进行初充电，即可启动车辆。

铅蓄电池在使用中需要经常维护，因而在现代内燃机上广泛使用一种新型蓄电池，称为免维护蓄电池，又称MF蓄电池。这种蓄电池的电解液由制造厂在出厂前一次性注入，并密封在壳体内，故不会因电解液泄露而腐蚀机体和接线柱。这种蓄电池在规定的条件下不需补加蒸馏水可使用3~4年，市内短途车可行驶8万千米，长途车可行驶40万~48万千米不需维护。

2. 蓄电池的构造

蓄电池的构造如图8-1所示。它主要由极板、隔板、电解液和外壳等部分组成。

每个单格电池都有正、负两个极柱，分别连接正、负极板组，连接正极板组的称为正极柱，连接负极板组的称为负极柱。

极柱连接板用来连接相邻单格电池的正、负极柱，使单格电池相互串联成多伏的电池。一只12V的蓄电池由6个单格电池串联而成。两端剩余的极柱，正极柱接启动机开关接柱，负极柱接车架(接铁)。解放CA1091型汽车电器系统中用一只6-Q-100型电压为12V的蓄电

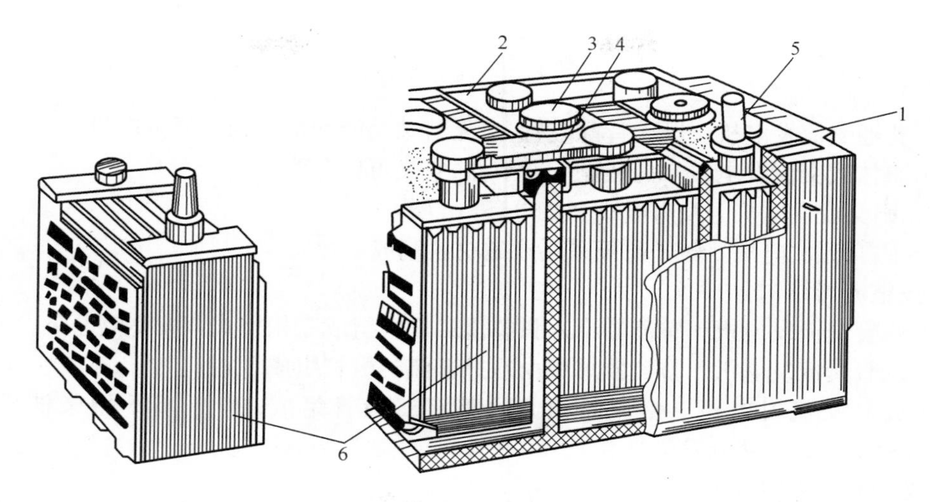

图 8-1　铅蓄电池的结构

1—外壳;2—盖子;3—加液孔盖;4—连接板;5—接柱;6—极板组。

池;东风 EQ1090 型汽车电器系统采用一只 6-Q-105 型电压为 12V 的蓄电池。

3. 蓄电池工作原理

铅蓄电池的化学反应过程是可逆的。蓄电池的充放电过程可以用下式表示:

$$PbO_2+Pb+2H_2SO_4 \Longleftrightarrow 2PbSO_4+2H_2O$$

可以看出,在反应过程中有水析出而蒸发,所以要经常检查液面高度,不断补充蒸馏水,保持电解液应有的高度。

4. 蓄电池的型号标志

解放 CA1091 车用的蓄电池型号 6-Q-100。含义为:6 表示由 6 个单格电池组成,电压为 12V;Q 表示启动用铅蓄电池,100 表示额定容量 100Ah。

5. 蓄电池的正确使用

普通蓄电池的使用寿命一般为 1~2 年,要延长其使用寿命,应该正确使用蓄电池。

(1) 大电流放电时间不宜过长。使用启动机每次启动时间不要超过 5s,相邻两次启动时间间隔应在 15s 以上。

(2) 充电电压不要过高。充电电压增高 10%~20%时,蓄电池寿命将会缩短 2/3 左右。

(3) 冬季要注意蓄电池保持充足电状态,以免电解液密度降低而结冰。

(4) 尽量避免蓄电池过放电和长期处于欠充电状态下工作,放完电的蓄电池应该在 24h 内充电。在存放期内每月进行一次补充充电,正常使用时每 3 个月进行一次补充充电。

(5) 购买蓄电池时,应注意不要超过出厂日期 2 年。

(6) 蓄电池电解液的液面高度应超出极板上缘 10~15mm,绝不能露出极板,以防极板发生不可逆的硫酸盐化。若液面不足 10mm,则应添加蒸馏水,添加蒸馏水只能在充电前进行。

(7) 拆装蓄电池时,为保证用电设备的安全,应先拆下搭铁线,然后拆电源线。装蓄电池时应最后装搭铁线。

二、交流发电机

1. 作用

交流发电机是工程机械的主要电源,由内燃机驱动。其作用是在交流发电机正常工作时,除向启动机以外的所有用电设备供电外,还向蓄电池充电。

2. 分类

1）按总体结构分

（1）普通交流发电机。既无特殊装置，也无特殊功能和特点的交流发电机。

（2）整体式交流发电机。内装电子调节器，它又可区分为：

① 无刷交流发电机。没有电刷和集电环（滑环）。

② 永磁交流发电机。转子磁极采用永磁材料制成。

2）按整流器结构分

（1）六管交流发电机。整流器由六只整流二极管组成三相桥式全波整流电路。

（2）八管交流发电机。整流器总成由八只整流二极管组成。

（3）九管交流发电机。整流器由九只整流二极管组成，如 WD615 型柴油机上采用 JFZ2518A 型 28V27A 交流发电机。

3）按磁场绕组搭铁形式分

（1）内搭铁型交流发电机。发电机磁场绕组的一端与发电机壳体连接。

（2）外搭铁型交流发电机。发电机磁场绕组的一端经调节器后搭铁。

3. 交流发电机的构造和工作原理

1）构造

交流发电机的结构基本相同，只是由于使用条件不同，在局部结构如皮带轮尺寸、槽型、槽数、整流管数、转子以及接线方式等方面有所差异外，均由转子、定子、整流器和端盖四部分组成。斯太尔汽车装配的 JFZ2301A 型 28V35A，EQ2102 越野汽车装配的 JFW2621 型 28V45A 都属于爪极式无刷交流发电机。下面以 JFW2621 型 28V45A 交流发电机来说明其构造与工作原理，如图 8-2 所示。

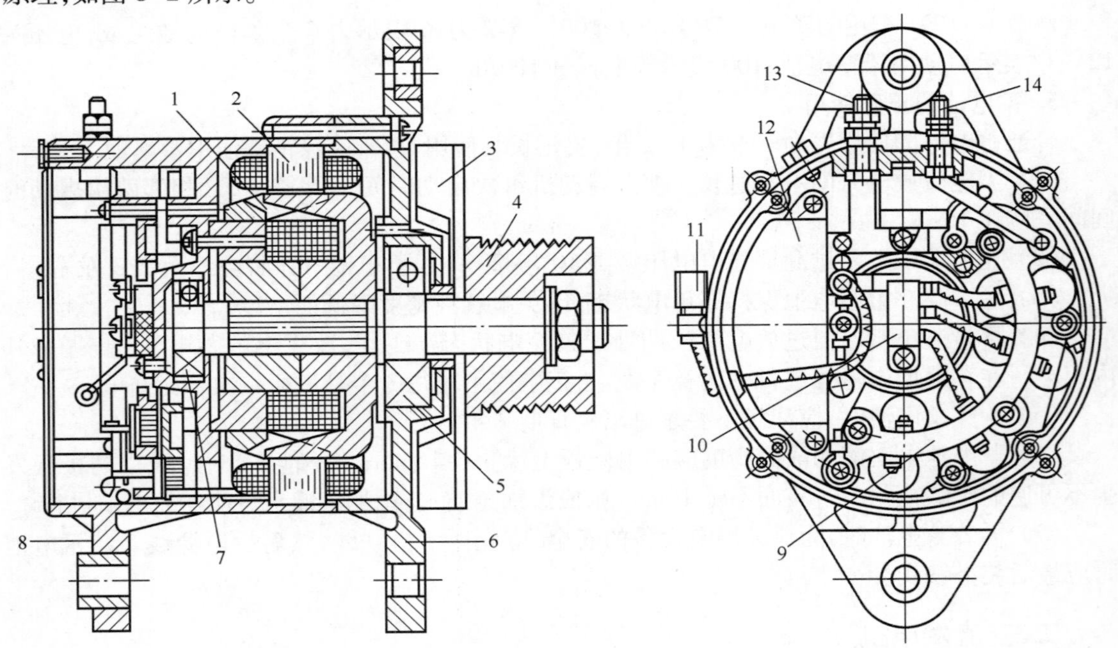

图 8-2　JFW2621 交流发电机

1—转子；2—定子总成；3—风扇；4—皮带轮；5、7—轴承；9—前端盖；8—后端盖；9—整流板；10—激磁二极管总成；11—D+插头；12—调节器；13—“B”接线柱；14—“N”接线柱。

2）转子

转子的作用是产生磁场，由磁轭、磁场绕组和爪极等组成。爪极式无刷交流发电机的结构原理和磁路如图 8-3 所示。磁场绕组 7 装于磁轭托架 2 上，该托架用螺钉固定在后端盖 3 上。左边爪极 4 用非导磁材料 6 与固定于转子轴 1 上的右边爪极 8 相连接。当转子轴旋转时，右边爪极 8 带动左边爪极 4 一起在定子和磁轭托架间的空间内转动，即只转动爪极，而磁场绕圈是固定不动的。有刷式交流发电机，磁场绕组与爪极随转子轴一起转动。

当磁场绕组中有电流通过时，便产生轴向磁通，使爪极磁化，从而形成六对相互交错的磁极。其主磁通路径是从转子磁轭出发，经附加气隙→磁轭托架 2→附加气隙→左爪极 4 的 N 极→主气隙→定子铁芯 5→主气隙→右爪极的 S 极→转子磁轭 9，形成闭合回路。由主磁通路径可见：爪形磁极的磁通是单向通道，即左边的爪极全是 N 极，右边的爪极全是 S 极；要使磁感线穿过定子，必须保证相邻异性磁极间的气隙大于转子与定子间的气隙，才能使定子绕组切割磁感线而发电。

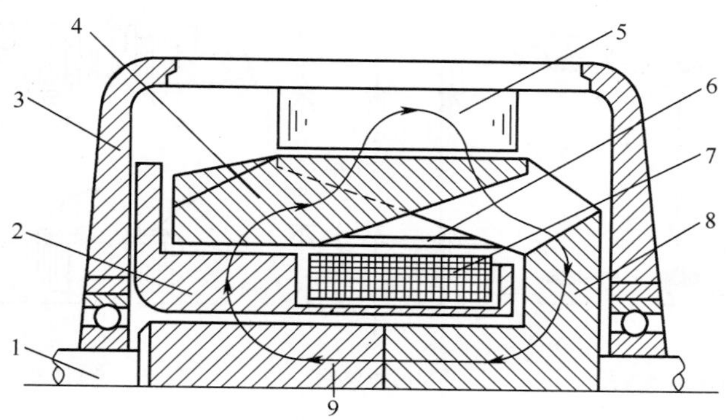

图 8-3　爪极式无刷交流发电机结构原理及磁路

1—转子轴；2—磁轭托架；3—后端盖；4—左爪极；5—定子铁芯；
6—非导磁材料；7—磁场绕组；8—右爪极；9—磁轭。

3）定子

定子的作用是产生交流电，由定子铁芯和定子绕组组成。定子铁芯由相互绝缘的内圆带嵌线槽的圆环状硅钢片叠成，紧夹于两端盖间。嵌线槽内嵌入三相对称定子绕组，以使三相定子绕组产生频率相同、幅值相等、相位互差 120°（电角度）的三相对称电动势。绕组一般采用星（Y）形接法，即三相绕组的三个线圈首端与整流器的硅二极管相接，三相绕组的尾端连接在一起，形成中性点（N）。图 8-4 为定子绕组结构和星形连接图。

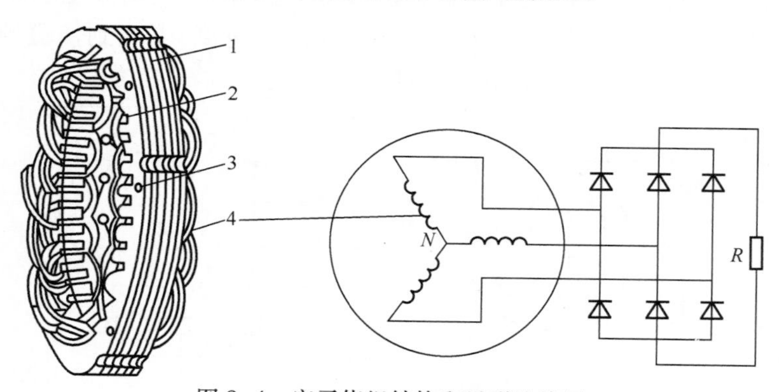

图 8-4　定子绕组结构和星形连接图

1—定子铁芯；2—定子槽；3—铆钉；4—定子绕组；*N*—中性点；*R*—负载。

4）整流器

整流器的作用是将定子绕组产生的交流电变成直流电。车用硅整流二极管的特点是电流大、反向电压高。二极管的引线是一个极，外壳是一个极，引线为正极的二极管安装在一个称为正整流（或正元件）板上；引线为负极的二极管安装在一个称为负整流（或负元件）板上，正负整流板间用绝缘垫隔开，且紧固整流板的螺钉必须与正整流板绝缘，同时将负整流板紧压于外壳上，即负整流板必须与端盖保持良好接触和搭铁。正整流板上制有一个螺孔，通过该孔并与端盖绝缘的螺钉将整流后的直流电引至端盖外，称此接线柱为"B"接线柱（或"电枢""输出"接线柱，有的发电机标"A"）。整流器总成装于后端盖的外侧，以利冷却和便于维修。整流器外面加装防护盖。二极管通过焊接（如 JFW1521 型交流发电机）或压装（如 JFW2621 型交流发电机）方式装于整流板上，图 8-5 为安装示意图和电路图。

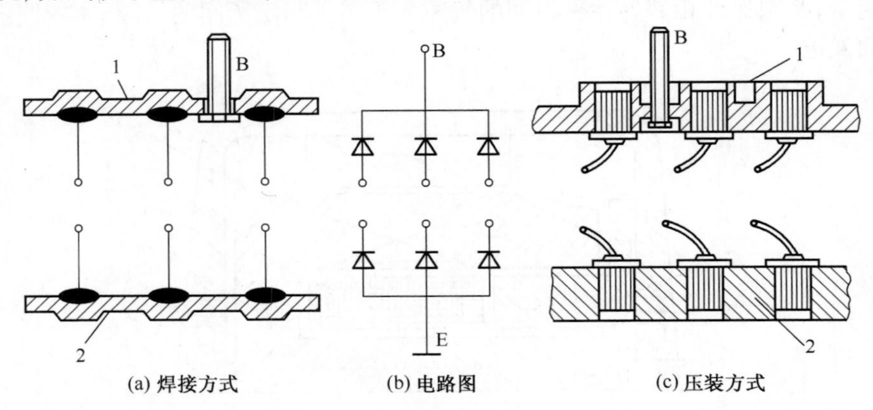

图 8-5　二极管安装示意图和电路图

1—正整流板；2—负整流板。

5）端盖

前端盖的前面有通过半圆键装于转子轴上的风扇、皮带轮，由发动机通过传动皮带驱动皮带轮使转子旋转。发电机的通风散热是靠风扇完成的。

2. 发电原理

磁场绕组通过电流后便产生磁场，当转子旋转时，定于绕组就切割磁场组产生磁感应线，并在定子三相绕组中感应产生频率相同、幅值相等、相位互差 120°（电角度）的交流电动势。定子绕组的匝数越多，转子旋转的速度越快，绕组内产生的感应电动势也越高。图 8-6 为交流发电机的工作原理图。当磁场电流（即通过磁场绕组的电流）增大到使磁场磁轭达到饱和时，磁通便不再增加，则感应电动势也趋于稳定。

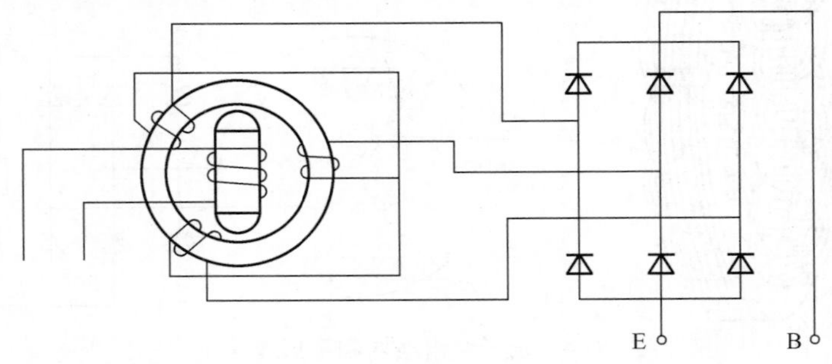

图 8-6　交流发电机工作原理

爪极制作成鸟嘴形是因其磁通密度近似于正弦规律分布，则在三相定子绕组中感应产生的交流电动势波形也近似于正弦波形。

第三节　电动机启动

现代机械车辆广泛采用由蓄电池供电的电启动机，它一般由直流电动机、传动机构（或称离合机构）、操纵装置三部分组成。

一、启动电机的特性

启动电机大都使用串激式直流电动机，它具有以下特性。

（1）启动扭矩大：电磁扭矩 M 等于 $K_m\phi I_s$，由于串激式电动机中，电枢电流 I_s 等于励磁电流，亦等于负载电流 I_f，所以 $\phi = KI_1 = KI_s$，于是 $M = K_m\phi I_s = KI_s^2$。

从上式看出，串激直流电动机的电磁扭矩在磁路未饱和时与电枢电流 I_s 的平方成正比。因此，在供给同样的电枢电流时，串激式直流电动机可获得比并激式直流电动机大得多的电磁扭矩。

（2）串激直流电动机具有轻载转速高、重载转速低的特性。

$$n = \frac{U - I_s \sum R}{K_e \Phi}$$

式中：$\sum R$ 包括电枢电阻、励磁电阻、电源内阻、电刷电阻等。

当 I_s 增加时（即负载增加时），电压降增加，在磁路未饱和时，磁通 Φ 也增加。因此电动机转速将急剧下降。而轻载时，I_s 小，Φ 也很小，由公式可以看出，转速就很高。

串激直流电动机的这种机械特性称为软特性。这个特性使它在启动时很平稳安全。但在轻载（或空载）时，转速很高，易造成飞车，应在使用中注意。

在结构上，启动电机有以下特点。

（1）为了保证有足够的功率和启动力矩，电启动机通常做成四极或六极的。

（2）由于启动时电枢须通过很大的电流（高达几百安培），因此启动电机的电枢绕组通常用粗大的矩形截面铜线绕制而成。

（3）由于启动机的电流较大，为了减少电阻，故电刷采用含铜石墨制成。换向器铜片间的绝缘云母片不凹下，以免电刷磨下的铜末聚集在凹槽中而造成短路。

（4）由于启动机短时工作的特点，因此电枢的轴承多采用滑动轴承。以上几点都与直流发电机的结构不同。

二、直流电动机

1. 直流电动机的结构组成

电动机的作用是产生转矩。它的结构与直流发电机相似，也是由磁场、电枢、电刷装置等部分组成。

1）磁场部分

（1）磁极铁芯：用硅钢片冲制叠压而成。为了尽可能在较小体积内获得较强磁场，直流电动机的磁极铁芯一般由四个组成。四个磁极铁芯相对地用螺钉固定在启动机的内壁上，即南极对南极、北极对北极。

（2）磁场绕组：由扁而粗的铜质导线绕成，匝间用复合绝缘纸绝缘。外部用无碱玻璃纤维带包扎，并经浸漆烘干，套装在铁芯上。励磁绕组的线匝绕向，必须保证通电后产生 N、S 交叉排列的极性，并经机壳形成磁路。

四个绕组的连接方式有两种，即串联和并联。相互串联（图 8-7（a）），绕组的一端接在外壳绝缘接柱上，另一端和两个正电刷相连，通过电枢线圈、负电刷而后搭铁。因此，在工作中磁场线圈和电枢线圈是串联的，故称这种电动机为串激式电动机。有的启动机将四个磁场绕组每两个串联一组，然后再与电枢绕组串联（图 8-7（b）），可以在导线截面尺寸相同的情况下增大启动电流，从而增大转矩。目前，汽车上普遍采用的启动机是串激式直流电动机。在低转速时扭力很大，并且随转速升高逐渐减小，这一特性符合内燃机启动要求。

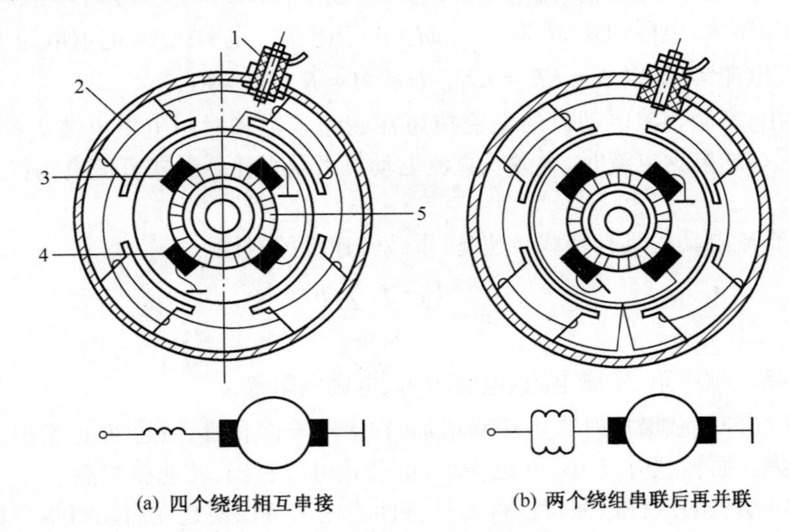

(a) 四个绕组相互串接　　(b) 两个绕组串联后再并联

图 8-7　启动机励磁绕组的接法

1—绝缘接线柱；2—磁场绕组；3—绝缘电刷；4—搭铁；5—换向器。

2）电枢部分

（1）电枢绕组：为了通过较大的电流以获得大的功率和扭矩，电枢绕组也采用扁而粗的铜质导线绕成。由于电枢导线采用裸体用线，为防止短路，导线铁芯之间、导线与导线之间均用绝缘性能较好的绝缘纸隔开。电枢绕组各线圈的端头都焊接在换向器铜片的凸缘上，通过电刷将蓄电池的电流引入，如图 8-8（a）所示。

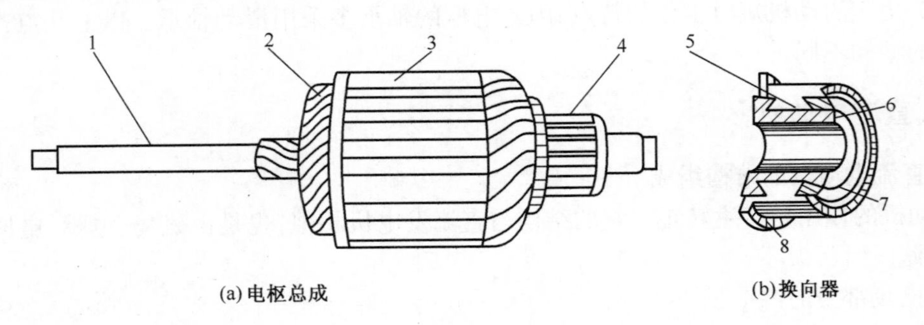

(a) 电枢总成　　(b) 换向器

图 8-8　启动机电枢的结构

1—电枢轴；2—电枢绕组；3—铁芯；4—换向器；5—换向片；6—轴套；7—压环；8—焊线凸缘。

（2）换向器：其构造与发电机整流器基本相同，只是由于换向片通过电流较大，每块换向器片的截面稍大。片与片之间的绝缘物（云母片）不割低，而与换向器片同高，以免铜质电刷磨落下来的铜粉造成换向器片间短路，如图 8-8（b）所示。

（3）电枢轴：启动机电枢轴比发电机电枢轴长，并且轴上制有传动键槽，用以与启动机离合器配合。电枢轴一般采用前后端盖和中间支撑板三点支撑，其轴承是采用石墨青铜制成的平轴承。为防止轴向窜动，轴尾端肩部与后端盖之间装有止推垫圈。

3）电刷与电刷架

电动机有四个电刷，正负相间排列。电刷是铜粉和石墨粉压制而成，呈棕红色。其截面积较大，引线也应加粗或采用双引线。刷架多制成框式，正极刷架与端盖绝缘固装，负极刷架直接搭铁。刷架上装有弹性较好的盘形弹簧。

2. 直流电动机的工作原理

直流电动机是将电能转变为机械能的设备，其结构与发电机相似，原理相逆。处于磁场中的电枢绕组 *abcd*，经换向器 A、B 和正负极电刷与电源连接。当接通电源时，绕组中的电流方向为 $a \to b \to c \to d$（图 8-9（a）），同时磁场绕组也接入了电流，从而产生磁场，于是线圈 *abcd* 受到一个绕电枢反时针方向旋转的转矩。当电枢转过半周，处于如图 8-9（b）所示位置时，换向器 B 转向正电刷，换向器 A 则转向负电刷，电枢绕组中电流的方向则改变为 $d \to c \to b \to a$。但是由于换向器的作用，使处于 N 极下和 S 极上的导体中的电流方向并没有改变，因此电枢继续按反时针方向转动。这样，由于流过导体中的电流保持固定方向，使电枢轴在一个固定方向的电磁力矩的作用下不断旋转。

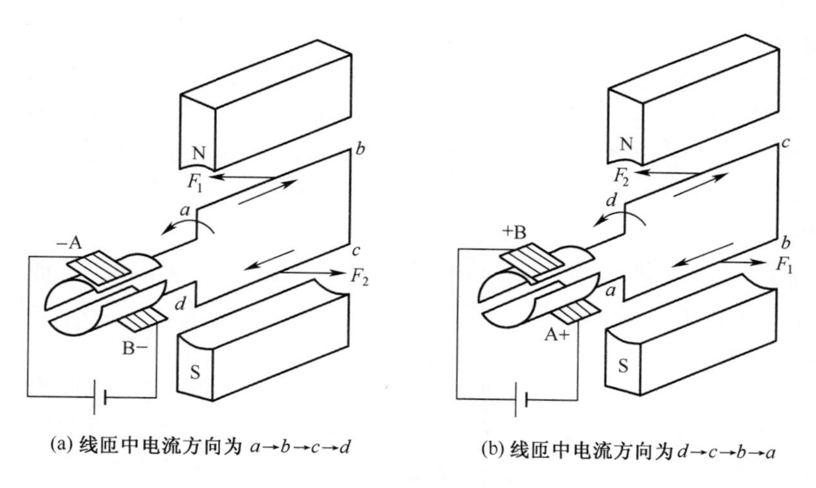

(a) 线匝中电流方向为 $a \to b \to c \to d$　　(b) 线匝中电流方向为 $d \to c \to b \to a$

图 8-9　直流电动机工作原理

3. 传动机构

启动机传动机构的作用是：启动时使驱动齿轮与飞轮齿环啮合，将启动机转矩传给内燃机曲轴；启动后，使电动机和飞轮齿环自动脱开，防止电动机因超速旋转而损坏。

对于大功率启动机，当内燃机阻力矩过大不能启动时，传动机构应能自动打滑，防止启动机因超负荷而引起损坏。

启动机上常用的传动机构有单向滑轮式、摩擦片式和弹簧式三种。最常用的是单向滑轮式离合器，如 EQ6100、CA6102 汽油机的启动机均采用此种离合器，而 CA6110、6BT 等柴油机的启动机等采用摩擦片式离合器。

1）单向滑轮式离合器

（1）结构组成。

单向滑轮式离合器，简称啮合器。如图 8-10 所示，单向滑轮的圆形外座圈 2 与传动导管 1 的一端固装在一起，外坐圈内部制成"+"字形空腔。驱动齿轮 7 的尾部成圆柱形，伸在外坐圈的空腔内，使四周形成四个楔形小空腔室。腔室内放置滚柱 3，在腔室较宽的一边的坐圈孔内，还装有弹簧和压帽。平时，弹簧经压帽将滚柱压向楔形室较窄的一面，坐圈的外面包有铁壳，起密封和保护作用。

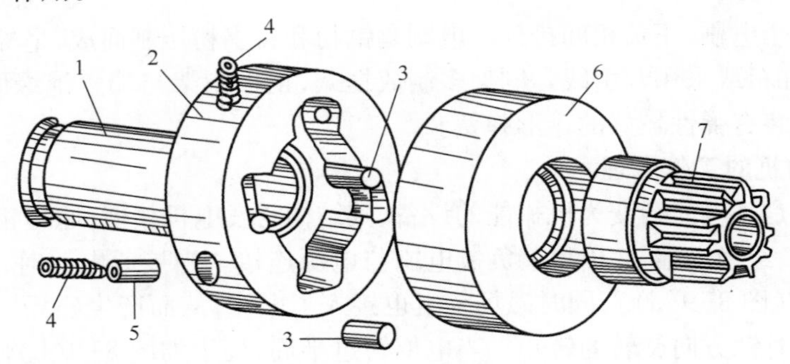

图 8-10　单向滑轮式离合器构造

1—传动导管；2—单向滑轮外座圈；3—滚柱；4—弹簧；5—压帽；6—铁壳；7—驱动齿轮。

由于单向滑轮内部工作时要发生摩擦，故在出厂前内部已加足黄油，使用中不需补充，修理时不可将其放在汽油、煤油中清洗，以免将内部润滑油洗掉。

单向滑轮传动导管内有键槽，套在启动机轴的花键部分，而驱动齿轮则套在轴的光滑部分，它们可以随轴转动，又可以在轴上前后移动，以便驱动齿轮和飞轮能够啮合与分离，为了控制驱动齿轮的前后移动，在启动机后端盖上又装有移动叉。移动叉下端叉在传动导管外面的滑环上。在滑环与单向滑轮之间又装有缓冲弹簧。移动叉中部的销钉上装有弹力较大的回位弹簧，在它的作用下，驱动齿轮与飞轮保持分离状态。

（2）工作情况。

启动时，驾驶员控制操纵装置，使移动叉下端后移，将驱动齿轮推出与飞轮啮合。当解除操纵后，在回位弹簧作用下，两齿分离，一切复原。

在两齿啮合过程中，单向滑轮的工作情况是：

① 启动机带动内燃机时。此时，电枢轴是主动的，而飞轮和与飞轮相啮合的驱动齿轮及其尾部处于静止状态。在驱动齿轮尾部的摩擦力和弹簧 7 的推动下，滚柱处在楔形室较窄的一边，使外座圈和驱动齿轮尾部之间被卡紧而结合成一体，于是驱动齿轮便随之一起转动并带动飞轮旋转，使内燃机开始工作（图 8-11）。

② 内燃机启动后飞轮带动驱动齿轮运转时。此时，飞轮是主动的，电枢轴是被动的，即驱动齿轮是主动的，外座圈是被动的。在这种情况下，驱动齿轮尾部将带动滚柱克服弹簧张力，使滚柱向楔形室较宽的一面滚动，于是滚柱在驱动齿轮尾部与外座圈间发生滑摩，使驱动齿轮随飞轮旋转，内燃机的动力并不能传给电枢轴，起到自动分离的作用。此时电驱轴只是自己空转从而避免了超速的危险。

2）摩擦片式离合器

（1）结构组成。

摩擦片式离合器的构造如图 8-12 所示，花键套筒套在电枢轴的螺旋花键上，在花键套筒

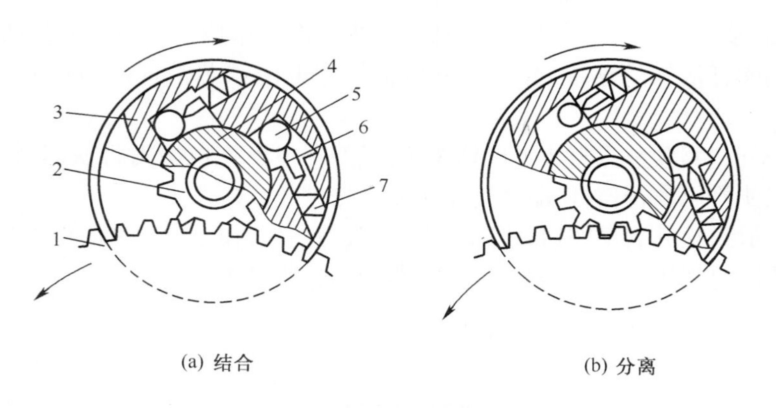

(a) 结合　　(b) 分离

图 8-11　单向滑轮工作原理

1—飞轮；2—驱动齿轮；3—外座圈；4—驱动齿轮尾部；5—滚柱；6—压帽铁壳；7—弹簧。

的外表面上有三条螺旋花键，内接合鼓（主动鼓）就套在其上。内接合鼓上有四个轴向槽用来插放主动摩擦片的内凸齿。被动摩擦片的外凸齿插在与驱动小齿轮相固联的外接合鼓（被动鼓）的切槽中。

（2）工作情况。

当启动机驱动轴带动花键套筒 10 旋转时，内结合鼓 9 在花键套筒 10 上左移而将主动摩擦片 8 和被动摩擦片 6 压紧，此时离合器处于结合状态，启动机转矩依靠摩擦片间的摩擦传给驱动齿轮，从而带动飞轮旋转。内燃机启动后，驱动齿轮 1 由主动齿轮变为从动齿轮，且转速超过花键套筒 10。此时，内结合鼓 9 在花键套筒 10 上右移，摩擦片松开，离合器处于分离状态，故内燃机转矩便不能传给电动机电枢，防止了电动机超速。此外，利用调整垫圈 5 可以改变内结合鼓端部与弹簧垫圈 3 间的间隙，以控制弹簧垫圈 3 的变形量，从而调整离合器所能传递的最大摩擦力矩。

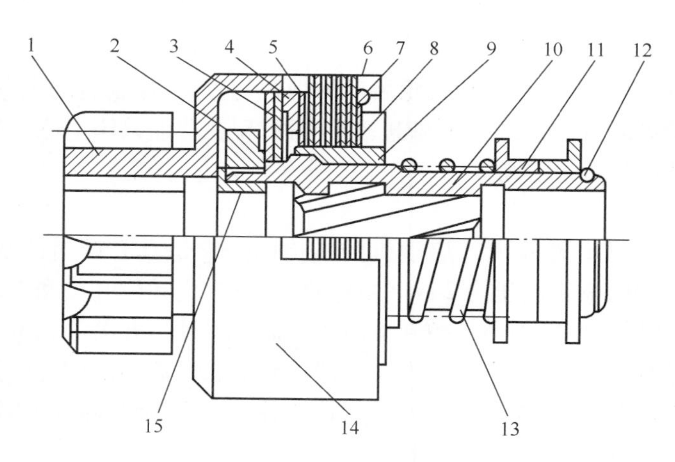

图 8-12　摩擦片式离合器

1—驱动齿轮；2—止推螺母；3—弹簧垫圈；4—压环；5—调整垫圈；6—被动摩擦片；7、8—主动摩擦片；9—内结合鼓；10—离花键套筒；11—移动衬套；12—卡环；13—缓冲弹簧；14—外结合鼓；15—挡圈。

4. 拨叉

拨叉的作用是使离合器做轴向移动，使驱动齿轮啮入或脱离飞轮齿环。现代启动机多采用电磁式拨叉，如图 8-13 所示。

它用外壳封装于启动机客体上,有可动和静止两部分组成。可动部分包括拨叉和电磁铁芯,两者之间用螺杆活络的连接,静止部分包括绕在电磁铁芯铜套外的线圈、拨叉轴和复位弹簧。

内燃机启动时,驾驶员只需按下启动按钮,线圈通电产生电磁力将铁芯吸入,于是带动拨叉转动,由拨叉头推出离合器,使驱动齿轮啮入飞轮齿环。

内燃机启动后,松开启动按钮,线圈断电,电磁力消失,在复位弹簧的作用下,铁芯推出,拨叉返回,拨叉头将打滑工况下的离合器拨回,驱动齿轮脱离飞轮齿环。

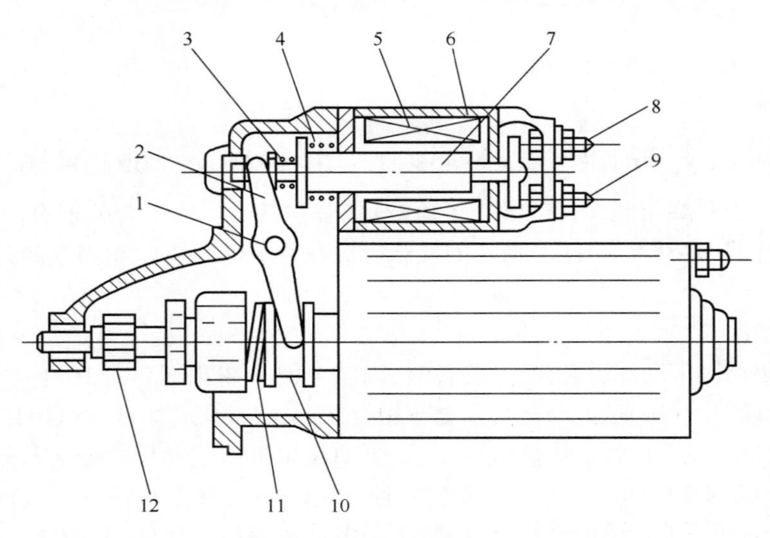

图 8-13　电磁式拨叉

1—拨叉轴;2—拨叉;3、4—弹簧;5—线圈;6—外壳;7—电磁铁芯;8、9—接线柱;
10—拨环;11—啮合齿轮;12—驱动齿轮。

5. 操纵装置

操纵装置的作用是操纵离合器和飞轮齿环的啮合与分离,控制启动机电路的接通与切断。按操纵方式不同,操纵装置分为机械式和电磁式两种,现在普遍采用电磁式操纵装置。

1) 电磁式操纵强制啮合装置

(1) 结构组成。

图 8-14 是 ST614 型电磁操纵式启动机的结构图。它是具有两对磁极的串激直流电动机,额定功率为 5. 14kW,额定电压为 24V。由电磁铁机构、启动机开关和启动按钮等组成。

电磁铁机构的作用是用电磁力来控制单向离合器和电动机开关。在电磁铁的黄铜套上绕有两个线圈,其中导线粗、匝数少的称为吸拉线圈;导线细、匝数多的称为保持线圈。两线圈的绕向相同,其一端均接在保持、吸拉线圈的公共接线柱上。保持线圈的一端搭铁,吸拉线圈另一端接在启动机开关接柱上与电动机串联。

在铜套内装有固定铁芯和衔铁,衔铁尾部与连接杆相连,以便衔铁带动拨叉运动。

启动机开关由接线柱、触盘、触盘弹簧及推杆组成。开关的两个接线柱固定在绝缘盒上,其外端分别接电源和启动机电路,内端与开关的两个固定触头相连,活动触盘装在推杆上并与推杆绝缘,推杆装在固定铁芯的孔内。

启动按钮:启动按钮和开关的作用是接同或断开保持、吸拉线圈电路,以操纵启动机启动或停止。

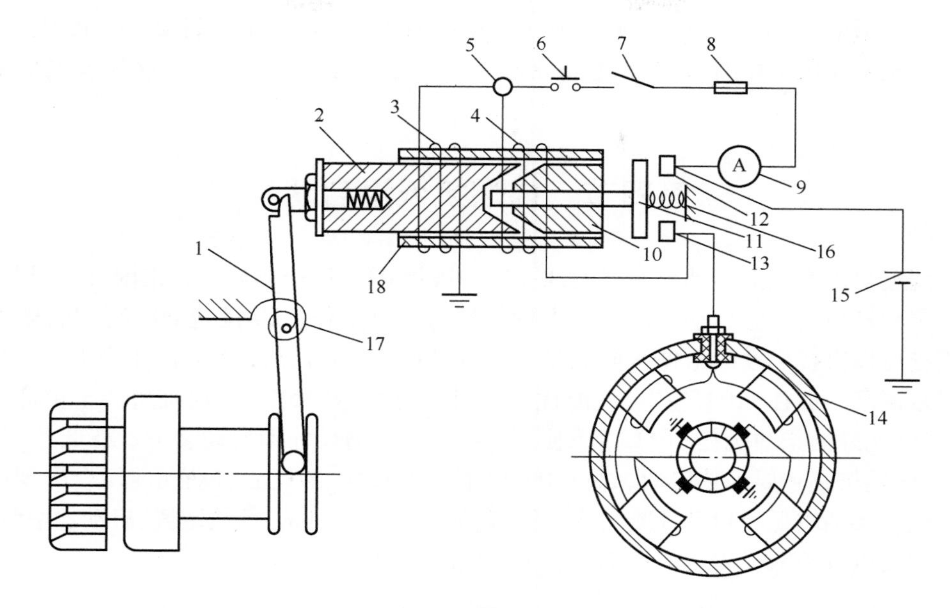

图 8-14　ST614 型电磁操纵式启动机的结构图

1—拨叉杆；2—衔铁；3—保持线圈；4—吸拉线圈；5—保持、吸拉线圈接线柱；6—启动按钮；7—电源开关；8—保险丝；9—电流表；10—固定铁芯；11—触盘；12、13—接线柱；14—启动机；15—蓄电池；16—触盘弹簧；17—回位弹簧；18—铜套。

(2) 工作情况。

当接通电源开关后，按下启动按钮，两线圈同时接通，由于两线圈的电流方向相同，产生的磁力叠加，吸力增强，衔铁在电磁力的作用下，克服回位弹簧的拉力而被吸入，于是衔铁连接拉杆拉动拨叉杆，将离合器和小齿轮推出。同时，流过吸拉线圈的电流经电机的磁极线圈和电枢绕组，启动电机开始缓慢旋转，使驱动小齿轮在缓慢旋转中与飞轮齿圈啮合。

在花键套筒沿电枢轴上的螺旋花键向左移动时，同时转动，这样就防止了小齿轮齿牙与飞轮齿圈顶住而不能啮合的弊病。

当驱动齿轮全部与飞轮齿圈啮合后，触盘正好将接线柱 12、13 接通，使启动机的主回路接通。大电流立即流入电机的电枢产生正常转矩，电机迅速旋转。这时启动机的扭矩由电枢轴通过螺旋花键传递给花键套筒。因为此时离合器主动盘与花键套筒之间有一定转速差，使主动盘靠惯性沿三线花键向左移动，使被动摩擦片与主动摩擦片压紧，将扭矩传递给启动机小齿轮，带动内燃机飞轮齿圈旋转。此过程中，主触头的闭合仅靠保持线圈吸引而维持，吸拉线圈已被短路。

当内燃机启动后，在松开按钮的瞬间，吸拉线圈和保持线圈形成串联。这时吸拉、保持线圈中虽有电流通过，但两线圈中的电流产生的磁场方向相反，电磁力迅速减弱，于是衔铁在回位弹簧的作用下退出，触盘在其弹簧作用下左移，使触盘与触头分离，电路被切断，启动机停止转动。与此同时拨叉在回位弹簧作用下，带动离合器右移，使驱动小齿轮与飞轮齿圈脱离。

2) 启动机驱动保护电路

内燃机启动后未及时放松启动开关，若启动机仍继续工作，则将造成单向滑轮长时间滑摩而加速损坏；内燃机启动后误将启动开关接通时，若启动机进行工作，则将使驱动齿轮与高速旋转着的飞轮齿圈碰击，必然把齿轮打坏。为了避免这两种错误操作所造成的危害，在电磁式操纵装置中,都利用一定的保护电路,以延长启动机的使用寿命。由于启动机的驱动保护电路是依靠发电机来完成工作的,因此其电路分为直流发电机驱动保护电路和交流发电机驱动保护电路。

第四节　内燃机低温启动

环境温度对内燃机的启动影响很大,低温(一般指 0℃以下)给启动带来困难。很久以来,人们为改善内燃机的低温启动性能做了大量的试验研究工作。20 世纪 60 年代初,柴油机不加辅助措施可以直接启动的最低极限温度一般在 0℃左右。目前,世界上启动性较好的柴油机启动极限温度一般在-10℃左右,性能优良的机型可低达-15℃,个别机型甚至更低。这就是说,即使性能好的柴油机在-10℃以下使用也往往需要增设辅助启动装置。在低于-30℃严寒条件下,内燃机必须要加热启动。在-40℃以下为极寒,内燃机的启动和使用会出现更严重的困难。改善柴油机低温启动性能的途径很多,如安装减压机构、预热装置、启动加浓装置、综合启动加热器以及喷入易着火的启动液和使用低温机油等。

一、低温启动的必要措施

1. 使用防冻液

低温时为保证水冷内燃机的正常启动和停放时不被冻坏,必须选用适合的防冻液做冷却剂。防冻液的配制和应具备的性质以及选用条件参阅有关资料。

2. 采用低温油料

低温时柴油黏度增加,流动性差,当气温低至一定温度时,其中的石蜡和水分结晶成颗粒析出,甚至堵塞油路,影响正常供油。低温下燃油蒸发性差,雾化不良,不利于着火。

低温时润滑油、润滑脂黏度增加,甚至凝固,失去润滑性能,也使启动阻力矩急剧增大,难于启动。

基于以上原因,在低温条件下,必须要选用符合使用条件的防冻液、燃油、润滑油、润滑脂、蓄电池,只有这样才能保证内燃机的正常启动和工作。

3. 蓄电池的保温加热和低温蓄电池的应用

普通铅-酸蓄电池的电解液比重在低于或超过 1. 29 时其冰点都急剧升高。当充足电时比重为 1. 27~1. 29,其冰点低于-60℃,放完电后比重为 1. 15~1. 16,其冰点仅为-15℃左右。因此,寒冷时要求电解液具有足够的比重,以免蓄电池被冻结。低温下蓄电池的化学反应不活跃,放电能力大大下降,以致使启动电动机的输出功率不足而造成启动困难。为使蓄电池不被冻结并具有足够的放电能力,必须对蓄电池采取保温或加热措施,有的用隔热材料做成保温箱保温,有的用电热元件加热保温,也有的以综合加热器提供热气加热蓄电池。

目前已研制出一种低温干荷蓄电池,可以在-40~40℃气温下使用。这种蓄电池在首次使用时加入电解液后 10~15min 不需充电即可投入使用。

二、减压机构

减压机构的功用是在柴油机启动时将气门保持在开启位置,使汽缸内空气能够自由进出而不受压缩,以减小压缩阻力。减压机构的结构形式很多,但一般都是用专门机构直接压下气门摇臂的长臂端,或抬升气门摇臂端,或直接抬升气门推杆三种方法来使气门不受配气凸轮的控制而保持在开启位置上的(图 8-15)。

如图 8-15(a)所示机构是用专门机构压下气门摇臂的长臂端来开启气门的减压机构。当启动时,将减压推杆 4 放到减压位置,调整螺钉 2 随着减压轴 1 旋转并压下气门摇臂 3 的长臂端,使气门 7 开启。当内燃机启动后,将调整螺钉 2 旋回到非减压位置,此时减压机构不起作用。

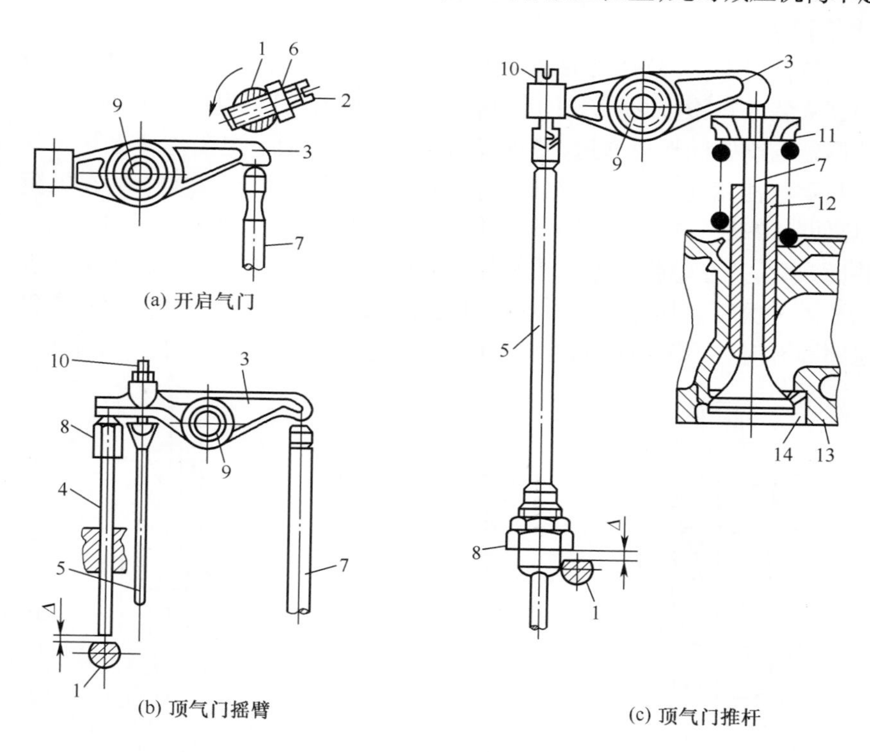

图 8-15 减压机构

1—减压轴;2—调整螺钉;3—气门摇臂;4—减压推杆;5—气门推杆;6—锁紧螺母;7—气门;8—调整螺母;9—摇臂轴;10—气门间隙调整螺钉;11—气门弹簧;12—气门导管;13—汽缸盖;14—气门座。

如图 8-15(b)所示机构是通过专门的推杆顶起气门摇臂的短臂端来开启气门的减压机构。当启动时,减压轴 1 将减压推杆 4 向上顶起,减压推杆 4 又将气门摇臂 3 的短臂端顶起,从而使气门 7 开启,实现减压。在启动后,应扳动操纵手柄转动减压轴,使减压推杆 4 的位置下降,此时减压机构不再起作用,内燃机开始正常工作。

如图 8-15(c)所示机构是通过减压轴 1 直接顶起气门推杆 5 来开启气门的,其工作原理与上述相似。

三、预热装置

预热装置的功用是加热进气管或燃烧室中的空气,以改善可燃混合气形成和燃烧的条件,从而使柴油机易于启动。预热方法和类型很多,常用的有电热塞和电火焰预热器两种。

1. 电热塞

电热塞通常安装在分隔式燃烧室、涡流室或预燃室中,启动时接通电路,以预热燃烧室中的空气。目前,这是应用最为广泛的一种预热方法。电热塞可分为电热丝包在发热体钢套内的闭式电热塞,以及电热丝裸露在外的开式电热塞。闭式电热塞如图 8-16 所示。

电热塞中心杆用导线并联在蓄电池上。电阻丝 8 用铁镍铅台金制造,其上端焊在中心螺杆 2 上,下端焊在发热体钢套 9 的底部。当柴油机启动时,先用专设的开关接通电热塞的电路,使电阻丝 8 产生高温,并使发热体钢套 9 红热,加热周围空气,从而使喷入汽缸的柴油可加速蒸发且易于着火。当实现了内燃机的启动后,应立即将电热塞断电。

2. 电火焰预热器

电火焰预热器(图 8-17)通常安装在进气管上,对流经进气管的空气进行加热。

当球阀杆 4 装入热膨胀阀管 3 中后,其上端的球阀 5 与阀管座上的阀座密合,下端的扁截面螺栓头的两侧与阀管间形成通道,使阀管内径与外部相通。电阻丝 2 上端经接线螺栓 1 通过启动开关与蓄电池相连接。由于热膨胀阀管 3 热膨胀量大于球阀杆 4,在电阻丝通电炽热时,阀管受热伸长带动球阀杆 4 下移,使球阀 5 打开,柴油便沿球阀和阀座之间的缝隙流入阀管内腔受热而汽化,并在膨胀压力作用下从扁截面螺栓头两侧的通道喷出,被炽热的电热丝点燃形成火焰喷入进气管而加热进气。这样可使压缩终了时的空气温度提高,有助于柴油机的启动。池电路断开时,火焰熄灭,阀管变冷收缩,使球阀重新落座,柴油不再流入。

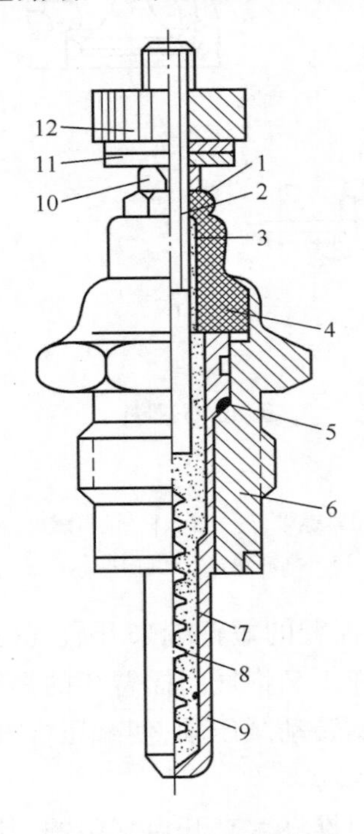

图 8-16 闭式电热塞图

1—固定螺母;2—中心螺杆;3—胶黏剂;4—绝缘体;5—垫圈;
6—外壳;7—填充剂;8—电阻丝;9—发热体钢套;
10—弹簧垫圈;11—压线垫圈;12—压线螺母。

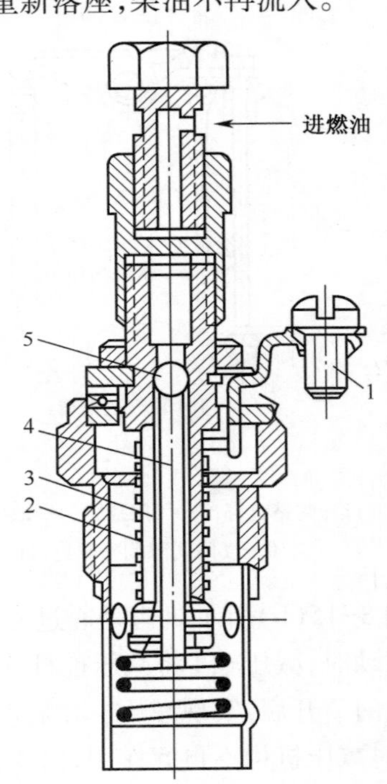

图 8-17 电火焰预热器

1—接线螺柱;2—电阻丝;3—热膨胀阀管;
4—球阀杆;5—球阀。

WD615 系列柴油机低温启动火焰预热装置结构如图 8-18 所示,它主要是靠安装在进气管上的两个预热塞对进气预热。当柴油机水温低于 23℃时,启动前应先将钥匙开关旋至“预热”位置,待 50s 后预热指示灯闪烁即可启动柴油机。此时按下启动按钮后,电磁阀接通,来自燃油滤清器的燃油经燃油管后,通过电磁阀进入燃油管并喷向两个红热的电热塞而燃烧着火。由于两个电热塞安装在柴油机进气歧管上,进入汽缸内的空气得到了预热,从而使柴油机能够迅速启动。

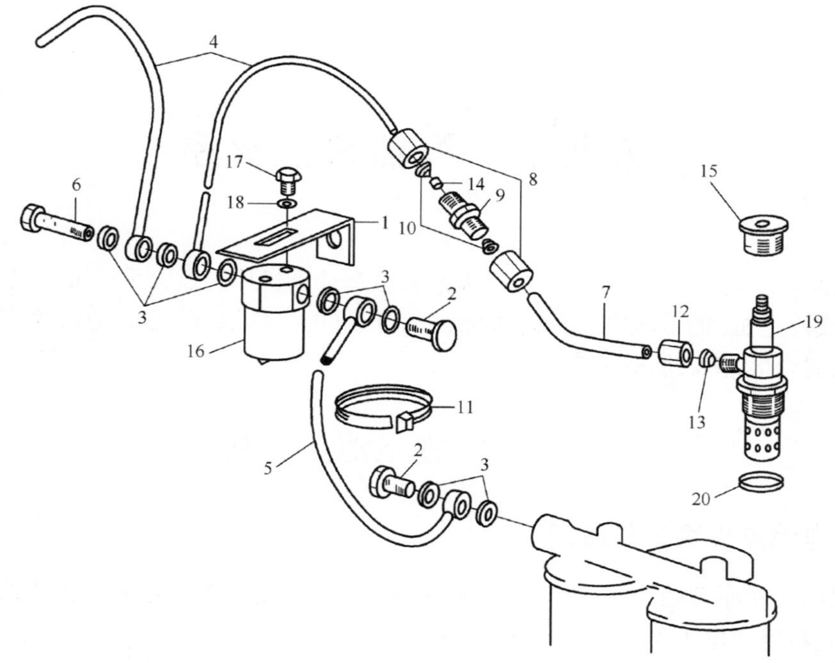

图 8-18　WD615 系列柴油机低温启动火焰预热装置结构

1—角形支架;2—空心螺栓;3—密封垫圈;4、5、7—燃油管;6—空心螺栓; 8—管接头螺母;
9—卡套式直通接头体;11—塑料紧箍带;12—弹簧螺母;13—卡套;14—衬套;15—内六角螺塞;
16—电磁阀;17—六角头螺栓;18—弹簧垫圈;19—电热塞;20—密封垫圈。

四、冷启动装置

如图 8-19 所示为 WD615 系列柴油机采取的向汽缸喷射启动液的冷启动装置。冷启动液是由乙醚为主的易爆混合燃料,启动前向汽缸内喷射少量冷启动液,以起到低温助燃作用。值得注意的是:冷启动液燃烧粗暴,因此使用中要注意控制喷射量,并注意启动后不能立即增加柴油机转速和负荷,否则会严重影响柴油机寿命。

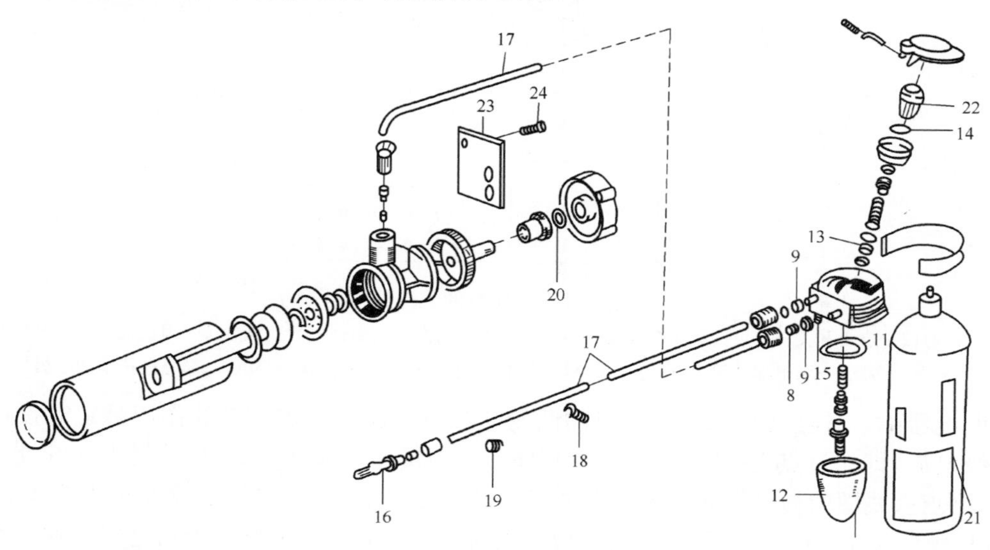

图 8-19　冷启动装置

第九章　汽油机点火系

点火系经历了蓄电池点火系、电子点火系和微型计算机控制点火系的发展过程，其作用是将蓄电池（或发电机）的低压电变为高压电，按照汽缸的工作顺序，适时地由火花塞发出电火花点燃可燃混合气，使汽油机工作。

第一节　蓄电池点火系

一、蓄电池点火系工作原理

点火系的工作原理如图9-1所示，其中电源1包括蓄电池和发电机。点火线圈实际是一个变压器，它将低压电12V变为15~30kV的高压电。

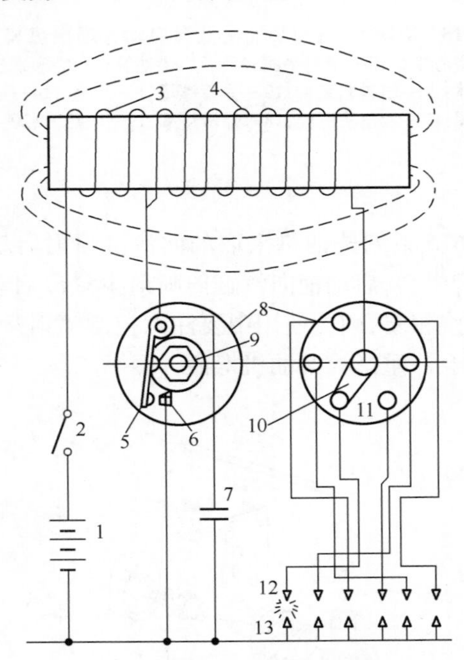

图9-1　点火系的工作原理

1—电源；2—点火开关；3—点火线圈初级线圈；4—点火线圈的次级线圈；5—活动触点；6—固定触点；7—电容器；8—分电器；9—断电器凸轮；10—分火头；11—分电器侧触点；12—火花塞中心电极；13—火花塞侧电极。

断电器由一对触点5、6，顶开触点的凸轮9和电容器7组成。它的作用是定时接通与切断初级电流（即流过点火线圈初级线圈的电流）。当接通点火开关2时，若触点5、6处于闭合状态，则点火线圈的初级线圈3内便有从蓄电池正极来的电流通过，电流经点火开关2、初级线圈3、触点5、6和机体，回到蓄电池负极。这时线圈四周产生磁场。当断电器的触点5、6被凸轮9打开时，电流中断，磁场迅速消失。根据电磁感应原理，在两个线圈中都产生了感应电动势，感应电动势的大小与磁场衰减速率和线圈的匝数成正比。由于次级线圈匝数很多（11000~23000 匝），而初级线圈匝数很少（240~370 匝），故在次级线圈中产生很高的感应电动势（10~30kV）。此时分火头正好与某一旁电极接通，这个高电压就加在某一缸的火花塞电极上，使火花塞产生电火花。这时高压电流的路线是：次级线圈→分电器上的分火头 10→旁电极 11→火花塞→机体→蓄电池→初级线圈 3→次级线圈（次级电压虽然很高，但次级电流平均值却非常微小，故对蓄电池并无任何不利影响）。可见，低压电流到高压电流的转变是由点火线圈和断电器共同完成的。

二、蓄电池点火系组成

1. 分电器

分电器的作用是接通和切断低压电路，使点火线圈产生高压电，并按汽油机的工作顺序将高压电流分配给各缸的火花塞。分电器主要由断电器、配电器、点火提前调节装置和电容器等组成，如图 9-2 所示。

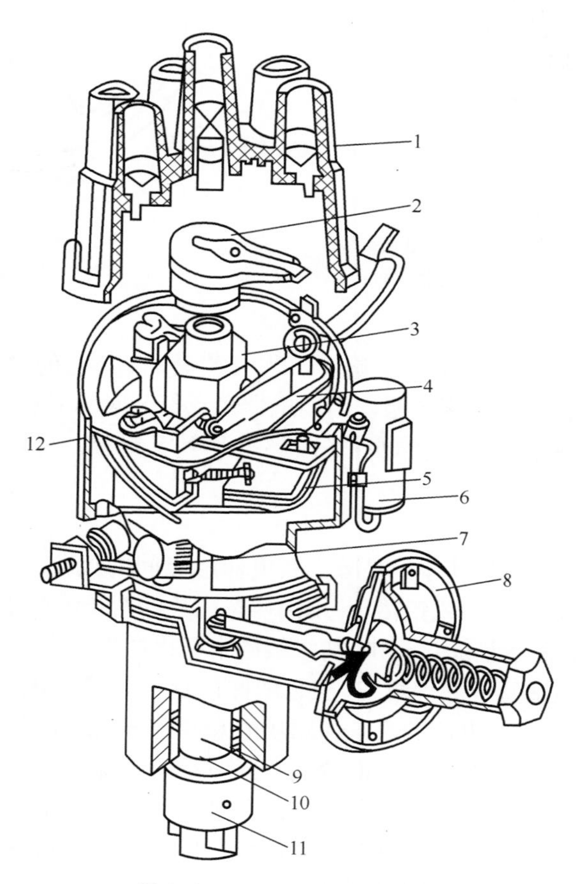

图 9-2　FD25 型分电器总成

1—分电器盖；2—分火头；3—断电器凸轮；4—断电器底板总成；5—离心调节器总成；6—电容器；7—油杯；8—真空调节器总成；9—分电器轴；10—分电器轴承；11—联轴节；12—分电器外壳。

1）断电器

如图 9-3 所示，断电器总成装在断电器的底板上，底板又固装在外壳上。断电器的一对触点由钨合金制成,坚硬并耐高温。活动触点装在具有胶木顶块的断电臂上,断电臂绝缘地套装在断电臂轴上。

2）配电器

配电器的作用是按汽油机的工作顺序将高压电分配给各个汽缸。它由分火头和配电器盖所组成,如图 9-4 所示。配电器盖由胶木制成,盖上有与汽油机汽缸数相等的旁电极,它和盖上的座孔相通,以备连接高压线。盖的中间有中心电极,其内座孔安装着带弹簧的炭精柱,弹性地压在分火头的导电片上。

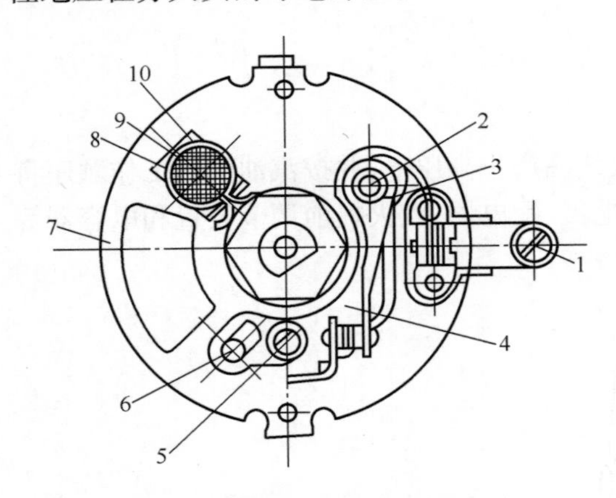

图 9-3　断电器

1—接线柱;2—断电臂轴;3—断电臂;4—固定触点支架;5—固定螺钉;6—偏心调整螺钉;7—断电器底板;8—油毡;9—夹圈;10—油毡支架。

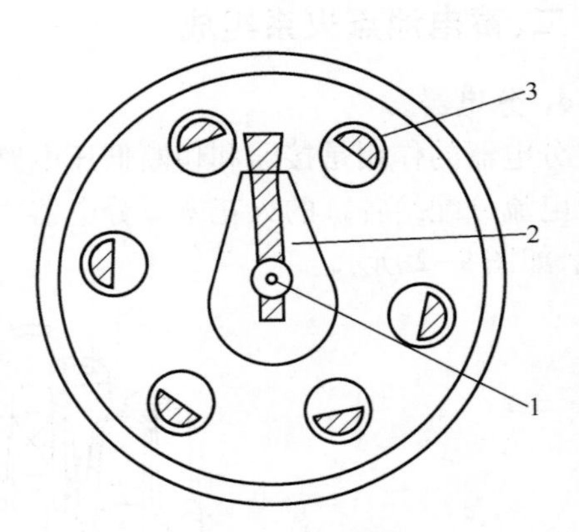

图 9-4　配电器

1—中心电极及带弹簧的碳精柱;2—分火头;3—旁电极。

分火头装在凸轮顶端,与凸轮同步旋转。当其旋转时,其上的导电片与旁电极之间有 0.25~0.80mm 的间隙,并掠过各旁电极。当断电器触点打开时,导电片正对盖内某一旁电极,因此高压电便由中心电极经带弹簧的炭精柱、导电片到旁电极。旁电极由高压线和火花塞连接。

3）附加电容

电容器与断电器触点并联,其作用是减小断电器触点间的火花,延长触点的使用寿命,增强高压电。它由两条带状的锡箔或铝箔,并用同样宽而长的两条绝缘蜡纸隔开,紧紧地裹卷而成。在断电器触点打开,磁场消失过程中,初级线圈本身也产生感应电动势,称自感电动势,达 200~500V 左右。根据电磁感应原理可知,初级线圈的这个自感电流方向和原来的初级电流方向相同,因此,它妨碍了初级电流的衰减和磁场的衰减速率,使次级线圈产生的次级电压降低,火花塞中的火花减弱,可能难以点燃混合气。同时自感电流在触点张开的瞬间,将在触点间产生强烈的火花,会使触点烧坏,影响断电器的正常工作。为了消除自感电流的有害作用,在断电器的触点旁并联一个电容器。这样,当触点打开时,自感电流便充入电容器,触点间不致产生强烈的火花,保护了触点。并且随后(在触点尚未闭合时)电容器即开始放电,此时反向的电流从电容器进入初级线圈,加速了初级电流和磁场的衰减,从而提高了次级电压。

2. 点火提前调节装置

为使汽油机获得最大的动力和最好的经济性,点火时间要有适当的提前。所谓点火提前,即在活塞未到达上止点前点燃混合气,待混合气完全燃烧产生最大压力时,活塞正好到达上止点稍后一点。

点火提前角是指火花塞开始点火至活塞到达上止点的时间内,曲轴转过的角度。点火提前角过大(点火过早)或过小(点火过迟),对汽油机工作有很大影响。若点火过早,混合气的燃烧在压缩行程中进行,汽缸内的燃烧压力急剧上升,使正在上行的活塞受到阻力,不仅使汽油机功率降低,而且可能引起爆燃或曲轴反转,加速机件的磨损。当用手摇柄启动汽油机时,有打伤手臂的危险。

若点火过迟,活塞到达上止点后混合气才开始点燃,活塞边下行,混合气边燃烧,即燃烧过程在容积增大的情况下进行,致使汽缸压力降低,汽油机过热,功率下降,燃料消耗率增加。

可见,点火提前角存在一个最佳值,但最佳点火提前角不是固定不变的,它应随着汽油机的转速、负荷和汽油辛烷值的变化而改变。

汽油机转速升高,点火提前角应相应增大,即点火时间应提前。这是因为,当汽油机转速升高时,在相同的时间内活塞移动的距离较大,曲轴将转过较大的角度,使混合气燃烧所占的时间减小。为了燃料充分燃烧,点火提前角应相应地增大。

当汽油机负荷增大,即节气门开度增大时,点火提前角应该相应的减小。这是因为汽油机负荷增大时进入汽缸内的混合气量增加,妨碍混合气燃烧的残余废气相对减小,混合气的燃烧速度相对加快。另外,由于进入汽缸的混合气量增加,致使压缩行程终了时的压力和温度升高,燃烧速度也加快。因此,负荷增大,点火提前角应减小;反之,负荷减小,点火提前角应相应增大。

燃油辛烷值对点火提前角也有影响。由于燃油的辛烷值不同,其抗爆性也不同,点火提前角亦应不同。燃油辛烷值越高,其抗爆性越好,点火提前角可相应增大;反之,点火提前角应减小。

为了使点火提前角能随以上三种因素的变化而相应地发生变化,在分电器上装有离心、真空和人工三种不同的点火提前角调节装置。这三种装置的结构和工作情况虽然不同,但都是使凸轮和触点做相对的移动,使凸轮顶开触点的时间提前或延迟,来达到改变点火提前角的目的。

1)离心调节器

离心调节器的作用是随汽油机转速的变化而自动调节点火提前角,如图 9-5 所示。它由离心块、弹簧、托板、拨板和分电器轴等组成。装配时,应使凸轮活络地装在轴上,并通过拨板由离心块驱动。为此轴上端的螺钉紧定后,应有稍许轴向间隙,以保证凸轮在轴上做相对运动。

离心调节器的工作情况如图 9-6 所示。当汽油机转速逐渐增高时,自某一转速开始,离心块在其离心力的作用下,克服弹簧拉力向外张开,离心块上的销钉使拨板带着凸轮顺分电器轴转过一定角度,由于触点位置不变,因此凸轮便提前顶开触点,使点火提前一个角度。转速越高,离心力越大,离心块甩开的程度越大,点火提前角也就越大。反之,转速降低,点火提前角减小。

2)真空调节器

真空调节器的作用是随汽油机负荷的大小而自动调节点火提前角。它由真空调节器壳、膜片、弹簧、真空调节器拉杆和调节臂等组成。膜片将其壳体内部分成两个腔室,位于分电器一侧的腔室与大气相通;另一腔室由细铜管与化油器混合室节气门处相通,由化油器下部的压力大小控制真空调节器的工作。真空调节器的工作情况如图 9-7 所示。

当汽油机负荷小时,节气门开度小,小孔位于节气门之下,其压力(或吸力)较低,吸动膜

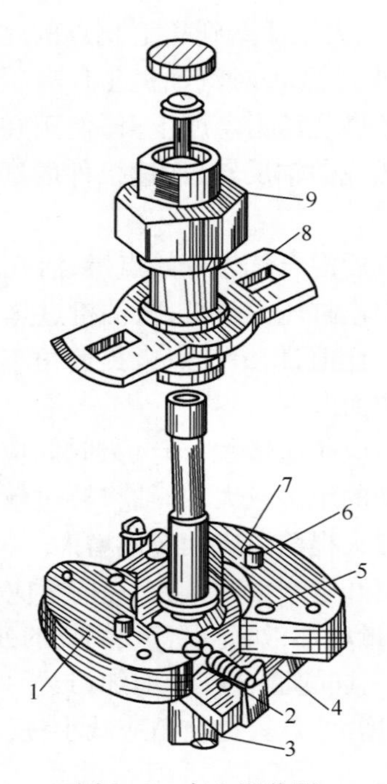

图 9-5　离心调节器

1、7—离心块;2—弹簧;3—分电器轴;4—托板;5—柱销;6—销钉;8—拨板;9—凸轮。

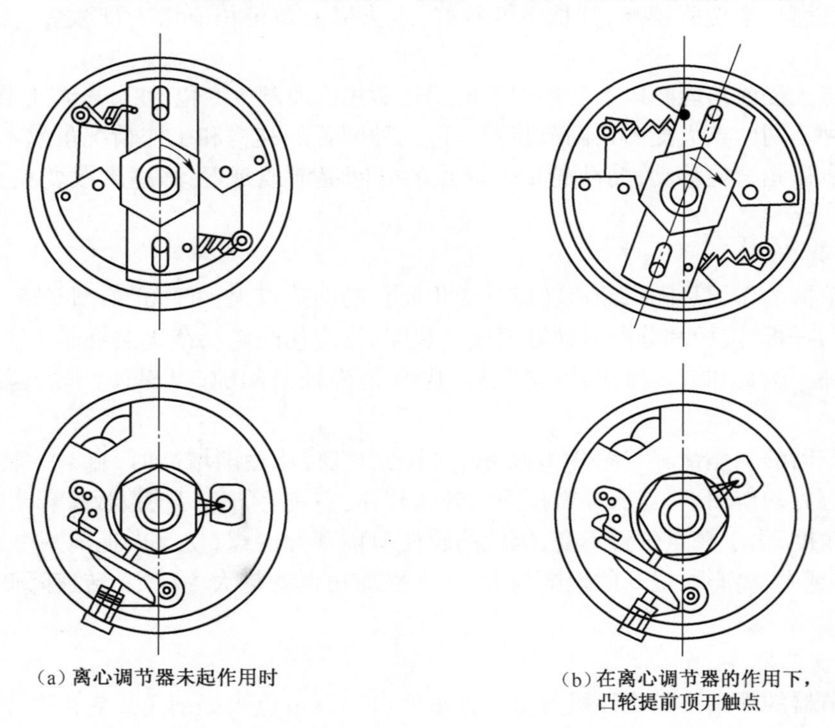

图 9-6　离心调节器的工作

片,克服弹簧张力,拉杆便拉动调节臂,带动分电器外壳,逆凸轮旋转方向移动,因而触点被提早顶开,使点火提前角增大。当节气门开度增大,即负荷增大时,小孔处的吸力降低,在弹簧作

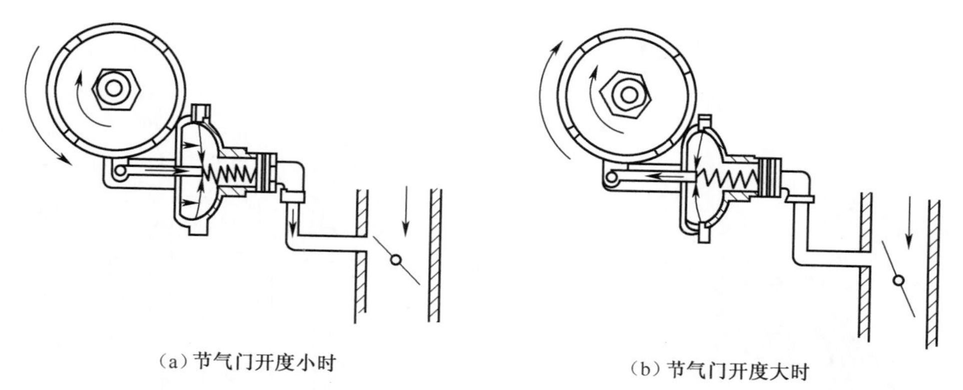

图 9-7 真空调节器的工作情况

用下膜片推动拉杆向分电器一侧拱曲，推动外壳顺凸轮旋转方向转动，使点火提前角减小。

汽油机在怠速时，如果提前角较大，将使怠速运转不平稳，因此，化油器空气道中的小孔此时在节气门位置的上方，该处吸力极小，所以弹簧推动膜片，使点火提前角减小或基本不提前，满足怠速时的要求。

3）人工调节器

人工调节器的作用是随燃油的辛烷值（抗爆性）不同，而由人工改变点火提前角的装置，所以也称辛烷值调节器。

一定压缩比的汽油机，应使用一定辛烷值的汽油。辛烷值低的汽油，抗爆性差，容易引起爆燃，点火提前角要小；辛烷值高的汽油，抗爆性好，点火提前角要适当增大。

人工调节器的构造随分电器的形式不同而异，但基本原理都是用转动分电器外壳来带动触点，使触点与凸轮做相对移动，而改变点火提前角的。因此，凡是分火头顺时针旋转（右旋）的分电器，如逆时针（左旋）转动外壳时，则点火提前角增大；反之，点火提前角减小。而分火头左旋的分电器，则与上述相反。

3. 点火线圈

点火线圈主要由铁芯、初级（低压）绕组、次级（高压）绕组、外壳、接线柱和附加电阻等部件构成，如图 9-8 所示。

装在壳体外面，接在接柱 19 和 20 之间（图 9-8）。附加电阻具有温度升高阻值增大，温度降低阻值变小的特点，所以也称热变电阻。

要使汽油机在高速时有足够大的初级电流，初级线圈中的电阻应尽量小。但若初级线圈的电阻减小，则在转速低时，由于触点闭合时间较长，使初级电流增大，容易引起点火线圈过热而损坏。为了解决这一矛盾，在点火线圈的初级电路中串联一个附加电阻，它的电阻值有随温度升高而增大的特性，故常称为热变电阻。可见，附加电阻的作用是自动调节低压电路的电流。在启动汽油机时，流过启动电动机的电流极大，使蓄电池端电压急剧降低。此时，为了保证足够大的初级电流，应立即将附加电阻暂时短路。

4. 火花塞

火花塞的结构如图 9-9 所示。主要由接线螺母、绝缘体、接线螺杆、中心电极、侧电极以及壳体组成。侧电极焊接在外壳上“搭铁”。

火花塞电极间的间隙对火花塞的工作有很大影响。间隙过小，则火花微弱，并且容易因产生积炭而漏电；间隙过大，所需击穿电压增高，汽油机不易启动，且在高速时容易发生“缺火”

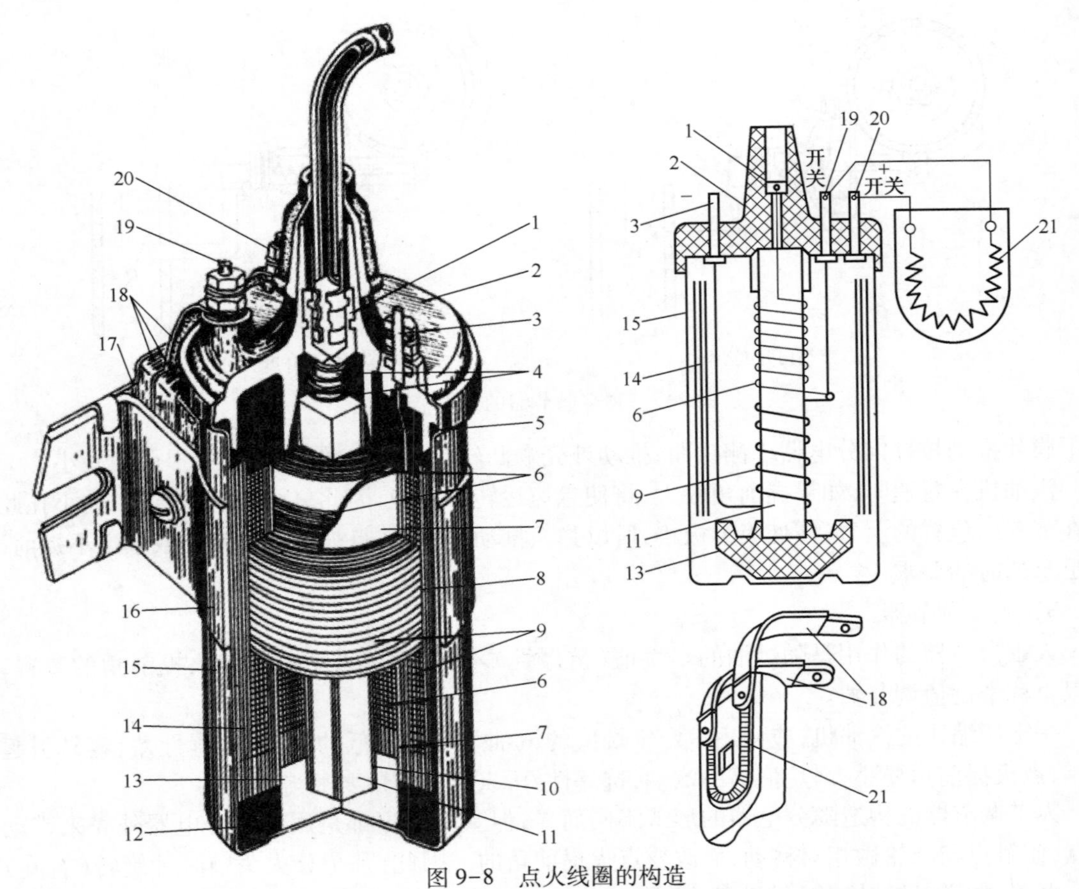

图 9-8　点火线圈的构造

1—高压线插座(接配电器中心插座电极);2—绝缘盖;3—初级绕组接线柱(接分电器低压接线柱);4—高压绕组引出头及弹簧;5—橡胶密封圈;6—次级绕组;7—内层绝缘纸;8—外层绝缘纸;9—初级绕组;10—铁芯硬纸套;11—铁芯;12—沥青封料;13—瓷绝缘体;14—磁场铁片;15—外壳;16—点火线圈固定夹;17—附加电阻盖;18—附加电阻瓷绝缘体及接线片;19—初级绕组接线柱(接起动机开关);20—初级绕组接线柱(接点火开关);21—附加电阻。

现象,故火花塞间隙应适当。我国蓄电池使用的火花塞间隙一般为 0.6~0.8mm,有些火花塞间隙可达 1mm 以上。

火花塞绝缘体裙部(指火花塞中心电极外面的绝缘体锥型部分)直接与燃烧室内的高温气体接触而吸收大量的热,吸入的热量通过外壳分别传到缸体和大气中。实验表明,要保证汽油机正常工作,火花塞绝缘体裙部应保持 773~873K(500~600℃)的温度(这一温度称为火花塞的自洁温度),若温度低于此值,则将会在绝缘体裙部形成积炭而引起电极间漏电,影响火花塞跳火。但是若绝缘体温度过高达 1073~1173K(800~900℃),则混合气与这样炽热的绝缘体接触时,将发生炽热点火。从而导致汽油机早燃,引起化油器回火现象。

由于不同类型汽油机的热状况不同,因此火花塞根据绝缘体裙部的散热能力(即火花塞的热特性)分为冷型、中型和热型三种,如图 9-10 所示。绝缘体裙部短的火花塞,吸热面积小,传热途径短,称为冷型火花塞。反之,绝缘体裙部长的火花塞吸热面大,传热途径长,称为热型火花塞。裙部长度介于二者之间的则称为中型火花塞,火花塞的热特性划分没有严格界限。一般说来,在国产火花塞中将火花塞绝缘体裙部长度为 16~20mm 的划为热型,长度在

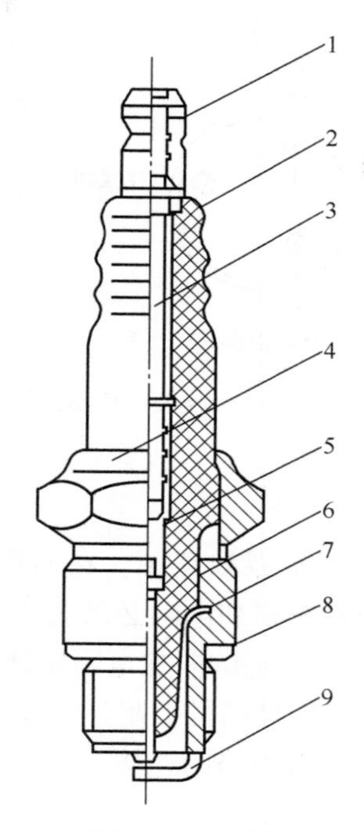

图 9-9　火花塞

1—接线螺母;2—绝缘体;3—接线螺杆;4—壳体;5—密封剂;
6—中心电极;7—紫铜垫圈;8—密封垫圈;9—侧电极。

11~14mm 者为中型,长度小于 8mm 则为冷型。在选用火花塞配汽油机时,一般功率高、压缩比大的汽油机选用冷型火花塞,相反功率低压缩比小的选用热型火花塞。但是一般火花塞的选用是工厂在产品定型实验确定的,一般不应更换。

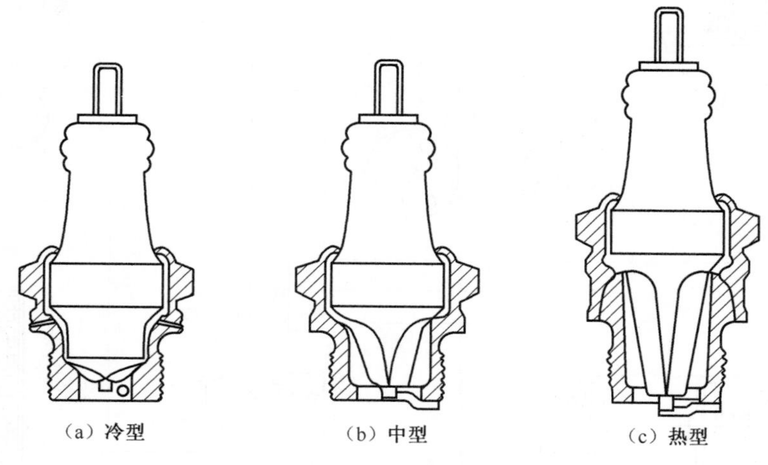

图 9-10　不同热值的火花塞

5. 点火开关

点火开关的作用是控制点火系电路的通断。在某些使用电磁操纵装置的起动机上,点火开关还控制启动继电器电路,省去了启动按钮,这种点火开关也叫点火启动开关。点火开关的结构种类很多,常用的有两接柱、三接柱和四接柱式的,如图 9-11 所示。

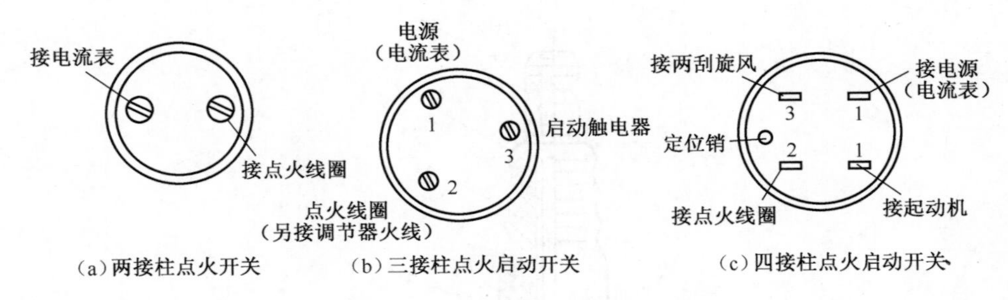

图 9-11 点火开关接线示意图

三、典型蓄电池点火系

如图 9-12 所示是典型的蓄电池点火系线路图。在连线时必须遵循两条原则：一是低压电流必须受点火开关的控制；二是启动时附加电阻必须短路，以保证产生较强的高压火花。为此点火线圈标有“+”的接线柱须经起动机上的附加电阻短路开关的一个接线柱再与点火开关连接；而标有“开关”的接线柱，应直接与起动机上附加电阻短路开关的另一接线柱连接。这两条连线原则，也适用于其他车型点火系线路的连接。

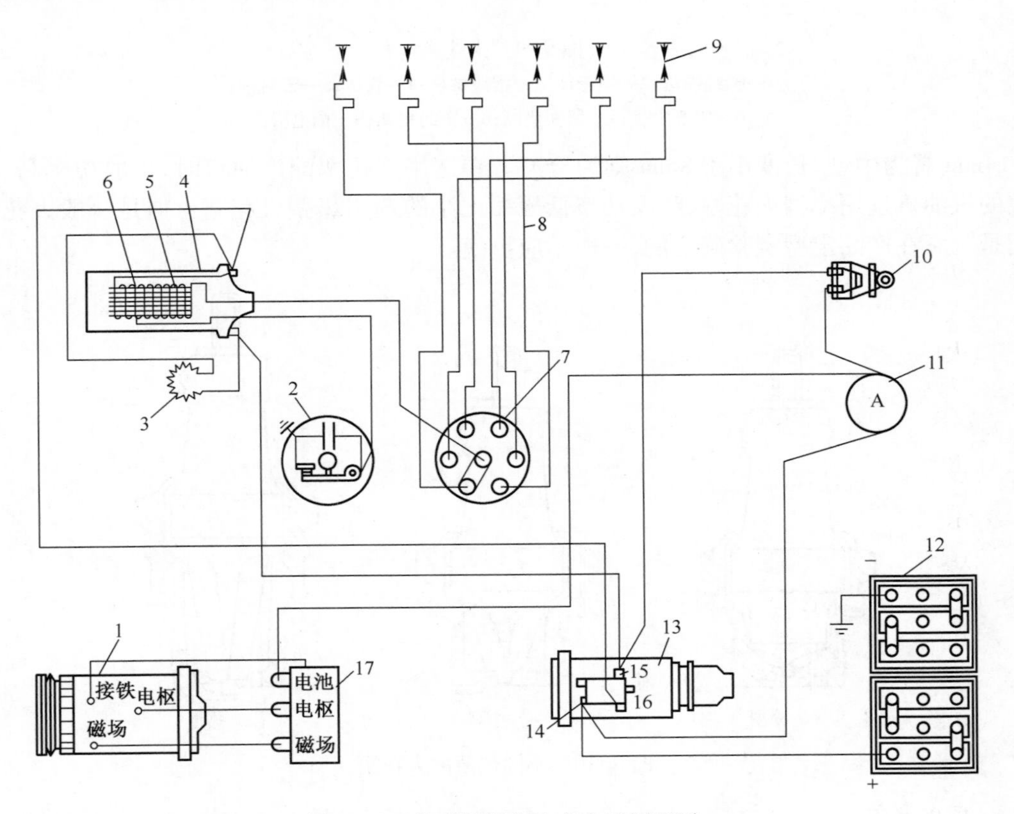

图 9-12 典型的蓄电池点火系原理图

1—发电机；2—分电器；3—附加电阻；4—点火线圈；5—次级线圈；6—初级线圈；7—配电器；8—高压导线；9—火花塞；10—点火开关；11—电流表；12—蓄电池；13—起动机；14—起动机开关触点；15、16—起动机辅助触点；17—发电机调节器。

第二节　电子和微机控制点火系统

随着现代汽车发动机向高转速、高压缩比、低油耗、低排放方向发展，传统点火系存在着触点易烧蚀，火花能量提高受限等难以克服的缺点。因此，传统点火系的断点器部分已逐渐被新型的电子点火系和微机控制点火系的点火信号发生器所取代。

一、电子点火系统的组成

电子点火系统又称为半导体点火系统或晶体管点火系统，主要由点火电子组件、分电器以及安装在分电器内部的点火信号发生器、点火线圈、火花塞等组成，如图 9-13 所示。

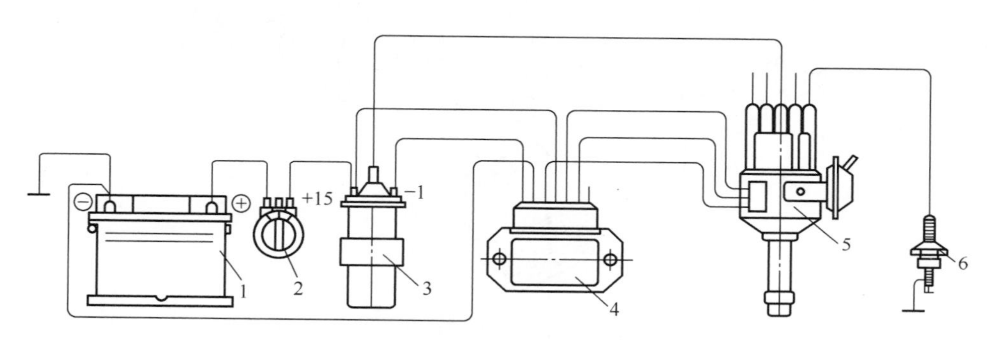

图 9-13　电子点火系统的组成

1—蓄电池；2—点火开关；3—点火线圈；4—电子控制组件；5—内装传感器的分电器；6—火花塞。

点火电子组件的主要作用是根据点火信号发生器产生的点火脉冲信号，接通和断开点火线圈的初级电路，其作用与传统点火系统中的断电器相同。

点火信号发生器又称为点火信号传感器，安装在分电器内，可根据各缸的点火时刻产生相应的点火脉冲信号，控制点火器接通和切断点火线圈初级电路的具体时刻。

二、电子点火系统分类

按点火系统的储能形式，电子点火系统可分为电感储能式电子点火系统和电容储能式电子点火系统。

按点火信号传感器的结构形式，电子点火系统可分为霍耳式、磁感应式（北京 BJ2020 和光电式（猎豹吉普车）电子点火系统。

按初级电流的控制方式，电子点火系统又可分为点火控制器控制式和微型计算机控制式点火系统（根据微型计算机控制点火系统控制点火的方式不同，又可分为分配点火系统和直接点火系统）。

三、磁感应式电子点火系统

1. 磁感应式电子点火系统的组成

磁感应式电子点火系统由磁感应式分电器、点火电子组件、点火线圈和火花塞等组成。BJ2020 吉普车配装的磁感应式点火系统如图 9-14 所示。

磁感应式分电器由磁感应式点火信号传感器、配电器、点火提前机构（离心提前机构与真空提前机构)等组成。磁感应式点火信号传感器安装在分电器内部,其功用是根据发动机汽缸的点火时刻产生相应的点火脉冲信号,控制点火控制器接通与切断点火线圈初级电路的具体时刻。点火电子组件又称为点火控制器和点火器,是由电子元件组成的电子开关电路,其主要作用是根据传感器发出的点火脉冲信号,接通和切断点火线圈初级电路。

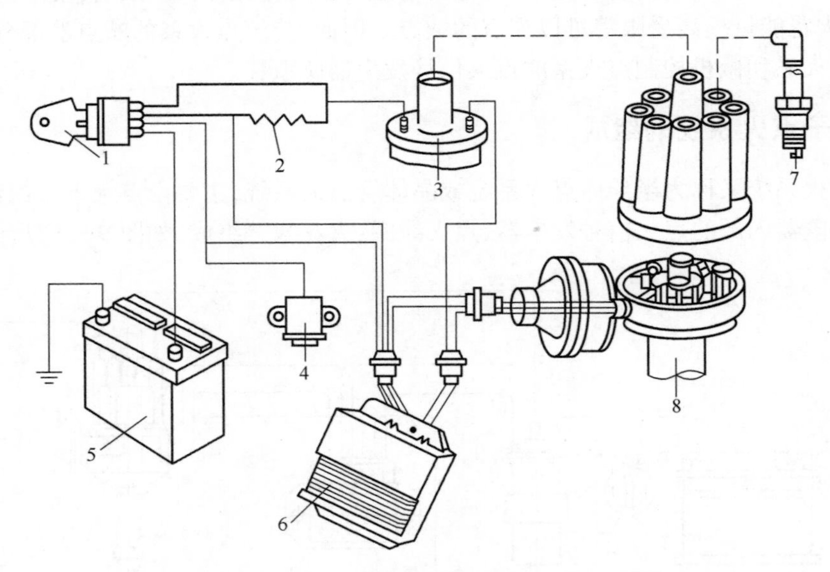

图 9-14　BJ2020 吉普车磁感应式点火系统的组成

1—点火开关;2—附加电阻;3—点火线圈;4—启动继电器;5—蓄电池;6—点火控制器;7—火花塞;8—磁感应式分电器。

2. 磁感应式电子点火系统工作原理

磁感应式电子点火系统的工作原理如图 9-15 所示。蓄电池(或发电机)供给的 12V 低压电,由磁感应式点火信号传感器、点火控制器和点火线圈将其转变为高压电,然后再通过配电器分配到各缸火花塞产生电火花,点燃混合气。

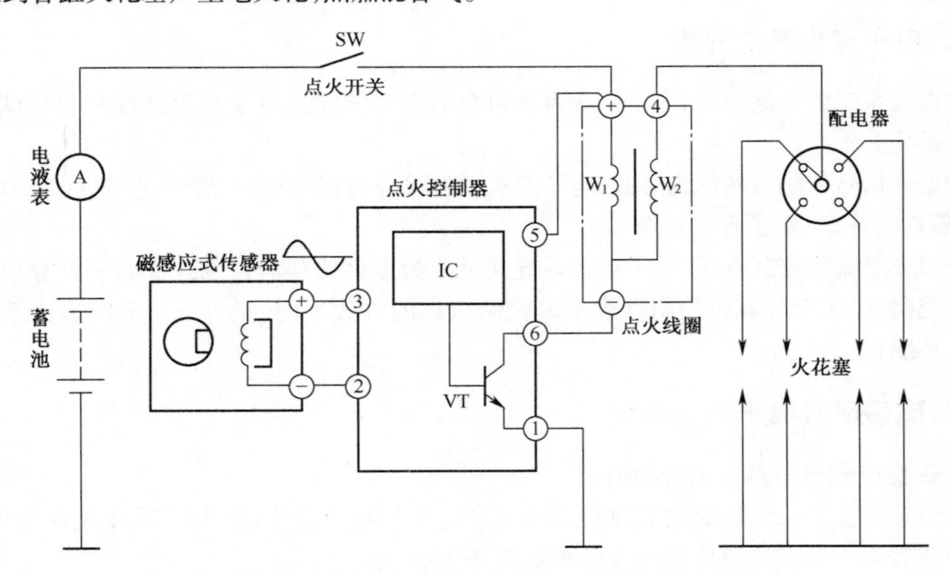

图 9-15　磁感应式电子点火系统工作原理

3. 磁感应式电子点火系统结构及工作过程

磁感应式分电器的结构如图 9-16 所示，主要由磁感应式点火信号传感器、配电器、离心提前装置和真空提前装置等组成。

分电器由信号发生器(脉冲传感器简称传感器)、配电器、点火提前角自动调节装置三大部分组成。信号发生器相当于传统分电器的断电器，因该分电器无触点，使用中无火花产生，因而无附加电容。

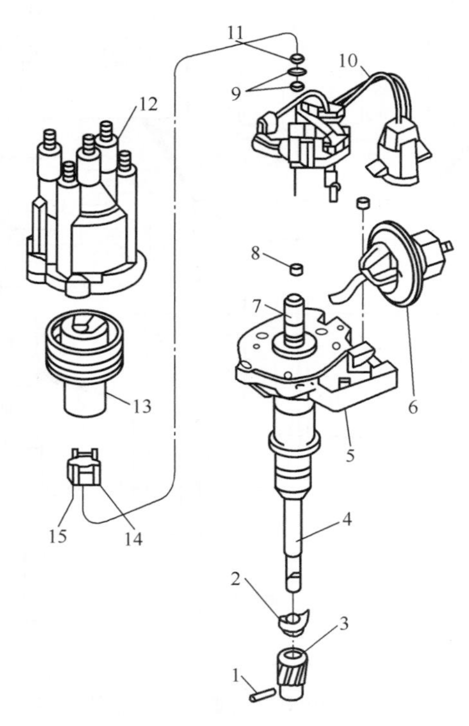

图 9-16 分电器的结构

1—横销；2—转向间隙垫圈；3—驱动斜齿轮；4—分电器轴；5—分电器壳体；6—真空提前装置；7—信号转子轴；8—油封；9—垫圈；10—传感器线束；11—卡环；12—分电器盖；13—分火头；14—信号转子；15—转子定位销。

信号发生器由信号转子、电磁线圈及永久磁铁组成。转子转动过程中，轮齿改变了磁路的空气间隙，在线圈内有一个变化的磁通(图 9-17)，在轮齿与铁芯对正时，磁通最大。在轮齿离

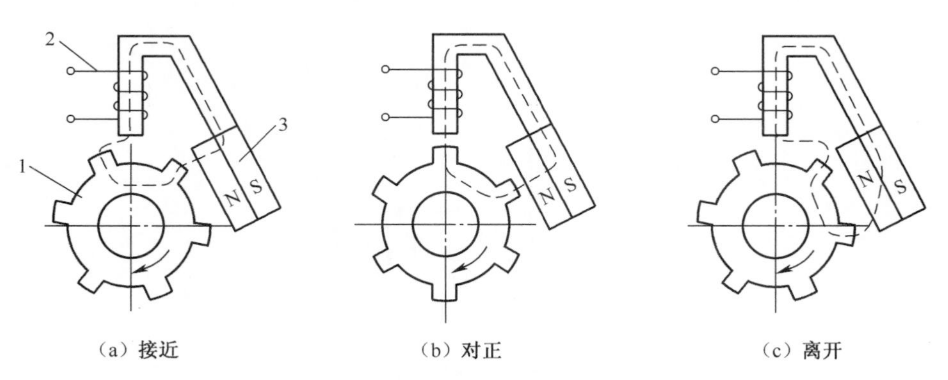

图 9-17 磁感应式传感器的工作原理

1—信号转子；2—传感器线圈；3—永久磁铁。

开铁芯时，即线圈电动势的负半周时（汽缸压缩行程终了），点火控制器便切断初级电路，点火线圈产生高压电。配电器由分火头和分电器盖组成，如前所述。

点火控制器称为电子控制器 ECU，由分立元件组装而成。控制器上设有两个接线插座，一个为两端子插座，一个为四端子插座，控制器 ECU 内部大功率三极管的集电极与端子 C4 连接，发射极与端子 C1 连接，点火部件的连接电路如图 9-18 所示。

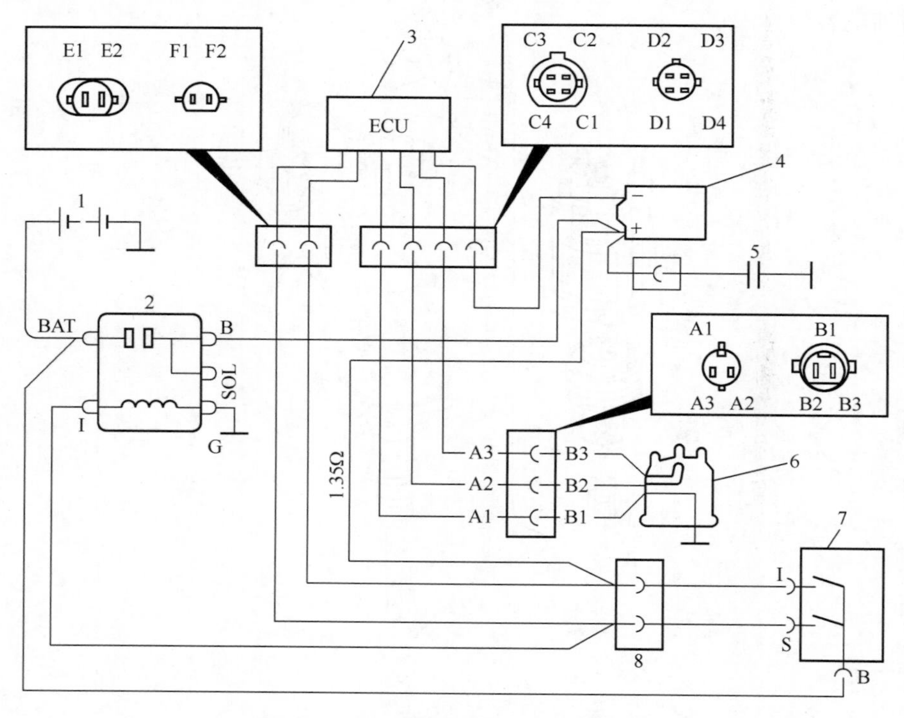

图 9-18　BJ2020 吉普车点火系统电路

1—蓄电池；2—启动继电器；3—点火控制器 ECU；4—点火线圈；5—电容器；6—磁感应式分电器；7—点火开关；8—线束连接器。

第二篇　机械装备底盘及工作装置

第十章　推　土　机

推土机是一种多用途的自行式道路工程机械。它通常适用于运距在150m以内进行开挖、推运、回填土壤或其他物料作业。通常中小型推土机的运距为30~100m,大型推土机的运距一般不应超过150m。推土机的经济运距为50~80m。此外,推土机还可用于完成牵引、松土、压实、清除树桩等作业。

第一节　TY160C型推土机

TY160C型推土机是一种适合短距离推土和运土的液压操纵履带式推土机。上海彭浦机械厂和天津建筑机械厂生产的TY160C型推土机均采用重庆康明斯发动机有限公司生产的NT855-C280型柴油机、液力机械式传动系统、差速式液压转向装置、液压操纵带式制动器。铲刀倾斜的调整由液压系统控制。

一、传动系统

TY160C型推土机的传动系统由液力变矩器、变速器、中央传动装置、转向离合器、转向制动器、最终传动装置组成,如图10-1所示。

来自柴油机的驱动力通过发动机飞轮传递给液力变矩器的泵轮驱动罩壳。泵轮驱动罩壳驱动泵轮一起转动,把来自发动机的动力借助液压油推动涡轮转动,根据负载的变化将动力传给涡轮轴。涡轮轴的动力经联轴节传递到变速器的输入轴。根据负荷变化情况,通过装在变速器壳体上部的变速器操纵阀选择的适当挡位,使变速器内被选定的换挡离合器接合经行星排将传动力传递到变速器后端部中央传动装置。

装在中央传动轴两端的转向离合器,用来切断或传递从大螺旋锥齿轮到最终传动装置的动力。通过操纵装在转向箱体上部的转向操纵阀以分离想要转向这一侧的转向离合器,从而切断传给最终传动装置的动力,来实现机械的转向。转弯半径由转向制动器控制,它装在转向离合器制动鼓的外圆上。

动力由转向离合器传递到最终传动装置的主动齿轮后,经两级齿轮减速后将动力传给驱动轮,驱动轮的转动驱动履带使机械行驶。

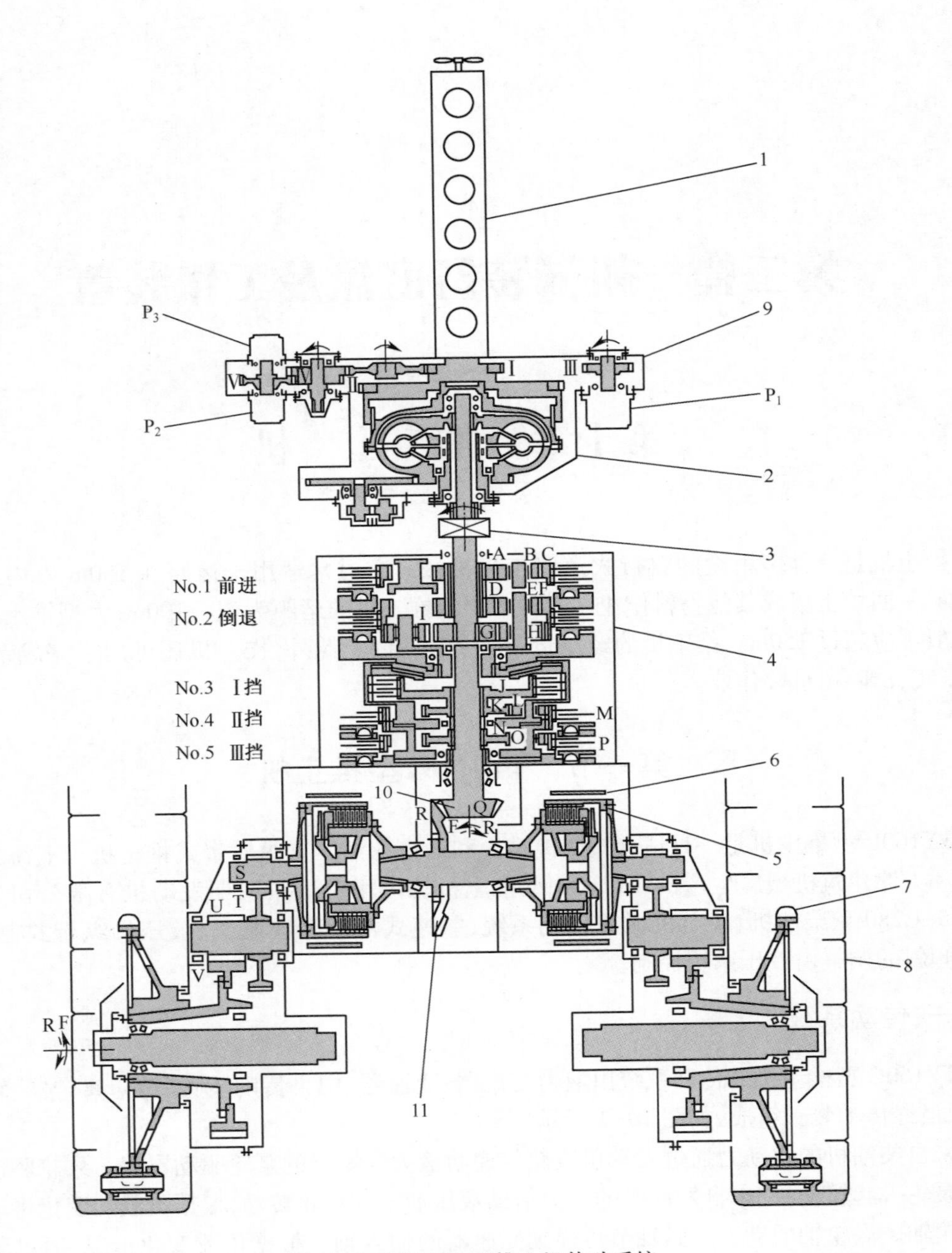

图 10-1　TY160C 型推土机传动系统

1—发动机；2—液力变矩器；3—联轴节；4—变速器；5—转向离合器和转向制动器；6—最终传动装置；7—驱动轮；8—履带；9—动力输出箱体；10—中央传动装置小锥齿轮；11—中央传动装置大锥齿轮；P_1—工作油泵；P_2—液力传动泵；P_3—转向泵。

1. 液力变矩器

TY160C 型推土机液力变矩器为单级三元件单相液力变矩器，由壳体、主动部分（泵轮驱动罩壳、泵轮）、从动部分（涡轮、涡轮轴）、导流部分（导轮、导轮座）以及液力变矩器安全阀、回油泵和液力变矩器调节阀等部分组成（图 10-2）。

在传递发动机动力时，液力变矩器可根据机器载荷的变化，利用流体自动实现扭矩变换。

液力变矩器的主要组成有:将发动机的机械能转换成液体动能的泵轮 8;将动能反过来转换为机械能的涡轮 3 和引导液流的导轮 5。

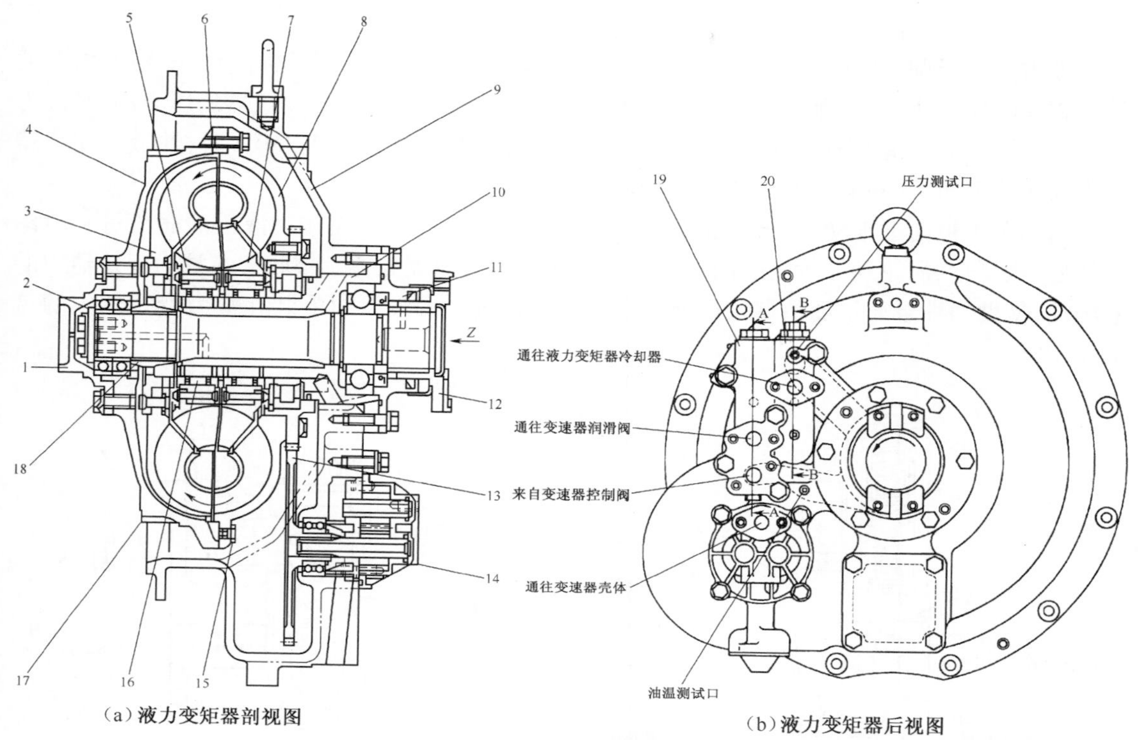

(a) 液力变矩器剖视图

(b) 液力变矩器后视图

图 10-2　液力变矩器

1—导向座;2—轴端挡座;3—涡轮;4—泵轮驱动罩壳;5—导轮;6—止动垫;
7—花键套;8—泵轮;9—液力变矩器壳体;10—导轮座;11—轴端挡座;
12—联轴节;13—齿轮;14—油泵总成;15—螺塞;16—挡圈;17—驱动齿轮;18—涡轮轴;
19—液力变距器安全阀;20—液力变距器调节阀。

当与飞轮同齿啮合的驱动齿轮 17 由发动机带动转动时,与驱动齿轮和(泵轮)驱动罩壳 4 组装成一体并通过滚动轴承安装在导轮座上的泵轮 8 一起被转动,由于这种转动,液流靠离心力沿泵轮、叶片成螺旋形向外抛射入涡轮。液流冲击涡轮叶片的力推进液流并改变其流向导轮的方向。

由这种作用在叶片上产生的反作用力,使涡轮 3 旋转,并通过涡轮轴 18 传递动力。在涡轮内的液流从涡轮的中央部分被引入导轮,在导轮上液流方向被改变,并且最终返回到泵轮的中央部分。

当液压油通过如上所述泵轮→涡轮→泵轮的路线流动时,动力从泵轮传递到涡轮轴。泵轮通过轴承在导轮座 10 上空转。由于涡轮与涡轮轴 18 的花键固定在一起,因此涡轮的转动经涡轮轴传递给联轴节。

1) 液力变矩器安全阀

液力变矩器安全阀(图 10-3)控制液流的压力,使非正常高压不会施加于液力变矩器。来自变速器控制阀的调节安全阀的油压为 2MPa,通过这个减压阀进一步减低至 0.75~8.5MPa,来自变速器控制阀的液流流过 A 腔及液力变矩器壳体上的 A′口达到泵轮。

当 A 腔充满液压油,并且到达泵轮的液压超过 0.7MPa 油流压迫弹簧 2,推动阀芯 1 向上,然后流过 B 腔进入变速器润滑安全阀油路，当柱塞被推向上部时，滞留在 C 腔的油流入液力变矩器壳体。

2）液力变矩器调节阀

液力变矩器调节阀(图 10-4)，被并入液力变矩器的输出回路，它保持液力变矩器内部油压 0.2MPa 到 0.3MPa 以保护液力变矩器并保证最佳性能。来自液力变矩器的压力油，经液力变矩器壳体上的油道 D′流入 D 腔直到此腔充满。当 D 腔油压达到 0.3MPa 时，油液压缩弹簧 2，推动阀芯 1 向下，并流经 E 腔进入冷却回路。

当阀芯 1 被向下推动时，滞留在 F 部的油液流入液力变矩器壳体。液压油润滑每一滑动零件后，从泵轮、涡轮和导轮的表面之间泄出流入液力变矩器壳体。被收集在液力变矩器内的液压油，借助回油泵通过滤清器被抽回到变速器壳体内。回油泵由安装在液力变矩器内的传动齿轮驱动。

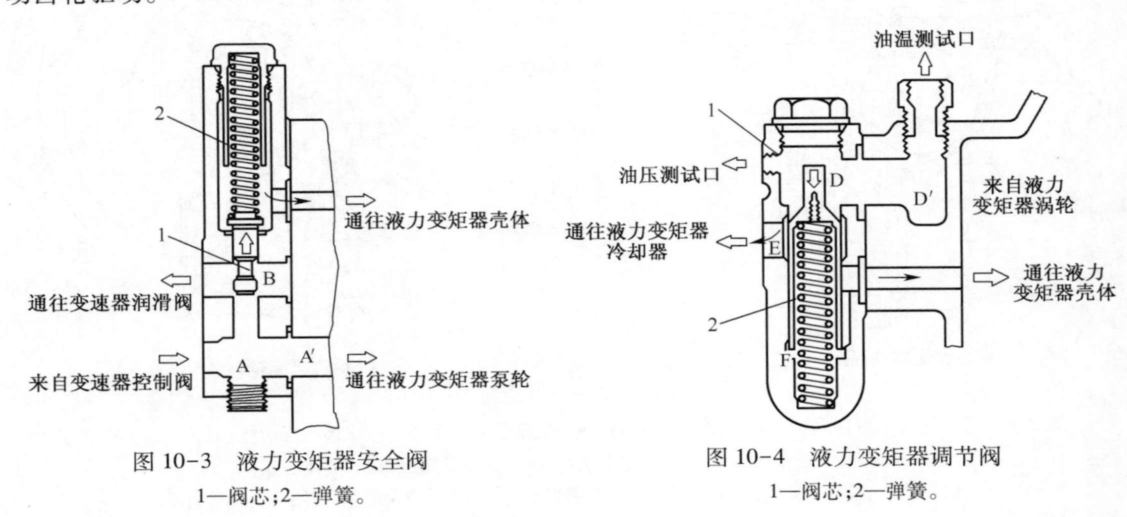

图 10-3　液力变矩器安全阀

1—阀芯；2—弹簧。

图 10-4　液力变矩器调节阀

1—阀芯；2—弹簧。

3）回油泵

回油泵由传动齿轮、驱动齿轮、从动齿轮、泵壳和盖组成。回油泵的作用是将被收集在液力变矩器壳体内的液压油(润滑液力变矩器的机油，或从液力变矩器其他地方泄漏的机油)从液力变矩器抽回到变速器壳体内。其动力传递路线为:变矩器泵轮齿轮→传动齿轮→驱动齿轮→从动齿轮。

2. 动力换挡变速器

1）变速机构

液力机械传动的推土机装有行星式动力换挡变速器，由行星齿轮排和片式离合器组成，前进和后退各有三个速度挡。通过操纵控制阀使液压接合行星齿轮排的五个离合器中的两个离合器，便可得到前进或后退各三个速度挡中的一个挡。No. 1 离合器用于前进挡，No. 2 离合器用于后退挡，No. 3 离合器用于 1 挡，No. 4 离合器用于 3 挡，No. 5 离合器用于 2 挡。变速器结构如图 10-5 所示。

动力换挡变速器组成结构原理图如图 10-6 所示。

(1) 行星齿轮机构原理。

行星齿轮机构如图 10-7 所示，主要由太阳轮 A、齿圈 B、行星架 C、行星轮 D、离合器摩擦片 E 等零件组成。其原理是:与太阳轮 A 和齿圈 B 相啮合的有三只行星轮 D。三只行星轮由

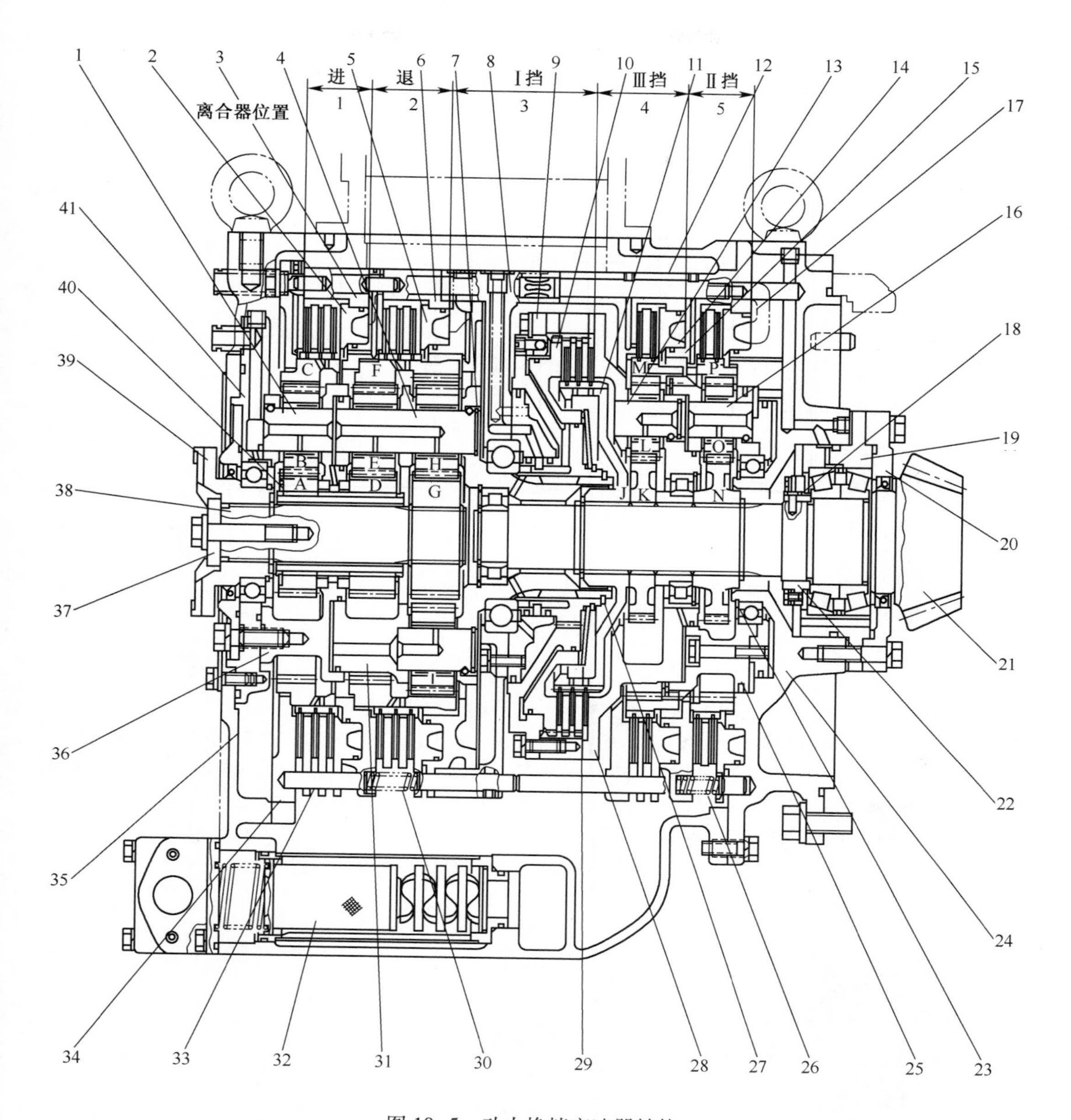

图 10-5　动力换挡变速器结构

1—No. 1 行星轮轴；2—No. 1 离合器活塞；3—No. 1 离合器缸体；4—No. 2 行星轮轴；5—No. 2 离合器活塞；6—No. 2 离合器缸体；7—弹簧挡圈；8—外壳；9—No. 3 活塞缸体；10—No. 3 离合器活塞；11—No. 3 离合器齿轮；12—壳体；13—No. 4 行星轮轴；14—No. 4 离合器活塞；15—No. 4 离合器油缸；16—No. 5 行星轮轴；17—No. 5 离合器活塞；18—制动销；19—轴承座；20—油封座；21—输出轴；22—螺母；23—后壳体；24—弹簧挡圈；25—No. 5 离合器行星架；26—弹簧；27—弹簧挡圈；28—No. 4 离合器行星架；29—碟形弹簧；30—弹簧；31—No. 2 离合器行星架；32—过滤器；33—销；34—前端盖；35—变速器体；36—No. 1 离合器行星架；37—挡板；38—输入轴；39—连接盘；40—弹簧挡圈；41—输入轴轴承壳；A—No. 1 前进挡 太阳轮 甲(30 齿)；B—No. 1 前进挡 行星轮(21 齿)；C—No. 1 前进挡 齿圈(72 齿)；D—进挡 太阳轮乙(30 齿)；E—倒挡行星轮(21 齿)；F—No. 2 倒挡 齿圈(72,78 齿)；G—No. 2 倒挡 太阳轮(30 齿)；H—No. 2 倒挡 行星轮(21 齿)；I— No. 2 倒挡 行星轮(21 齿)；J—No. 3 挡 齿轮(90 齿)；K—No. 4 三挡 太阳轮(41 齿)；L—No. 4 三挡 行星轮(19 齿)；M—No. 4 三挡 齿圈(79 齿)；N—No. 5 二挡 太阳轮(41 齿)；O—No. 5 二、三挡 行星轮(19 齿)；P—No. 5 二挡 齿圈(79 齿)；Q—输出轴(15 齿)。

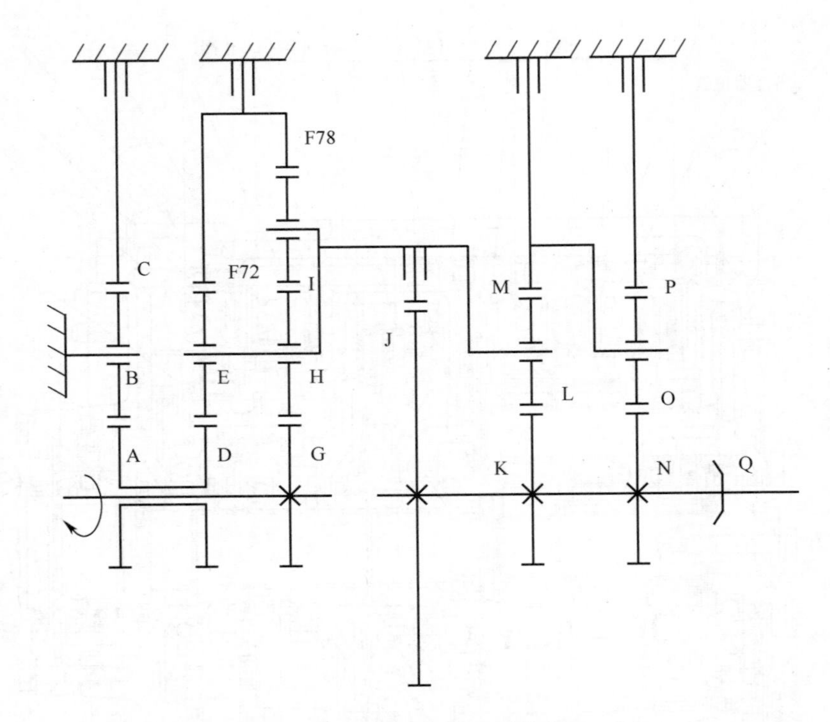

图 10-6　动力换挡变速器组成结构原理图

A—No.1 离合器太阳轮(30 齿);B—No.1 离合器行星轮(21 齿);C—No.1 离合器齿圈(72 齿);D—前进太阳齿轮(30 齿);E—前进行星轮(21 齿);F—No.2 离合器齿圈(72、78 齿);G—No.3 离合器太阳轮(30 齿);H—No.3 离合器行星轮(21 齿);I—No.3 离合器行星轮(21 齿);J—No.3 一挡齿轮(90 齿);K—No.4 离合器太阳轮(41 齿);L—No.4 离合器行星轮(19 齿);M—No.4 离合器齿圈(79 齿);N—No.5 离合器太阳轮(41 齿);O—No.5 离合器行星轮(19 齿);P—No.5 离合器齿圈(79 齿);Q—小锥齿轮。

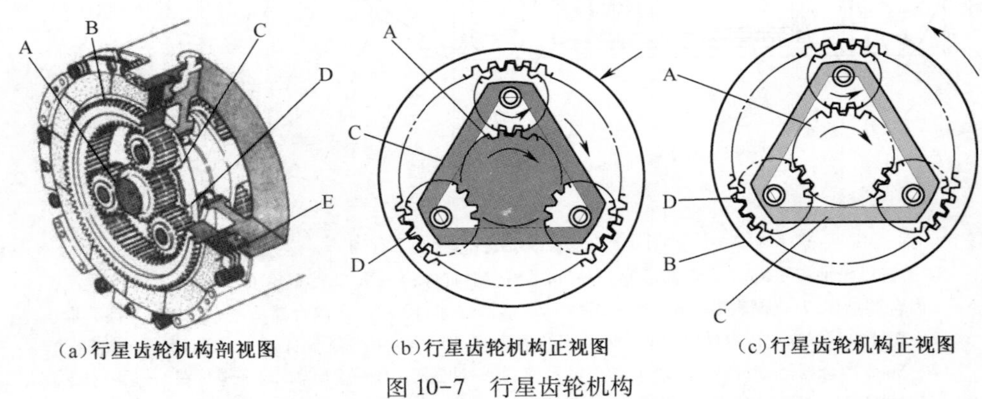

(a)行星齿轮机构剖视图　(b)行星齿轮机构正视图　(c)行星齿轮机构正视图

图 10-7　行星齿轮机构

A—太阳轮;B—齿圈;C—行星架;D—行星轮;E—离合器摩擦片。

行星架 C 支承。当太阳轮 A 被转动,齿圈固定不动时,行星齿轮 D 和行星架 C 开始绕太阳轮 A 转动。同时,每只行星轮在自己的轴上转动。当行星架被固定不动时,行星轮在自己的轴上转动,则齿圈 B 沿与太阳轮 A 转动的相反方向转动。

① 当齿圈 B 被固定时。太阳轮 A 的扭矩被传递到行星轮 D。当与行星齿轮相啮合的齿圈 B 被制动时,行星轮不能在固定位置转动。因此,行星轮沿齿圈绕太阳轮转动。当太阳轮 A

转动时，太阳轮A的扭矩便传递到行星架C上，以驱动行星架沿与太阳轮相同的方向转动。

② 当行星架被固定时。太阳轮A的扭矩传递到行星齿轮D。当行星架C被制动时，与太阳轮相啮合的行星轮在其固定位置上转动。与行星齿轮啮合的齿圈B沿与太阳轮A转动的相反方向被驱动，从而太阳轮A的扭矩传递到齿圈B。

No.1、No.4和No.5离合器建立在太阳轮→行星轮→齿圈（或行星架）的组合基础上，在No.1离合器结合的情况中，太阳轮起扭矩源的作用，并且把扭矩传递给No.2离合器的行星架。

No.4和No.5离合器结合的情况下，行星架起扭矩源的作用并将扭矩传递给No.4和No.5的太阳轮。

③ 双行星齿轮机构。双行星齿轮机构是在行星轮D和齿圈B之间加入另一行星轮F，如图10-8所示。

这种双行星齿轮机构的特点是当齿圈B被制动时，太阳轮A的扭矩驱动行星架C沿太阳轮转动的相反方向转动。

太阳轮→行星轮→行星轮→行星架这种组合用于No.2离合器上，此离合器接合时机械后退。

④ 回转离合器（用作一挡的No.3离合器）。No.3回转式离合器不同于No.1、No.2、No.4、No.5离合器。在这种形式中，No.3离合器的齿轮11固定在输出轴21上。No.3离合器的活塞10将摩擦片42和钢片43紧压在No.4离合器的行星架28上。这样依靠摩擦力把动力从行星架28传递到齿轮11上，如图10-9所示。这种回转离合器通常用作传递大扭矩的一挡离合器。

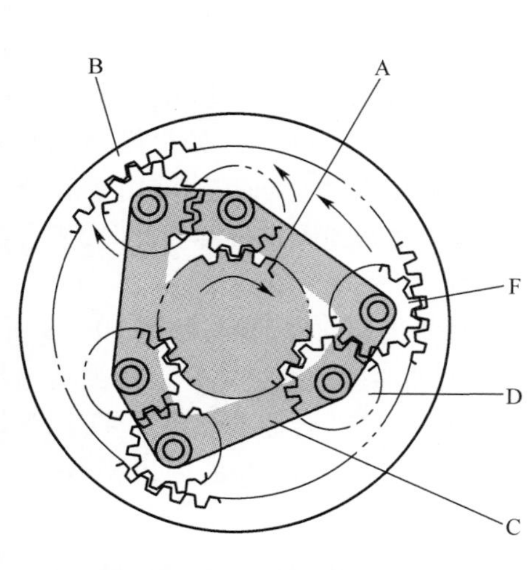

图10-8 双行星齿轮机构图

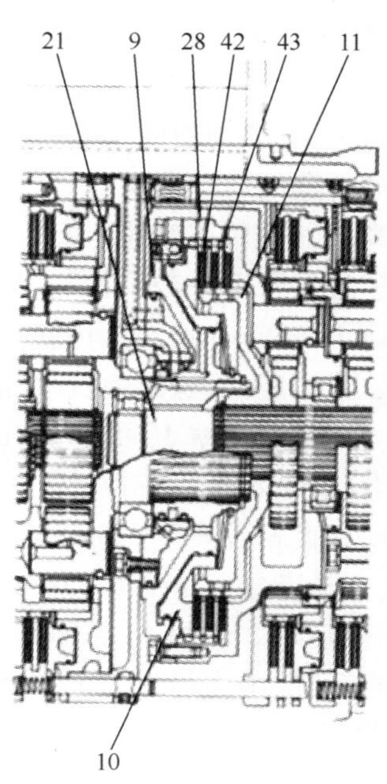

图10-9 回转离合器

（2）活塞的作用。

离合器由离合器活塞2，钢片44、摩擦片45、销轴33和活塞回位弹簧30等零件组成，如图10-10所示。

摩擦片的内齿与齿圈的外齿相啮合。钢片用销轴 33 与缸体 3 连接在一起。

活塞 2 用来对制动齿圈 C 产生制动作用。

① 离合器接合(在油压作用下)。离合器的结合如图 10-11 所示,来自控制阀的压力油通过缸体 3 上的入口进入活塞 2。在油压的作用下,活塞将钢片 44 和摩擦片 45 压紧在一起。所产生的摩擦力制动住摩擦片 45 的转动。从而与摩擦片内齿相啮合的齿圈 C 也被制动住。

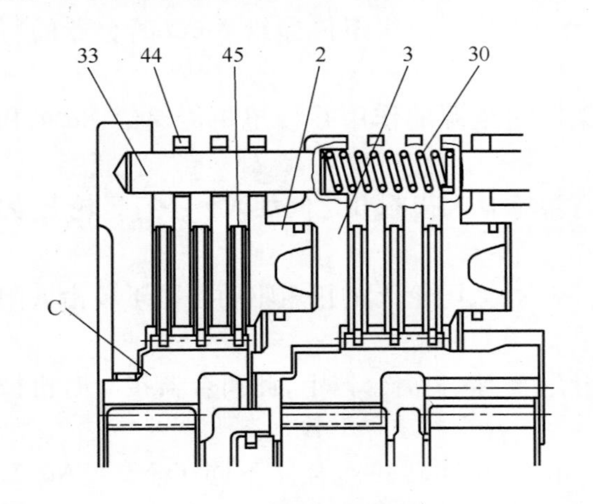

图 10-10　离合器的结构

2—离合器活塞;3—活塞缸体;
30—活塞回位弹簧;33—销轴;
44—钢片;45—摩擦片;C—制动齿圈。

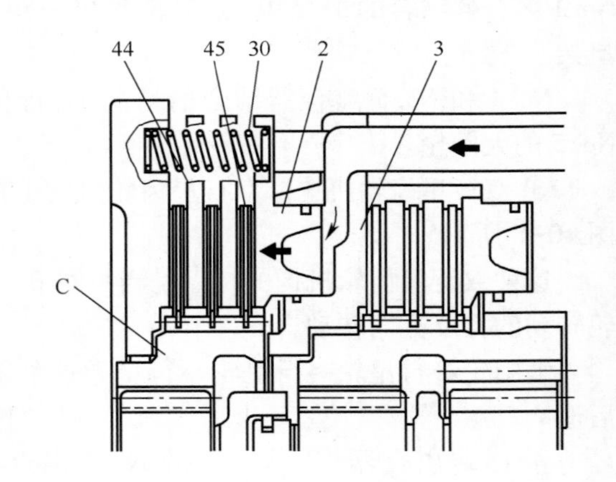

图 10-11　离合器结合

2—离合器活塞;3—活塞缸体;
30—活塞回位弹簧;44—钢片;
44—摩擦片;C—制动齿圈。

② 离合器分离(油压不作用)。离合器的分离如图 10-12 所示,当来自控制阀的压力油被切断,油压消失,活塞 2 在回位弹簧30 的推动下,回到原来位置。此时,钢片 44 和摩擦片 45 之间的摩擦力消失,使齿圈 C 松动。

(3) 离合器的球单向阀。

回转离合器被用在变速器中作为 No. 3 离合器。

当变速杆置于第一挡位置时,液压油从控制阀进入 No. 3 离合器活塞 10 的左侧并且向右侧推动活塞 10。No. 3 活塞缸体转动被传递到 No. 3 离合器的齿轮 11 上。如果换挡把变速杆移放在第二或第三挡,碟形弹簧 29 的力就推动活塞 10 返回到左边,然而,油液由于旋转所产生的离心力作用在活塞 10 的左侧,因此活塞 10 不能立刻向左回到原来位置。此时,离合器保持着半接合状态,不能进行换挡。

为了防止此情况发生,安装了球单向阀 46,使活塞 10 能迅速向左返回,如图 10-13 所示。

① 离合器接合。如图 10-14 所示,来自控制阀的压力油通过活塞缸体 9 上的油道施加到活塞左侧,然后球单向阀 46 关闭阀座 49 上的孔道,活塞 10 迫使离合器的摩擦片 47 压紧钢片 48;由于摩擦片的内齿与齿轮 11 的外齿相啮合,钢片的外齿与行星架 28 的内齿相啮合,因此实现离合器接合。

② 离合器分离。如图 10-15 所示,当来自控制阀的油流被切断时,推动单向阀 46 压在阀座 49 上的力消除,而球单向阀 46 的钢球在由于旋转所引起的离心力的作用下向外移动。因此,活塞 10 左侧和钢球单向阀中的液压油经过阀座 49 的孔道,泄入变速器壳体。由于单向阀的泄油作用,使油缸内的油压迅速下降,在碟形弹簧 29 的作用下,把活塞 10 迅速向左推回到原来位置,使钢片与摩擦片分离,实现离合器的分离。

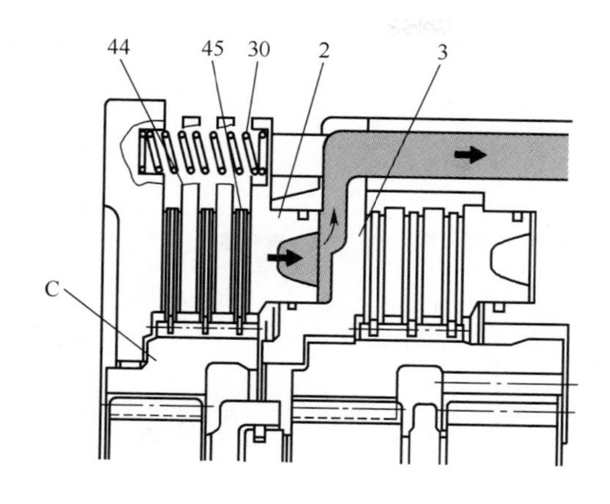

图 10-12　离合器分离

2—离合器活塞；3—离合器缸体；
30—活塞回位弹簧；44—钢片；
45—摩擦片；C—制动齿圈。

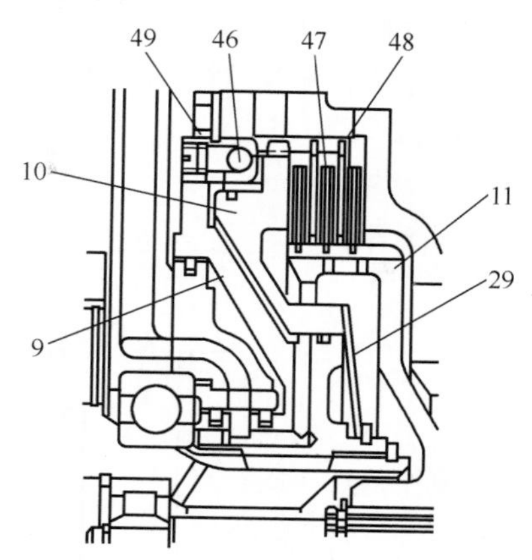

图 10-13　离合器球单向阀

9—活塞缸体；10—离合器活塞；
11—离合器齿轮；29—碟形弹簧；
46—球单向阀；47—内摩擦片；
48—钢片；49—阀座。

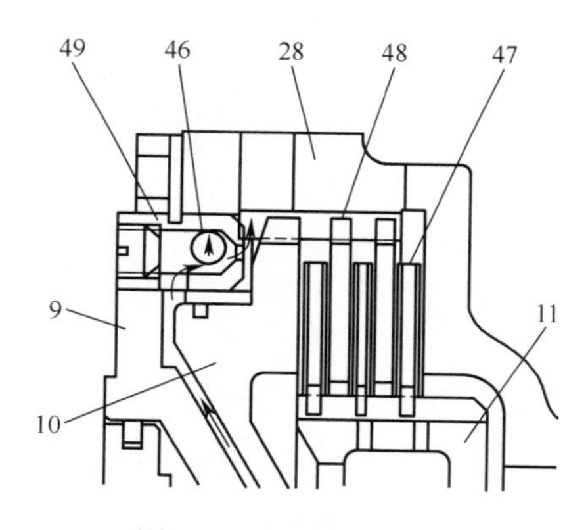

图 10-14　离合器结合

9—活塞缸体；10—离合器活塞；
11—离合器齿轮；28—行星架；
46—球单向阀；47—内摩擦片；
48—外摩擦片；49—阀座。

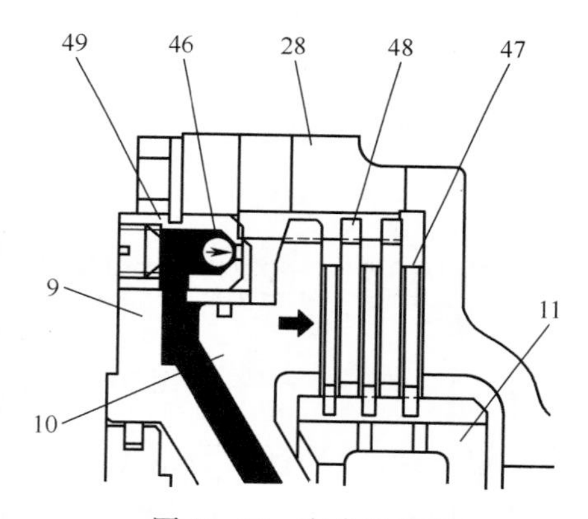

图 10-15　离合器分离

9—活塞缸体；10—离合器活塞；
11—离合器齿轮；46—球单向阀；
47—内摩擦片；48—外摩擦片；
49—阀座。

（4）动力传递路线。

如图 10-5 所示，各挡位的动力传递路线如下：

① 前进一挡。No. 1 和 No. 3 离合器接合，No. 1 离合器齿圈被制动，且 No. 3 齿轮直接与输出轴连接。

接合 No. 1 离合器，使 No. 1 离合器的齿圈 C 平稳固定，接合 No. 3 离合器，通过 No. 3 离合器的齿轮 11 把 No. 4 离合器的行星架 28 与输出轴连接起来。

由于 No. 1 离合器的齿圈 C 被制动，No. 1 离合器行星架 36 又被固定在变速器壳体 35 上，因此 No. 1 太阳轮 A 和 No. 2 太阳轮 D 都不能转动。

因此，No. 2 行星轮 E 绕 No. 2 太阳轮 D 转动，No. 2 离合器的行星架 31 以与 No. 3 太阳轮 G 相同的转向转动。

No. 3 离合器的接合，使 No. 2 离合器的行星架 31 的转动传递到 No. 3 离合器的活塞缸体 9、No. 4 离合器的行星架 28、No. 3 离合器的齿轮 11 和输出轴 21。前进一挡动力传递原理如图10-16 所示。

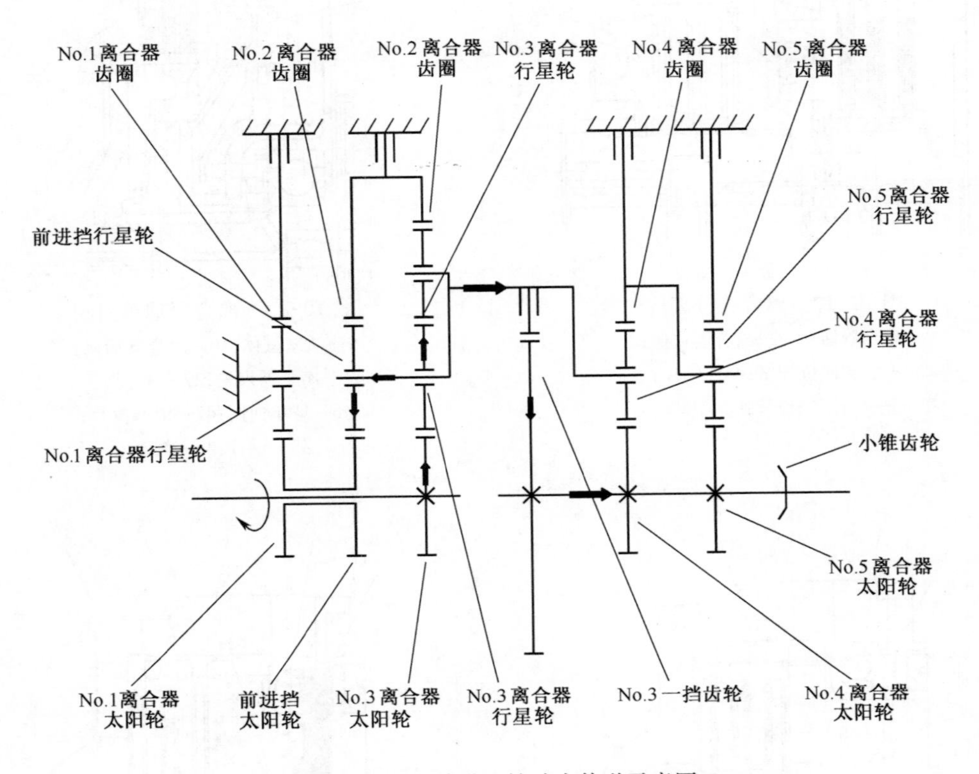

图 10-16　前进一挡动力传递示意图

② 后退一挡。TY160C 型推土机变速器可实现三个后退挡，现以后退一挡为例介绍。No. 2 和 No. 3 离合器接合，No. 2 齿圈被固定，No. 3 齿轮直接与输出轴连接。

No. 2 离合器接合后，No. 2 离合器的齿圈 F 被制动。No. 3 离合器接合后，通过 No. 3 离合器的齿轮 11，使 No. 4 离合器的行星架 28 和输出轴 21 连接。

当 No. 2 离合器的齿圈 F 被固定时，与齿圈 F 啮合的行星轮 I 及与太阳轮 G 啮合的行星轮 H 都不能在固定的位置上转动，而沿齿圈 F 绕太阳轮 G 转动。

行星轮 I、H 的转动被传递给 No. 2 离合器的行星架 31，使行星架 31 与太阳轮 G 相反的转向转动。

No. 3 离心器接合，使 No. 2 离合器的行星架引的转动传递到 No. 3 离合器的活塞缸体 9、No. 4 离合器的行星架 28、No. 3 离合器的齿轮 11 和输出轴 21。后退一挡动力传递原理如图10-17 所示。

2）变速操纵机构

变速器操纵机构由变速器操纵杠杆和安全开关两部分组成。

（1）变速器操纵杆。

变速器操纵杆如图 10-18 所示。当将变速杆从“空挡”位置移至一挡、二挡或三挡位置时，每一零件都沿箭头所示方向移动，最终拉动速度阀阀杆。

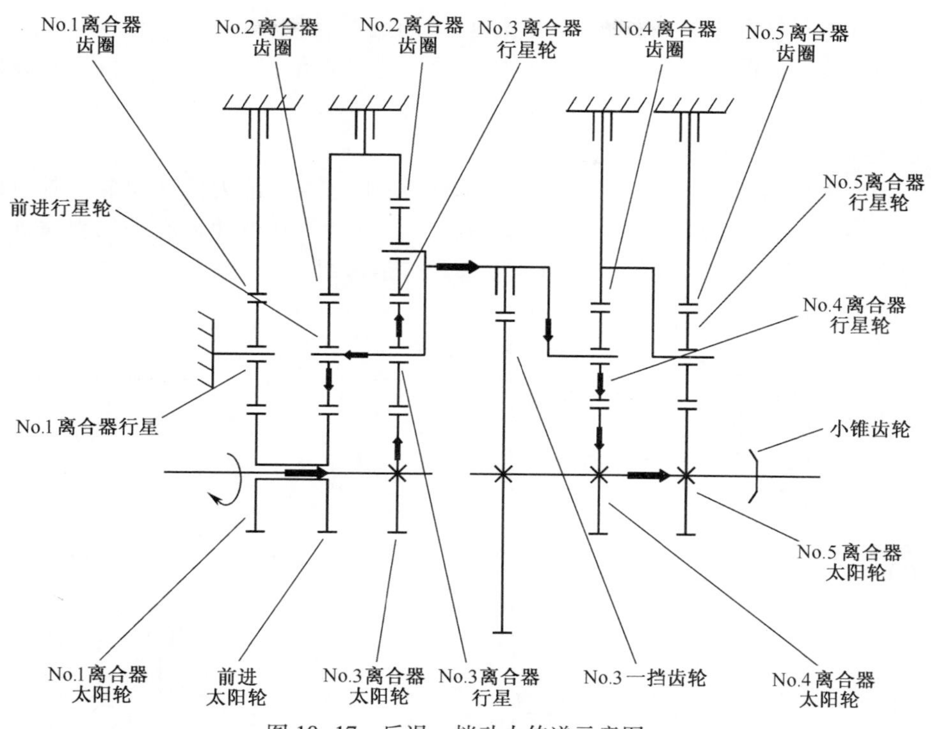

图 10-17　后退一挡动力传递示意图

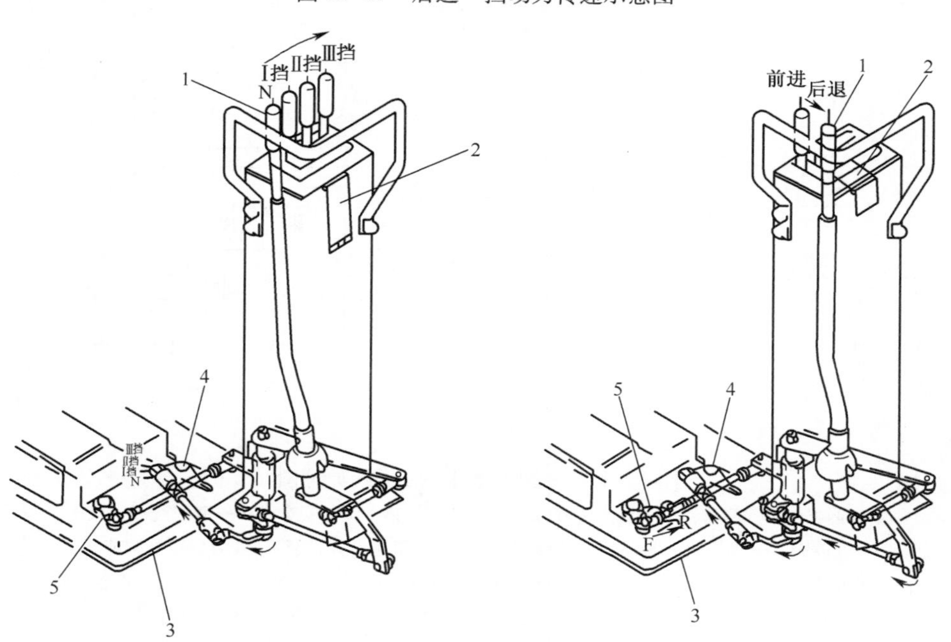

图 10-18　变速器操纵杆

1—变速杆;2—挡板合件;3—变速器控制阀;4—速度阀杠杆;5—进退阀杠杆。

(2) 安全开关。

电路的安全开关装在启动电路内。只当变速杆置于“空挡”位置时,启动电路才被连通(安全开关接通)。然后启动开关才能用来启动柴油机。

如果变速杆置于任何位置(除“空挡”外)变速杆都推动安全开关,使启动线路切断(安全开关断开)，在这种情况下，当转动启动开关时，柴油机不能起动。

当移动变速杆从前进位置移至后退位置时每一零件都沿箭头所指方向移动，最终拉动进退阀杠杆。

3）变速器液压控制系统

变速器液压控制系统(图 10-19)的主要部件有：粗滤器 2、液力传动油泵 3、控制阀总成以及机油冷却器 13、连接润滑安全阀 14 至机油冷却器 13 和连接变速器底部的粗滤器至液力传动油泵的吸入口等管路。控制阀总成由速度阀和进退阀组成。

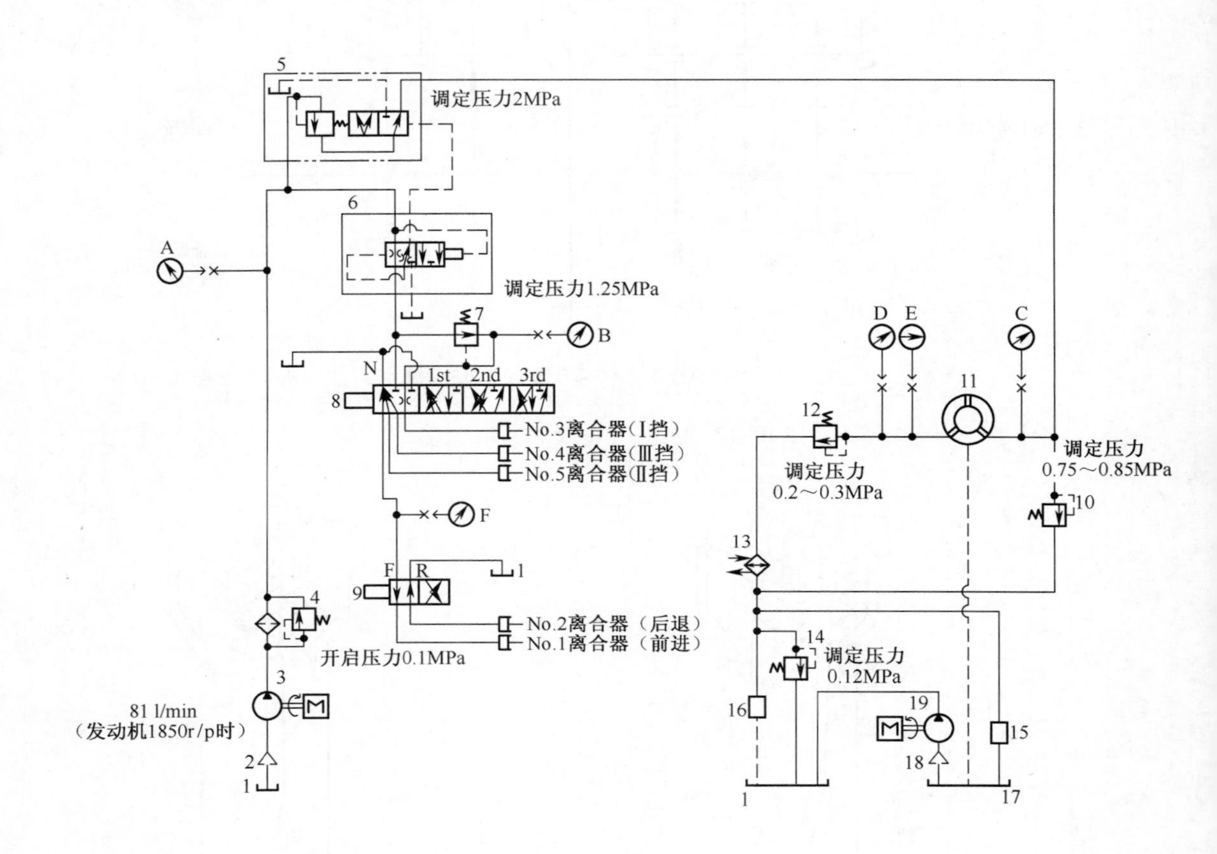

图 10-19　变速器液压控制系统原理图

1—变速器壳体；2—粗滤器；3—液力传动油泵；4—细滤器；5—调节安全阀；6—速回阀；7—减压阀；8—速度阀；9—进退阀；10—液力变矩器安全阀；11—液力变矩器；12—液力变矩器调节阀；13—机油冷却器；14—润滑安全阀；15—动力输出箱润滑；16—变速器润滑；17—液力变矩器壳体；18—粗滤器；19—回油泵；A—变速器调节安全阀测压口；B—变速器Ⅰ挡离合器测压口；C—液力变矩器安全阀测压口；D—液力变矩器调节阀测压口；E—液力变矩器油温表接头。

液压控制系统用来选择前进和后退各三个速度挡中的一个速度。调速阀提供液压油给指定的离合器以便获得机械所需的运转方向和速度。用于这一目的的油压由调节安全阀 5 来控制。

当发动机启动，变速杆置于“空挡”位置时，来自油泵的液压油被导入调节安全阀，这阀保持 2MPa($20kgf/cm^2$)的油压。

3. 中央传动和转向离合器

1）中央传动

来自发动机的动力，通过变速器后端部输出轴上的小螺旋锥齿轮与大螺旋锥齿轮的啮合，传递给左、右转向离合器。大螺旋锥齿轮用 8 只精制螺栓安装在锥齿轮轴上，锥齿轮轴通过两只圆锥滚动轴承和轴承座支承在转向箱体上。

2）转向离合器

（1）转向离合器构造

转向离合器（图 10-20）安装在锥齿轮轴的两端，用来控制推土机的行驶方向。离合器可切断自螺旋锥齿轮至最终传动的动力，以改变行驶方向。

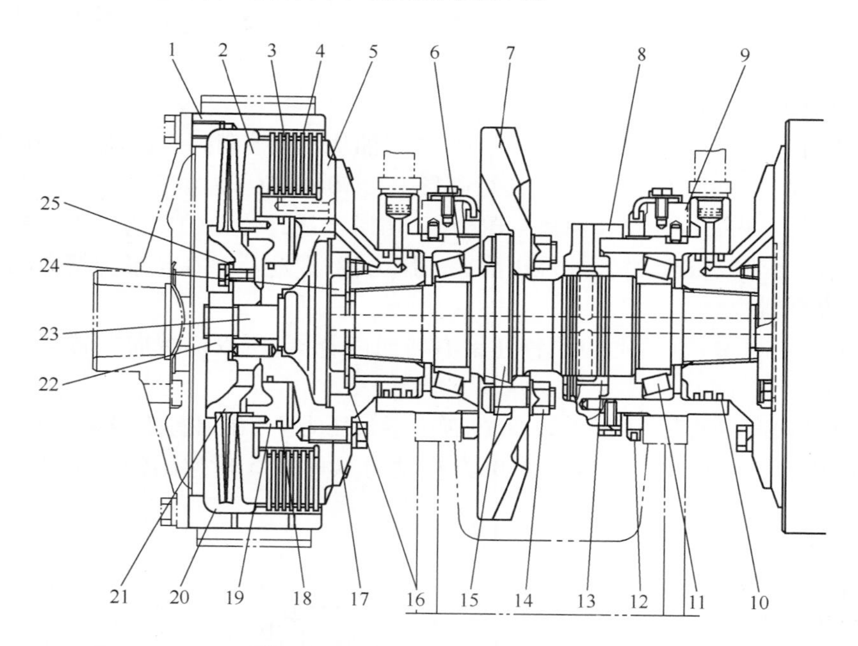

图 10-20　中央传动和转向离合器

1—制动鼓；2—压力盘；3—摩擦片；4—主动片；5—内鼓；6—轴承座；7—大螺旋锥齿轮；8—接盘；9—罩；10—密封环；11—圆锥滚动轴承；12—调整螺母；13—衬套；14—螺母；15—锥齿轮轴；16—锁垫；17—连接盘；18—油封环；19—活塞；20—碟形弹簧；21—法兰盘；22—螺母；23—螺栓；24—螺母；25—锁垫。

转向离合器为湿式、多片、液压分离型离合器，由下列零件组成：

① 内鼓 5。用螺栓固定在连接盘 17 上，连接盘压装在锥齿轮轴的花键上。内鼓同时起油缸的作用。

② 锥齿轮轴连接盘 17。连接盘将来自转向控制阀的液压油引入活塞 19。

③ 制动鼓 1。制动鼓用螺栓装在最终驱动盘上。

④ 主动片 4。主动片的内齿与内鼓 5 的外齿相啮合。

⑤ 摩擦片 3。摩擦片的外齿与制动鼓 1 内齿相啮合。

⑥ 压力盘 2。压力盘用销子固定在活塞 19 上，与活塞一起移动。

⑦ 碟形弹簧 20。当把转向操纵杆放在“接合”位置时，碟形弹簧就把压力盘 2，摩擦片 3 主动片 4 向内鼓 5 压紧。

旋转调整螺母 12 可使轴承座 6 向左或向右移动，以调整螺旋锥齿轮付的轮齿接触面和齿侧隙。连接盘 17 压装在锥齿轮轴 15 的锥花键上,然后转向离合器固定在连接盘上。利用浸在油中的大螺旋锥齿轮进行飞溅润滑。

在转向离合器中碟形弹簧 20 使主动片 4 与摩擦片 3 在离合器内鼓 5 和压力盘 2 之间被压紧,保持正常接触,以使主动片 4 的转动通过摩擦传递给摩擦片 3。

当拉动转向杆时,转向控制阀的作用是使压力油流至活塞 19。活塞 19 的移动,作用在压力盘 2 上,因此消除摩擦片 3 和主动片 4 之间的摩擦接触。

当放回转向杆时,压力盘 2 由碟形弹簧 20 的作用返回至原来位置。恢复主动片 4 和摩擦片 3 之间的摩擦接触。

同时拉动左、右转向杆时,左、右转向离合器同时分离,仅拉动左转向杆时,只分离左转向离合器,则传给左侧最终传动装置的动力被切断,而右转向离合器处于接合状态,所以机械向左转向。

(2) 转向离合器的工作原理

以向左转向为例,当分离左转向离合器时,压力油从转向控制阀通过轴承座 6 和锥齿轮连接盘 17 流到活塞 19,并向左推动活塞,压缩碟形弹簧 20,从而压力盘 2 左移,主动片 4 和摩擦片 3 之间的压紧力消除,因此左转向离合器分离,切断至最终传动的动力。当释放转向杆时,来自控制阀的压力油被切断,并泄放推压活塞的压力油,因此活塞在碟形弹簧 20 的作用下回到原来位置,离合器接合。

当左转向离合器分离时,动力只传递给右转向离合器,所以机械向左转向,如图 10-21 所示。

当接合左转向离合器时,碟形弹簧 20 的弹力通过压力盘 2 把主动片 4 和摩擦片 3 向内鼓 5 压紧。主动片 4 和摩擦片 3 之间的摩擦力将动力从内鼓 5 传递给制动鼓 1,如图 10-22 所示。

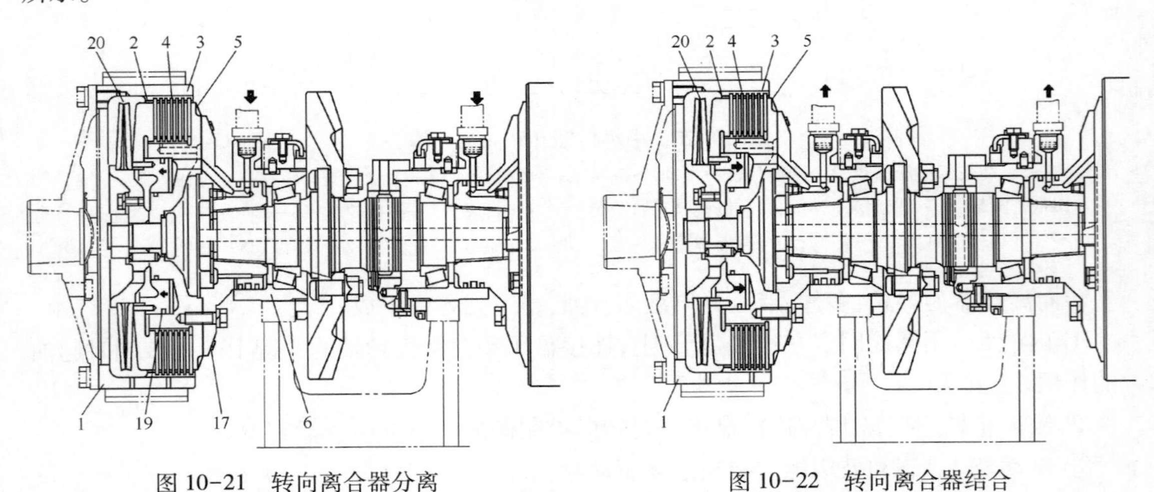

图 10-21　转向离合器分离　　　　图 10-22　转向离合器结合

3) 转向控制阀

转向控制阀如图 10-23 所示,包括两个转向阀 12 和两个制动阀 20。转向阀控制流入左、右转向离合器的油路,两个制动阀控制流入左、右制动助力器的油路。

转向控制阀工作原理:

(1) 当不拉动转向杆时(转向离合器接合,不施加制动)

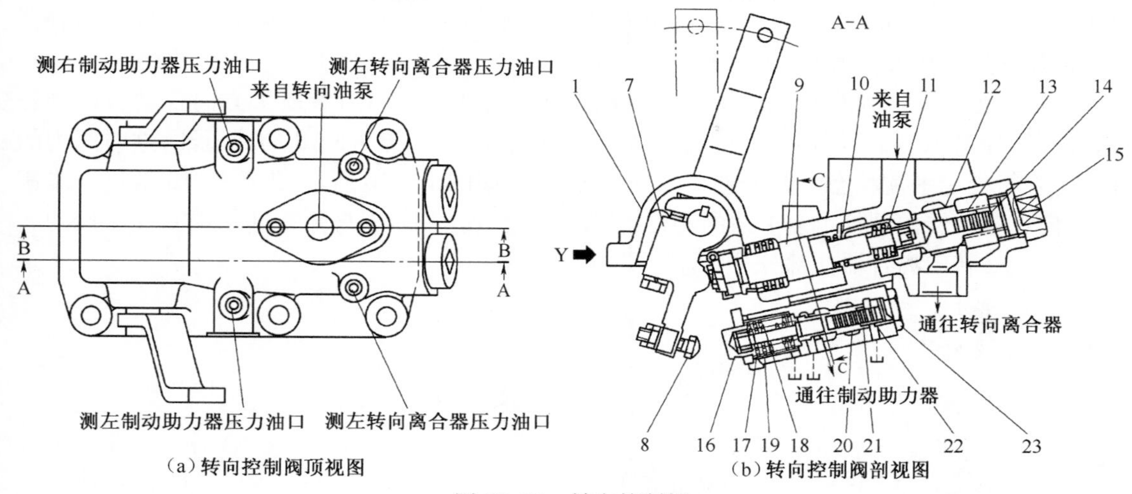

图 10-23　转向控制阀

1—转向阀体;7—杠杆;8—调节螺栓;9—轴;10—弹簧;11—导套;12—转向阀杆;13—弹簧;14—活塞;15—旋塞;16—导向座;17—轴;18—弹簧;19—弹簧;20—制动阀体;21—弹簧;22—活塞;23—旋塞。

如图 10-24 所示,液压油从转向泵流至安全阀 24、转向控制阀腔以及制动助力器。但转向阀和制动助力器的油路被切断,所以回路压力升高,当压力超过安全阀 24 的调定压力 2MPa 时,便释放液压油输入机油冷却器。

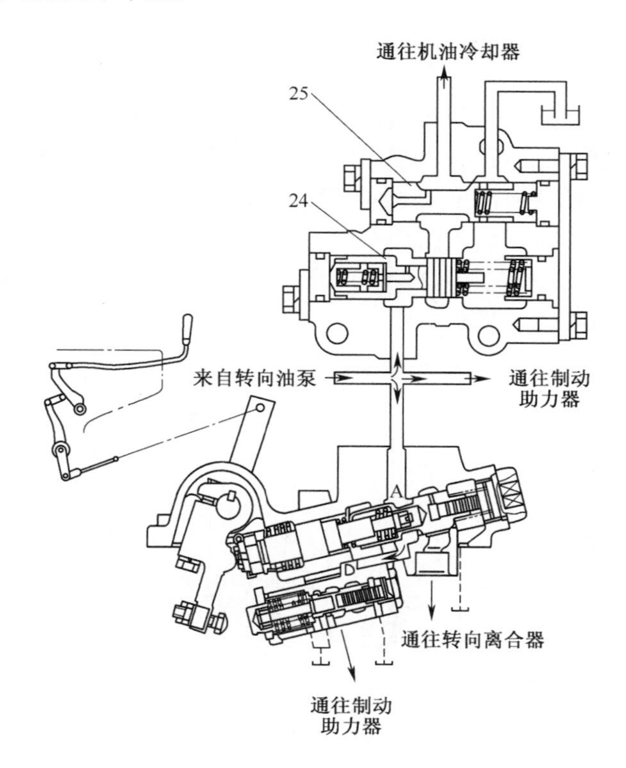

图 10-24　转向控制阀工作原理 1

(2)当稍微拉动转向杆时(转向离合器半接合,不施加制动)

当拉动转向杆时,杠杆 7 沿箭头方向推动压缩弹簧 10。弹簧沿箭头所指方向推动转向阀杆 12,从而将腔 B 和腔 G 封闭,而接通腔 A 和腔 B,液压油便注入转向离合器,当转向离合器充满液压油后油压开始升高,如图 10-25 所示。

通过节流孔 a 流到腔 C 的压力油推动活塞 14,而其反作用力沿箭头方向推动转向阀杆 12,并压缩弹簧 10。转向阀杆 12 便将腔 A 和腔 B 封闭,切断流入腔 B 的液压油,这时阀内的油压与弹簧处于平衡状态。如果进一步拉动转向杆,如图 10-26 所示,因弹簧 10 被进一步压缩,又向右推动转向阀杆重复上述的动作,油压进一步提高,油压与弹簧处于提高油压后的新的平衡状态,转向离合器便部分分离。

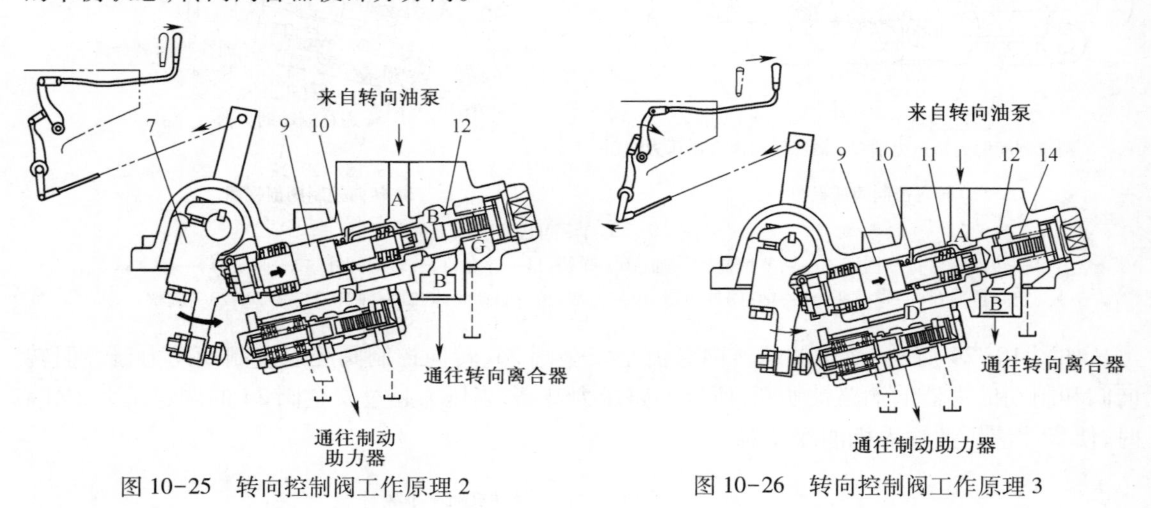

图 10-25　转向控制阀工作原理 2　　图 10-26　转向控制阀工作原理 3

(3) 当转向杆拉到阻滞位置(当转向杆拉到此行程后再进一步拉动时,感到需用比前较大的拉力才能拉动的位置)时(转向离合器分离,不施加制动)

如图 10-27 所示,当把转向杆拉至阻滞位置时,轴 9 沿箭头方向移动,并与导套 11 接触。轴 9 推动导套 11,然后导套推动转向阀杆 12,所以即使腔 B 压力升高,转向阀杆 12 也不会左移。弹簧 10 完全被压缩,油压达到 1.89MPa(完成调节过程)。当油压继续升高到 2MPa,即安全阀调定的压力,转向离合器彻底分离。

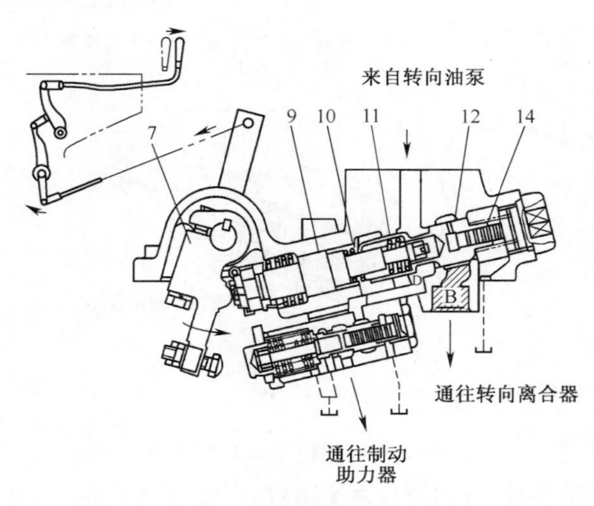

图 10-27　转向控制阀工作原理 4

(4) 当再进一步拉动转向杆时(转向离合器分离,制动回路油压开始升高)

如图 10-28 所示,因为轴 9 与导套 11 相接触,所以腔 A 和腔 B 的开启量与轴 9 的移动量相同。由于调整螺栓的作用,如图 10-29 所示,轴 17 向右移动并推动制动阀杆 20。因此,腔 E 和腔 H 被切断,同时把腔 D 和腔 E 连通,液压油便经腔 E 流入制动助力器。

通过节流孔 b 流入腔 F 的压力油,推动活塞 22,其反作用力推动制动阀杆 20 左移,如图 10-30所示,并压缩弹簧 18 制动阀杆 20 切断自腔 D 到腔 E 的油路,系统压力与弹簧 18 的力相平衡。

如果进一步拉动转向杆,因此弹簧 18 被进一步压缩,导致弹簧力提高,处于平衡的油压也随着弹簧压缩力的提高而升高,开始使制动器起制动作用。

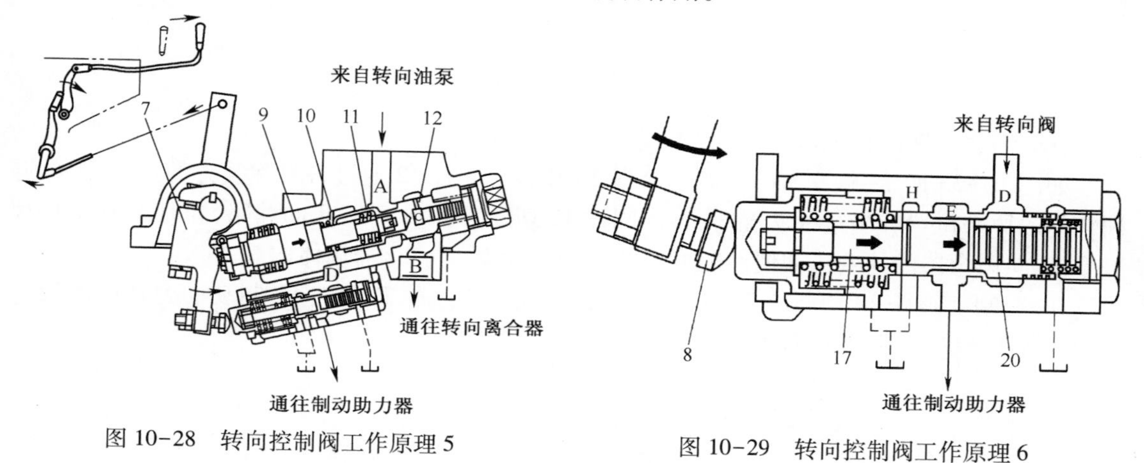

图 10-28　转向控制阀工作原理 5

图 10-29　转向控制阀工作原理 6

(5) 当转向杆被拉到底时(转向离合器分离;施加制动)

轴 9 右移直至限止套 G 和 H 相接触为止,如图 10-31 所示。此后,轴 9 不能再向右移动,转向阀杆 12 同轴 9 一样不能再向右移动,也不能再进一步移动。由于调整螺栓 8 的推动,轴 17 还可向右移动推动制动阀杆 20。

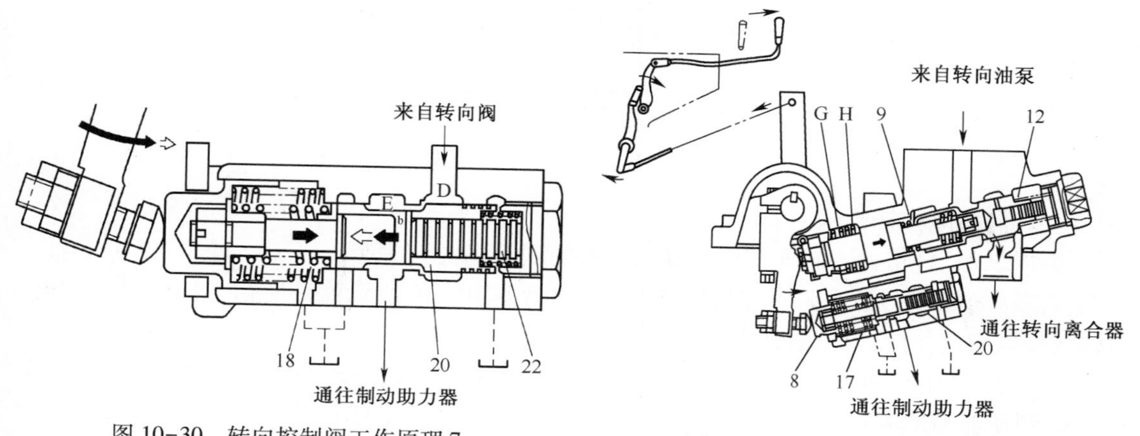

图 10-30　转向控制阀工作原理 7

图 10-31　转向控制阀工作原理 8

即使当轴 9 到达行程的终点,如图 10-32 所示,但轴 17 还没有到达行程的终点,因此,来自节流孔 b 流入腔 F 的压力油推动活塞 22,而反作用力推动制动阀杆 21 左移,压缩弹簧 18,制动阀杆 21 切断从腔 D 到腔 E 的压力油流,系统压力与弹簧 18 的弹力平衡。在转向杆拉到底时,弹簧 18 的弹力达到最大值,与弹簧 18 的力相平衡的回路压力也达到最大值 1.67MPa,在此条件下完成制动过程,制动带紧抱制动鼓。

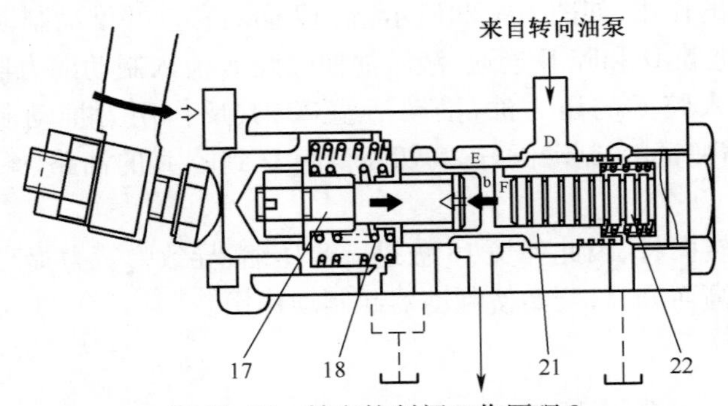

图 10-32 转向控制阀工作原理 9

(6) 当放回转向杆时(转向离合器接合,不施加制动)

如图 10-33 所示,轴 9、轴 17、制动阀杆 20 和转向阀杆 12 通过各自弹簧力的作用,全部返回它们的原来位置。当这种状况时,转向阀杆 12 切断自腔 A 到腔 B 的油路,同时连通腔 B 和腔 G,转向离合器内的液压油便经腔 B 及腔 G 泄放到转向离合器箱体内。

此外,制动阀杆 20 切断腔 D 到腔 E 的油路,同时接通腔 E 和腔 H,制动助力器内的液压油便经腔 E 和腔 H 泄入转向离合器箱体内。

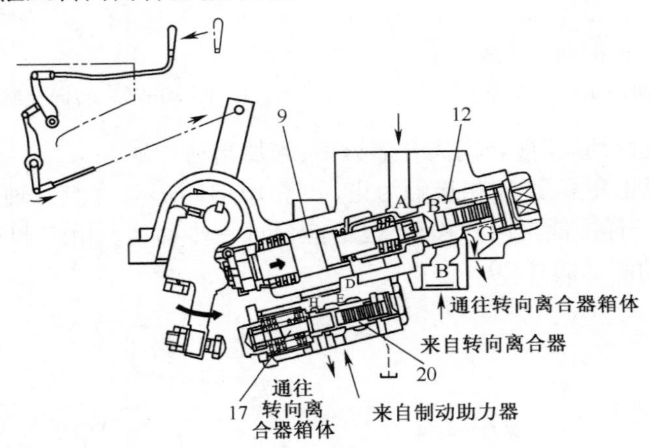

图 10-33 转向控制阀工作原理 10

4) 转向操纵杠杆机构

转向操纵杠杆机构为转向离合器和制动器的联动机构。

当把转向杆(右)拉到阻滞位置时,每一零件沿图 10-34 所示箭头所指方向移动。此时,右转向控制阀起作用,分离右转向离合器,而没有施加制动。

当把转向杆拉到底时,各零件的移动方向同上,此时离合器分离并施加制动。

4. 制动器和助力器

TY160C 型推土机制动器为带式制动器,具有行驶中的转向制动及停车时的停放制动两种作用,结构如图 10-35 所示,装在制动鼓上,并浸在转向离合器箱体的机油中。

当拉动转向杆时,首先分离转向离合器,然后制动器起制动作用,这个动作顺序由转向控制阀的液压来控制,因此而减轻操纵力。当同时踩下制动踏板时,不经分离转向离合器,左右

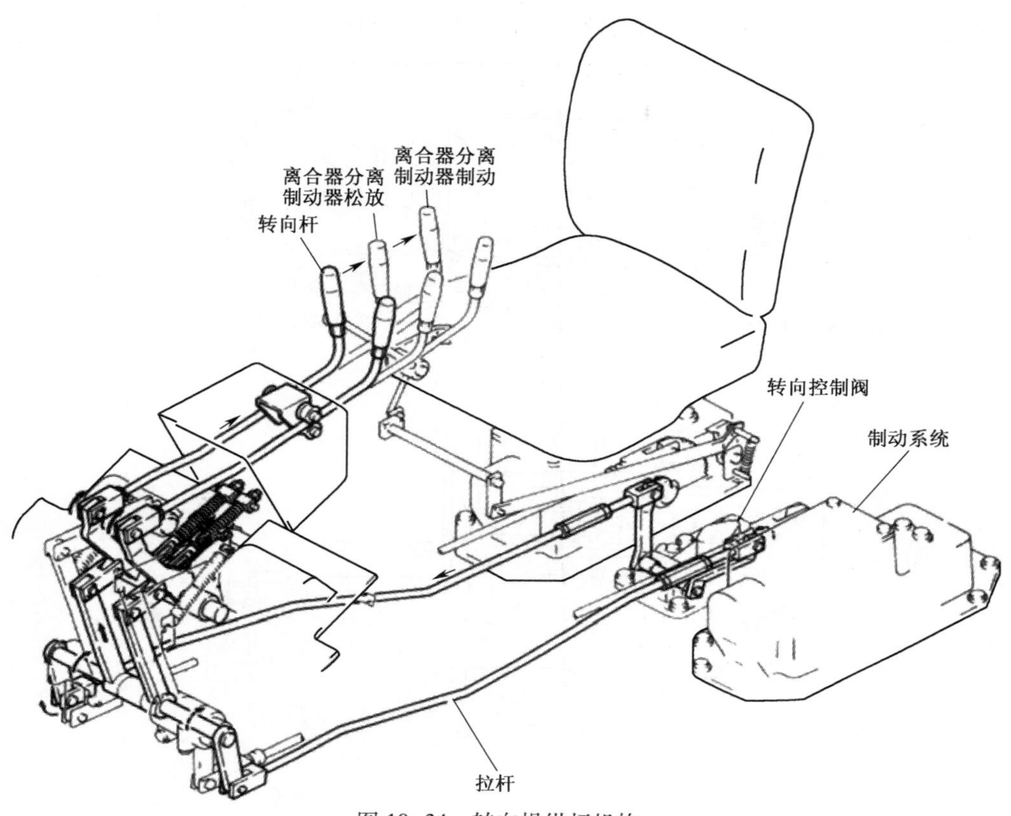

图 10-34　转向操纵杆机构

两个制动器便同时起制动作用,使车辆紧急停驶,停放车辆时踩下右制动踏板后,拉动制动锁柄,踏板就固定在制动位置,机械便保持制动状态。

制动带 12 的一端通过顶块 10 和销悬挂在制动架 8 上,而另一端通过螺杆,调整螺母和销轴悬挂在制动架上。两个弹簧使包在制动鼓上的制动带的拉力均匀,调整螺母用来调整制动片与制动鼓之间的间隙。

1）制动器工作原理

如图 10-36 所示,当拉动一侧的转向杆使机械向这一侧转向时,同侧的转向离合器便分离,因此传递给这一侧履带的动力被切断,但是受另一侧传递动履带的拖动,所以机械向这一侧缓慢转向。当这一侧的转向杆被进一步拉动时,转向控制阀的油便输入制动助力,则制动助力器起作用,使制动带紧抱制动鼓,因此这一侧的履带被固定不能转动,机械原地转向。

当踩下制动踏板时,也会使制动助力器起作用,使制动带抱紧制动鼓。

（1）当机械向前行驶时,制动器的作用原理。

当把转向杆拉到底时,制动助力器的活塞左移,叉杆 3 转动,杠杆 15 朝上移动。当机械向前行驶时,制动鼓反时针方向转动,带动制动带跟随反时针转动因此向左拉螺杆 19 使销 18 压在制动架 14 上,这样杠杆 15 便以 B 点为支点沿顺时针方向盘转,顶块 16 沿箭头 Q 所指方向移动,使制动带以与制动鼓相同的转向被拉紧,制动住制动鼓。

（2）当机械向后行驶时,制动器的作用原理。

在机械向后行驶时,制动鼓顺时针方向转动,带动制动带 12 跟随顺时针转动,向右推动顶块 16,使销 21 压在制动架 14 的半圆孔上,这样杠杆 15 便以 A 点为支点沿顺时针方向转动,销轴 20 沿箭头 12 所指方向移动,使制动带以与制动鼓相同的转向被拉紧,制动住制动鼓。

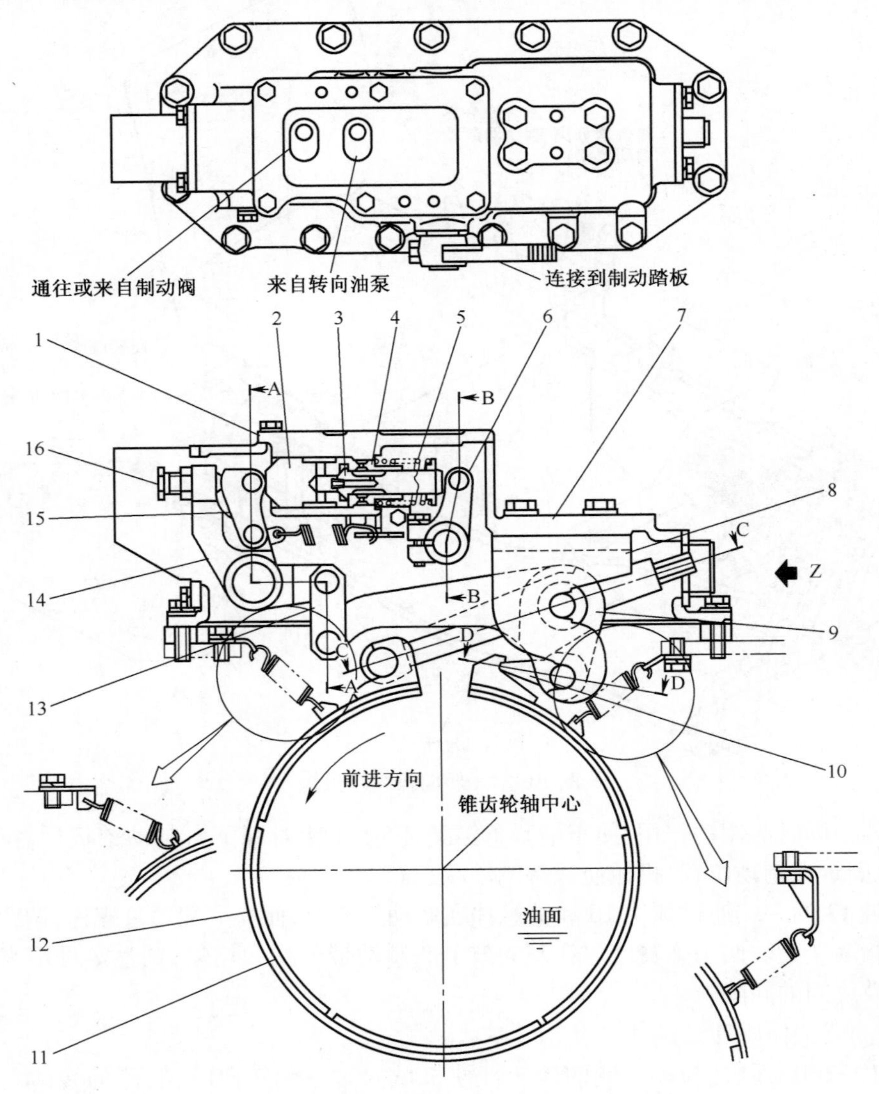

图 10-35　转向制动器和助力器

1—制动助力器体;2—活塞;3—阀杆;4—衬套;5—弹簧;6—杠杆;7—盖;8—制动架;9—杠杆;10—顶块;11—制动片;12—制动带;13—联板;14—杠杆;15—叉杆;16—调节螺栓。

2）液压制动助力器工作原理

(1) 不踏下制动踏板,不拉动转向杆(不施加制动)

如图 10-37 所示,如果推动制动阀 20,来自转向油泵的一条油路便通至腔 A,而另一条油路不通过转向阀直接通至腔 B。

因为没有拉动转向杆,所以阀杆 20 不移动。压力油也就不流向腔 A 而仅流向腔 B,然后通过节流孔 a 流入腔 C。但是因为没有踩下制动踏板,所以腔和腔 C 被切断,因此油压上升,当超过安全阀 24 的调定压力时,液压油便流入冷却器,系统压力保持在 2MPa。

(2) 当转向杆拉到底时(施加制动)

制动阀杆 20 动作,压力油流至腔 A。当回路中的液压压力上升时,腔 A 的压力油向左推动活塞5，叉杆3和杠杆4被推动并施加制动，如图10-38所示，这时油路压力为1.67MPa。

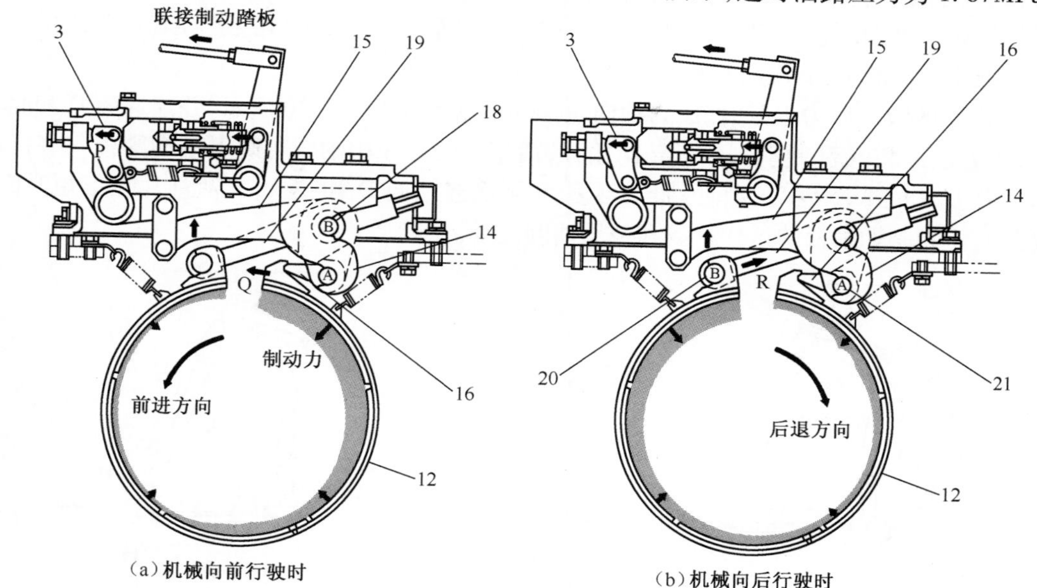

(a)机械向前行驶时　　(b)机械向后行驶时

图10-36　制动器工作原理

3—叉杆；12—制动带；14—制动架；15—杠杆；16—顶块；18—销；19—螺杆。

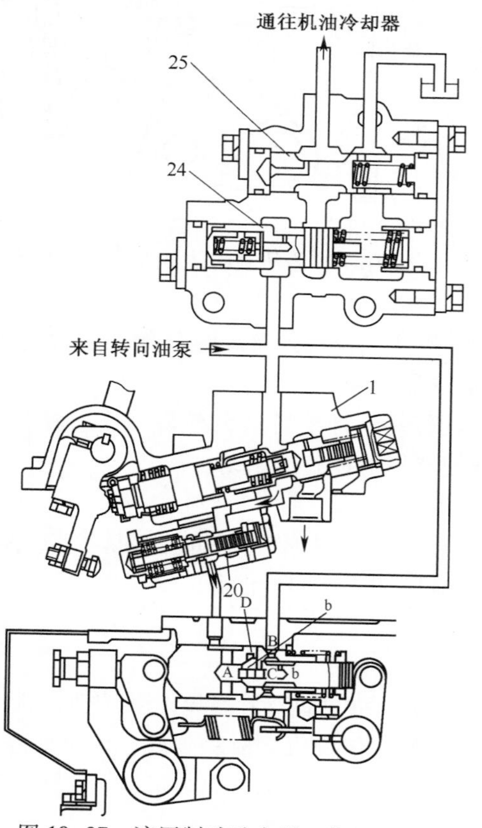

图10-37　液压制动助力器工作原理1

1—转向控制阀阀体；20—制动阀杆；

24—安全阀；25—机油冷却器旁通阀。

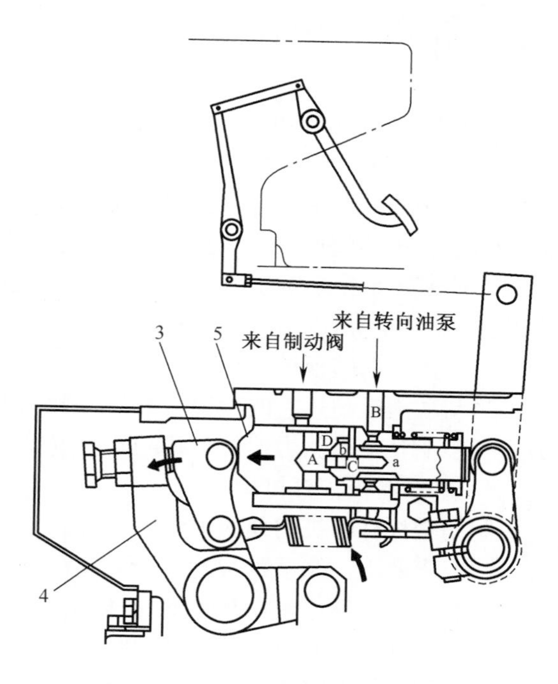

图10-38　液压制动助力器工作原理2

3—叉杆；4—杠杆；5—活塞。

(3) 当踏下制动踏板时(施加制动)

轻轻踏下制动踏板,如图 10-39 所示。杠杆 9 向左推动阀杆 6 连通腔 C 和腔 D,因此从油泵来的液压油经腔 B、节流孔 a 及腔 C 输入腔 D。

当腔 D 的液压压力上升时,压力油向左推动活塞 5,如图 10-40 所示,并连通腔 D 和腔 A,因此,压力油经腔 A 和制动阀泄入转向箱体,活塞 5 便停止移动。再踩下制动踏板一些行程,又封闭腔 D 和腔 A,压力油又向左推动活塞 5,再次连通腔 D 和腔 A,又泄油。在很短时间内重复活塞 5 和制动踏板的这样移动和液压油的流动。

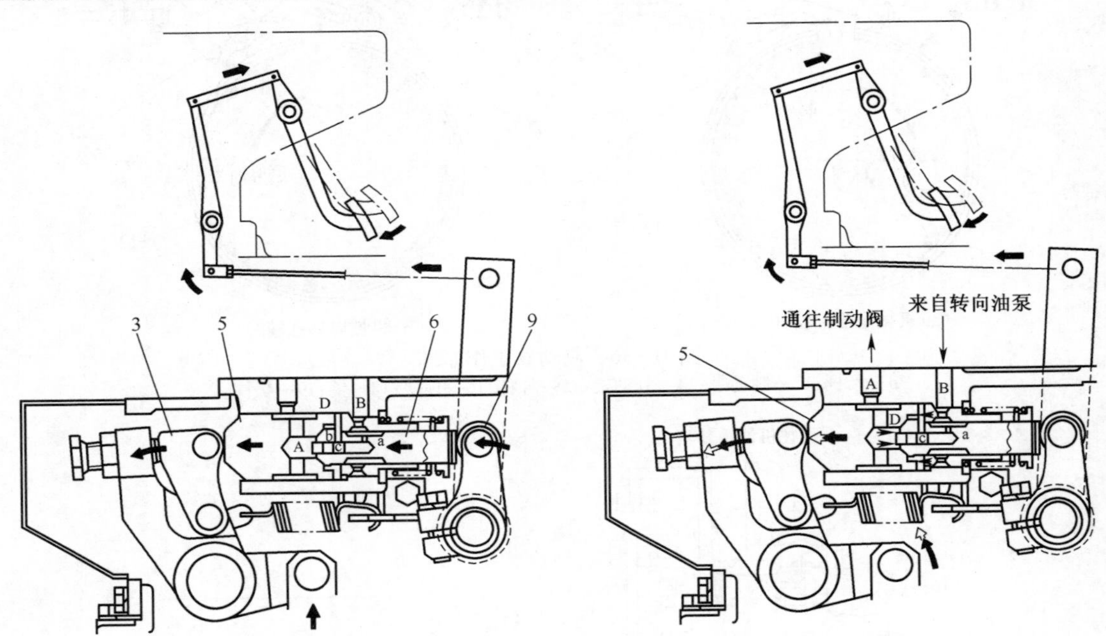

图 10-39　液压制动助力器工作原理 3

3—叉杆;5—活塞;6—阀杆;9—杠杆。

图 10-40　液压制动助力器工作原理 4

5—活塞。

阀杆 6 进一步左移至连通腔 B 和腔 D 时,如图 10-41 所示,则流入腔 D 的油量增大,活塞 5 的移动加快。活塞 5 继续推动叉杆 3,使平稳地收紧制动带,施加制动。

上述方法是使系统压力分两步升高,首先压力油轻轻地推动活塞 5,然后当连通腔 D 和腔 B 时,便增大推动活塞的力,并加快推动速度,这样使能平稳地施加制动。

(4) 当制动踏板被踏到行程终了时

当制动踏板到达它的行程极限时,如图 10-42 所示,腔 D 和腔 A 保持被切断状态,系统压力进一步上升。当压力达到 2MPa 时,安全阀开启,液压油流入润滑油路。

3) 制动踏板杠杆机构

制动踏板杠杆机构如图 10-43 所示。

(1) 当踩下左制动踏板时,各零件沿箭头方向移动。左制动助力器起作用,施加左制动。

(2) 如果拉动停车制动手柄,按以下步骤操纵:① 将右制动踏板踩到底;② 拉动停车制动手柄,锁住踏板使保持在踩下的制动位置。

4) 制动器、转向离合器的行程调整

(1) 制动器摩擦片间隙的调整方法。

① 拆卸制动器室左右盖;

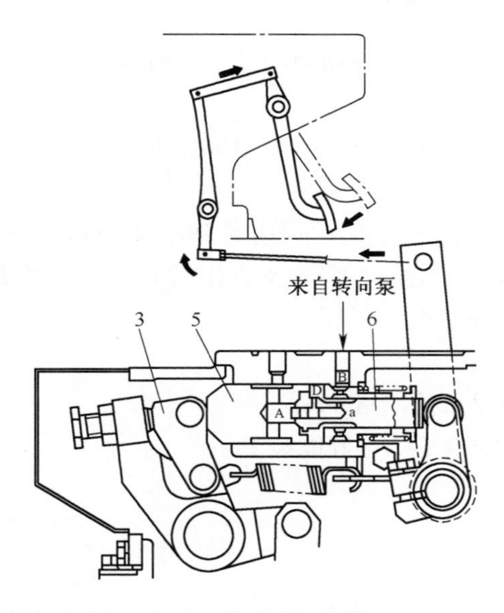

图 10-41　液压制动助力器工作原理 5

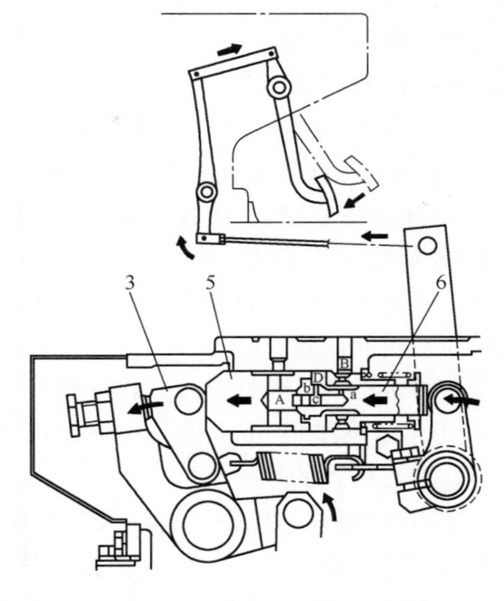

图 10-42　液压制动助力器工作原理 6

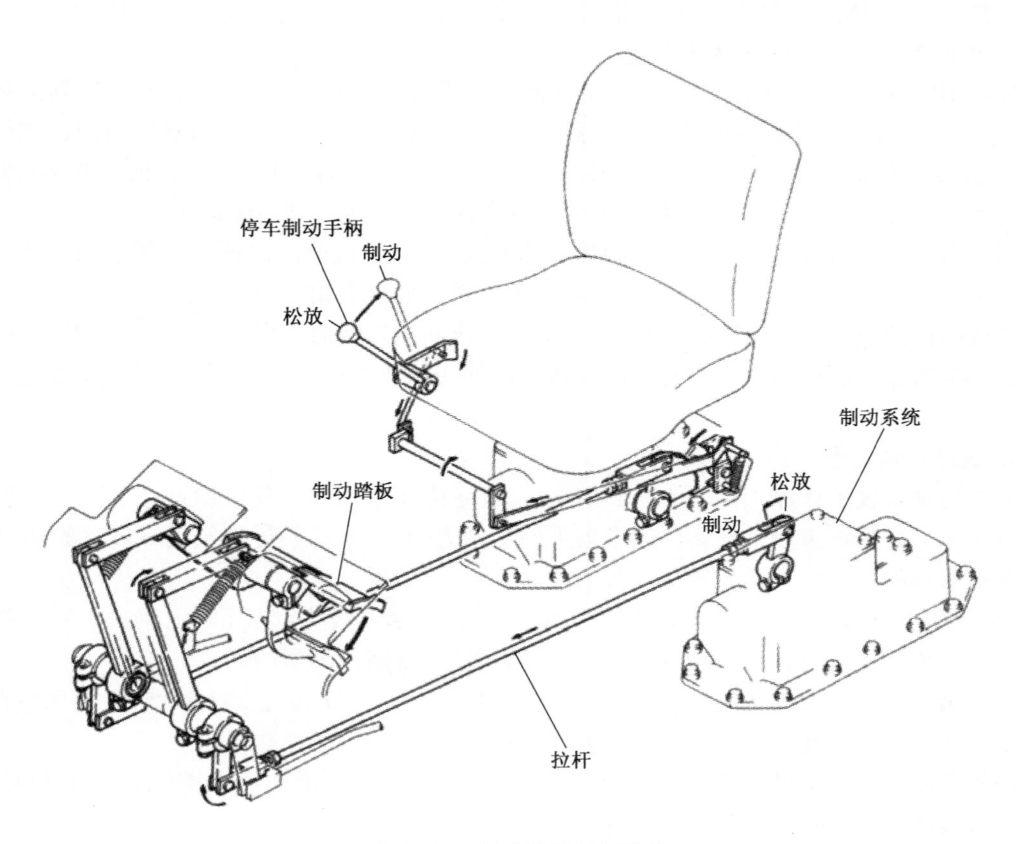

图 10-43　制动踏板杠杆机构

② 用 90N · m 的力矩拧紧左或右的调整螺母,使摩擦片与制动鼓贴合,然后把调整螺母回转 $1\frac{5}{6}$ 圈,则摩擦片与鼓的间隙约为 0. 3mm。

(2) 转向拉杆、制动踏板的调整方法

制动器摩擦片间隙的间隙调整后，按下述步骤调整转向拉杆和制动踏板的行程。

转向拉杆的调整：

① 调整定程螺栓使转向拉杆位于从仪表盘前部至拉杆手柄中心为 115mm 处；

② 把顶杆上的长孔与销轴的间隙调至 1mm；

③ 拉杆的长度，调整稍长一些，不使转向阀受到预压力，手柄行程达到 198~208mm；

④ 转向操纵手柄从自由位置起慢慢拉动，当感到制动阀开始动作时（手柄行程约 120mm），调整螺母使顶杆上的长孔后端与销轴接触，开始推压顶杆。

制动踏板的调整：

① 踏板的高度：调整定程螺栓使踏板中心至地板距离为 190mm；

② 用手压下踏板 5mm 调整拉杆的长度，使其两端销子孔正好能装上。

(3) 踏板行程的校对。

前述两项调整后，按下述方法校核行程。

① 踏下制动踏板 3~4 次，让摩擦衬片与鼓贴合；

② 在发动机停止状态下，踏紧制动踏板，校对踏板中心行程是否在 80±10mm 以内，此时踏板的踏力约 150N。行程 80±10mm 指的是磨擦片与制动鼓的间隙约 0. 3mm 时的值。

5. 转向离合器和制动器液压系统

如图 10-44 所示，转向液压系统主要由转向粗滤器 1、转向泵 2、转向细滤器 3、转向控制阀 7、制动助力器 9、安全阀 4 和机油冷却器 6 组成。转向离合器箱体内的液压油通过磁性粗滤器 1，被转向泵 2 吸入；然后由泵送入转向细滤器 3，流入转向控制阀 7，制动助力器 9 和安全阀 4。经安全阀（调定压力 2MPa）释放出来的液压油流入机油冷却器旁通阀。

假如由于诸如机油冷却器 6 或润滑系统的堵塞等原因，机油冷却器旁通阀的油压超过调定压力 1. 2MPa（12kgf/cm^2）时，便把液压油泄放入转向离合器箱体内。

当转向杆拉至一半时，流至转向控制阀 7 的液压油流入转向离合器。当转向杆拉到底时，液压油除继续流入转向离合器使转向离合器分离外，并同时流入制动助力器，使制动器起制动作用。

6. 最终传动装置

最终传动装置工作原理如图 10-45 所示。最终传动采用直齿轮二级减速，飞溅润滑，浮动油封密封。自圆锥齿轮轴和转向离合器来的驱动力，通过制动鼓传递至最终传动驱动盘 9，转动驱动盘上的第一级主动齿轮 7。

第一级主动齿轮与第一级从动齿轮 6 相啮合，转动第二级主动齿轮 5。动力从第二级主动齿轮进一步传递到与其相啮合的第二级从动齿轮，实现减速的目的。

由于第二级从动齿轮的结构是用螺栓固定在最终传动轮毂 14 上，链轮轮毂 2 也压装在最终传动轮毂 14 上，因此动力最终传递到链轮上。

齿轮罩起储存润滑各齿轮润滑油的油箱作用。链轮的旋转滑动部位装有浮动油封和油封座防止灰砂泥浆进入箱体内和润滑油的渗漏。

二、行走装置

1. 台车总成

台车总成（图 10-46），对机械的重量起支承和分布在地面上的作用，把由链轮传递的驱动

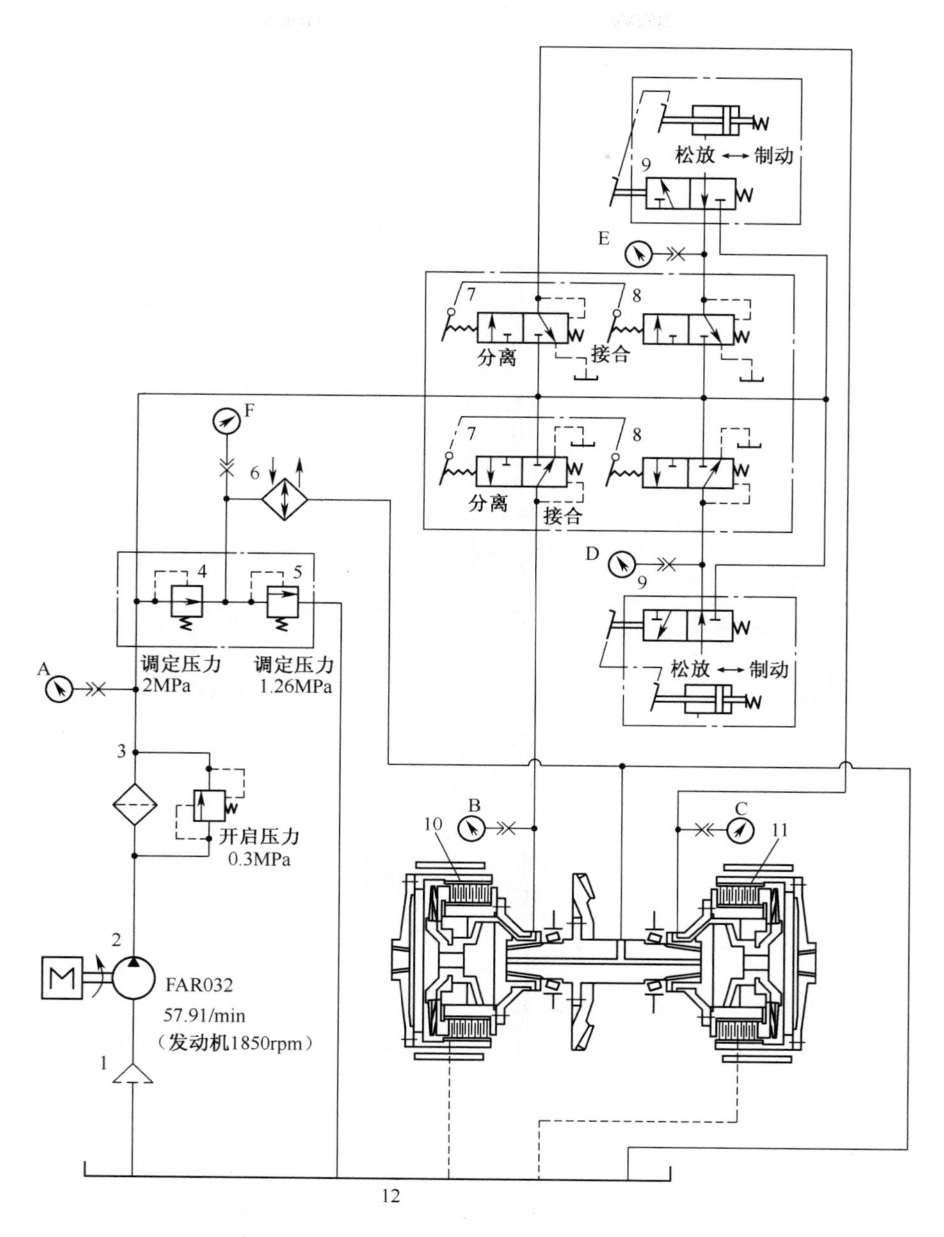

图 10-44　转向离合器和制动器液压系统

1—转向粗滤器(磁铁式)；2—转向泵；3—转向细滤器；4—安全阀；5—机油冷却器旁通阀；6—机油冷却器；7—转向控制阀；8—制动阀；9—制动助力器；10—左转向离合器；11—右转向离合器；12—转向离合器箱体；A—安全阀测压口；B—左转向离合器测压口；C—右转向离合器测压口；D—左制动助力器测压口；E—右制动助力器测压口。

力转变为牵引力。台车总成由安装在左、右成对的台车架 8、引导轮 1、托链轮 3 和支重轮 5、6 组成。环绕每一台车架周围的履带 2 由前引导轮、托链轮和支重轮导引，并由链轮 4 驱动。附装在每一台车架底面的支重轮护板 7 可防止履带由于石块嵌入而引起的脱轨。

1）张紧缓冲装置

引导轮的张紧缓冲装置(图 10-47)安装在引导轮和链轮之间的台车架上，所起的作用

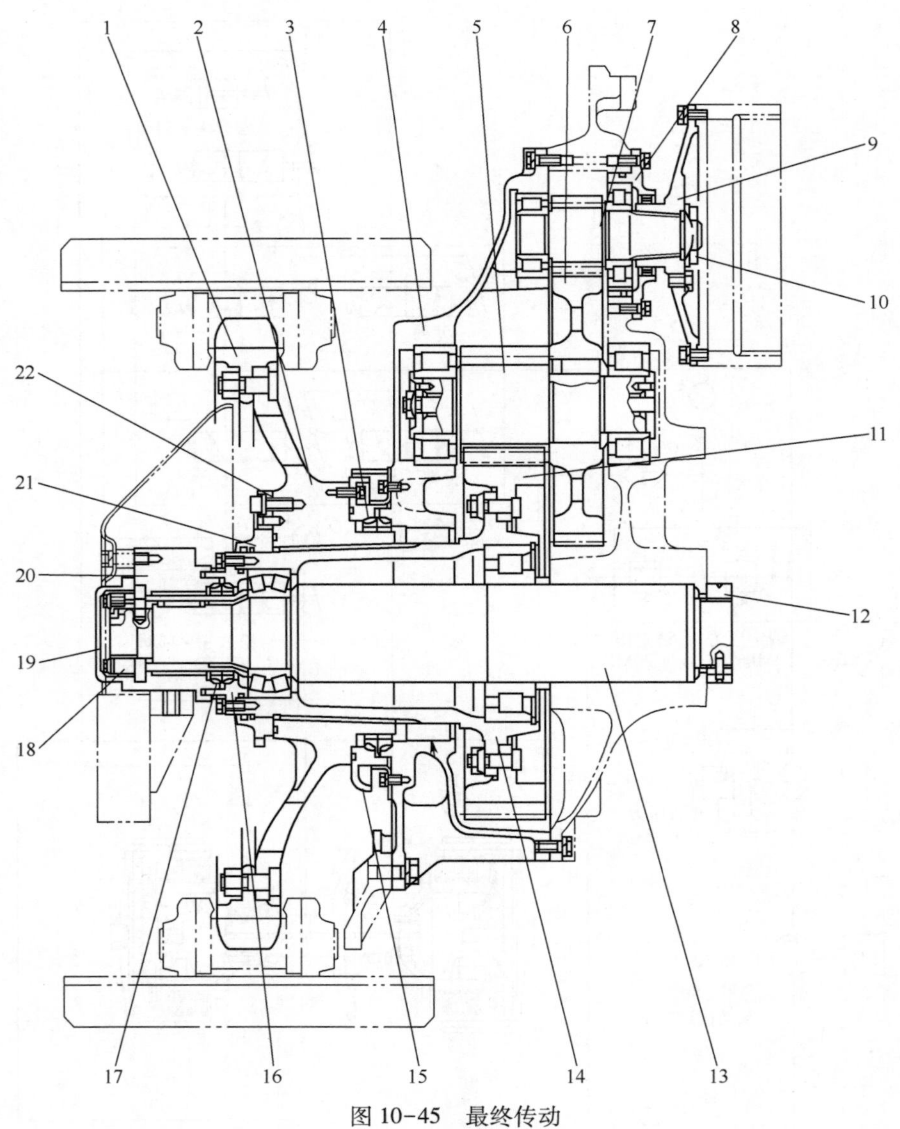

图 10-45　最终传动

1—链轮齿块；2—链轮轮毂；3—浮动油封；4—齿轮罩；5—第二级主动齿轮（11 齿）；
6—第一级从动齿轮（48 齿）；7—第一级主动齿轮（11 齿）；8—轴承座；9—驱动盘；10—螺母；
11—第二级从动齿轮（42 齿）；12—螺母；13—半轴；14—轮毂；15—挡泥板；16—保持架；
17—浮动油封；18—螺母；19—罩盖；20—半轴外座；21—链轮螺母；22—锁块。

如下：

（1）保持适当的履带张紧力。

（2）吸收引导轮在车辆行驶过程中所经受的振动。

张紧杆 2 一端与引导轮支座 1 连接，另一端则与缸体 3 连接，缸体内充满受到活塞压紧的润滑脂。张力弹簧前导座 6 和活塞 4 始终被张力弹簧 7 推向机械的前面方向，而且张紧杆也通过油缸内的润滑脂受到活塞的作用力推向前方。

通过缸体 3 与缓冲弹簧连接的引导轮经受超过张力弹簧初始预负荷的冲击力时，张力弹簧将回缩以吸收振动。此外，泥土、石块或积雪等堵塞在履带和链轮之间时，张力弹簧将吸收

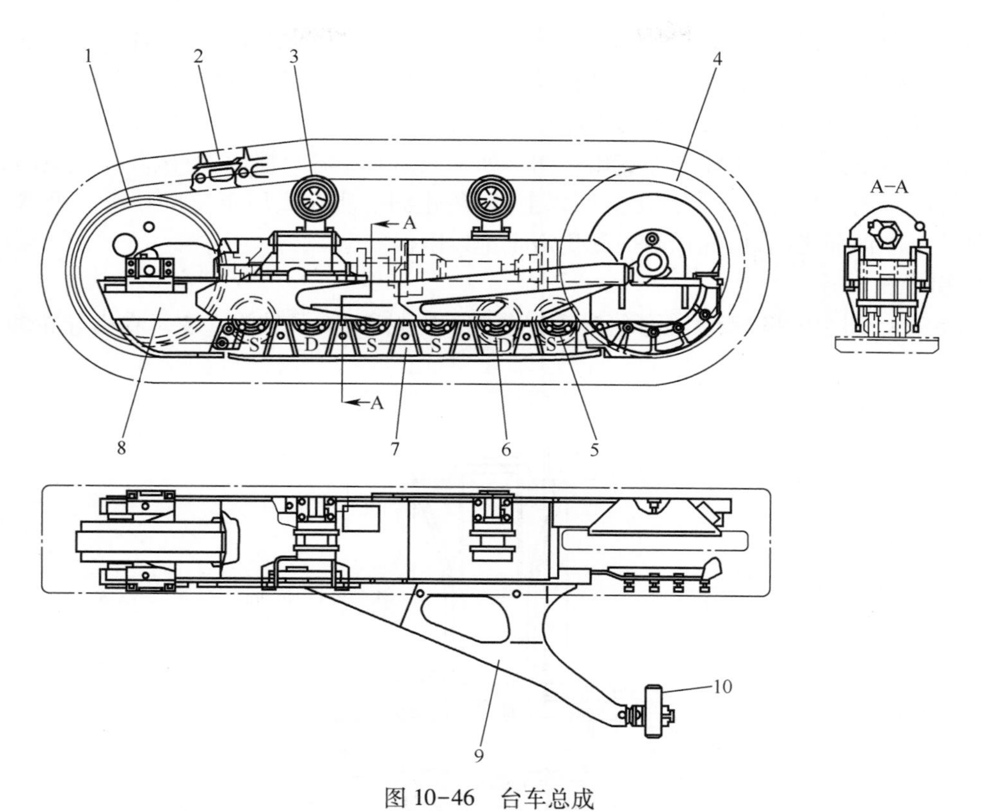

图 10-46 台车总成

1—引导轮;2—履带;3—托链轮;4—链轮;5—支重轮(单边);6—支重轮(双边);
7—支重轮护板;8—台车架;9—斜撑;10—销轴;S—单边式;D—双边式。

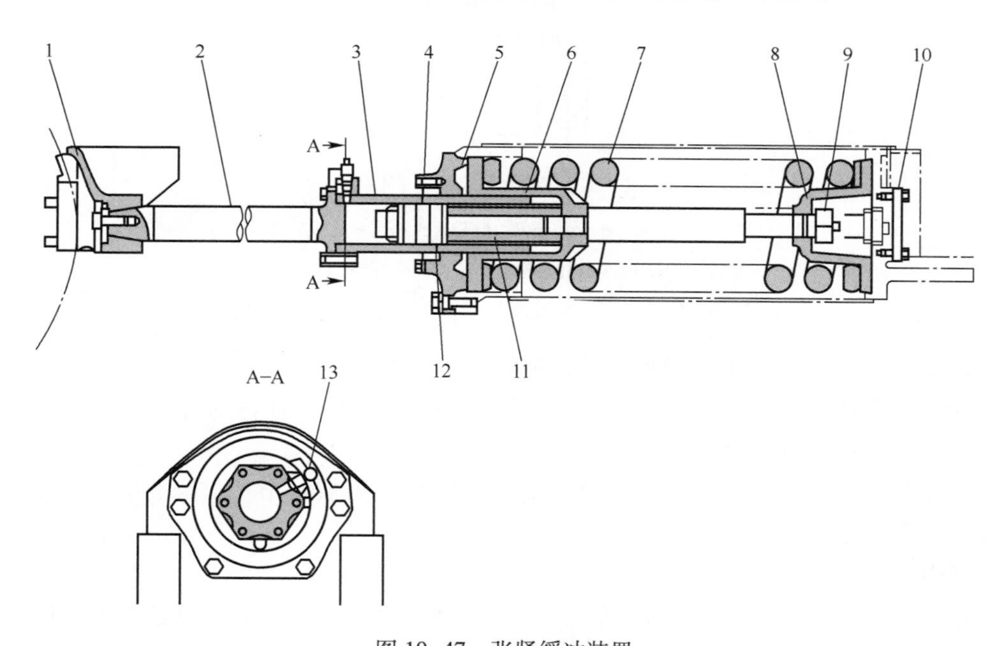

图 10-47 张紧缓冲装置

1—支座;2—张紧杆;3—缸体;4—活塞;5—端盖;6—前导座;7—张力弹簧;
8—后导座;9—螺母;10—盖;11—套管;12—密封圈;13—注油嘴。

由于履带张力的突然增大而引起的振动,从而得以防止履带、链轮或其他支托轮受到损坏。

缸体 3 装有注油嘴供给润滑脂促使油缸活塞向前推动引导轮,导致履带张力加大。另外,拧松注油嘴以泄放润滑脂,履带张力即减小。

欲放松履带张力,可将注油器拧出一圈。如果润滑脂不容易泄出,可试着让机械前后行驶一段很短的距离。勿将注油器拧出一圈以上,以防止润滑脂在高压下急剧喷出。虽然装有防护罩可防止注油嘴飞出,但此预防措施仍需牢记以确保安全。

2. 引导轮

引导轮 1(图 10-48)安装在每侧台车架前端,通过托架 6 和轴衬 2 支承在引导轮轴 3 上。

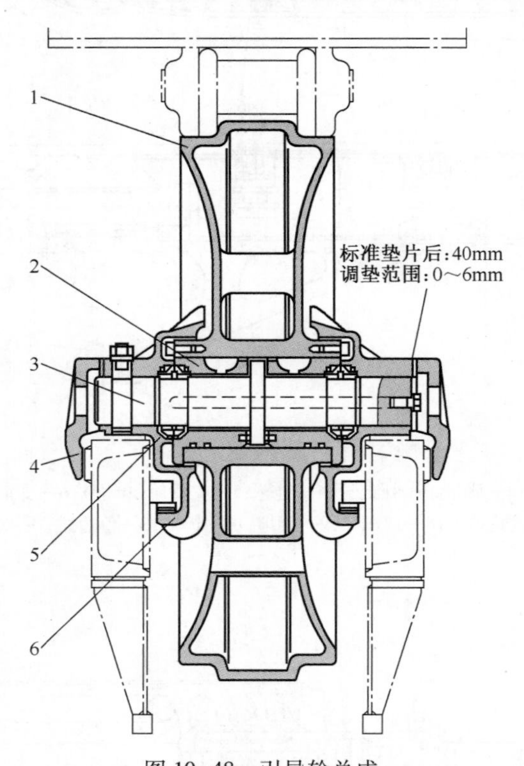

图 10-48　引导轮总成

1—引导轮;2—轴衬;3—引导轮轴;4—盖;5—浮动油封;6—托架。

包括支座在内的引导轮总成(支座与托架 6 连接),可通过托架和盖 4 与附装在台车架上导向板沿台车架来回滑动,而保持履带平稳地转动。

润滑油通过轴内的油孔进入轴衬,以润滑轴衬的滑动表面。轴衬的每一端均装有浮动油封,以防漏油,以及泥、水进入。

为提高其耐磨损性,引导轮用硅锰合金钢铸件制作,与履带链节相接触的引导轮滚道经高频淬火进行硬化处理。

3. 托链轮

托链轮(图 10-49)排列在两侧台车架的上方。所起作用是在正常行驶状态下撑杆整条履带的上半部,防止履带由于其自身重量而引起的摇摆、晃动。特殊合金钢制作的托链轮,滚道和凸缘部分均经过热处理硬化凸缘部分是用以承受推力负荷(轴向负荷),从而防止履带从托链轮上滑落。

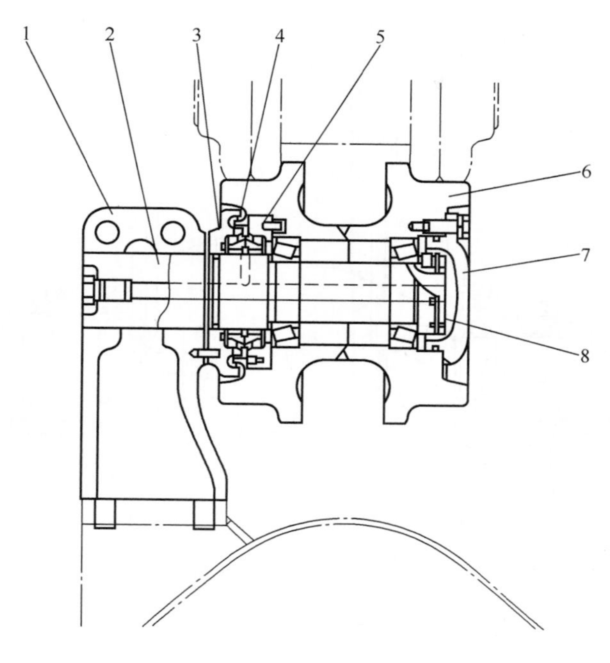

图 10-49　托链轮

1—托架；2—托链轮轴；3—轴环；4—浮动油封；5—密封环；6—托链轮；7—盖板；8—螺母。

轴上钻有给轴衬滑动表面供送润滑油（机油）用的油孔。轴承的一端装有浮动油封，以防漏油和泥、水进入。

4. 支重轮

支重轮分为单边支重轮和双边支重轮。

支重轮安装在两侧台车架的下方，将机械的重量通过支重轮均匀地分布到履带上。

支重轮总成由支重轮、轴衬、浮动油封、轴和外盖组成。支重轮用特种合金钢制作，并经淬火及回火处理。

支重轮有两种：一种是只外侧有凸缘；另一种是内、外侧都有凸缘。支重轮的凸缘承受推力负荷（轴向负荷），且单、双边支重轮交替排列。支重轮轴上有油孔以便注入润滑油以润滑轴衬的滑动表面。轴衬的两端均装有浮动油封，以防漏油及泥、水进入。

单边支重轮、双边支重轮结构分别如图 10-50、图 10-51 所示。

5. 履带

履带是主销密封式的，结构如图 10-52、图 10-53 所示。

6. 悬挂装置

TY160C 型推土机采用半刚性悬挂装置，包括车架、平衡梁等。平衡梁 1 通过中心销 2 装配在车架上，且以两端部支持在台车架上，如图 10-54 所示。

车架是所有部件的承载附着体，由于平衡梁的这种结构，机械前半部的重量通过平衡梁传递到台车架，而由台车架到车架的振动则被平衡梁吸收。左右两侧台车架上的支架销钉可防止机械在行驶和作业过程中机身前部抬升过高。此外，平衡梁也设计成能在中心轴上转动的形式。

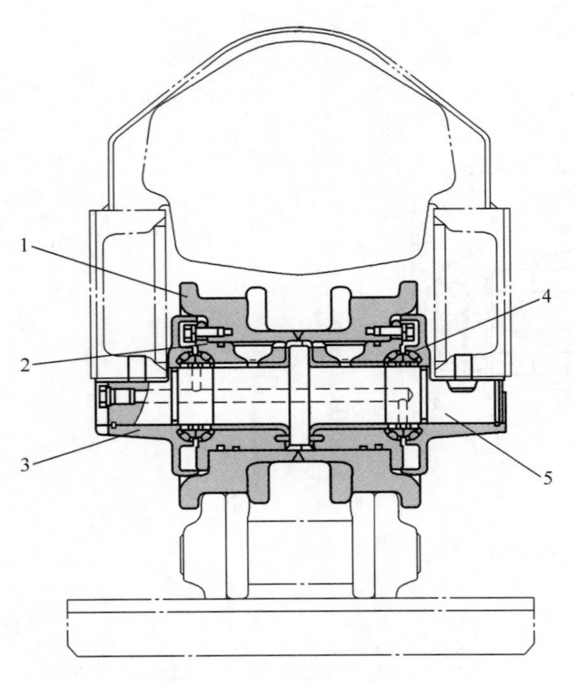

图 10-50　单边支重轮

1—支重轮(单边);2—轴衬;3—支重轮外盖;4—浮动油封;5—支重轮轴。

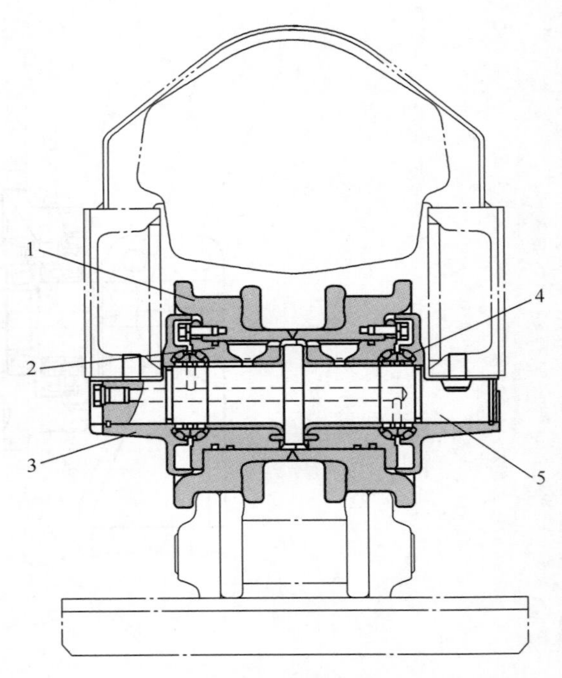

图 10-51　双边支重轮

1—支重轮(双边);2—轴衬;3—支重轮外盖;4—浮动油封;5—支重轮轴。

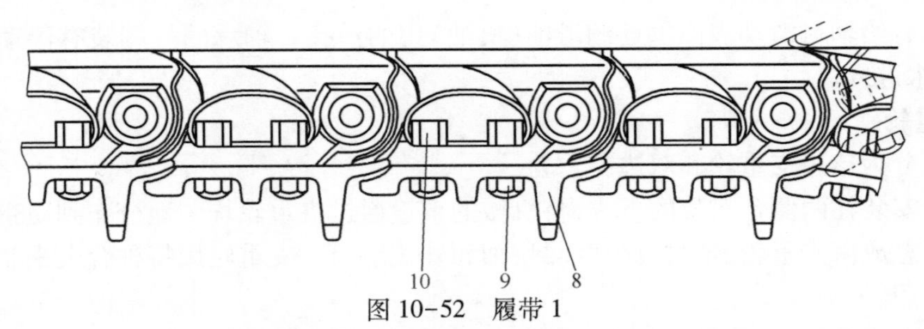

图 10-52　履带 1

8—单齿履带板;9—履带板螺栓;10—履带板螺母。

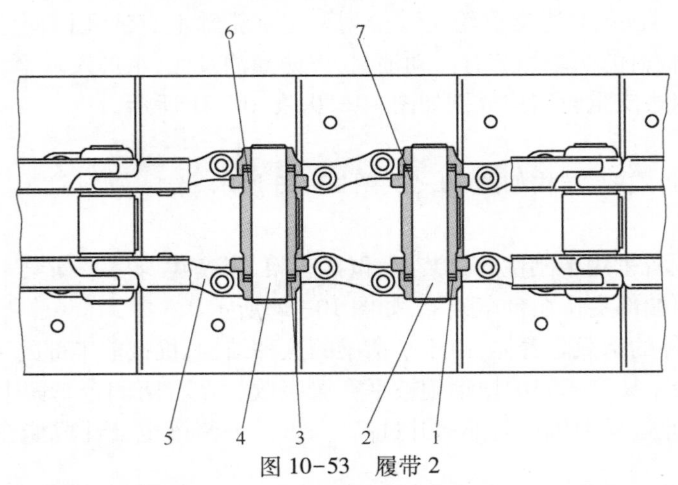

图 10-53　履带 2

1—防尘密封圈;2—销;3—主防尘密封圈;4—主销;5—链节;6—主销套;7—销套。

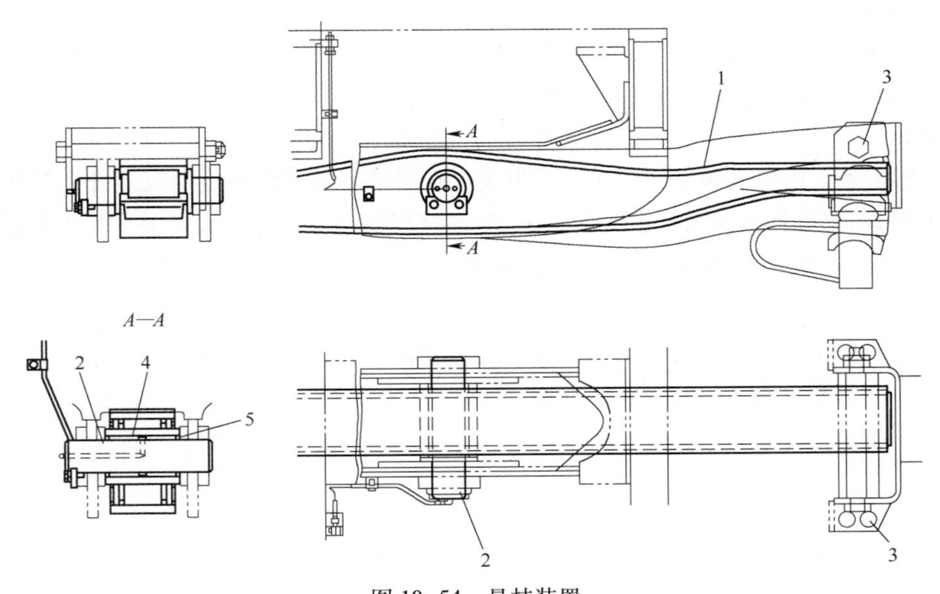

图 10-54　悬挂装置

1—平衡梁;2—中心销;3—支架销钉;4—衬套;5—防尘圈。

为了给平衡梁润滑,在车架上装有油杯。润滑脂通过注入管及中心轴内的油孔输送到中心轴,以润滑轴及其衬套之间的滑动表面。

三、工作装置及其液压操纵系统

1. 工作装置

工作装置包括推土铲刀、松土器,也可选装液压绞盘。

1) 推土铲刀

如图 10-55 所示,铲刀采用高强度钢板制作,相当坚韧,足以承受重载作业。刀刃用碳钢制作,两端面均有刃口,因而可反转使用,刀角为铸钢件,具有良好的耐磨性,强度也很高。推架也是用抗拉强度钢制作,为箱形结构,其前部通过接头连接在推土板上,而后部则是借助耳轴铰接在车架上。推架利用推土板升降油缸的作用而上下移动。铲刀通过中心轴,下撑杆和上撑杆支承在推架上。

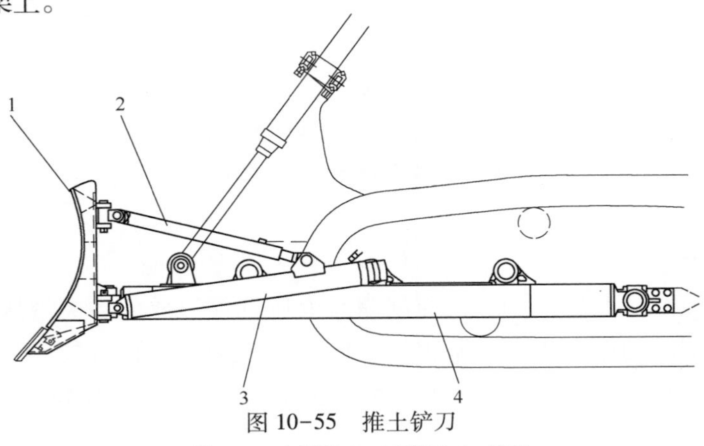

图 10-55　推土铲刀

1—铲刀;2—上撑杆;3—下撑杆;4—推架。

2）松土器

松土器为三齿式松土器，结构如图 10-56 所示。上、下连杆 3、7 用销 A、D 固定在松土器支架 1 上，支架用螺母安装在转向离合器箱体后部表面。横梁 4 则用销 B、C 装在上、下连杆的另一端。

松土器齿条 5 用销安装在横梁 4 上。齿尖 6 则用销固定在齿条上用以提升和降低（挖掘）齿条的松土器油缸，其底部固定在支架 1 上，活塞杆侧则是固定在横梁 4 上。齿尖挖掘深度是利用四连杆机构（由销 A、B、C 及 D 组成的平行四边形机构），伸长或缩短松土器油缸带动齿条上升或下降，切土过程中，齿尖都能保持最佳入土切削角。

根据土质坚硬程度，可拆去一个齿或两个齿，使松土器在双齿或单齿状态下工作。

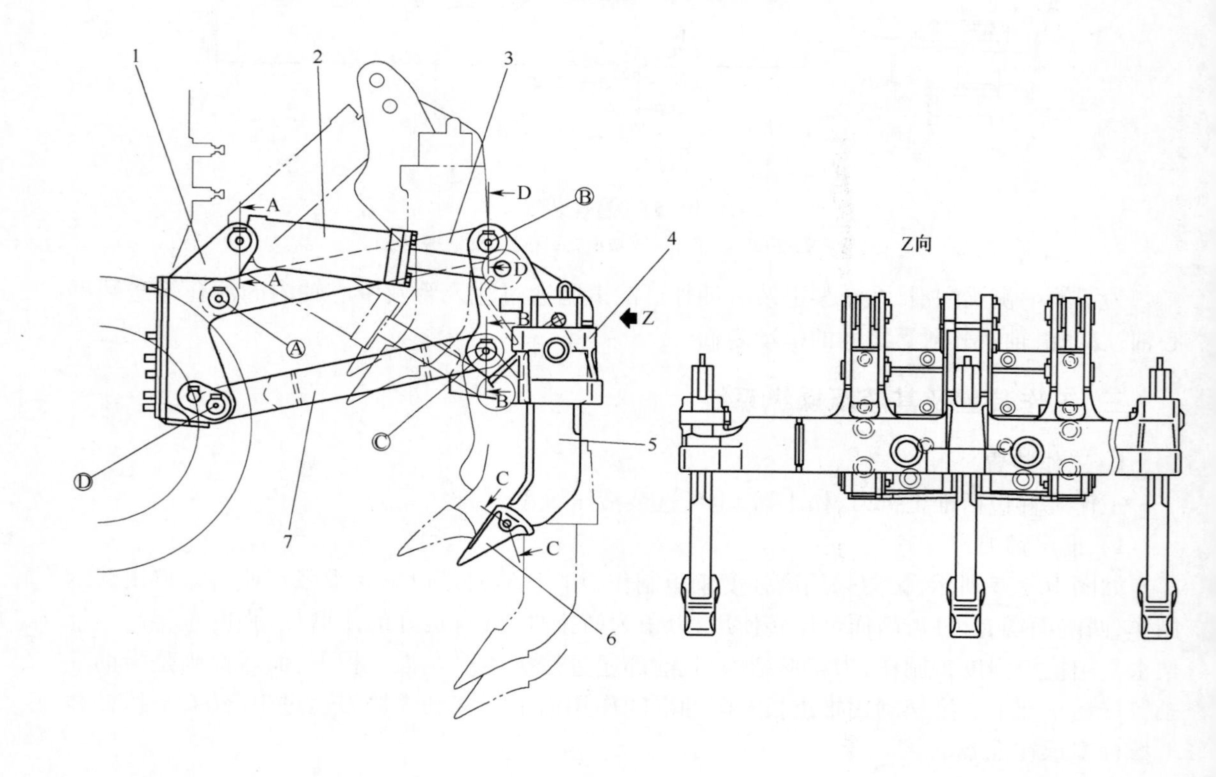

图 10-56 松土器

1—松土器支架；2—松土器油缸；3—连杆（上）；
4—横梁；5—齿条；6—齿尖；7—连杆（下）。

2. 液压操纵系统

液压操纵系统主要由油箱、油泵、控制阀及液压缸等形成的各类液压管路组成。用于控制铲刀和松土器的动作。铲刀升降具有 4 个动作：提升、下降、保持、浮动，铲刀倾斜具有 3 个动作：左倾、右倾和保持，松土器具有 4 个动作：提升、下降、保持、浮动。其原理如图 10-57所示。

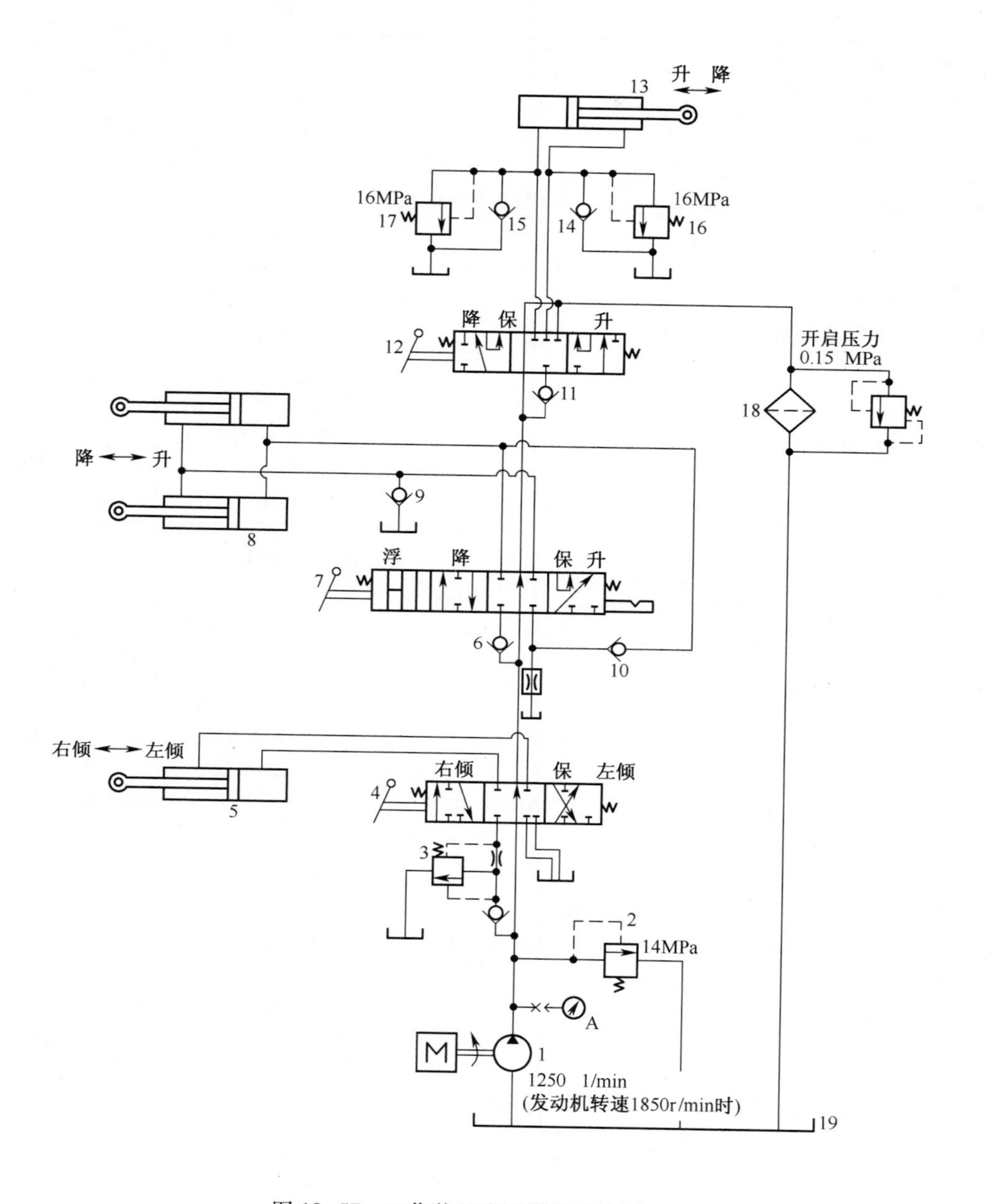

图 10-57 工作装置液压操纵系统原理图

1—工作油泵;2—主安全阀;3—流量控制阀;4—倾斜控制阀;5—倾斜油缸;6—单向阀;
7—推土板升降控制阀;8—推土板升降油缸;9—提升补油阀;10—下降补油阀;11—单向阀;
12—松土器控制阀;13—松土器油缸;14—松土器提升补油阀;15—松土器下降补油阀;
16—松土器提升过载阀;17—松土器下降过载阀;18—液压油滤清器;19—液压油箱;A—主安全阀测压口。

四、常见故障与排除

TY160C 型推土机的发动机、底盘、液压系统和电器系统的常见故障原因与排除方法分别如表 10-1、表 10-2、表 10-3、表 10-4 所列。

表 10-1　发动机常见故障原因和排除方法

故障现象	故障原因	排除方法
发动机停后，油压表回不到红色范围	油压表不良	更换
油压表指针指在左侧的红色范围	1. 油底壳油量不足； 2. 因油管破损，管接头紧固不良而漏油； 3. 油压表不良； 4. 直通滤油器内的定位环装配不良	1. 补充到规定油量； 2. 检查、修理； 3. 更换油压表； 4. 重新装好
油压表指针指在右侧的红色范围	1. 油的黏度高； 2. 油压表不良	1. 更换油； 2. 换油压表
从水箱上部（压力阀）冒蒸汽	1. 冷却水不足、漏水； 2. 风扇皮带松动； 3. 冷却系统中灰尘及水垢积聚太多； 4. 水箱散热片堵塞或散热片歪倒	1. 修理、加水； 2. 检查、修理； 3. 检查、清理； 4. 修理
水温表的指针指在右侧的红色范围内	1. 水温表不良； 2. 节温器不良； 3. 节温器的密封不良； 4. 水箱的加水口盖松动 （高海拔地区作业时）	1. 更换水温表； 2. 更换节温器； 3. 更换节温器密封件； 4. 紧固盖子或更换填料
水温表的指针指在左侧的红色范围内	1. 水温表不良； 2. 传感器部分接触不良； 3. 节温器不良； 4. 寒冷时，冷风过多地吹到发动机上	1. 更换水温表； 2. 检查、修理； 3. 更换节温器； 4. 更换风扇，加上水箱保温罩
发动机启动困难	1. 燃油不足； 2. 燃油管内有空气； 3. 燃油泵或喷嘴故障； 4. 启动电机带动发动机转动迟缓	1. 补充燃油； 2. 修理； 3. 更换燃油泵或喷嘴； 4. 参照电器有关部分
排烟为白色或蓝色	1. 油底壳油量过多； 2. 燃油不合适； 3. 增压器漏油	1. 放油到规定油量； 2. 更换燃油； 3. 检查、修理油管
排烟为黑色	空气滤清器滤心堵塞	清扫或更换
发动机运转不规则（有摆动现象）	燃油输油管内油空气	修理
有敲击现象	1. 劣质燃油的使用； 2. 过热； 3. 消声器内部破损	1. 更换燃油； 2. 参照水温表指针指在右侧的红色范围内； 3. 更换消声器

表 10-2　底盘常见故障原因和排除方法

故障现象	故障原因	排除方法
变速杆难以挂挡	小制动器太灵活	调整
变速箱发出“咯吱咯吱”的噪声	1. 变速箱内油不足； 2. 油的黏度太低	1. 补充油； 2. 换油

（续）

故障现象	故障原因	排除方法
液力变矩器过热	1. 风扇传动带松弛； 2. 发动机水温高； 3. 油冷却器堵塞； 4. 由于齿轮泵的磨损而出现的循环量不足	1. 检查、修理； 2. 参照发动机部分； 3. 清扫或更换； 4. 换齿轮泵
变速杆挂挡后，不起步	1. 变矩器和变速箱的油压不上升； 2. 油管、管接头没拧紧，因破损混入空气或漏油； 3. 齿轮泵的磨损或卡住； 4. 变速箱里的油滤器滤芯堵塞	1. 检查、修理； 2. 检查、更换； 3. 检查、修理； 4. 清扫
拉转向拉杆不能实现转向而直行	转向制动器失灵	调整
转向操纵杆沉重	1. 杆的游隙不适当； 2. 油量不足，影响转向阀失灵	1. 调整； 2. 补充油
踏下制动踏板不停车	制动器失灵	调整
履带脱落	履带过松	调整张紧力
链轮异常磨损	履带过紧或过松	调整张紧力

表 10-3　液压系统常见故障原因和排除方法

故障现象	故障原因		排除方法
油泵或管路剧烈振动	1. 液压系统中有空气； 2. 油箱中油量太少； 3. 管路中接头有松动，系统内吸入空气； 4. 管路没有固定牢或管夹松动		1. 拧松放器塞，进行放气； 2. 添加油； 3. 拧紧接头； 4. 增加管夹或拧紧管夹
发动机运转正常，但操纵手柄时，机器动作很慢或不动作	流量不足	1. 油量不足； 2. 油泵进油管有松动现象或漏装密封圈，吸进空气吸不进油； 3. 油泵进出油口接反了，油泵转向不对； 4. 油泵内有问题； 5. 油太黏，吸不上油	1. 检查油量，加油； 2. 检查进油管； 3. 检查、更正； 4. 检查油泵； 5. 换油
	压力不足	1. 溢流阀、安全阀有故障； 2. 某部件有较大的漏油	1. 检查、修复； 2. 修复
	操纵杆调整不当		调整
油量消耗太大	漏油、渗油		检查、修理
液压油箱内产生泡沫及油呈悬浮	1. 液压油牌号不对或几种油混用； 2. 混入水分； 3. 液压油变质		更新新油
油温太高	1. 油量不足，循环太快； 2. 回油管道或润滑油道不畅，油从溢流阀回油； 3. 冷却器有故障； 4. 冷却器的安全阀有故障，使油不能流入冷却器冷却		1. 加油； 2. 检查回油路； 3. 检查冷却器； 4. 检查冷却器安全阀，修复
铲刀提升缓慢或完全不能提升	液压油量不足或操纵阀故障		补充油

表 10-4　电器系统常见故障原因和排除方法

故障现象	故障原因	排除方法
发动机转速一定,电流表摆动大 发动机最高转速灯光也暗 发动机运转灯光闪烁	1. 线路不良; 2. 发动机张力调整不良	1. 接头松弛,需检查修理; 2. 调整皮带的张力
发动机转速提高,电流表不摆动	1. 电流表不良; 2. 配线不好; 3. 发电机不好	1. 换电流表; 2. 检查、修理; 3. 换发电机
合上启动开关起动器也不转动	1. 配线不好; 2. 启动开关不良; 3. 蓄电池充电量不足; 4. 蓄电池开关不好	1. 检查、修理; 2. 更换启动开关; 3. 充电; 4. 更换蓄电池
起动器带动发动机转动缓慢	1. 配线不好; 2. 蓄电池开关不好	1. 检查、修理; 2. 充电
发动机启动前,启动装置的啮合脱落	1. 配线不良; 2. 蓄电池开关不好	1. 检查、修理; 2. 充电
预热信号灯不亮	1. 配线不良; 2. 预热引火舌断线; 3. 预热信号灯不良	1. 检查、修理; 2. 检查、更换引火舌; 3. 更换信号灯
预热信号炽热	1. 预热时间过长; 2. 预热引火舌短路	1. 不要多次反复启动; 2. 更换预热引火舌

第二节　TLK220A 型推土机

TLK220A 型推土机是由郑州宇通重工生产的新一代高速轮胎式推土机。它具有以下特点:采用液力机械式传动系统,具有拖起动、变矩器闭锁功能,行驶速度高(最高速度可达 50km/h),牵引力大,具有多种作业功能并能拖挂 30t 平板车;采用全液压铰接转向系统,前车架具有较大的转角,机动性能好;采用油气悬挂减振系统,油气悬挂操纵采用电磁控制,简便可靠;采用双管路气液传动钳盘脚制动系统,制动效果好。铲刀角度调整方便,作业效率高;采用集中润滑系统,节省保养时间,减轻保养的劳动强度。其发动机采用康明斯 M11-C225 型直列六缸增压中冷四冲程柴油机,额定功率 168kW,额定转速 2100r/min。

一、传动系统

TLK220A 型推土机的传动系统(图 10-58)为液力机械式,主要由液力变矩器、定轴式动力换挡变速器、万向传动装置、差速式驱动桥等组成。

1. 液力变矩器

1) 变矩器结构

TLK220A 型推土机变矩器(图 10-59)为单级三相综合式,主要由壳体、主动部分、从动部分、导轮和单向离合器、齿轮箱、锁紧离合器等组成。

(1) 壳体

变矩器壳体通过螺钉固定发动机飞轮壳体的后端,用于支承、保护变矩器。壳体上开有窗

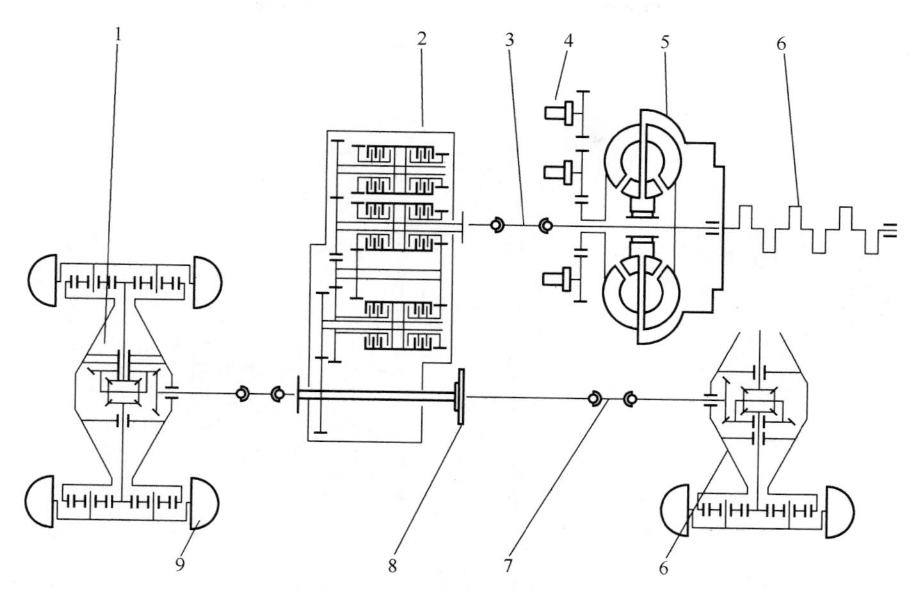

图 10-58 TLK220A 型推土机传动系统简图

1—前驱动桥；2—变速器；3—油泵；4—变矩器；5—发动机；
6—后驱动桥；7—传动轴；8—手制动器；9—车轮。

口，以达到通风散热、方便安装等目的，顶部装有吊环，供吊装变矩器用。

（2）主动部分

主动部分主要由弹性盘、罩轮和泵轮等组成。弹性盘通过螺钉与发动机飞轮连接，为了更好地与飞轮保持同轴，在罩轮上固定着定位接盘，变矩器右端通过接盘支承在发动机飞轮中心的定位孔内。弹性盘用螺钉固定在罩轮上。罩轮与泵轮间有一个 O 形橡胶圈，并用 24 个螺钉均匀牢固地连接在一起。泵轮左端通过滚珠轴承支承在配油盘上。泵轮是铸铝件，为了加强泵轮支承部分的强度，泵轮毂用钢材单独加工后与泵轮铆接。

只要发动机转动，变矩器的主动部分便随之转动，当泵轮旋转后，沿圆周方向均匀分布的叶片带动工作油液旋转，在离心力的作用下，将叶片间的油液由里向外甩出，冲击涡轮叶片，利用油液的冲击来传递动力。

（3）从动部分

从动部分主要由涡轮和涡轮轴等组成。涡轮通过螺钉固定在传动套上，传动套通过花键与涡轮轴连接。传动套上有孔与涡轮轴中心油道相通，以便高压油进入锁紧离合器活塞室。涡轮轴中间直径较小，与配油盘留有间隙，以便变矩器内油液由此经三联阀到散热器进行散热。涡轮轴后端通过花键和锁紧螺母固定着动力输出接盘，并以轴承支承，轴承间隙靠端盖与齿轮箱壳体间的垫片来调整。端盖里有骨架式油封，防止油液外漏。

当涡轮在泵轮来的油液冲击下旋转后，它通过涡轮轴及接盘将动力传给变速器，再经主传动轮边减速器等传给车轮。从涡轮出来的油液则进入导轮，再回到泵轮……如此循环不息。

（4）导流部分及单向离合器

导流部分有第一导轮、第二导轮、配油盘及单向离合器。第一导轮和第二导轮上分别铆有单向离合器外圈，单向离合器内圈是共用的。内圈靠内花键套装在配油盘上，配油盘通过螺钉固定在壳体上，由于配油盘固定不动，因而内圈是不能转动的。

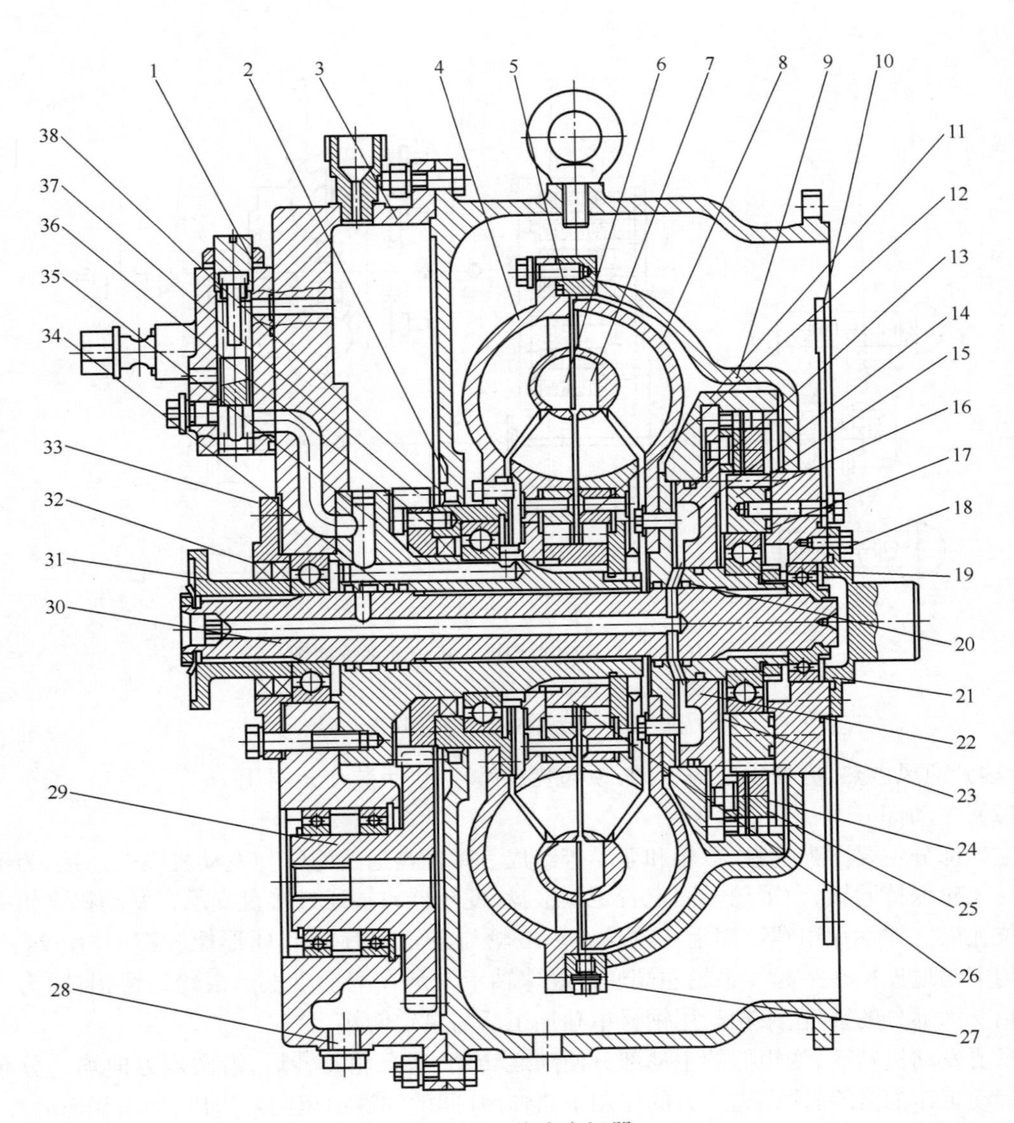

图 10-59　液力变矩器

1—三联阀；2—毡圈油封；3—齿轮箱外壳；4—泵轮；5—O 形密封圈；6—第二导轮；7—第一导轮；8—涡轮；9—变矩器后盖；10—弹性盘；11—锁紧离合器壳总成；12—自由轮内挡圈；13—O 形密封圈；14—锁紧离合器总成；15—离合器齿轮；16—O 形密封圈；17—O 形密封圈；18—O 形密封圈油封；19—O 形密封圈油封座；20—O 形密封圈；21—法兰支承；22—活塞；23—碟形弹簧；24—内摩擦片总成；25—外摩擦片；26—自由轮内圈；27—放油塞；28—放油塞；29—被动齿轮；30—涡轮轴；31—法兰盘；32—油封；33—法兰盖；34—O 形密封圈；35—配油盘；36—油封；37—配油主动齿轮；38—甩油盘。

单向离合器由滚柱、弹簧及顶套、外圈和内圈等组成，如图 10-60 所示。两排滚柱的外侧和中间分别装有挡板和隔套，并用锁紧螺母定位。

装配时，第一导轮（叶片数 37 片）与第二导轮（叶片数 31 片）的位置不能错，应使导轮的旋转方向与发动机曲轴的旋转方向相同，向另一方向转动导轮时，则不应转动。为使第一和第二导轮的位置不装错，应使单向离合器的内圈及第一、第二导轮的箭头（出厂时已作此记号）指向发动机一方。如无箭头标记，则应把叶片多第一导轮装在靠涡轮一侧。

（5）锁紧离合器

锁紧离合器可将变矩器的液力传动变为机械传动，从而提高机械的传动效率和行驶速度。

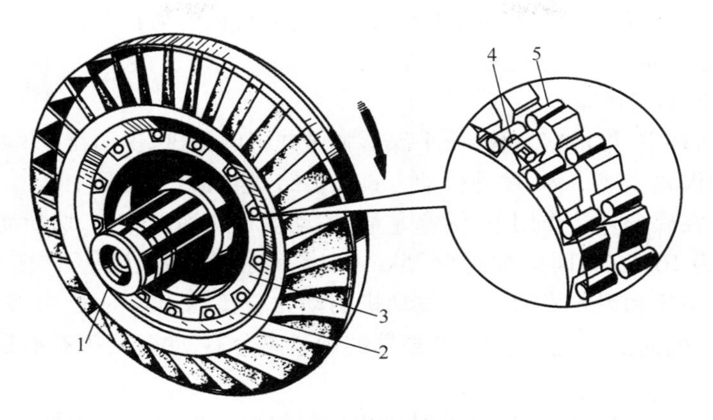

图 10-60　单向离合器

1-涡轮轴；2—单向离合器外圈；3—单向离合器内圈；4—弹簧顶套；5—滚柱。

在特殊情况下发动机难以起动时，将锁紧离合器锁紧后，可以拖起动发动机。

① 锁紧离合器结构

锁紧离合器主要由主动鼓、从动鼓、主动盘、从动盘、碟形弹簧和活塞等组成，如图 10-61 所示。

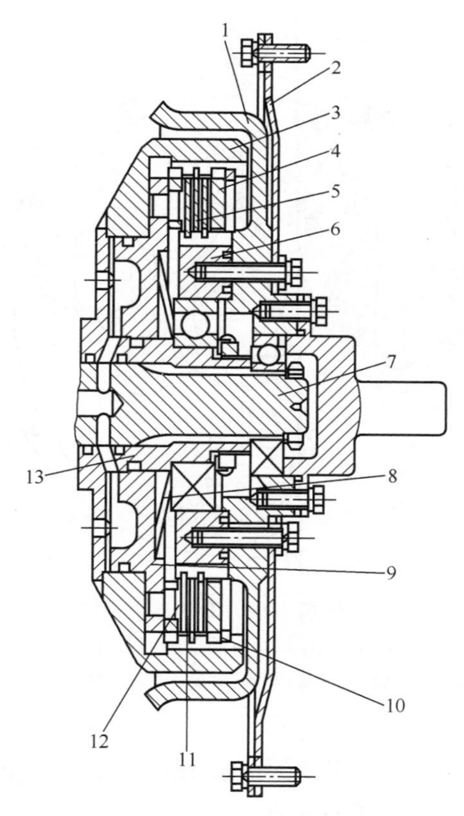

图 10-61　锁紧离合器

1—罩轮；2—弹性盘；3—从动毂；4—外压盘；5—主动摩擦盘；6—主动毂；
7—涡轮轴；8—蝶形弹簧；9—活塞；10—挡圈；11—从动摩擦盘；12—内压盘；13—连接套。

主动鼓通过螺钉固定在变矩器罩轮上，从动鼓焊接在传动套上。在两鼓内、外齿间交替装有主、从动盘和内、外压盘，由活塞和挡圈限位。活塞滑套在传动套上，可以前后移动。上面的导向销用来给压盘导向，以保证压盘随活塞平移。

② 锁紧离合器的工作原理

高压油进入活塞室，推活塞右移，压平碟形弹簧并将内压盘、主动盘、从动盘和外压盘紧压在一起，使泵轮和涡轮变成一体，发动机动力直接传给涡轮轴。

解除油压时，在碟形弹簧作用下，活塞左移，主动盘和从动盘分离，切断动力，离合器分离。

当三挡车速为16km/h，四挡车速为35km/h以上时，为了减少传动损失，提高效率，可接合锁紧离合器，使泵轮和涡轮成为一体，发动机的动力直接输出。为此，将变矩器锁紧及拖启动操纵阀之操纵手柄向前推，便可锁紧变矩器的锁紧离合器，此时变矩器不起变矩作用。

(6) 齿轮箱

齿轮箱由壳体、1个主动齿轮和3个被动齿轮等组成。齿轮箱壳体是封闭式的，它固定在变矩器壳体上，下部有放油塞，后壁上有油孔与三联阀相应油孔相通。

主动齿轮通过螺钉固定在泵轮轮毂上，与之相啮合的3个从动齿轮分别通过滚珠轴承支承在壳体的后壁上，每对轴承均由卡环、间隔套作轴向定位。轴上有键糟，通过平键分别驱动变矩器及变速器工作主油泵、工作装置油泵和转向主油泵，如图10-62所示。

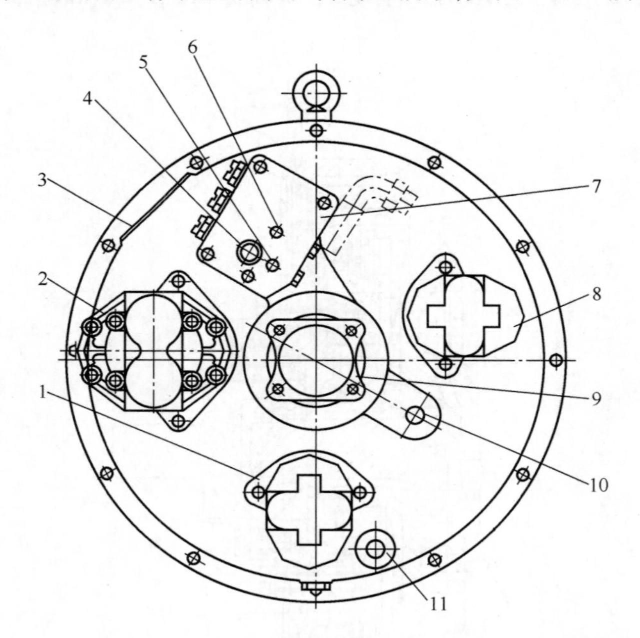

图10-62　液力变矩器正视图

1—变矩器及变速器工作油泵；2—工作装置油泵；3—检视口；4—接冷却油管；5—接油温表；6—接溢流管；7—三联阀；8—转向主油泵；9—输出接盘；10—接锁紧离合器油管；11—接回油管。

2）变矩器的工作原理

图10-63(a)为单级三相综合式液力变矩器的结构简图，图10-63(b)、(c)表示两个导轮在不同工况下受液流作用的简图及原始特性。

在$i=0\sim i'$区段，从涡轮流出的液流沿两个导轮D_{I}和D_{II}的工作面流动，如图10-63(b)中1、2所示的液流方向，液流作用在两导轮上的扭矩$M_{D_{\mathrm{I}}}$和$M_{D_{\mathrm{II}}}$使两个单向离合器都被楔紧，导轮D_1和D_2固定不转，此时，液力变矩器如同一个简单的三工作轮液力变矩器。它的原

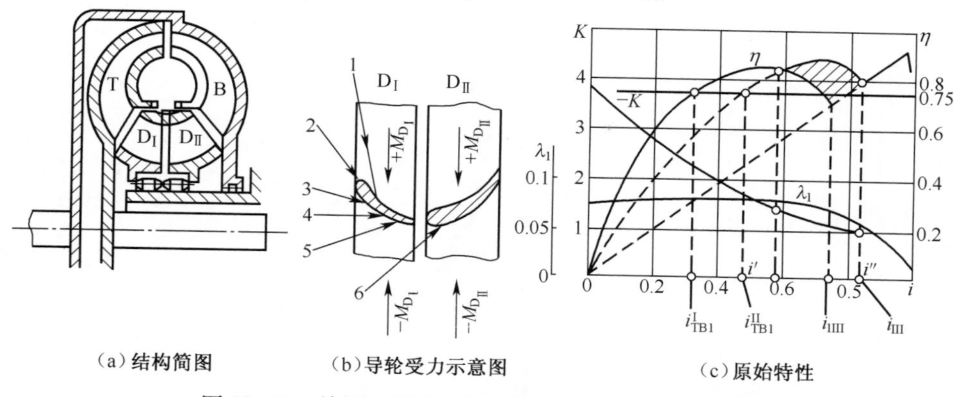

（a）结构简图　（b）导轮受力示意图　（c）原始特性

图 10-63　单级三相液力变矩器的结构简图及原始特性

T—涡轮；B—泵轮；$D_Ⅰ$—第一导轮；$D_Ⅱ$—第二导轮。

始特性见图 10-63(c)的 $0\sim i'$ 区段的曲线。当速比 i 增大，$i'<i<i_m$ 时，液流作于导轮 $D_Ⅰ$ 和 $D_Ⅱ$ 的方向如图 10-61(b)中所示的 3 和 4。由于 3、4 液流对导轮 D_1 的作用，使扭矩 $M_{D_Ⅰ}$ 改变方向，而对导轮 $D_Ⅱ$ 的作用扭矩 $M_{D_Ⅱ}$ 方向保持不变，导轮 $D_Ⅰ$ 因单向离合器松脱，而开始自由旋转。此时，液力变矩器以泵轮 B，涡轮 T 和导轮 $D_Ⅱ$ 所组成的三工作轮液力变矩器进行工作，其原始特性见图 10-63(c)中的 $i'\sim i_m$ 区段的曲线。

当速比 i 继续提高，达到 $i>i_m$ 时，涡轮出口的液流方向变成 5、6，它对导轮 $D_Ⅰ$ 和 $D_Ⅱ$ 的作用，使扭矩 $M_{D_Ⅰ}$ 和 $M_{D_Ⅱ}$ 均改变方向，导轮 $D_Ⅰ$ 和 $D_Ⅱ$ 的单向离合器均松开，导轮 $D_Ⅰ$ 和 $D_Ⅱ$ 自由旋转。此时液力变矩器以液力偶合器工况工作，其原始特性见图 10-63(c)中 $i>i_m$ 的曲线。

双导轮单级三相液力变矩器的原始特性是两种液力变矩器工况和一个液力偶合器工况合成而来的。速比 $i=0\sim i'$ 区段时，两个导轮固定不动，两个叶片组成一个较大的弯曲叶片，这样就保证了在较低的速比范围内有较高的变矩比 k。当速比在 $i'<i<i_m$ 范围内时，第一导轮 $D_Ⅰ$ 不参与工作，由于第二导轮叶片弯曲的较小，此时导轮入口处冲击减小。因此，在此范围内可得到较高的效率和较高的变矩比 $k=f(i)$ 曲线。在速比 $i=i_m\sim 1-0$ 的区段，由于两个导轮均空转而不参与工作，液力变矩器的工作类似液力偶合器，此时，变矩比 $k=1$，而效率 $\eta=i$ 按直线上升(图 10-63(c))。由此可见，单级三相综合式液力变矩器与单级单相和单级两相液力变矩器相比较，最大的优点是拓宽了高效率区的范围。

图 10-64 为涡轮液流对导轮叶片冲角简图。从图中可看出，涡轮转速不同时，即相对速度 w 和牵连速度 u 大小和方向发生变化时，其合成的绝对速度 v 也发生变化，从而改变了涡轮液流冲击导轮叶片的角度。

2. 变速器

1）结构

TLK220A 型推土机变速器为圆柱齿轮常啮合定轴式动力换挡变速器，通过液压操纵，每挡接合两个离合器，将液力变矩器传来的动力，同时传递给前、后驱动桥。

变速器由壳体、倒挡离合器总成、正挡离合器总成、中间轴、换挡离合器总成、输出轴、变速操纵阀等组成，如图 10-65 所示。

变速器六个离合器全部内置，变速操纵阀装在箱体上部，下部有油底壳盖板和放油塞。拖启动泵上端安装有拖启动拨叉，控制拖启动泵运转或停止。

变速器换挡是靠变速操纵阀的油路，控制内置的六个离合器结合或脱开，得到前四后四不

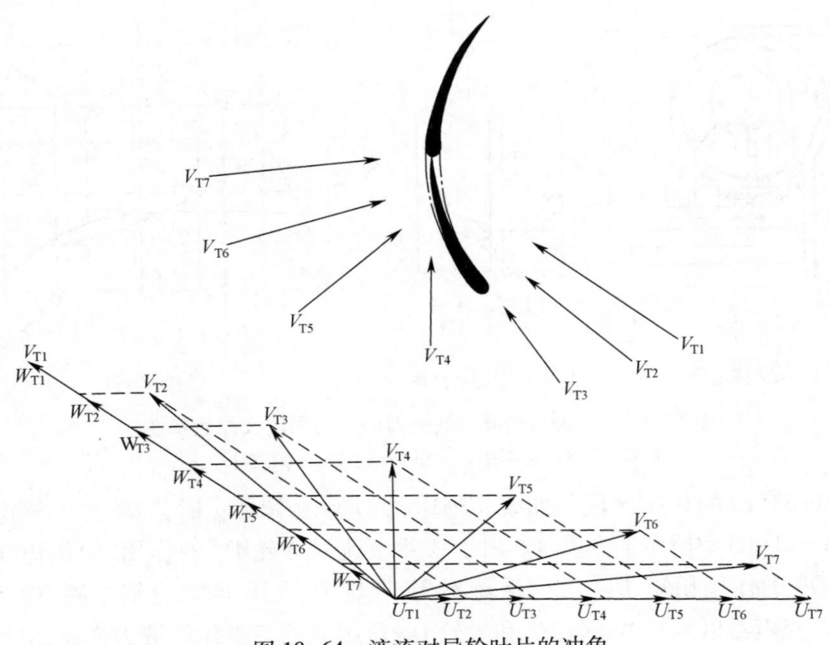

图 10-64　液流对导轮叶片的冲角

同速度,每个挡位均需要同时结合两个离合器才能传递动力。

2) 工作原理

六个离合器工作原理相同,以换挡离合器总成(图 10-66)工作原理进行说明。

换挡离合器总成包括两个离合器:1、2 挡离合器和 3、4 挡离合器。

(1) 1、2 挡离合器工作原理。

当挡位杆处于 1 或 2 挡时,由变速操纵阀来的压力油进入油道 3,然后进入活塞室,推动左活塞 11,使内摩擦片总成 8 和外摩擦片 7 结合,联齿轮 5 与换挡轴 2 形成一体,把联齿轮 5 得到的动力通过齿轮 3 传递到下一级。当挡位杆处于 3 或 4 挡时,变速操纵阀便切断该路压力油,左活塞 11 在弹簧 9 作用下回位,同时,活塞室内油液通过泄油阀 12 泄出。使内、外摩擦片脱离,联齿轮 5 自由旋转,不传递动力。

(2) 3、4 挡离合器工作原理。

当挡位杆处于 3 或 4 挡时,由变速操纵阀来的压力油进入油道 1,然后进入活塞室,推动右活塞 15,使内摩擦片总成 8 和外摩擦片 7 结合,联齿轮 17 与换挡轴 2 形成一体,把联齿轮 17 得到的动力通过齿轮 3 传递到下一级。当挡位杆处于 1 或 2 挡时,变速操纵阀便切断该路压力油,右活塞 15 在螺旋簧 16 作用下回位,同时,活塞室内油液通过泄油阀 12 泄出。使内、外摩擦片脱离,联齿轮 17 自由旋转,不传递动力。

(3) 润滑。

经润滑总油路来的润滑油经油道 2 进入,经过轴上的孔径喷向左、右离合器内的内、外摩擦片上,同时,对轴承 4、轴承 18 进行润滑。

(4) 变速操纵阀结构原理。

变速操纵阀为机械控制式结构,通过推拉阀上的两个阀杆来实现换挡操纵。左右阀杆每拉出一节便是一个挡位,左阀杆三节,拉出依次是 1、2、3、4 挡。右阀杆两节,拉出依次是后退、空挡、前进,如图 10-67 所示。

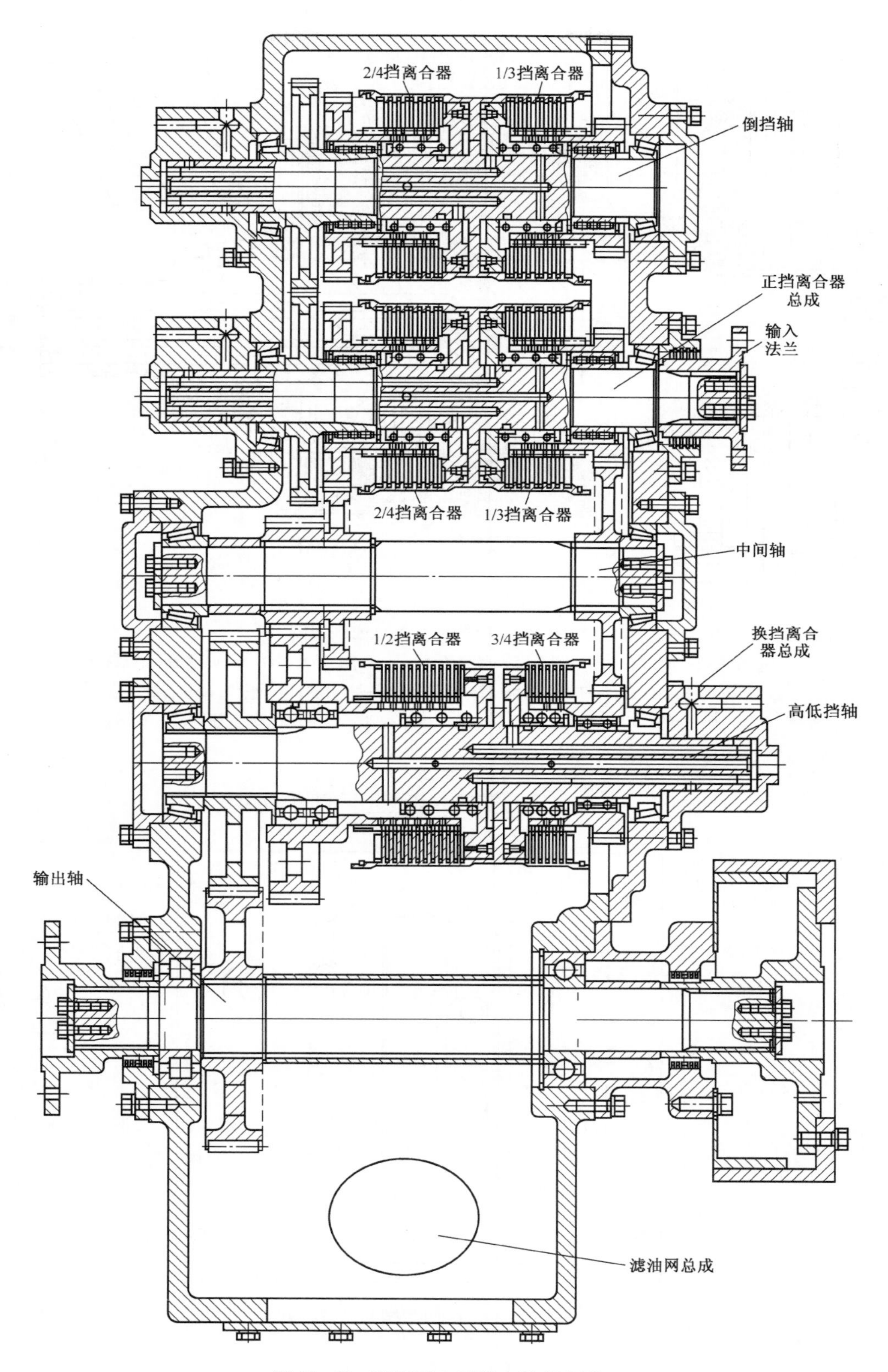

图 10-65　TLK220A 型推土机变速器

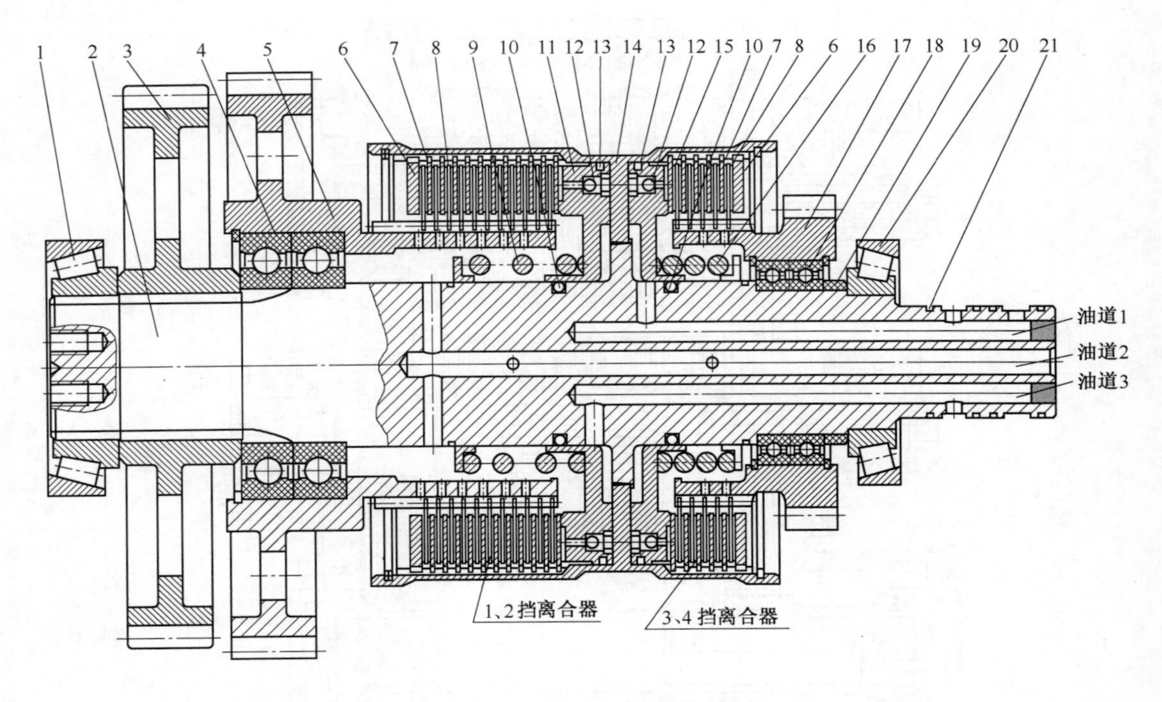

图 10-66　换挡离合器总成剖视图

1—轴承；2—轴；3—齿轮；4 轴承；5—联齿轮；6—外盘；7—外摩擦片；8—内摩擦片总成；9—弹簧；10—O 形圈；11—左活塞；12—卸油阀；13—密封圈；14—毂体；15—右活塞；16—弹簧；17—联齿轮；18—轴承；19—隔套；20—轴承；21—轴头密封环。

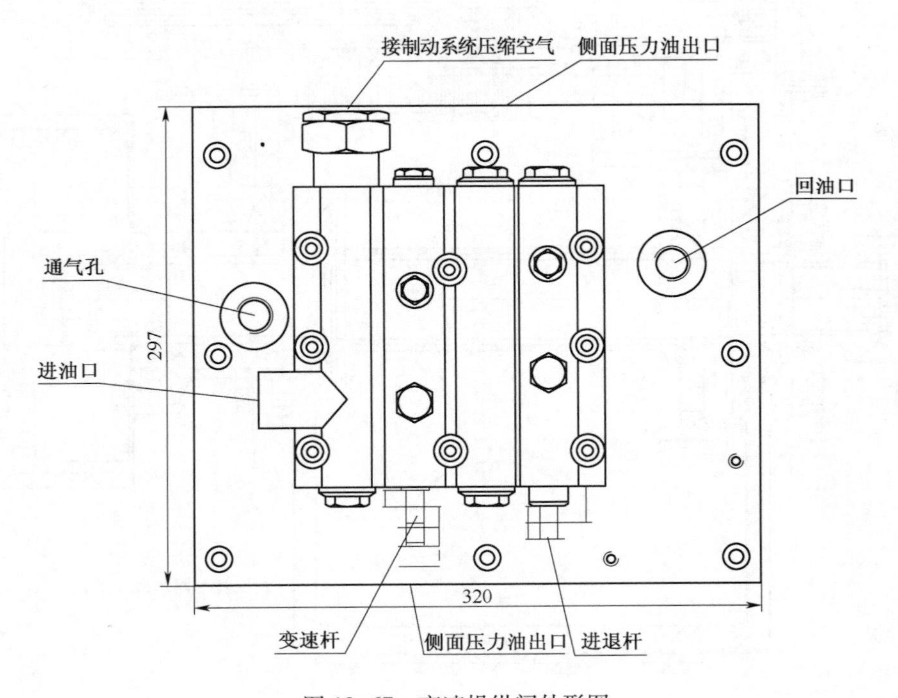

图 10-67　变速操纵阀外形图

从变矩器三联阀来的1.4~1.7MPa压力油通过进油口进入阀体，当处于空挡时，进入的压力油通过泄油孔直接泄入箱体内部。当挂挡之后，压力油便被分配，从位于侧面的某两个出口出油，通过油管进入离合器总成。当车辆制动时，制动系统有一路0.7MPa的压力气体进入阀上的进气口，推动内部阀杆，切断压力总油路，实现脱挡。其原理如图10-68所示。

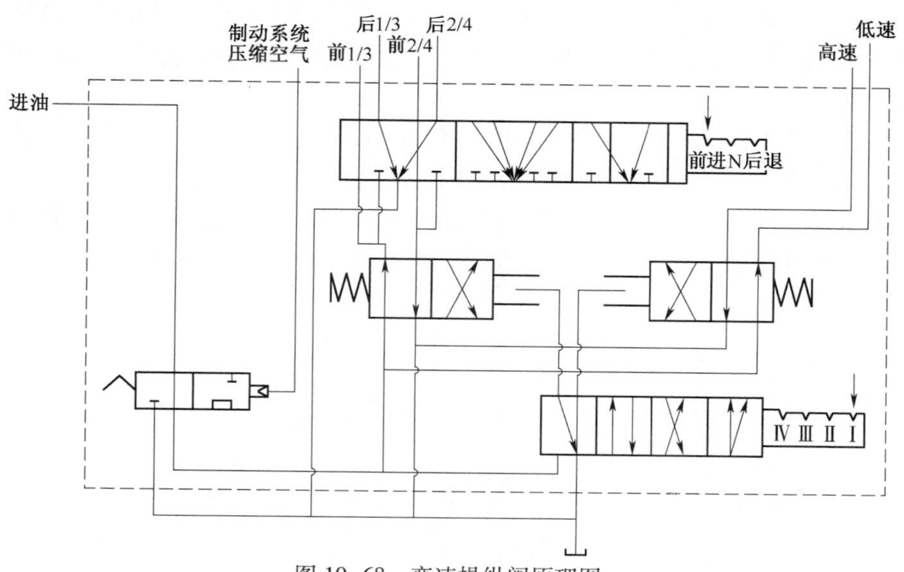

图10-68　变速操纵阀原理图

3）液力变矩器变速器液压系统

液力变矩器变速器液压系统是将变矩器和变速器操纵系统连在一起的一个液压系统，它们合用一个油泵，用来完成：变矩器供油和冷却；操纵变矩器锁紧离合器；操纵变速器的换挡离合器及对轴承、齿轮和离合器进行冷却和润滑。

该系统由主油路系统和辅助油路系统两部分组成，如图10-69所示。

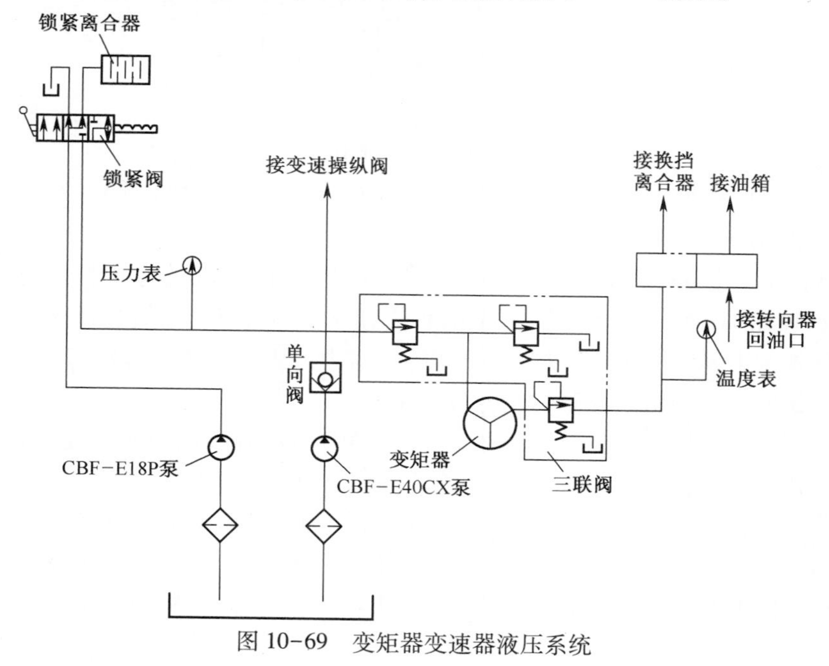

图10-69　变矩器变速器液压系统

(1) 主油路系统

主油路系统由主油泵、三联阀、变速操纵阀、散热器、管路等组成;它保证液力变矩器和变速器的正常工作及冷却。

① 主油泵。主油泵 CBF-E40CX(逆时针转)装在变矩器齿轮箱上,当发动机工作时,该泵即从变速器油底壳吸油,出油分三支,一支经三联阀之主压力阀,进入液力变矩器供变矩器循环、冷却用;一支进入变速操纵阀供变速用,另一支进入变矩器锁紧及拖启动操纵阀控制变矩器锁紧离合器。

油路系统采用热平衡系统进行冷却,由变矩器出来的高温油经散热器冷却后进入变速离合器,冷却与润滑各挡离合器及滚动轴承并流回油底壳。

② 三联阀。三联阀装在变矩器齿轮箱上,由主压力阀、变矩器进口压力阀和出口压力阀等组成,如图 10-70 所示。这些阀一般不准随意调整,必须调整时须在试验台上进行。

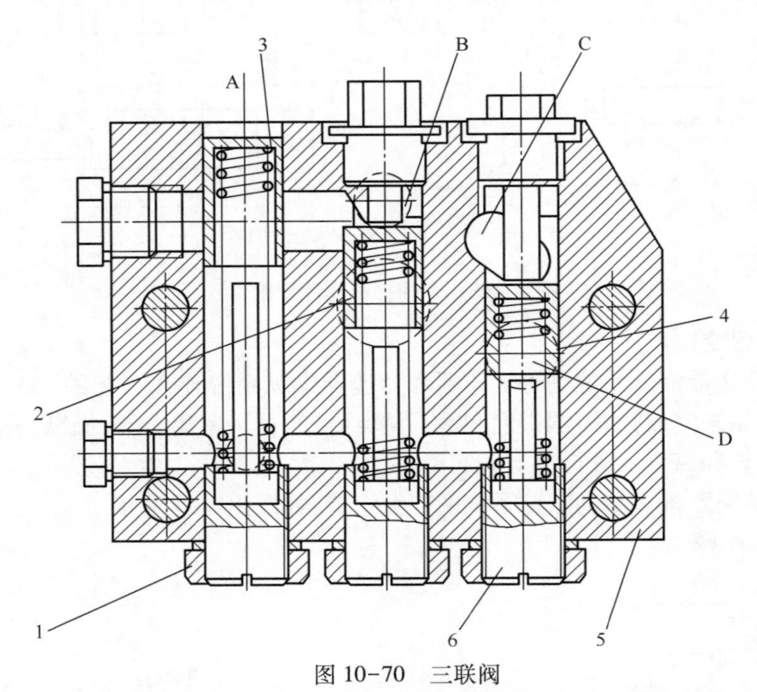

图 10-70 三联阀

1—螺母;2—进口压力阀;3—主压力阀;4—出口压力阀;5—阀体;6—螺钉。

a. 三联阀的结构

3 个阀都装在一个阀体内,阀体上有通主油路的 A 腔,通变矩器的 B 腔,通变矩器回油路的 C 腔、通散热器的 D 腔。每个阀都由阀芯、弹簧和导杆等组成。弹簧装在阀芯和导杆之间,导杆抵在调整螺塞上,转动螺塞可以调整弹簧的预紧力。进口压力阀和出口压力阀的阀芯上面还装有限位螺塞。三个阀所控制的压力各不相同。

主压力阀保证离合器工作油路压力在 1.4~1.7MPa 范围内,以便操纵变速器的换挡离合器和变矩器的锁紧离合器。

进口压力阀设在变矩器进口处,其作用是通过阀前压力的变化调节进入变矩器的流量。

出口压力阀是保证循环圆中有一定的油压,以防变矩器进入空气。如有空气,变矩器发出剧烈响声,减小传动效率和扭矩,甚至造成叶片损坏。从变矩器出来的高温油经此阀到散热器冷却后，再去冷却和润滑各换挡离合器，然后流入油底壳。

阀体内有径向孔通过油管与变速器连通，以便阀芯与阀之间渗入的油泄回变速器，防止阀芯背面形成高压腔。

b. 三联阀的工作原理

由油泵来的高压油经油管到变速操纵阀实现变速，当变速油压升高到1.4~1.7MPa时，压力油从A腔打开主压力阀到进口压力阀的B腔，然后经变矩器配油盘油道进入变矩器循环圆，变矩器的高温油经配油盘与涡轮轴构成的油道进入出口压力阀C腔，打开出口压力阀后，由D腔通过油管到散热器进行冷却后再回变速器油底壳。

c. 三联阀的调整

三联阀一般不要随意调整，必须调整时，拧开螺钉6上的螺母1，顺时针转动螺钉6为增压，逆时针转动为减压，调好后拧紧螺母1，一般在试验台上调整为好。各阀压力调定值以性能参数中所给的值为依据，即主压力阀为1.4~1.7MPa，进口压力阀为0.6~0.65MPa，出口压力阀为0.15~0.25MPa。主压力阀的压力和出口压力阀的压力可以从仪表盘上的变速压力表和出口压力表上观察，进口压力需在系统内接上压力表或在试验台上检验。

（2）辅助油路系统

辅助油路系统是当发动机的电启动发生故障，拖车启动发动机时用的。主要由变速辅助油泵和变矩器锁紧及拖启动操纵阀等组成。

① 变速辅助油泵。变速辅助油泵即拖启动泵，型号为CBF-E18P（顺时针转），用棘轮安装在变速器常转轴上。

只有当车辆前进时，油泵才开始供油，因此棘轮方向一定要安装正确，从泵的轴端看是顺时针旋转，从前输出侧看，棘轮的旋转方向是逆时针，即将棘轮装入箱体相应的孔内，从泵的轴端看棘轮方向，如图10-71所示。

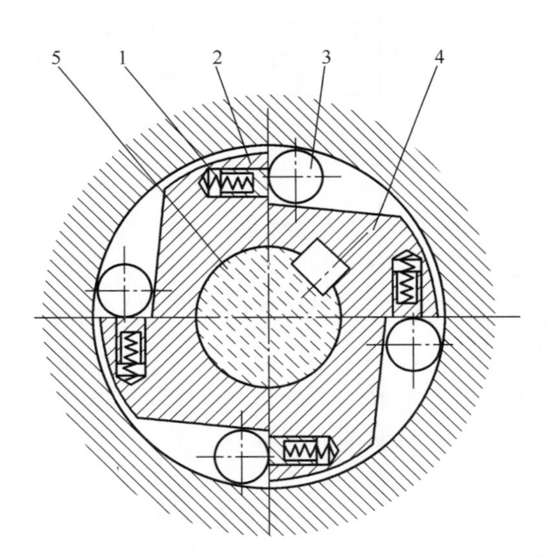

图10-71　变速辅助油泵棘轮安装（从油泵轴端看）

1—弹簧；2—顶套；3—滚轮；4—棘轮；5—油泵轴。

拖启动时，借助液压作用将变矩器锁紧离合器锁紧的同时使变速器挂挡。当推土机被拖向前时，同时拖启动杆提拉，变速辅助油泵开始工作，通过变矩器锁紧及拖启动操纵阀，压力油将变矩器锁紧离合器锁紧,同时压力油进入变速操纵阀以便挂挡。

② 变矩器锁紧及拖启动操纵阀。变矩器锁紧及拖启动操纵阀(图 10-72)主要由阀体、阀杆、O 形密封圈、操纵手柄、钢球和弹簧等组成,用来锁紧变矩器锁紧离合器和实现拖启动。将操纵手柄向前推时,能锁紧变矩器锁紧离合器;而将操纵手柄向后拉时,能达到拖启动的目的。中间位置和变矩器锁紧位置时,变速辅助油泵(只由拖启动杆控制)不工作。

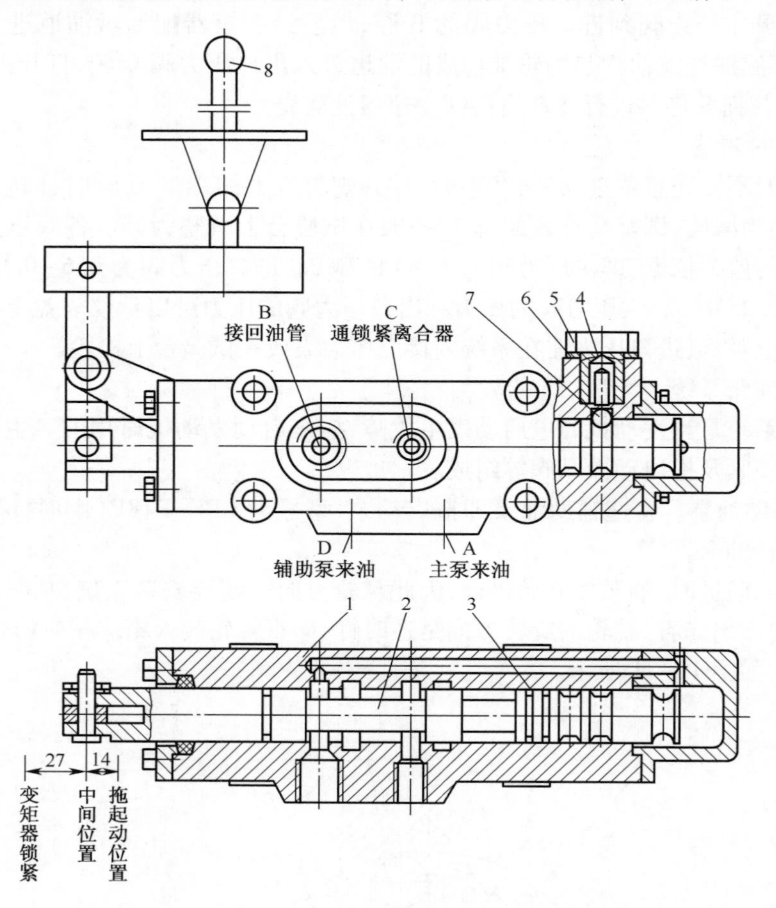

图 10-72 变矩器锁紧拖启动操纵阀

1—阀体;2—阀杆;3—O 形密封圈;4—销;5—螺塞;6—弹簧;7—钢球;8—操纵手柄。

变矩器锁紧及拖启动操纵阀,不使用时不得乱动,推土机行驶时不准将操纵手柄向后拉,否则将引起油路系统的严重故障。

为了防止变速辅助油泵的压力油倒流入主油泵,在主油泵的出口处装有单向阀。平时在正常状态下,拖启动杆处于后压状态,变速辅助油泵不工作。

3. 万向传动装置

轮式工程机械的传动系统中,都装有万向传动装置,其功用是用于连接两轴线不重合或成一定角度的两部件,并保证它们可靠地传递动力。万向传动装置主要安装在下列位置:

(1) 连接的两部件相距较远,它们的轴线不在同一中心线上,如变速器和驱动桥之间。

(2) 连接的两部件,在工作中相对位置产生变化,如转向驱动桥半轴与转向驱动轮之间。

(3) 连接的两部件,其轴线名义上是同心的,考虑到安装误差、在工作中由于车架的变崐形引起轴线的偏移及拆装的方便，如离合器(或变矩器)与变速器之间。

万向传动装置主要由万向节、传动轴及中间支承组成。

1）万向节

万向节分为普通万向节(十字轴万向节)和等角速万向节。TLK220A 型推土机采用十字轴式万向节。

十字轴万向节主要由主动叉、从动叉和十字轴等组成，如图 10-73 所示。主、从动叉以叉孔与十字轴的轴颈相配合安装，为减少叉孔与十字轴颈之间的磨损，提高传动效率，在十字轴颈上装有滚针轴承及轴承壳，为防止轴承壳在叉孔内转动，以及在离心力的作用下轴承从万向节叉孔内甩出，轴承壳的外端制有凹槽，用支承片以螺钉固定在万向节叉上，并用锁片将螺钉锁紧。十字轴做成空心的，以储存润滑油。并有油道通向轴颈，滑油从黄油嘴注入十字轴内腔，为防止漏油和尘土进入轴承，在十字轴颈上装有毛毡油封。十字轴的中部设有安全阀，如十字轴内腔油压过高，安全阀即被顶开，润滑油外溢，使套装在轴承盖内的毛毡油封不致因油压过高而损坏。

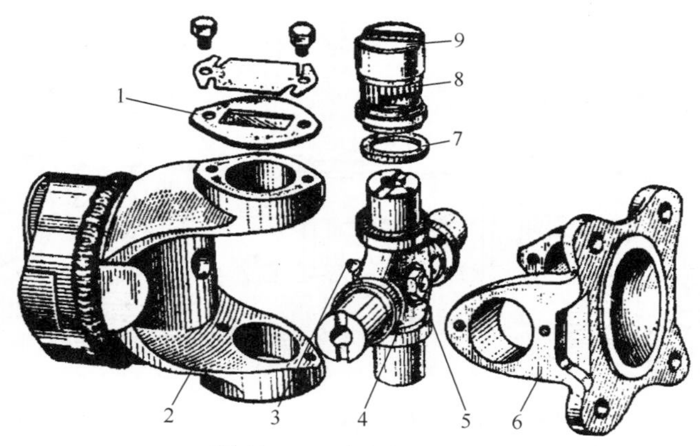

图 10-73　十字轴万向节

1—轴承盖板；2、6—万向节叉；3—油嘴；4—十字轴；5—安全阀；7—油封；8—滚针；9—轴承壳。

万向节的从动叉是通过十字轴与主动叉连接的。从动叉相对于主动叉既可以在水平方向转动，又可以绕十字轴中心在任意方向摆动。这样就适应了主、从动叉所连接的两轴夹角变化的需要。但是，若用一个万向节连接两轴传递动力时，如两轴线成一直线时($\alpha=0°$)，主、从动轴的瞬时角速度相等。如果两轴线不重合即两轴线间夹角为锐角 α 时，两轴的瞬间角速度不相等，这时主动轴以等角速度转过一周，而从动轴则以变角速度转过一周(在转 1 周过程中时快时慢)，此即十字轴万向传动的不等速性。万向节两轴间夹的锐角 α 愈大，则不等速性愈严重。这种不等速性会使万向节传递的扭矩忽大忽小，引起附加载荷，使轴产生振动，因此必须消除不等速性，其方法如下：

(1) 在传动中使用相同的两个万向节。

(2) 万向节所连接的三根轴须在同一个平面内。

(3) 主、从动轴之间所成的夹角 α 相等，且中间传动轴两端节叉面必须位于同一平面内。

2）传动轴

传动轴一般都较长，而且转速又高，并且由于所连接的两部件(如变速器与驱动桥)间的相对位置不断变动，因此要求传动轴的长度也要相应的改变，以保证正常传动，因此传动轴的结构一般要具有以下特点：

（1）传动轴制成两段，中间用花键轴和花键套相连接。这样，传动轴的总长度可允许有伸缩，以适应其长度变化的需要。花键的长度应保证传动轴在各种工作的情况下，既不脱开又不顶死。花键套与万向节叉制成一体，也称花键套叉。花键套上装有油嘴，以润滑花键部分。花键套前端用盖堵死（但中间有小孔与大气相通），后端装有油封，并用带螺纹的油封盖拧在花键套的尾部以压紧油封。

（2）传动轴一般都采用空心轴，这是因为在传递同样大小的扭矩情况下，空心轴较实心轴具有更大的刚度，而且重量轻，节约钢材。

传动轴是高速转动的传动件，为了避免传动轴的质量沿圆周分布不均，而发生剧烈振动，通常传动轴管不使用无缝钢管，而采用厚薄均匀的钢板卷制焊成（因为无缝钢管壁厚薄不均，而钢板厚薄度较均匀）。

TLK220A 型推土机有四根传动轴，第一根传动轴连接液力变矩器至变速箱输入法兰，它采用解放牌汽车的结构形式（图 10-74）；第二、三根传动轴连接变速箱至前桥法兰；第四根传动轴连接变速箱至后桥法兰。

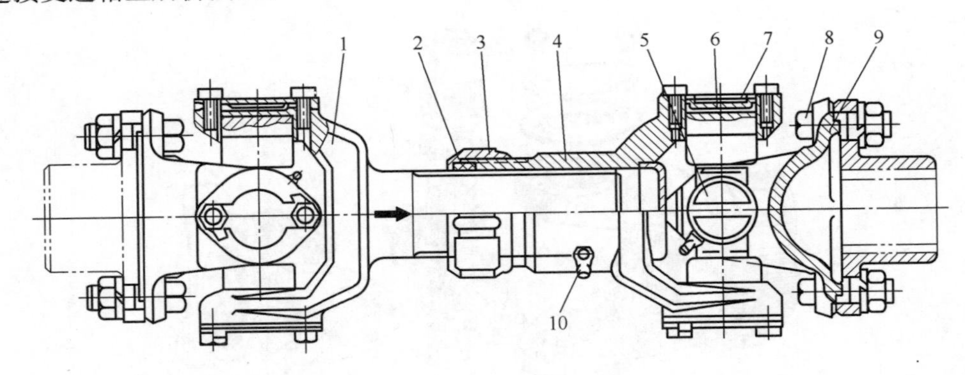

图 10-74　变矩器到变速箱的传动轴

1—花键轴叉；2—油封；3—油封盖；4—套管叉；5—万向节总成；6—支承片；7—锁片；8—螺栓；9—凸缘叉；10—黄油嘴。

每根传动轴总成包括传动轴、套管叉和两个装有滚针轴承的万向节。前、后驱动桥传动轴套管叉、万向节叉系采用瓦盖式固定连接，其结构特点是拆装方便，使用可靠。拧紧该处螺母的力矩规定为 44.1~49N·m。

传动轴是经过动平衡的，因此在拆卸传动轴时应注意：万向节叉的相对位置，传动轴两端的万向节叉应在同一平面内，要按平衡时所记载的箭头方向进行装配。

万向节总成与套管叉装配后应能自由转动，不应有卡住现象，滚针轴承内的滚针均为 28 只，不可随意增减。

中间支承传动轴、万向节滚针轴承应按规定时间注入润滑脂。

传动轴的连接螺栓（图 10-73 的序号 8），采用合金钢（40Cr）制成。拆卸时不要与其他螺栓混用，更不得随意用其他螺栓代替。

4. 驱动桥

驱动桥分前桥和后桥（图 10-75），其区别在于：第一，前桥的主动螺旋伞齿轮为右旋，后桥则为左旋，不能互换；第二，前桥装有两个双钳盘式制动器，后桥装有两个单钳盘式制动器；第三，前桥与车架系固定连接，而后桥与车架连接后可上下摆动。

图 10-74 中螺塞 3 系加油口,也是油面高度控制口。根据具体地区,凡气温高于-15℃者注入(GL-5)90(GBI3895-92)齿轮油或 18 号馏分型双曲线齿轮油,低于-15℃者注入(GL-5)85W/90(GBI3895-92)齿轮油或 7 号馏分型及曲线齿轮油。

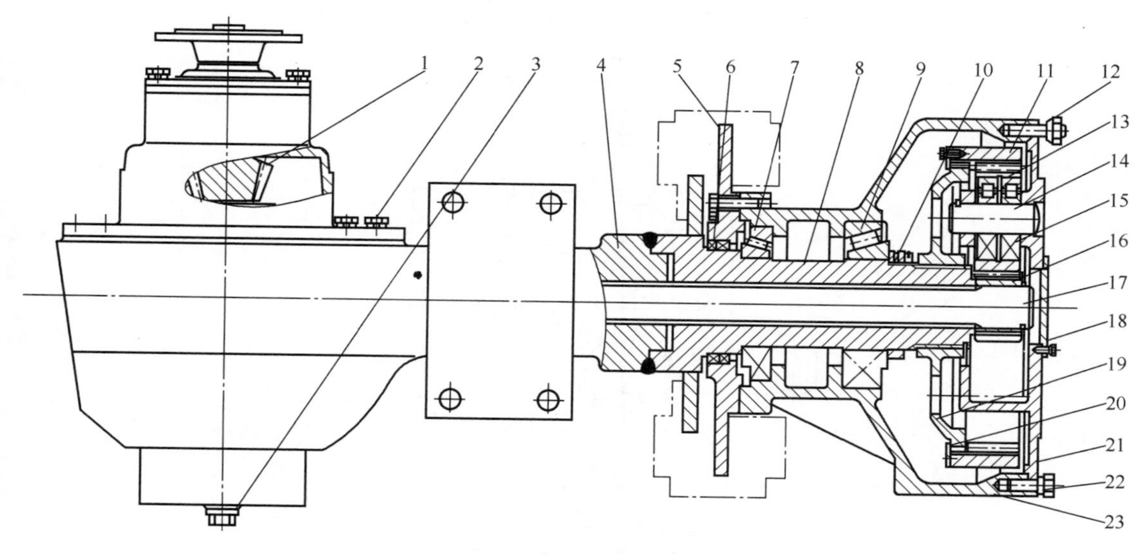

图 10-75　后驱动桥总成

1—主传动总成;2—螺栓;3—螺塞;4—桥壳;5—制动盘;6—油封;7—轴承;8—轮边支承轴;9—轴承;10—圆螺母;11-内齿圈;12—螺母;13—行星轮;14—轴;15—轴承;16—太阳轮;17—半轴;18—端盖;19—轮架;20—挡板;21—行星轮架;22—螺栓;23—轮毂。

1）桥壳

桥壳为焊接件,与轮边支承轴共为焊接体。桥壳安装在车架上,承受车架传来的载荷,并传递到车轮上,又是主传动、半轴,轮边减速器、轮毂的安装壳体。

2）主传动器

主传动器为一级减速器,是一对螺旋圆锥齿轮传动,它由主动螺旋圆锥齿轮 7、被动螺旋圆锥齿轮 20、行星式差速器 21、主传动壳 22 及滚动轴承等组成(图 10-76)。用于将变速器传来的动力进一步减低转速,增大扭矩,并将动力的传递方向改变 90°后经差速器传给轮边减速器。

螺旋圆锥齿轮的齿侧间隙应在 0. 30~0. 40mm 范围内。啮合情况检查方法:一般用中等黏度油质颜料,均匀薄薄地涂在被动齿轮齿的两个侧面上,来回转动主动齿轮,这时可根据齿面上的接触痕迹,判断啮合情况是否正常,空载情况下,正确啮合时的接触长度为全齿长的 2/3 左右,接触痕迹离开小端 2~4mm。

主动螺旋圆锥齿轮 7 轴上的滚动轴承轴向间隙应过盈 0. 05~0. 10mm,齿轮要求转动灵活,但推动时无轴向窜动的感觉。滚动轴承过盈量是用轴承座 4 处的调整垫 3 调整的。

被动螺旋圆锥齿轮 20 的滚动轴承轴向间隙应过盈 0. 1~0. 15mm,滚动轴承过盈量是用调整螺母 17 来调整的。被动螺旋圆锥齿轮背面与止推螺栓套头 8 的头部间隙应为 0. 2~0. 25mm,不得顶死。

3）差速器

差速器主要用于保证内外侧车轮能以不同的转速旋转,从而避免车轮产生滑磨现象。如

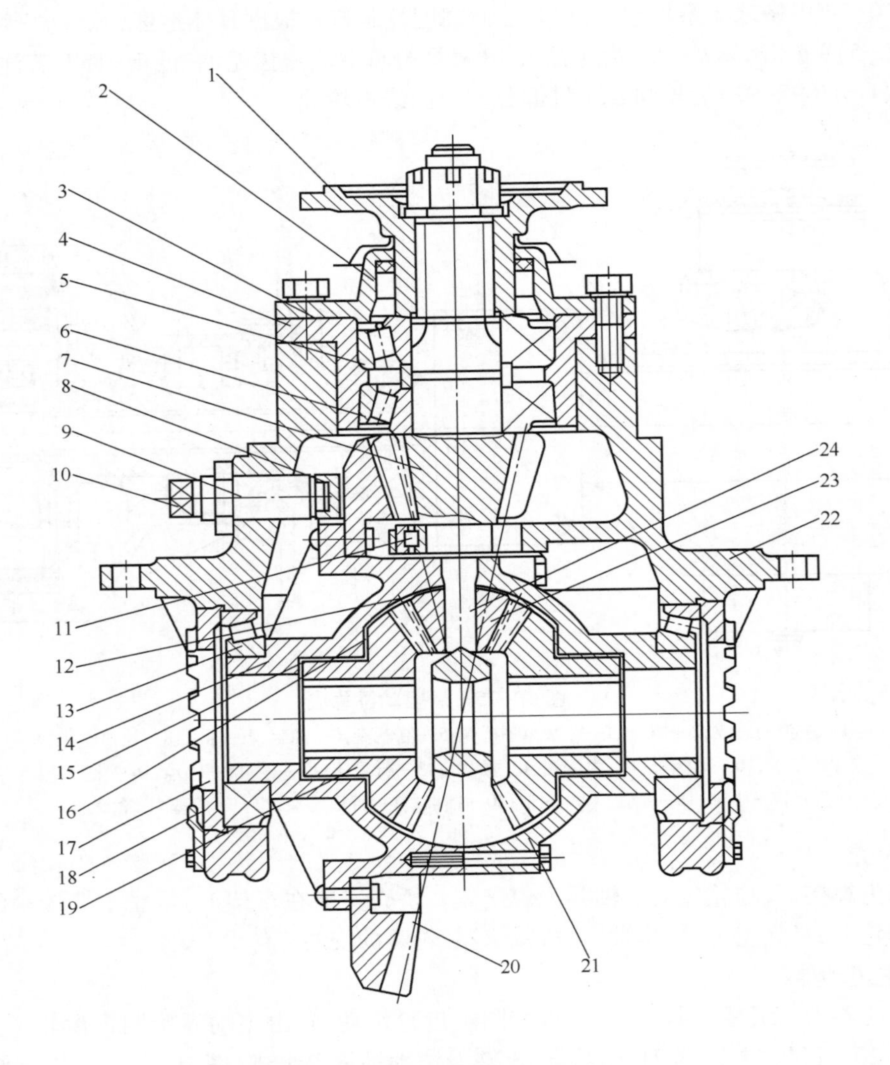

图 10-76　主传动器及差速器

1—法兰盘；2—油封；3—垫；4—轴承座；5—调整垫；6—滚动轴承；7—主动螺旋圆锥齿轮；
8—止推螺栓套头；9—止推螺栓；10—螺母；11—滚动轴承；12—衬垫器壳；13—滚动轴承；
14—差速器壳；15—轴套；16—止推垫；17—调整螺母；18—锁片；19—半轴齿轮；
20—被动螺旋圆锥齿轮；21—行星式差速器；22—主传动壳；23—行星齿轮；24—十字轴。

果两车轮用一根轴连接，则两车轮的转速相同。但在使用中，两车轮所遇情况不一致。当机械转向时，外侧车轮的转弯半径大于内侧车轮的转弯半径，故外侧车轮的行程大于内侧车轮的行程。因此，内外侧车轮应以不同的转速旋转。

当机械直线行驶时，由于轮胎气压不等而导致车轮直径不等，又因为行驶在高低不平的路面上时，将使内外侧车轮转速不等。在上述情况下，若将两侧车轮用一根整轴连接，就会产生一侧车轮保持纯滚动，另一侧车轮就必须一面滚动一面滑磨，这样滑磨将引起轮胎的加速磨损，转向困难，增加功率消耗。为了避免这样滑磨，在驱动桥两半轴之间装有差速器，以保证两侧车轮能以不同的转速旋转，避免车轮产生滑磨现象。轮式机械所采用的差速器结构及工作原理都基本相同。

（1）差速器结构。差速器主要由壳体、十字轴、行星齿轮和半轴齿轮等组成（图 10-77）。差速器壳体由左右两半组成，用螺栓固定在一起。

十字轴的四个轴颈分别装在差速器壳的轴孔内，其中心线与差速器的分界面重合。从动齿轮固定在差速器壳体上，这样当从动齿轮转动时，便带动差速器壳体和十字轴一起转动。

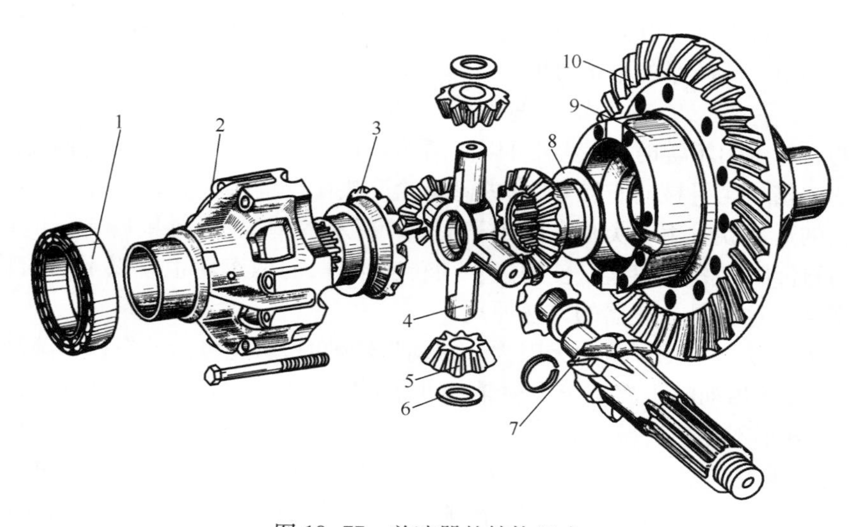

图 10-77　差速器的结构组成

1—轴承；2—差速器壳体；3—半轴齿轮；4—十字轴；5—行星齿轮；6—承推垫片；7—主动锥齿轮；8—半轴齿轮承推垫片；9—差速器壳体；10—从动锥齿轮。

四个行星齿轮分别活动地装在十字轴轴颈上，两个半轴齿轮分别装在十字轴的左右两侧，与四个行星齿轮常啮合，半轴齿轮的延长套内表面制有花键，与半轴内端部用花键连接，这样就把十字轴传来的动力经四个行星齿轮和两个半轴齿轮分别传给两个半轴。行星齿轮背面做成球面，以保证更好的定中心以及和半轴齿轮正确的啮合。

行星齿轮和半轴齿轮在转动时，其背面和差速器壳体会造成相互磨损，为减少磨损，在它们之间装有承推垫片，当垫片磨损，只需更换垫片即可，这样既延长了主要零件的使用寿命，也便于维修。另外，差速器工作时，齿轮又和各轴颈及支座之间有相对的转动，为保证它们之间的润滑，在十字轴上铣有平面，并在齿轮的齿间钻有小孔，供滑油循环进行润滑。在差速器壳上还制有窗孔，以确保桥壳中的润滑油出入差速器。

（2）差速器工作原理。机械沿平路直线行驶时，两侧车轮在同一时间内驶过的路程相同。此时，差速器壳与两半轴齿轮转速相等，行星齿轮不自转，而是随差速器壳一起转动（公转）。这时差速器不起差速作用，两侧车轮以相同的转速旋转。

机械转弯时，内侧车轮阻力增大，行驶路程较短，转速慢；外侧车轮行驶的路程较长，转速快。这时，与两半轴齿轮相啮合的行星齿轮，由于遇到的阻力不等，便开始自转，两半轴齿轮便产生一定的转速差，从而实现了内外侧车轮以不同的转速旋转。

下面结合图 10-78 进行介绍。图 10-78 中两齿条相当于展开的两半轴齿轮，与两齿条相啮合并能在轴上转动的齿轮相当于行星齿轮。

拉动轴相当于差速器带动行星齿轮。此时，若两齿条阻力相等，齿轮轴将通过齿轮带动齿条一起移动一个相等的距离（图 10-78(b)）。这时齿轮只是随轴一起移动，而不会自转，这就和机械在平路上直线行驶，两车轮阻力相等差速器不起差速作用一样，此时，差速器的转速 n_0 与左右半轴齿轮转速 n_1 和 n_2 相等，即

$$n_0 = n_1 = n_2$$

$$n_1 + n_2 = 2n_0$$

如两齿条阻力不等（设右齿条阻力大）。此时，拉动齿轮轴时，齿轮将一面随轴移动，同时按箭头所示方向绕轴转动，如图 10-78（c）所示，使左齿条移动的距离增加，所增加数 B 的值等于右齿条移动距离所减小的数值，即

$$A + B + A - B = 2A$$

这说明两车轮阻力不等时，差速器可以使两车轮以不同的转速旋转。但两者之和等于差速器壳转速的两倍。当机械向右转弯时，内侧车轮反映在行星齿轮上的阻力是内轮大于外轮。这时行星齿轮的运动就发生了类似（图 10-78（c））所示的情况，即行星齿轮不但带动两半轴齿轮转动，而且还绕十字轴颈自转，使两边半轴转速不等，而两车轮也就以不同的转速沿路面纯滚动而无滑磨。这就是差速器的差速原理。

如按住右齿条使之不动即阻力无限大。拉动齿轮轴时，齿轮将沿着右齿条滚动，带动左齿条加速移动，左齿条移动的距离等于齿轮轴的两倍（图 10-78（d））。当机械左侧车轮陷入泥坑时，因附着力减小不能使机械前进，就会发生类似图 10-78（d）所示的情况，即右侧车轮的转速为 0，而陷入泥坑的左侧车轮则以高速旋转。旋转的速度相当于差速器壳的两倍。

如将齿轮轴按住不动，而移动一个齿条时，齿轮则只绕轴自转，而另一个齿条就会以相反的方向移动一个相等的距离。这种情况一般不会发生，只有在单独使用中央制动器紧急制动或拖动车时等瞬间，传动轴不转，两车轮附着力不同使机械发生偏转（图 10-78（e））。

综上所述情况，可以看出，两齿条移动距离之和始终等于齿轮轴移动距离的两倍。也就是说左右两半轴齿轮的转速之和等于差速器壳转速的两倍。不论行星齿轮的运动状态如何，这个公式都是适应的。因此在机械转弯行驶或其他行驶情况下，都可以借行星齿轮以相应转速自转，使两侧车轮以不同转速在地面滚动而不滑磨。

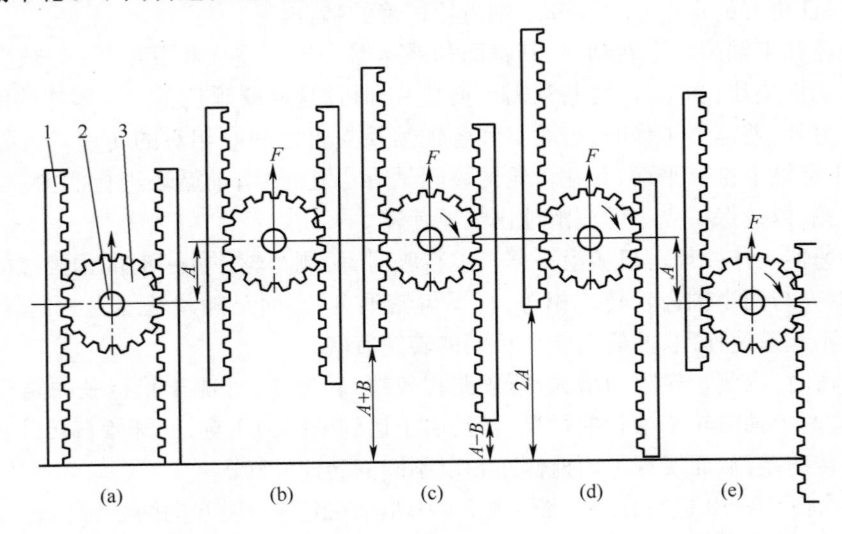

图 10-78　差速器工作原理示意图

1-齿条；2—轴；3—齿轮。

4）半轴

半轴为全浮式，由主传动器通过差速器传来的扭矩通过半轴传给轮边减速器。左右半轴相同。

5）轮边减速器

轮边减速器主要用于进一步减低转速，增大扭矩。轮边减速器为行星齿轮式，主要由太阳轮、齿圈、行星齿轮和行星架组成，如图 10-79 所示。

太阳轮以花键和半轴连接，随半轴转动。为使太阳轮与四个行星齿轮正确的啮合，载荷分配均匀，太阳轮和半轴的端部是浮动的，不加轴承支承。

齿圈以齿与齿圈支架套合，为防止齿圈移动，装有卡环，并用点焊将齿圈和卡环焊死。齿圈支架以花键与桥壳连接，并用锥套和两个锁紧螺母固定。

行星齿轮与太阳轮和齿圈常啮合，它通过滚针轴承装在齿轮轴上。轴压入行星齿轮架的孔内，轴的端部制成平面，与端盖平面配合，以防止其转动。行星架用轴销和壳体连接，外端装有端盖，并用螺钉将端盖和行星架一起固定在壳体上。

壳体固定在轮毂上，轮毂由两个锥形轴承分别支承在齿圈支架和桥壳上。

在轮边减速器端盖和行星架上设有加检油口，并用螺塞封闭。为防止润滑油外漏，在端盖和行星架、壳体和轮毂接合处分别装有 O 形密封圈，在轮毂与桥壳接合处装有骨架式自紧油封。

当半轴带动太阳轮转动时，太阳轮即驱动四个行星齿轮绕其轴转动。由于行星齿轮又和齿圈啮合，因此，即自转又沿齿圈公转，将半轴传来的动力，经太阳轮、行星齿轮、行星架传给壳体和轮毂使车轮转动。

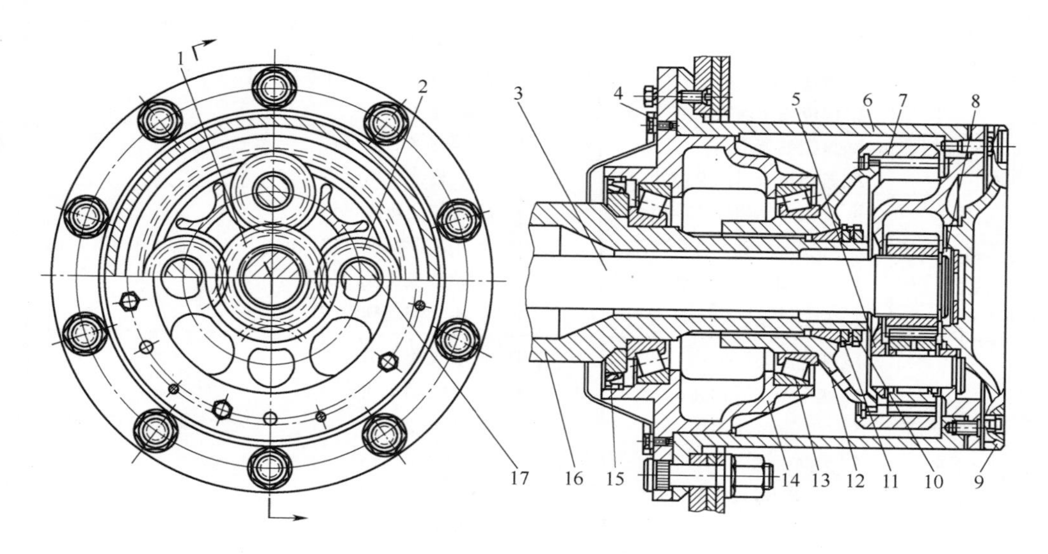

图 10-79　轮边减速器

1—太阳轮；2—行星齿轮；3—半轴；4—密封圈；5—行星架；6—壳体；7—齿圈；8—卡环；9—端盖；10—锁紧螺帽；11—锥套；12—齿圈支架；13—滚柱轴承；14—轮毂；15—油封；16—桥壳；17—行星齿轮轴。

5. 传动系统常见故障

传动系统常见故障原因和排除方法如表 10-5 所列。

表 10-5　传动系统常见故障及排除方法

故障现象		故障原因	排除方法
变速压力低	某个挡变速压力低	1. 该挡活塞密封环损坏; 2. 该挡油路密封圈损坏; 3. 该挡油道漏油	1. 更换密封环; 2. 更换密封圈; 3. 检修漏油处
	各挡压力均低	1. 三联阀失灵; 2. 主油泵损坏; 3. 主油道漏油; 4. 变速成箱滤油器堵塞; 5. 油底壳油位过低	1. 检修三联阀; 2. 检修或更换主油泵; 3. 检修主油道; 4. 清洗或更换; 5. 补充油量
变矩器油温过高		1. 油底壳油量少; 2. 变速压力低,离合器打滑; 3. 离合器活塞不能回位; 4. 回油压力过低<0~15MPa; 5. 油散热器堵塞; 6. 连续高负荷工作时间太长; 7. 油变质	1. 补充油量; 2. 参见第 1 项; 3. 调整活塞间隙更换碟形弹簧; 4. 检修三联阀; 5. 清洗或更换散热器; 6. 停机冷却或怠速停车; 7. 更换新油
变矩器齿轮箱内充满油		1. 油泵端面密封损坏; 2. 泵轮处的骨架式橡胶油封损坏	1. 检修油泵; 2. 更换油封
异常尖叫声		1. 变矩器叶片发生气蚀现象; 2. 零件有损坏或发生位移现象	1. 排除进口系统的故障,即三联阀卡死或油路系统中的故障若叶片损坏则应更换叶片; 2. 拆卸修理,更换零件
挂不上挡	各挡均挂不上	1. 变速压力过低; 2. 变速操纵杆失灵; 3. 操纵阀主油道堵塞	1. 参见第 1 项; 2. 调整检修操纵杆系; 3. 疏通油道
	某个挡挂不上	1. 该挡油道堵塞; 2. 该挡离合器内摩擦片卡死	1. 疏通该挡油道; 2. 检修该挡离合器
	刹车后挂不上挡	1. 刹车联动阀杆不回位; 2. 气制动总阀推杆位置不对; 3. 气制动总阀回位弹簧失交; 4. 气制动总阀活塞杆卡死	1. 检修变速操纵阀; 2. 重新调整推杆位置; 3. 检修或更换回位弹簧; 4. 拆检制动阀活塞杆及鼓膜
驱动力不足		1. 变速压力过低; 2. 变矩器油温过高; 3. 变矩器叶轮损坏; 4. 柴油机输出功率不足; 5. 手制动器未松开; 6. 离合器打滑; 7. 变矩器出口油压低	1. 参见第 1 项; 2. 参见第 2 项; 3. 更换新件; 4. 检修柴油机; 5. 松开手制动器; 6. 检查变速油压及油封; 7. 检修三联阀

二、转向系统

转向系统主要作用是使装备灵活地改变行驶方向,并保持装备直线行驶的稳定性。TLK220A 型推土机采用全液压转向系统。前、后车架为铰接车架,转向时转向油缸使前、后车架相对偏转实现转向。该系统具有液压随动功能,即方向盘转动一个角度,装备出现相应成比例的转向角度。方向盘停止转动,装备可做等半径的圆周运动;方向盘回正时,装备恢复直线行驶状态。全液压转向系统具有操纵轻便、工作可靠、安装方便、便于维护保养等特点。

转向系统由转向油缸、转向器、方向盘总成、油箱、单稳阀、转向液压油泵、动力输出接口及管路附件等组成,其原理如图 10-80 所示。

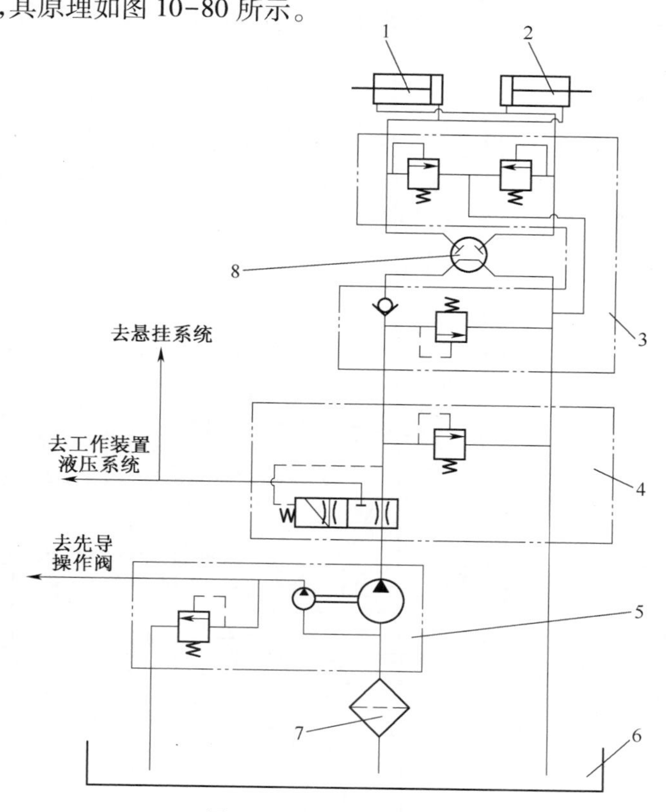

图 10-80　转向系统原理图

1—左转向油缸;2—右转向油缸;3—FKAR-153017 阀块;
4—单路稳定分流;5—双联齿轮泵;6—油箱;7—滤油器;8—转向器。

1. 转向系统工作原理

TLK220A 型推土机液压系统由转向泵提供的油经过稳流阀有定量的油供给转向器,通过方向盘控制转向器实现转向。其采用的全液压转向器具有液压随动作用,即方向盘转动一个角度,机械出现一个相应成比例的转向角度,方向盘停止转动,则机械做等半径的圆周运动,方向盘回到中间位置,则机械也恢复到直线行驶状态。工作原理如下:

(1) 直线行驶时,方向盘处于中间位置,转向泵提供的液压油经稳流阀。高压油管到转向器,从转向器回油口经冷却器直接回到油箱。转向油缸的两腔处于封闭状态。

(2) 当方向盘向左转时,从转向泵出来的高压油被转向器分配给左油缸小腔和右油缸大腔,使前车架向左偏转,从而实现左转向。

(3) 当方向盘向右转时,从转向泵出来的高压油被转向器分配给左油缸大腔和右油缸小腔,使前车架向右偏转从而实现有转向。

2. 转向系统主要部件

1) 油箱

转向系统、工作装置液压系统和先导控制系统共用油箱,该油箱分为吸油区和回油区,从而改善了系统清洁度，减少了故障。

2）转向泵

TLK220A 型推土机采用的转向泵型号为 CBGj3100/1010 双联齿轮泵。转向用 3100 一联，排量 100mL/r，额定压力为 16MPa、最高压力为 20MPa，额定转速为 2000r/min、最高转速为 2500r/min。

3）单路稳定分流阀

TLK220A 型推土机选用了 IWFL-F25L 型单路稳定分流阀（图 10-81），当发动机转速大于 800r/min 时，转向泵提供的高压油经稳流阀可以稳定地向转向器供 60L/min 液压油，而多余部分液压油则回到工作装置液压系统，使得转向比较平稳、发动机低转速时不感觉沉，发动机高转速时转向不会飘，从而改善了转向性能。

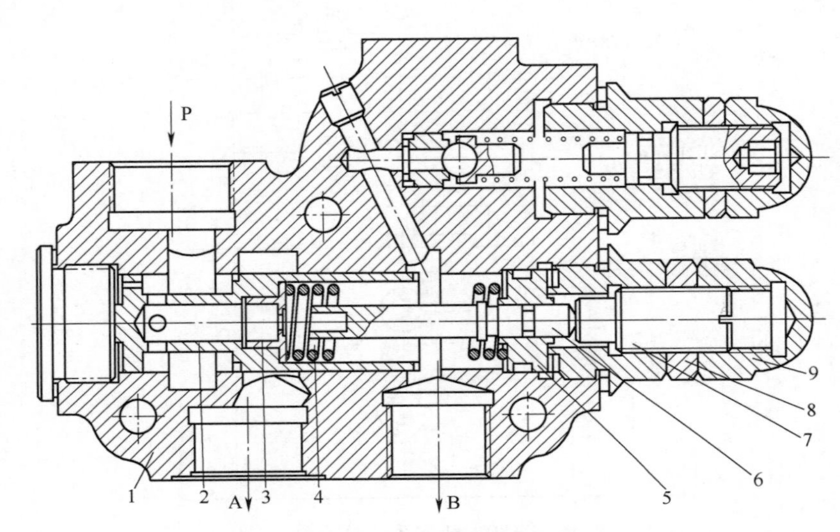

图 10-81　IWFL-F25 型单路稳定分流阀

1—阀体；2—阀芯；3—节流片；4—弹簧；
5—调节座；6—推杆；7—调节杆；8—螺母；9—螺帽。

4）全液压转向器和阀块

TLK220A 型推土机采用 BZZ1-1000 型系摆线转阀式全液压转向器，开心无反应，即作用在转向轮上的外力传不到方向盘上，中间位置液压油直接回油箱，转子排量为 1000mL/r，其结构如图 10-82 所示。此转向器体积小，重量轻，操纵轻便灵活，性能稳定，工作可靠。油泵供油时方向盘操纵力矩≤4.9N·m，方向盘的自由转角左右不超过 9°。

和转向器紧紧相连的 FKAR-153017 型阀块内有单向阀。溢流阀和双向缓冲阀，结构如图 10-83 所示）。单向阀防止油液倒流，不使方向盘自由偏转，免得转向失灵。溢流阀是限制油路最高压力不超过 15MPa，防止系统过载，用户不得任意调整，双向缓冲阀系保护液压转向系统免受外界反作用力经过油缸传来的高压油冲压，确保油路安全，调定压力为 17MPa，不得任意调整。阀块上有四个连接油孔，“P”口接进油管，“O”口接回油管，“A”口接右转向油缸，“B”口接左转向油缸，不得接错，否则会出现无转向，或左打方向盘向右转向等故障。

3. 转向系统常见故障与排除

转向系统常见故障原因和排除方法如表 10-6 所列。

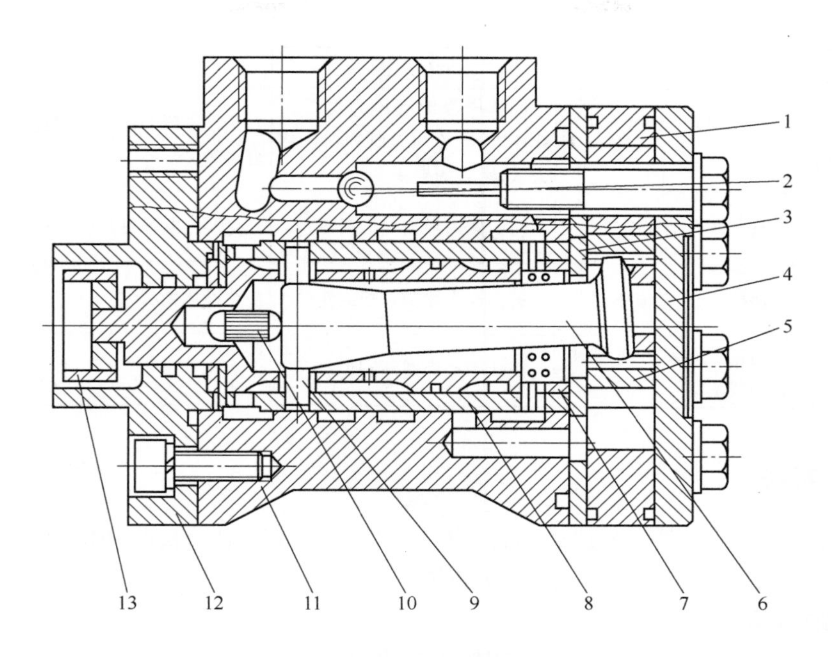

图 10-82　转向器结构

1—定子;2—钢环;3—隔盘;4—后盖;5—转子;6—联动轴;7—阀芯;
8—阀套;9—拔销;10—弹簧片;11—阀体;12—前盖;13—连接块。

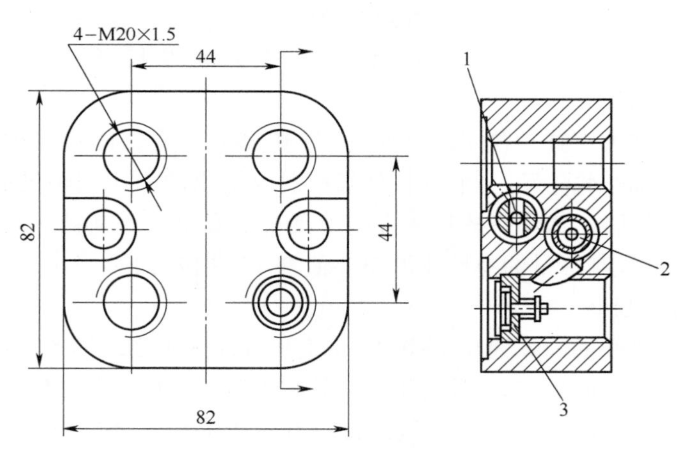

图 10-83　FKAR-153017 阀块

1—双向缓冲阀;2—溢流阀;3—单向阀。

表 10-6　转向系统常见故障及排除方法

故　障	现　象	发生原因	排除方法
转向沉重	慢转方向盘轻,快转方向盘沉	油泵供油不足	检修或更换油泵
	油中有泡沫,方向盘转动时,油缸时动时不动	油路系统中有空气	排除系统中空气并检查吸油管是否松动漏气
	快转与慢转方向盘均沉重,并且转向无压力	转向器内钢球单向阀失效	如有脏物卡住钢球,应进行清洗,如阀体密封带与钢球接触不良,用钢球冲击之。此外,检修稳流阀

(续)

故　障	现　象	发生原因	排除方法
转向沉重	轻负荷转向轻,增加负荷转向沉	阀块中溢流阀压力低于工作压力,溢流阀被脏物卡住或失效,密封圈损坏	调整溢流阀压力,或清洗阀,更换弹簧或密封圈
转向失灵	方向盘不能自动回中	转向器内弹簧气折断	更换已断弹簧片(有备件)
	压力振摆明显,甚至不转动	转向器内拔销折断或变形	更换拔销
	车辆跑偏或转动方向盘时,油缸缓动或不动	阀块中双向缓冲阀失灵	

三、制动系统

制动系统用于车辆行驶时减速或停止,以及在平地或坡道上较长时间停车。它包括行车制动(脚制动)、停车制动(手制动),还可实施拖车制动。

1. 行车制动(脚制动)

行车制动系统型式为双管路气推油四轮固定钳盘式制动系统,制动器为钳盘式制动器。

1) 脚制动器

整机共四个轮边制动器,前桥装有两个双钳盘式制动器(由两副夹钳和一个制动盘组成的制动器称为双钳盘式制动器),后桥装有两个单钳盘式制动器(由一副夹钳和一个制动盘组成的制动器称为单钳盘式制动器),即前桥每轮装两副夹钳,后桥每轮装一副夹钳,每副夹钳内有两对对置的油缸活塞。

该脚制动器的型式为双缸对置固定钳盘式(图 10-84)。夹钳固定在桥壳体上,制动盘靠螺栓与轮毂连为一体随车轮转动。制动时,从气液总泵输出的高压油经过油管及内外钳油道至每个活塞缸内,推动活塞 12 和摩擦片 9 将制动盘 6 压紧使车轮制动。松开制动踏板后,由于矩形密封圈 11 要恢复其微量的弹性变形而使活塞 12 回位,而摩擦片 9 则靠制动盘 6 的微量偏摆回位,从而解除制动。

摩擦片与制动盘之间的间隙为 0. 1~0. 2mm,此间隙是矩形密封圈的回位和制动盘偏摆而自然形成的。使用一段时间后,当摩擦片上的沟槽磨光时,要更换新的摩擦片,换时拧下螺栓销 13 即可抽出摩擦片。新摩擦片如不好装,可打开位于夹钳下部的放气嘴将制动液放出少许,使活塞距制动盘的间隙更大广点,以便安装摩擦片。装好后,摩擦片与制动盘之间的初始间隙不得小于 0. 1~0. 2mm。

摩擦片与制动盘在车辆行驶时存在着接触摩擦(没有压力),长时间行驶会使制动液温度上升,严重的可能产生“气阻”现象,一旦产生气阻应对夹钳放气,放气方法如下:

(1) 清除油路系统管路,储油室,加油口,放气处的污泥积垢。

(2) 按要求加足制动液。

(3) 启动发动机,待气压达到 0. 65~0. 7MPa 时停机或怠速。

(4) 将放气嘴套上透明塑料管,管的另一端放入盛油器中。

(5) 连续踩动制动踏板数次,然后踩紧制动踏板,松开夹钳上部的放气嘴进行放气(注意不得松开下部的放气嘴),当无油液继续喷出时,先拧紧放气嘴再放松制动踏板,如此往复,直

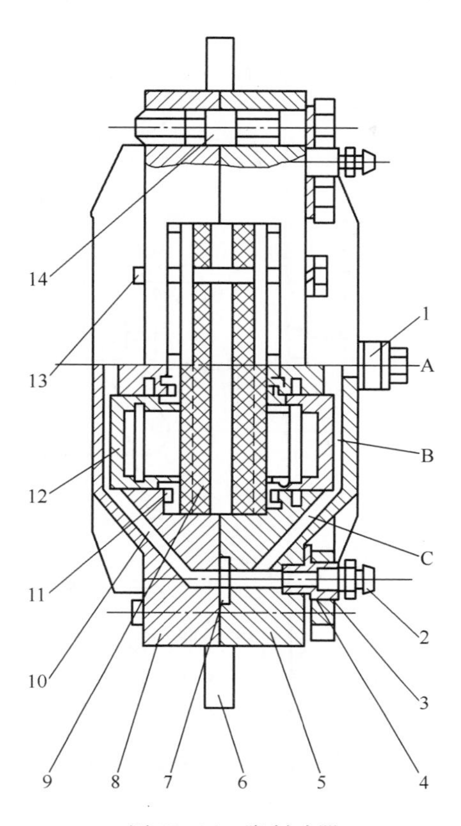

图 10-84　脚制动器

1—制动液进口;2—放气嘴;3—接头;4—O 形圈;5—内钳(固定钳);6—制动盘;
7—O 形圈;8—外钳(联接钳);9—摩擦片;10—防尘圈;11—矩形密封圈;
12—活塞;13—螺栓箍;14—螺栓。

到排出无泡的液柱方可拧紧放气嘴,然后松开制动踏板。间隔 10~15s 后,待气压回升之后再进行另一个夹钳的放气,直至所有夹钳都放完气。

注意:放气时及时向气液总泵储油室补充制动液,防止气液总泵油缸内的制动液被吸空,否则空气会再度进入系统。

2) 脚制动传动机构

脚制动传动机构主要由空气压缩机、油水分离器、双回路保险阀、紧急制动阀、气制动总阀、贮气筒、分离开关、通气阀、前加力器、后加力器等组成,如图 10-85 所示。

(1) 空气压缩机。

空气压缩机的作用是将自然空气压缩成高压气体。TLK220A 型推土机采用的是双缸空冷活塞式压缩机,它装在高压油泵之前的位置,由发动机正时齿轮带动,空压机的吸气管与发动机进气管相通,排气管与油水分离器相通。

(2) 气制动总阀。

气制动总阀由两个独立的操纵阀组成,分别与前桥和后桥各制动部件构成两个独立制动系统,其结构如图 10-86 所示,主要由推杆、弹簧、活塞、排气阀门、进气阀门、进气口、出气口、排气口和阀体等组成。

当推土机需要制动时,踏下制动踏板,推杆将弹簧座下压,经过弹簧推动活塞,将排气阀门

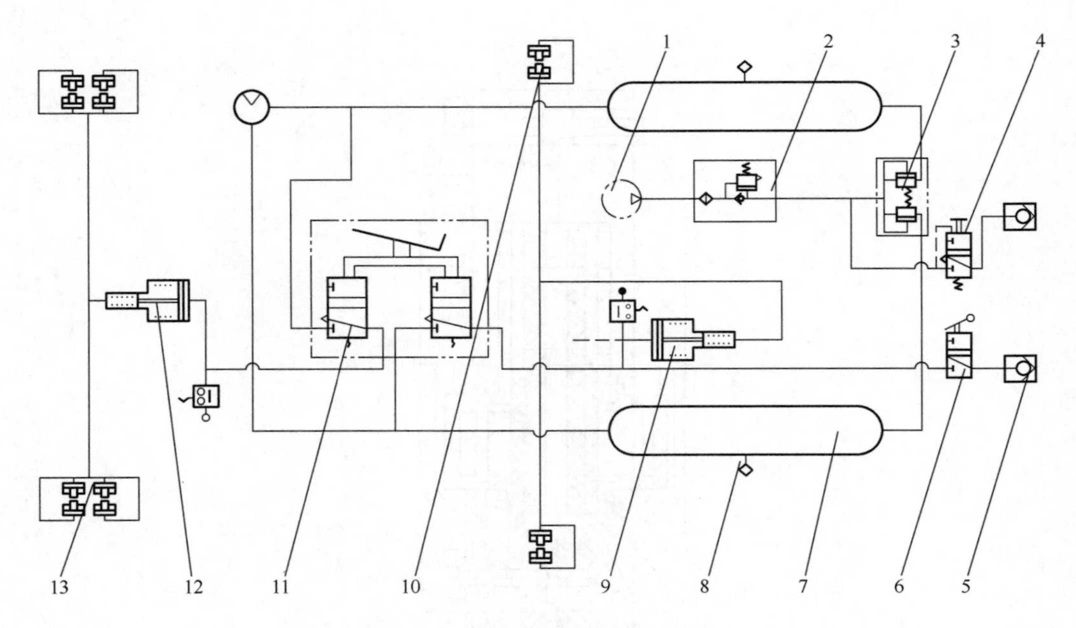

图 10-85 脚制动系统传动原理简图

1—空气压缩机；2—油水分离器；3—双回路保险阀；4—紧急制动阀；5—通气阀；6—分离开关；7—贮气筒；8—放水螺塞；9—后加力器；10—后制动钳；11-气制动阀；12—前加力器；13—前制动钳。

关闭，进气阀门打开；压缩空气经管路进入进气口，经进气阀门从出气口排出，充入到各自控制的加力器起到制动作用。

当解除制动时，放松制动踏板，弹簧作用在下活塞上的压力消失，借回位弹簧和气压作用，将活塞向上推，排气阀门开启；进气阀门在回位弹簧的作用下关闭，把储气筒与加力器的通路切断，气室的压缩空气由排气口排入大气。

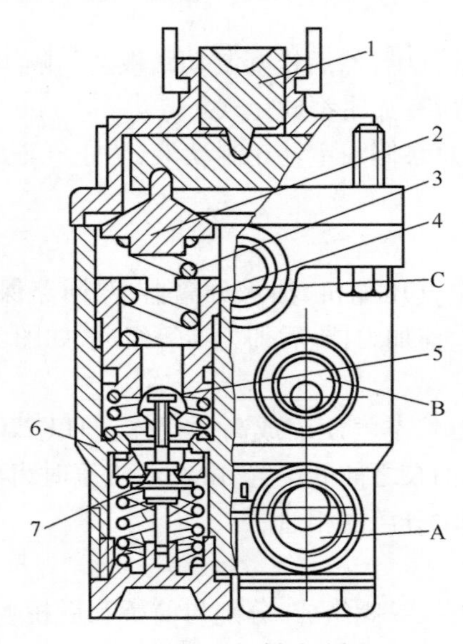

图 10-86 气制动总阀

1—推杆；2—弹簧座；3—弹簧；4—活塞；5—排气阀门；6—阀体；7—进气阀门。

A—进气口；B—出气口；C—排气口。

（3）加力器。

加力器又称气液总泵，是一种加力装置，将低气压作用变为高液压作用，以满足对制动力的要求。推土机共有两个气液总泵，分别控制前桥和后桥，其结构如图 10-87 所示。

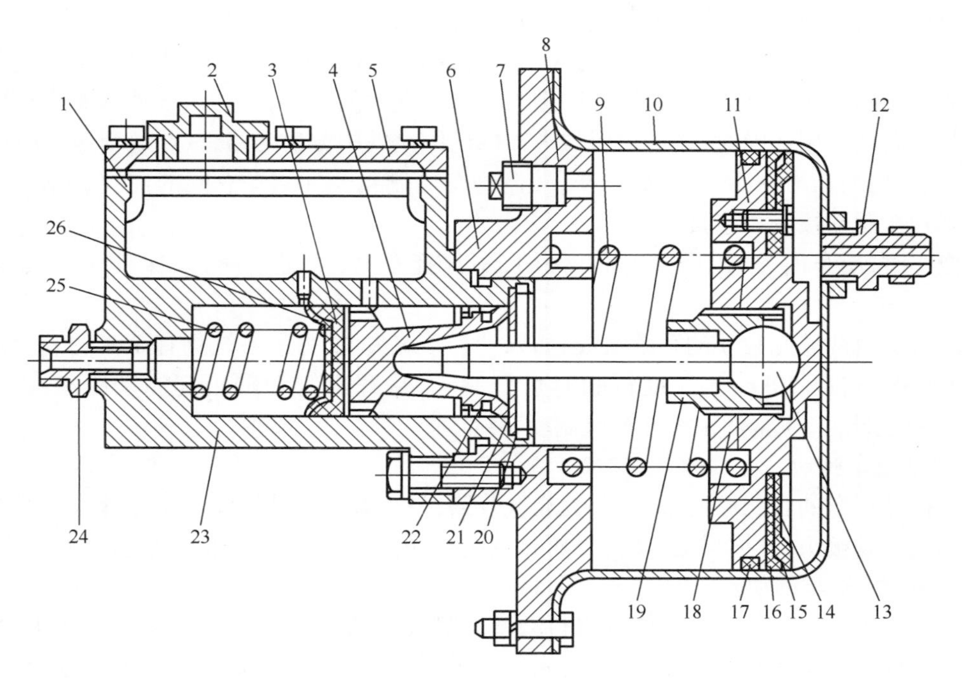

图 10-87　加力器

1—纸垫；2—透气塞；3、16-皮碗；4—小活塞；5—盖；6—气室盖；7—通气塞；8—滤网；9、15、25—弹簧；10—气室体；11—气活塞；12、24—接头；13—气室推杆；14—活塞密封圈；17—毡圈；18—螺母；19—推杆套筒；20—挡圈；21—垫圈；22—皮圈；23—泵体；26—垫。

加力器由气压传动和油压传动两部分组成。气压传动部分主要由气室体、活塞、气室推杆、回位弹簧等组成。气室一端有进气口，与脚制动阀相连。油压传动部分主要由泵体、小活塞、小弹簧等组成。出油口与一个桥上的车轮制动器相连通。泵体上的一个孔接制动灯开关，上部有加油口和储油腔。

制动时踏下制动踏板，压缩空气经脚制动阀进入各加力器的气室，推动活塞，气室推杆随之左移，两个回位弹簧都被压缩；密封圈在小活塞作用下关闭进油口，推杆继续左移，把泵体的制动油送至车轮制动器分泵中进行制动。

解除制动时，压缩空气从脚制动阀排气口排入大气，靠加力器内的两个回位弹簧使气活塞带动推杆回位，从而使油压减为零，制动解除。同时，从补油孔充进小活塞外围的制动油从密封圈和油缸壁之间补油。

（4）分离开关。

其作用是切断或接通气路，当手柄与阀轴线垂直时为关闭状态，气路切断。手柄按顺时针转动 90°使其与轴线平行时为打开状态，气路接通。

（5）气阀。

通气阀用于连接通往拖平车的制动管路。拖平车的制动管路共有两条；另一条为充气管路；另一条为制动管路。每条管路上都有分离开关和通气阀。通气阀的作用是不拖挂时关闭

(使手柄与阀轴线垂直)。当挂拖平车时,应将通气阀打开(手柄按顺时针方向转 90°,使其与轴线平行)与挂车气管相接。

3）行车制动工作原理

压缩空气由左,右贮气筒出来的气体分别通过气制动总阀 3 的两个进气口进入其 2 个气腔。制动时,踩下制动踏板,由气制动总阀出来的两路气体分别进入前后加力器汽缸,使加力器的油活塞排出高压制动油液,通过管路进入轮边制动钳的活塞,推动活塞将摩擦片与制动盘压紧而起到制动作用。同时,在通往后加力器的压缩空气中分出两路:一路通变速箱脱挡阀使变速箱脱挡,切断动力;一路通往后拖车,控制拖车的制动。气制动总阀的前腔(I 腔)与变速箱脱挡阀和气制动接头相连接。

挂拖车时,出车前务必打开分离开关门,不挂拖车时,务必关闭,以保证司机和车辆的安全。

制动系统由两彼此独立的系统组成,如果一套系统失灵,另一系统仍有 50%的制动能力。

一般情况下,以 30km/h 速度行驶时进行制动,从踩下制动踏板起制动距离应不大于 15m,如果超过此值,应全面检查并调整制动系统。

2. 拖平板车制动

通往拖平板车的管路有两条:一条为充气管路;另一条为制动管路。每条管路上都设有分离开关和气制动接头,挂拖平板车时,分离开关应打开,否则应关闭并将气制动头封盖盖好。

3. 手制动(停车制动)

手制动系统采用软轴操纵双蹄内涨自动增力蹄式制动器,制动器安装在变速箱后输出轴端。软轴操纵手柄安装在司机座位左侧,通过软轴,使制动器里两蹄片涨开,制动制动鼓。停车制动系统完全制动时推土机不能起步或在不小于 15%的坡道上停车。解除停车制动后,蹄片不能与制动鼓接触。

4. 制动系统常见故障与排除

TLK220A 型推土机的制动系统常见故障原因和排除方法如表 10-7 所列。

表 10-7　制动系统常见故障原因和排除方法

故障现象	故障原因	排除方法
贮气筒的气压已降到 0~65MPa 以下,但气体仍继续从压力控制器排气孔排出	1. 放气管堵塞; 2. 止回阀漏气	1. 用细铁丝通开放气孔; 2. 检查止回阀密封情况,如橡胶阀损坏则换新件
空气不断从控制器排气孔漏出	阀门鼓膜漏气,盖不住阀门座	检查阀门鼓膜和阀门密封情况,如损坏则更换新件
放气时气压低于 0~65MPa	调整螺钉过松,放气压力低	将调整螺钉拧入少许
空气压缩机停止供气后,贮气筒气压下降很快	止回阀漏气	检查止回阀及其密封情况,如损坏则更换新件
放气时气压高于 0~70MPa	调整螺钉过紧,放气压力过高	将调整螺钉拧出少许
轮边制动器制动不灵	1. 摩擦片磨损严重; 2. 油路系统堵塞; 3. 制动分泵有故障	1. 检查摩擦材料酚醛石棉厚度,厚度太薄更换新件; 2. 清除油路系统脏物; 3. 检查调整制动分泵

（续）

故障现象	故障原因	排除方法
轮边制动器非制动状态时摩擦片发热	1. 摩擦片分离不彻底； 2. 油路堵塞	1. 制动分泵或气液总泵活塞不回位，查明原因排除； 2. 清除油路脏物
制动力不足	1. 油气管路松动或破损； 2. 管路堵塞； 3. 加力器内漏； 4. 制动液压管路内有空气； 5. 摩擦片沾有油污或磨损严重； 6. 加力器制动液太少； 7. 气压过低	1. 排除漏气漏油处，更换元件； 2. 使管路畅通； 3. 更换密封件； 4. 排气； 5. 清洗或更换摩擦片； 6. 加注制动液； 7. 检查原因，恢复正常气压
制动时整机跑偏	1. 个别制动钳管内有空气； 2. 驱动桥一端的制动摩擦片有油污或磨损严重； 3. 左、右轮气压不等	1. 排净制动管内空气； 2. 清洗或更换摩擦片； 3. 调整气压

四、行驶系统

TLK220A 型推土机行驶系统由机架、车轮和油气悬挂系统组成，其主要功能为：将发动机传来的扭矩转化为使机械行驶（或作业）的牵引力；承受并传递各种力和力矩，保证机械正确行驶或作业；将机械的各组成部分构成一个整体，支承全机重量；吸收振动、缓和冲击，同时与转向系配合，实现机械的正确转向。

1. 机架与车轮

机架由前机架、后机架两部分组成。前后机架通过上、下铰销相连接。铰销采用关节轴和承球铰结构，这种结构便于加工、装配和维护保养，摩擦磨损小，并能防止前后机架的轴向窜动。

前后机架可相对左右摆动 35°～36°。前机架在桥板处以螺栓与前桥壳固定在一起，前机架上焊有悬挂工作装置的支架、铲刀推架座和铲刀油缸铰座。后机架与后桥的中心销轴相铰接，使后桥可相对后机架上下摆动，以保证推土机在不平路面上行驶时四轮充分着地。

车轮由 23.5-25-20PR 有内胎的宽基低压轮胎和整体式轮辋等组成。轮胎正常气压应保持在 0.37～0.39MPa 之间。

2. 油气悬挂系统

TLK220A 型推土机上采用了可闭锁、可充放油的油气悬挂系统。其主要作用是传递作用在车轮与车架之间的一切力和力矩，并且缓和由不平路面传给车架的冲击载荷，衰减由冲击载荷引起的承载系统的振动，以保证车辆正常行驶，减少驾驶人员在车辆高速行驶中的疲劳，提高车辆的平顺性、稳定性、通过性。

油气悬挂系统主要由弹性元件、减振装置、悬挂杆系、控制电路组成（图 10-88）。

1）弹性元件

弹性元件是组成悬挂系统的主要部件，其主要作用是支承悬架以上车重，缓和传给车架的路面冲击载荷，它包括两个悬挂油缸和蓄能器。悬挂油缸的上端充满油，蓄能器气室内充满一

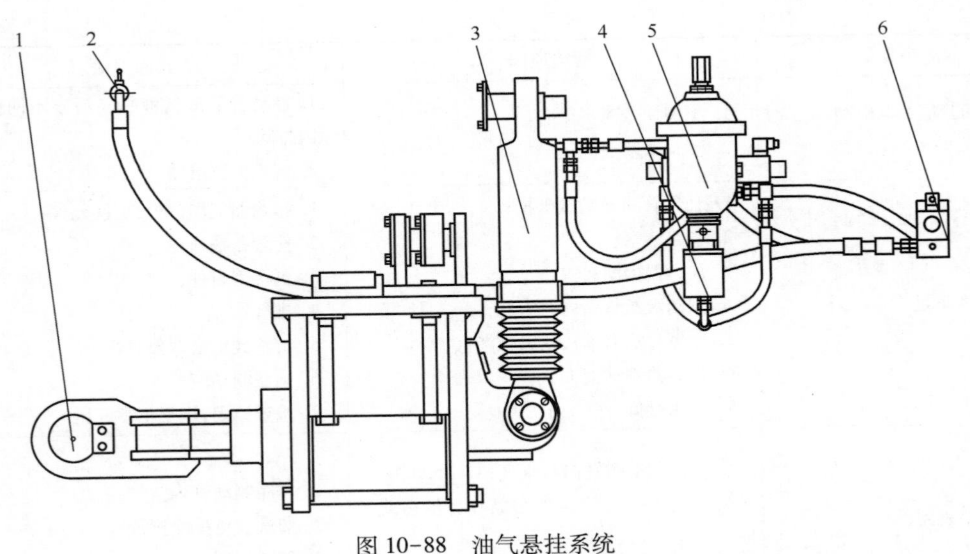

图 10-88 油气悬挂系统

1—悬挂杆系;2—球阀;3—悬挂油缸;4—减振阀;5—蓄能器;6—电磁阀。

定压力的氮气。

(1) 工作原理。

当车桥由于路面不平向上运动时,载荷就会压缩油缸活塞杆,油缸内的油一部分被迫压入蓄能器,蓄能器气室内的氮气同时被压缩,体积减小,压力相应升高,当压力达到足以克服外载荷时,油缸不再压缩,这样就将一部分冲击能量吸收到蓄能器中;当车桥向下运动时,油缸活塞杆将会伸出,油缸内油的压力降低,蓄能器中的一部分油进入油缸,蓄能器内皮囊中的氮气体积增大,压力相应降低,当压力与外载荷平衡时,油缸不再伸长,这样蓄能器中一部分能量将释放。在车辆行驶过程中,装有油气悬挂减振机构的两个后驱动轮,随路面高低做上下运动,后车架基本保持水平位置,同时减少了地面对后车架的冲击,从而保证了该高速车行驶的平稳性,提高司机驾驶的舒适性。

(2) 蓄能器。

蓄能器采用囊式蓄能器(图 10-89),密闭性好、体积小,重量轻,其寿命主要取决于皮囊的寿命,皮囊可以更换。其型号为 NXQ1-L2-5/31-5,公称压力为 31. 5MPa,公称容量为 2. 5L。

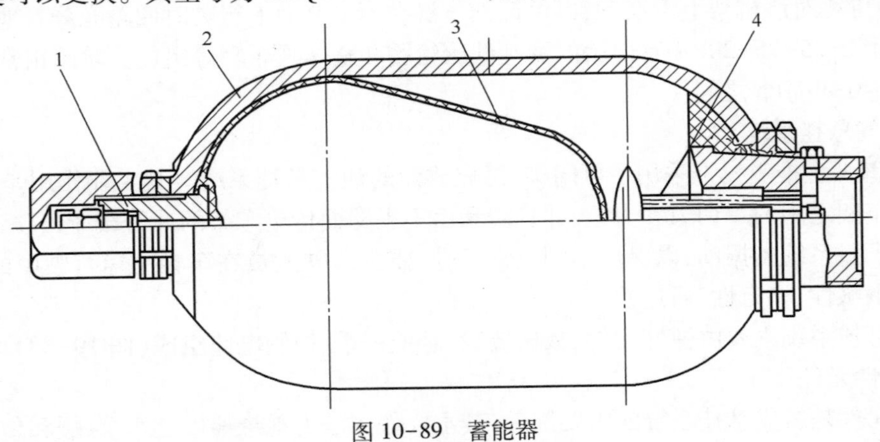

图 10-89 蓄能器

1—充气阀;1—壳体;3—皮囊;4—进油阀。

2）减振阀

减振阀(图 10-90)是减振装置,车辆悬架中只有弹性元件而没有减振装置时,车身的振动将会延续很长时间,使车辆的行驶平顺性和操纵稳定性变坏。因此,在悬架中必须有振动阻尼力,使振动迅速衰减。

其工作原理是:当车架在悬架上振动时,油液在油缸与蓄能器之间流动时,都要通过阻尼孔(油缸压缩时通过四个孔,相对阻尼系数小,油缸伸出时通过三个孔,相对阻尼系数大)。此时孔壁与油液的摩擦及液体分子内摩擦等便形成了对振动的阻力,使振动衰减。该减振装置具有重量轻、性能稳定、工作可靠、结构简单等特点。

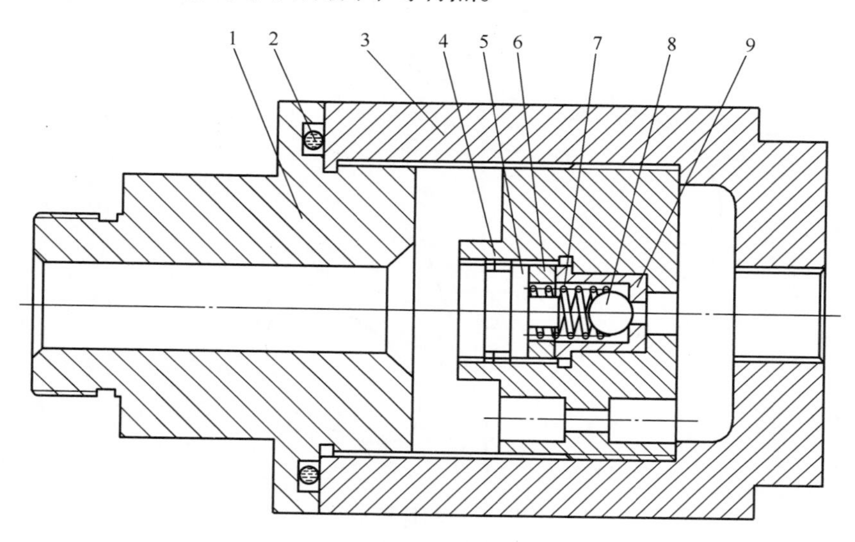

图 10-90　减振阀

1—减振阀;2—O 形密封圈;3—减振阀座;4—减振阀套;5—螺母弹簧座;
6—垫圈;7—弹簧;8—钢球;9—球座。

3）悬挂杆系

悬挂杆系主要由角架、横拉杆支座、横拉杆等组成,主要用于承受垂直力以外的力和力矩,防止油气弹簧损伤。为保证杆系运动时不发生干涉现象,各铰接点都采用了关节轴承。悬挂杆系包括角架、横拉杆支座、横拉杆等组成(图 10-91)。

4）控制电路

控制电路中有两个控制开关控制悬挂压液系统。悬挂控制开关有两个位置即悬挂位置和闭锁位置,处于悬挂位置时悬挂起作用,处于闭锁位置时悬挂闭锁。放油开关有两个位置即关闭位置和充放油位置,处于关闭位置时,左右悬挂油缸相互不通,处于充放油位置时左右悬挂油缸相互连通。

5）油气悬挂的使用、检查与调试

(1) 使用。

① 悬挂:左旋悬挂控制开关,使其处于悬挂位置。此时电磁铁断电,电磁阀处于中位,接通油缸与贮压器的油路,左右油缸断开,油气悬挂起作用。

② 闭锁:右旋悬挂控制开关,使其处于闭锁位置。此时电磁铁通电,电磁阀换向,切断油缸与贮压器的油路,左右油缸内的油相通,油气悬挂不再起悬挂作用,悬架随桥的摆动而摆动。

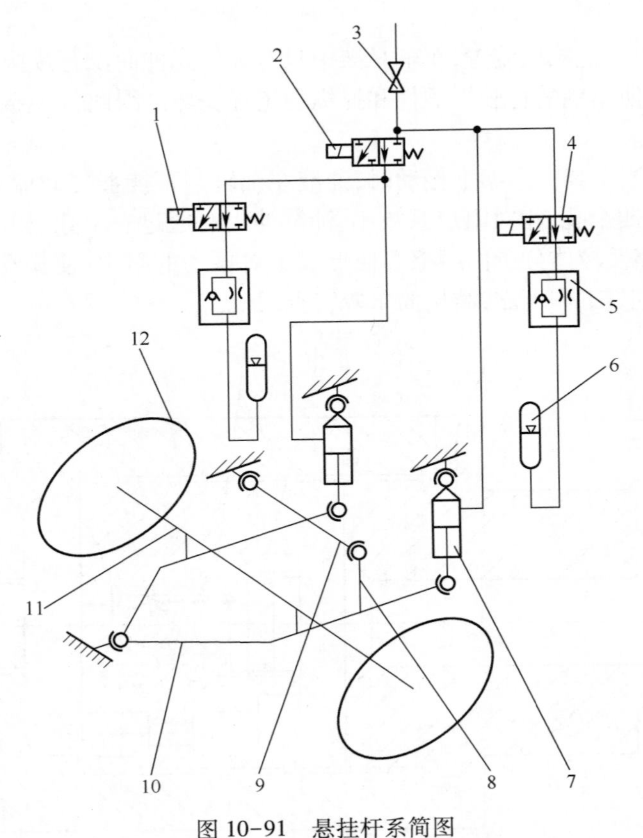

图 10-91　悬挂杆系简图

1—电磁阀(2CT);2—电磁阀(3CT);3—球阀;4—电磁阀(1CT);5—减振阀;
6—蓄能器;7—悬挂油缸;8—拉杆支座;9—横拉杆;10—角架;11—后桥;12—车轮。

(2) 检查。出厂前已对油气悬挂系统进行了调试,可以正常使用。在使用过程中,应经常检查悬挂高度,检查方法是测量悬挂限位块与车架的距离,此距离的正常范围应在 40~50mm 之间,如果超过此范围,就要对悬挂系统重新进行调试。

五、集中润滑系统

集中润滑系统用于油气悬挂系统及其他各活动铰接点的间歇润滑,能定时、定点、定量向各润滑点提供润滑脂,维持油气悬挂及其他各活动铰接点的正常工作,延长整车寿命,对整车起着维护保养的作用。其特点结构简单,使用方便,充脂快捷高效,注油量精确,省时省力。

1. 结构组成

集中润滑系统采用递进式单线双支路脂类润滑系统。系统组成主要有电动油脂泵、一级油量分配器、二级油量分配器、管路及各种附件等(图 10-92)。

1) 电动油脂泵

选用 EP-S 型电动油脂泵,其作用是储存润滑脂并通过电机驱动柱塞运动,将润滑脂泵送到各润滑点。油罐容积为 2L(约 1.9kg),工作电压 24V 直流电(棕色线接负极,深蓝色线接正极),工作转速为 15r/min,每一行程(每转)注脂量为 0.12mL,最高工作压力为 28MPa(安全阀设置压力)。电动油脂泵润滑间隔时间为 4h,每次工作 10min,出厂时厂家已设定好,并且带强制润滑控制按钮,可以强制向各个润滑点注油润滑。电动油脂泵带安全阀,如果润滑管路堵

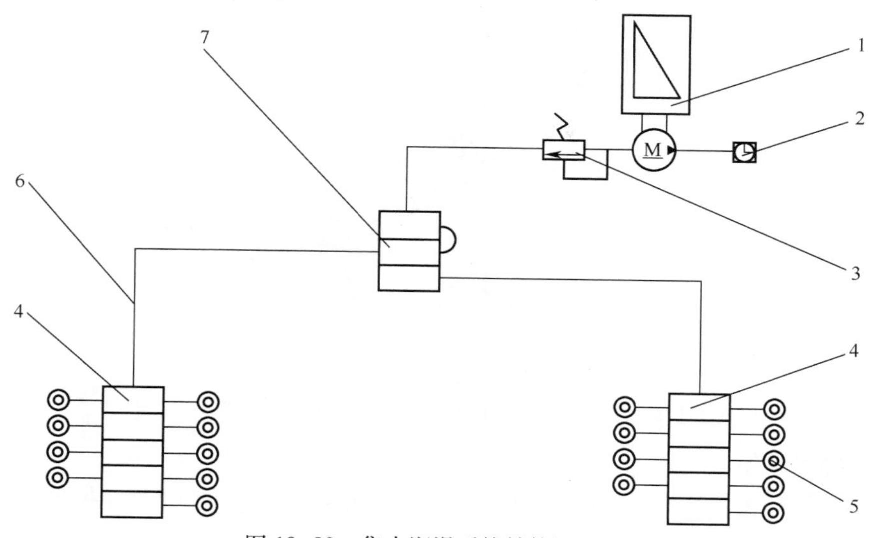

图 10-92　集中润滑系统结构原理图

1—电动油脂泵；2—集成控制器面板；3—安全阀；4—二级油量分配器；
5—润滑点；6—管路及附件；7—一级油量分配器。

塞，油压升高超过安全阀设置压力 28MPa，润滑脂将从安全阀溢出，提示排除故障。

2）一级油量分配器

选用 MX-F3/2-6/6（L-/300/-R-/-/210）型片式递进式油量分配器，能够将单线主油管按递进式依次形成双支路，向两个二级油量分配器定量分配润滑脂，其最高进油口工作压力为 30MPa。

3）二级油量分配器

选用 MX-F5/9-6/6（L75/75/105/105-R75/75/105/105/150）型片式递进式油量分配器和 MX-F5/9-6/6（L75/75/75/75-R75/75/75/75/150）型片式递进式油量分配器，其作用是将油脂按递进式的规定顺序从出油口定量地逐个注出分配到各润滑点。其最高进油口工作压力为 30MPa。二级油量分配器带行程指示销，当分配器工作时，其内部活塞运动，行程指示销也随着伸缩运动。当有润滑点发生堵塞时，行程指示销不再伸缩运动，这时提示应清除杂质或更换零部件，排除故障。

2. 工作原理

电动油脂泵中的润滑脂通过电机带动泵的柱塞运动挤压，经主油管路进入一级油量分配器，一级油量分配器依次分为两支子油路，油脂再经两子油路进入二级油量分配器中，按递进式依次被分为多路，然后经各润滑管路到达各集中润滑点，对各集中润滑点进行润滑。

六、工作装置与液压操纵系统

工作装置与液压操纵系统由工作装置和液压操纵系统组成。液压操纵系统中的提升油缸控制推土铲提升，侧倾油缸控制推土铲侧倾，从而满足装备工作装置的作业需求。

1. 工作装置

工作装置主要由推土铲、三角架总成、左推杆、右推杆、斜撑杆等组成，如图 10-93 所示。推土铲的位置可通过斜撑杆调节。

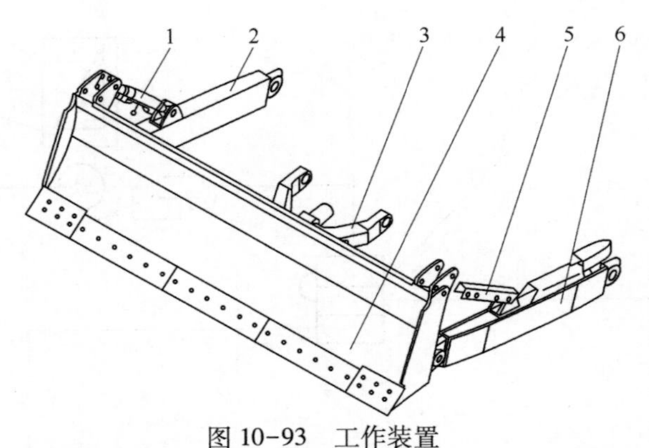

图 10-93　工作装置

1—斜撑杆;2—右推杆;3—三角架总成;4—推土铲;5—护罩;6—左推杆。

2. 液压操纵系统

TLK220A 型推土机工作装置液压操纵系统包括主液压系统和先导控制系统,原理如图10-94 所示。

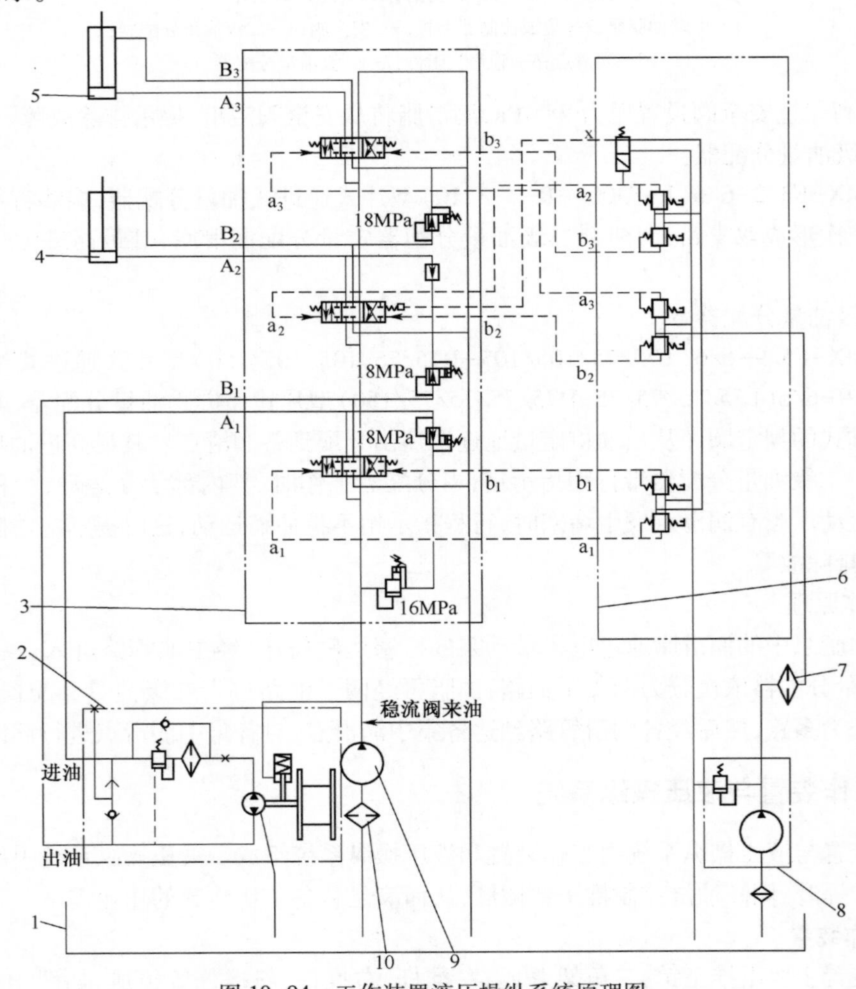

图 10-94　工作装置液压操纵系统原理图

1—油箱;1—液压绞盘;3—液控多路阀;4—提升油箱;5—侧倾油箱;6—液压手柄;7—滤油器;8—先导泵;9—工作泵;10—滤油器。

液压操纵系统通过先导控制系统控制工作装置多路阀,实现提升油缸和侧倾油缸动作,从而控制工作装置满足作业需求。

1）主液压系统

主液压系统由油箱、工作液压油泵、液控多路阀、推土铲升降油缸、推土铲侧倾油缸、油管等元件组成。工作装置液压系统和转向系统共用一个油箱,油泵从油箱吸油,然后通过整体式多路阀改变油液流动方向,从而实现控制升降油缸和侧倾油缸的运动方向,或使铲刀停留在某一位置,以满足该机各种作业动作的要求或实现液压绞盘的收绳、放绳。

（1）工作泵。工作泵型号 CBGJ2080,排量为 80mL/r,额定压力为 16MPa,最高压力为 20MPa,额定转速为 2000r/min,最高转速为 2400r/min。

（2）液控多路阀。液控多路阀型号为 3M1－32。最大流量为 400L/min,公称压力为 25MPa,主安全阀调定压力为 16MPa,过载阀调定压力为 18MPa。

液控多路阀的工作原理:液控多路阀内有升降阀杆、侧倾阀杆和辅助阀杆,并装有溢流阀作为主安全阀。侧倾阀杆有中立,左倾和中倾三个位置,升降阀杆有中立、提升、下降、浮动四个位置,辅助阀杆有中立、收绳、放绳三个位置。阀杆移动靠先导油,回位靠弹簧。

① 中立位置。先导阀操纵杆在中立位置,先导油不能通过,此时整体式多路阀在中立位置,主泵来的油经多路阀直接回油箱。

② 工作位置。当先导阀操纵杆在工作位置,先导油进入多路阀某一阀杆端路,推动该阀杆向左或向右移动到工作位置,该阀杆另一端的先导油流经先导阀回油箱。由于先导油使多路阀的某一阀杆移到工作位置,主泵来的工作油打开多路阀内单向阀,经油道从出油口流出进入提升油缸、侧倾油缸或液压绞盘的液压马达的某一腔,油缸或液压马达另一腔的工作油流回多路阀另一口,经阀内油道流入油箱回油。工作油的最高压力由主安全阀控制。

③ 浮动位置。当液压手柄操纵杆扳至浮动位置时,先导阀内顺序阀被打开,多路阀升降阀杆就会到达浮动位置,动臂油缸的大小腔都与回油口相通,此时,提升油缸活塞杆在外力作用下自由浮动。

（3）工作油缸。工作油缸均为单杆双作用活塞缸,油缸主要由缸筒、活塞杆、活塞、端盖等零件组成。在活塞上有尼龙支承环和孔用 YX 形密封圈;在端盖处有轴用 YX 形密封圈和防尘圈,其余固定密封均采用 O 形密封圈,活塞杆经热处理并镀硬铬。

（4）液压绞盘。液压绞盘用于抢救损坏的或陷入淤泥中的各种车辆,并可拖曳重物,进行自救作业。

2）先导控制系统

先导控制系统主要由油箱、先导泵、滤油器、先导阀、管路等元件组成,先导泵从油箱吸油,通过先导阀改变先导油流方向,先导油控制液控多路阀的换向,从而改变主油路油流方向,实现各执行机构的动作。

（1）先导泵。先导泵是 GBGj3100/1010 双联齿轮泵中的 1010 泵,排量为 10mL/r,额定压力为 16MPa,最高压力为 20MPa,额定转速为 2000r/min,最高转速为 2400r/min,先导泵上带有安全阀,调定压力为 3.5MPa。

（2）先导阀。

先导阀的型号为 5THF6E06,为直动式减压阀。（图 10－95、图 10－96）公称压力为 3.5MPa,最大压力为 5MPa,公称流量为 10L/min,最大流量为 16L/min。

工作原理:先导阀左侧操纵杆上有 7 个油口,其中 P 口为进油口,T 口为回油口,9、6、4、3、

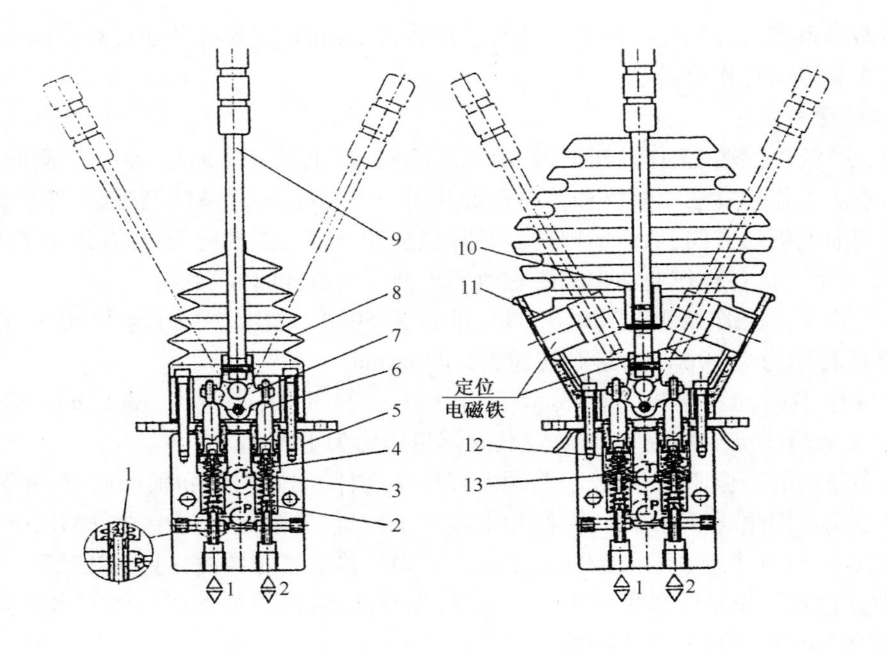

图 10-95　先导阀内部结构简图(绞盘控制)

1—回油孔;2—控制阀芯;3—复位弹簧;4—控制弹簧;5—壳体;6—柱塞;7—连杆;
8—防尘罩;9—绞盘控制杆;10—环片;11—电磁铁衔铁;12—碟形垫圈;13—附加弹簧。

2 为控制油口,分别通过控制多路阀来实现提升油缸下降、上升、浮动;侧倾油缸的左倾和右倾。右侧手柄上有两个控制口,分别通过控制多路阀来实现液压绞盘的放绳和收绳。

当操纵杆在中立位置时,滑阀处于起始位置,进油腔、回油腔均不相通,控制口与回油腔相通,多路阀处于中立。

当扳动操纵杆而压下压销时,推动压杆向下移动,使计量弹簧推动计量阀芯向下移动,截断控制腔与回油腔的通路,连通进油腔与控制油腔,先导压力油到多路阀的一端,推动多路阀杆移动,实现换向动作。

同时,控制腔的油压作用在计量阀芯的下端,并与计量弹簧力平衡。操纵杆保持在某一位置,则弹簧力一定,控制腔对应的压力也一定,类似定值减压阀的动作过程。弹簧力因操纵杆摆角的变化而变化:摆角大,弹簧力大,控制腔压力高,多路阀阀杆受的推力也相应增大,即主阀阀杆的行程与先导阀的手柄操纵角度成正比关系,从而实现比例先导控制。

当操纵杆在下降位置继续搬动直到浮动位置时,由于该位置设有电磁铁定位,先导阀将锁住,此时控制口油压增大,使先导阀中的顺序阀打开,第 5 个油口油压释放回油箱。当先导阀拉出浮动位置并放松时,复位弹簧推动压杆上升,操纵杆将回到中立位置。

3. 主液压系统常见故障与排除

主液压系统的常见故障和排除方法如表 10-8 所列。

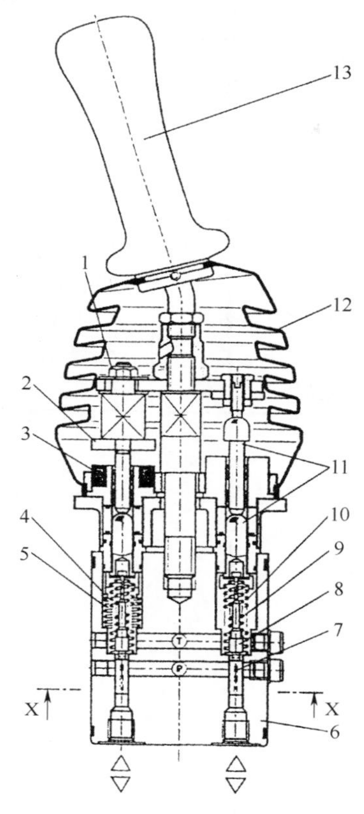

图 10-96　先导阀内部结构简图(提升、侧倾控制)

1—定位电磁铁;2—环片;3—电磁铁;4—碟形垫圈;5—附加弹簧;6—壳体;7—回油孔;
8—控制阀芯;9—控制弹簧;10—复位弹簧;11—柱塞;12—防尘罩;13—提升、侧倾控制手柄。

表 10-8　主液压系统常见故障及排除方法

故障现象	故障原因	排除方法
推土铲提升缓慢和侧倾力不足	1. 系统压力偏低; 2. 吸油管及滤油器堵塞; 3. 油缸内漏; 4. 油泵有故障; 5. 系统有堵塞、节流; 6. 管路漏油; 7. 操纵阀的阀杆阀体磨损严重间隙过大	1. 系统工作压力调整到规定值; 2. 清洗换油; 3. 按自然沉降检查系统密封性,新机该值为10mm/15min; 4. 检修油泵; 5. 检修清洗液压系统; 6. 找出漏油处并排除; 7. 修理或更换操纵阀
系统压力低或无压力	1. 安全阀调压偏低; 2. 油泵或系统内漏; 3. 油泵吸空	1. 调压到规定值; 2. 更换油泵或消除系统内漏; 3. 见下一项
油泵吸空或油面出泡沫	1. 油面过低; 2. 油泵磨损; 3. 吸油管漏气或油泵油封损坏; 4. 滤油器堵塞; 5. 油冻结或黏度过大; 6. 用油不对或油液变质	1. 加油到规定值; 2. 更换油泵; 3. 检修或更换油封; 4. 清洗滤油器; 5. 加热稀释或更换低黏度油液; 6. 按规定更换新油

（续）

故障现象	故障原因	排除方法
油温过高	1. 工作时操作不当； 2. 系统压力调整过高； 3. 管路节流； 4. 油箱储油太少	1. 停机冷却； 2. 将压力调整到规定值； 3. 疏通管路； 4. 加足油量
油缸爬行或抖动	1. 油缸动作速度过低； 2. 油缸内有空气； 3. 油缸活塞密封圈或支承环损坏； 4. 活塞杆变形； 5. 工作装置或前车架变形	1. 操纵手柄不到位； 2. 将油缸往复全行程数次，排气； 3. 更换新件； 4. 修复或更换； 5. 修复

第十一章 挖 掘 机

挖掘机是用来进行土方开挖的一种施工机械，主要用于在Ⅰ～Ⅳ级土壤上进行挖掘作业，也可用于装卸土壤、沙、石等材料，更换不同的工作装置后，如加长臂、伸缩臂、液压锤、液压剪、具有液压钳和液压剪功能的组合剪、液压抓钳、液压爪、尖长形挖斗等，其作业范围与能力更大，因而在建筑、筑路、水利、电力、采矿、石油等工程以及天然气管道铺设和现代军事工程中得到广泛地应用。

第一节 JYL200G 型挖掘机

JYL200G 型挖掘机为詹阳工程机械厂生产的斗容为 0.8m^3、机重 20t、最高行驶速度为 51km/h 的全回转轮胎式液压单斗挖掘机。其发动机为 6CTA8·3-C 型四冲程水冷直喷式柴油机，额定功率 172kW，额定转速 2000r/min，最大输出扭矩为 900N·m。采用液压传动系统，具有两个前进挡和一个倒挡，慢挡和倒挡为前后桥驱动，快挡由后桥驱动。采用全液压偏转车轮转向系统和液压传动蹄式脚制动系统。采用可折叠式动臂，行驶时将动臂折叠起来，斗杆平放在车架的支承架上，不但降低了行驶时的整机重心高度，而且开阔了驾驶室前方的视野，提高了行驶的安全性。工作装置的操纵系统为先导式液压系统，操作轻便。

一、传动系统

JYL200G 型挖掘机传动系统为液压机械传动方式，由机械传动系统和液压传动系统组成。

1. 机械传动系统

机械传动系统（图 11-1）由变速器、传动轴、前后驱动桥等部件组成。

由发动机上主泵输出的液压油带动变速器上的两个变量液压马达旋转，将动力传递到变速器上的两个输入轴上，分别拨动变速器上的两个啮合齿套，即可将动力传递到变速器输出轴，经由传动轴、锥齿轮、差速器后传递到轮边减速器，带动车轮转动。

1）变速器

变速器（图 11-2）由两个输入轴 1、4，一个输出轴 11，一个输入齿轮 8 和两个输出齿轮 5、7 等零件组成。低速（慢）挡输入齿轮与输入轴做成一体，一个输入齿轮与右输入轴上的花键啮合并随输入轴一同旋转，输入齿轮与输出齿轮常啮合，与输入齿轮一起旋转，输出齿轮通过滚针和隔套装配在输出轴上。当啮合套处于中间位置时，没有与输出齿轮啮合。因此，输出轴与啮合套均不转动，此时为空挡位置。当操纵换挡阀到低速（慢）挡位置，伺服油压进入换挡拨叉油缸小腔内，使换挡拨叉轴 14 向右运动，啮合套 6 与低速挡齿轮 5 啮合，因啮合套与输出轴常啮合，因此，低速（慢）挡输出齿轮通过下方啮合套带动输出轴一起转动，将动力由输出轴向外输出，在挂入低速挡的同时，伺服液压油也进入前桥接通油缸，推动前桥接通拨叉使前桥接通齿套与输出轴花键啮合，输出轴 11 带动前桥接通输出轴 3 同步旋转，实现前后桥同时驱动。

当操纵换挡阀到高速（快）挡位置时，伺服油压进入换挡拨叉油缸大腔，使换挡拨叉向左边移动，下方啮合套向上运动与高速挡输出齿轮啮合，高速挡输出齿轮带动啮合套与输出轴旋转，将动力输出。换挡过程中，只有操纵低速（慢）挡时，伺服油压同时进入前桥接通油缸，使前桥与后桥同时驱动，高速挡均不驱动前桥。挂入倒挡时，伺服油压还同时控制阀组内行走控制阀的方向，使进入行走马达的回路换向，使两个输入轴反向旋转，实现挖掘机的倒退行驶（倒挡仅使低速挡挂入，高速挡无倒挡）。

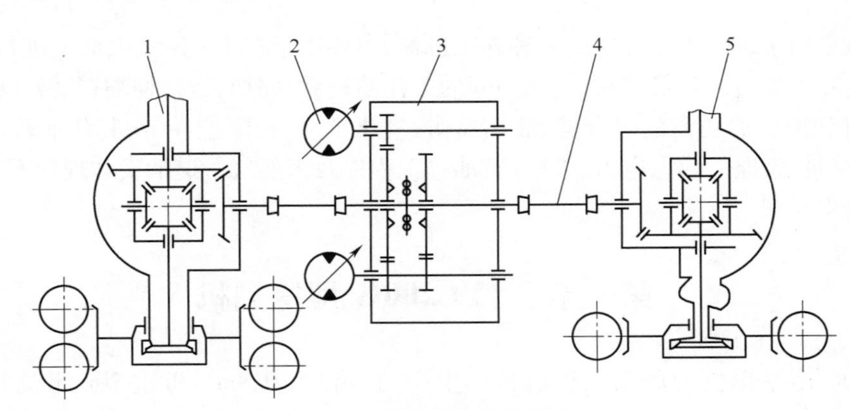

图 11-1　机械传动系统组成

1—后桥；2—液压马达；3—变速器；4—传动轴；5—前桥。

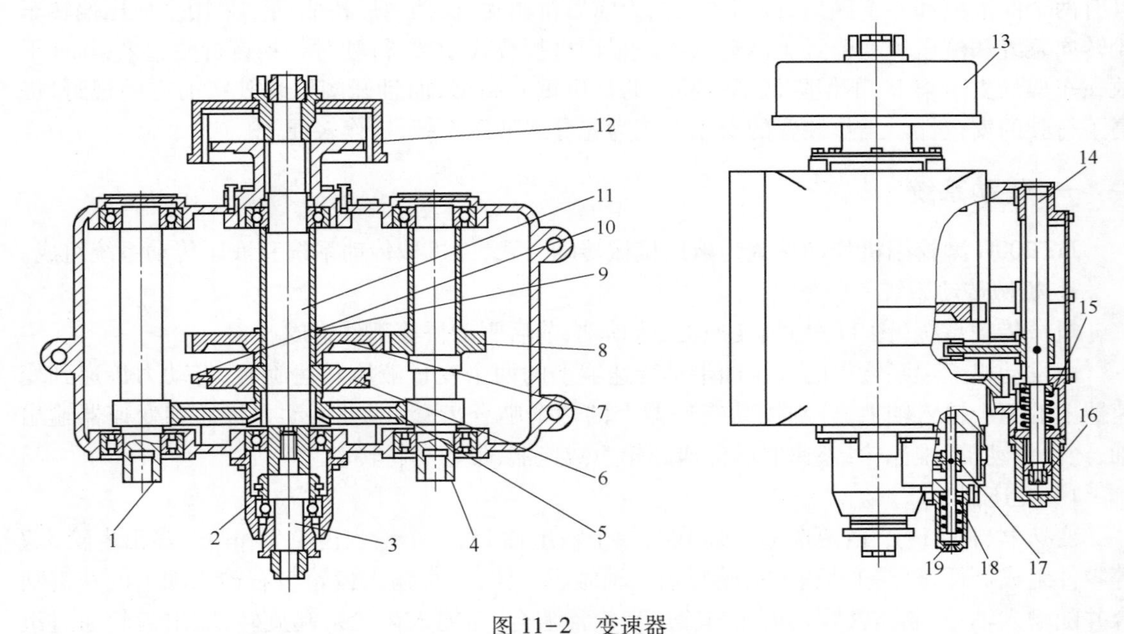

图 11-2　变速器

1—左输入轴；2—前桥接通齿套；3—前桥接通输出轴；4—右输入轴；5—低速（慢）挡输出齿轮；6—啮合套；7—高速（快）挡输出齿轮；8—高速（快）挡输入齿轮；9—滚针；10—拨叉；11—输出轴；12—制动片；13—停止制动器；14—拨叉轴；15—弹簧；16—活塞；17—拨叉；18—拨叉轴（前桥接通）；19—端盖。

2）传动轴

传动轴的功用是将变速箱输出的动力传递到前后驱动桥，本机所使用的传动轴额定扭矩是 8000N · m。

3）驱动桥

（1）后桥。后桥（图 11-3）由主传动部分，轮边减速器部分及后桥壳等部件组成，后桥用骑马螺栓 10 经由钢板弹簧连接在车架上，花键接头 21 与后传动轴连接。

主传动部分由主动螺旋锥齿轮 22、从动螺旋锥齿轮 17、差速器左壳体 13、差速器右壳体 18、半轴齿轮 14、行星齿轮 16、十字轴 15、主传动座 23 等组成。差速器左右壳体用螺栓连成一体，并通过一对锥轴承支承在主传动座 23 上，轴承压盖 12 用来调整锥轴承的轴向间隙与从动螺旋锥齿轮 17 的轴向位置，并与调整垫片 19 配合调整主传动齿轮的啮合间隙及接触斑点。调整垫片 20 用来调整主动螺旋锥齿轮上的两个锥轴承的轴向间隙，后桥半轴 24 为全浮式，两端分别与半轴齿轮 14，轮边减速器的太阳齿轮 2 用花键连接。

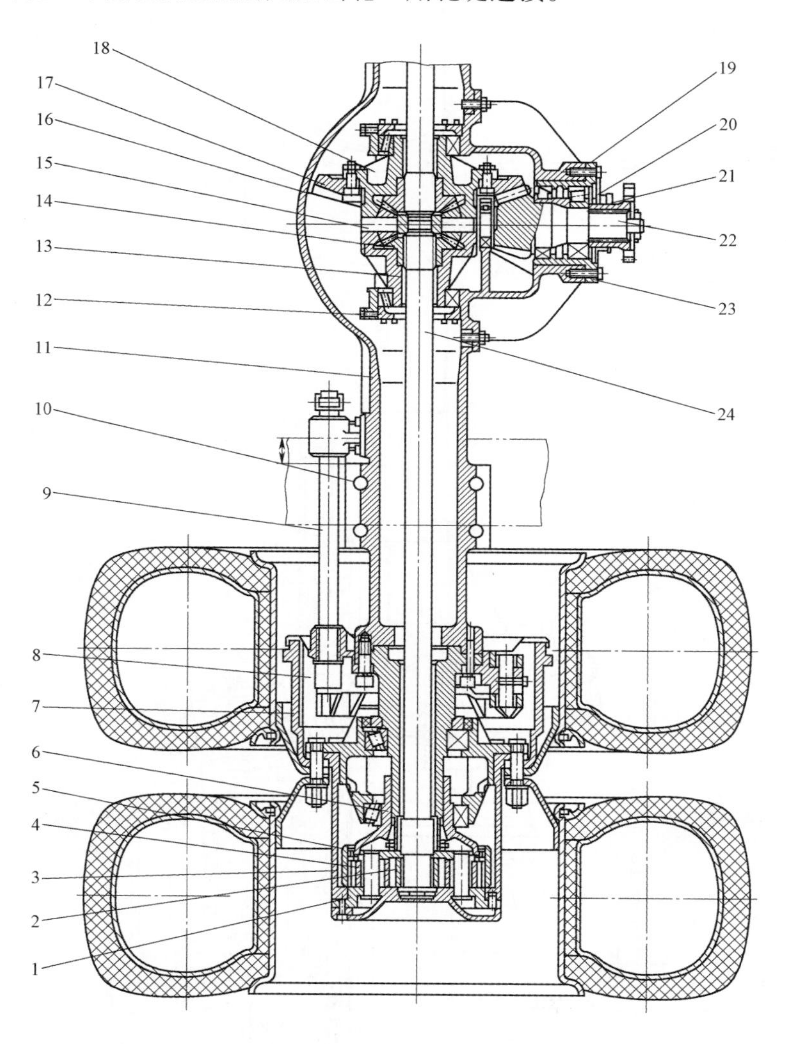

图 11-3　后桥

1—行星轮架；2—太阳齿轮；3—轮边减速器壳；4—行星齿轮；5—齿圈；6—齿圈座；7—刹车鼓；8—制动蹄块；9—凸轮轴；10—骑马螺栓；11—后桥壳；12—轴承压盖；13—差速器左壳体；14—半轴齿轮；15—十字轴；16—行星齿轮；17—从动螺旋锥齿轮；18—差速器右壳体；19—调整垫片；20—调整垫片；21—花键接头；22—主动螺旋锥齿轮；23—主传动座；24—后桥半轴。

轮边减速器为行星齿轮式,由行星轮架1、太阳齿轮2、轮边减速器壳3、行星齿轮4、齿圈5及齿圈座6等组成。齿圈5通过花键与齿圈座6连接,齿圈座6又通过花键与后桥壳11连接。行星齿轮4与太阳齿轮2及齿圈5啮合,并通过滚针及行星轮轴装在行星架1上,带动行星轮架1转动,行星轮架1又带动减速器壳3及车轮转动。

(2) 前桥。前桥(图11-4)的结构与后桥基本相同,不同之处在于:由于前桥是转向桥,故与后桥不同处为增加有球笼式万向节机构,以实现前轮的转向。

球笼式万向节(图11-5)由短半轴1、弹簧卡圈2、长半轴3、万向节球头4、球笼5、钢球6、端盖7及油封等组成。外滚道的中心 A 与内滚道的中心 B 分别位于万向节中心 O 的两边,且与 O 等距离。钢球中心 C 到 A、B 两点的距离也相等。保持架的内外球面、星形套的外球面和球形壳的内球面均以万向节中心 O 为球心。故当两轴交角变化时,保持架可沿内外球面滑动,以保持钢球在一定位置。

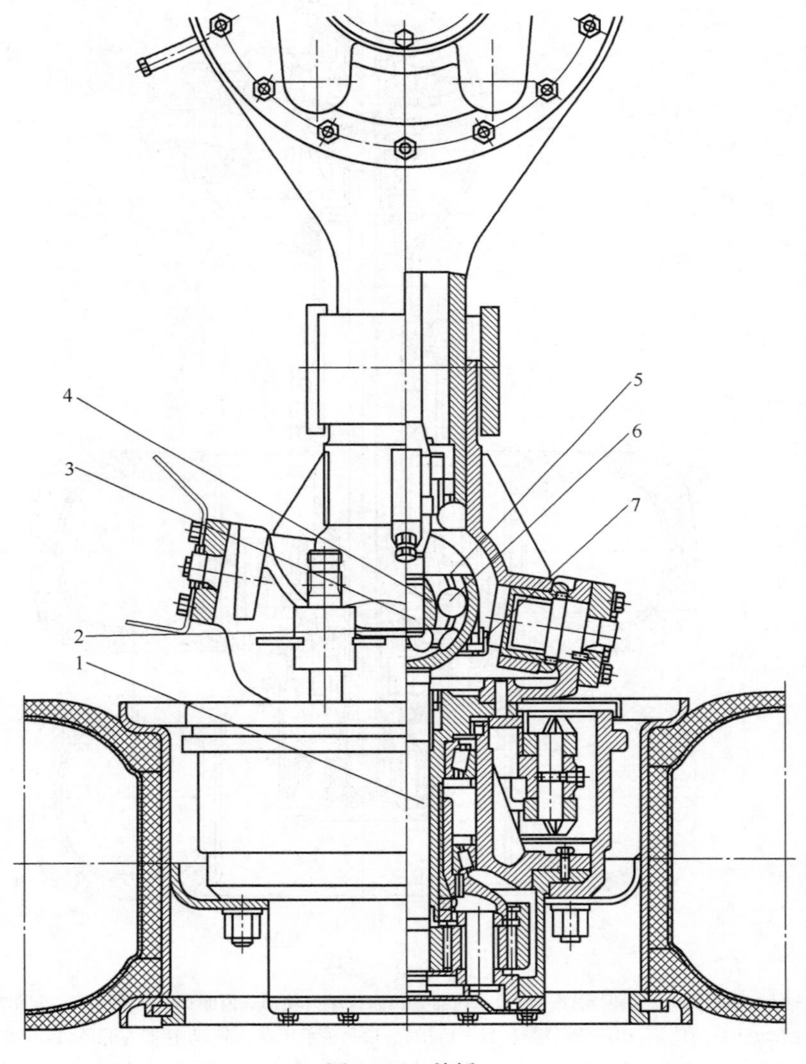

图11-4 前桥

1—短半轴;2—弹簧卡圈;3—长半轴;4—万向节球头;5—球笼;6—钢球;7—端盖。

由图 11-5 可见，由于 $OA=OB$，$CA=CB$，CO 是共边，则 $\triangle COA$ 与 $\triangle COB$ 全等。故 $\angle COA=\angle COB$，即两轴相交任意交角 α 时，传力的钢球 C 都位于角平分面上。此时钢球到主动轴和从动轴的距离 a 和 b 相等，从而保证了从动轴与主动轴以相等的角速度旋转。

球笼式等速万向节通常可在两轴夹角为 35°~42°的情况下传递扭矩，在工作时，无论传动方向如何，6 个钢球全部传力，因此磨损较小，使用寿命较长。

球笼万向节内部装配时已加注有 4 号二硫化钼润滑脂，在一般情况下不需加油润滑，只有当大修或遇有特殊情况必须检修时方可拆开检修。其拆卸方法如下：

轮边减速器部分拆下后将球笼万向节整套向外拉出，拆下端盖 7 及挡圈、油封，用力或用冲击的办法将长半轴 3 连同弹簧卡圈向外拉出，然后将万向节球头 4 推成倾斜，将钢球 6 取出（6 个钢球应分别取出），再将球笼 5 旋转使其两长槽对准短半轴的球槽凸起部分，将球笼 5 和万向节球头 4 一起取出，再按同样方法将万向节球头 4 从球笼 5 中取出即可。

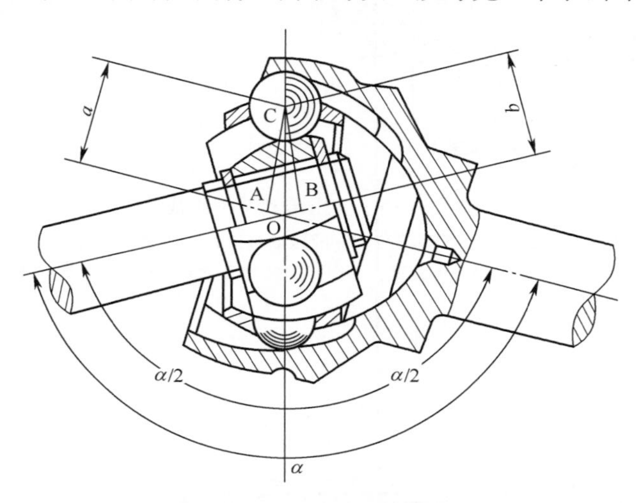

图 11-5　球笼式万向节的等速性

O—万向节中心；A—外滚道中心；B—内滚道中心；C—钢球中心；α—两轴交角（指钝角）。

2. 液压传动系统

1）组成结构

液压系统由两个并联变量泵、油箱、操纵阀组、液压油压、回转马达、行走刀达、中央回转接头等部件组成（图 11-6）。系统工作压力 30MPa，行走时，其工作压力可增加到 32MPa。

（1）主泵。主泵型号为 GT-A8V107ER，该泵由两个 107 变量泵和两个齿轮泵组成（图 11-7 中只示出一个 107 变量泵结构，其余未画出）。主泵直接与发动机飞轮壳相连，主轴 1 与飞轮上的联轴节相连，发动机通过联轴节带动主轴 1 旋转，主轴又带动转子 19 转动，转子内的柱塞在旋转过程中产生活塞运动通过配油盘 18 吸入和排除油液从而产生压力油输出。配油盘 18 通过拨叉 17 与流量活塞 16 相连，流量活塞小腔与出油口直接连通，大腔通过泵内的活门组件 9 与压力油连通。

（2）操纵阀组。操纵阀组内部由 7 块控制阀、2 个负流量控制阀、1 个合流阀、2 个安全阀、6 个过载阀等部件组成，7 块控制阀分别为动臂控制阀、铲斗控制阀、开合油缸控制阀、支腿控制阀、回转控制阀、斗杆控制阀和行走控制阀，控制阀为三位六通式，控制阀的控制方式为液控式，分别由各先导控制阀来油控制其阀杆的左右移动。

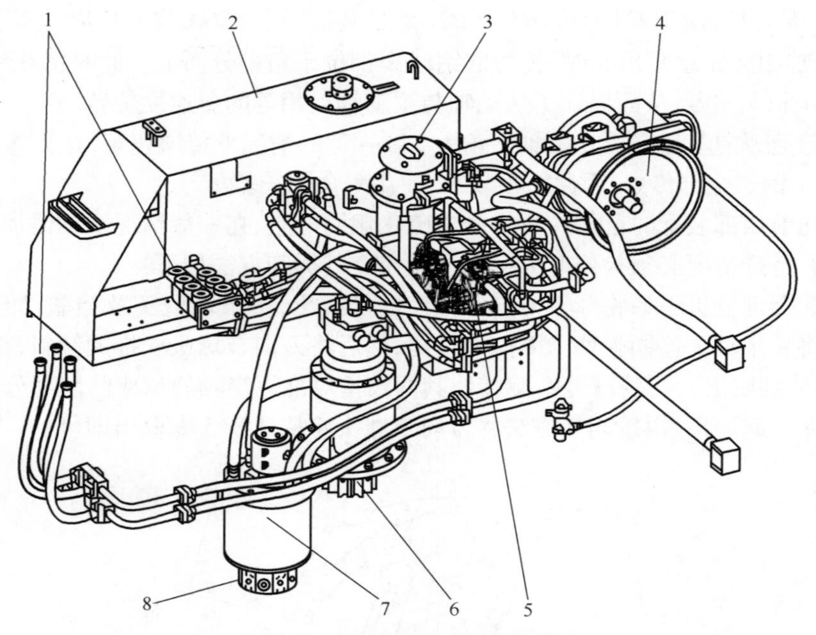

图 11-6 液压传动系统组成

1—工作油路(至工作装置);2—液压油箱;3—回油滤清器;4—主泵;
5—操纵阀组;6—回转装置;7—中央回转接头;8—工作油路(至底盘)。

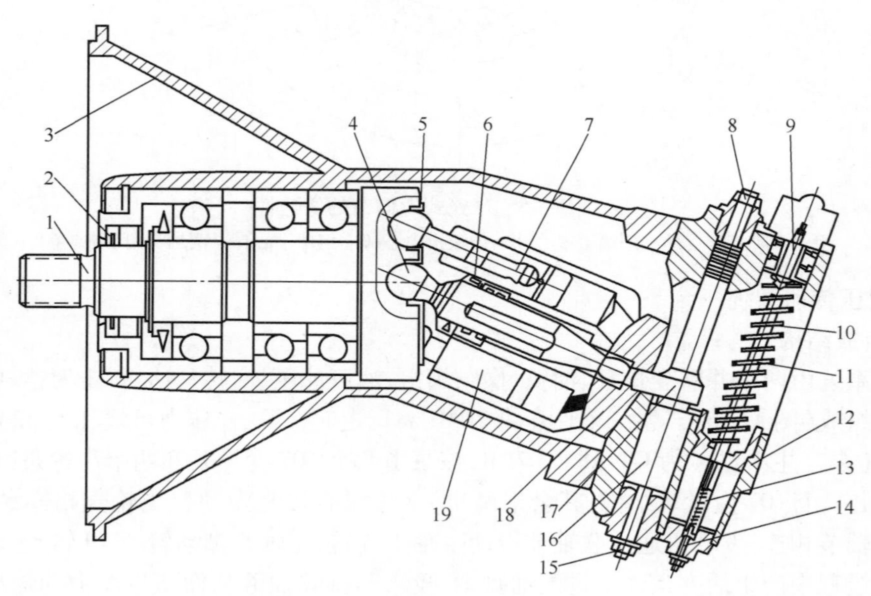

图 11-7 主泵

1—主轴;2—骨架油封;3—双泵壳体;4—中心杆;5—卡盘;6—碟形弹簧;7—轴塞组件;
8—小流量限位螺钉;9—活门组件;10—小功率弹簧;11—大功率弹簧;12—调节器壳体;
13—调压弹簧;14—控制起点调节螺钉;15—大流量限位螺钉;16—流量活塞;
17—拨叉;18—主泵配油盘;19—转子。

2）工作原理

如图 11-8 所示,两个主泵产生的压力油,同时进入操纵阀组的两个进油 P_1,当操纵阀组

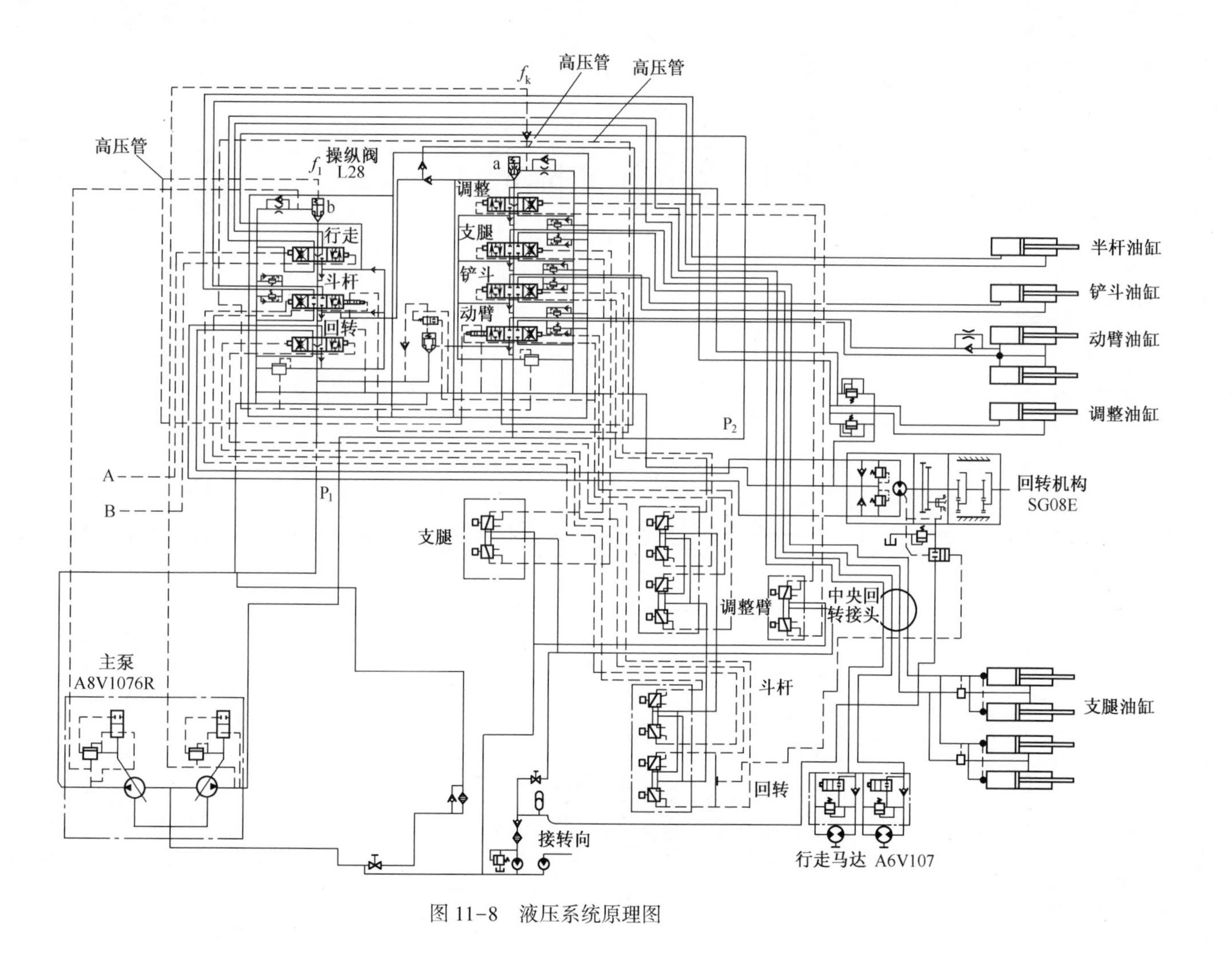

图 11-8 液压系统原理图

内各控制阀阀杆处于中间位置时,两路油压 P_1,经阀组内的中间通道直接到达负流量控制阀,两个负流量控制阀的控制口 a、b 分别经由主控阀上的三位二通阀回油箱。因此,负流量控制阀内的节流孔两端产生压差,推动阀杆使负流量控制阀处于开启状态,两条主油路的流量经节流孔后产生负流量控制压力 f_L 和 f_R,送入主泵斜盘角度控制口,使斜盘角度减至最小,使主泵排量减至最小。从而降低中位时的液压损失。工作时,如需要油缸作缓慢动作,此时,就需部分流量经主控阀中间通道直接回油管,所以负流量控制阀也起作用,减小油泵排量,从而减少液压损失。系统控制原理如图 11-9 所示。

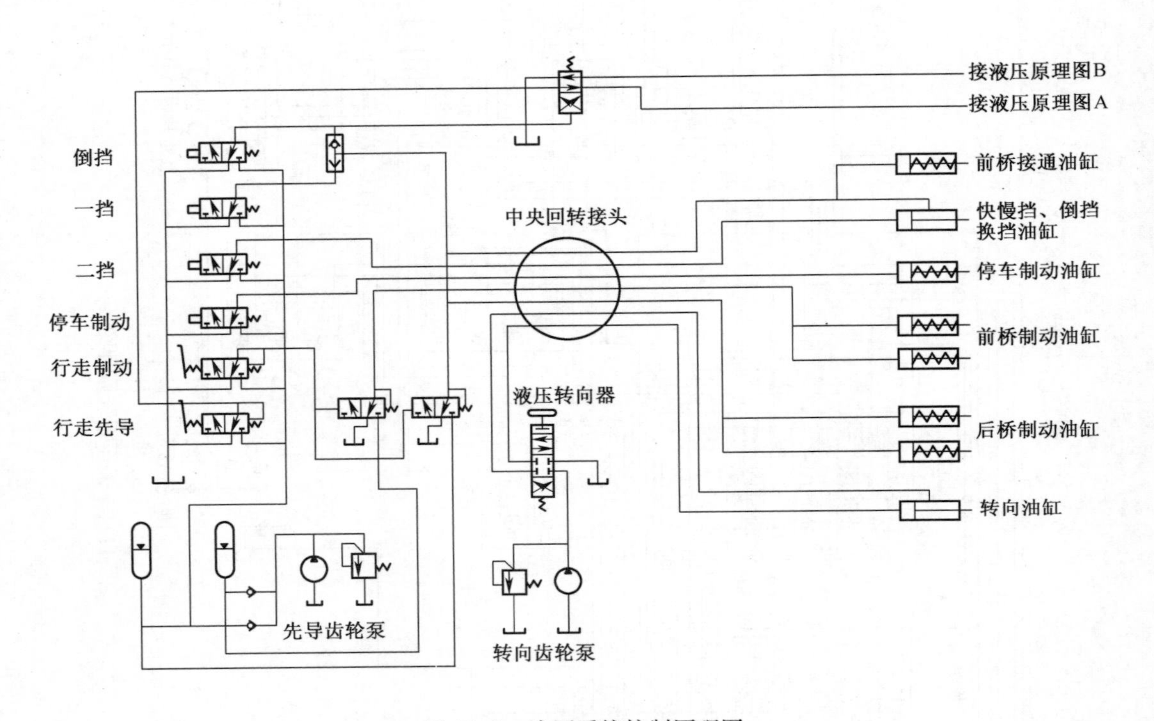

图 11-9 液压系统控制原理图

3) 回转装置

回转装置用于挖掘机作业时,使转盘旋转将挖出的土壤从取土点移至卸土点,JYL200G 型挖掘机的回转装置为全回转式,由回转马达和回转减速机组成。回转马达(图 11-10)和回转减速器(图 11-11)连成一体用于驱动回转装置旋转。马达排量为 151mL/r,马达内装有常闭式制动片。回转减速器为二级行星齿轮式,减速比为 15.899。

回转马达工作原理如下:

由 A 口或 B 口进入的压力油由安全阀限压后推动马达内转子旋转,在操纵回转的同时,SH 口产生解除制动控制压力来推动二位二通阀,PG 口上的伺服压力油经过二位二通阀进入制动解除油缸,压缩制动弹簧,使制动器动静片分离,马达旋转,带动减速机输入轴转动,经过二级行星齿轮减速后,由输出轴输出。当停止回转操作后,SH 口通油箱,二位二通阀切断 PG 口油压,制动解除油缸内的液压油经泄油口缓慢泄压,5~8s 后,泄压完成,制动器动静片在弹簧力作用下产生接触压力,从而使马达制动。马达上安全阀的调定压力为 24MPa。

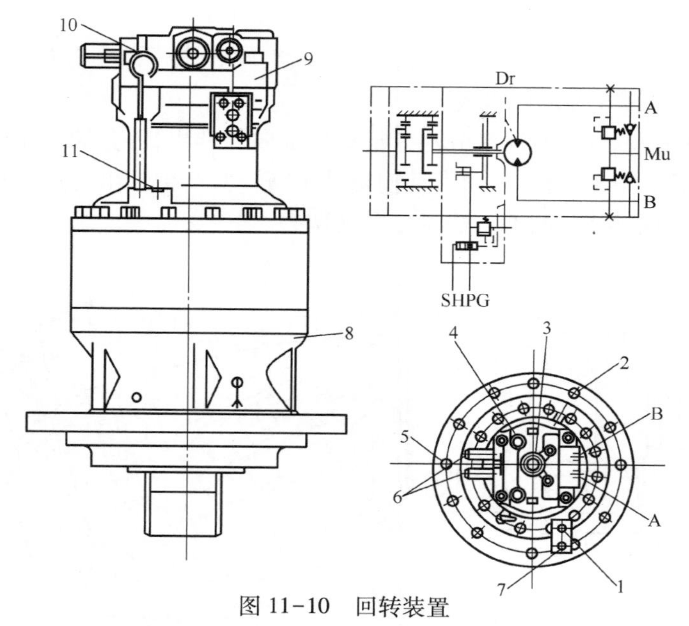

图 11-10　回转装置

1—G $\frac{1}{4}$′PG 口；2—ϕ24H7；3—G1′Mu；4—Dr；5—（11-ϕ22）；6—调压阀；

7—G $\frac{1}{4}$′SH 口；8—减速箱；9—回转马达；10—油标尺；11—G $\frac{1}{2}$′加油口；

Dr—漏油口；Mu—补油口；A、B—进油口；PG—伺服油压口；SH—制动解除控制口。

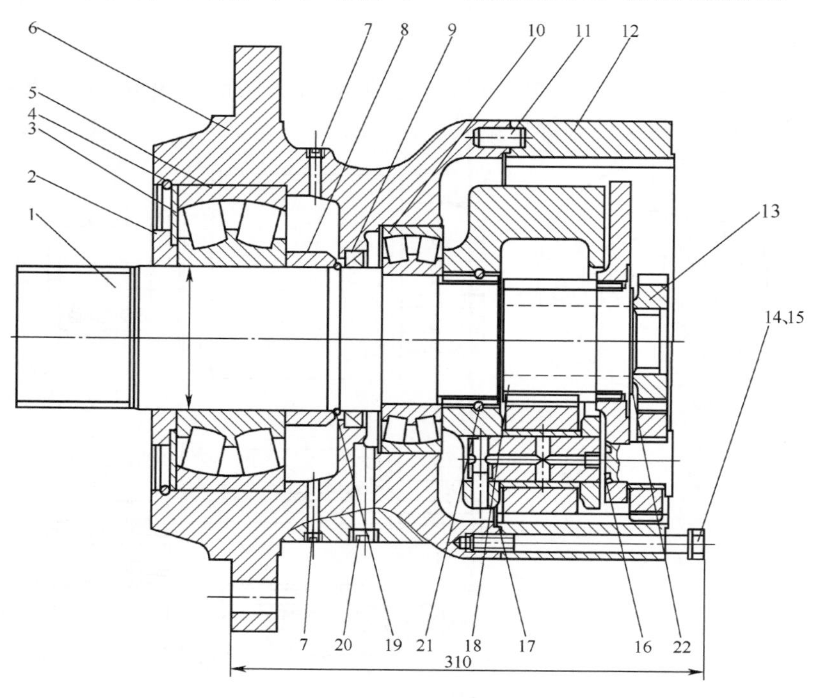

图 11-11　回转减速器

1—输出轴；2—轴套；3—挡板；4—卡簧；5、10—轴承；6—齿轮箱；7—油木石；8—隔套；9—油封；10—轴承；11—定位销；12—齿圈；13—太阳轮Ⅰ；14—螺栓；15—垫圈；16—行星轮组件Ⅰ；17—行星轮组件Ⅱ；18—太阳轮Ⅱ；19、21—卡簧；20—螺塞；22—油杯。

4）行走马达

行走马达(图 11-12)由输出轴 12、卡盘 1、柱塞组件 3、转子 10、分油盘 9、流量活塞 8、控制起点调整螺钉 7、弹簧 6 等部件组成。

高压油由油口进入马达后,通过分油盘推动柱塞向外伸出,因分油盘角度而引起的周向力带动转子 10 与柱塞组件 3 旋转,从而带动输出轴 12 转动,产生输出力矩。马达变量原理及变量起始压力调整与油泵相同,调整方法见主泵的调整。

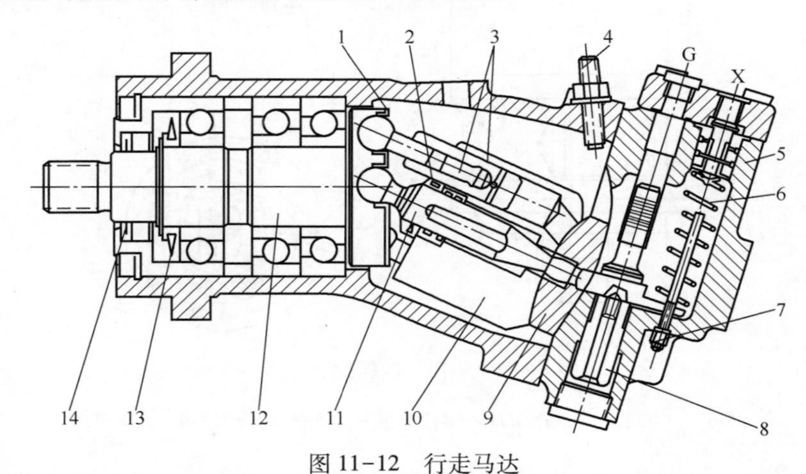

图 11-12　行走马达

1—卡盘;2—挡圈;3—柱塞组件;4—最小排量限位螺钉;5—端盖;6—弹簧;7—控制起点调整螺钉;8—流量活塞 9—分油盘;10—转子;11—柱塞;12—输出轴;13—挡圈;14—油封。

5）中央回转接头

中央回转接头(图 11-13)由下回转接头与上回转接头两部分组成。上、下回转接头分别由芯子、壳体、上盖板、密封组件等部件组成。

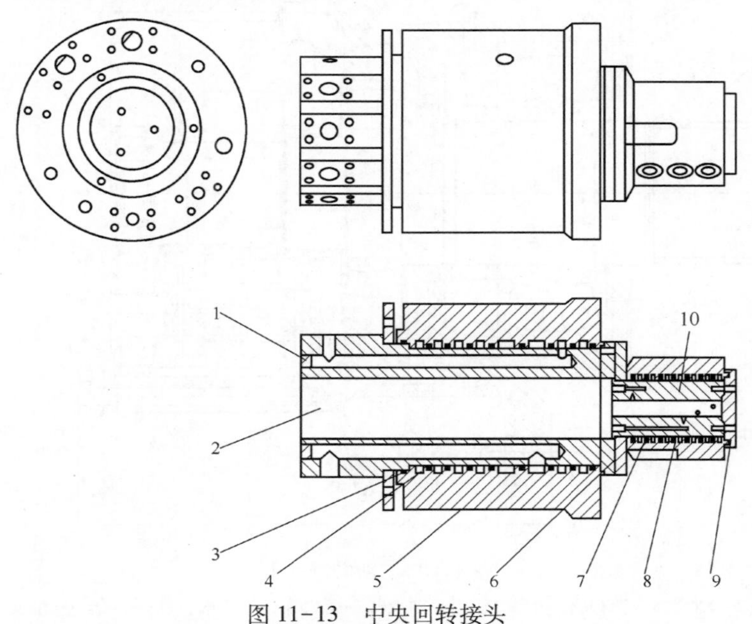

图 11-13　中央回转接头

1—堵头;2—下回转芯子;3—(下回转密封组件 1);4—(下回转密封组件 2);5—下回转壳体;6—下回转顶盖;7—上回转壳体;8—上回转密封组件;9—上回转顶盖;10—上回转芯子。

下回转接头的芯子与车架相连，壳体上的凸块由平台上的卡板带动随平台一起回转。下回转接头为行走、支腿、转向、马漏等油路提供供油通道，上回转芯子与下回转芯子用螺栓连在一起，壳体用一固定板与下壳体固定随下壳体一起转动。上回转接头为换挡、制动等油路提供供油通道，回转接头内的组合密封为各通道提供油路隔离，组合密封由 O 形圈及聚四氟乙烯密封圈组成，O 形圈除起到与壳体的密封作用外，还起到弹性补偿作用，聚四氟乙烯密封圈与芯子接触起回转密封作用，聚四氟乙烯磨损减薄后，O 形圈因预压缩产生的弹性力给以补偿，如因使用时间较长磨损严重无法补偿而漏油时，应更换密封组件。

二、转向系统

JYL200G 型挖掘机的转向系统为全液压偏转车轮式转向系统，主要由方向盘、转向阀与计量马达(摆线齿轮马达)组成的转向器、转向油缸、齿轮泵、流量控制阀等组成。方向盘和液压转向器连接在一起，转向器通过两根油管按转向要求与转向油缸相应的油腔相连。转向油缸与转向臂相连。

转向泵采用主泵带的排量为 20mL/r、工作压力为 10MPa 的齿轮泵。

转向器由一个三位四通转向阀和一个计量马达(摆线式齿轮马达)组成，它的四个接头分别与油泵出油管、油箱、转向油缸的大、小腔(通过中央回转接头)相连接。

1. 转向原理

如图 11-14 所示，当方向盘不动时，转向阀处于中间位置，摆线齿轮马达的进出口及转向油缸的两腔均被封死。油泵出来的压力油经转向阀流回油箱，此时机械直线行驶或以某一固定的转弯半径转向。

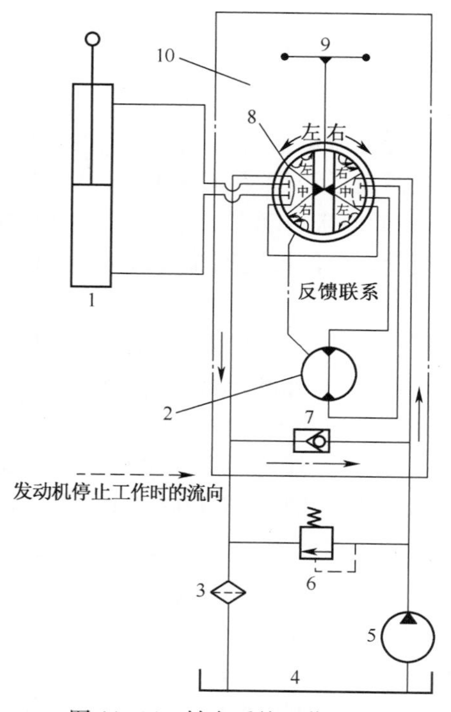

图 11-14 转向系统工作原理

1—转向油缸；2—计量马达；3—滤清器；4—油箱；5—油泵；6—溢流阀；7—单向阀；8—配油阀；9—方向盘；10—转向器总成阀组。

当方向盘左转时，转向阀的阀芯相对阀套转动，使转向阀由中间位置移到图示左的油路位置。油泵出来的压力油经转向阀进入计量马达，再经转向阀进入转向油缸大腔，转向油缸小腔的油则流回油箱，转向轮向左偏转。如方向盘停止转动，则转向阀的阀芯也立即停止转动，由于阀套的随动作用使转向阀恢复到中间位置，因而转向油缸油路被封死，油泵卸载，转向轮停止转向。

方向盘右转时，转向阀由中间位置移到图示右的油路位置，转向油缸小腔进油，大腔回油，转向轮向右偏转。

当发动机熄火时，油泵停止供油。转动方向盘的同时带动传动轴及计量马达转子转动，这时齿轮马达成为手动齿轮油泵向转向油缸供油实现手动转向。此时，油从油箱出来经单向阀、计量马达，转向阀进入转向油缸，使转向车轮向左向右偏转。

由于转向齿轮泵的流量随发动机转速成正比变化，当发动机转速较低时，转向速度相应减慢，行驶中的转向操纵应加注意。特别是下坡急转弯时，应及早换挂低挡，避免因使用紧急刹车，造成发动机车速过度降低，使转向跟不上而发生事故。

转向系统的最高油温允许达80℃，在炎热而地形复杂的情况下长途行驶时，注意检查转向辅助器外壳温度，当发烫时应停车检查原因。

方向盘的空行程摆角一般为8°（单边），有时出现空行程摆角大（特别是检修、拆卸转向系统后），其原因主要是系统内存有空气，排气时，可将挖掘机左、右支腿向前方伸出撑起，或用铲斗着地使前轮略为离地，然后来回转动方向盘，使各元件的空气通过转向油箱的排气孔排除。

转向操纵支架是可调节的，根据司机不同高矮身材不同驾驶习惯，可将手插销拔出，在三个孔位选择合适的驾驶位。

2. 各部件结构及工作原理

1）流量控制阀

流量控制阀起两种作用：一是把流量限制在一定范围内，目的在于当柴油机低速运转时，挖掘机行驶转向不会呆滞，而当高速运转时，转向又不会发飘，改善了转向的平稳性，流量控制系统依赖阀套上小孔的节流压差效应来实现；二是起安全阀的作用，当压力达到10MPa时，阀芯就开始溢流，用以保护系统安全。该阀可调整流量，调整时可拧松调整螺母和旋动出油口接头来调整流量。

流量控制阀主要由阀体、阀套7、阀芯4、限位套3、弹簧等零部件组成（图11-15）。

阀体为中空，其中部有一道环形槽，此槽开有一个径向孔，并旋有进油管接头。阀套7制有中心轴向孔，其外表面有两道环形槽和3个台阶，右端环槽为进油槽，制有4个径向孔。阀套装在阀体内，可做轴向移动，外表面左端的两个台阶与阀体相配合，切断进回油通道。小弹簧5装在阀套中心孔内，一端通过调整垫片6抵在阀套上，另一端坐落在阀芯4凸台上。阀芯制为中空，其外表面有两个台阶和一道环槽，并且右端台阶直径略小于左端台阶直径，阀芯装在阀套中心孔内，可在阀套内作轴向运动，左端用卡环8定位。限位套3装在阀体内，以限制阀套运动距离。大弹簧2一端抵在阀套上，另一端坐落在出油管接头1内台阶上。阀体右端旋有螺塞进行封闭，左端装有出油管接头。为了防止漏油，两端均装有O形密封圈。

当柴油机转速在1100r/min以下（即转向油泵流量约为13.8L/min以内）时，液压油经高压油泵出油口→阀套7右端环形槽→节流孔→阀套中心孔→阀芯中心孔→出油管接头→转向器供转向油缸工作。此时，流量控制阀只起一个沟通油道的作用，油泵所泵出来的油全部供油

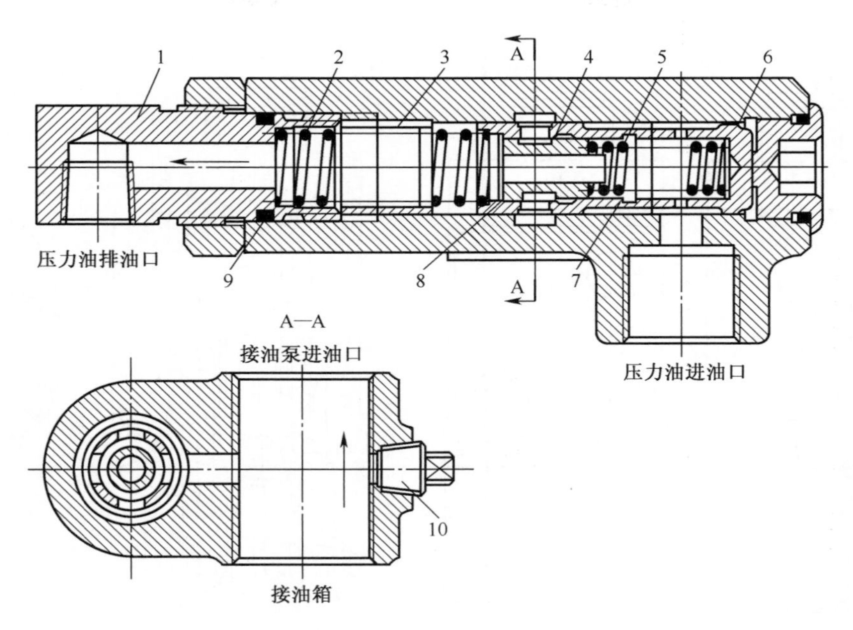

图 11-15 流量控制阀

1—接头；2—大弹簧；3—限位套；4—阀芯；5—小弹簧；6—调整垫片；7—阀套；
8—卡环；9—O 形密封圈；10—螺塞。

缸工作，从而解决了柴油机在低速运转时转向迟滞的问题。

当柴油机转速在 1100r/min 以上(即流量约超过 13.8L/min)时，节流孔起明显的节流作用，这样阀套 7 右端面与阀套左端产生压差，推阀套左移(1mm)，压缩大弹簧 2，阀套进油环槽与回油道沟通，一部分油从阀套环槽→阀体环槽→油泵进油道，从而保证了挖掘机高速行驶时转向的平稳性，较好地解决了高速行驶转向容易“发飘”的缺陷。转速低于 1100r/min 时，阀套在大弹簧的作用下回到原来位置。

如果系统压力超过 10MPa，作用在阀芯左右端面上的压力差便克服小弹簧的压力，推阀芯向右移动，压缩小弹簧，露出环形槽，使一部分压力油流至油泵进油道，从而保证了系统在额定压力内安全工作。当压力会降到 10MPa 以下时，阀芯在其小弹簧的作用下又回到原来的位置。

流量与压力不符合额定值时均应进行调整，但检查调整需在试验台上进行。如果条件不允许，又确认流量控制阀调整不当时，也可凭经验调整。其方法是：

(1)流量调整：卸下流量控制阀的出油管，拧松固定螺母，旋动出油管接头，旋进时增加流量，旋出则减少流量，尔后拧紧固定螺母。调整好后的初步检查方法可采用正常的速度转动方向盘(前轮顶起状态)，车轮自极右至极左或极左至极右所需的时间 6~7s 为适合。

(2)压力调整：流量控制阀压力的调整与流量的调整同时进行，其安全压力为 7MPa。调整压力可通过增减调整垫片来实现，增加垫片压力增高，反之则降低。调整后，把挖掘机停在平坦的水泥地上，向右或向左转动方向盘，使前轮在原地刚好能够转动为好。

(3)刚出厂的挖掘机流量控制阀安全压力稍偏高一些，不必进行调整。

2）转向器

转向器用于控制转向油缸的动作，实现液压转向；当转向油泵停止供油时，实现手动转向。

转向器结构与组成分别如图 11-16、图 11-17 所示。

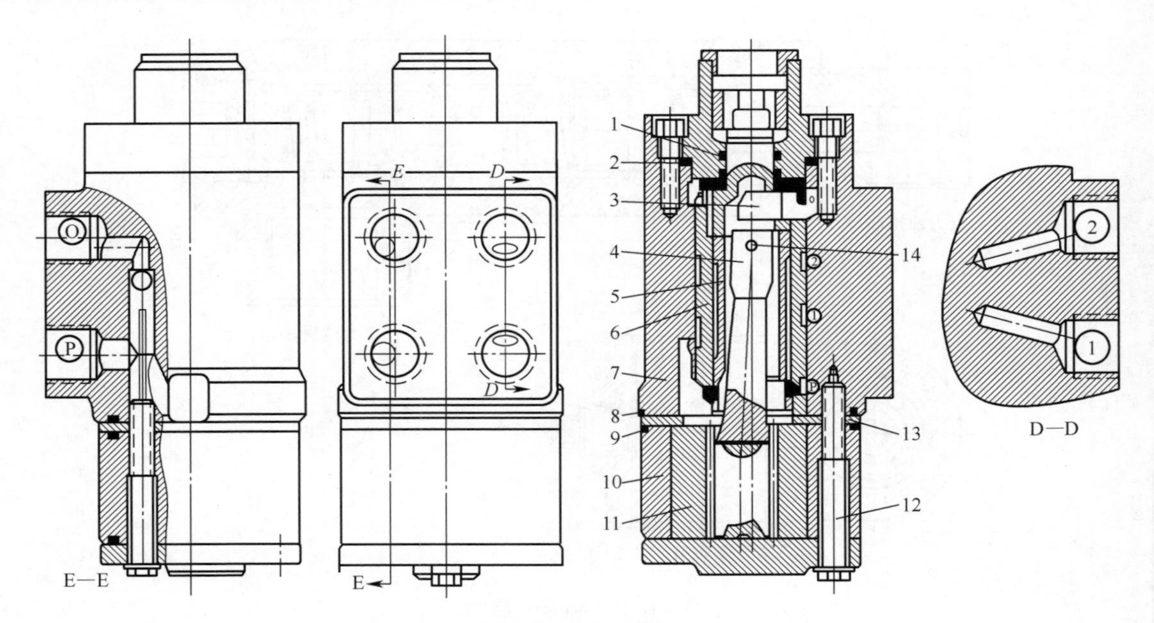

图 11-16 转向器结构

1、2、8、9—密封圈；3—片弹簧；4—传动轴；5—阀芯；6—阀套；

7—阀体；10—定子；11—转子；12—螺钉；13—隔垫；14—轴销。

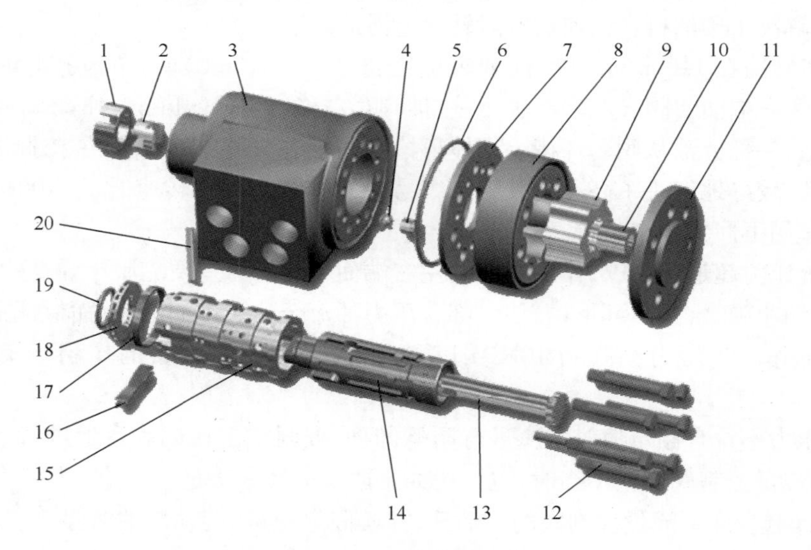

图 11-17 转向器组成

1—套环；2—连接块；3—阀体；4—单向阀；5—螺塞；6—密封圈；7—配油盘；8—定子；9—转子；

10—支承套；11—端盖；12—螺钉；13—传动轴；14—阀芯；15—阀套；16—片弹簧；17—套环；18—轴承；

19—密封圈；20—轴销。

阀体 7 是转向器壳体，其余零件都安装在它的内部或侧面。外表面有 4 个安装油管的螺孔，P 口连接进油管，液压泵来的压力油经此口进入转向器，O 口连接回油管，油液可由此口流回油箱。油口①、②分别与转向液压缸的两腔相连。计量马达安装在阀体 7 的下端。阀套 6 装在阀体 7 的内腔中，由计量马达的转子 11 通过传动轴 4，轴销 14 带动在阀体内转动，阀芯 5

放置在阀套6的内腔中，由方向盘带动旋转。

3）计量马达的构造及工作原理

计量马达由定子10和转子11组成。定子安装在阀体下端，其内圆制有7个齿。转子在定子内旋转，有6个齿。定子和转子只差1个齿，共同组成行星齿轮机构（图11-18）。

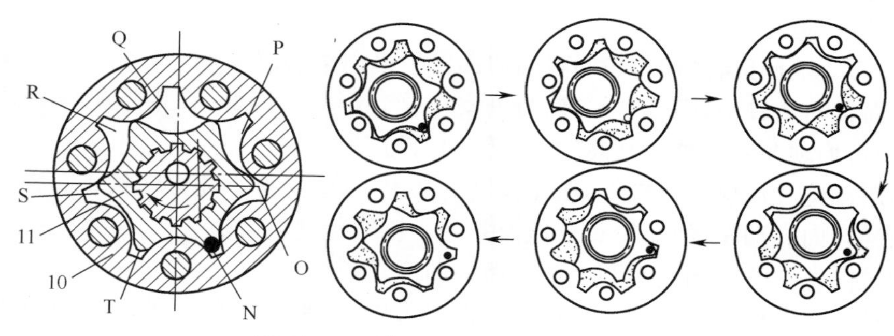

图11-18　计量马达构造与工作原理

从图中可以看出，当转子绕定子轴线顺时针方向沿定子各个齿转过1周时，转子本身就要同时绕自身轴线以反时针方向转过1个齿。如果转子绕定子轴线转6周，则转子绕自身轴线以相反的方向转过6个齿，即转子绕自身轴线旋转1周（反之，如转子绕自身轴线转过1个齿，则相当于定子绕转子1周，即可将转子与定子之间构成的N～T7个空腔中的油液排出）。

计量马达的齿形是等距圆弧外摆线齿，齿廓形状保证转子曲线上的每一个点都成为啮合点（无论转子转到任何位置，它的6个齿均与定子齿廓啮合），转子以偏心距e为半径绕定子中心旋转的任何时候都形成7个封闭的油腔N、O、P、Q、R、S、T。这7个油腔的容积随转子的转动而变化。这些油腔通过漏垫13和阀体7上均布的7个油孔及阀套上的油孔相通。阀套上的12个孔与阀芯的6条进油槽之间随转子转动轮番沟通，实现为计量马达配油，低压油进入计量马达7个油腔中的某几个，而让另几个油腔向外排油。这样，在转动方向盘时，由液压泵来的压力油同时驱动转子旋转而实现液压反馈。

4）转向器工作原理

转阀式转向系统的操作过程有3个阶段："中位"，"转向"，"随动"。

如图11-14所示，直线行驶时方向盘不转动，阀芯5和阀套6在片弹簧3作用下处于中立位置，压力油从阀芯阀套端部小孔进入阀芯内腔而经阀芯长销孔回油管道流回油箱，转向液压缸中的两腔和液压马达各腔油液封闭。

向左转动方向盘时，通过转向轴带动阀芯5转动，此时阀套6不动，弹簧片受压变形。继续转动方向盘，逐渐打开通往计量马达的开口，此开口约在6.5°时全部打开（大约转过5°后，关闭中立位置）。进入计量马达的压力油使转子绕定子旋转。计量马达排油腔的油排入转向液压缸的一个油腔中，液压缸的另一腔的油经转向阀回油箱从而实现转向。转子公转的同时本身又自转，从而带动和转子连接在一起的连接轴4、销子14、使阀套6作同方向转动，直到转子转角与方向盘转角相等，阀套回到中立位置，配流停止。方向盘连续转动，转向器将使与方向盘旋转角度成比例的油量不断送入转向液压缸，从而完成转向动作。此时转子、定子既有计量马达作用，同时又起随动马达作用。

向右转向的油路途径与向左转向类似。

应急（手动）转向在机械行驶中如发动机熄火或液压泵发生故障时，液压泵停止工作，转向系统中无压力油。转动方向盘使阀芯转过 6.5°时,小横销即通过阀套连接轴驱动转子转动。此时转子、定子相当于一个手动液压泵,将转向液压缸一腔的油自回油管吸入,然后再排到转向液压缸的另一腔形成闭路系统,完成应急转向。

3. 转向系统的维护

1）转向角的调整

转向角过大,挖掘机转弯时,轮胎将与地面产生横向滑磨以及车轮可能与车架碰擦而加速轮胎磨损。而转向角过小,则转弯困难,行驶安全受到影响。因此,在挖掘机修复总装或发现转向角失常时,均须及时调整。其前轮标准转向角为 29°。

转向角用车轮转角仪进行检查,在无仪器的情况下,也可按下述方法检查。

（1）顶起转向驱动桥,使车轮离开地面并处于直线行驶位置。

（2）在转向轮一侧或胎面中心地面上做一前后延长线。

（3）转动方向盘使车轮向左或向右转到极限位置,在地面上作出轮胎一侧或中心的前后延长线。

（4）用量角器测量出两条轮胎侧面线或两条中心线相交的夹角,即是挖掘机的最大转向角。

若转向角不符合要求,可通过拧动转向驱动板壳两端设的限止螺钉进行调整,将螺钉旋入转向角大,旋出转向角小。

2）故障排除

转向系统常见故障原因和排除方法如表 11-1 所列。

表 11-1　转向系统常见故障原因和排除方法

故障现象	故障原因	排除方法
转向沉重	1. 转向系统压力太低； 2. 滤网堵塞或油管堵塞； 3. 转向油箱不足,油液牌号不对或变质； 4. 转向泵损坏； 5. 溢流阀(流量控制阀)卡死在溢流位置； 6. 转向器单向阀封闭不严； 7. 转向器至油泵的管路破裂； 8. 转向系统油路中有空气	1. 调整溢流阀压力到 7MPa； 2. 清洗； 3. 加添或更换油液； 4. 检修或更换； 5. 检查修理； 6. 用铜棒轻轻冲击单向阀,使其封闭良好； 7. 更换破裂的油管； 8. 以挖掘机工作装置配合将前轮顶起,反复转动方向盘,使空气从油箱通气孔排出
不能转向	1. 中央回转接头油封损坏； 2. 油缸活塞环损坏或缸壁拉伤； 3. 油管破裂或接头松脱； 4. 转向器装错或转向阀及摆线马达磨损严重	1. 更换油封； 2. 更换活塞环或油缸； 3. 更换油管,拧紧松脱接头； 4. 拆开转向器按要求装配或更换转向器
在行驶中不转动方向盘,而挖掘机自动跑偏	1. 转向器片式弹簧折断； 2. 轮胎气压不一致； 3. 转向油缸进出油管破裂或松脱； 4. 车轮制动器单边解除不彻底	1. 应更换弹簧； 2. 充气到规定气压； 3. 更换或拧紧油管； 4. 检查排除制动器故障
方向盘自由行程过大	1. 系统油路中有空气； 2. 转向油缸与转向臂铰接处间隙过大	1. 按前述方法排除空气； 2. 调整转向油缸两端铰接处弹簧的张力(拧动两端调整螺,拧进张力增大,反之则减小)

三、制动系统

制动系统由行走制动系统和停车制动系统组成,制动系统原理如图 11-19 所示。

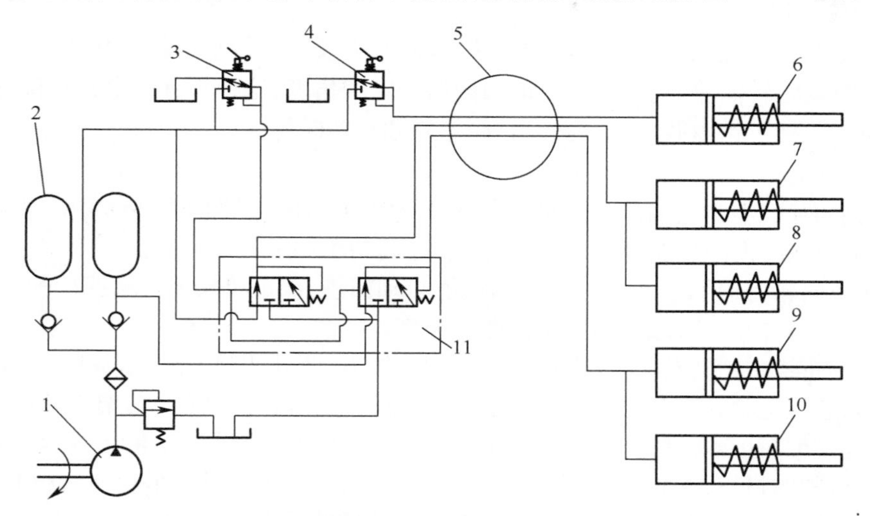

图 11-19　制动系统原理图

1—伺服齿轮泵;2—蓄能器;3—行走制动脚踏阀;4—停车制动阀;5—中央回转接头;
6—驻车油缸;7、8—前桥制动油缸;9、10—后桥制动油缸;11—制动阀。

1. 行走制动系统

行走制动系统为液压传动蹄式制动,由伺服齿轮泵、蓄能器、行走制动脚踏阀、中央回转接头、制动管路及制动油缸等组成。其工作原理如下:伺服齿轮泵提供的制动油液储存在蓄能器内,制动时,踏下制动踏板,蓄能器内的液压油经过制动阀、中央回转接头后分别进入前后轮制动油缸,推动凸轮轴旋转产生制动力作用在制动蹄块上,使车轮制动。松开制动踏板后,在弹簧力作用下,刹车油缸内液压油经制动阀回油箱,松开制动蹄片,制动解除。

2. 停车制动系统

停车制动系统由停车制动阀、制动管路、驻车油缸等部件组成。放下停车制动手柄时,驻车油缸内的油液经中央回转接头、停车制动阀后回油箱,停车制动蹄块在弹簧力作用下使变速箱输出轴制动;拉起停车制动手柄后,伺服油压经停车制动阀、中央回转接头后进入驻车油缸,压缩制动弹簧,解除变速箱输出轴的制动状态。此时,踏下行走先导阀即可使挖掘机行走。

四、行驶系统

1. 作用

行驶系的主要功用是将发动机传来的扭矩转化为使机械行驶(或作业)的牵引力;承受并传递各种力和力矩,保证机械正确行驶或作业;将机械的各组成部分构成一个整体,支承全机重量;吸收振动、缓和冲击,轮式行驶系还要与转向系配合,实现机械的正确转向。

轮式机械行驶系由于采用了弹性较好的充气橡胶轮胎以及应用了悬挂装置,因而具有良好的缓冲、减振性能,而且行驶阻力小。故轮式机械行驶速度高,机动性好。随着轮胎性能的提高以及超宽基超低压轮胎的应用,轮式机械的通过性能和牵引力都比过去有了较大的提高。轮式机械行驶系和履带式机械相比,它的主要缺点是附着力小,通过性能较差。

2. 组成

行驶系统由车架、悬挂和车轮等组成。转台位于车架中部,与回转马达和回转减速机配合使机械回转。悬挂采用钢板弹簧,使车架与驱动桥之间形成弹性连接。

3. 转向轮定位

为了使挖掘机保持稳定的直线行驶和转向轻便,以及减少行驶中轮胎和转向机件的磨损,在机械制造时就将转向轮、主销相对于前轴倾斜一定的角度,这种具有一定相对位置的安装叫转向轮定位。包括主销内倾、主销后倾、转向轮外倾和转向轮前束。

1)主销内倾

在横向平面内,主销上端向内倾斜一角度β,称为主销内倾(图 11-20)主销内倾是由制造加工时,使主销孔向内倾斜获得的,内倾角为 8°。其功用如下:

(1)使转向轮(前轮)在行驶中偏转后能够自动回正,保证机械稳定直线行驶。

(2)使前轮转向轻便,减轻驾驶员的劳动强度。

当转向车轮绕主销转动时,设由位置 a 转到位置 b(此处假设车轮偏转 180°,实际上是不可能的,现只进行运动状态分析),由于主销向内倾斜,则车轮高度(在车架不动的情况下)将下降一定数值(h),也就是说车轮将陷入路面以下,方能从 a 转到 b,实际上这是不可能的,因为在公路上行驶的机械,车轮无法下降。但由于运动是相对的,因此车轮便由得相应高度 h,以使它能够偏转过来。车轮被抬起时,又必然克服前桥的重力,使前桥重心抬高。当转向力矩消失后,该前桥的重力将使车轮恢复到原来的中间直线行驶位置,即自动回正,且转向轮偏转的角度越大,前桥便抬起越高,转向轮的回正作用就越强。因此,在机械转弯后,驾驶员只需在方向盘上加很小的力,转向轮就迅速地回到中间位置。

同时主销内倾,使主销的延长线与车轮着地点的距离"C"缩短了,这样在车轮转向时,路面对车轮的阻力臂便减小,阻力矩减小,转向轻便了。但主销内倾也存在缺点,就是主销内倾后导致转向时要抬高前桥,这将使转向操纵费力,这两方面对操纵力的影响是相互矛盾的,当内倾角适当,矛盾的两方面可相互抵消。在这里我们主要是为了解决自动回正能力的问题,从而保证机械直线行驶的稳定性,故一般的汽车和工程机械都设有内倾角,通常$\beta \leqslant 8°$,距离"C"为 40~60mm。对于采用低压轮胎的工程机械,因其车速较低,加之穿梭式作业,道路行驶机会少,故这些工程机械上并没有采用主销内倾角。

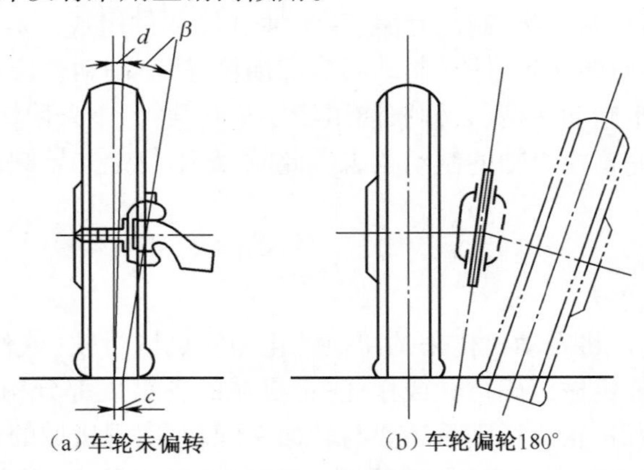

(a)车轮未偏转　(b)车轮偏轮180°

图 11-20　主销内倾

2)主销后倾

在纵向平面内,主销上端向后倾斜一角度γ,称为主销后倾,如图 11-21 所示。

主销后倾是由内、外转向节制造加工时，使主销孔向后倾斜获得的。JYL200G 型挖掘机的后倾角为 2°30′。其功用为增加机械直线行驶的稳定性，并使转向后的车轮自动恢复到直线行驶状态。

当主销向后倾 γ 角度时，其轴线与路面交点 a 位于车轮与路面接触点 b 的前面，这样接触点 b 到主销轴就形成了一段距离 L。当机械转弯时，如向右转弯，此时由于机械本身离心力的作用，在车轮与路面的接触点 b 处，引起路面对车轮作用一个向心反作用力 Y，反力 Y 形成了使车轮绕主销轴线旋转的力矩 YL，其方向与车轮偏转的方向相反。当操作人员松开方向盘时，车轮在此力矩作用下，将自动恢复到中间直线行驶位置。

当机械直线行驶时，若转向车轮偶然受到外力作用而偏转时，机械会立刻偏离直线行驶方向，与此同时，即产生一个相应的力矩 YL，使转向车轮自动回正，从而保证了机械直线行驶的稳定性。因此，上述力矩又称为稳定力矩。

稳定力矩也不能过大，太大了则在转向时为了克服此稳定力矩，驾驶员就要在方向盘上施加较大的力（即方向盘沉重）。而稳定力矩的大小取决于力臂 L 的数值，故主销后倾角不宜过大，一般后倾角不超过 2°~3°。在有些工程机械上，由于采用了弹性较好的低压或超低压轮胎，从而使稳定力矩增大。再加上一些工程机械倒向行驶频繁，因此，这些机械的主销后倾角可以减小到接近于零，甚至为负值。

3）转向轮外倾

转向轮外倾，就是车轮装于前桥后，其中心线不与地平面垂直，而是向外倾斜一个角度（图 11-22）。这是在设计时，使转向节轴线与主销不垂直，而向下方倾斜的缘故。

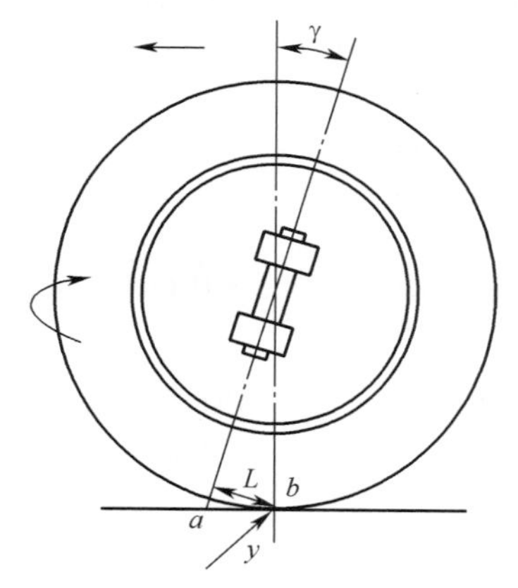

图 11-21　主销后倾

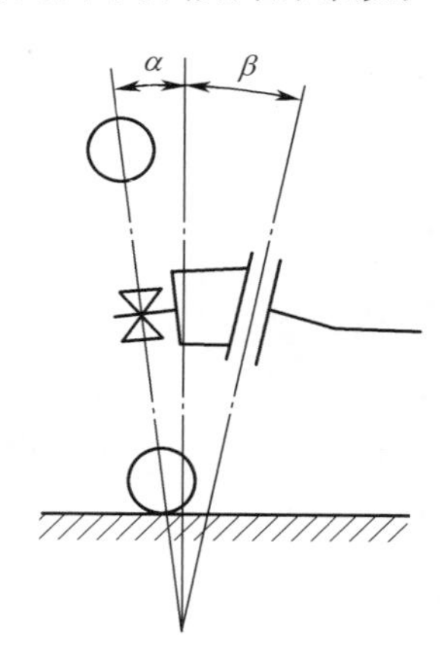

图 11-22　转向轮外倾

这样在安装车轮后，车轮中心线便与垂直线形成一个 α 角，即外倾角。JYL200G 型挖掘机外倾角通常为 20°，转向轮外倾的功用如下：

（1）使机械车辆的载重负荷和路面对车轮的冲击载荷主要集中在转向节根部的大轴承上，以减轻轴端负载，从而使轴不易折断。

（2）防止承载后车轮内倾所造成的小轴承过载和轮胎的过早磨损。

为了保证机械车辆在满载情况下正常行驶，对转向轮说来，要求它尽可能在垂直于路面的平面内滚动。但另外，在主销和衬套之间、轮毂轴承处等有相对运动的地方都有一定的间隙，这些间隙都会对转向轮有一定的影响。因此，如果在空车时，车轮刚好垂直于地面，则满载时，由于有上述间隙和车桥受载变形的影响，车轮就会向内倾斜。这样使得转向轮载荷移向轮毂小轴承一端,转向节轴端部的负荷增大,其后果将导致以下几种情况发生。

(1) 转向节轴易从根部断。

(2) 轴端小轴承及固定螺帽的负荷量增大,严重时可能使固定螺帽滑脱,导致转向轮脱落,造成事故。

(3) 车轮内倾现象随各部分间隙的增大而加重,严重时使车轮在行驶中出现半滚半滑现象,加速轮胎内侧的磨损。

为了解决车轮会出现的内倾现象,在制造时,就使转向轮有一定外倾角 α,以便使机械车辆在满载时车轮接近于垂直路面而防止内倾现象的发生。

此外,转向轮外倾后,还可使轮胎接触地面中点到主销轴线的距离缩短,从而进一步减小了阻止转向轮偏转的力矩,使转向轻便。

4) 转向轮前束

前束就是从俯视图上看,两转向轮的中心平面不平行,前端的距离 B 小于后端距离 A(图 11-23),$A-B=\delta$,δ 值称为前束值,单位为 mm。其功用为:消除转向轮外倾后,车轮在滚动时产生的向外滚的趋势,防止车轮在地面上出现半滚动、半滑动的现象,减小轮胎的磨损,保证转向轮相互平行地直线行驶。

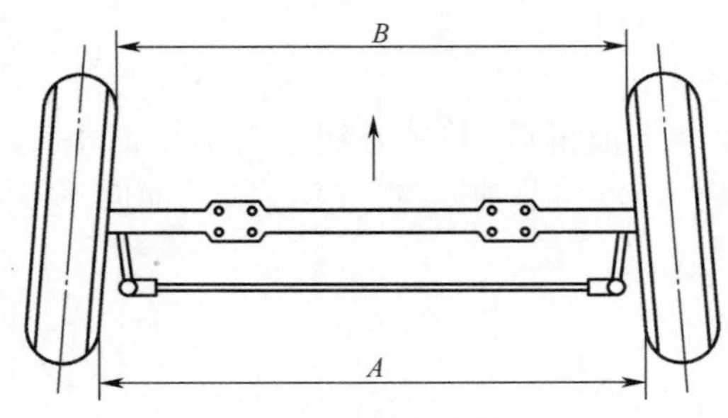

图 11-23 转向轮前束

通常前束值 δ 取在 2~12mm 范围内,JYL200G 型挖掘机前束值为 5~10mm。其大小可通过调整转向横拉杆的长度来调整。

转向轮定位除前束可以自由调整外,其余均在制造时即已确定,大修时应按规定检查其数值,必要时校正。

五、工作装置

JYL200G 型挖掘机的工作装置包括挖斗、斗杆、动臂、支腿等。挖斗为挖掘机作业的最终执行部分。动臂采用了可折叠式动臂,分为上动臂 6 和下动臂 8,上下动臂用动臂销 5 连接,通过调整油缸 7 使其张开和合拢,调整油缸收到最短位置时,工作装置处于挖掘作业状态(图 11-24),此时分别操纵两个手动先导阀就可进行挖掘作业。调整油缸伸到最长位置和斗杆油缸收到最短位置时,工作装置处于行走状态(图 11-25)。工作装置处于行走状态后,降低了整车的重心高度,开阔了司机的视野,提高了行驶稳定性和安全性。

斗杆 3 和上动臂 6 之间采用了四连杆机构,增大了斗杆的转角范围,行走时将斗杆油缸缩到最小位置,斗杆上翻,使斗杆基本上平放在机架上,开阔了司机的视野。

工作装置在装配时,各转动部件间的摩擦面应涂上润滑脂。工作时,至少每星期应通过工作装置上安装的黄油嘴向转动销轴与套间的摩擦面加注润滑脂,提高销轴与套的工作寿命。

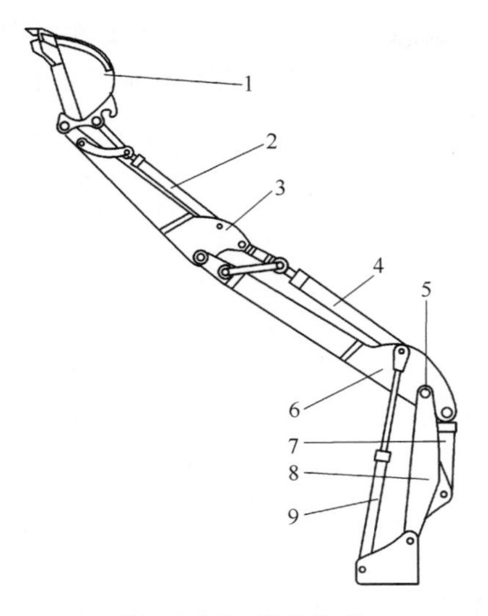

图 11-24　作业状态

1—挖斗;2—挖斗油缸;3—斗杆;
4—斗杆油缸;5—销;6—上动臂;
7—调整油缸;8—下动臂;9—动臂油缸。

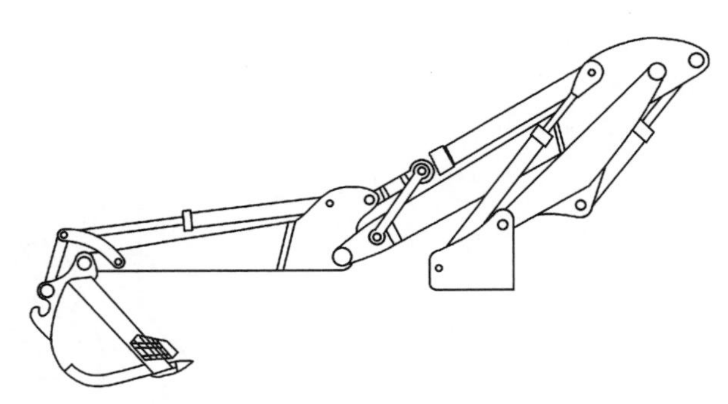
图 11-25　行驶状态

六、先导操纵系统

1. 系统组成

先导操纵系统由齿轮泵、蓄能器、限压阀、手控先导阀、先导开关、脚踏先导阀、换挡阀等部件组成,先导操纵系统的调定压力为 4MPa,齿轮泵排量 16mL/r。

2. 先导操纵系统的使用

处于挖掘作业状态后,操纵司机室座椅左右两边的手控先导阀,即可进行挖掘作业,具体方法如下:

①向前推动左手先导控制阀手柄,斗杆向外张开,向后推动时,斗杆收回,向左推动时,平台向左转动,向右推动时,平台向右回转。

②向前推动右手先导控制阀手柄,斗臂下降,向后推动时动臂上升,向左推动时铲斗挖掘,向右推动时铲斗卸土。

③当同时操纵左、右手先导控制手柄成单独将左、右手控制手柄按 45°方向推动时,可实现工作装置的复合动作。

④当作业完毕后,操纵员离开司机室时,应将工作装置放置地面并将先导开关向上抬起切断伺服供油,以免发生意外。

3. 先导操纵阀结构

先导操纵阀(图 11-26)由下盖 1、阀体 2、压块 6、手柄 8、柱塞 5、阀杆 11 等零件组成。阀体上 C 腔为回油腔,B 腔为伺服压力油腔,A 口为伺服油出油口,当手柄处于中间位置时,阀杆 11 上的小口与回油腔相通,与进油腔(B 腔)处于关断状态,A 口无油压。当向左或向右搬动手柄时,压块 6 向下推动柱塞 5,阀杆 11 在弹簧力作用下向下移动,阀杆小孔与 B 腔连通时,B 腔内的伺服油经阀杆小孔进入 A 口产生控制油压,如此时不再搬动手柄,则 A 口产生的控制油压在阀杆下端产生的油压力克服弹簧力将阀杆向上推动,当阀杆小孔被重新关闭后,A 腔油压不再变化,稳定在某一压力值下,即伺服阀的控制方式为随动方式,松开手柄使之处于中间位置后,阀杆向上移动到起始位置,阀杆小孔与回油腔接通,A 腔压力油经该小孔流回油箱,解除伺服控制压力。

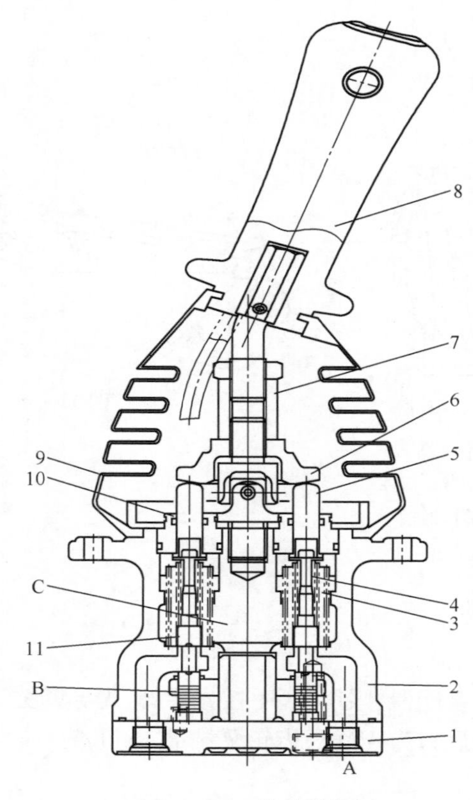

图 11-26　先导操纵阀

1—下盖;2—阀体;3—大弹簧;4—小弹簧;5—柱塞;6—压块;

7—接块;8—手柄;9—皮碗;10—套;11—阀杆。

第二节　JY633-J 型挖掘机

JY633-J 型履带式挖掘机是贵州詹阳工程机械厂生产的斗容量为 1.6m^3 的履带式单斗液压挖掘机,主要用于抢修道路、开挖沟渠、疏通河道、清除非爆炸性障碍物等,也可实施轻型机械车辆的牵引、救援作业。此外,更换工作装置后还可进行浇筑、破碎、打桩、夯实和拔桩等作业。该机发动机采用康明斯公司生产的 C8.3-C 型立式六缸、四冲程、水冷、直喷、涡轮增压柴油机,额定功率为 205kW;采用液压传动系统和履带式行走装置,配备了加强型工作装置及集成式附属装置管路,用以满足恶劣、复杂工况施工作业的需求。同时该机备有外接液压输出接口,并标配快速连接器。可方便、迅捷与液压破碎器、液压夯、液压剪等液压附属装置连接,实现多种工作模式转换。

一、液压传动系统

液压传动系统主要由主泵、主控制阀、回转装置、中央回转接头、行走马达、工作油路、主控制阀、液压油箱、散热器、管路以及相关的控制装置、附件、电控元件组成(图 11-27)。系统工作压力为 30MPa,行走时,其工作压力可增加到 34.3MPa。

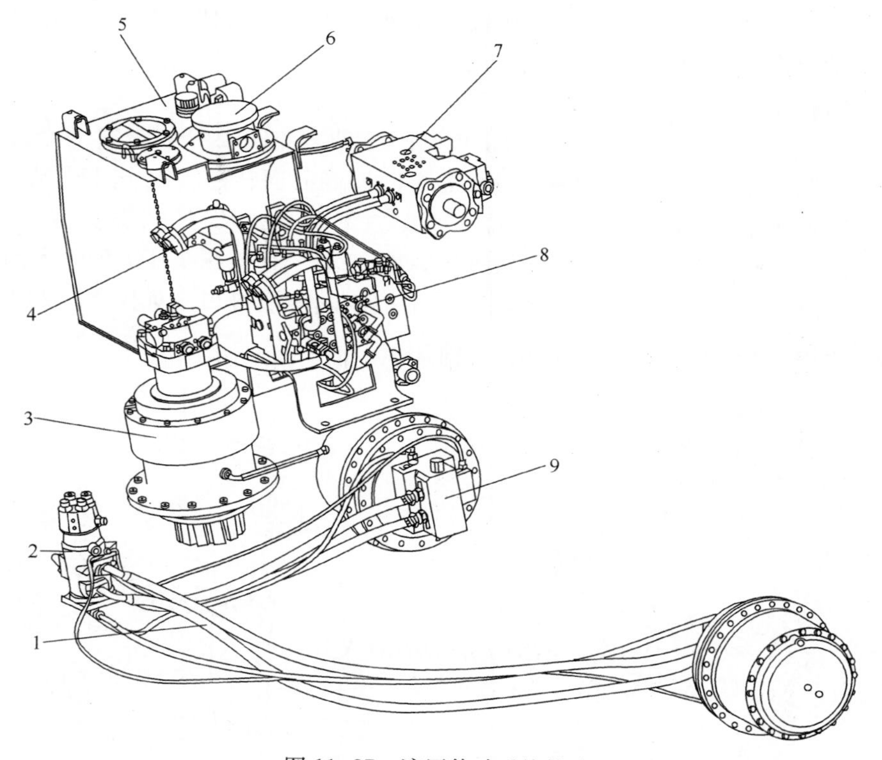

图 11-27 液压传动系统构成

1—底盘管路;2—中央回转接头;3—回转装置;4—工作油路(至工作装置);5—液压油箱;6—回油滤清器;7—主泵;8—主控制阀;9—行走马达。

1. 主泵

主泵由两个排量为 130mL/r、工作压力为 34.3MPa 的斜盘式轴向柱塞变量泵组成,并带有一个最大排量为 10mL/r、工作压力为 4.0MPa 的伺服齿轮泵(图 11-28)。

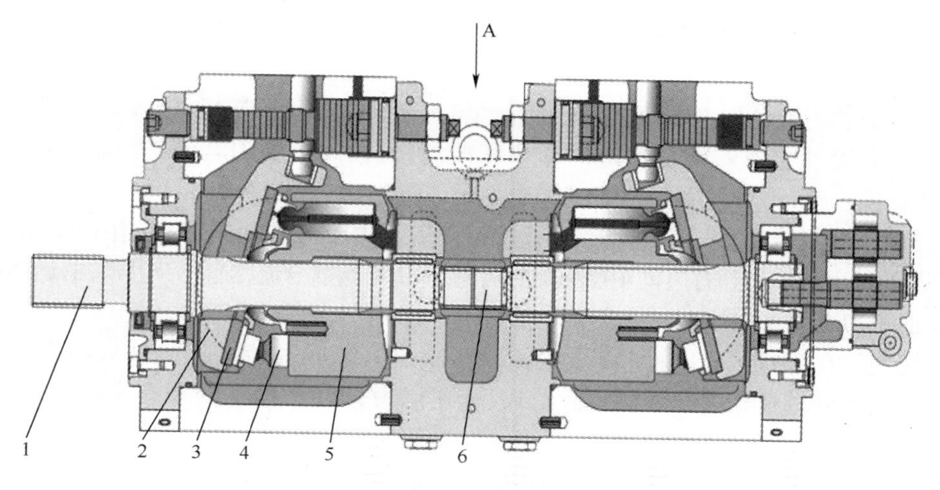

图 11-28 主泵结构图

1—泵轴;2—斜盘;3—靴板;4—柱塞;5—缸体;6—齿轮连接套。

主泵为斜盘式双泵串列柱塞泵，两根泵轴通过齿连接套连接，前、后泵的结构相同。泵轴通过花键与缸体连接，9个柱塞平行插入缸体中。柴油机的转矩通过联轴器传递到泵轴，泵轴旋转时带动柱塞和缸体一起旋转，柱塞沿靴板的表面滑动，斜盘与柱塞有一定的倾角，使柱塞在缸体的孔中做往复运动时吸入与排出液压油。

2. 主控制阀

主控制阀内部由9块控制阀、2个负流量控制阀、2块合流阀、2个安全阀、8个过载阀等部件组成。9块控制阀分别为动臂控制阀(2块)、铲斗控制阀、回转控制阀、斗杆控制阀(2块)、行走控制阀(2块)和备用阀。控制阀有三位八通式、三位九通式及三位十通式等结构，控制方式为液控式，分别由各先导操纵阀的先导操纵压力推动阀杆，使液压泵压力油进入油缸并推动油缸做功，油缸的回油通过主控制阀返回油箱。主控制阀功能接口图如图11-29所示，主控制阀液压原理如图11-30所示。

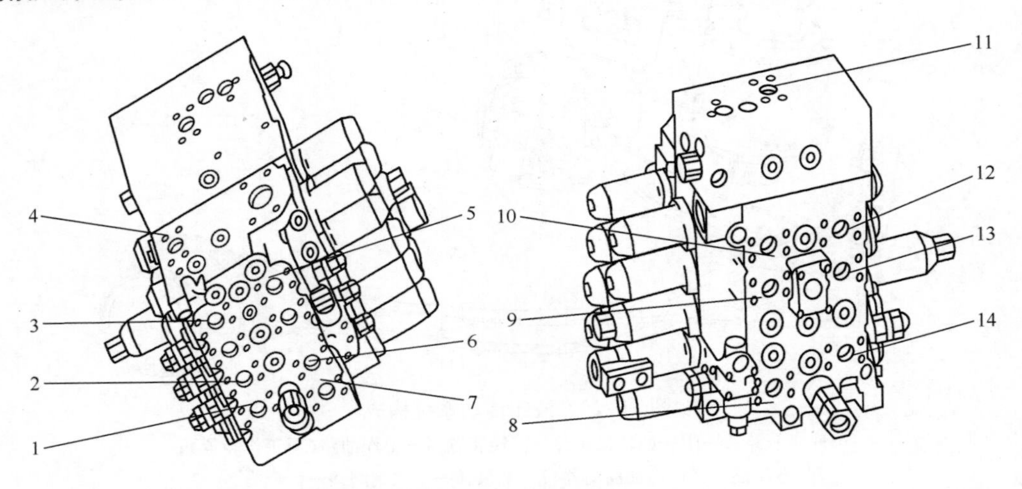

图11-29　主控制阀功能接口图

1—铲斗油缸大腔；2—动臂油缸小腔；3—右行走马达B口；4—主泵A1口；5—右行走马达A口；
6—动臂油缸大腔；7—铲斗油缸小腔；8—斗杆油缸小腔；9—回转马达A口；10—左行走马达A口；
11—主泵A2口；12—左行走马达B口；13—回转马达B口；14—斗杆油缸大腔。

为提高作业效率，提高构件运动速度，动臂提升、斗杆大小腔及铲斗大小腔等都实现双泵合流。

(1)动臂提升合流。左右两泵通过两个动臂控制阀，在阀后实现合流，提高动臂提升速度。

(2)斗杆合流。左右两泵通过两个斗杆控制阀，在阀后实现合流，提高斗杆双向运动速度，在斗杆伸出时，小腔的回油只通过一个主阀进行回油。

(3)铲斗合流。右边主泵的液压油通过铲斗控制阀给铲斗油缸供油，左边主泵的液压油通过阀组后部的外引油口引到右边铲斗控制阀前端，实现铲斗阀前合流，提高铲斗翻转的运动速度。

3. 回转装置

回转装置(图11-31)由回转马达和回转减速机组成，两者连成一体，马达最大排量为168.8mL/r，回转减速机为二级行星齿轮式，减速比为21.78，马达内装有常闭式制动片，工作原理如下：

由A口或B口进入的压力油推动柱塞，柱塞顶上的滑靴沿着斜盘滑动，使转子和轴转动，在操纵回转的同时，SH口产生解除制动控制压力来推动二位三通阀，PG口上的伺服压力油经

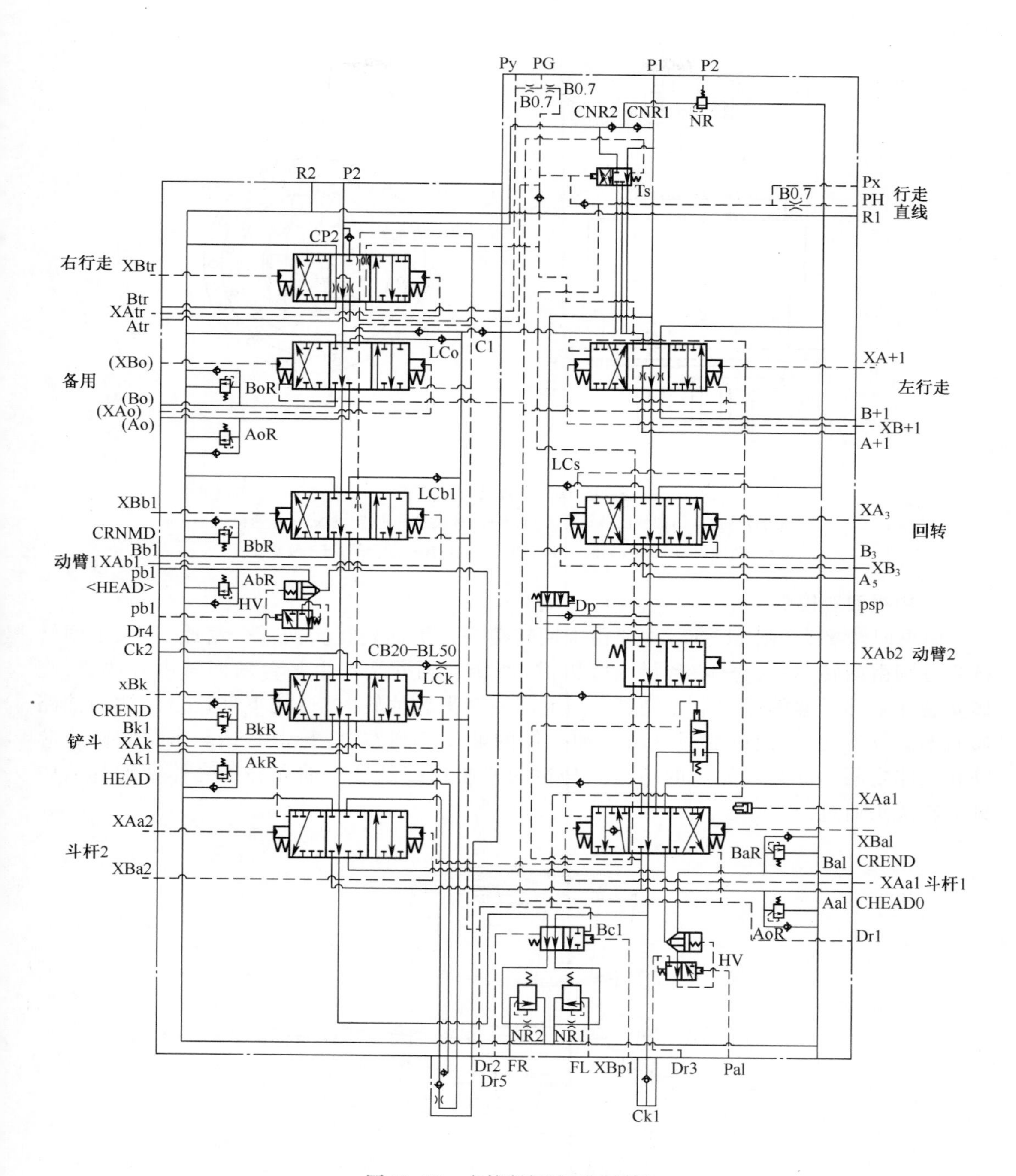

图 11-30 主控制阀液压原理图

过二位三通阀进入制动解除油缸，压缩制动弹簧，使制动器动静片分离，马达旋转，带动减速机输入轴转动，经过二级行星齿轮减速后，由输出轴输出。当停止回转操作后，SH 口通油箱，二位三通阀切断 PG 口油压，制动解除油缸内的液压油经泄油口缓慢泄压，5~8s 后，泄压完成，制动器动静片在弹簧力作用下产生接触压力，从而使马达制动。马达上安全阀的调定压力为 27.5MPa。

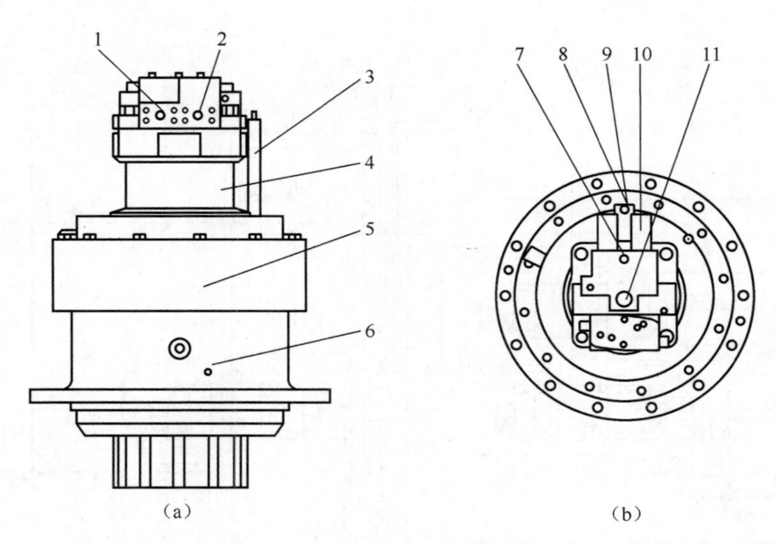

图 11-31　回转装置结构图

1—回转马达 B 口;2—回转马达 A 口;3—油标尺;4—回转马达;5—减速机;
6—黄油口;7—DR 口;8—SH 口;9—PG 口;10—溢流阀;11—M 口。

4. 中央回转接头

中央回转接头(图 11-32)主要由上回转接头与下回转接头两部分组成。上、下回转接头分别由回转芯轴、壳体、密封圈等组成,回转芯轴安装在主平台的回转中心位置,壳体安装在下部车架的回转中心位置。当上部回转平台回转时,通往下部行走马达的油路通向不会发生变化,液压油通过芯轴和壳体的油口流到左、右行走马达。密封圈防止芯轴和壳体之间的油漏入邻近的通道。马达的快慢挡控制液压油和马达壳体回油都从中央回转接头通过。

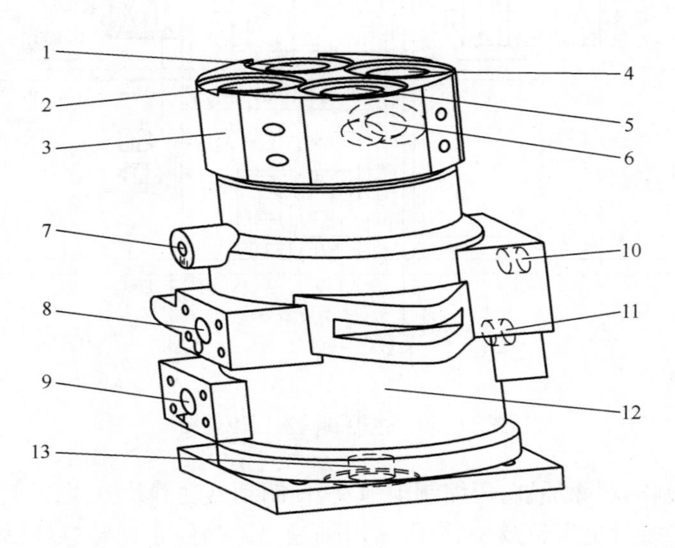

图 11-32　中央回转接头

1—至控制阀油口 Atl;2—至控制阀油口 Btl;3—上回转接头;4—至控制阀油口 Btr;5—至控制阀油口 Atr;
6—至油箱;7—速度转换控制口;8—至左行走马达 VA 口;9—至左行走马达 VB 口;10—至右行走马达 VB 口;
11—至右行走马达 VA 口;12—下回转接头;13—泄漏油口。

5. 行走减速机构

该机采用的 GM 系列行走马达属于斜盘式柱塞马达，其最大流量为 300L/min，减速比为 40.467。该行走马达除了具有普通的马达驱动功能以外，还具有惯性制动功能、停车制动等功能。

行走马达的结构如图 11-33 所示，行走马达的液压原理图如图 11-34 所示。当压力油输入时，处在高压腔的柱塞被顶出，压在斜盘上。斜盘作用在柱塞上的反力使缸体产生转矩，转矩带动减速机驱动行走机构行走。行走马达与纵梁通过 18 个 M24 的螺栓固定连接，减速器与驱动链轮通过 26 个 M20 的螺栓连接，也即减速器带动驱动链轮使整机行走。

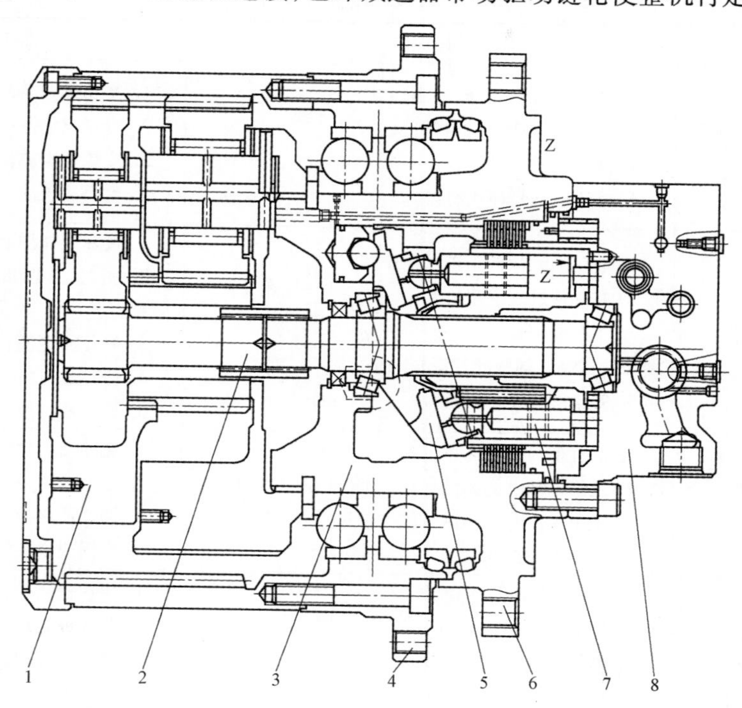

图 11-33 行走马达结构图

1—减速器；2—花键；3—缸体；4—驱动齿轮连接孔；5—斜盘；6—纵梁连接孔；7—柱塞；8—行走马达。

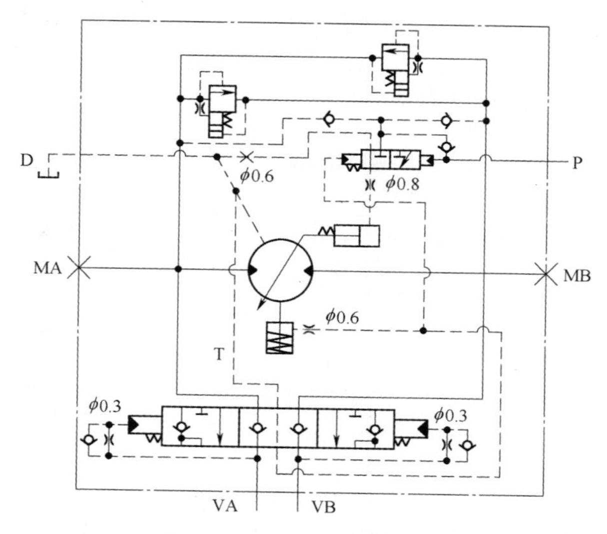

图 11-34 行走马达液压原理图

6. 液压油缸

该机所用的液压油缸如动臂油缸、斗杆油缸、铲斗油缸等结构大体相同，都属于双作用活塞式单出杆油缸。主要由活塞、活塞杆、密封装置、缓冲装置、缸筒、缸盖等组成。在高压油作用下，活塞带动活塞杆产生往复运动，驱动工作装置动作。

7. 常见故障与排除

液压系统常见故障与排除如表 11-2 所列。

表 11-2 液压系统常见故障与排除

故障现象	故障原因	排除方法
液压油箱内液压油温度超过正常值	1. 液压油散热器（冷却器）芯堵塞； 2. 风扇无转动（皮带打滑）； 3. 液压油油位较低； 4. 液压油型号使用有误	1. 修复或更换； 2. 修复或更换； 3. 按规定添加； 4. 更换液压油
动作缓慢或无动作	1. 液压油油位低于正常油位线； 2. 有气体进入主泵管路； 3. 主泵损坏； 4. 控制泵（伺服叶片泵）损坏； 5. 安全阀工作不正常	1. 按标准加注液压油； 2. 拧紧各管接头或更换损坏的管路； 3. 修复或更换； 4. 修复或更换； 5. 调整或更换
某个油缸工作不正常或无动作	1. 油缸密封件损坏； 2. 控制该油缸的阀已损坏或油缸内有空气进入； 3. 安全阀没有正确调节或已损坏； 4. 连接该油缸的管路发生泄漏	1. 更换密封件； 2. 更换或排空气体； 3. 调节或更换； 4. 紧固或更换
操纵手柄不受力时，油缸不能保持，有滑移现象	1. 油缸（内）密封件损坏； 2. 管路有泄漏； 3. 控制阀或过载阀损坏； 4. 保持阀已损坏	1. 更换密封件； 2. 紧固或更换； 3. 修复或更换； 4. 修复或更换
挖掘机无回转动作或回转速度慢	1. 控制阀损坏； 2. 回转马达损坏或回转减速器损坏； 3. 回转支承（回转轴承）损坏； 4. 回转齿圈损坏	1. 修复或更换； 2. 修复或更换； 3. 修复或更换； 4. 修复或更换
回转时有异响产生	1. 回转轴承损坏； 2. 回转齿圈损坏； 3. 回转支承（轴承）或回转齿圈润滑不正常； 4. 回转减速箱里润滑油不足	1. 修复或更换； 2. 修复或更换； 3. 加注油润滑； 4. 加注油润滑
回转停车困难	1. 制动阀失效； 2. 制动阀设定压力不正确	1. 修复或更换； 2. 重新设定
柴油机停机后操作作业手柄工作装置不能下降	蓄能器损坏	修复或更换

二、行走装置

1. 结构组成

行走装置支撑挖掘机的整机质量并完成行走任务，主要由履带总成、驱动轮、托链轮、支重轮、引导轮(俗称“四轮一带”)、张紧装置、行走马达等组成(图 11-35)。

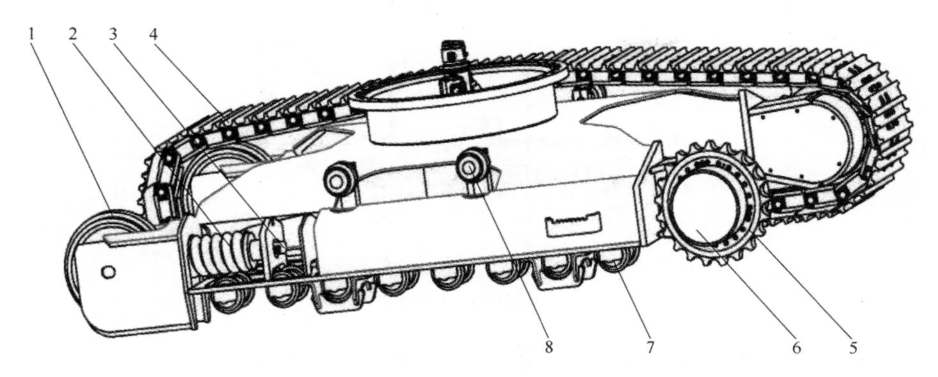

图 11-35 行走装置结构组成

1—引导轮;2—张紧装置;3—张紧装置注油口;4—履带总成;5—驱动轮;6—行走马达及减速器;7—支重轮;8—托链轮。

行走机构的各零件都安装在整体式车架上。主泵输出的压力油经过主控制阀和中央回转接头进入行走马达,该马达压力能转变为输出扭矩后,经过减速器传给驱动轮,最终卷绕履带实现挖掘机的行走。

挖掘机采用两个行走马达各自驱动一条履带。两个行走马达同方向旋转式时,挖掘机将直线行驶;若只向一个行走马达供油,并将另外一个行走马达制动,挖掘机则绕制动一侧的履带转向;若使左右两个行走马达同时反向旋转,挖掘机将进行原地转向。

挖掘机行走时驱动轮应位于后部,使履带的张紧段较短,减少履带的摩擦、磨损及功率消耗。

2. 履带张紧度调整

履带总成经过一段时间的行走,轨链节和驱动轮的磨损会造成节距的伸长,使履带不能保持足够的张紧度,并发生磨损履带架、脱轨和掉链等情况使履带不能正常行走。因此,每条履带都设有张紧装置,以调节履带的张紧度,减少履带的噪声、摩擦、磨损及功率损失。通过改变张紧装置的2#锂基润滑脂加注量可以改变履带的张紧度。

履带张紧度检查调整方法如下:

(1) 操作回转平台到与履带垂直方向,用工作装置撑地,将履带悬空。

(2) 检查履带最大下垂量。履带标准下垂量为 70~100mm。

(3) 拆开车架上张紧装置处的防护盖板。

(4) 向张紧装置加注适量 2#锂基润滑脂。

(5) 检查履带张紧度,直到下垂量符合规定要求。

(6) 若需调大下垂量,只需将张紧装置里的 2#锂基润滑脂放出适量即可。

3. 履带更换

履带更换的操作程序如下:

(1) 将挖掘机开到一个平坦的地面上,将履带的主连接销(该销端部有一台阶,可拆卸)做好标记,开动挖掘机是主连接销运转到导向轮的上方。注意:挖掘机的停放姿势是让驱动轮在后,导向轮在前。

(2) 放掉张紧装置里的部分 2#锂基润滑脂,让履带变松。

(3) 用一个直径小于主连接销的铁棍作冲击销,再用榔头将主连接销打出(图 11-36)。

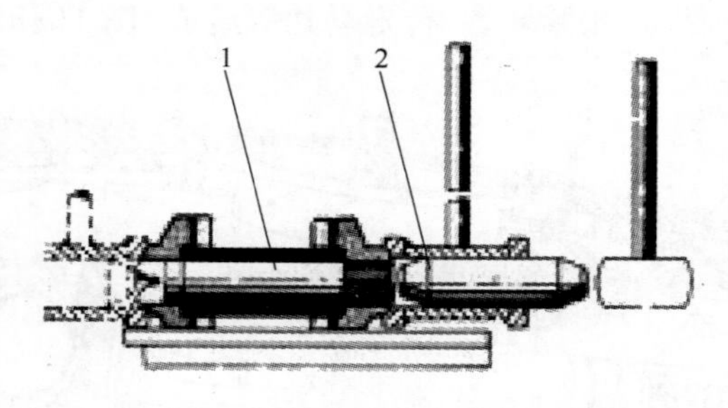

图 11-36　主连接销的拆卸

1—主连接销;2—冲击销。

(4) 挖掘机倒退行走,直到履带完全脱离并平放在地面为止。

(5) 利用挖掘机的作业装置将新履带铺接在旧履带的同一直线上(图 11-37(a))。

(6) 用主连接销将新旧履带连接起来,使导向轮在转动时不至于脱落。

(7) 将挖掘机慢慢开到新履带上,取出主连接销,用铁丝将轨链的一头接在导向轮上(图 11-37(b))。

(8) 通过行走把履带一头带到驱动轮、托链轮和导向轮上,直到导向轮前只剩下两块履带板时停止前进。注意:应使用支撑物,避免驱动轮、托链轮和导向轮上的履带下沉。

(9)用铲斗挂住铁丝将履带板拉至合龙处,接上连接套和轨链,从外侧把主连接销向内敲紧。

(10)向张紧装置加注 2#锂基润滑脂,张紧履带。

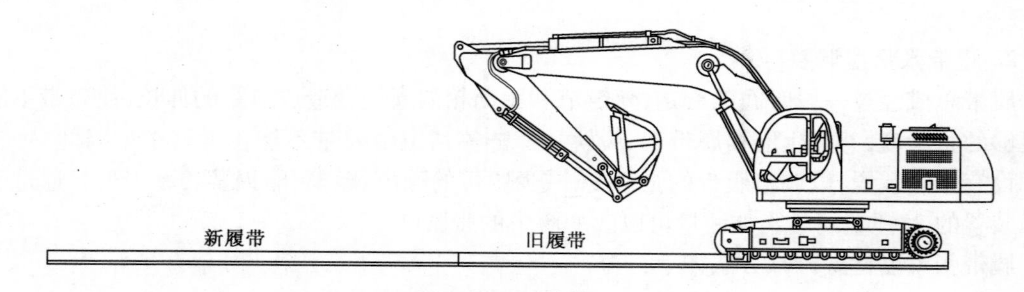

(a)将新履带铺接在旧履带的同一直线上

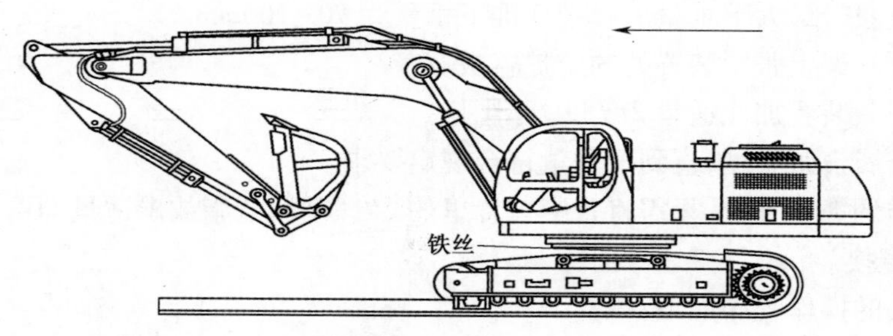

(b)将挖掘机开到新履带上

图 11-37　履带更换示意图

4. 常见故障与排除

行走装置常见故障与排除如表 11-3 所列。

表 11-3　行走系统常见故障与排除

故障现象	故障原因	排除方法
挖掘机行走不畅（有跳跃）	1. 履带张得太紧； 2. 履带板及铰链被污染； 3. 制动阀工作异常； 4. 行走减速器损坏	1. 重新调节； 2. 清洗； 3. 修复或者更换； 4. 修复或者更换
挖掘机行走无力	1. 液压泵损坏； 2. 柴油机异常； 3. 安全阀设定压力不正确； 4. 液压油不足； 5. 行走马达不工作或者工作异常； 6. 液压系统泄漏	1. 修复或者更换； 2. 修复； 3. 重新设定； 4. 添加液压油； 5. 修复或更换； 6. 修复或更换部件
挖掘机无法直线行走	1. 两边履带张紧不一致； 2. 左右马达设定压力不平衡； 3. 单侧马达损坏或工作异常	1. 重新调整； 2. 重新设定； 3. 修复或更换

三、工作装置

1. 作业机构

工作装置采用了铰接式反铲结构，这种结构是单斗液压挖掘机最常用的结构形式，动臂、斗杆和铲斗等主要部件彼此铰接（图 11-38），在液压缸的作用下各部件绕铰点摆动，完成挖掘、提升和卸土等动作。分别操纵两个手动先导阀就可进行挖掘作业。斗杆和铲斗之间采用了六连杆机构，这种结构形式增大了铲斗的转角范围，改善了机构的传动特性。

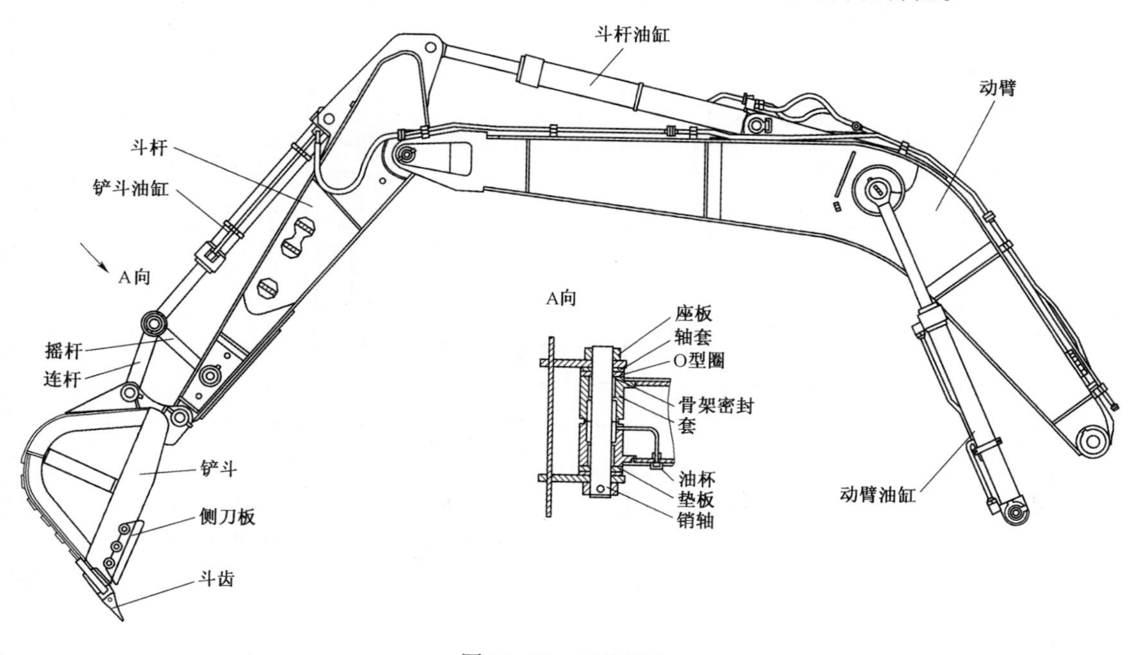

图 11-38　工作装置

工作装置在装配时，各转动部件间的摩擦面应涂上润滑脂。工作时，每工作日应通过工作装置上安装的黄油嘴向转动销轴与套间的摩擦面加注润滑脂，提高销轴与套的工作寿命。

1）动臂

该机采用整体式动臂，结构简单，质量轻而刚度大，有较大的挖掘深度，符合挖掘机反铲作业的要求。

2）斗杆

经过 MSC 有限元分析优化设计的斗杆强度高、刚性好，采用大型箱式断面焊接结构、高应力区用厚板加强，性能优越、可靠、寿命长。

3）铲斗（标配斗为岩石斗，挖土应该用土方斗）

铲斗采用岩石斗，在铲斗切削部位、侧面、底部使用进口高强度耐磨钢板，其余部分使用加厚钢板；选用岩石专用斗齿、斗齿座、侧齿；使其具有高耐磨、高抗弯能力，适用于坚石、爆破后的矿石装载等恶劣作业环境。

2. 液压操纵系统

1）系统组成

先导操纵系统由齿轮泵、蓄能器、安全阀、先导操纵阀、先导开关、脚踏先导阀、换挡电磁阀等部件组成，先导操纵系统的调定压力为 4.0MPa，齿轮泵最大排量为 10mL/r。先导操纵系统及仪表开关布局，如图 11-39 所示。

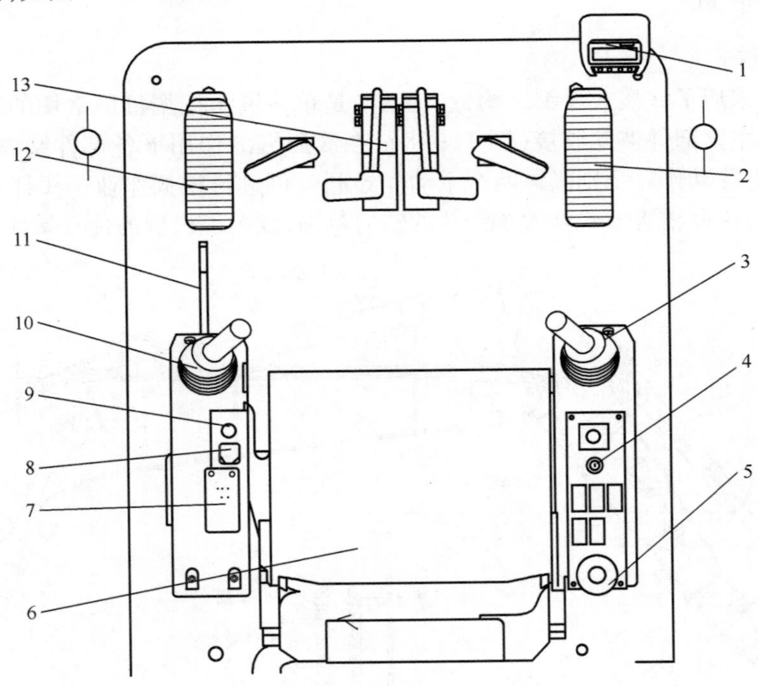

图 11-39　先导操纵及仪表开关布局

1—彩色监测显示仪表；2—踏板式先导阀；3—右先导手柄；4—右仪表板；5—备用手油门；
6—驾驶员座椅；7—空调控制面板；8—点烟器；9—切换开关；10—左先导手柄；
11—先导总开关；12—踏板式先导阀；13—脚先导阀。

2）先导操纵阀

先导操纵阀由下盖 11、阀体 10、压块 6、手柄 4、柱塞 7、阀杆 1 等零件组成（图 11-40）。阀体上 C 腔为回油腔，B 腔为伺服压力油腔，A 口为伺服油出油口，当手柄处于中间位置时，阀杆 1 上的小口与回油腔相通，进油腔（B 腔）处于关断状态，A 口无油压。当向左或向右搬动手柄时，压块 6 向下推动柱塞 7，阀杆 1 在弹簧力作用下向下移动，阀杆小孔与 B 腔连通时，B 腔内的伺服油经阀杆小孔进入 A 口产生控制油压，如此时不再搬动手柄，则 A 口产生的控制油压在阀杆下端产生的油压力克服弹簧力将阀杆向上推动，当阀杆小孔被重新关闭后，A 腔油压不再变化，稳定在某一压力值下，即伺服阀的控制方式为随动方式，松开手柄使之处于中间位置后，阀杆向上移动到起始位置，阀杆小孔与回油腔接通，A 腔压力油经该小孔流回油箱，解除伺服控制压力。

3）蓄能器

蓄能器形式为皮囊式（图 11-41），它能存储一定的先导压力油，用于主控阀的压力释放操作。如进行复合操作，可能会出现先导系统短时间压力不足的情况，此时储能器向先导系统提供一定的先导压力油。柴油机停止运转后，储能器提供先导压力油，使工作装置能够降低。

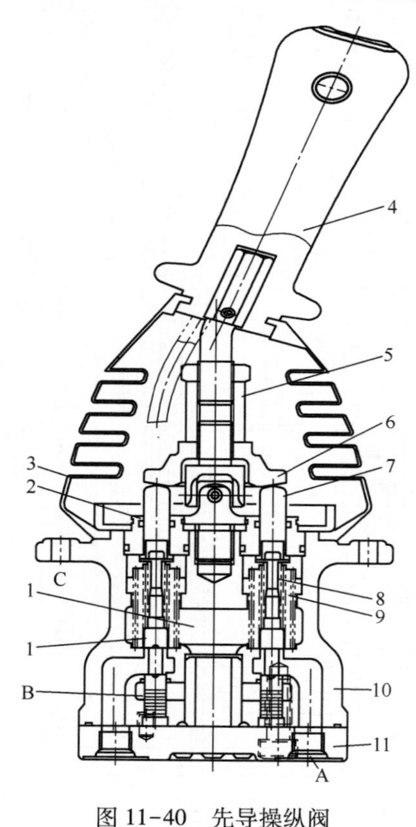

图 11-40　先导操纵阀

1—阀杆；2—套；3—皮碗；4—手柄；5—接块；6—压块；7—柱塞；8—小弹簧；9—大弹簧；10—阀体；11—下盖。

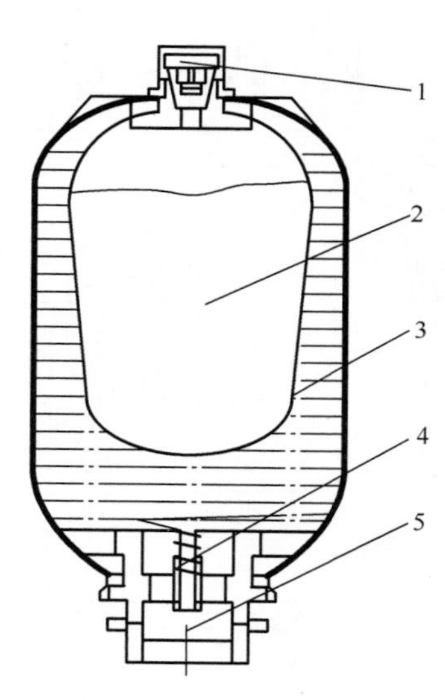

图 11-41　蓄能器

1—气阀；2—皮囊；3—钢制壳体；4—单向阀；5—液压油接口。

4）液压系统工作原理

液压系统工作原理如图 11-42 所示。

（1）两个主泵排出的流量，同时进入操纵阀组的两个进油口 P1，当操纵阀组内各控制阀阀杆处中间位置时，两路油压 P1、P2，经阀组内的中间通道直接到达负流量控制阀，两个负流量控制阀的控制口 FR，FL 分别经由主控阀上的二位四通阀回油箱，因此，负流量控制阀内的节流孔两端产生压差，推动阀杆使负流量控制阀处于开启状态，两条主油路的流量经节流孔后产生负流量控制压力，送入主泵斜盘角度控制口，使斜盘角度减至最小，使主泵排量减至最小，

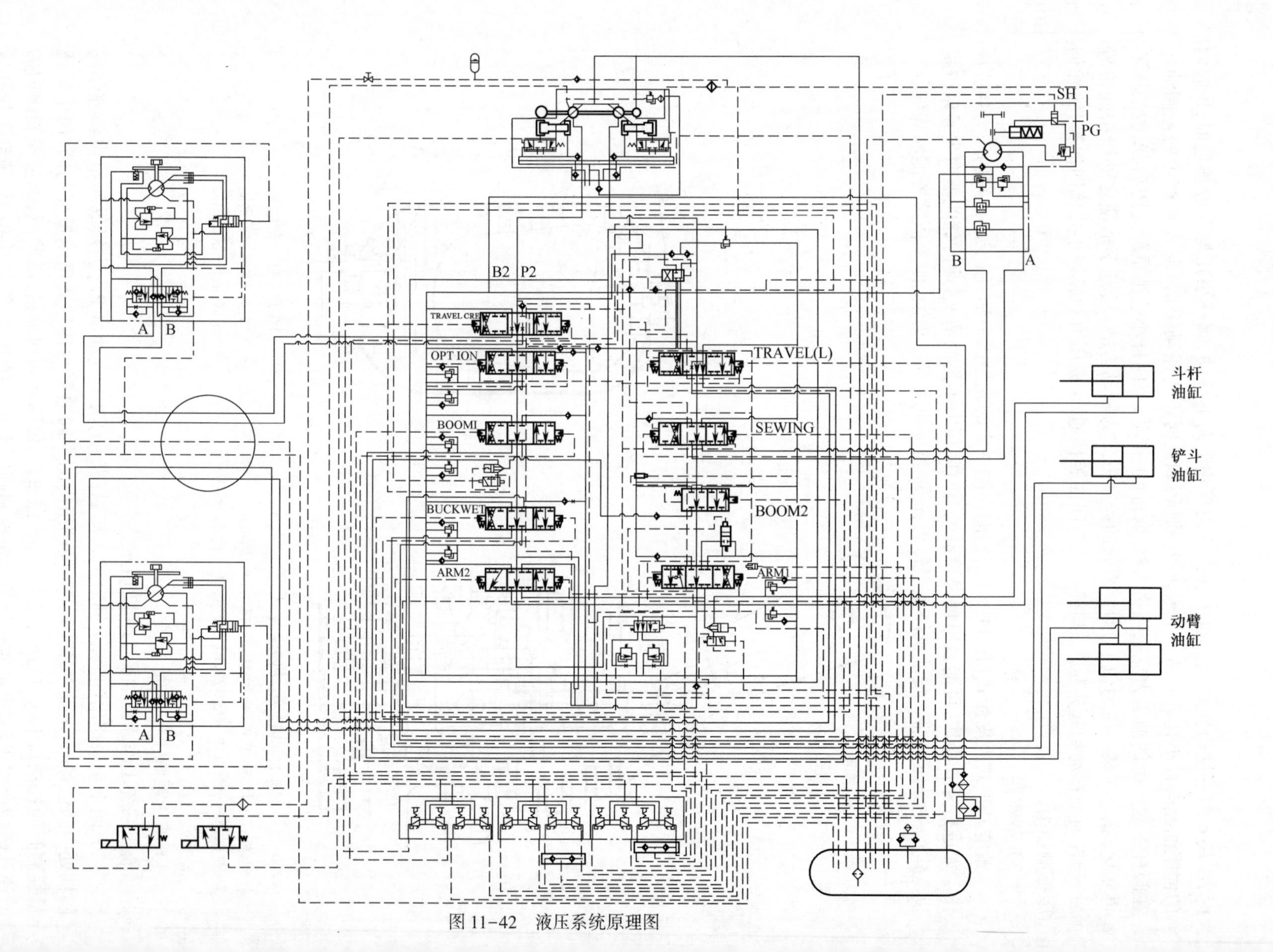

图 11-42　液压系统原理图

从而降低中位时的液压损失。工作时，如需要油缸作缓慢动作，此时，就需部分流量经主控阀中间通道直接回油箱，所以负流量控制阀也起作用，减小油泵排量，从而减少液压损失。

（2）操纵动臂上升动作时，控制动臂的三位八通阀阀杆向下移动，P2 口经由控制阀通道进入动臂油缸大腔，动臂油缸小腔经控制阀另一通道回油箱，控制阀阀杆动作时也带动二位八通阀向左移动，从而切断 P1 口负流量控制口 FL 的回油通路。因此 P1 口的油压经操纵阀组内的合流阀与 P2 口油压并联，实现动臂油缸大腔的合流动作，加快动臂油缸的移动速度，提高作业效率。

操纵动臂下降时，动臂控制阀阀杆向上移动，二位八通阀靠弹簧回位，左边 P1 口直接回油，油压不能建立，因此，动臂油缸小缸是单泵供油。

（3）操纵斗杆进行挖掘时，因斗杆控制阀阀杆上所带三位八通阀两个位置都将负流量控制口 FL 的回油通道切断，因此 P1 口油路回油通道被切断，产生的压力与 P2 口并联，实现斗杆油缸大小腔的合流供油。

（4）操作铲斗进行挖掘时，主泵 P2 口的液压油通过铲斗控制阀给铲斗油缸供油，主泵 P1 口的液压油通过阀组后部的外引油口引到另一端铲斗控制阀前端，实现铲斗阀外合流，提高铲斗双向的运动速度。

3. 常见故障与排除

工作装置常见故障与排除如表 11-4 所列。

表 11-4　工作装置常见故障与排除

故障现象	故障原因	排除方法
关节销轴连接处有明显空隙	轴套磨损	更换轴套
斗齿变圆、变钝	斗齿磨损	更换斗齿
回转作业时，出现异响（“咯噔”或“咔吱”）	1. 润滑油缺少； 2. 二级行星减速器内齿圈、行星齿轮损坏	1. 补充润滑油； 2. 更换受损零件
回转支承内部有异常声响，且有黄油被甩出	1. 密封装置损坏； 2. 回转支承内部的滚柱和隔离套损坏	1. 更换密封件； 2. 检查、清洗或更换零件

四、附属装置及特殊配置

为了适应不同的作业场合需要，本机除了配备标准铲斗之外还配置了液压破碎器、液压剪、液压夯三种附属装置。另外，还可安装快换连接器，这样能够将不同的作业装置迅速地切换，增强了挖掘机的快速适应能力，提高了工作效率。

要使这些附属装置都能够在该机上顺利有效的工作，在设计上采用了管路共用的方法，减少了管道的数量，增加了操纵的便捷性，其液压原理如图 11-43 所示。另外，增添了安装模式和作业模式的转换开关，保证了作业状态下的安全性。

1. 快换连接器

快换连接器是安装于挖掘机上，用于实现主机与各种附属装置快速有效地连接在一起的特殊装置。本机配备的快换连接器型号为 HYL5500，总质量为 470kg，驱动压力 4~34MPa，流量 10~20L/min。

HYL5500 快换连接器采用液压油缸驱动的结构形式，主要由壳体、油缸、销轴、抓钩、安全挂钩、安全销轴等零件组成。

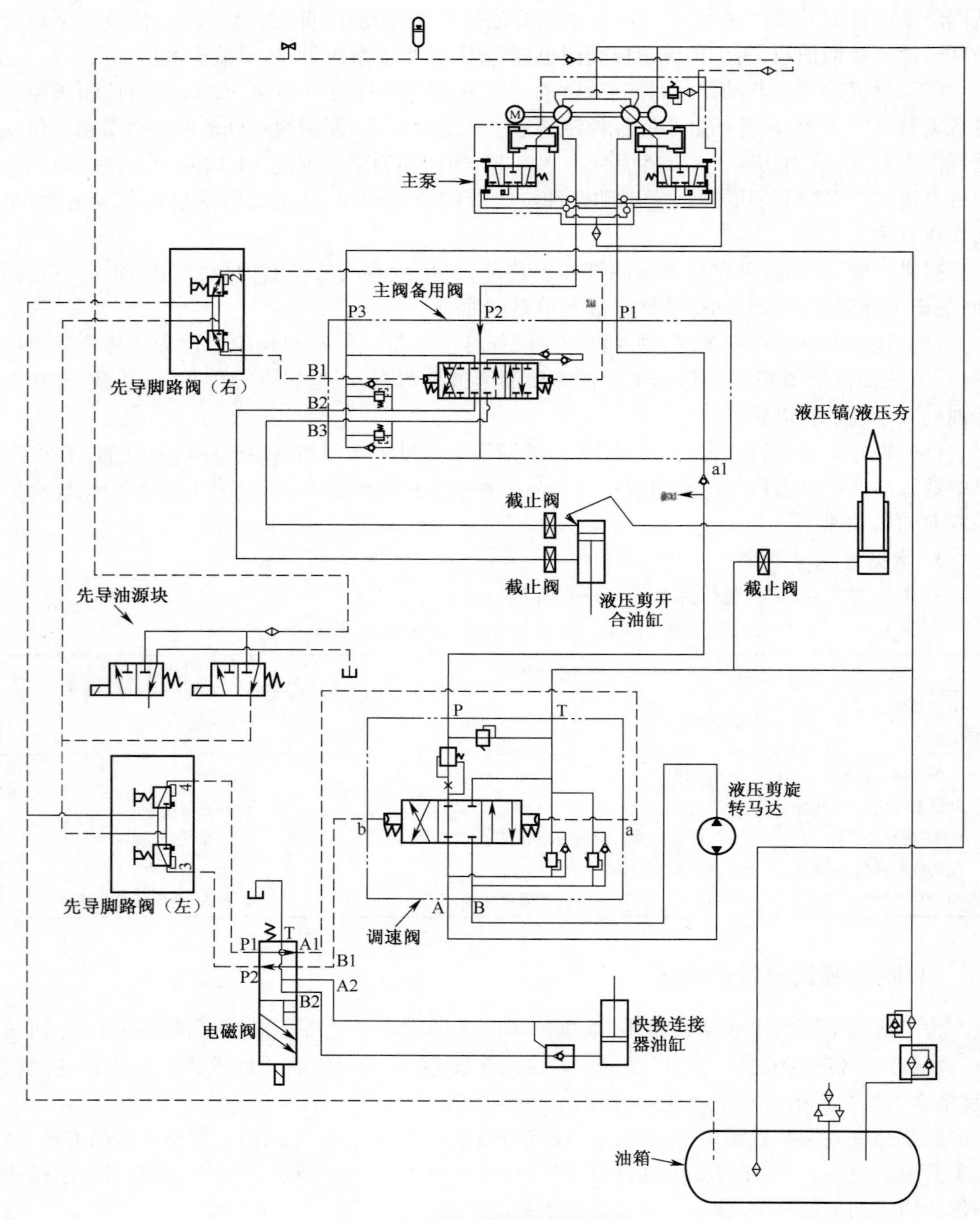

图 11-43　附属装置液压原理图

2. 液压破碎器

液压破碎器在各项施工建设中用于破碎钢筋混凝土块、石头等坚硬物质,以便装载、搬运。本机配备的液压破碎器型号为 HY3500 侧装式,总质量 2561kg,工作压力 16～18MPa,流量 170～240L/min。

HY3500 液压破碎器采用侧装式(又称三角式)结构形式,由主体和壳体两部分组成。主体部分主要由通体螺栓、后缸体、阀、中缸体、活塞、钎杆、蓄能器等零件组成;壳体部分主要由后头板、前头板、螺母、垫片、侧板螺栓、侧式护、螺母、限位圈、螺栓、T 形套、轴销、黄油嘴等零件组成,该部分对主体起支撑防护的作用,以及作为与主机的连接结构,将受力直接传至主机。

3. 液压剪

液压剪是挖掘机上配备的用于拆除钢筋混凝土建筑物、桥梁、钢架结构等施工场合的重要工作附属装置,其借用挖掘机自身的优越条件有效地完成各项拆除任务。该机配备的液压剪型号为 HYC80 360°旋转型。

液压剪结构组成主要分为三部分:主体、端盖和破碎机颚。

(1) 主体:主要由主体架、油缸总成、液压块底座、中间连接柱、连接胶管、连接销轴、轴套等部件组成。

(2) 端盖:主要由主体大盖、传动大齿盘、液压马达、小齿轮等部件组成。

(3) 破碎机颚:主要由左破碎机颚、右破碎机颚、切割臂·T 形套、切割机刀片等部件组成。

4. 液压夯

液压夯属于挖掘机的附属装置之一,它通过装载在挖掘机上,依靠挖掘机的备用液压系统提供液压油源来驱动其上液压马达,带动凸轮旋转,实现振动以压实地面。液压夯在众多建设场合中的使用有:打夯坡面路面建设、基础建筑物、坡面岸堤、管道建设中底面土壤、排水管道和岩石基面、试桩工作等方面的使用。该机配备的液压夯型号为 HYM100。

液压夯主要组成有主体、连接器、保护壳体、驱动马达、凸轮、橡胶减振器、调节阀、底板等。

第十二章 装 载 机

装载机是一种广泛用于公路、铁路、矿山、建筑、水电、港口等工程的土方施工机械,主要用来铲、装、卸、运土与砂石一类散状物料,也可对岩石、硬土进行轻度铲掘作业,如果换上不同工作装置,还可以扩大其使用范围,完成推土、起重、装卸其他物料的工作。

第一节 ZL50G 型装载机

ZL50G 型装载机采用东风康明斯发动机有限公司生产的 6CTA8.3-C215 型柴油机,额定功率 160kW,额定转速 2200r/min。采用液力机械式传动系统、全液压铰接转向系统、气液双管路传动钳盘脚制动系统,工作装置为反转四连杆结构,采用液压系统操纵。

一、传动系统

ZL50G 型装载机的传动系统为液力机械式,由双涡轮液力变矩器、行星齿轮式动力换挡变速器、差速式驱动桥和行星齿轮式轮边减速器等组成(图 12-1)。

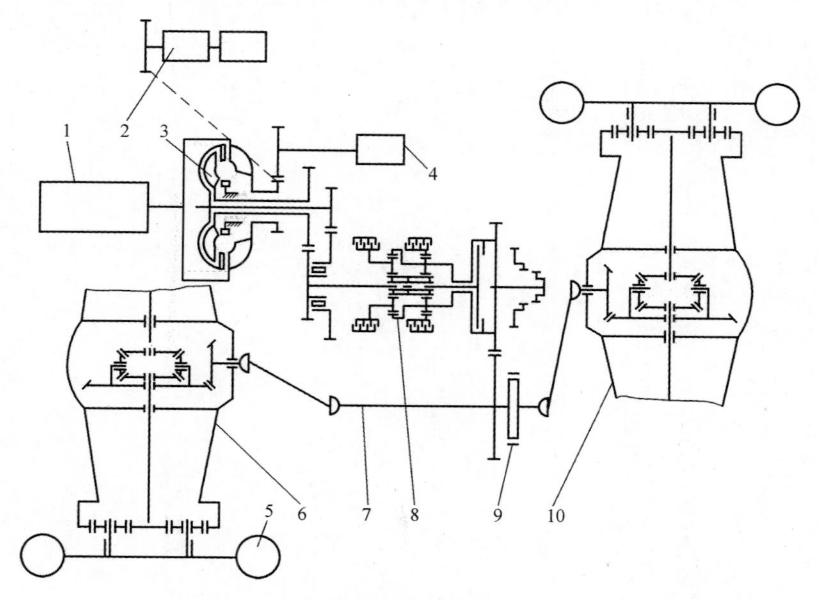

图 12-1 ZL50G 型装载机传动简图

1—发动机;2—液压泵;3—变矩器;4—转向泵;5—车轮;
6—后驱动桥;7—传动轴;8—变速器;9—制动器;10—前驱动桥。

1. 变矩器

双涡轮变矩器(图 12-2)主要由泵轮 10、导轮 9、第一涡轮 6 和第二涡轮 8 等组成。由于双涡轮变矩器的两个涡轮是相邻的，且中间没有固定不动的导轮，故仍为“单级”，又由于两个涡轮和其他工作轮的配合工作可实现两种工况，故此变矩器属于“单级二相变矩器”。

变矩器由于采用了内功率分流，这种形式本身就相当于两挡无级自动控制的变速器（根据负载的变化可自动进行调节），因而可减少变速器的排挡数，大大简化了变速器的结构。

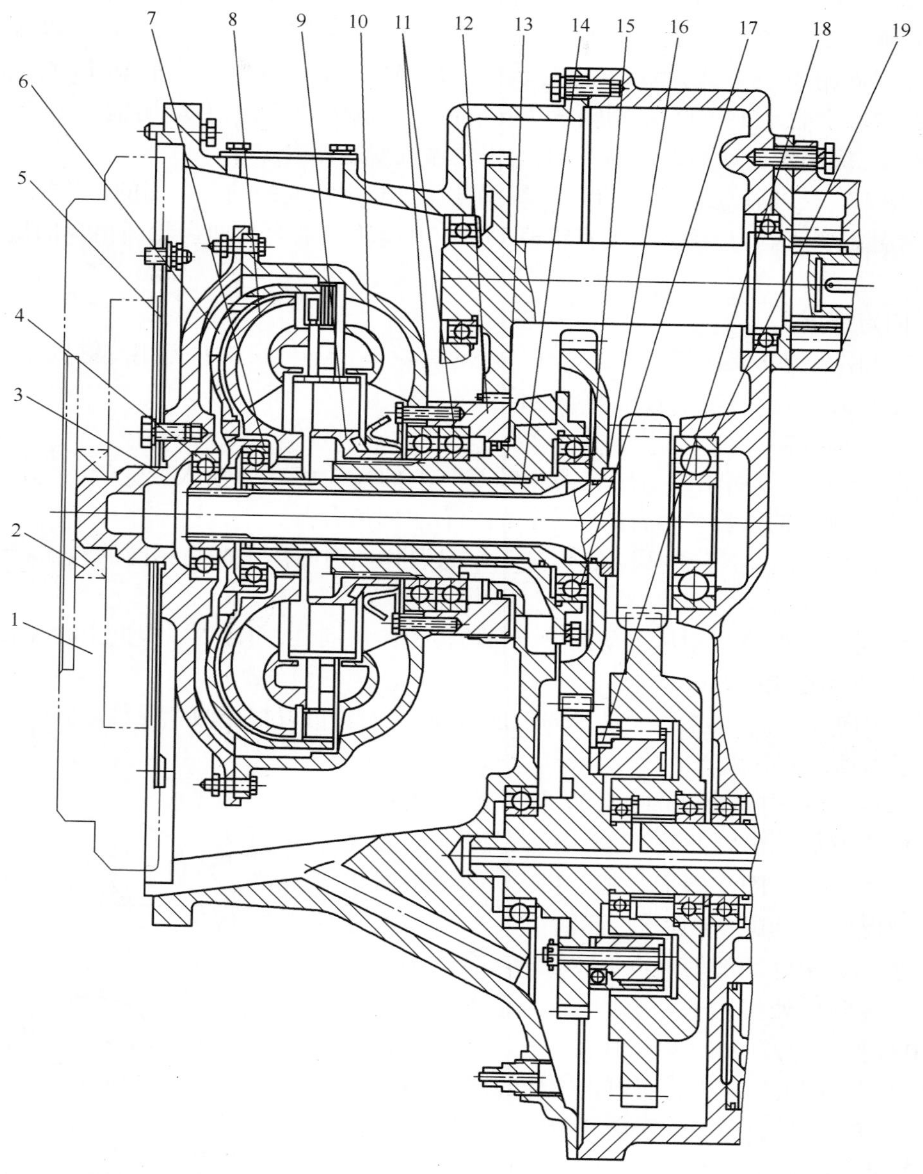

图 12-2　ZL50G 型装载机液力变矩器

1—飞轮；2—轴承；3—罩轮；4—轴承；5—弹性盘；6——级涡轮；7—轴承；
8—二级涡轮；9—导轮；10—泵轮；11—轴承；12—齿轮；13—导轮座；
14—二级涡轮套管轴；15——级涡轮轴；16—隔离环；17—轴承；18—单向离合器；19—轴承。

1）主动部分

弹性盘 5 的外缘用螺钉与发动机飞轮 1 相联，内缘用螺钉与罩轮 3 连接，与齿轮 12 连接在一起的泵轮用螺钉与罩轮 3 连在一起。主动部分的左端用轴承 2 支承在飞轮中心孔内，右端用两排轴承 11 支承在与壳体固定在一起的导轮座 13 上。

2）从动部分

从动部分由一级涡轮 6 及一级涡轮轴 15、二级涡轮 8 及二级涡轮套管轴 14 组成，第一涡轮 6（轴流式）以花键套装在涡轮轴 15 上，轴 15 右端制有齿轮。一级涡轮输出的动力就是通过该齿轮输入变速器，一级涡轮轴 15 左端以轴承支承在罩轮 3 内，右端以轴承 19 支承在变速器中。二级涡轮 8（向心式）也以花键套装在二级涡轮套管轴 14 上，套管轴 14 右端也制有齿轮。二级涡轮套管轴 14 的左端用轴承 7 支承在一级涡轮轮毂内，右端用轴承 17 支承在导轮座 13 内。二级涡轮的动力即由轴 14 上的齿轮输入变速器内。

从（图 12-2）可清楚地看出一级、二级涡轮通过与之相连的轴及上面的齿轮把动力输入变速器的情况。变速器与一级、二级涡轮轴 15、14 上齿轮常啮合的两齿轮间由单向离合器机构相连接。

3）固定部分

导轮 9 用花键套装在与壳体固定在一起的导轮座 13 上，导轮右侧用花键固定有导流盘，两滚珠轴承、导流盘、导轮三者用卡环定位在导轮座上。

4）单向离合器

变矩器通过一级涡轮轴与二级涡轮轴及其上的齿轮将动力输入变速箱。变速箱中与一级、二级涡轮轴上的齿轮相啮合的两齿轮间装有单向离合器。

单向离合器的结构有多种形式，但其工作原理和机构的作用都是相同的，它能起以下两种作用。

（1）单向传动：将扭矩从主动件单方向地传递给从动件，而且可以根据主动件和从动件转速的不同，自动地接合或分离。

（2）单向锁定：能将某一元件单向地加以锁定，而且可以根据两个元件之间受力的不同而自动地予以锁定或分离。

图 12-3 为单向离合器的工作原理示意图，内圈 2 上铣有斜面齿槽故称内圈凸轮，齿槽中装有滚柱 3，它在弹簧 4 的作用下与内圈 2 斜面齿槽、外圈 1 的滚道面相接触。若带齿内圈和输出轴齿轮一起沿箭头方向转动，并且内圈转速 n_2 大于外圈的转速 n_1 时，单向离合器中的滚柱与外圈的接触点处作用一摩擦力，该力企图使滚柱沿图 12-3 中箭头 A 的方向转动，同时在滚柱与内圈斜面的接触点处也有摩擦力。该力企图阻止滚柱的转动，这样滚柱就朝着压缩弹簧的方向滚动而离开楔紧面，内外圈之间不能传递扭矩，单向离合器分离。若外圈转速 n_1 大于内圈转速 n_2 时，外圈作用在滚柱上摩擦力企图使滚柱沿图 12-3 中箭头 B 的方向转动，而滚柱与内圈斜面的接触点处仍有阻止滚柱转动的摩擦力。这样滚柱就朝弹簧伸长、张开的方向滚动，并楔入外圈与内圈的斜面之间，单向离合器楔紧。

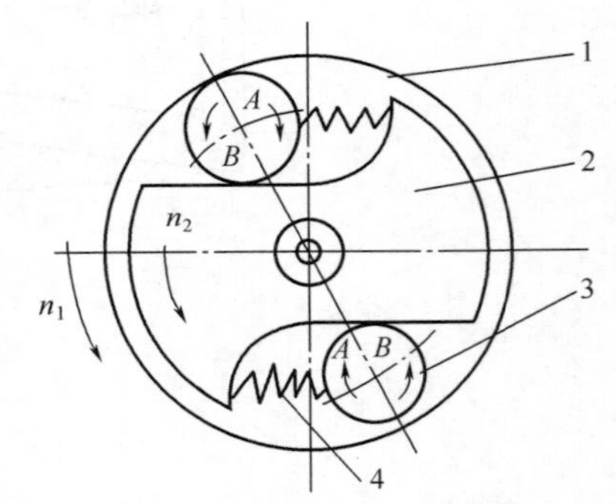

图 12-3　单向离合器工作原理
1—单向离合器外圈；2—单向离合器内圈；3—滚柱；4—弹簧。

2. 变速器

ZL50G 型装载机变速器与双涡轮液力变矩器安装在一起。双涡轮液力变矩器分别用两根互相套装在一起的输出轴将动力通过常啮合齿轮副传递给变速器。

变速器主要由变速传动装置和液压操纵系统组成。

1）变速传动装置

变速传动装置包括箱体和变速机构等(图 12-4、图 12-5)。

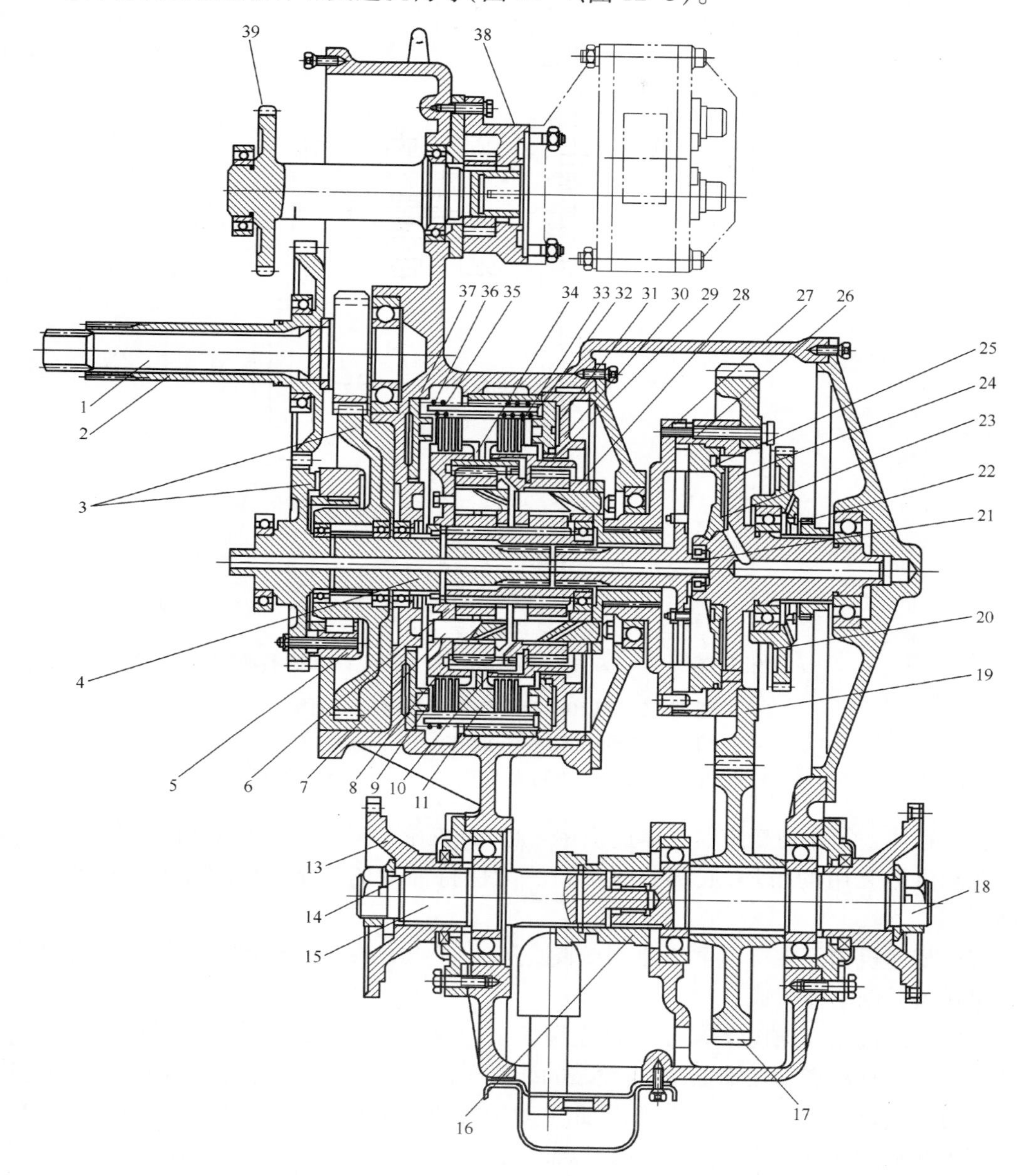

图 12-4　ZL50G 型装载机变速器

1—级涡轮轴；2—二级涡轮轴；3—主动传动齿轮；4—主动轴；5—单向离合器总成；6—太阳轮；7—倒挡行星轮轴；8—倒挡行星架；9——挡行星轮轴；10—倒挡齿圈；11—制动鼓；12—接盘；13—后桥接盘；14—油封；15—后桥输出轴；16—啮合套；17—从动传动齿轮；18—前桥输出轴；19—主动传动齿轮；20—逆传动齿轮；21—中间轴；22—啮合套；23—碟形弹簧；24—二挡油缸体；25—二挡活塞；26—二挡摩擦片总成；27—承压盘；28——挡行星架；29——挡齿圈；30——挡油缸体；31——挡活塞；32——挡从动片；33——挡主动片；34—倒挡行星轮；35—弹簧杆；36—弹簧；37—倒挡活塞；38—齿轮泵；39—转向油泵驱动齿轮。

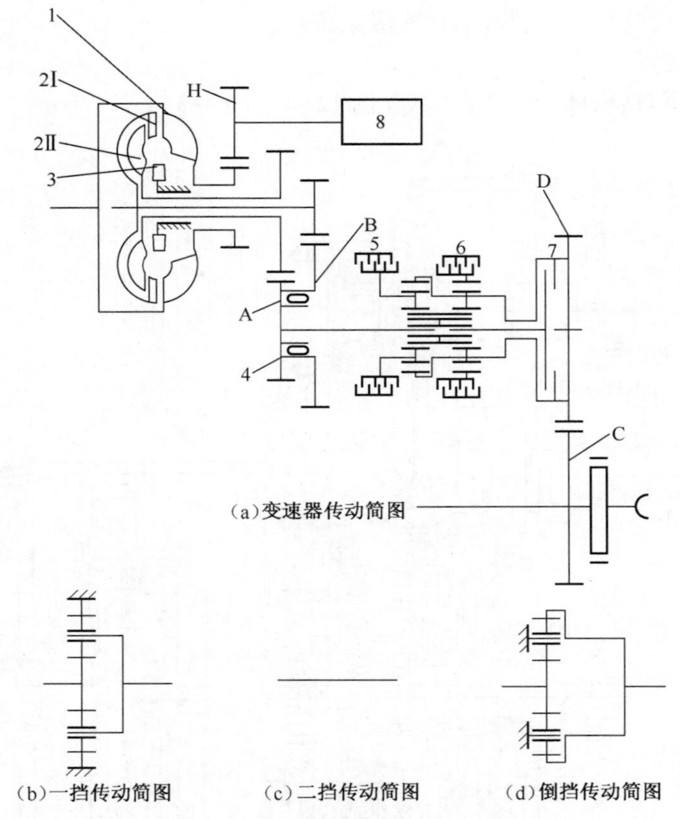

(a)变速器传动简图

(b)一挡传动简图　(c)二挡传动简图　(d)倒挡传动简图

图 12-5　ZL50G 型装载机变速器传动简图

1—泵轮;2Ⅰ——级涡轮;2Ⅱ—二级涡轮;3—导轮;4—单向离合器;
5—倒挡制动器;6—Ⅰ挡制动器;7—换挡离合器;8—转向泵。

(1) 箱体。箱体与变矩器壳体连接在一起,固装在车架上,它的右侧有加检油口,上部有通气孔和供拆装用的吊环,底部有放油口。为保持油液的清洁,底部装有带三块磁铁的过滤网。

(2) 变速机构。主要由主动轴、中间轴、从动轴、二挡(直接挡)离合器、倒挡行星排和一挡行星排及其制动器组成。

① 主动轴。主动轴以球轴承支承在箱体上,左端与二级涡轮从动齿轮制成一体,一级涡轮从动齿轮以轴承支承在轴上,两齿轮之间装有单向离合器。轴的右端以花键与太阳轮连接,太阳轮另一端以花键与中间轴连接,因此主动轴的动力可直接传给中间轴。中间轴的右端以轴承支承在从动轴的中心孔内,从动轴以轴承支承在箱体上,并与油缸体制为一体,中间轴和从动轴之间装有二挡离合器。

② 二挡离合器。二挡离合器的主动盘以螺钉固定在中间轴的接盘上,从动摩擦盘以外凸缘卡装在油缸体上,并由固定在承压盘上的六个销轴限制其旋转。承压盘、油缸体和主传动齿轮固定在一起,在油缸体内装有活塞,活塞可沿导向销移动,但不能相对转动,活塞与缸体间形成油室,经油道与操纵阀相通。活塞左侧的从动轴上以卡环装有碟形弹簧。当离合器结合时,动力由主动轴、中间轴、经离合器和主传动齿轮传给前、后桥驱动机构。分离时,高压油被解除,靠碟形弹簧把活塞推回原位而使主、从动盘分离。

③ 一挡行星排及制动器。一挡行星齿轮与太阳轮常啮合，行星齿轮轴装在行星架上，并用止动盘防止其转动。行星架与接盘用螺钉固定在一起。接盘的延长毂上以花键与承压盘连接，承压盘以轴承支承在中盖上，中盖用螺钉与箱体固定在一起。行星架左端制有外齿与倒挡行星排的内齿圈相啮合。一挡行星齿轮与其内齿圈常啮合。外齿圈的外面制有齿槽，套装有制动器的主动盘。制动器的从动盘以外凸缘卡装在制动鼓上，并用轴销限制其旋转。制动鼓装在箱体内，并用轴销限位。制动鼓中部凸出，其两侧分别装有一挡、倒挡制动盘。制动器的工作是靠油压力推活塞压紧主、从动盘而制动的。活塞装在缸体内，缸体被中盖压紧在制动鼓的右端面上，缸体与活塞形成油室，经油道与操纵阀相通，分离时高压油被解除，分离弹簧将活塞推回原位。

④ 倒挡行星排及制动器。倒挡行星齿轮与太阳轮常啮合，外面与倒挡内齿圈常啮合。行星轴装在行星架上，并用螺钉和卡片防止其转动。行星架外面制有齿槽，套装有制动器的主动盘。制动器的从动盘以外凸缘装在制动鼓上，并用轴销限制其转动，活塞装在箱体内，与箱体之间形成油室，经暗油道与操纵阀相通。15 个分离弹簧装在制动鼓的圆周上，弹簧两端分别顶在一、倒挡活塞上，使两活塞在解除油压后都处在分离位置。

综合上述，此变速机构由两个行星排组成。两行星排的太阳轮、行星轮、齿圈的齿数都相等。两行星排的太阳轮制成一体，通过花键与主动轴和中间轴相连。倒挡行星排齿圈和一挡行星架及承压盘三者用花键和螺钉连成一体。在倒挡行星架和一挡行星排齿圈上分别装有制动器。变速器有两个前进挡、一个倒挡。

2）液压操纵系统

液压操纵系统油路途径如图 12-6 所示。

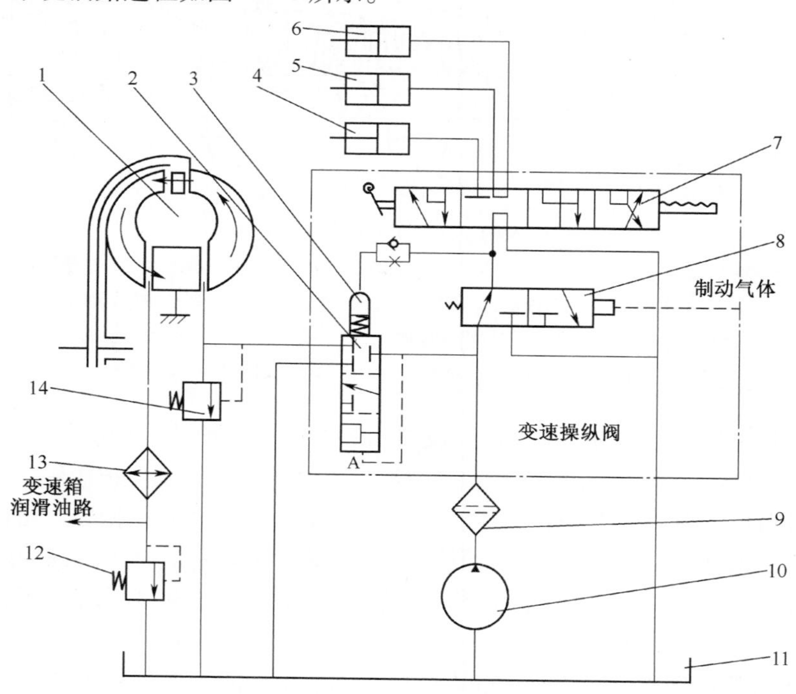

图 12-6　液压操纵系统油路途径

1—液力变矩器；2—主压力阀；3—弹簧蓄能器；4—变速器倒挡离合器；5—变速器一挡离合器；6—变速器二挡离合器；7—换向阀；8—制动脱挡阀；9—精滤油器；10—油泵；11—变速器油底壳；12—变矩器出口压力阀；13—散热器；14—变矩器进口压力阀。

(1) 油路途径。

油泵将变速器油底壳的油压向精滤清器、变速操纵阀。操纵阀的油路通至换向阀和弹簧蓄能器;另一路经进口压力阀通变矩器。从变矩器出来的油经冷却器、出口压力阀,通过油道去润滑和冷却各个轴承、齿轮和制动器的摩擦盘,而后流回变速器油底壳。

(2) 变速操纵阀。

主要由主压力阀、弹簧蓄能器、换向阀和制动脱挡阀组成,如图 12-7 所示。

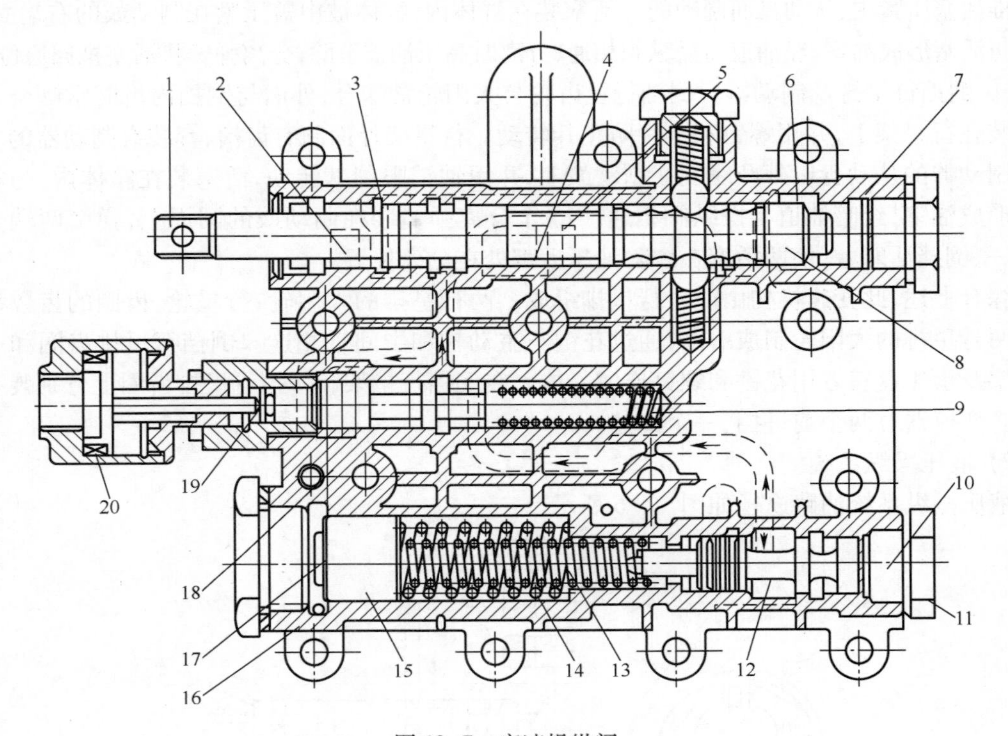

图 12-7　变速操纵阀

A—节流小孔;B—单向阀;1—一、二、空、倒挡;2—一挡回油;3—一挡进油;4—二挡进油;5—二挡回油;6—倒挡进油;7—倒挡回油;8—变速阀杆;9—制动脱挡阀杆;10—主压力阀杆;11—螺塞;12—进油口;13、14—弹簧;15—弹簧蓄能器;16—单向阀;17—节流小孔;18—接压力表;19—推杆;20—汽缸活塞。

① 主压力阀。主压力阀的作用是保证换向阀的油压在合理的范围(1.1~1.5MPa),把压力油一方面通换向阀,另一方面通变矩器,当油压过高时还可起安全保护作用。

主压力阀阀杆在阀体内,左端顶在蓄能器的小弹簧上,右端由螺塞限位。滑阀右端开有小孔,使滑阀端部的油室与进油口相通,当油压增高时,将滑阀向左推使压力油经进口压力阀进入变矩器:当油压超过 1.5MPa 时,滑阀继续左移,使回油口与进油口相通,降低油压,保证油路的安全。

② 换向阀。换向阀用于控制两个制动器和一个离合器的工作。每个制动器或离合器都有与高压油相通的进油口和与油箱相通的回油口。

阀杆装在阀体的空腔内,它有空挡、倒挡和一、二挡四个位置,移动阀杆可分别操纵一挡倒挡制动器或二挡离合器的结合或分离。为了保证阀杆的定位,在阀体与阀杆间装有定位弹簧和定位钢球。

③ 弹簧蓄能器。弹簧蓄能器是用于保证制动器或离合器迅速而平稳的结合。它主要由活塞、弹簧和单向阀组成。

活塞装在活塞缸内,右端顶在弹簧上,大小弹簧右端分别顶在主压力阀和壳体的凸台上。活塞左端与螺塞间形成油室,并通过油道与换向阀的连通油道相通,并在这段油道上装有单向阀和节流孔。在换挡时,开始油路的油压降低,蓄能器油室的油经单向阀补充油液,使制动器或离合器迅速结合。当主从动盘贴紧时,油压上升,一部分油液经节流孔,流向油室,推活塞右移,压缩弹簧,这样油路的油压便升高,使主、从动部件结合平稳。

④ 制动脱挡阀。制动脱挡阀用于在制动时,使变速器自动脱挡。它主要由阀杆、弹簧、活塞和汽缸体组成。

阀杆装在阀体内,在阀杆右面套装有回位弹簧。活塞装在汽缸内,在活塞与缸体之间的活塞杆上套装有回位弹簧。汽缸体固定在阀体上,汽缸内腔的气室通过气管与制动阀的气室相通。

制动时气室的高压气体推活塞顶动阀杆右移,压缩弹簧,切断高压油路。同时,连通变速阀与回油箱的油路,因而使制动器或离合器分离。当解除制动时,气室与大气相通,回位弹簧使阀杆和活塞恢复原位,切断回油箱的通路,连通高压油路,使变速阀正常工作。

3. 驱动桥

驱动桥分前桥和后桥,前桥的主动螺旋伞齿轮为左旋,后桥的主动螺旋伞齿轮为右旋,其余结构相同。

驱动桥主要由桥壳、主减速器、差速器、半轴、轮边减速器等组成。驱动桥的结构与工作原理参见 TLK220A 型推土机的相关内容。

二、转向系统

转向系统采用全液压铰接转向,转向液压系统主要由转向泵、优先卸荷阀、转向器和转向油缸等组成,其工作原理及组成示意图如图 12-8 所示。

三、制动系统

制动系统由行车制动系统和停车制动系统所组成。行车制动系统用以使行驶中的装载机减速或停驶;停车制动系统是使停止的装载机通过机械制动使其保持不动状态。

1. 停车制动系统

停车制动系统采用机械操纵蹄式制动器。

2. 行车制动系统

ZL50GX 型装载机行车制动系统(原理见图 12-9)采用气液传动钳盘式制动器。主要由空压机 1、组合阀 2、储气筒 3、制动控制阀 4、前后加力器 5 和盘式制动器 6 组成。

1) 盘式制动器

(1) 结构。

盘式制动器主要由制动盘和制动钳组成(图 12-10)。

制动盘通过螺钉固定在轮毂上,可随车轮一起转动。两个制动钳通过螺钉固定在桥壳的凸缘盘上,并对称地置于制动盘两侧。每个制动钳上制有 4 个分泵缸,缸内装有活塞,缸壁上制有梯形截面的环槽,槽内嵌有矩形橡胶密封圈,活塞与缸体之间装有防尘圈,其中一侧泵缸的端部用螺钉固定有端盖。4 个泵缸经油管及制动钳上的内油道互相之间连通。为排除进入

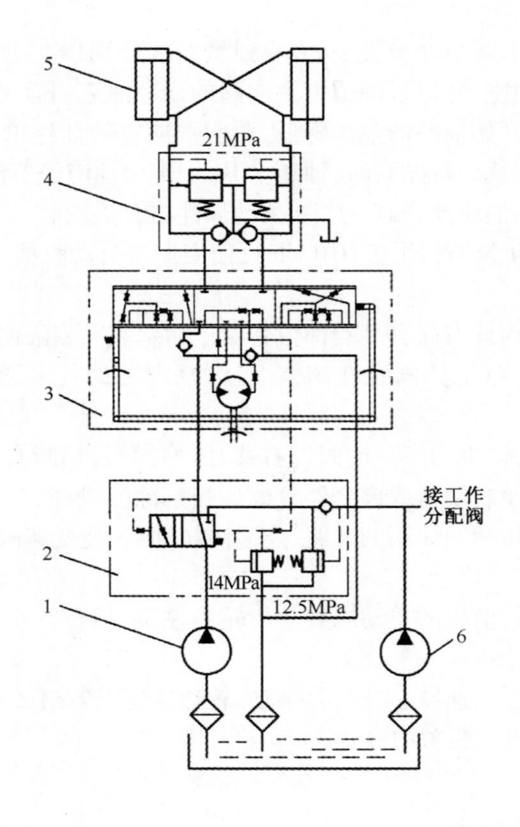

图 12-8 转向液压系统原理及组成示意图

1—转向泵;2—优先卸荷阀;3—流量放大阀;4—缓冲阀;5—转向油缸;6—工作泵。

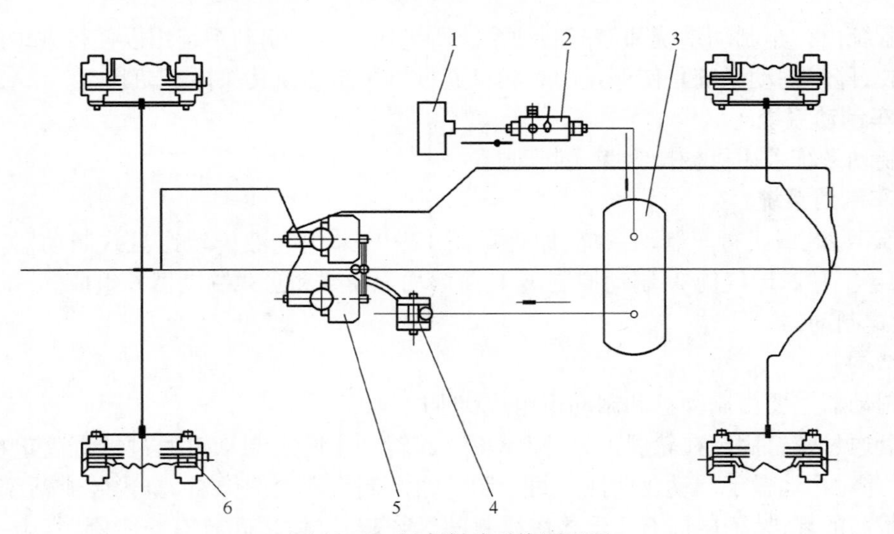

图 12-9 行车制动系统原理图

1—空压机;2—组合阀;3—储气筒;4—制动控制阀;5—前、后加力器;6—盘式制动器。

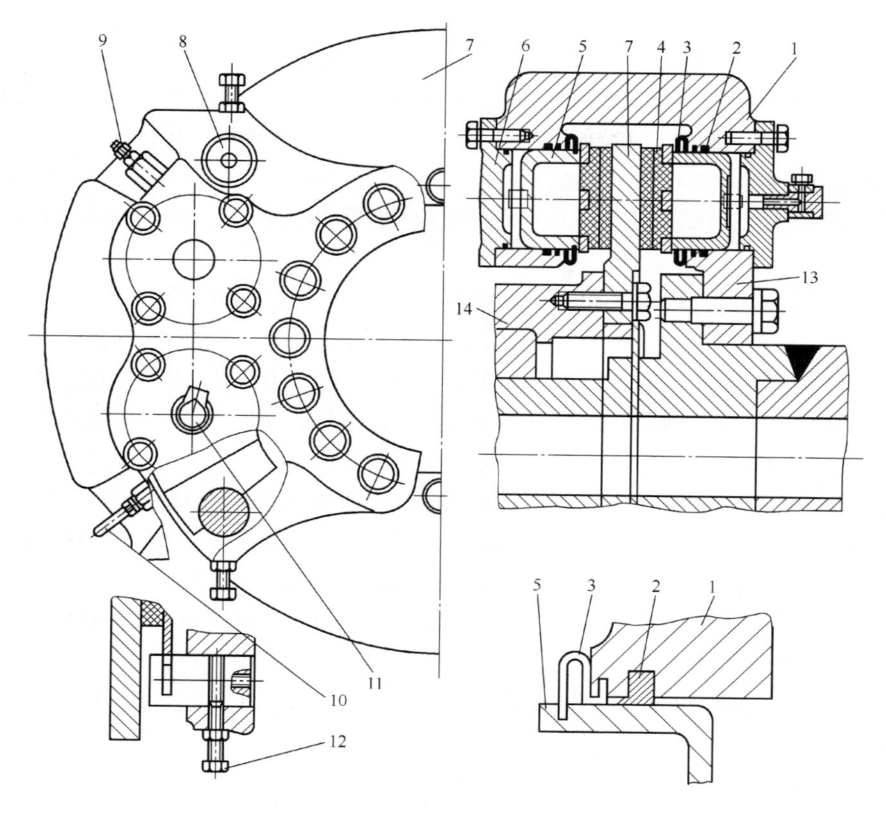

图 12-10 盘式制动器

1—制动钳;2—矩形密封圈;3—防尘圈;4—摩擦片;5—活塞;6—端盖;7—制动盘;
8—销轴;9—放气嘴;10—油管;11—油管接头;12—止动螺钉;13—桥壳;14—轮毂。

泵缸中的空气,制动钳上装有放气嘴。摩擦片装在制动盘与活塞之间,并由装在制动钳上的销轴支承。为防止销轴转动,制动钳上装有止动螺钉,用于将销轴固定。

(2) 工作原理。

不制动时,摩擦片、活塞与制动盘之间的间隙为 0.2mm 左右,因此,制动盘可以随车轮一起自由转动。

制动时,制动油液经油管和内油道进入每个制动钳上的 4 个分泵中,分泵活塞在油压作用下向外移动,将摩擦片压紧到制动盘上而产生制动力矩,使车轮制动。此时矩形密封圈的刃边在活塞摩擦力的作用下产生微量的弹性变形。解除制动时,分泵中的油液压力消失,活塞靠矩形密封圈的弹力自动回位,恢复其原有间隙,使摩擦片与制动盘脱离接触,制动解除。

如果摩擦片与制动盘的间隙因磨损而变大,则制动时矩形密封圈变形达到极限后,活塞仍可在油压作用下,克服密封圈的摩擦力而继续移动,直到摩擦片压紧在制动盘为止。但解除制动动时,矩形密封圈除起密封作用外,同时还起使活塞回位和自动调整间隙的作用。

利用矩形密封圈的定量弹性变形来使活塞回位并自动调整间隙,可使制动钳结构简单,造价低廉,保养简便。但这种结构对橡胶圈的弹性、耐热性和耐磨性、刃边的几何精度及光洁度的要求都比较高,而且由于矩形密封圈的刃边变形量很微小,在不制动时,摩擦片与制动盘之间的间隙,每边都只有 0.1mm 左右,因而在保证彻底解除制动方面还不十分可靠。

(3) 摩擦片的更换。

摩擦片上开有三条纵槽,槽深为 9mm,以此槽磨完为标记,即当摩擦片磨去 9mm 后,应当更换摩擦片。更换摩擦片的方法是:首先拆下轮辋,松掉止动螺钉,拔出销轴,摩擦片即自动掉下,更换后按相反步骤装复。

2) 制动传动机构

制动传动机构为气液式。主要由空气压缩机、组合阀、储气筒、制动控制阀和加力器等组成。

加力器采用气推油式,其结构如图 12-11 所示。它由活塞式加力气室和液压总泵两部分组成。

制动时,压缩空气推动气活塞克服弹簧的阻力,通过推杆使液压总泵的油活塞右移,总泵缸体内的制动液产生高压,推开回油阀的小阀门,进入制动器的活塞缸。当气压为 0.7MPa 时,出口的油压为 10MPa。

松开制动踏板,压缩空气从接头返回,气活塞和油活塞在弹簧作用下复位,制动器的制动液经油管推开回油阀流回总泵内。若制动液过多,可以经补偿孔 B 流入储油室。若制动踏板松开过快,制动液回流滞后未能及时随活塞返回,总泵缸内会形成低压,此时,在大气压力作用下,储油室的制动液经回油孔 A,穿过活塞头部的 6 个小孔,皮碗周围补充到总泵内。再次踏下制动踏板时,制动效果增大。

回油阀上装一小阀门,它关闭时,液压管路保持 0.07~0.1MPa 的压力,防止空气从油管接头或制动器皮碗等处侵入制动系统。

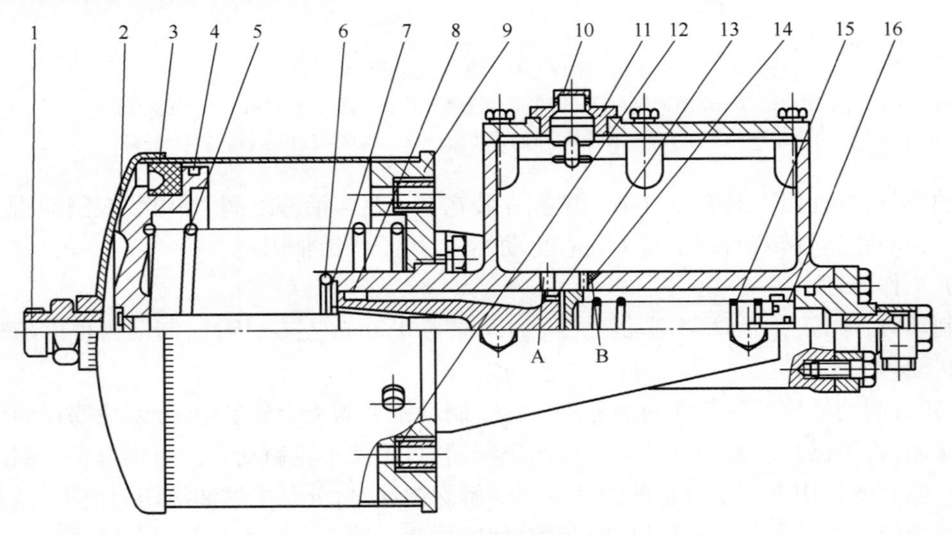

图 12-11 加力器

1—接头;2—气活塞;3—Y 形密封圈;4—毛毡密封圈;5、15—弹簧;6—锁环;7—止推垫圈;8—推杆;9—端盖;10—加油盖;11—衬垫;12—滤网;13—油活塞;14—皮碗;16—回油阀。

四、工作装置

工作装置是装载机的执行部件,主要用于装卸物料。其主要由摇臂、动臂、拉杆和铲斗组成,执行动作时需要通过控制转斗油缸及动臂油缸实现铲斗的翻转及升降,如图 12-12 所示。

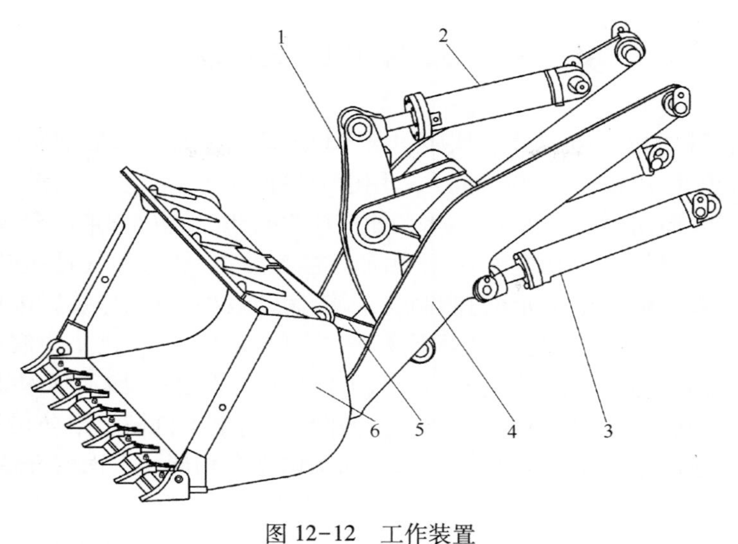

图 12-12 工作装置

1—摇臂;2—转斗油缸;3—动臂油缸;4—动臂;5—拉杆;6—铲斗。

五、工作液压系统

工作液压系统主要由油泵、多路换向阀、先导阀、选择阀、动臂油缸和转斗油缸等组成,其工作原理及组成示意图如图 12-13 所示。

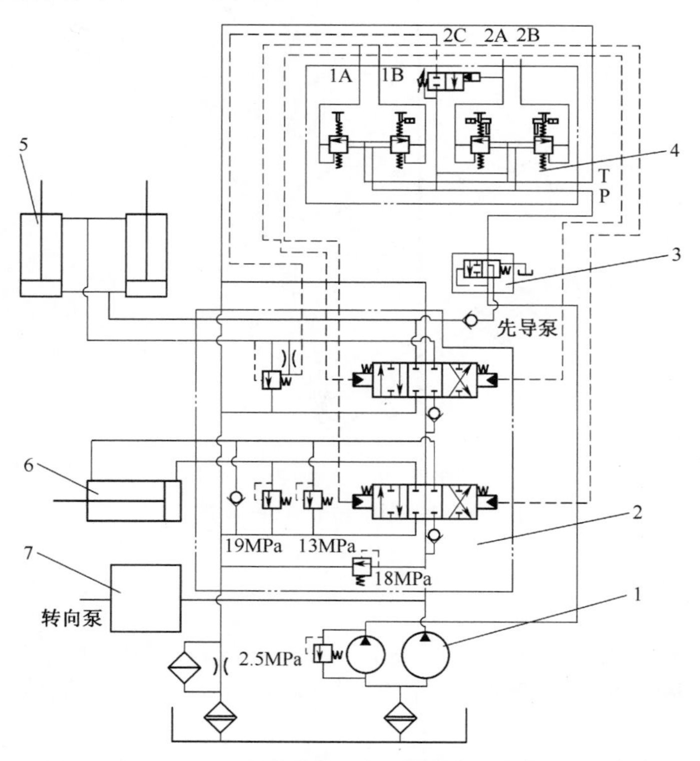

图 12-13 工作液压系统原理及组成示意图

1—油泵 CBGJ2080/1010(带溢流阀);2—D32 多路换向阀;
3—SF8 选择阀;4—DJS2 先导阀;5—动臂油缸;6—转斗油缸;7—优先卸荷阀。

第二节 ZLK50A 型装载机

ZLK50A 型装载机的发动机采用重庆康明斯 M11-C225 型直列六缸增压中冷四冲程柴油机，额定功率 168kW，额定转速 2100r/min。采用液力机械式传动系统，具有拖起动、变矩器闭锁功能，行驶速度高（最高速度可达 50km/h），能拖挂 25t、30t 平板车；采用全液压铰接转向系统，前车架具有较大的转角，机动性能好；采用油气悬挂减振系统，油气悬挂操纵采用电磁控制，简便可靠；采用双管路气液传动钳盘脚制动系统，制动效果好；工作装置采用优化设计，杆系布置合理，在最大卸载高度后，随着动臂下降，铲斗可自动放平；采用集中润滑系统，节省了保养时间，减轻了保养的劳动强度；可一机多用，工作装置有四合一斗，有抓木装置等。

ZLK50A 型装载机和 TLK220A 型推土机均为郑州宇通重工机械有限公司的产品，两种机械除工作装置及液压操作系统不同外，其他部分的结构完全相同。下面仅介绍其工作装置及液压操纵系统。

一、工作装置

工作装置主要由铲斗、连杆、摇臂、动臂等组成，如图 12-14 所示。通过控制转斗油缸和动臂油缸实现铲斗的翻转及升降。

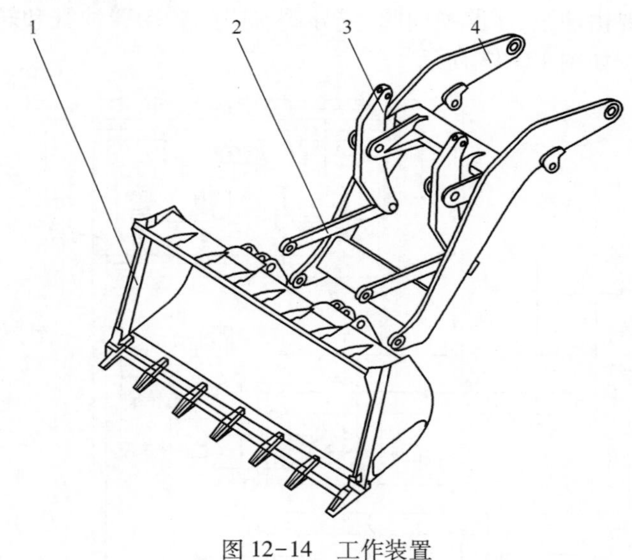

图 12-14 工作装置

1—铲斗；2—连杆；3—摇臂；4—动臂。

二、液压操纵系统

工作装置液压系统（原理图见 12-15）包括主液压系统和先导控制系统。通过先导操纵系统控制工作装置多路阀，实现动臂油缸和转斗油缸动作，从而控制工作装置满足作业需求。

1. 主液压系统

主液压系统由油箱、油泵、液控多路阀、液压手柄、动臂油缸、铲斗油缸、油管等元件组成。工作装置液压系统和转向系统共用一个油箱，油泵从油箱吸油，然后通过整体式多路阀改变油

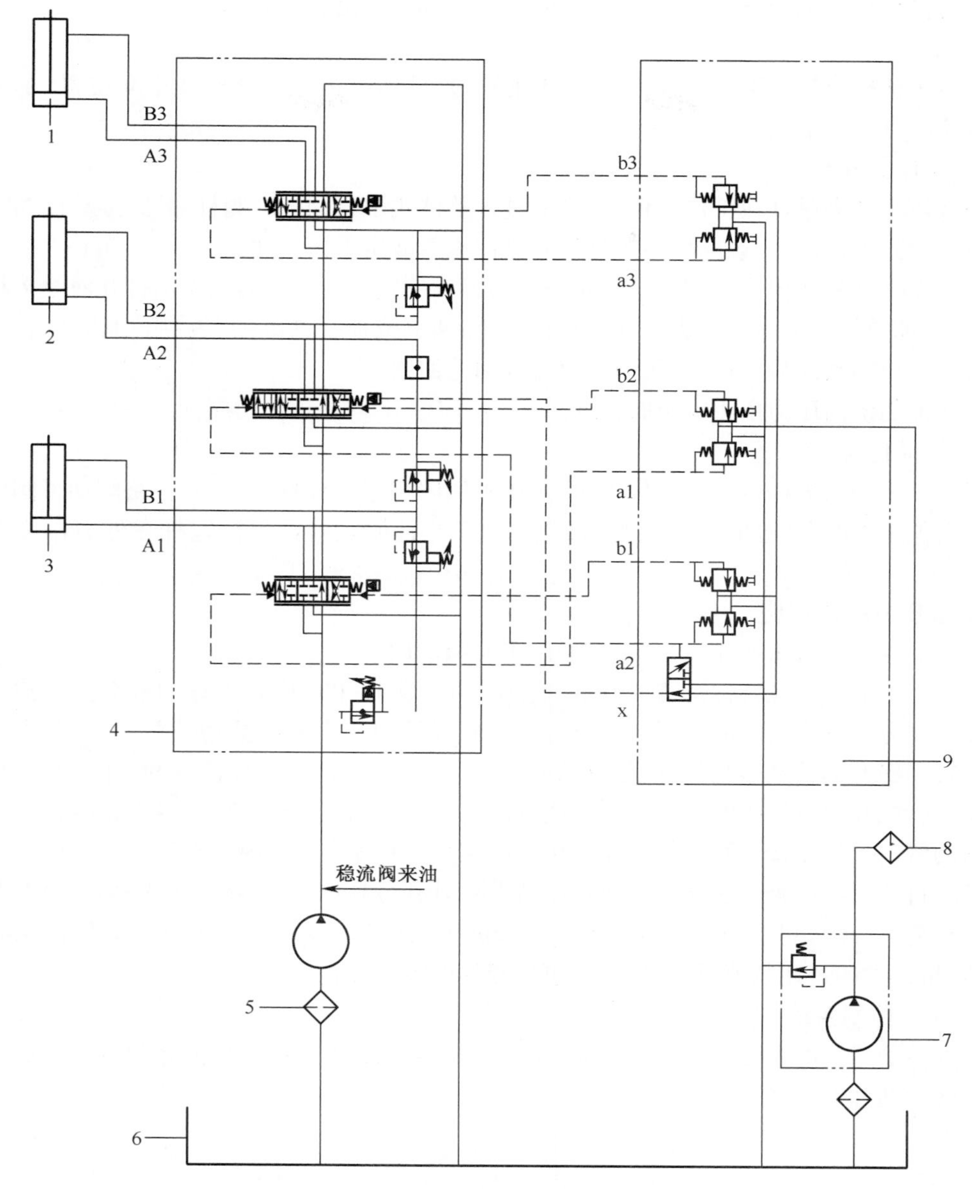

图 12-15　工作装置液压系统原理图

1—抓具油缸；2—动臂油缸；3—铲斗油缸；4—液控多路阀；
5—滤油器；6—油箱；7—先导泵；8—滤油器；9—液压手柄。

液流动方向，从而实现控制动臂油缸和铲斗油缸的运动方向，或使动臂与铲斗停留在某一位置，以满足装载机各种作业动作的要求。

油泵型号 CBGj3140，排量为 140mL/r，额定压力为 16MPa，最高压力为 20MPa，额定转速为 2000r/min，最高转速为 2400r/min。

液控多路阀的型号为 3Ml-32，与 GJT112 型推土机的相同。其工作原理如下：

液控多路阀内有动臂阀杆、铲斗阀杆和辅助阀杆，并装有溢流阀作为主安全阀。铲斗阀杆有中立、斗前倾和斗后倾三个位置，动臂阀杆有中立、提升、下降、浮动四个位置，辅助阀杆有中立、斗门合并、斗门翻开三个位置。阀杆移动靠先导油,回位靠弹簧。

1）中立位置

液压手柄操纵杆在工作位置,先导油不能通过,此时整体式多路阀在中立位置,主泵来的油经多路阀直接回油箱。

2）工作位置

当液压手柄操纵杆在工作位置,先导油进入整体式多路阀某一阀杆端路,推动该阀杆向左或向右移动到工作位置,该阀杆另一端的先导油流经液压手柄回油箱。

由于先导油使液控多路阀的某一阀杆移到工作位置。油泵来的工作油打开液控多路阀内单向阀,经油道从出油口流出进入动臂缸缸、铲斗油缸或抓具油缸的某一腔,油缸另一腔的工作油流回液控多路阀另一口,经阀内油道流入油箱回油。

工作油的最高压力由主安全阀控制。

3）浮动位置

当液压手柄操纵杆扳至浮动位置时,液压手柄内顺序阀被打开,液控多路阀动臂阀杆就会到达浮动位置,动臂油缸的大小腔都与回油口相通,此时动臂油缸活塞杆在外力作用下自由浮动。

2. 液压系统的调整

（1）液控多路阀工作压力出厂已调好,不要随意调高。

（2）工作油液应经常保持清洁,机械使用半年（或 1200h）应将工作油液更换新油。更换新油按下列方法进行:在油温未降低前放出废油,以便把灰尘和沉淀物一并放出,首先应操纵铲斗上转和提升动臂到最高位置,使发动机熄火,然后利用自重下翻铲斗和下降动臂,打开油箱螺塞、动臂油缸和铲斗油缸的软管,彻底排净污油,并清洗油箱及滤油器,加入新油后,应连续操纵动臂（提升、下降）和铲斗（上转、下翻）数次,以便排出系统内的空气。

（3）自然沉降检查。铲斗装满额定载荷并举升到最高位置时,将液压手柄置于中间位置,使发动机熄火,此时测量动臂油缸活塞杆 15min 的沉降时应小于 12. 5mm。如果使用时间较久,沉降量大大超过此数值时,应检查和更换损坏的零件和密封件。

3. 先导控制系统

先导控制系统的主要元件如先导泵、先导阀与 TLK220A 型推土机的相同。工作原理参见 TLK220A 型推土机的相关章节。

第十三章　平　地　机

平地机主要用于机场跑道、高速公路、等级公路、农田等大面积地面的平整和挖沟、刮坡、推土、松土、除雪等作业。

PY180 型平地机的发动机采用东风康明斯 6CTA8.3-C215 型柴油机，额定功率为 160kW，额定转速为 2200r/min。传动系统为液力机械式，转向系统为全液压铰接转向，同时前轮也可实现液压转向，制动系统采用液压传动钳盘式制动器。

第一节　传 动 系 统

PY180 型平地机(以下简称平地机)的传动系统主要由变矩变速器、传动轴、后桥、平衡箱等组成。柴油机输出的动力经过液力变速箱、传动轴，传递给后桥，再经平衡箱链传动驱动四个后轮。

一、变矩变速器

平地机采用 ZF6WG200 液力变矩变速器(图 13-1)，由变矩器和定轴式动力换挡变速器组成，可实现前进 6、后退 3 的速度。

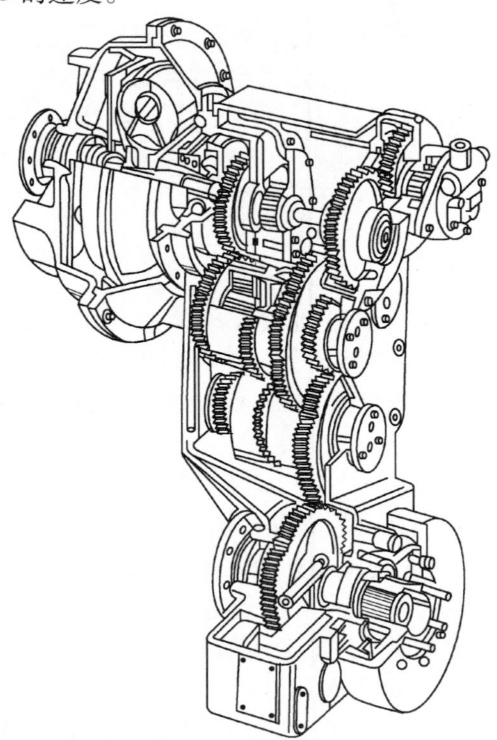

图 13-1　变矩变速器外形图

变矩器为不带闭锁离合器的简单三元件结构，变矩器泵轮以弹性盘与柴油机直接相连，变矩器操纵油路中进口压力为 0.85MPa，出口压力为 0.5MPa，其正常工作时油温应在 80～100℃；在承受重载时，瞬时允许到 120℃。

定轴式动力换挡变速器安装在后机架上。其支腿与后机架间装有四个橡胶减震套。

变速器有 6 个液压控制的多片离合器，能在带负荷的状态下接合和脱开，实现动力换挡，变速器的齿轮均为常啮合传动。

变速器外部有两个取力口驱动双联泵，分别给左、右操纵阀和转向、制动系统供油。变速器输出轴向后接传动轴，将动力传至后桥；输出轴向前接停车制动器。

变速器为电液操纵，通过操纵挡位选择器控制电磁阀，进而操纵液压滑阀实现各种挡位。

变速器首次工作 200h 后必须更换油，以后每工作 1000h 换一次油，如工作小时数不足，也应每年更换一次油。在换油的同时应更换滤油器，使用过的滤油器，不允许再次安装使用。

二、后桥

后桥（图 13-2）为三段型驱动桥，横置于车架下，来自传动轴的动力输入后桥，首先经过主减速器、差速器，然后传给行星减速器，动力分为左右两侧输出至平衡箱。差速器安装于后桥的中部，在两侧驱动轮所需驱动力不同时，可自动分配动力，运行中自动实现差速、锁死，提高平地机的行驶性能。

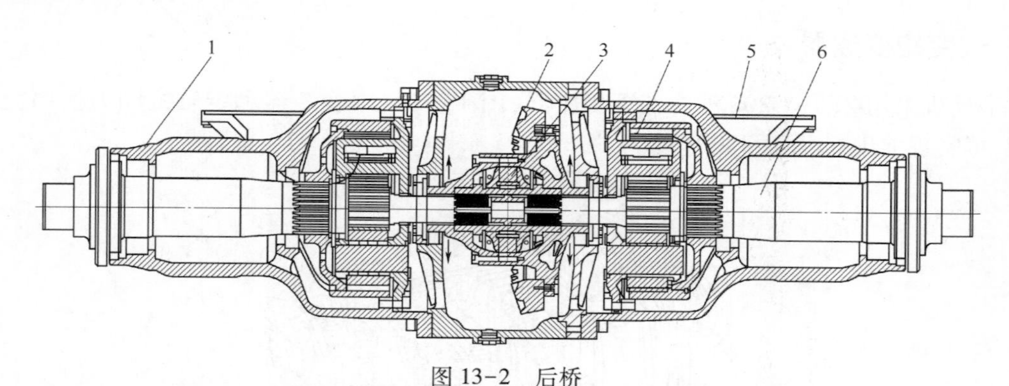

图 13-2 后桥

1—壳体；2—主减速器；3—差速器；4—行星减速器；5—后桥支撑；6—输出轴。

后桥油位检查和换油：取下放油塞把油放入容器，拧开加油口的螺塞，油放尽后堵上；清洗放油塞，用新的密封环重新装上并拧紧；在加油口处向桥体加新油，达到油位指示器的中间为止；重新拧上加油口螺塞并紧固，容量约 28L。检查油位时，油位必须在油位指示器的中间。

三、平衡箱

摆动式平衡箱（图 13-3），动力由后桥输入至平衡箱，经重型滚子链传动输出至车轮。垂直方向摆动角为±15°，其目的是实现两驱动轮在不平整路面作业时可随路面情况上下起伏，保证平地机处于水平状态，以提升平地机在起伏路面作业时的平地效率。

平衡箱链条与箱体发生接触时可按如下步骤重新张紧。

支撑起平衡箱，使车轮离地并把油放出；拆下车轮后，松开制动管路，把制动器拆下；用专用工具把制动毂拆下，拆下罩及螺母；取下螺塞，在原处换螺栓，拧紧；拆去轴连接盘上的螺栓和盖上的螺栓；把轴连接盘、盖同方向转动相同的孔距，直到链条张紧为止。在转动轴连接盘

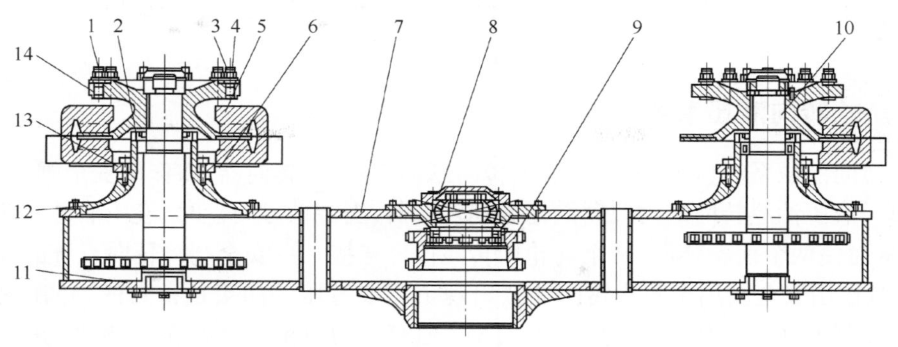

图 13-3　平衡箱

1—轮毂螺栓；2—轴承；3—轮毂螺母；4—弹簧圈；5—钳盘制动器；6—前链轮轴；7—右平衡箱体；8—轴承；9—双排链轮；10—后链轮轴；11—轴承；12—轴连接盘；13—调整垫；14—制动毂。

和盖时要避免损坏 O 形圈和螺栓。安装制动毂，制动器连接制动管路；装上车轮；给平衡箱充油，重装盖板；调整好制动系统后，应排除系统管路中的空气。

第二节　转向系统

平地机转向有前轮转向和铰接转向两种转向方式。前轮转向系统由方向盘、转向液压系统、前轮倾斜油缸和前桥等组成。车轮倾斜时的转弯半径为 10.4m，不倾斜时为 10.9m，铰接转向时最小转弯半径为 7.8m。

一、前桥

箱型摆动式转向前桥（图 13-4），可实现前车轮倾斜，以增加平地机在斜坡作业和有横向

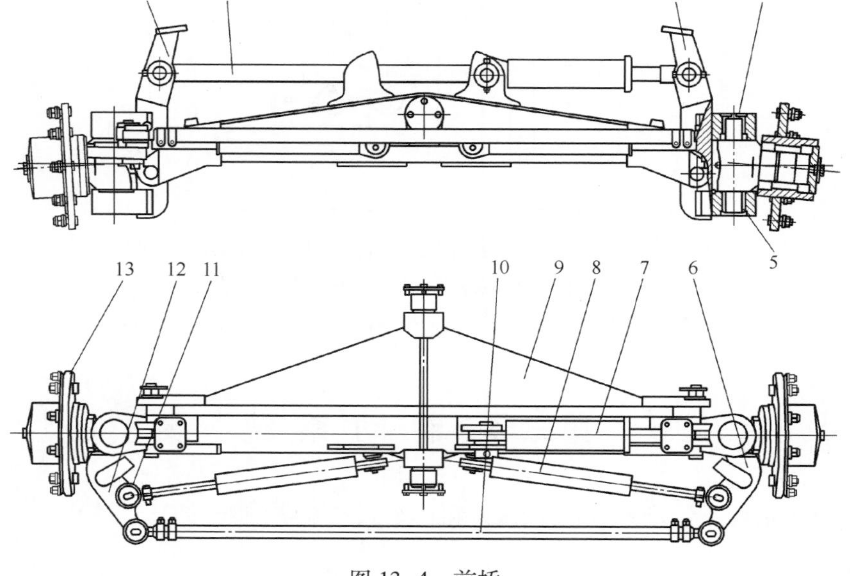

图 13-4　前桥

1—左车轮倾角关节；2—车轮倾斜拉杆；3—右车轮倾角关节；4—转向销；5—滚动轴承；6—右转向节；7—前轮倾斜油缸；8—转向油缸；9—前桥体；10—转向拉杆；11—球铰；12—左转向节；13—前轮轮毂。

阻力的情况下的横向稳定性。转向角为45°,中心离地间隙630mm,前轮倾斜角±17°,摆动角度±15°。

二、前轮转向液压系统

前轮转向液压系统(图13-5)主要由转向制动双联泵、转向器、双作用安全阀、前轮转向油缸等组成。液压油经转向制动双联泵输送到转向器,当转动方向盘时,液压油进入两个前轮转向油缸,从而使两个前轮转向,两个前轮用转向拉杆连接。主安全阀将转向系统的油压限制在15MPa。双作用安全阀用于防止转向油缸出现负压或过压。油箱是密封的,并在预压式空气滤清器的控制下处于0.07MPa的低压下工作,油箱压力有助于各油泵的吸油,并防止了产生气蚀的危险,同时又限制了异物进入油箱而污染液压系统。当油泵从油箱内吸出油液时,进气阀可以控制进入油箱的空气量。

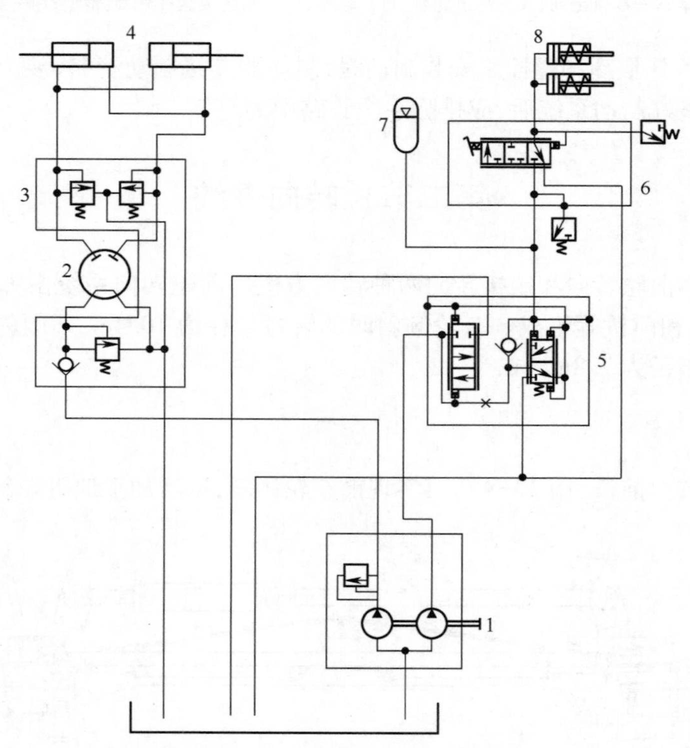

图13-5 平地机前轮转向系统和行车制动液压系统原理图

1—转向制动双联泵;2—转向器;3—双作用安全阀;
4—前轮转向油缸;5—限压阀;6—制动阀;7—蓄能器;8—制动器(活塞)。

第三节 制动系统

制动系统包括停车制动系统(手制动)和行车制动系统(脚制动)。

一、停车制动系统

停车制动系统(图13-6)用于保证平地机在坡道上停车制动并可靠停车,也可以配合行车制动一起用作紧急制动，但使用后必须随即仔细检查系统各元件，必要时重新调整，更换变形损坏的零件。

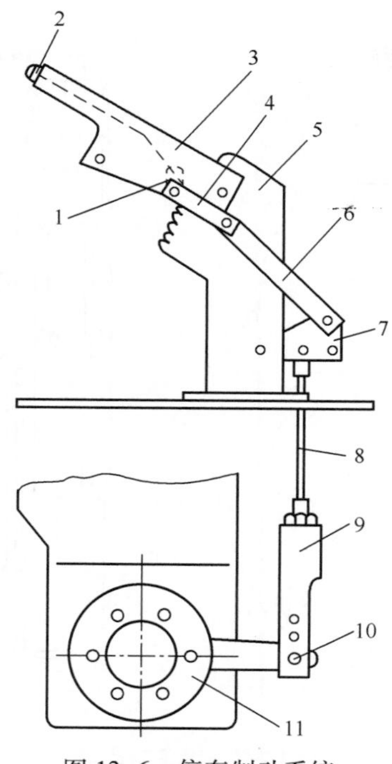

图 13-6　停车制动系统

1—棘齿；2—按钮；3—手柄；4—短连板；5—支座；6—长连板；7—摇臂板；8—钢丝绳；9—接叉；10—销轴及开口销；11—停车制动器。

停车制动系统为机械操纵蹄式制动器，由操纵加力杆系和制动器组成。操纵加力杆系由支座、手柄、按钮、棘齿、长连板、短连板、摇臂板、钢丝绳、接叉、销轴、开口销等组成。制动器为简单非对称蹄式，安装于变速器输出轴上。

停车制动时上拉手柄，松开制动时先上拉手柄，按下按钮，使棘齿脱开齿槽，再将手柄放至最低位置。

制动时上拉手柄，棘齿应卡在第 3~4 个齿槽内，若达到第 6 个齿槽必须调整。调整时松开接叉锁母，取下销轴、开口销，将接叉脱开制动杆，转动接叉使其上升，若上升量太大，可用接叉中间或最上面的销轴孔，调整合适后，反工序复原。

二、行车制动系统

行车制动系统为液压操纵钳盘式，由制动器和行车制动液压系统（图 13-5）组成。制动传动机构为带蓄能器的液压系统，制动器为钳盘式。制动器安装于后四轮，其中前两轮安装四个制动器，后两轮安装两个。在柴油机运转时，双联泵从油箱吸油，泵出的高压油经过限压阀通向两个蓄能器，当两个蓄能器压力低于 13.3MPa 时冲油增压，而当压力达到 15MPa 时断油。踏下制动踏板，蓄能器回路中的压力油就流向制动器，实现制动。

行车制动系统由制动器和行车制动液压系统组成。

1. 制动器

制动器的夹钳为固定式，制动盘与轮毂为一体，随车轮旋转，夹钳通过过渡盘固定在轴连接盘上(图 13-7)。制动时,液压油进入活塞缸中,活塞推动摩擦片压向制动盘,产生制动力;制动解除后,在矩形密封圈的弹性作用下活塞复位。

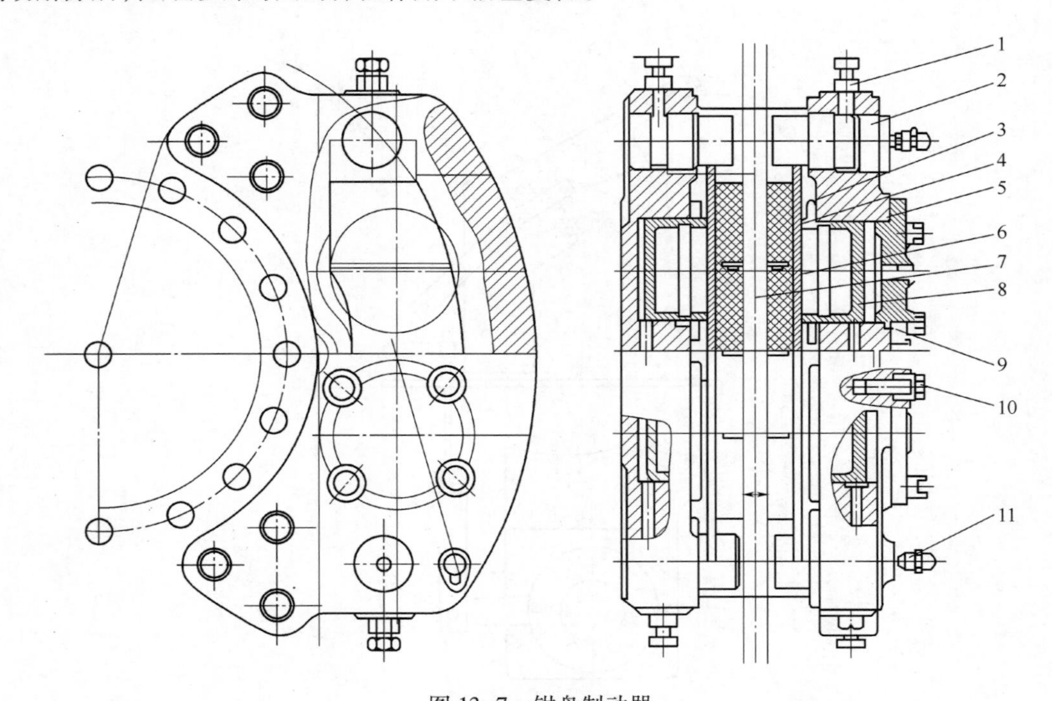

图 13-7 钳盘制动器

1—止动螺钉;2—销轴;3—防尘圈;4—矩形密封圈;5—油缸盖;
6—摩擦片总成;7—制动盘;8—活塞;9—O 形密封圈;10—缸盖螺栓;11—放气嘴。

2. 行车制动液压系统

行车制动液压系统(图 13-8)主要由转向制动双联泵、限压阀、制动阀、蓄能器等组成。

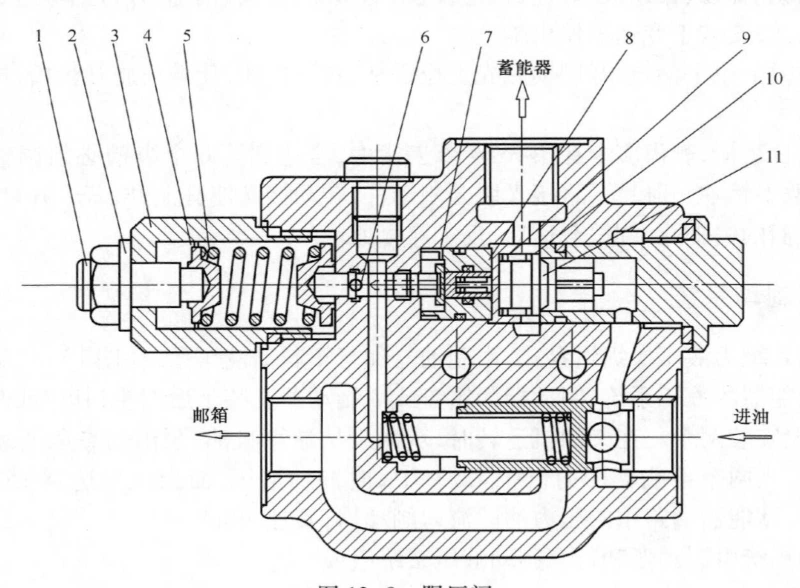

图 13-8 限压阀

1—调整螺栓;2—螺母;3—阀盖;4—弹簧座;5—弹簧;
6—阀芯;7—阀套;8—阀芯;9—弹簧座;10—弹簧;11—单向阀芯。

1）限压阀

限压阀（图 13-8）的作用是当制动主油路压力低于 13MPa 时，主油路向蓄能器充油蓄能；当蓄能器压力为 15MPa 时终止充油蓄能，压力油流回油箱。其上的单向阀用于阻止蓄能器油倒流至泵。限压阀是行车制动系统中极为重要的阀，阀芯卡滞、间隙变大均会导致制动性能下降甚至丧失。在故障分析与排除时，应重点检查，必要时更换新件。

2）蓄能器

蓄能器为折合型气囊式，用于蓄积液压能，在制动瞬间与泵一起迅速向制动器（活塞）提供高压油，使制动在规定时间内完成；发动机熄火后制动，蓄能器在制动瞬间迅速向制动器（活塞）提供高压油，使制动在规定时间内完成，并保证完成上述标准强度制动次数不少于 5 次。

3）制动阀

制动阀（图 13-9）为带低压报警器和制动开关的单回路、随动平衡制动阀。

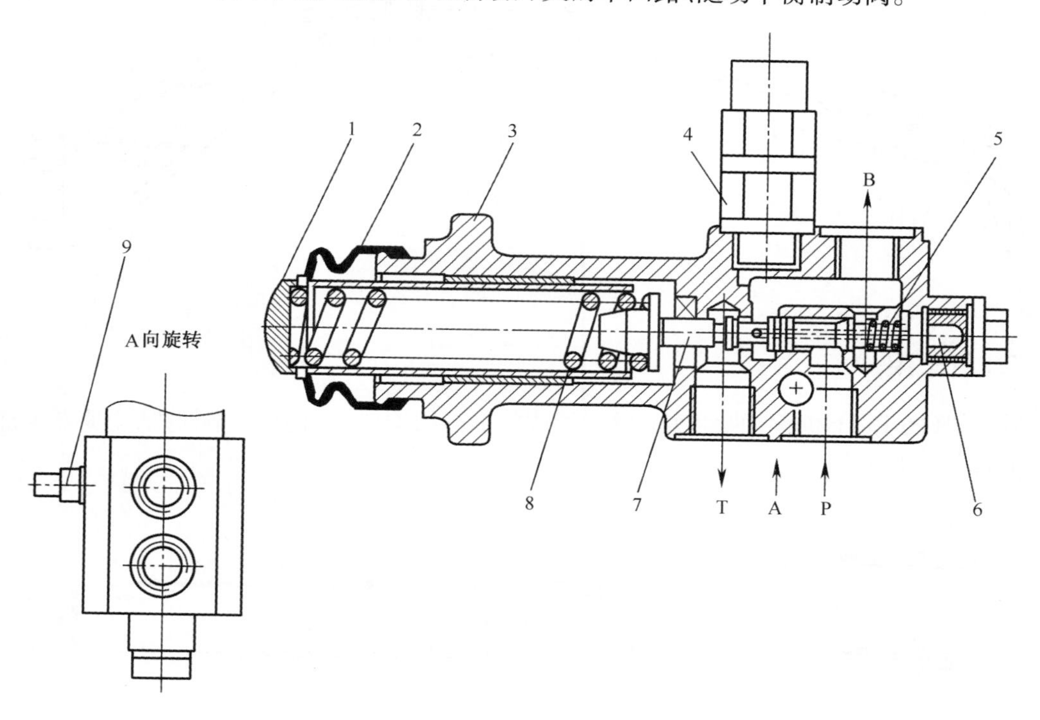

图 13-9　制动阀

1—控制元件；2—防尘护套；3—阀体；4—制动开关组件；5—伺服阻尼；6—复位弹簧；7—控制阀芯；8—主控弹簧；9—低压报警开关组件。

非制动工况时，P 口与 B 口断开，压力油通往制动器（活塞）的油路切断。B 口与 T 口接通，制动器（活塞）压力油流回油箱。

制动工况时，首先 B 口与 T 口断开，制动器（活塞）通往油箱的油路切断。P 口与 B 口接通，压力油流进制动器（活塞），驱动制动器处于制动工况。

踩下踏板力大或者行程大则通往制动器（活塞）的液压油压力高，制动强度大，两者成正比关系。

当制动时液压油压力低于 10MPa 时，低压报警开关接通，仪表盘上制动压力指示红灯亮，必须停机查找原因排除故障。

制动时,液压油压力高于 8.8MPa 后制动开关接通,仪表盘上和尾部的红色制动灯亮。

第四节 车 架

车架分为前车架和后车架,采用中间铰接结构,最大铰接转向角左右各 25°。

一、前车架

前车架(图 13-10)由断面为 U 形的两个压制槽拼焊组成,为箱形梁结构件。前车架前部连接前轮及转向机构,中部安装工作装置,后部与后车架铰接。

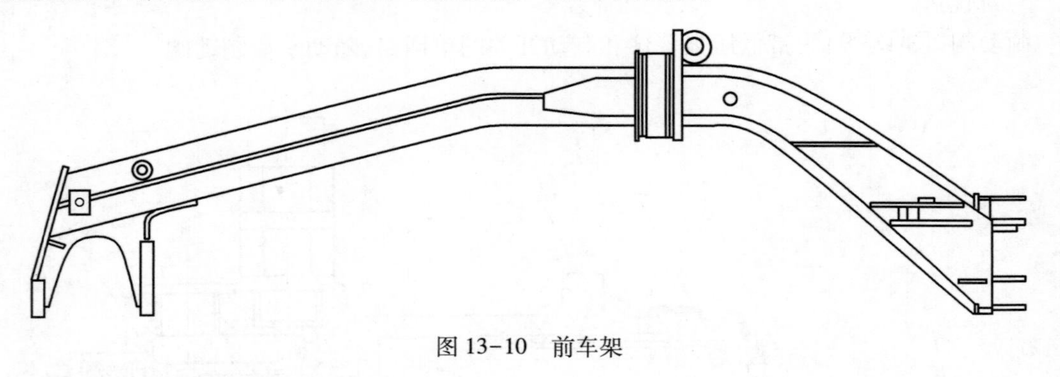

图 13-10 前车架

二、后车架

后车架(图 13-11)是由两组实心梁拼焊成的框形结构件。驾驶室、柴油机、变速器等部件安装于后车架上。

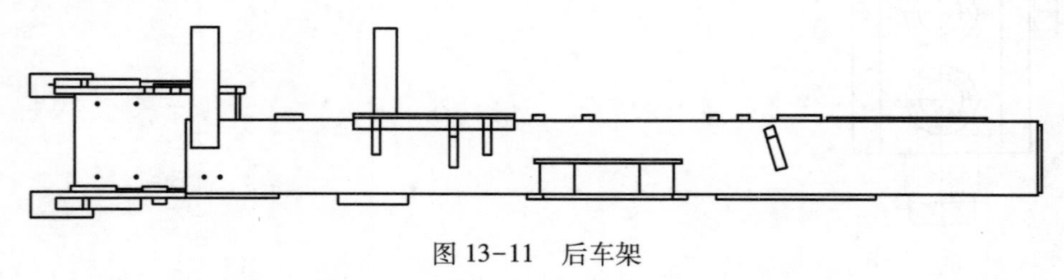

图 13-11 后车架

第五节 工作装置及液压操纵系统

平地机的工作装置由铲刀、角位器、牵引架、摆架和松土耙等组成,安装在前机架上。运用铲刀可进行铲切、铲运、平整等作业。工作装置由液压系统操纵。

一、铲刀

铲刀(图 13-12)主体为弧形结构,左右两侧装有侧刀片,工作端装有两片刀片。整体宽度为 3965mm。

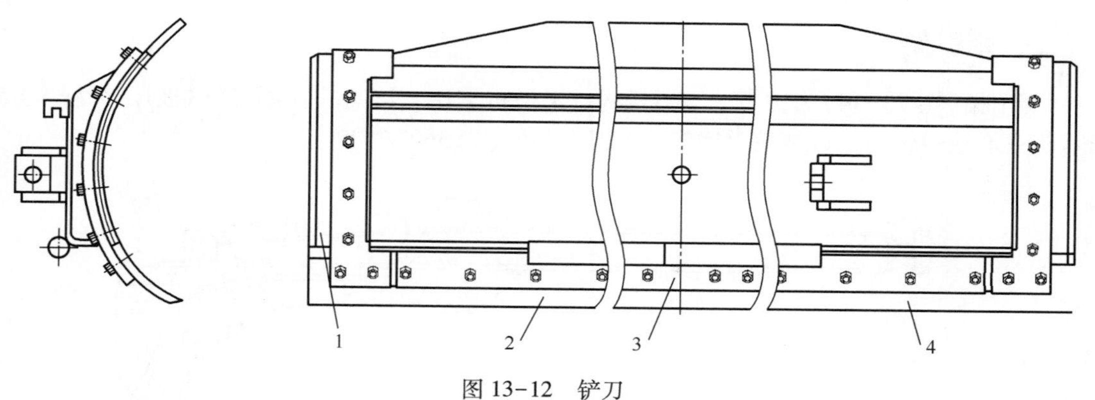

图 13-12　铲刀

1—侧铲刀;2—左刀片;3—铲刀体;4—右刀片。

二、角位器

角位器(图 13-13)位于铲刀和牵引架的中间装置。通过铲土角变换油缸的伸缩,可以改变铲刀的切削角度,切削角调整范围 36°~66°。

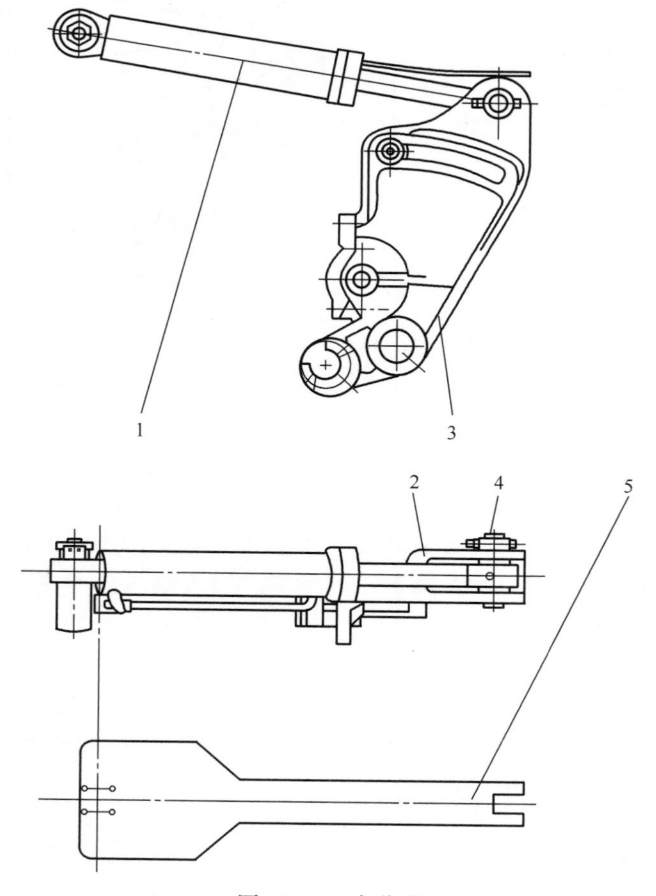

图 13-13　角位器

1—铲土角变换油缸;2—铲刀右支撑;3—铲刀左支撑;4—销轴;5—支架。

三、牵引架

牵引架(图 13-14)为铲刀的支撑机构。平地机采用了滚盘式齿圈,通过液压马达驱动涡轮箱,从而使得铲刀可以绕滚盘回转,铲刀回转角度为 360°。

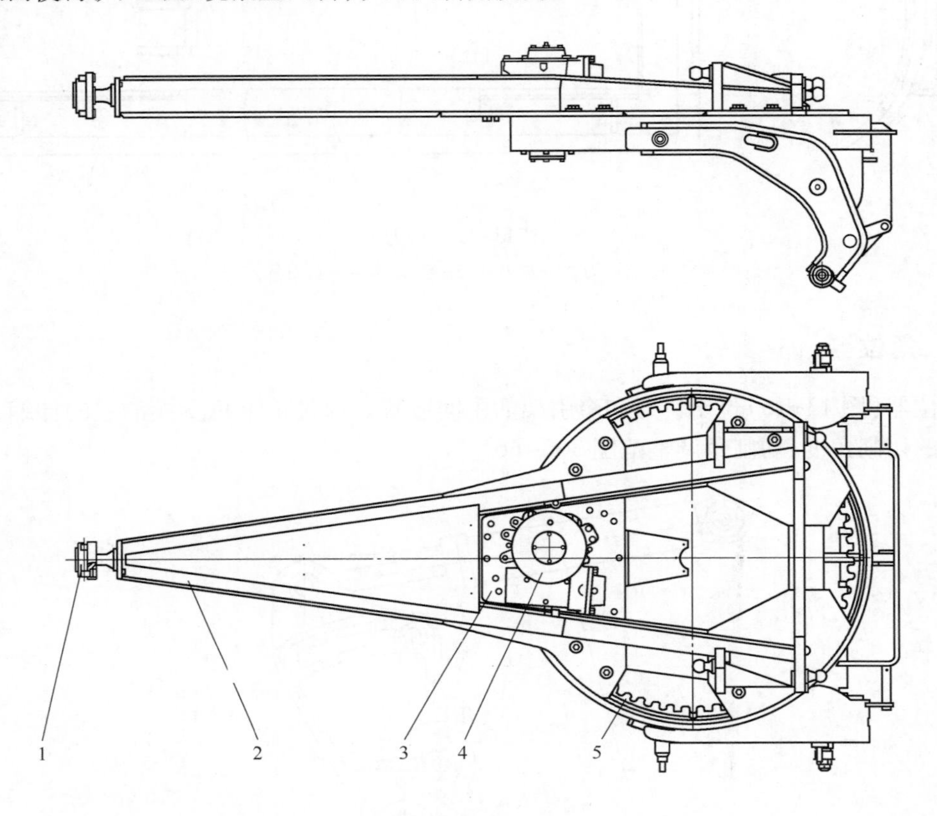

图 13-14　牵引架

1—关节轴承外环;2—牵引架;3—连接板;4—涡轮箱;5—回转圈。

四、摆架

摆架(图 13-15)安装在平地机前车架大梁上,改变角位器的不同位置,并配合铲刀升降油缸和铲刀摆动油缸可以实现铲刀的升降和左右倾斜。最大侧斜角为左右各 90°;最大入土深度为 500mm;最大提升高度为 458mm。

五、松土耙

松土耙(图 13-16)安装在铲刀背部,拔出固定销,可从铲刀背部放下,共有 6 个耙点,通过转动铲刀带动松土耙进行松土作业。

六、液压操纵系统

液压操纵系统(图 13-17)为双泵双回路。它由封闭式油箱、作业双联泵、两个五联多路换向阀和各工作装置的液压缸、马达及管路等组成。工作装置液压油由作业双联泵从油箱吸油

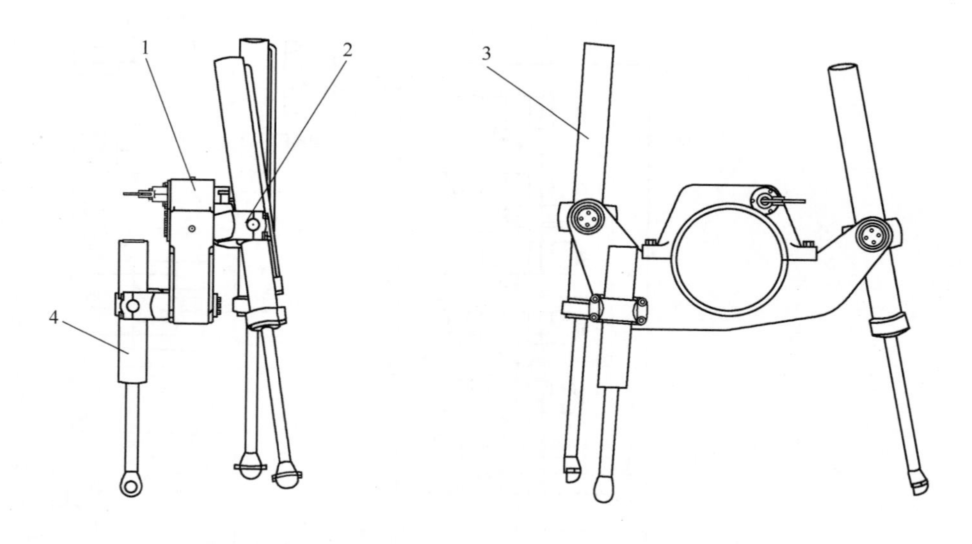

图 13-15　摆架

1—摆架;2—叉子总成;3—铲刀升降油缸;4—铲刀摆架油缸。

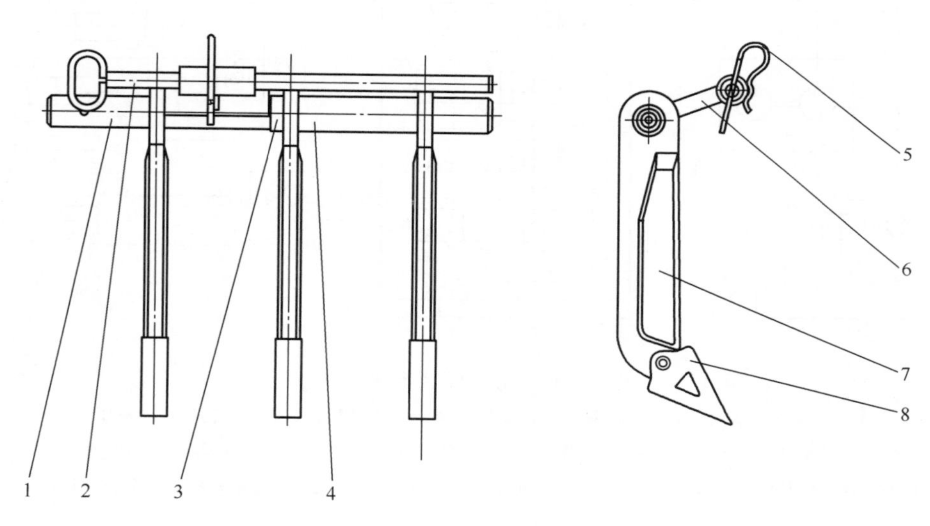

图 13-16　松土耙

1—轴;2—插销;3—管;4—管;5—弹簧销;6—支架;7—齿;8—齿套。

泵出,分别送给两个回路。在这两个回路中,油的流量是相同的。当两个多路换向阀在中位时,液压油经回油道、回油滤油器回到油箱。

当扳动一或两个操纵杆时,液压油打开多路换向阀内的单向阀进入相应的液压缸或液压马达。单向阀的作用是限制工作装置的油倒流到油箱,以保证液压系统的正常工作。安装在铲刀倾斜、两个铲刀升降回路上的双向液压锁,能防止由于设备本身重量和负载所造成的位移,保证了行车安全和铲刀作业精度。左右两个升降油缸由于由两个等流量的回路供油,两个铲刀的升降基本实现了同步和同速,提高了平地机的作业性能。系统压力由多路换向阀内的溢流阀控制,压力值为 16MPa。

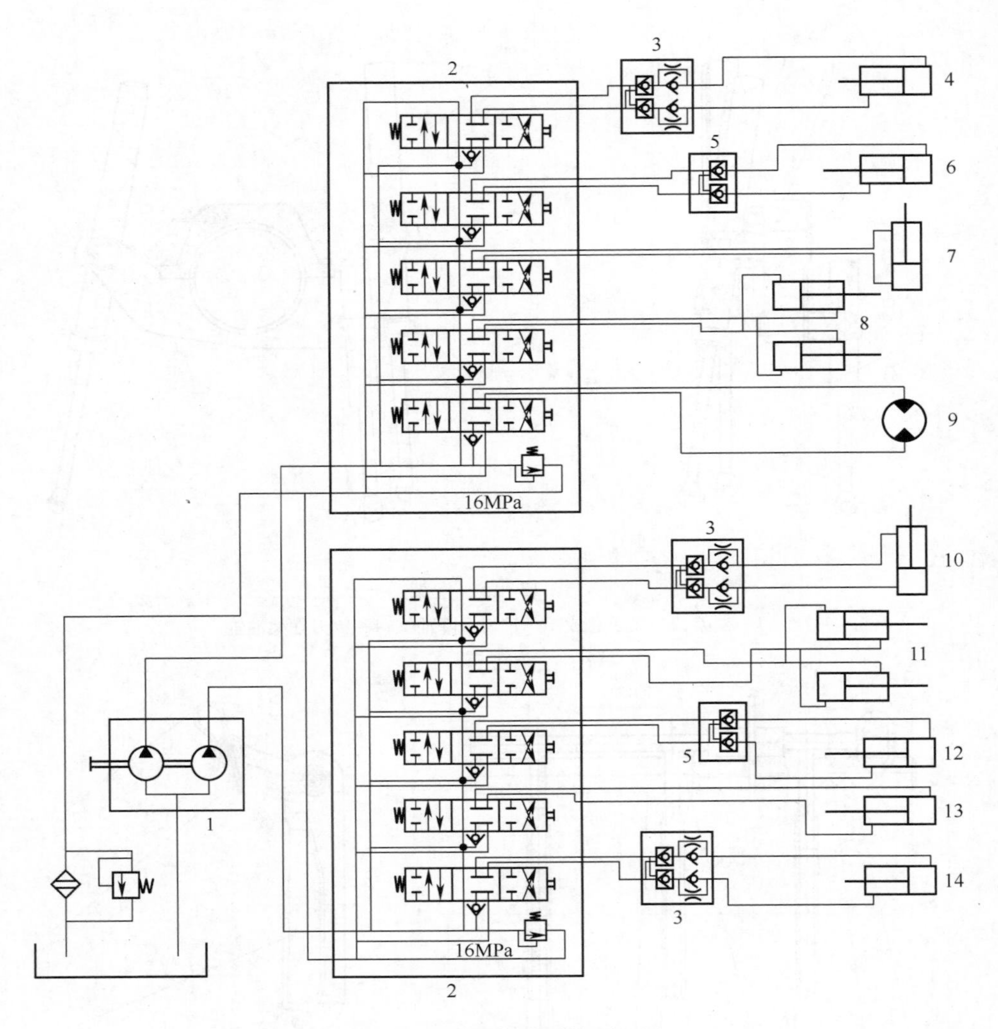

图 13-17　液压操纵系统原理图

1—作业双联泵；2—多路换向阀；3—双向液压锁；4—铲刀左侧升降油缸；5—双向液压锁；6—松土器升降油缸；7—铲刀引出油缸；8—铲土角调整油缸；9—回转齿圈液压马达；10—铲刀倾斜油缸；11—铰接转向油缸；12—前轮倾斜油缸；13—前推土板油缸；14—铲刀右侧升降油缸。

第十四章　压　路　机

压路机是一种利用机械自重、振动的方法，对被压实材料重复加载，排除其内部的空气和水分，使之达到一定密实度和平整度的工程机械。它广泛用于公路、铁路路基、机场跑道、堤坝及建筑物基础等基本建设工程的压实作业。

压路机按压实工作原理不同分为静力式、振动式和冲击式压路机。

XS142J 型振动压路机（图 14-1，以下简称压路机）的发动机采用东风康明斯 6BTAA5.9-C150 型水冷柴油机，额定功率 110kW，额定转速 2200r/min。采用机械式传动系统、全液压转向系统、气液传动钳盘式制动器。

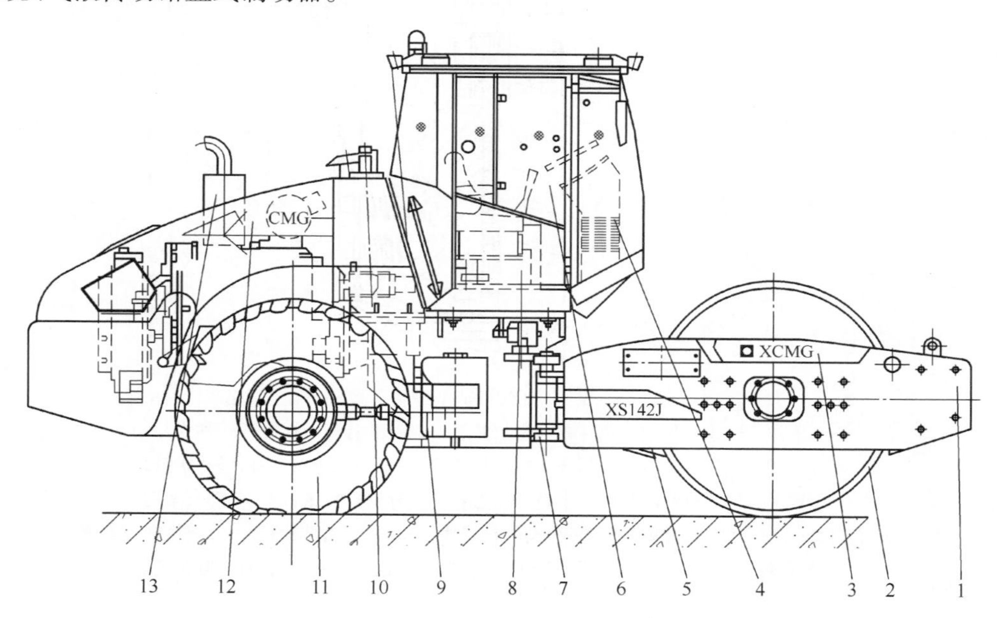

图 14-1　XS142J 型振动压路机

1—车架；2—振动轮；3—标记；4—操纵系统；5—刮泥板；6—驾驶室；7—气路系统；8—空调系统；9—电气系统；10—液压系统；11—传动系统；12—机罩；13—动力系统。

第一节　传　动　系　统

压路机传动系统主要由离合器、变速器、驱动桥等组成。

一、离合器

1. 离合器结构

离合器（图 14-2）主要由主动部分、从动部分和松放压紧装置组成。

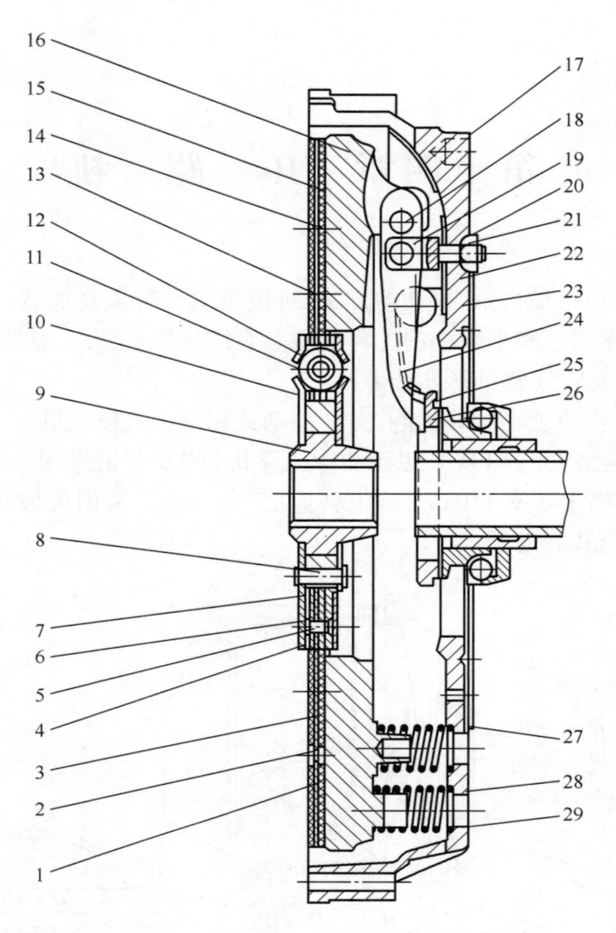

图 14-2 离合器

1—摩擦片;2—铆钉Ⅳ;3—钢片;4—阻尼片;5—铆钉Ⅱ;6—减振片;7—加强片;
8—铆钉Ⅰ;9—盘毂;10—垫片;11—二级减振弹簧;12—一级减振弹簧;13—铆钉Ⅲ;
14—铆钉Ⅴ;15—波形片;16—压盘;17—压盖;18—分离杠杆销;19—杠杆支架销;
20—杠杆支架;21—滚针;22—片弹簧;23—分离杠杆弹簧Ⅰ;24—分离杠杆;25—分离杠杆拉紧弹簧;
26—分离杠杆座;27—离合器压紧弹簧Ⅰ;28—压盘弹簧座;29—离合器压紧弹簧Ⅱ。

1）主动部分

主动部分主要由压盘和盖组成。压盘和盖用螺钉固定在发动机的飞轮上,动力由此输入,当发动机飞轮轴转动时,压盘与盖随之转动。压盖上钻有连接螺钉孔和分离杆销定位孔,以螺钉固定在压盘上,随之一起转动。压盘上加工有压紧弹簧的定位圆台及连接片螺钉孔,通过4组连接片与压盖连接在一起。连接片的一端铆接在压盖上,另一端用螺钉固定在压盘上。当飞轮带动压盖旋转时,由于弹性连接片的作用,压盘即可随之转动,又可相对飞轮沿轴线移动(连接片变形),以压紧从动摩擦盘。

2）从动部分

从动部分主要由摩擦盘和离合器轴组成。摩擦盘由摩擦片与盘毂铆接而成,摩擦片与主动盘、压盘组成两个摩擦副。盘毂以内花键装在轴上,并可做轴向移动,当摩擦盘旋转时,即可带动离合器轴一起旋转,将动力输出。

轴的左端以滚珠轴承支承在主动盘的中心孔内，右端支承在离合器壳上，并以花键装有传动轴的连接盘。轴承的润滑由油嘴定期注入黄油。

3）松放压紧装置

压紧部分由12组压紧弹簧组成，弹簧装在压盖和压盘之间，沿压盖的圆周方向均布。在弹簧的弹性力作用下，将压盘始终推向主动盘，将摩擦盘压紧在主动盘与压盘之间。当主动盘旋转时，摩擦盘即随主动盘和压盘一起旋转。

松放部分主要由分离爪、分离板、分离盘、滑套、分离叉、分离杆等组成。4个分离杆一端装在压盘上，另一端用螺母固定于压盖上，中间通过分离销与分离爪连在一起，分离爪的外端经分离板用反压弹簧压紧在压盘上，分离爪以分离销为支点，4个分离爪内端用钢丝弹簧固定在分离盘上，盘与分离轴承之间保持约2.5mm+0.2mm的间隙。

4）离合操纵系统

离合器操纵系统（图14-3）主要由离合器主缸、节流阀、离合器助力缸等组成。

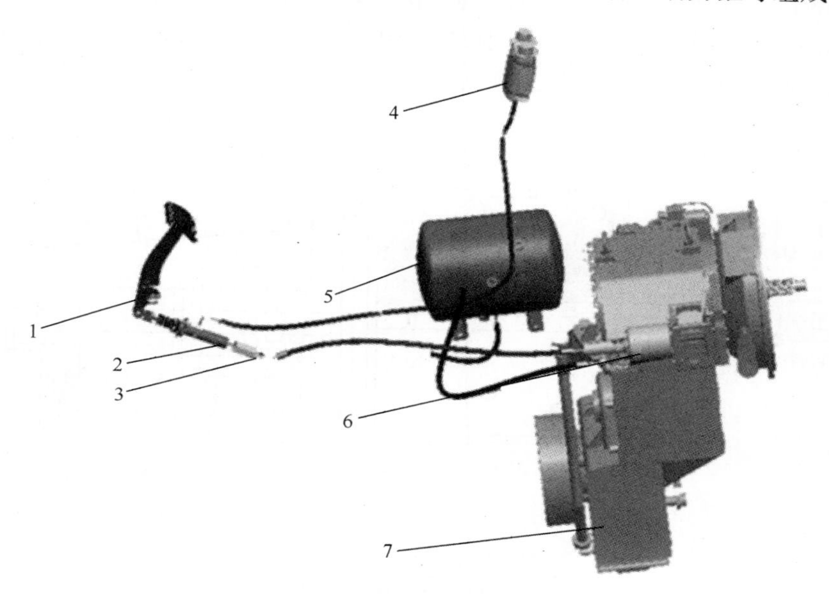

图14-3　离合器操纵系统

1—离合器踏板；2—离合器主缸；3—节流阀；4—储油罐；5—储气筒；6—离合器助力缸；7—变速器。

（1）离合器主缸。

离合器主缸（图14-4）主要由推杆、活塞、限向螺钉和进油阀等组成。

踩下离合器踏板，离合器总泵推杆推动主缸活塞向左移动，关闭进油阀，继续推动活塞，工作腔产生压力，通过管路将动力传送到助力缸。放松踏板，活塞回位，限向螺钉将阀门顶开，工作腔与供液腔相通，制动液回流，出油口压力下降，离合系统内无压力。推杆头部与活塞凹球窝接合处必须保持0.5~1mm的间隙，以便使活塞回到位，保证进油阀芯能自动开启，油路畅通。安装时进油口应向上安装，防松螺母必须拧紧。必须使用符合DOT3（HZY3）标准的合成制动液。

（2）离合器助力缸。

离合器助力缸（图14-5）主要由活塞杆、活塞、推杆、控制阀杆等组成。

离合器分离：踩下踏板，总泵制动液从进油口输入液压腔B，作用在活塞杆4上，使推杆1

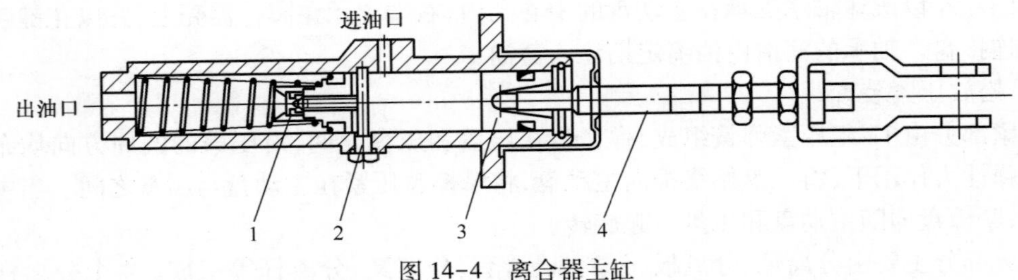

图 14-4　离合器主缸

1—进油阀;2—限向螺钉;3—活塞;4—推杆。

产生向左推力。同时,制动液经 a 道,进入 C 腔,推动控制阀杆 5 向左移动,打开气门 9,压缩空气经 b 道流入 A 腔。在气压力与液压力同时作用下,使推杆 1 继续往左移动,从而使离合器分离。

离合器结合:松开踏板,进油口油压迅速下降。在小回位弹簧 7 和气压的作用下,控制阀杆 5 向右移动,关闭气门 9,空气经控制阀杆的通道由排气口 6 排向大气,活塞杆 4 回位,推杆 1 在大回位弹簧 2 的作用下也同时回到起始位置。

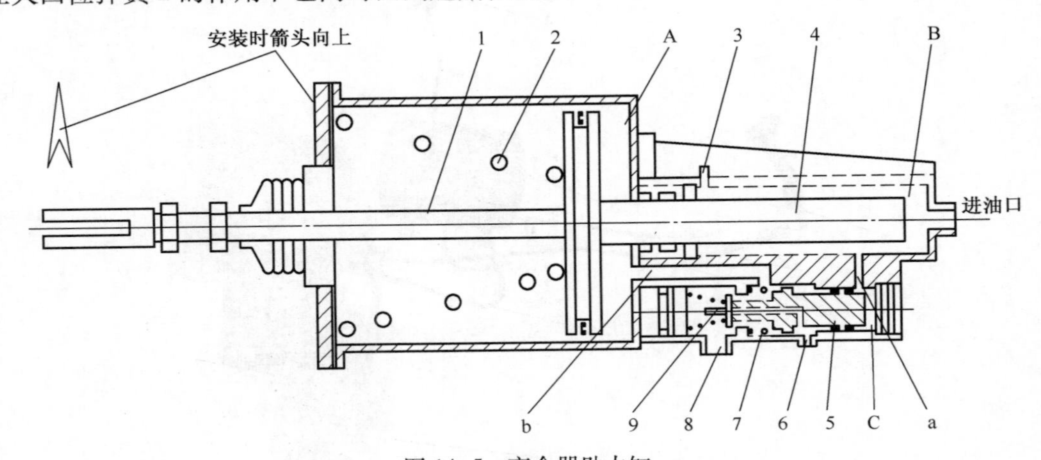

图 14-5　离合器助力缸

1—推杆;2—大回位弹簧;3—液压腔排气口(排气螺钉);4—活塞杆;
5—控制阀杆;6—排气口;7—小回位弹簧;8—进气口;9—气门;A—气压腔;B—液压腔。

2. 离合器工作原理

当不踩离合器踏板时,离合器处于结合状态。在 12 组压紧弹簧的作用下,把摩擦盘压紧在主动盘上。压盘与盖总成、从动盘总成二者随发动机一起旋转,通过从动盘总成盘毂的内花键,带动变速器输入轴旋转。

当踩下离合器踏板时,踏板围绕踏板轴逆时针转动,通过推杆,进而推动离合主缸,将离合主缸中的油液压至离合助力缸,助力缸推动变速器上的摇臂,分离叉在摇臂轴带动下,顺时针摆动。滑套和推力轴承即被带动向左移动。当移动 2.5mm 后,消除了推力轴承和分离盘之间的间隙,分离盘便向左移动,推动分离爪绕分离杆销轴中心摆动,压盘便被带动右移,使 12 组压紧弹簧进一步压缩,消除了从动盘总成的压力,离合器即处于分离状态。在踏下离合器踏板时,踏板复位弹簧被拉伸,踏板轴带动摇臂摆动,通过拉杆,套杆和弹簧,转动曲柄螺杆,使制动蹄压向制动盘,离合器的从动部分和变速器内的主动部分迅速制动,以利换挡。

当需要离合器结合时，慢慢放松脚踏板，在复位弹簧作用下，推杆、连接叉带动摇臂和分离叉逆时针摆动，通过滑套使推力轴承右移，脱离分离盘。在压紧弹簧作用下，压盘、从动盘部分即被压紧，动力由离合器轴输出。与此同时，变速器内的小制动器解除制动。

3. 离合器的维护

1）分离盘与分离轴承之间间隙的检查与调整

主离合器分离盘与分离轴承的间隙过小，将使主离合器打滑，摩擦盘磨损加剧；间隙过大，又会使离合器分离不彻底。因此，过大，过小均应及时调整，其方法如下：

（1）打开离合器检视口盖。

（2）用厚薄规检查分离轴承与分离盘的间隙，应为 2. 5mm+0. 2mm。

（3）改变离合器踏板下端拉杆长度，拉杆变长，间隙减小；反之则增大，直到规定标准为止。

（4）装复检查。

2）分离爪平面度的调整

4 个分离爪应位于同一平面，使分离盘与离合器轴保持垂直，否则，应调整分离爪的高度。方法是拧紧球面调整螺母，分离爪内端将后移，反之则前移。平面度误差不得大于 0. 2mm。

二、变速器

变速器（图 14-6）由一轴、二轴、中间轴、倒挡轴、输出轴等组成。

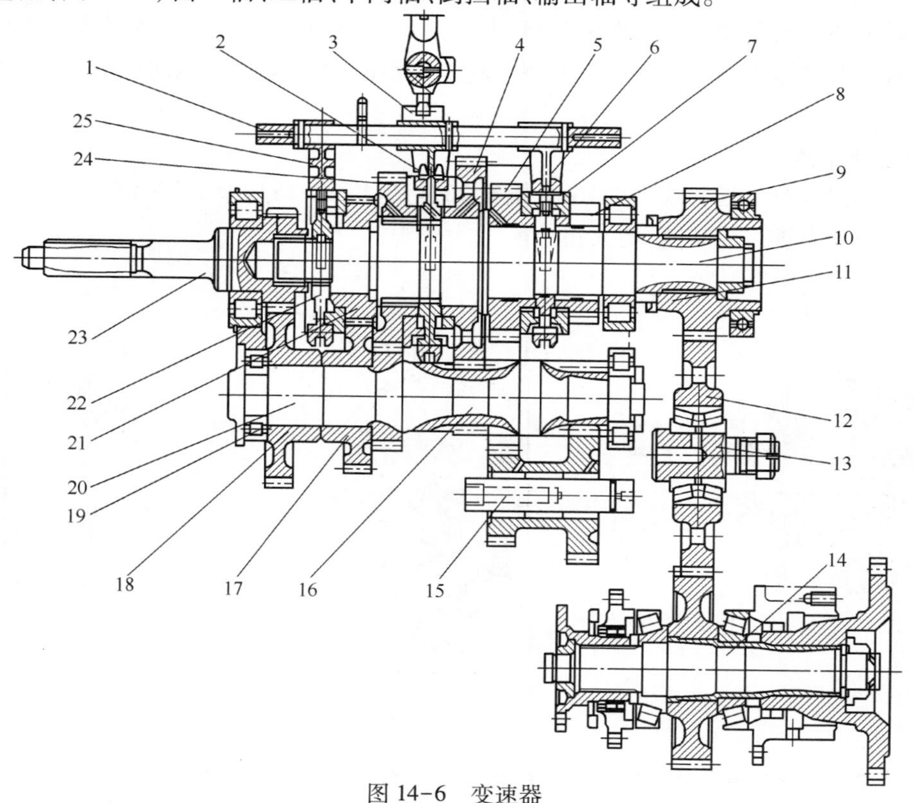

图 14-6　变速器

1—拨叉轴；2——二挡同步器；3——二挡拨叉；4——挡齿轮；5—倒一挡齿轮；6—倒一挡拨叉；7—倒一二挡同步器；8—倒二挡齿轮；9—主动齿轮；10—二轴；11—油封；12—惰轮；13—惰轮轴；14—输出轴；15—倒挡轴；16—中间轴；17—中间轴三挡齿轮；18—中间轴传动齿轮；19—轴承；20—中间轴；21—三挡齿轮；22—三四挡同步器；23——轴；24—二挡齿轮；25—三四挡拨叉。

第一轴与离合器总成的花键连接，将发动机的动力传递给变速器总成。当压路机处于空挡位置时，一轴、中间轴、中间轴传动齿轮、倒挡轴等处于空转状态，二轴处于静止状态。此时输出端无转速及扭矩输出；当拨叉轴将一二挡同步器拨向一挡齿轮时，一挡齿轮通过花键与二轴连接，带动二轴旋转，进而带动输出轴旋转，实现动力输出。倒挡、二挡、三挡、四挡原理均相同。

三、驱动桥

驱动桥（图 14-7）主要由桥壳、主减速器、半轴、轮边减速器等组成。桥上安装有两个钳盘式制动器，桥与车架系刚性连接。

1. 桥壳

桥壳总成为焊接件，与轮边支承轴共为焊接体。桥壳安装在车架上，承受车架传来的载荷，并传递到车轮上，又是主减速器、半轴、轮边减速器、轮毂的安装壳体。

2. 主减速器

主减速器为一级螺旋伞齿轮减速器，它由主动螺旋伞锥齿轮 39、被动螺旋圆锥齿轮 34 等组成，用于将变速器传来的动力进一步减低转速，增大扭矩，并将动力的传递方向改变 90°后经差速器传给轮边减速器。

3. 差速器

差速器由差速器壳体 33、半轴齿轮 35、十字轴 36、锥齿轮 37、主减速器壳体 7 及圆锥滚子轴承等组成。差速器主要用于保证内外侧车轮能以不同的转速旋转，从而避免车轮产生滑磨现象。

4. 轮边减速器

轮边减速器为行星齿轮式，主要由太阳轮 20、行星轮 23、行星架 15、齿圈 25 等组成。用于将半轴传来的动力进一步减速，增大扭矩。

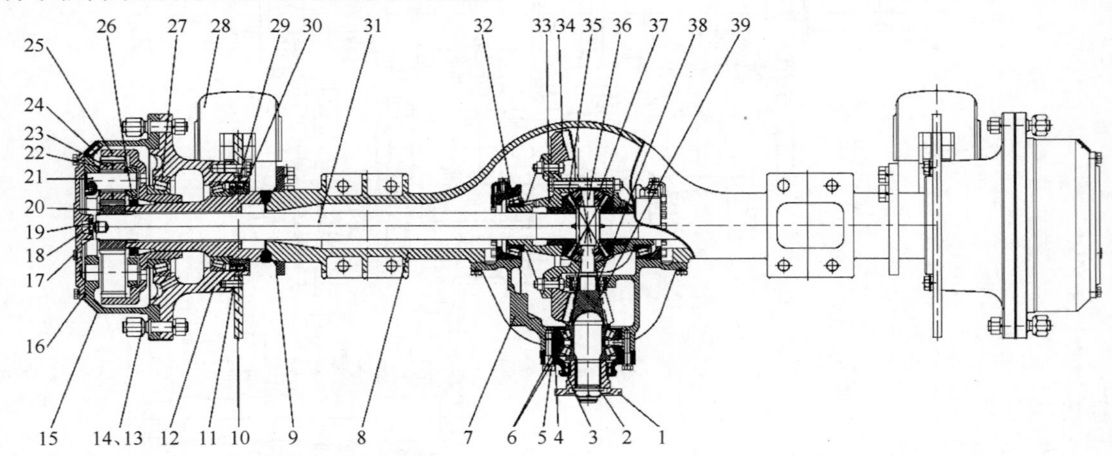

图 14-7 驱动桥

1—输入法兰；2—锁紧螺母；3—油封盖；4—轴承座；5—螺栓；6—轴承；7—主减速器壳体；8—桥壳；9—制动钳支架；10—制动盘；11—圆柱销；12—轮毂；13—轮辋螺栓；14—轮辋螺母；15—行星架；16—端盖；17—螺塞；18—限位块；19—支柱；20—太阳轮；21—行星轮轴；22—行星轮垫片；23—行星轮；24—螺塞；25—齿圈；26—锁紧螺母；27—轴承；28—制动器；29—油封座；30—油封；31—半轴；32—轴承；33—差速器壳体；34—被动螺旋伞齿轮；35—半轴齿轮；36—十字轴；37—锥齿轮；38—轴承；39—主动螺旋伞齿轮。

第二节 转 向 系 统

压路机的转向系统(原理见图 14-8)为全液压式,主要由转向泵、全液压转向器、转向油缸等组成。

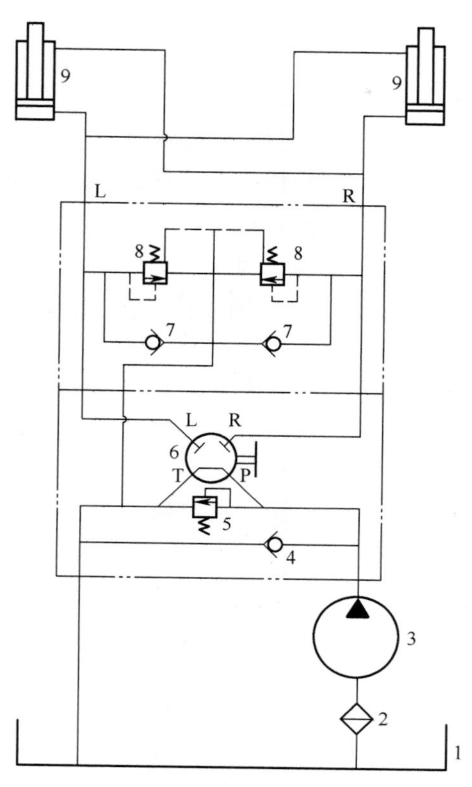

图 14-8 液压转向系统

1—液压油箱;2—滤油器;3—转向泵;4—单向阀;
5—安全阀;6—转向器;7—双向补油阀;8—双向过载阀;9—转向油缸。

一、结构组成

1. 转向泵

转向泵 3 用于向转向液压系统提供压力油。

2. 转向油缸

转向油缸 9 用以产生转向驱动力,采用平衡式双油缸布置形式,能使左右两个方向的转向速度一样。

3. 全液压转向器

全液压转向器由单向阀 4、安全阀 5、转向器 6、双向补油阀 7 和双向过载阀 8 组成。安全阀 5 安装在旁路上,用作限制整个液压系统的工作压力,即限定转向回路的最高压力,保护转向回路。转向器 6 的作用是当方向盘带动转向器转动时,即能接通转向泵通往油缸的管路;不转动时即会自动复位,切断油路。双向补油阀 7 可防止当转向轮受到来自路面的作用力时转向油缸内产生负压和气穴。双向过载阀 8 用于转向完毕或转向途中遇有冲击阻力时释放封闭管路的瞬时峰值压力,以保护元件。

4. 液压附件

液压附件包括液压油箱 1、滤油器 2 和液压胶管、接头等。滤油器 2 安装在液压油箱 1 内,节约了安装空间,便于系统布置。

二、工作原理

在液压转向系统中,定量齿轮泵通过滤油器从液压油箱中吸取液压油,并向转向油缸提供压力油,从而使转向油缸来推动转向轮实现偏转完成转向。转向油缸中活塞的位置与方向盘的转角相对应。同时又与转向车架的偏心转角相对应,相对于中间位置来说,转向油缸一个腔中的流量变化(流出或流进),是与一定的方向盘转角及转向车架偏转角相对应的。

第三节　制 动 系 统

压路机制动系统包括停车制动系统和行车制动系统。

一、停车制动系统

停车制动系统(图 14-9)为机械操纵蹄式,蹄式制动器安装于变速器上的输出轴上,操纵手柄位于操纵箱与驾驶员座位中间。

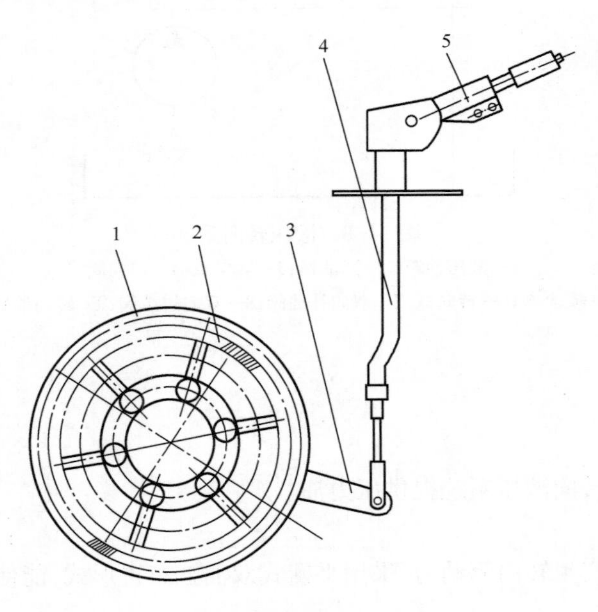

图 14-9　停车制动系统

1—制动鼓;2—制动蹄;3—叉接头;4—软轴;5—手柄。

二、行车制动系统

行车制动系统为气液传动钳盘式,主要由钳盘式制动器和制动传动机构组成。

1. 制动器

1）结构组成

钳盘式制动器（图 14-10）主要由制动盘和制动钳组成。制动盘通过螺钉固定在轮毂上，可随车轮一起转动。两个制动钳通过螺钉固定在桥壳的凸缘盘上，并对称地置于制动盘两侧。每个制动钳上制有 4 个分泵缸，缸内装有活塞，缸壁上制有梯形截面的环槽，槽内嵌有矩形橡胶密封圈，活塞与缸体之间装有防尘圈，其中一侧泵缸的端部用螺钉固定有端盖。4 个泵缸经油管及制动钳上的内油道互相之间连通。为排除进入泵缸中的空气，制动钳上装有放气嘴。摩擦片装在制动盘与活塞之间，并由装在制动钳上的销轴支承。为防止销轴转动，制动钳上装有止动螺钉，用于将销轴固定。

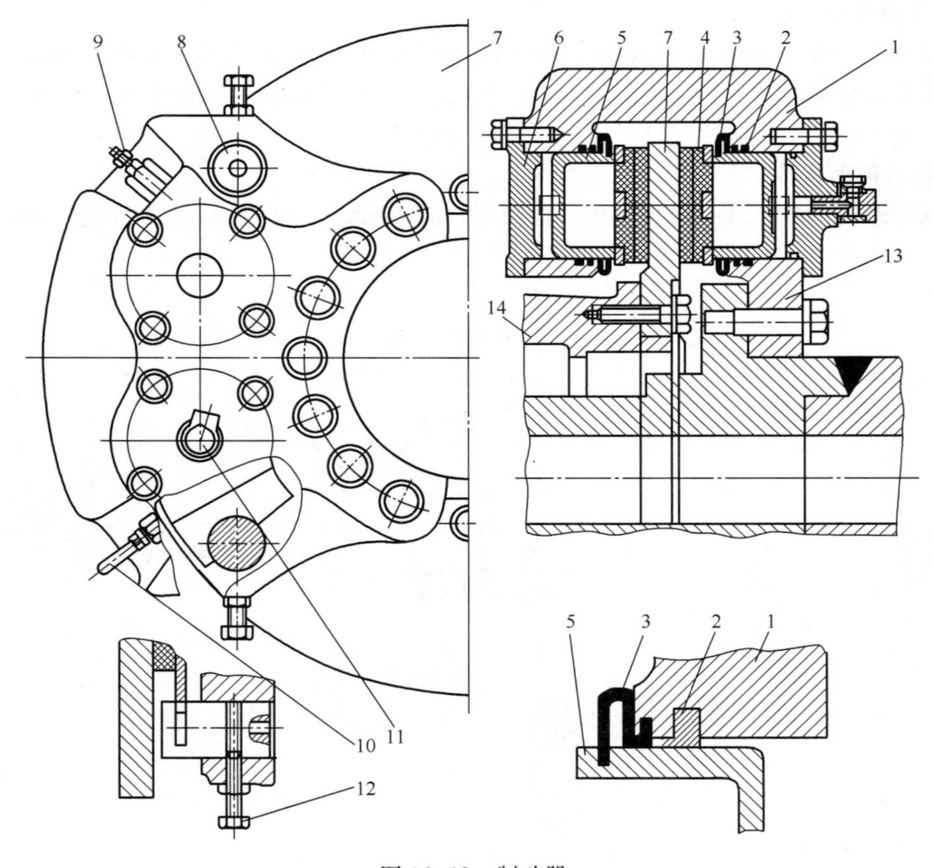

图 14-10　制动器

1—制动钳；2—矩形密封圈；3—防尘圈；4—摩擦片；5—活塞；6—端盖；7—制动盘；8—销轴；9—放气嘴；10—油管；11—油管接头；12—止动螺钉；13—桥壳；14—轮毂。

2）工作原理

不制动时，摩擦片、活塞与制动盘之间的间隙为 0.2mm 左右，因此，制动盘可以随车轮一起自由转动。

制动时，制动油液经油管和内油道进入每个制动钳上的四个分泵中，分泵活塞在油压作用下向外移动，将摩擦片压紧到制动盘上而产生制动力矩，使车轮制动。此时矩形密封圈的刃边在活塞摩擦力的作用下产生微量的弹性变形。解除制动时，分泵中的油液压力消失,活塞靠矩形密封圈的弹力自动回位,恢复其原有间隙,使摩擦片与制动盘脱离接触,制动解除。

如果摩擦片与制动盘的间隙因磨损而变大,则制动时矩形密封圈变形达到极限后,活塞仍可在油压作用下,克服密封圈的摩擦力而继续移动,直到摩擦片压紧在制动盘为止。但解除制动动时,矩形密封圈除起密封作用外,同时还起使活塞回位和自动调整间隙的作用。

利用矩形密封圈的定量弹性变形来使活塞回位并自动调整间隙,可使制动钳结构简单,造价低廉,保养简便。但这种结构对橡胶圈的弹性、耐热性和耐磨性、刃边的几何精度及光洁度的要求都比较高,而且由于矩形密封圈的刃边变形量很微小,在不制动时,摩擦片与制动盘之间的间隙,每边都只有 0.1mm 左右,因而在保证彻底解除制动方面还不十分可靠。

3）摩擦片的更换

摩擦片上开有三条纵槽,槽深为 9mm,以此槽磨完为标记,即当摩擦片磨去 9mm 后,应当更换摩擦片。更换时首先拆下轮辋,拧松止动螺钉,拔出销轴,摩擦片即自动掉下,更换后按相反步骤装复。

2. 制动传动机构

制动传动机构(图 14-11)主要由空压机、气体控制阀、储气筒、脚制动阀、加力器、制动钳等组成。

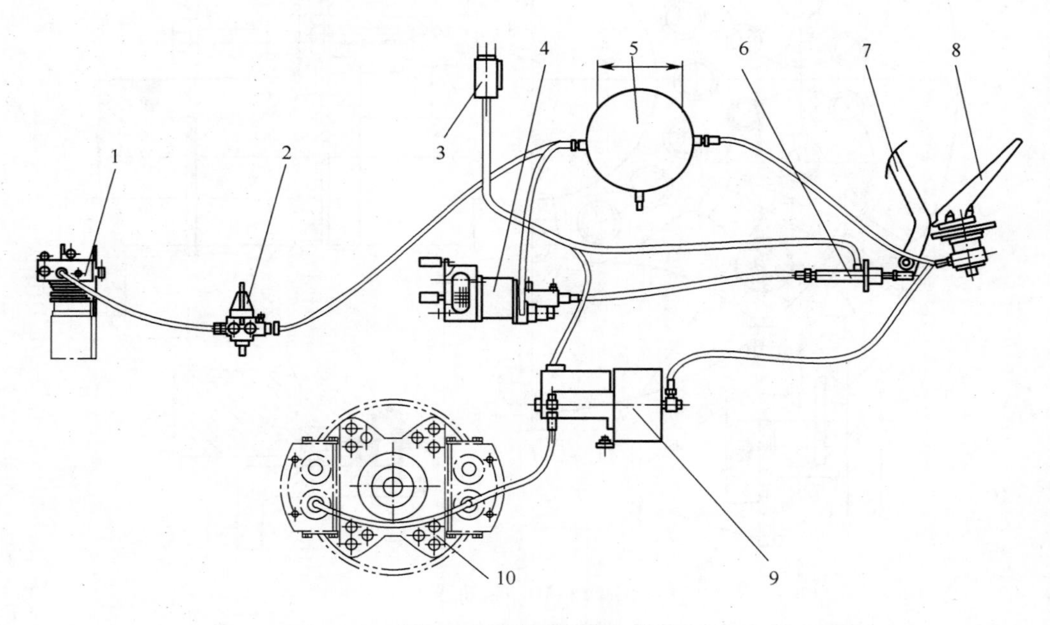

图 14-11　制动传动机构

1—空压机;2—气体控制阀;3—油杯;4—离合器助力缸;5—储气筒;
6—离合主缸;7—离合器踏板;8—脚制动阀;9—加力器;10—制动钳。

1）气体控制阀

（1）作用。气体控制阀(图 14-12)用于控制制动系统中的工作压力和安全压力;过滤压缩空气中的油水和其他杂质;为轮胎充气。

（2）结构。气体控制阀主要由油水分离器、调压阀、安全阀、单向阀和断路阀等组成。

油水分离器主要由过滤器 2、排气阀 1 等组成,用于过滤压缩空气中的油水和其他杂质。

调压阀由调节螺钉 9 及其锁紧螺母、调压弹簧 7、膜片 5、控制活塞总成 6 等组成，用于控制系统的工作压力(0.71~0.78MPa)。

安全阀由调节螺钉 10 及其锁紧螺母、钢珠等组成，用于控制系统的安全压力不超过 0.9MPa。安全阀的钢球在弹簧、调节螺钉和锁紧螺母的作用下紧压在阀座上。

单向阀 12 用于保证空压机向储气筒单向供气而不倒流。

断路阀用于切断空压机向储气筒供气的气路，使空气机的压缩空气经排气口向轮胎充气。断路阀阀门与顶杆铆成一体，上面装有弹簧和压紧螺母，顶杆下端穿过导管顶在翼形螺母上，平时拧紧翼形螺母，通过顶杆将上部弹簧压缩，使断路阀处于开启位置，空气机向储气筒充气，如果拧松翼形螺母，断路阀切断向储气筒供气的气路，使得空压机的压缩空气经排气口流出，通过连接气管可以向轮胎充气。

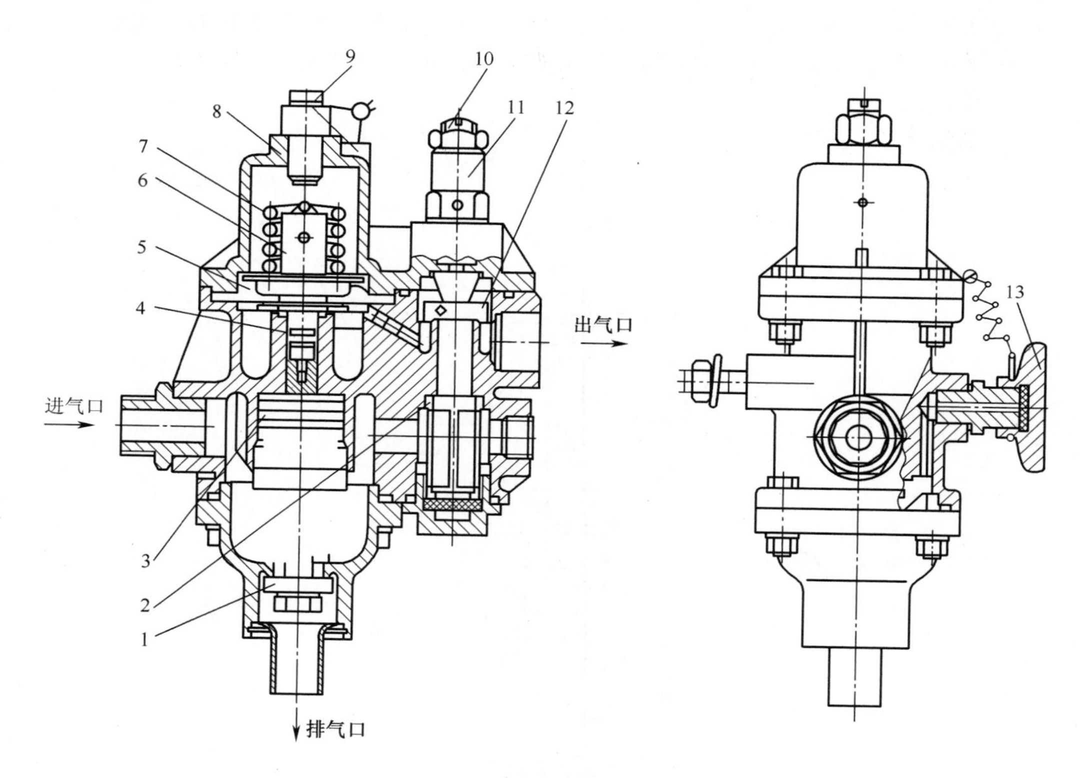

图 14-12 气体控制阀

1—排气阀；2—过滤器；3—O 形密封圈；4—控制活塞体 O 形圈；5—膜片；6—控制活塞总成；7—调压弹簧；8—上盖；9—调压阀调节螺钉；10—安全阀调节螺钉；11—安全阀；12—单向阀；13—翼形螺母。

(3) 工作原理。来自空压机的压缩空气，由进气口进入阀体内，压缩空气需改变气流方向经滤杯进入过滤器，在改变气流方向时，在离心力作用下，空气中的油水和大颗粒杂质打在滤杯内壁，进行初步过滤，此后压缩空气流经过滤器时，通过过滤器中的滤网再次过滤掉空气中的小颗粒杂质。过滤后的压缩空气推开单向阀的阀门，经出气口向储气筒充气。

当储气筒气压达到调压阀设定的开启压力后，进入上盖腔内的气体，克服调压弹簧的作用力，推动控制活塞总成上移，打开下面的排气阀门，使阀体内的压缩空气连同滤杯内壁的油水及杂质一起通过排气口排入大气中，使空压机处于空载运转状态。当储气筒的气压下降到停止排气压力值时,上盖腔内气压不足以克服调压弹簧压力时,控制活塞总成下移,排气阀门在弹簧作用下上移关闭排气阀口,从而继续给储气筒供气。

如果调压阀出现故障使得排气阀无法打开卸荷时,储气筒内的压力升高,当气压达到 0.9MPa 时,安全阀打开向空气中排气,从而保证制动系统的气压不超过安全阀设定的安全压力。当安全阀打开时,需对调压阀或气体控制阀整体进行检修。

(4) 压力调整。气体控制阀的工作压力和安全压力在出厂时已调好并加铅封,一般不要随意拆卸调整。如需调整,可以通过调压阀的调节螺钉 9 和安全阀的调节螺钉 10 进行调节,顺时针拧紧调节螺钉,压力升高,反之降低。调整前需拧松锁紧螺母,调整完毕需拧紧锁紧螺母。

2) 脚制动阀

脚制动阀(图 14-13)主要由制动踏板 2、顶杆 3、平衡弹簧 4、回位弹簧 5、活塞 6、进气阀门 7 等组成。用于控制压缩空气根据制动需要从储气筒向加力器供给。

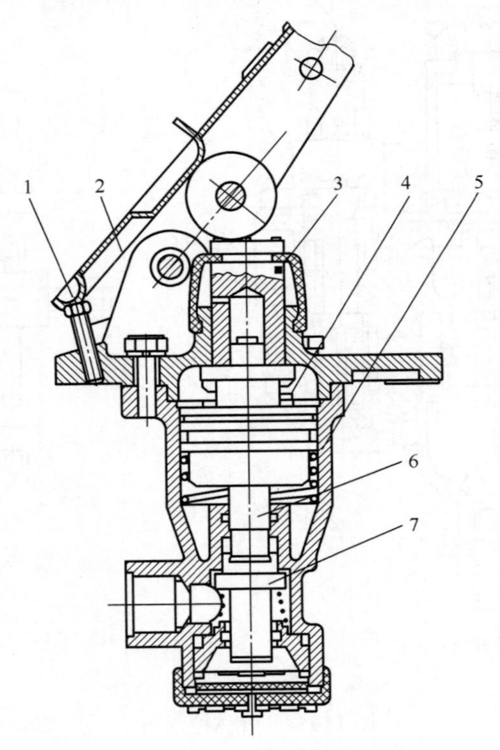

图 14-13 脚制动阀

1—螺钉;2—制动踏板;3—顶杆;4—平衡弹簧;5—回位弹簧;6—活塞;7—进气阀门。

当踩下制动踏板 2 时,通过顶杆 3 对平衡弹簧 4 施加一定的压力,从而推动活塞 6 向下移动,打开进气阀门 7,压缩空气从进气口向出气口输出。放松踏板 2 时,回位弹簧 5 顶开活塞 6 向上推动,进气阀门 7 回位,关闭进气口与出气口之间的通道,出气口压缩空气从排气口排出。

3) 加力器

加力器采用气推油式,其结构如图 14-14 所示。它由气活塞总成和油活塞总成两部分组成。

制动时,压缩空气推动气活塞克服弹簧的阻力,通过推杆使液压总泵的油活塞右移,总泵缸体内的制动液产生高压，推开出油阀的小阀门，进入制动器的活塞缸。

松开制动踏板，压缩空气从接头返回，气活塞和油活塞在弹簧作用下复位，制动器的制动液经油管推开出油阀流回总泵内。

出油阀上装一小阀门，它关闭时，液压管路保持0.07~0.1MPa的压力，防止空气从油管接头或制动器皮碗等处侵入制动系统。

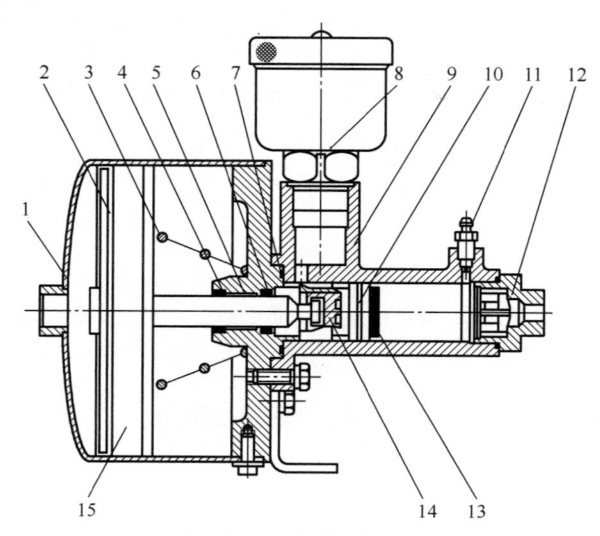

图 14-14　加力器

1—汽缸；2—气活塞；3—回位弹簧；4—防尘圈；5—衬套；6—Y 形圈；7—O 形密封圈；8—油杯；9—油缸体；10—油活塞；11—放气嘴；12—出油阀；13—油活塞皮圈；14—推杆座；15—气活塞皮圈。

第四节　车　　架

压路机车架主要由前车架(图 14-15)和后车架(图 14-16)两部分组成。前车架不仅起到连接前轮的作用，而且是压实的重要组成部分。后车架安装部件有发动机、蓄电池箱、燃油箱、驾驶室等。

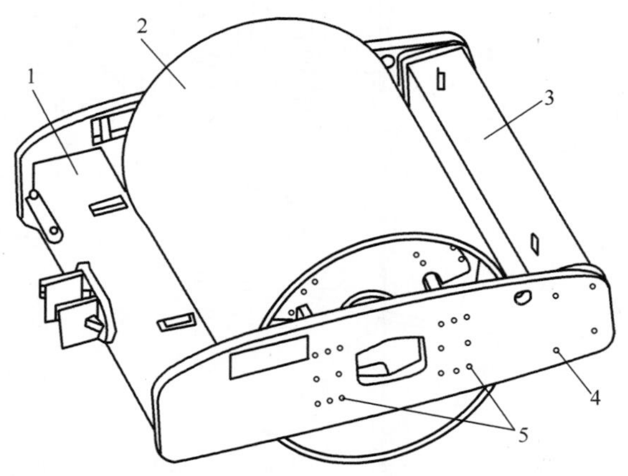

图 14-15　前车架

1—后梁；2—前轮；3—前梁；4—前梁联接螺栓；5—前轮联接螺栓。

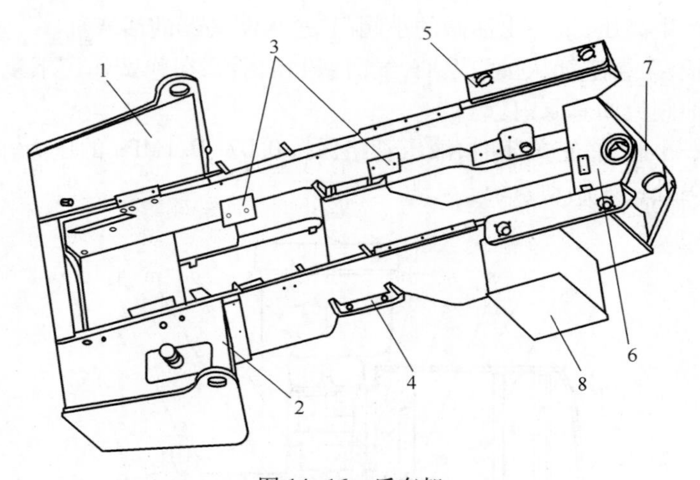

图 14-16　后车架

1—蓄电池箱；2—柴油箱；3—柴油机安装板；4—驱动车桥安装板；
5—驾驶室安装板；6—上铰接板；7—下铰接板；8—储气筒箱。

前、后车架通过铰接机构连接，铰接机构起到铰接转向、车架摇摆等作用，铰接转向实现较小转弯半径。

第五节　工作装置及液压系统

一、工作装置

压路机的工作装置采用筒式振动轮结构（图 14-17），分为左右相通的激振室，四点支撑，

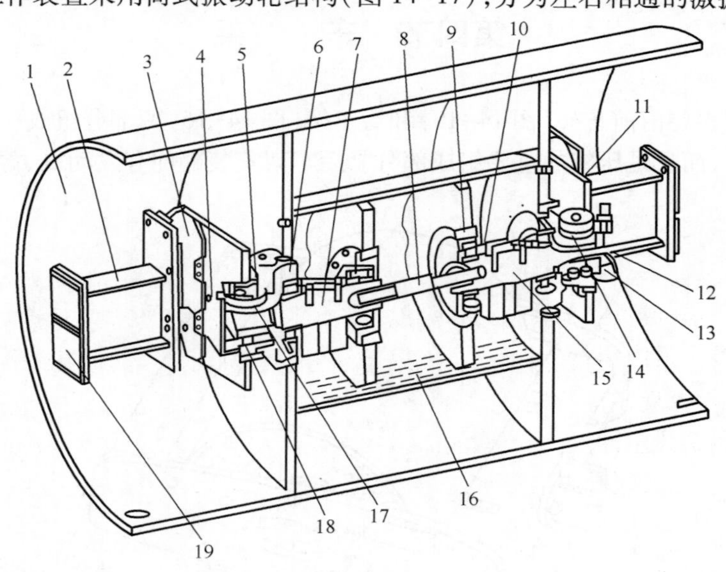

图 14-17　振动轮

1—轮子焊接；2—减振器支座；3—减振块；4—轴承盖；5—框架轴承；6—外轴承座；7—左激振器；
8—传动轴；9—内轴承座；10—振动专用轴承；11—安装板；12—花键套；13—马达联接盘；
14—骨架油封；15—右激振器；16—振动室（加齿轮油）；17—框架轴承座；18—压板；19—调整垫。

通过减振器支座与前车架相连接,右侧通过弹性联轴器连接使振动马达的力矩传递到左、右激振器。左、右激振器通过传动轴连接并支撑在幅板上。左右激振室内各加注有一定容量的齿轮油,前轮滚动时,齿轮油通过刮油装置,将齿轮油刮起,进入轴承参与润滑。

单频双幅设计,适合不同工况的压实;合理匹配振动参数,保证振动轮压实能力和高可靠性;采用高性能压路机专用振动轴承,性能优良,轴承润滑充分;运用双骨架油封设计,保证振动室的密封性能。

二、液压系统

工作装置液压系统(图 14-18)主要由齿轮泵 1、振动马达 6、振动换向阀 5 等组成。

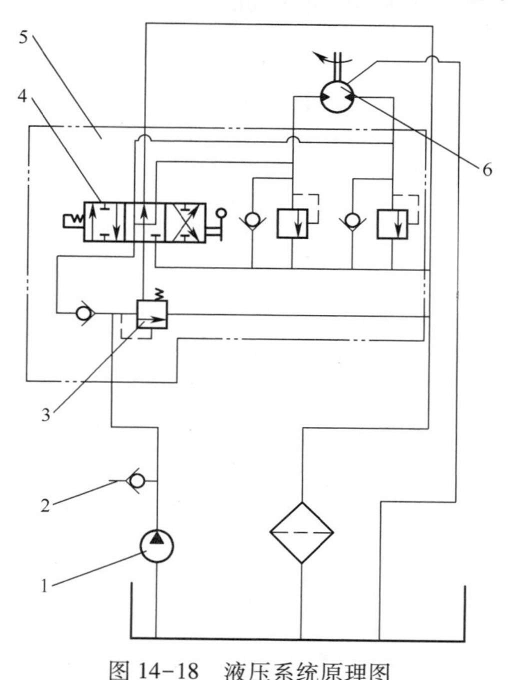

图 14-18　液压系统原理图

1—油泵;2—测压接头;3—溢流阀;4—换向阀;5—振动换向阀;6—振动马达。

齿轮泵出口油液方向由电控换向阀控制,从而实现振动马达输出轴正/反转向切换。前轮左、右激振器正/反转向偏心矩不同,从而导致前轮振动幅度不同,实现大振和小振的双振幅功能,以适应压路机对不同类型的材料、不同厚度铺层的有效压实。振动系统特点是振动马达与振动轴的连接采用弹性联轴器连接,减小了启振、停振对振动马达的机械冲击,延长了系统寿命;采用阻尼控制防液压冲击技术,削弱了振动系统的液压冲击,提高了系统的可靠性。

测压接头 2 是测量振动泵的出油压力,其压力应为 16MPa,若压力达不到要求时可调整换向阀 4 上的溢流阀 3。

参考文献

[1] 姬慧勇．内燃机结构与原理[M]．北京:国防工业出版社,2012.
[2] 杜道群．军用工程机械柴油机[M]．北京:国防工业出版社,2011.
[3] 鲁冬林．工程机械使用与维护[M]．北京:国防工业出版社,2010.
[4] 周建钊．底盘结构与原理[M]．北京:国防工业出版社,2012.